内容简介

理(STAP)技术充分利用机载相控阵雷达提供的多个空域通道信息和相干脉冲串提供空域和时域二维联合自适应滤波的方式,在完成强杂波与干扰抑制的同时,可实现对运测。STAP 作为提升机载雷达性能的一项关键技术,近年来备受雷达领域的关注与世界。本书以机载预警雷达为背景,系统深入地论述了空时自适应处理的理论、方法及在实际中遇到的相关技术问题。本书系统总结了作者近 20 年在 STAP 领域的研究成果,全书共分包括机载 PD 雷达的基础知识、DPCA 技术统一模型、机载雷达空时杂波模型、STAP 基本AP、降秩 STAP、误差情况下的 STAP、干扰环境下的 STAP、非平稳 STAP、非均匀 STAP、估计,以及共形阵、双基地、端射阵和 MIMO 等新体制机载雷达 STAP 等。

于机载雷达空时自适应处理技术的一本学术专著,可供从事雷达、通信、导航、声呐与电子对的广大技术人员学习与参考,也可作为信息与通信工程专业硕士、博士研究生的教材或参

在版编目(CIP)数据

载雷达空时自适应处理/谢文冲,王永良,熊元燚著. —北京:清华大学出版社,2024.1(2024.9 重印)
BN 978-7-302-64974-8

. ①机… Ⅱ. ①谢… ②王… ③熊… Ⅲ. ①机载雷达—自适应信号处理 Ⅳ. ①TN959.73

中国国家版本馆 CIP 数据核字(2023)第 227224 号

任编辑:佟丽霞 赵从棉
面设计:常雪影
任校对:欧 洋
任印制:沈 露

出版发行:清华大学出版社
网 址:https://www.tup.com.cn, https://www.wqxuetang.com
地 址:北京清华大学学研大厦 A 座 邮 编:100084
社 总 机:010-83470000 邮 购:010-62786544
投稿与读者服务:010-62776969, c-service@tup.tsinghua.edu.cn
质量反馈:010-62772015, zhiliang@tup.tsinghua.edu.cn
印 装 者:三河市龙大印装有限公司
经 销:全国新华书店
开 本:185mm×260mm 印 张:22 字 数:532 千字
版 次:2024 年 1 月第 1 版 印 次:2024 年 9 月第 2 次印刷
定 价:129.00 元

产品编号:097503-01

国家科学技术学术著

机载雷

空时自适应

谢文冲 王永良 熊元燚 著

清華大学出版社
北京

空时自适应
的时域信息，通过
动目标的有效检
军事强国的重视
工程应用过程中
22 章，主要内容
原理、降维 ST
STAP 单脉冲
本书是
抗等领域研
考书。

图书

机
IS

责
封
责
责

作者简介

谢文冲，1978 年 9 月出生，山西万荣人，空军预警学院雷达兵器运用工程军队重点实验室主任，教授，博士生导师。长期从事机载雷达信号处理技术研究，为我国预警机和战斗机等重要型号雷达的研制与效能提升作出了重要贡献。获国家技术发明二等奖 1 项、军队科技进步一等奖 2 项。在 *IEEE TAES* 等期刊和会议上发表学术论文 100 余篇，出版学术专著 1 部，授权发明专利 41 项，软件著作权 3 项。国防科技卓越青年科学基金获得者，军队学科拔尖人才，空军“架梯攀高”计划领军人才培养对象，荣立二等功和三等功各 1 次。

王永良，1965 年 6 月出生于浙江嘉兴，雷达技术专家。现为空军预警学院教授，专业技术少将，中国科学院院士，全国政协委员，湖北省科协副主席，国防科工局科技委委员。曾当选第十三届全国政协委员，第十届全国人大代表，享受国务院政府特殊津贴，荣获全国优秀科技工作者、全国优秀教师、全国优秀博士后、国家杰出青年科学基金、中国科协“求是”实用工程奖等表彰与奖励。长期从事雷达技术的研究，在空时信号处理领域取得了系统性的创造性学术成就，提出了复杂电磁信号空时自适应滤波理论与方法，解决了空时信号处理雷达应用遇到的主要挑战性理论问题；突破了机载雷达空时自适应杂波抑制和相控阵雷达空时自适应抗干扰等关键核心技术。理论与技术成果获得了广泛应用，为我国预警机、歼击机和侦察机等系列重点型号雷达在复杂地貌与复杂电磁环境下运动目标探测能力的提升作出了突出贡献。荣获国家技术发明二等奖 2 项、军队和省部级科技进步奖一等奖 5 项，拥有发明专利 60 多项，发表学术论文 300 多篇，出版学术专著 5 部。近年来，主要从事空基反隐身雷达、天基预警雷达、新概念新体制雷达等关键技术的研究。

熊元燚，男，1990 年 10 月出生，湖北武汉人，国防科技大学在读博士研究生，现任空军预警学院雷达兵器运用工程军队重点实验室讲师。主要从事新体制机载雷达信号处理理论与技术的研究，在机载雷达空时自适应处理领域取得了系列创新成果，并获得了广泛应用。长期承担“雷达基础理论”课程的教学任务。作为技术骨干承担多项科研项目，包括国防科技卓越青年科学基金和军委装备发展部十四五装备预研项目等。先后发表论文 10 多篇，授权发明专利 10 项，出版学术专著 1 部，获空军军事理论优秀成果二等奖 1 项。

前 言

在现代战争中，掌握制空权是取得战争胜利的重要保证。机载雷达由于以飞机作为平台，克服了地球曲率的影响，解决了地基雷达存在的低空探测盲区问题，并且可以灵活、快速地部署在所需要的地方，因而受到世界各军事强国的广泛重视。由于机载雷达通常处于下视工作状态，加上雷达平台的运动效应，一方面导致杂波分布范围广、强度大；另一方面导致杂波谱中心发生平移，杂波频谱显著展宽，使得运动目标常淹没在杂波中，机载雷达的目标检测性能受到严重影响。相对于地基雷达，机载雷达面临着更为复杂和严重的杂波抑制问题。由于杂波多普勒频率是由载机的运动引起的，因此机载雷达的杂波具有显著的空时二维耦合特性，导致机载雷达杂波抑制在一定程度上属于空时二维滤波问题。目前，空时自适应处理(STAP)理论、方法与技术的研究已引起国际上相关领域学者和专家的高度重视与广泛关注。

STAP 技术自 Brennan 等人于 1973 年提出至今已经有了 50 年的研究，在原理和降维降秩处理方法方面取得了重要突破和进展，成为一个具有较为坚实理论基础的实用新技术领域。对这一技术的研究主要是围绕机载预警(AEW)雷达展开的，其核心问题是有效地抑制杂波和干扰，同时该技术也正在被广泛地应用到星载/舰载雷达、超视距雷达、通信、声呐和地震预测等领域。

现阶段该技术研究的热点和难点是非均匀和非平稳环境下的 STAP 杂波抑制以及复杂电磁环境下的杂波和干扰同时抑制问题。前者主要研究在非均匀和非平稳环境下，由于缺乏足够的与待检测样本中杂波独立同分布(I. I. D.)的训练样本，常规统计 STAP 方法性能急剧下降的问题；后者主要研究复杂电磁环境下新样式干扰与强杂波信号混合在一起，二者相互影响，导致传统空域自适应抗干扰方法和空时自适应杂波抑制方法性能下降的问题。此外，当将 STAP 技术应用于共形阵、双基地、端射阵和 MIMO 等新体制机载雷达时，由于天线非线性、收发分置、互耦误差和波形分集等将不可避免地遇到一些新的挑战性难题，如何解决这些难题也是 STAP 领域的热点研究方向之一。

为了便于广大科技工作者全面掌握和研究STAP理论与技术，我们在2000年出版的专著《空时自适应信号处理》的基础上，一方面为了增加系统性，补充了机载PD雷达的相关基础知识；另一方面增加了作者近十余年的最新研究成果，包括降秩STAP、误差情况下的STAP、干扰环境下的STAP、非平稳STAP、非均匀STAP、STAP单脉冲估计，以及共形阵、双基地、端射阵和MIMO等新体制机载雷达STAP。

本书共分为22章，各章主要内容如下：

第1章从STAP方法和实验系统两个方面综述了机载雷达STAP技术的发展现状，并介绍了STAP技术在实际雷达装备上的应用情况。

第2章介绍了机载PD雷达基础知识，包括信号频谱特性、杂波特性、杂波与目标频谱间的关系、距离模糊、多普勒模糊、距离-速度二维盲区图、三种工作模式和主要技战术指标等，使读者能够掌握和了解STAP领域的专业基础知识。

第3章建立了DPCA技术的统一模型，讨论了统一模型与具体DPCA方法之间的关系，分析了传统DPCA方法的杂波抑制性能及其局限性。

第4章建立了相控阵机载雷达空时杂波模型，包括机载雷达发射和接收过程、天线模型、空时杂波信号和杂波协方差矩阵等，在此基础上从空时轨迹、功率谱、特征谱和距离-多普勒轨迹等角度分析了杂波分布特性。本章内容是研究STAP理论与方法的基础。

第5章介绍了空时最优处理器和空时自适应处理器的基本原理，并阐述了衡量STAP方法性能的诸多测度，包括空时自适应方向图、输出SCNR、SCNR损失、改善因子和最小可检测速度等。

第6章从统一理论的角度介绍了降维STAP。首先指出了全维STAP方法存在的局限性，然后给出了降维STAP方法的统一理论，并分析了全维STAP权矢量特性和降维矩阵的选取准则，最后简要给出了降维STAP方法的分类。此外，本章还给出了局域杂波自由度的概念。

第7～11章介绍了阵元-脉冲域、阵元-多普勒域、波束-脉冲域、波束-多普勒域等四类降维STAP方法的基本原理、实现过程、局域自由度、典型实现方式和杂波抑制性能，比较了各类降维方法在不同阵列安置方式下的性能以及运算量，并指出了降维STAP方法存在的问题。

第12章介绍了降秩STAP。首先从广义旁瓣相消结构的角度给出了降秩STAP方法的统一模型，在此基础上介绍了典型降秩STAP方法的基本原理，并分析了各种方法的异同点。

第13章分析了误差情况下的STAP方法性能。建立了空域误差和时域误差信号模型，分析了通道间固定的幅相误差、通道间随机的幅相误差、阵元位置误差和杂波内部运动等对STAP方法性能的影响。

第14章研究了干扰环境下的STAP。建立了机载雷达空时干扰信号模型，分析了压制噪声干扰、噪声卷积干扰、随机移频干扰和延时转发干扰的特性，提出了基于干扰来向估计的机载雷达干扰和杂波同时抑制方法，该方法从杂波空时功率谱角度准确估计干扰来向，并据此形成干扰辅助波束，最后通过STAP处理实现干扰和杂波的有效抑制。

第15章研究了非平稳STAP。首先介绍了非平稳杂波的来源，然后分析了非平稳杂波的分布特性，最后分别从非平稳杂波补偿、俯仰维信息利用和自适应分区等角度提出了三种有效的非平稳 STAP 方法。其中，补偿类方法在一定程度上能够实现非平稳杂波的有效抑制，但是在主杂波区存在一定的性能损失；基于俯仰维信息的近程杂波抑制方法不受先验知识的影响，可以获得稳健的杂波抑制性能；基于自适应分区的非平稳杂波抑制方法通过分区处理可实现全距离域和全速度域目标的有效检测，且运算量较小，是一种便于工程实现的非平稳 STAP 方法。

第 16 章研究了非均匀 STAP。首先介绍了非均匀杂波的分类，然后建立了非均匀杂波环境下的机载雷达信号模型，并分析了非均匀环境对 STAP 性能的影响，最后分别针对功率/频谱非均匀和干扰目标环境提出了两种有效的非均匀 STAP 方法，即加权相关固定点迭代协方差矩阵估计方法和循环训练样本检测对消(CTSSC)非均匀检测器。其中，加权相关固定点迭代协方差矩阵估计方法通过自适应加权的方式将所有训练样本用于杂波协方差矩阵的估计，避免了样本挑选造成的训练样本损失；CTSSC 非均匀检测器在实现对干扰目标有效抑制的同时，运算量较小，便于实际工程应用。

第 17 章研究了共形阵机载雷达 STAP。首先建立了共形阵机载雷达的杂波信号模型，然后分析了不同共形阵天线的杂波分布特性，最后提出了一种共形阵机载雷达四维空时杂波谱自适应补偿方法(4D-STC)。4D-STC 方法首先将共形阵接收子阵变换为虚拟等效均匀线阵，其次利用滑窗处理估计各距离单元的回波协方差矩阵，并估计其四维杂波功率谱，再次对近程非平稳杂波区数据进行补偿，参考单元为最远不模糊距离处，最后基于补偿后的数据估计杂波噪声协方差矩阵并进行 STAP 处理。

第 18 章研究了双基地机载雷达 STAP。首先建立了双基地机载雷达的杂波信号模型，然后分析了典型双基地配置情况下的杂波分布特性，最后提出了一种基于自适应分段的空时补偿 STAP 方法。该方法利用无距离模糊的第一个脉冲数据对回波进行自适应分段，然后通过空时滑窗处理估计杂波空时峰值谱中心，最后分段补偿并进行 STAP 处理。

第 19 章研究了端射阵机载雷达 STAP。首先建立了端射阵机载雷达的杂波信号模型，然后分析了杂波分布特性以及互耦的影响，最后提出了一种基于协方差矩阵重构的自适应互耦补偿方法(AMCC)。该方法首先通过回波数据自适应估计端射面阵的归一化阻抗矩阵，其次利用互耦补偿矩阵对互耦导致的导向矢量失配进行补偿，再次利用估计得到的归一化阻抗矩阵和系统参数构造杂波协方差矩阵，最后进行空时自适应处理。

第 20 章研究了机载 MIMO 雷达 STAP。首先建立了机载 MIMO 雷达回波信号模型，比较了机载 MIMO 雷达与机载 SIMO 雷达的优缺点，然后给出了机载 MIMO 雷达的杂波自由度估计公式，研究了基于空时采样矩阵的杂波协方差矩阵构造方式，最后提出了一种机载 MIMO 雷达空时自适应杂波抑制方法。该方法基于空时采样矩阵形成杂波协方差矩阵，仅利用单个待检测样本即可获得良好的杂波抑制性能，且运算量低，适用于极端非均匀杂波环境。

第 21 章研究了机载雷达空时自适应单脉冲估计。首先阐述了最大似然估计的基本原理，推导了经典单脉冲估计方法与最大似然估计的关系，其次介绍了广义单脉冲估计方法和约束类单脉冲估计方法的基本原理，最后提出了一种基于多差波束的自适应迭代单脉冲估计方法，并分析了克拉美-罗界和单脉冲比分布。该方法通过虚拟差波束构造、导数/零点约束和迭代自适应处理等步骤有效提升了杂波环境下的目标参数估计性能。

第 22 章对 STAP 技术的未来发展进行了展望。

从最初动意撰写该部专著开始，历经了近 3 年的时间，期间我们克服了种种困难，在大家的不懈努力之下，终于完成了该部著作。本书的特点是：①系统性强。为了让读者能够更容易地进入 STAP 技术的科学大门，我们专门增加了机载 PD 雷达相关知识的介绍，增强了整部书的可读性和系统性。②创新性强。在撰写过程中，我们在介绍传统经典方法的同时侧重最新 STAP 成果的介绍和阐述，例如第 3、12～21 章便是我们近些年在 STAP 领域的最新研究成果，其中部分成果已在实际雷达装备中得到了应用，显著提升了雷达的目标检测性能。③可读性强。本书着重从物理概念和图形出发去描述 STAP 现象，解释机理，尽可能避免冗长的公式推导。

本书的主要内容是作者近 20 年来在 STAP 领域科研学术和教学成果的系统性总结。但是由于本研究方向发展迅猛，特别是在与新体制机载雷达装备应用相结合过程中遇到了许多实际问题，限于篇幅本书难以一一展开论述和讨论。此外，限于作者水平，书中还存在诸多不足之处，恳请读者批评指正。作者已分别开发了机载雷达回波数据仿真模型库和 STAP 算法库，涵盖了本书中涉及的所有机载雷达回波模型和 STAP 方法；同时作者建立了机载雷达数据库，包括我国所有现役预警机雷达实测数据和本书所涉及的新体制机载雷达仿真数据，这为 STAP 技术的深入研究和新一代机载预警雷达的研制提供了有力的数据支撑。

作为教师的我们，深刻体会到，一本教材也好，一本学术专著也好，不经过教学的磨砺，不经过学生的检验与挑剔，是很难达到完美，不出错误的。本书前 12 章的大部分内容作者已在研究生“机载雷达信号处理”课程中给学生讲授过多次，学生发现了一些错误，提出了很好的修改意见，这些都为本部专著的撰写提供了重要帮助。

本书许多内容是作者所在的空军预警学院 STAP 课题组共同研究的结果。我们要特别感谢课题组的段克清博士、高飞博士、袁华东博士、许红博士、张柏华博士、张西川博士、杨海峰博士、王泽涛博士、李昕哲博士、陈威博士、侯铭博士、李永伟硕士、彭晓瑞硕士、陈功硕士、黄辉硕士、毛辉煌硕士、董文娟硕士、沈伟硕士和张吉建硕士等，他们在 STAP 领域做了大量富有成效的工作。同时也要感谢雷达兵器运用工程军队重点实验室陈辉教授、陈建文教授、陈风波副教授、戴凌燕副教授、王安乐副教授、刘维建副教授和柳成荫讲师等。还要特别感谢廖桂生教授和张良研究员给本书提出的宝贵意见和建议。

作　者

2023 年 6 月

文中术语及缩略语表

ACE	adaptive coherence estimator	自适应相干估计器
ACR	auxiliary channel receiver	辅助通道法
ADC	angle-Doppler compensation	角度-多普勒补偿法
AED	adaptive energy detector	自适应能量检测器
AIRS	autonomy intelligent radar system	自组织智能雷达系统
AMCC	adaptive mutual coupling compensation based on covariance matrix reconstruction	基于协方差矩阵重构的自适应互耦补偿方法
AMF	adaptive matched filter	自适应匹配滤波器
AR	auto-regressive	自回归
ASD	adaptive subspace detector	自适应子空间检测器
AVF	auxiliary-vector filter	辅助矢量滤波器
A^2DC	adaptive angle-Doppler compensation	自适应角度-多普勒补偿法
A$F	adapt then filter	先空时自适应处理后时域滤波方法
BT	time-and-band-limited signal	时宽带宽有限信号
CEBF	conventional elevation beamforming	常规俯仰波束形成
CFAR	constant false alarm rate	恒虚警率检测
CML	constraint maximum likelihood estimation	约束最大似然估计
CMT	covariance matrix taper	协方差矩阵锥销
CNR	clutter-to-noise ratio	杂噪比
CPI	coherent processing interval	相干处理间隔
CSBSM	clutter suppression based on space time sampling matrix	基于空时采样矩阵的杂波抑制方法
CSM	cross-spectral metric	互谱尺度法
CSMS	cross-spectral metric smoothing	互谱平滑
CTSSC	cyclic training sample selection and cancellation	循环训练样本检测对消
DARPA	Defense Advanced Research Projects Agency	国防部高级研究计划局
DBF	digital beamforming	数字波束形成

DBU	derivative based updating	导数更新法
DDD	direct data domain	直接数据域
DF	displaced filter	偏置滤波
DFP	direct-form processor	直接实现形式
DFT	discrete Fourier transform	离散傅里叶变换
DoF	degree of freedom	自由度
DPCA	displaced phase center antenna	偏置相位中心天线技术
DRFM	digital radio frequency memory	数字射频存储器
DSP	digital signal processing	数字信号处理
DW	Doppler warping	多普勒补偿法
D^3-STAP	direct data domain STAP	直接数据域 STAP
EDBU	elevation-cosine DBU	基于俯仰余弦的导数更新法
EFA	extended factored approach	联合通道多普勒后处理法
FOCUSS	focal underdetermined system solution	表面欠定方程组求解
FPGA	field-programmable gate array	现场可编程门阵列
ERCB	elevation robust Capon beamforming	俯仰维鲁棒的 Capon 波束形成方法
F$A	filter then adapt	先滑窗滤波再空时自适应处理方法
GER	generalized eigen-relation	广义特征关系
GIP	generalized inner product	广义内积
GLRT	generalized likelihood ratio test	广义似然比
GSC	generalized sidelobe canceller	广义旁瓣相消
HODW	high order Doppler warping	高阶多普勒补偿法
HPRF	high pulse repetition frequency	高脉冲重复频率
ICM	internal clutter motion	杂波内部运动
IDPCA	inverse displaced phase centre antenna	逆偏置相位中心天线
ImSTINT	improved STINT	改进的联合空时内插法
I. I. D.	independent and identically distributed	独立同分布
JDL	joint domain localized	局域联合处理方法
JNR	jamming-to-noise ratio	干噪比
KASSPER	knowledge aided sensor and signal processing and expert reasoning	基于知识的传感器信号处理与专家论证
KA-PAMF	knowledge-aided PAMF	基于知识的参数自适应匹配滤波法
KA-STAP	knowledge-aided STAP	知识辅助 STAP
LCMV	linearly constrained minimum variance	线性约束最小方差
LFM	linear frequency modulation	线性调频
LPRF	low pulse repetition frequency	低脉冲重复频率
MCARM	multichannel airborne radar measurements	多通道机载雷达测量
MCC	maximum clutter cross-correlation	最强杂波互相关方法
MCP	maximum clutter power	最强杂波功率方法
MDV	minimum detectable velocity	最小可检测速度
MIMO	multiple-input multiple-output	多输入多输出
ML	maximum likelihood	最大似然
MPRF	medium pulse repetition frequency	中脉冲重复频率
MSMI	modified sample matrix inversion	改进的 SMI

MTI	moving target indication	运动目标显示
MVDR	minimum variance distortionless response	最小方差无失真响应
MWF	multistage Wiener filter	多级维纳滤波器方法
M-CAP	multiple channels joint adaptive processing	多通道联合自适应处理方法
NHD	non-homogeneity detection	非均匀检测器
NL-PICM	non-linear PICM	逆协方差矩阵非线性预测法
NSCM	normalized sample covariance matrix	归一化采样协方差矩阵
OGSBI	off-grid sparse Bayesian inference	无网格稀疏贝叶斯推理
OP	orthogonal projection	正交投影
PAMF	parametric adaptive matched filter	参数自适应匹配滤波法
PC	principal component	主分量法
PD	pulse Doppler	脉冲多普勒
PICM	prediction of inverse covariance matrix	逆协方差矩阵线性预测法
PRF	pulse repetition frequency	脉冲重复频率
PST	power selected training	功率选择训练法
PSWF	prolate spheroidal wave function	椭圆长球波函数
P^2ST	phase and power selected training	相位和功率选择训练法
RCS	radar cross section	雷达散射截面积
RBC	registration-based compensation	谱配准法
RBCNS	registration-based compensation based on non-uniform sampling	基于非均匀采样的谱配准法
RFLOP	real floating-point operation	实数浮点操作
RMB	Reed，Mallet，and Brennan theorem	RMB 准则
SA-MUSIC	subspace-augmented multiple signal classification	子空间扩展多重信号分类
SCM	sample covariance matrix	采样协方差矩阵
SCNR	signal-to-clutter-plus-noise ratio	信杂噪比
SIMO	single-input multiple-output	单输入多输出
SINR	signal-to-interference-plus-noise ratio	信干噪比
SMI	sample matrix inversion	采样矩阵求逆
SNR	signal-to-noise ratio	信噪比
SOCA	smallest of cell average	单元平均选小
STAD	space time adaptive detection	空时自适应检测
STAP	space time adaptive processing	空时自适应处理
STAR	space-time auto-regressive filter	空时自回归法
STINT	space-time interpolation technique	联合空时内插法
STMB	space-time multiple-beam	空时多波束法
SW	symmetric window	对称窗
TSN-STAP	two-step nulling STAP	两步置零 STAP
WCFPI	weight coherent fixed-point iteration	加权相关固定点迭代
1D-OS	one dimensional overlapping subarray	一维重叠子阵
2D-OS	two dimensional overlapping subarray	二维重叠子阵
3D-STAP	three-dimensional STAP	三维空时自适应处理
4D-STC	four-dimensional space time compensation	四维空时补偿

目 录

第 5 章

第 6 章

第 7 章

第 8 章

第 9 章

第 10 章

第 11 章

第 12 章

第 13 章

第 14 章

第 15 章

第 16 章

第 17 章

第 18 章

第 19 章

第 20 章

第 21 章

第 22 章

第1章

绪　论

机载雷达由于机动性强，且可克服地面雷达存在的盲区问题，因而受到世界各国的高度重视。但是，机载雷达通常采用下视工作方式，面临的杂波强度大，分布范围广，杂波频谱展宽严重。因此，杂波抑制是机载雷达研制过程中的关键技术难题。传统的机载雷达杂波抑制方法仅在时频域一维处理，难以有效抑制杂波，导致远距离目标或弱小目标仍淹没在剩余杂波中无法被检测到。因此，亟须发展新理论、新技术来解决机载雷达的杂波抑制难题。

空时自适应处理(STAP)技术正是在这种背景下发展起来的。STAP技术充分利用多通道雷达提供的多个空域通道信息和相干脉冲串提供的时域信息，通过空域和时域二维自适应滤波的方式，实现杂波的有效抑制。空时自适应处理的概念最初是由Brennan等人于1973年针对相控阵体制机载预警雷达的杂波抑制问题提出的[1]。经过50年的探索和研究，STAP技术如今已成为一项具有较为坚实理论基础的实用新技术。到目前为止，已经出现了多部学术专著[2-7]、报告[8]、专刊[9-10]、综述性文献[11-15]和大量论文，空时自适应处理技术成为国际雷达领域的研究热点。随着数字信号处理(DSP)、现场可编程门阵列(FPGA)等高性能数字处理器的迅猛发展，STAP技术逐步从理论走向了实用，目前已被成功应用于新一代机载雷达中，如新一代“先进鹰眼”E-2D预警机雷达。此外，STAP技术也从最初的机载预警雷达领域拓展应用到了星载运动目标显示(MTI)雷达[16]、舰载MTI雷达[17]、合成孔径雷达[18]、通信[19]、声呐[6]、导航[20]和地震[6]等军用/民用领域。

1973年美国科学家Brennan和Reed等人首次提出了最优STAP理论[1]，随后在1976年又进一步阐述了最优STAP处理器在机载MTI雷达中的应用情况[21]。但是由于计算复杂度高，所需训练样本数大，且要求训练样本数满足独立同分布(I. I. D.)条件，最优

STAP技术无法直接应用于实际工程。20世纪90年代美国通过Mountain Top计划[22]和多通道机载雷达测量(MCARM)计划[23]录取了大量机载雷达实测数据,掀起了空时自适应非均匀/非平稳杂波抑制方法的研究高潮;21世纪初美国国防部高级研究计划局(DARPA)启动了基于知识的传感器信号处理与专家论证(KASSPER)工程[24],再次掀起了STAP技术的研究高潮。从提出STAP概念起至目前,国内外已在理论、技术、试验及应用等方面开展了大量的工作,本章将从方法、实验系统和应用三个方面阐述STAP技术的研究现状。

1.1 STAP方法

根据现有公开文献和作者长期以来的研究,STAP方法的发展进程主要围绕四个关键技术问题进行,包括运算量和误差、非均匀杂波、非平稳杂波和空时自适应检测,如表1.1所示。

表1.1 典型STAP方法

序号	关键技术问题	典型STAP方法
1	运算量和误差问题	降维STAP方法
		降秩STAP方法
2	非均匀杂波问题	功率非均匀抑制方法
		非均匀检测器
		直接数据域方法
		模型参数化STAP方法
		知识辅助STAP方法
		稀疏恢复STAP方法
		混合STAP方法
3	非平稳杂波问题	一维补偿类方法
		二维补偿类方法
		空时内插类方法
		权值调整类方法
		逆协方差矩阵预测类方法
		基于俯仰维预滤波的STAP方法
		3D-STAP方法
4	空时自适应检测问题	基于GLRT准则的STAD
		基于Rao准则的STAD
		基于Wald准则的STAD

1. 运算量和误差问题

从20世纪70年代提出一直到20世纪90年代,对STAP技术的研究始终围绕着如何在保持STAP方法的杂波抑制性能的同时尽可能地降低运算量和增强对误差的稳健性展开,即研究低运算量和高误差稳健性的STAP方法。研究工作主要从两个角度出发:降维STAP方法和降秩STAP方法。

降维STAP方法通过与雷达回波数据无关的线性变换来降低系统维数，从而在实现良好杂波抑制性能和高误差稳健性的同时尽可能地降低计算量。降维STAP方法研究的核心在于降维矩阵的设计。典型的降维STAP方法包括：辅助通道法(ACR)[25]、时空二维Capon法[26]、多通道联合自适应处理方法(M-CAP)[27-28]、先空时自适应处理后时域滤波处理方法(A$F)[33]、先滑窗滤波再空时自适应处理方法(F$A)[33]、局域联合处理方法(JDL)[29]、ΣΔ-STAP方法[30]、空时多波束法(STMB)[31]等。降维STAP方法的优点是易于工程实现；缺点是结构固定，对不同非均匀杂波环境的适应性较差。

降秩STAP方法利用回波数据自适应构造空时滤波器。1983年Klemm对机载雷达杂波回波数据的空时协方差矩阵进行了特征分析，首次发现其杂波秩个数近似等于$N+K$[32]，其中N和K分别表示空域通道数和时域相干积累脉冲数。1992年Brennan和Staudaher等人首次给出了正侧视均匀线性阵列条件下的杂波自由度估计准则(简称Brennan准则)[33]：$r_c \approx \text{round}\{N+\beta(K-1)\}$，其中$\beta$表示一个脉冲重复间隔内载机平台运动的半个阵元间距的次数。由此可见，实际处理时只需要利用稍高于杂波秩个数的系统自由度就可以实现对杂波的有效抑制。据此特性，提出了一系列典型的降秩STAP方法，主要包括主分量法(PC)[34]、互谱尺度法(CSM)[35]、多级维纳滤波器方法(MWF)[36]等。降秩STAP方法可以实时根据杂波环境变化自适应设计降秩矩阵，因此可获得比降维STAP方法更优越的杂波抑制性能。降秩STAP方法的性能通常依赖于杂波自由度的大小，局域子空间杂波自由度理论[3]为在较低维度内进行再降秩处理提供了可能，但是在实际工程中受各种误差的影响杂波自由度通常难以精确估计得到。

2. 非均匀杂波问题

非均匀STAP方法可以分为功率非均匀抑制法、非均匀检测器、直接数据域法、模型参数化STAP方法、知识辅助STAP方法和稀疏恢复STAP方法等六大类。

功率非均匀抑制法假定杂波非均匀性主要表现为功率非均匀，其目的是尽量选择与待检测样本功率接近的样本作为训练样本。典型的功率非均匀抑制方法是功率选择训练法(PST)[37]，根据测量得到的实际杂波强度自适应选择杂波功率足够强的样本作为训练样本，该方法较好地解决了空时二维滤波器凹陷不足的问题，但是同时存在杂噪比估计过高的缺点。文献[38]提出的相位和功率选择训练法(P^2ST)通过挑选功率足够强、相位分布接近杂波相位分布的回波数据作为训练样本，能够剔除包含强干扰目标信号的训练样本，但是杂噪比估计过高的问题仍然存在。

非均匀检测器(NHD)主要用来解决由于在训练样本中存在干扰目标而导致的非均匀问题。1996年Melvin等人首次提出用广义内积(GIP)NHD[39]来检测和剔除包含干扰目标的训练样本，以改善对杂波协方差矩阵的估计性能。Adve[40]等人利用GIP对MCARM数据进行处理后的结果表明，在非均匀样本剔除后输出信杂噪比增加了7 dB以上。同时，本课题组提出了关联维数NHD[31]，较好地解决了干扰目标导致的杂波非均匀问题。其他典型的NHD还包括采样协方差矩阵求逆(SMI)[41]和频心法[42]等。

直接数据域(DDD)方法[43]仅利用待检测样本来消除非均匀杂波的影响。由于仅利用了待检测距离单元数据，因此DDD方法在处理极端非均匀杂波问题方面具有巨大的优势，但是也存在一些问题，包括孔径损失、对系统误差敏感和仅适用于均匀等间隔阵列等。

模型参数化 STAP 方法将雷达的空时回波数据描述成一个多通道矢量自回归(AR)模型,首先利用训练样本对 AR 模型的参数进行估计,然后通过估计得到的 AR 模型参数构造空时滤波器权矢量,最终实现杂波抑制。典型的模型参数化 STAP 方法包括参数自适应匹配滤波法(PAMF)[44]、空时自回归法(STAR)[45]以及基于知识的参数自适应匹配滤波法(KA-PAMF)[46]。上述方法实现简单,收敛速度快,但其性能严重依赖于 AR 模型阶数的估计精度。若阶数估计不准,则模型参数化 STAP 方法的杂波抑制性能下降明显[47]。

知识辅助 STAP(KA-STAP)方法[13,48-51]是利用先验知识提高非均匀杂波抑制性能的一类方法。知识辅助 STAP 方法分为两类: 一类是间接应用 KA-STAP 方法,即利用先验知识对自适应处理中的训练策略和训练样本选取提供依据和指导; 另一类是直接应用 KA-STAP 方法,即利用先验知识构造杂波协方差矩阵,并与估计得到的杂波协方差矩阵融合形成最终的协方差矩阵,最后产生自适应权值完成杂波抑制。

稀疏恢复 STAP 方法是近几年国内外雷达领域的一个热点研究方向,该方法在样本严重不足条件下对提升机载雷达的杂波抑制性能具有巨大潜力,但存在先验知识不够精细导致性能下降的问题。法国雷恩第一大学的 Maria 等于 2006 年借鉴全局匹配滤波器技术成功应用于信号源定位方面的经验,将该技术用于 STAP 中来实现对杂波谱和目标的高分辨估计[52]; 清华大学的孙珂等于 2011 年将表面欠定方程组求解(FOCUSS)算法应用于杂波和目标的稀疏谱估计[53],获得了优于传统直接数据域方法的目标检测性能; 国防科技大学的阳召成等于 2012 年提出基于 L_1 范数加权空时功率谱稀疏恢复的 D^3-STAP 方法[54],获得了单样本条件下杂波和目标的高分辨空时功率谱。上述研究主要是基于单样本恢复进行杂波抑制和目标检测,但是单样本恢复所估计的杂波谱往往不够准确且易受到杂波起伏和噪声的影响。阳召成等、马泽强等和本课题组对多样本联合稀疏恢复 STAP 方法也进行了初步探索,并分别提出了基于同伦、L_1/L_2 混合范数和 SA-MUSIC 理论的联合稀疏恢复 STAP 方法[54-56],揭示了多样本联合稀疏恢复 STAP 的可行性和优越性。

除了上述非均匀 STAP 方法外,混合 STAP 方法[57-61]通过多种 STAP 方法的结合实现非均匀杂波的有效抑制。由于篇幅限制,此处不再赘述。

3. 非平稳杂波问题

与外部环境变化引起杂波非均匀分布不同,杂波的非平稳分布是由雷达天线的配置方式导致的,例如: 非正侧视阵、圆柱形阵、共形阵、端射阵、双基地配置以及分布式雷达等都会引起杂波的距离相关性,导致非平稳杂波的产生。与非均匀杂波不同,非平稳杂波的空时分布特性可以通过系统参数预先计算得到,因此如何有效补偿杂波的非平稳分布成为非平稳 STAP 方法研究的关键。

现有的机载雷达 STAP 非平稳杂波补偿方法可以分为五类: ①一维补偿类,包括多普勒补偿法(DW)[62-63]、高阶多普勒补偿法(HODW)[64]等,该类方法的特点是仅通过多普勒频率域进行杂波非平稳性补偿; ②二维补偿类,包括角度-多普勒补偿法(ADC)[65]、自适应角度-多普勒补偿法(A^2DC)[66]、尺度变换法[67]、谱配准法(RBC)[68]、基于非均匀采样的谱配准法(RBCNS)[69]等,该类方法的特点是通过角度-多普勒二维域实现对杂波非平稳性的补偿; ③空时内插类,包括最小方差内插法(MVDR)[70]、联合空时内插法(STINT)[71]和改进的联合空时内插法(ImSTINT)[72]等,该类方法的特点是以低自由度的杂波子空间为参考子空间，通过变换矩阵将所有距离单元的样本数据映射到参考杂波子空间中，以消除杂波非平稳性；④权值调整类，包括导数更新法(DBU)[73]和基于俯仰余弦的导数更新法(EDBU)[74]，该类方法的特点是假设权矢量是距离的函数，通过估计权矢量函数的系数，进而实现对杂波谱的补偿；⑤逆协方差矩阵预测类方法，包括逆协方差矩阵线性预测法(PICM)[75]和逆协方差矩阵非线性预测法(NL-PICM)[76]等，该类方法的特点是假设不同距离单元杂波协方差矩阵的逆矩阵满足线性或非线性预测模型，利用该假设来直接预测待检测距离单元对应的协方差矩阵的逆。非平稳杂波补偿类方法的缺点是当存在距离模糊时性能下降明显。

基于俯仰维预滤波的STAP方法和3D-STAP是抑制非平稳杂波的另外两类重要方法。基于俯仰维预滤波的STAP方法首先在俯仰维通过空域数字波束形成(DBF)方式抑制近程非平稳杂波，然后再通过传统STAP方法抑制剩余杂波。3D-STAP方法中的3D指的是方位维、俯仰维、多普勒维，该类方法在克服非平稳杂波和距离模糊影响方面具有独特的优势。文献[77]分析了上述两个优势存在的内在原因；文献[78]提出了“十”字形波束3D-STAP方法；文献[79]提出了基于四维频域补偿的3D-STAP方法。除了上述两类非平稳杂波抑制方法外，文献[80]提出了基于协方差矩阵锥销(CMT)的STAP非平稳杂波抑制方法。

4. 空时自适应检测问题

现有的雷达目标检测方案通常是先利用STAP技术进行杂波抑制，然后再利用恒虚警率检测(CFAR)技术进行目标检测。上述处理将杂波抑制和目标检测单独考虑，在一定程度上损失了目标检测性能。针对该问题，1986年美国麻省理工学院(MIT)林肯实验室的Kelly基于广义似然比(GLRT)准则，提出了多通道数据GLRT检测器[81]，从而开创了多通道信号自适应检测理论。目前常用的自适应检测器设计准则包括GLRT准则、Rao准则和Wald准则。1992年Robey等人[82]与1991年Chen等人[83]利用两步GLRT准则在均匀环境中分别独立地提出了自适应匹配滤波器(AMF)。Maio分别在文献[84]和文献[85]中提出了均匀环境中的Rao检测器和Wald检测器，并且证明了Wald检测器与AMF等价。此外，当子空间维数等于整个观测空间且目标导向矢量完全未知时的GLRT由Raghavan提出，即自适应能量检测器(AED)[86]。1999年在目标导向矢量已知的前提下，Kraut和Scharf根据GLRT准则提出了著名的自适应相干估计器(ACE)[87]。随后在2001年，Kraut和Scharf进一步提出了当信号位于维数大于1的子空间时的GLRT，即自适应子空间检测器(ASD)[88]。

作者所在课题组在机载雷达空时自适应检测领域进行了广泛深入的研究，于2014年提出了空时自适应检测(STAD)的概念[89]。当存在导向矢量失配时，针对点目标检测和扩展目标检测问题，刘维建等人通过增加虚拟干扰的方式，提出了有效的失配敏感自适应检测器和可调检测器[90]；针对存在干扰时的点目标检测问题，提出了假设干扰已知和干扰近似满足广义特征关系(GER)约束条件下的GLRT检测器、Rao检测器和Wald检测器[89,91-92]；针对分布式目标的检测难题，基于双子空间信号模型，提出了多种有效的检测器[93-94]，改善了检测性能；针对目标方向信息不确定时的检测问题，根据GLRT准则、Rao准则和Wald准则分别提出了对应的空时自适应检测器[95-96]，提高了对失配信号检测的稳健性；利用杂波加噪声协方差矩阵的大特征值通常小于系统自由度的特点，提出了多种有效的检测器[97-98]，改善了小训练样本数时的检测性能。

传统 STAP 方法处理的前提是假设在处理期间运动目标均位于同一个距离单元内，但是对于高分辨率 SAR/GMTI 雷达，该条件难以满足。针对该问题，1999 年德国 Ender 等人提出了长相干积累 STAP 方法[18]，随后 Jao 等人在 2004 年提出了统一的 SAR-STAP 思想[99]。国内国防科技大学开展了长相干积累 STAP 技术的相关研究[100]。

1.2 STAP 实验系统

STAP 技术自 1973 年提出以后，长期处于理论研究阶段。直到 20 世纪 90 年代初，STAP 理论的逐渐成熟和数字信号处理器件性能的大幅度提升才使得空时自适应处理的实际应用成为可能，各国相继开展了多项实验研究。

1. Mountain Top 计划[22]

Mountain Top 计划于 1994 年前后进行，由 DARPA 策划实施，获取了多批实测数据。该实验并非基于真实的机载平台环境，而是在地面模拟了机载运动平台的场景。发射天线和接收天线分开放置，利用逆偏置相位中心天线（IDPCA）技术模拟从运动平台上发射波束。IDPCA 是由 16 个子阵构成的等效线阵，发射频率为 UHF 频段。工作时每个子阵沿阵面方向交替发射，得到的回波就近似等价于从运动平台上接收到的回波，相干处理脉冲数为 16。Mountain Top 计划中的接收天线为由 14 个等效阵元组成的线阵。利用 Mountain Top 数据，均匀环境下传统降维/降秩 STAP 方法的有效性得到了验证。

2. MCARM 计划[23]

MCARM 计划是在 Mountain Top 计划之后进行的（1995—1996 年），虽然二者相差的时间并不长，但 MCARM 计划的规模远远超过了 Mountain Top 计划。该计划由美国空军研究实验室（AFRL）主导实施，机载实验平台为 BAC-111 客机，采用 L 波段有源相控阵天线阵列，天线阵面分为 8 行 16 列共 128 个单元，每一行中相邻 4 个阵元合成一个子阵，因此共包含 32 个子阵（8×4）。天线安装在位于飞机前部左侧的雷达罩内，为正侧视阵。MCARM 平台具有两种信号处理方式：第一种是对于模拟波束形成器接收到的和（Σ）、差（Δ）和保护（G）通道数据，利用传统信号处理方法在 Mercury 计算机中完成；第二种是将 32 个子阵进一步合成为 24 个接收通道，信号处理由 28 节点的 Paragon 计算机群完成。与 Mountain Top 计划相比，MCARM 计划不仅对实测杂波分布、干扰对消性能、实时 STAP 算法等进行了细致分析，而且进行了双基地机载雷达实验，获取了一大批重要的实验数据。通过对 MCARM 数据的分析，非均匀 STAP 杂波抑制问题引起了国内外专家的高度重视。

3. KASSPER 计划[24,101]

20 世纪 90 年代以来，随着对 STAP 技术的深入研究，理论、仿真与实验的验证分析表明，STAP 技术面临以下四大挑战：①实时 STAP 处理架构的设计；②STAP 快速算法；③非平稳杂波抑制；④非均匀杂波抑制。为了解决上述挑战性问题，在 DARPA 资助下，

2001 年 MIT 林肯实验室实施了 KASSPER 计划。KASSPER 是一个闭环反馈的处理平台，只有保证正确的知识积累和正确的信息处理方法，才能够获得期望的性能提升。KASSPER 实验针对两种雷达工作模式，一种是地面运动目标指示（GMTI），另一种是合成孔径雷达。在 GMTI 模式下，雷达工作频率为 10 GHz，脉冲重复频率为 2.2 kHz，相干脉冲数为 33。继 KASSPER 计划不久，美军逐渐将该实验成果应用于实际作战系统，并提出了自组织的智能雷达系统（AIRS）架构。目前，AIRS 架构已经成功应用于美军的无人机联合作战计划中。

4. STAP 实时处理系统

在空时自适应处理领域，美国、中国和英国先后研制了多型实验系统。除了由美国主导的上述三大计划外，国内西安电子科技大学、空军预警学院、中国电科集团公司 14 所和 38 所等单位在 STAP 方面做了大量的工作，有效推动了 STAP 技术的发展。西安电子科技大学雷达信号处理重点实验室在“九五”期间开发研制了 STAP 实验系统。空军预警学院 2006 年成功开发了 STAP 原型机，研制了通用可编程空时自适应信号处理系统，并实现了三/四通道机载预警雷达实测数据的实时处理。中国电科集团公司 14 所和 38 所在“十二五”期间开发成功多通道机载预警雷达 STAP 系统，并通过机载试验验证了复杂环境下 STAP 技术的有效性和工程可实现性。表 1.2 列举了国内外研制的典型 STAP 实时处理系统。

表 1.2　国内外典型 STAP 实时处理系统

时间/年份	国家	机　　构	STAP 系统
1994	中国	西安电子科技大学	机载预警雷达实验系统，由大约 100 片 DSP21060/ADSP21062 构成
1996	美国	MHPCC (Maui High Performance Computer Center) MIT	采用 IBM 超级计算机 SP2，主要用于处理 Mountain Top 实测数据
1996	美国	AFRL	MCARM 实验系统：L 波段，28 个 Paragon 处理节点
2000	美国	Raytheon	UESA(UHF Electronically Scanned Array)计划，UHF 频段电扫阵列，主要用于预警机雷达升级改造试验
2001	美国	MIT	KASSPER 项目，基于知识辅助的机载雷达实验验证
2004	美国	AFRL	自组织智能雷达系统 AIRS，是将人工智能与知识辅助相结合的新一代雷达
2005	美国	AFRL	无人机联合侦察与作战计划，充分运用了 KASSPER 和 AIRS 实验的成果
2006	中国	空军预警学院	机载雷达通用可编程 STAP 系统，实现了三/四通道机载预警雷达实测数据的实时处理
2008	英国	QinetiQ	PACER(Phased Array Concepts Evaluation RIG)雷达原理样机，32 个自适应接收通道
2012	中国	中国电科集团公司 14 所和 38 所	多通道机载预警雷达 STAP 系统

1.3 应用情况

目前,已有多型现役和在研装备应用了STAP技术,最具代表性的是美国海军的新一代舰载预警机"先进鹰眼"E-2D,已在2015年具备初始作战能力。该预警机配置的雷达为诺斯罗普·格鲁曼公司研制的AN/APY-9,空域通道数为18。即使仍然采用UHF频段,但应用STAP技术以后,E-2D预警机不仅可以检测海面上空的运动目标,同时也可以实现对滨海地区强杂波背景下运动目标的有效检测。除了常规飞机目标外,还可以实现对陆基弹道导弹和巡航导弹等特殊目标的探测。美国官方公布的数据表明:相对于E-2C,改进后的E-2D预警机雷达的作用距离提高50%以上。AN/APY-9雷达对空中目标探测距离大于402 km,对海面目标探测距离大于555 km,最小可检测速度小于50 km/h。

美国Sandia国家实验室研制的Lynx多功能雷达采用了双波束两相位中心STAP技术,具有运动目标指示功能,装备于"捕食者"B型(MQ-9)无人机、"空中勇士"型无人机和"灰鹰"无人机[101]。STAP技术除了在雷达探测中的应用外,还被应用于GPS接收机的抗干扰系统。洛克希德·马丁公司研制的G-STAR全球定位产品采用了基于STAP的数字波束形成技术,实现了同时多波束接收和干扰零陷抑制。法国Thales公司也研发了与G-STAR类似的GPS抗干扰系统——TopShield,该系统能够提供大于90 dB的干扰抑制能力,可有效对抗连续波、脉冲窄带和宽带噪声干扰。

1.4 小结

空时自适应处理技术通过空域和时域二维联合自适应滤波的方式,实现了机载雷达对强杂波与干扰的有效抑制。作为提升机载雷达性能的一项关键技术,近年来备受雷达领域的关注与世界军事强国的重视。本章从方法、实验系统和应用三个方面回顾了空时自适应处理技术的发展过程和研究现状,着重阐述了其发展过程中遇到的关键技术问题,并介绍了STAP技术在装备上的应用情况。

第 2 章

机载 PD 雷达基础知识

脉冲多普勒(PD)体制是现代机载雷达采用的主要体制之一[102]，也是在实际工程中应用空时自适应处理技术的重要前提。最早的机载 PD 雷达是美国休斯公司研制的装备于 F-14 战斗机上的 AN/AWG-9 机载火控雷达。典型的 PD 体制机载预警雷达是美国西屋公司研制的装备于 E-3A 预警机上的 AN/APY-1 机载预警雷达。传统的脉冲多普勒雷达信号处理流程主要包括匹配滤波、距离选通、多普勒滤波处理和恒虚警率处理等。本章简要介绍机载 PD 雷达的基础知识，主要包括信号频谱特性、杂波分布特性、距离/多普勒模糊的影响和主要技战术指标等。

2.1 信号频谱特性

对于机载雷达，运动目标回波的多普勒频率由载机速度和目标自身运动速度共同决定，如图 2.1 所示，其数学表达式为

$$f_d = 2\frac{V_R\cos\theta\cos\varphi + V_t}{\lambda} \tag{2.1}$$

其中，V_R 表示载机运动速度；θ 和 φ 分别表示载机速度矢量与目标方向之间的方位角和俯视角；V_t 表示目标的径向运动速度。

地面杂波的多普勒频率完全由机载雷达本身的速度引起，其数学表达式为

$$f_d = 2\frac{V_R\cos\theta\cos\varphi}{\lambda} = 2\frac{V_R\cos\psi}{\lambda} \tag{2.2}$$

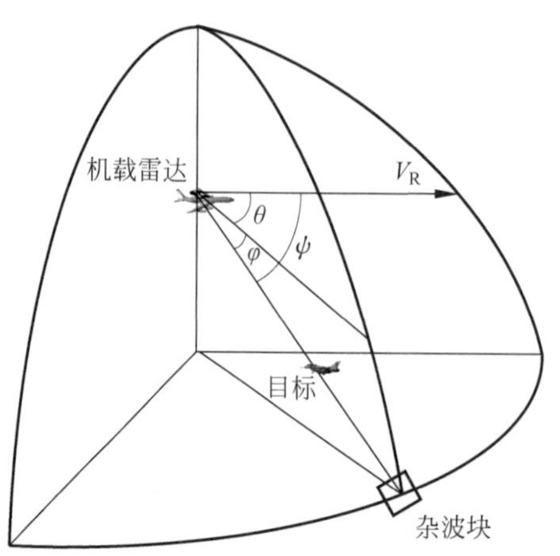

图 2.1 机载雷达的几何关系图

其中，θ、φ 和 ψ 分别表示载机速度矢量与杂波块方向之间的方位角、俯视角和空间锥角。由于机载雷达接收到的地面杂波回波来自于各个方向的众多杂波块，因此杂波回波具有较宽的频谱。

由式(2.1)和式(2.2)可知，在相同角度情况下，运动目标的多普勒频率不等于地面杂波的多普勒频率。当运动目标的速度 V_t 足够大时，在频域上运动目标回波有可能远离杂波，此时目标仅需与噪声竞争即可。因此，机载 PD 雷达的工作原理是利用运动目标回波和地面杂波回波的多普勒频率差异，实现运动目标的有效检测。

机载 PD 雷达系统发射相参脉冲串信号，其特点是各脉冲信号之间的相位具有一致性，其频谱如图 2.2 所示。需要指出的是，图 2.2 中仅给出位于 f_0 处的信号频谱，位于 $-f_0$ 处的频谱特性与之相同；此外图 2.2 中仅给出了部分位于 f_0 附近的离散采样谱线，远端谱线并未给出。与相参脉冲串信号不同，非相参脉冲串信号的特点是各脉冲信号之间的相位是随机变化的，其频谱不受脉冲重复频率(PRF)的影响，与单个脉冲信号的频谱特性相同，因此非相参脉冲串信号的频谱为 sinc 函数形式。

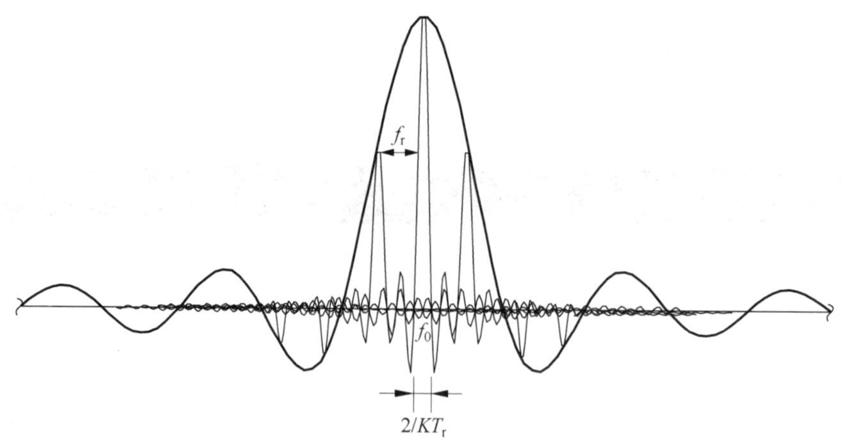

图 2.2 相参脉冲串信号的频谱

相比于非相参脉冲串信号，相参脉冲串信号的频谱特点为：①二者的包络形状一致，均为 sinc 函数，且包络的零点宽度为 $2/\tau$，其中 τ 表示单个脉冲宽度；②在包络主瓣范围内，相参脉冲串信号的频谱由若干个谱线组成；③由于将能量集中于几根离散的谱线上，因此相参脉冲串信号的谱线幅度大于非相参脉冲串信号的频谱幅度；④相参脉冲串信号频谱中各谱线之间的间隔恒定，均为脉冲重复频率 f_r；⑤在实际工程中，由于脉冲串持续时间有限，各根谱线实际上为具有一定宽度的谱带，零点宽度为 $2/KT_r$，其中 K 表示相参脉冲个数，T_r 表示脉冲重复间隔。位于 f_0 处的谱线称为中心谱线，其功率最强，远离 f_0 的正频率方向分别是第一上边带、第二上边带……；相应地，在相反方向分别是第一下边带、第二下边带……。

2.2　杂波特性

从天线波束角度看，机载雷达地面回波包括以下三种：主瓣回波、旁瓣回波和高度线回波。其中主瓣回波是指从雷达天线波束主瓣接收到的地面回波；旁瓣回波是指从雷达天线波束旁瓣接收到的地面回波；高度线回波是指从雷达正下方接收到的旁瓣回波。

对于大多数机载雷达而言，旁瓣回波都是无用的，因此通常也将旁瓣回波称为旁瓣杂波。主瓣回波则有不同的用途，例如：合成孔径雷达(SAR)、高度测绘以及多普勒导航等。但是对于以探测运动目标为主要功能的机载预警雷达而言，除了目标信号之外，主瓣回波和旁瓣回波均属于杂波信号。对于地基雷达，从杂波中分离出目标相对简单，原因是雷达固定在地面上，所有杂波的多普勒频率均在零频附近。对于机载雷达，杂波在多普勒频率域上存在展宽和平移，导致从杂波中分离出目标相对复杂。

2.2.1　主瓣杂波

对于机载雷达，除了仰视情况和主瓣与地面的距离超过了雷达视距这两种特殊情况以外，在大多数情况下机载雷达天线主瓣通常都会照射到地面，即回波中存在主瓣杂波(mainlobe clutter)。从回波功率角度看，由于天线主瓣增益高，主瓣回波功率通常很强，因此主瓣杂波对目标检测性能的影响非常严重。本节主要介绍主瓣杂波的频谱分布特性。

图 2.3 给出了机载雷达杂波分辨单元的几何关系示意图，其中载机速度为 V_R，沿着 Y 轴正向匀速运动，载机高度为 H，波束指向与载机速度之间的空域锥角为 ψ，方位角为 θ，俯视角为 φ，杂波块(x_c, y_c)的斜距为 R_c，在 XOY 平面上的投影距离为 R_g。

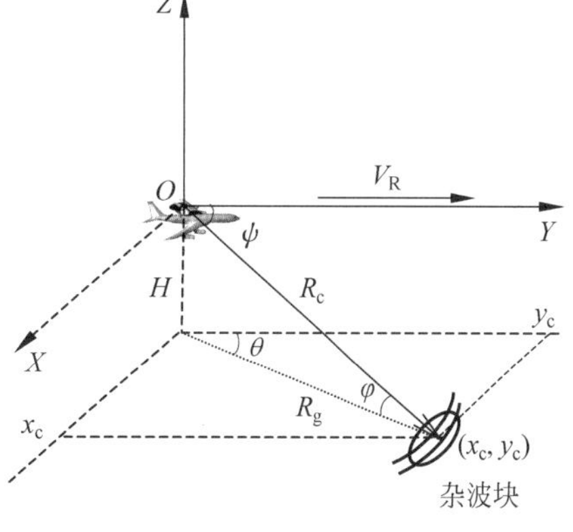

图 2.3　机载雷达几何关系示意图

假设波束主瓣指向的方位角和俯视角分别为 θ_0 和 φ_0，则主瓣杂波的中心多普勒频率为

$$f_{d0}=2\frac{V_R\cos\psi_0}{\lambda}=2\frac{V_R\cos\theta_0\cos\varphi_0}{\lambda} \tag{2.3}$$

由于天线波束主瓣照射到地面一大片区域，包含的各个杂波块的角度不同，因此总的主瓣杂波频谱具有一定的宽度。假设天线波束的方位向宽度为 $\Delta\theta$，则其对应的多普勒频谱宽度为

$$\Delta B_{ML}=2\frac{V_R}{\lambda}\left[\cos\left(\theta_0-\frac{1}{2}\Delta\theta\right)-\cos\left(\theta_0+\frac{1}{2}\Delta\theta\right)\right]\cos\varphi_0 \tag{2.4}$$

当波束指向正前方时，即波束指向与载机飞行方向一致时，对应的主瓣杂波中心多普勒频率达到最大值，但是主瓣杂波的频谱宽度最小。当波束指向载机飞行方向的法线时，即波束指向与载机飞行方向垂直时，对应的主瓣杂波中心多普勒频率为零，但是主瓣杂波的频谱宽度最大。当波束指向机尾方向时，即波束指向与载机飞行方向完全相反时，对应的主瓣杂波中心多普勒频率和频谱宽度同时达到最小值。图 2.4 给出了不同波束指向所对应的主瓣杂波中心多普勒频率和频谱宽度的变化情况。

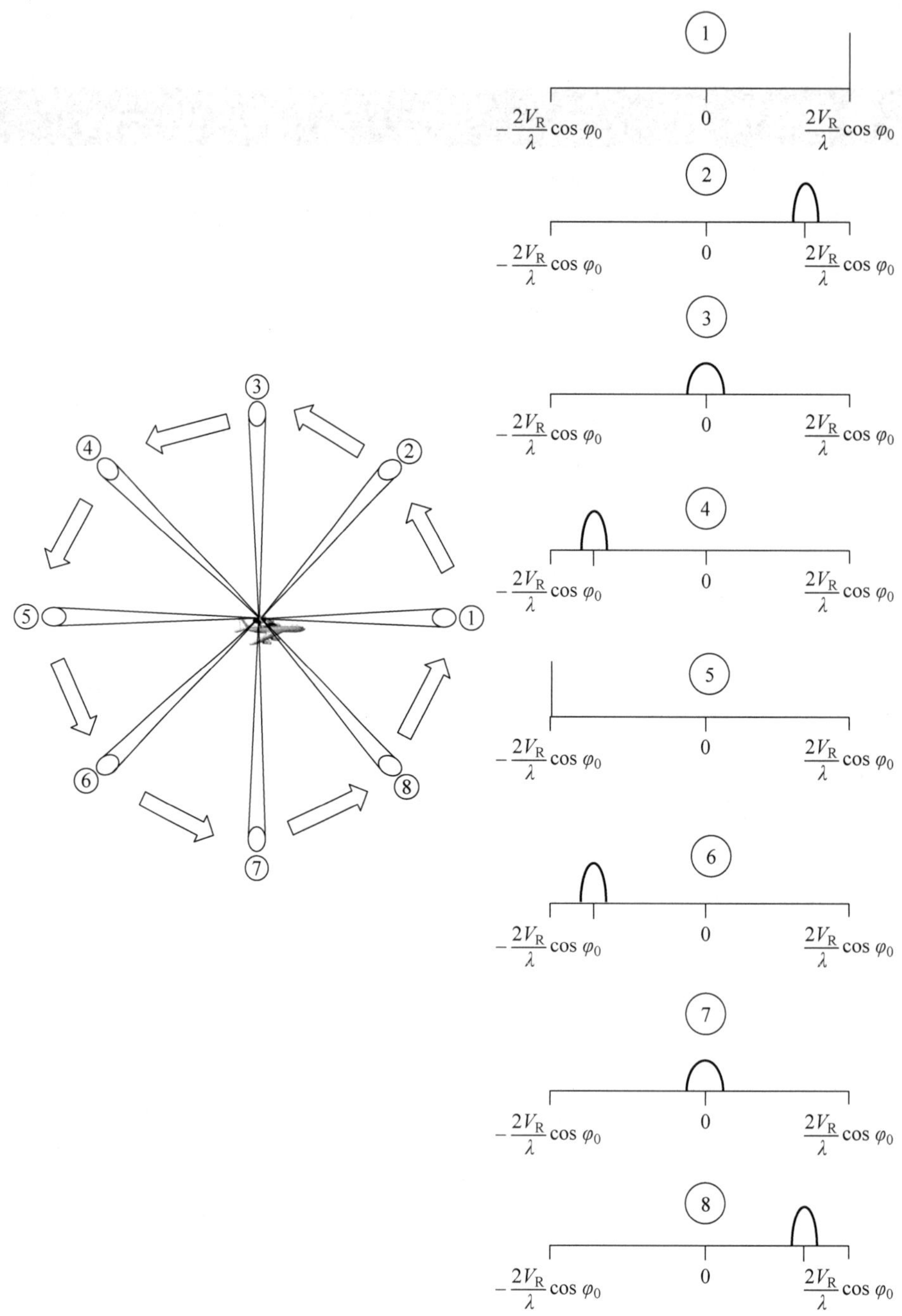

图 2.4 不同波束指向对应的主瓣杂波分布情况

2.2.2　旁瓣杂波

1. 多普勒频率范围

天线旁瓣接收到的雷达回波都是无用的，所以称为旁瓣杂波(sidelobe clutter)。旁瓣杂波在频域的能量虽然不如主瓣杂波集中，但它具有更宽的频谱宽度。由式(2.2)可以看出，不同角度的旁瓣杂波具有不同的多普勒频率。对于俯视角为 φ 的距离环的旁瓣杂波信号，其频谱的分布范围为 $\left[-2\dfrac{V_{\mathrm{R}}}{\lambda}\cos\varphi, 2\dfrac{V_{\mathrm{R}}}{\lambda}\cos\varphi\right]$，因此旁瓣杂波的频谱宽度为

$$\Delta B_{\mathrm{SL}} = 4\frac{V_{\mathrm{R}}}{\lambda}\cos\varphi \tag{2.5}$$

由式(2.5)可以看出，距离越远，俯视角 φ 越小，旁瓣杂波的带宽越宽。

2. 距离-多普勒等高线

为了降低旁瓣杂波对目标检测性能的影响，机载 PD 雷达信号处理的对象通常是某一距离的回波信号，即在多普勒滤波处理之前首先进行距离选通。本小节介绍与距离选通紧密相关的等距离环的概念。

对于斜距为 R_{c} 的某杂波块$(x_{\mathrm{c}}, y_{\mathrm{c}})$，与之具有相同斜距的各杂波块分布在以载机为球心、$R_{\mathrm{c}}$ 为半径的球体与地面的交线上，这些杂波块的数学表达式为

$$x_{\mathrm{c}}^2 + y_{\mathrm{c}}^2 = R_{\mathrm{c}}^2 - H^2 \tag{2.6}$$

该交线为一组以载机在地面上的投影为圆心、R_{g} 为半径的同心圆，如图 2.5 所示。由于雷达距离分辨率的限制，各同心圆应为一个个等距离环，环的宽度近似为雷达距离分辨率。

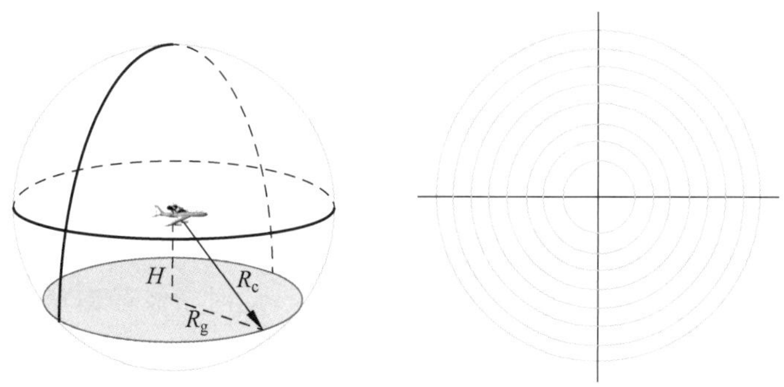

图 2.5　机载雷达杂波等距离环示意图

多普勒等高线指具有相同多普勒频率的杂波块所组成的曲线。在机载雷达中，以载机速度矢量为中心线的锥面与地面的交线，由于速度矢量与该锥面上每一点的夹角都是相等的，因此该交线上每一点的回波都具有相同的多普勒频率，该交线即为多普勒等高线，如图 2.6 所示。

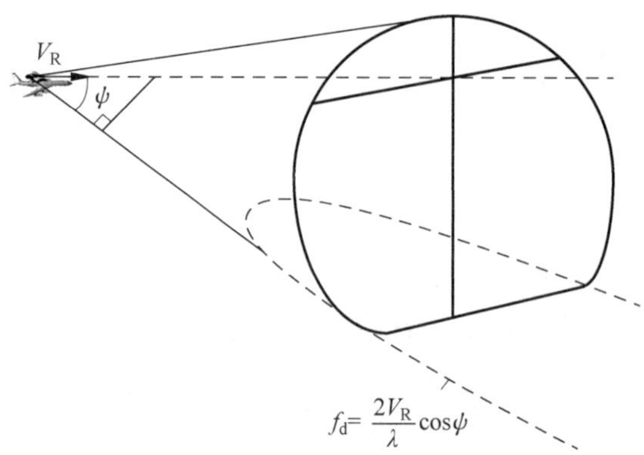

图 2.6 圆锥体与地面的几何关系

定义某一杂波块的归一化多普勒频率为

$$\bar{f}_d=\frac{f_d}{f_r}=\frac{2V_R}{\lambda f_r}\cos\theta\cos\varphi \tag{2.7}$$

其中，f_r 表示雷达脉冲重复频率。根据图 2.3 的几何关系可知

$$\cos\theta=\frac{y_c}{R_g},\quad \cos\varphi=\frac{R_g}{R_c} \tag{2.8}$$

因此可推导得到

$$\bar{f}_d=\frac{2V_R}{\lambda f_r}\cdot\frac{y_c}{R_c}=\frac{2V_R}{\lambda f_r}\cdot\frac{y_c}{\sqrt{H^2+x_c^2+y_c^2}} \tag{2.9}$$

进一步推导可得

$$\frac{y_c^2}{H^2\bar{f}_d^2\dfrac{1}{\left(\dfrac{2V_R}{\lambda f_r}\right)^2-\bar{f}_d^2}}-\frac{x_c^2}{H^2}=1,\quad \bar{f}_d=[-0.5,0.5] \tag{2.10}$$

式(2.10)表明机载雷达等多普勒线为一组双曲线，如图 2.7 所示。在载机飞行方向的正前方，等多普勒线对应的频率较大，此时杂波径向速度等于载机速度，即 $V_c=V_R$；在与载机飞行方向相垂直的方向，等多普勒线对应的频率为零，此时杂波径向速度为零，即 $V_c=0$；在载机飞行方向的尾部，等多普勒线对应的频率为负值，此时杂波径向速度等于负的载机速度，即 $V_c=-V_R$。

距离-多普勒等高线指具有相同的距离和多普勒频率的杂波块所组成的曲线，如图 2.8 所示，具有相同距离和多普勒频率的杂波块在空间中的分布是离散的。研究上述离散杂波块的意义是在后续杂波抑制过程中，与目标相竞争的副瓣杂波指的就是在距离-多普勒等高线上与目标具有相同多普勒频率和距离的杂波块(注意：此处假设不存在模糊)。通过图 2.8，可以找到影响目标检测性能的副瓣杂波的空间位置。

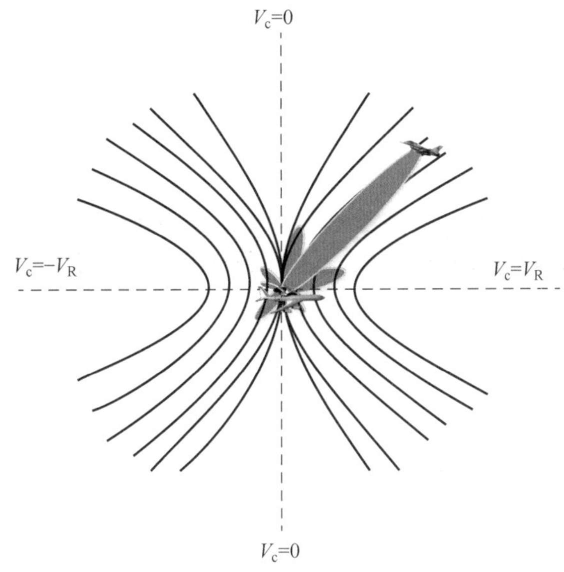

图 2.7　等多普勒线

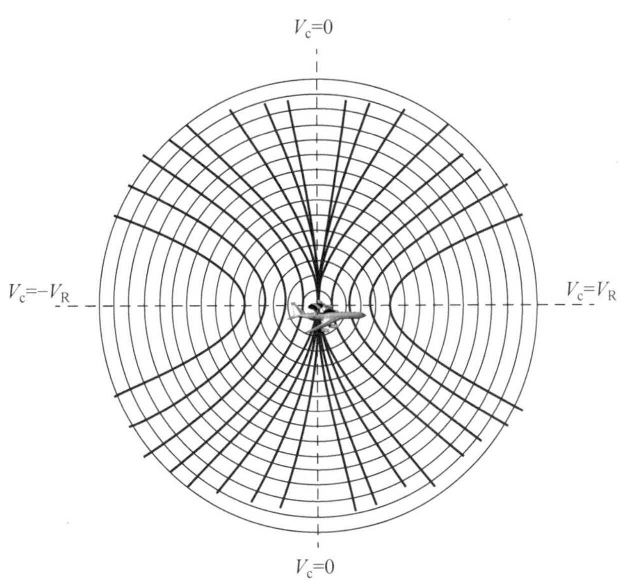

图 2.8　距离-多普勒等高线

2.2.3　高度线杂波

高度线杂波(altitude clutter)是指来自载机下方的距离为载机高度的回波信号。高度线杂波的特点是：①强度大。由于距离近，且入射方向接近垂直，高度线杂波不仅比周围的旁瓣杂波强得多，甚至有可能大于主瓣杂波的强度。②距离位置固定。高度线杂波在距离上以峰值形式位于载机高度处，且随着距离的增加衰减很快。③多普勒频率位于零频附近。

高度线杂波对应的俯视角接近 90°,因此其中心多普勒频率位于零频附近。此外,由于在 90°附近余弦函数变化最快,因此高度线杂波的带宽相对较宽。

尽管高度线杂波强度比较大,但是它来自载机高度处而且该距离是可以预测的,所以高度线杂波通常比其他杂波容易抑制。

2.3 杂波与目标频谱间的关系

2.3.1 波束指向不变,目标速度改变情况

假设机载雷达波束指向固定不变,始终指向正前方,则不同目标速度情况下的某一距离环(对应俯视角为 φ_0)的杂波回波与目标频谱关系如图 2.9 所示。其中主瓣杂波中心频率达到最大,即为 $2\dfrac{V_R}{\lambda}\cos\varphi_0$。旁瓣杂波频谱范围为 $\left[-2\dfrac{V_R}{\lambda}\cos\varphi_0, 2\dfrac{V_R}{\lambda}\cos\varphi_0\right]$,但是由于天线增益的影响,当天线波束指向正前方时,旁瓣杂波在正多普勒频率上具有较强的功率。此外,高度线杂波位于零多普勒频率附近。

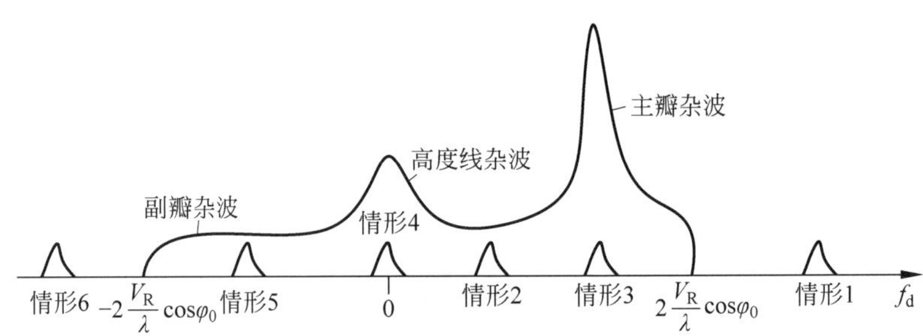

图 2.9 波束指向不变,目标速度改变情况下的频谱分布关系

图 2.9 给出了当目标处于机头、机尾和切向方向时的杂波和目标频谱之间的关系,具体介绍如下:①目标与载机之间处于迎头状态,即情形 1,此时目标落入无杂波区(即清晰区),仅需与噪声竞争。②目标与载机之间处于靠近状态,即情形 2($V_t < V_R$)和情形 4($V_t = V_R$)。对于情形 2,目标落入正旁瓣杂波区;对于情形 4,目标与载机相对静止,目标落入高度线杂波区。③目标沿切向飞行,即情形 3,此时目标的相对径向运动速度为零,目标落入主瓣杂波区。④目标与载机之间处于远离状态,即情形 5 和情形 6。对于情形 5,目标与载机运动方向一致且 $V_t < V_R$,此时目标落入负旁瓣杂波区;对于情形 6,目标与载机运动方向相反或者二者运动方向一致且 $V_t > 2V_R$,此时目标落入无杂波区。

2.3.2 目标速度不变,波束指向改变情况

假设目标的运动速度保持不变,始终为 V_t,则不同波束扫描情况下的某一距离环(对应俯视角为 φ_0)的杂波回波与目标频谱之间的关系如图 2.10 所示。从图 2.10 中可以看出,主瓣杂波的中心多普勒频率和谱宽随扫描角变化而变化;运动目标的多普勒频率随扫描角

的变化而变化；旁瓣杂波和高度线杂波在多普勒频率上的分布范围基本固定不变，与扫描角无关。但是需要指出的是，旁瓣杂波频谱的功率分布随扫描角改变。

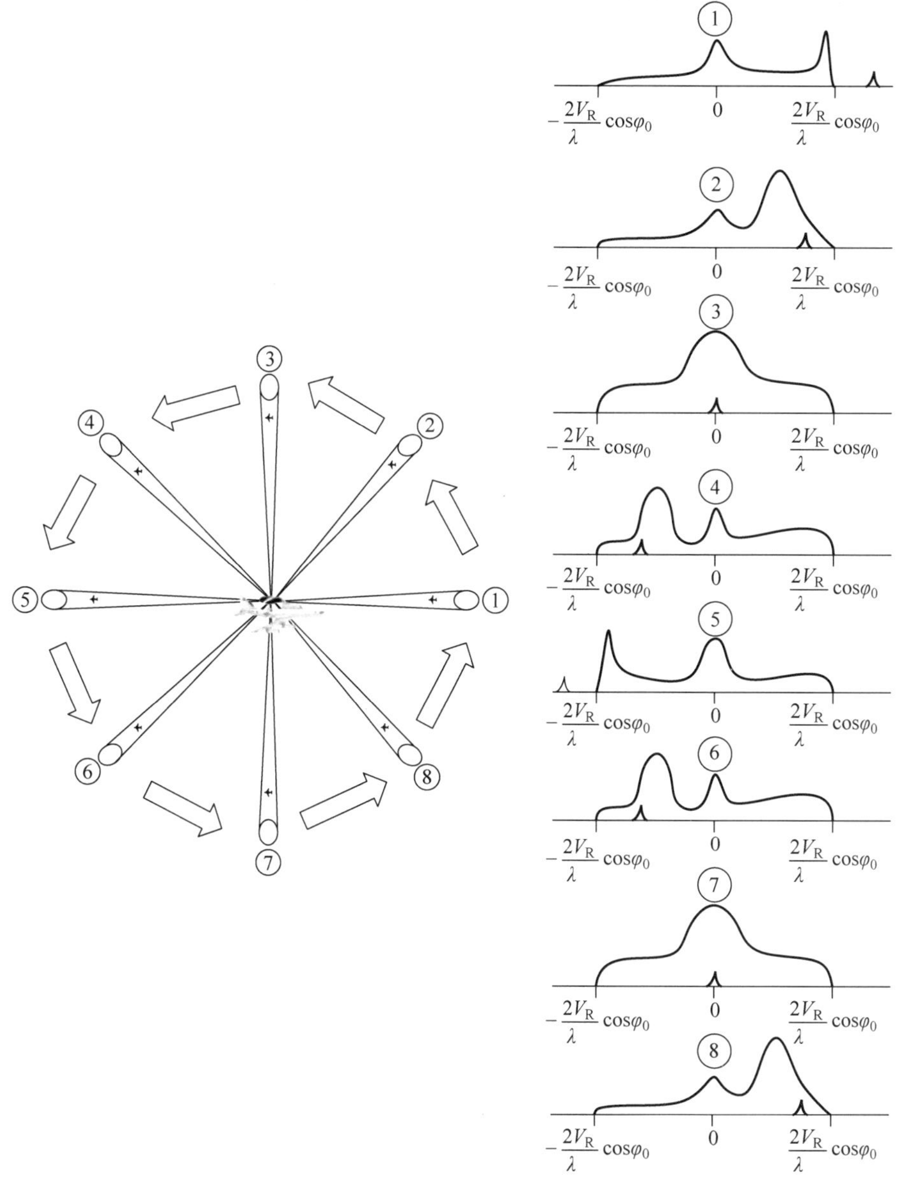

图 2.10　目标速度不变，波束指向改变情况下的频谱分布关系

2.2 节和 2.3 节中介绍的杂波分布特性是在无距离模糊和多普勒模糊前提下得到的。在实际工程中，由于系统参数的限制，机载雷达回波信号通常存在距离模糊或者多普勒模糊，甚至二者同时存在。模糊的影响主要表现在两个方面：一是消除了目标信号和杂波信号之间的距离差异和多普勒频率差异，导致目标信号难以检测；二是对于单个目标，模糊使观察到的距离和多普勒频率产生一个以上的可能值，需要增加解模糊处理。

2.4 距离模糊

2.4.1 距离模糊与 PRF 的关系

属于同一雷达发射脉冲的回波信号还没有被全部接收到而下一个脉冲已经发射，这种现象称为距离模糊现象。在距离模糊中，雷达最大不模糊距离是指在该距离范围之内雷达回波不存在距离模糊，通常用 R_u 表示，其数学表达式为

$$R_u = \frac{c}{2f_r} \tag{2.11}$$

由上式可以看出，雷达最大不模糊距离完全由脉冲重复频率(PRF)决定，PRF 越大，则 R_u 越小，如图 2.11 所示。当 PRF 增加时，曲线下降速度非常快。例如：当 f_r=300 Hz 时，R_u=500 km；当 f_r=3 000 Hz 时，R_u 仅为 50 km。

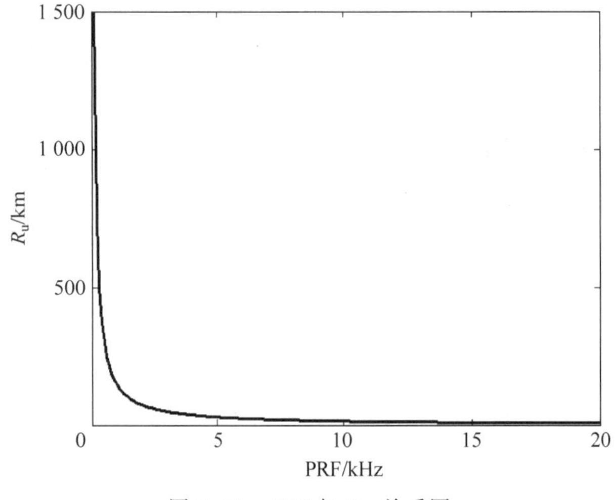

图 2.11 PRF 与 R_u 关系图

距离模糊会带来两方面不利影响：一是当回波信号处于不模糊距离 R_u 之外时，无法确定该回波对应哪个发射脉冲；二是由于在相隔 R_u 的距离处所产生的回波能被雷达同时接收到，导致来自一个目标的回波不仅要和目标处的地面杂波竞争，还要和与目标相隔 R_u 的整数倍处所产生的地面杂波竞争。

从有利于时域上检测目标的角度看，应尽可能使距离不模糊，因此雷达最远可探测目标的回波必须是一次回波，即其距离必须小于不模糊距离 R_u。如果 PRF 足够低，使要求的最大作用距离落在一次距离区内，则距离模糊可通过抑制 R_u 以外的任何接收回波加以消除。

2.4.2 距离模糊对回波分布的影响

当雷达探测范围大于最大不模糊距离时出现距离模糊，此时雷达的回波信号在距离域上被划分成宽度为 R_u 的若干段，各段内间隔为 R_u 的回波信号将同时被雷达接收机接收到，即彼此重叠在一起。这将导致远距离的微弱目标信号与近程的强杂波信号在时域上重

叠在一起，原本有可能检测到的目标信号由于距离模糊的影响而无法被检测到。下面通过例子对距离模糊的影响进行阐述。

假设目标位于远程区，当不存在距离模糊时，目标仅需要与旁瓣杂波竞争，相对容易检测，如图 2.12 所示，其中 R_a 表示雷达视距。

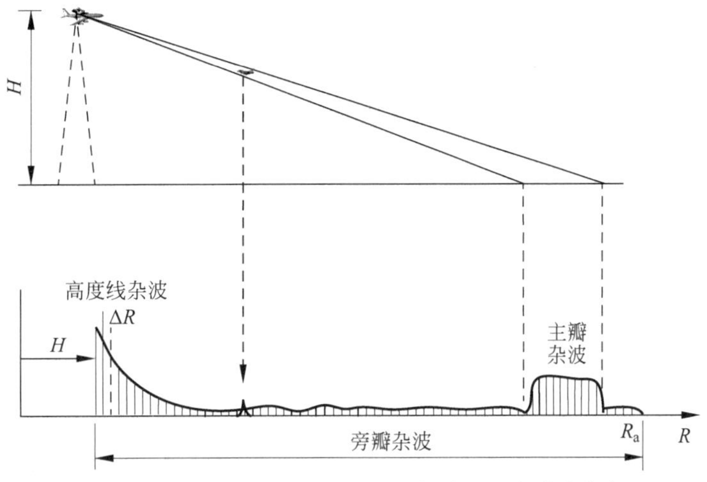

图 2.12　无距离模糊情况下的机载雷达回波时域分布

当增大脉冲重复频率使存在距离模糊时，虽然近程强杂波不模糊，但远程目标信号和主瓣杂波模糊后折叠到近程强杂波区，如图 2.13 所示。此时目标信号不仅要与具有相同真实

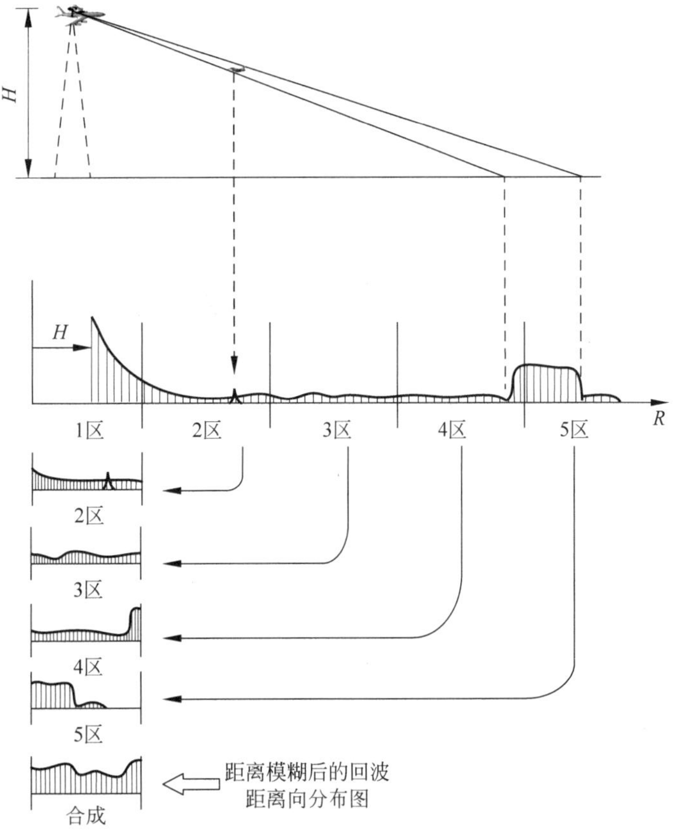

图 2.13　存在距离模糊情况下的机载雷达回波时域分布

距离的旁瓣杂波竞争，而且还要与相隔为 R_u 的强近程杂波以及主瓣杂波竞争，因此通过时域处理方法难以检测到目标。由于所有距离上的回波都将在不模糊距离内叠加，因此，脉冲重复频率越高，雷达最大不模糊距离就越小，叠加的杂波就越强，对目标检测的影响就越严重。

2.4.3 距离模糊对距离盲区的影响

对于收发共置雷达，当雷达工作于发射状态时，接收机通道是关闭的，此时目标回波无法被接收到，因而雷达无法检测到目标。该段时间对应的距离范围称为距离盲区，其数学表达式为

$$R_b = \frac{c\tau}{2} \tag{2.12}$$

其中，τ 表示发射脉冲持续时间。

当存在距离模糊时，距离盲区将对目标检测性能产生严重的影响。距离模糊越严重，距离盲区的影响就越严重。图 2.14 给出了距离模糊对距离盲区的影响示意图。从图 2.14 中可以看出，距离盲区的大小与目标的距离无关，始终是 $c\tau/2$。

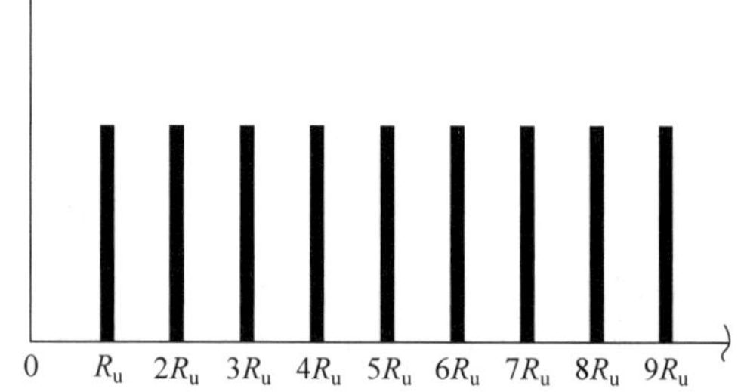

图 2.14 距离模糊对距离盲区的影响

上述距离模糊均是针对目标信号。对于杂波信号而言，它在距离上的真实分布范围是相对固定的。最大杂波信号距离为机载雷达的视距，即

$$R_a(\text{km}) = 4.12\sqrt{H(\text{m})} \tag{2.13}$$

当 $R_a < R_u$ 时，杂波信号不存在距离模糊；否则，杂波信号存在距离模糊。

2.5 多普勒模糊

2.5.1 多普勒模糊与 PRF 的关系

如果某一目标回波的多普勒频率大于脉冲重复频率，此时雷达无法确定该目标回波多普勒频率的真实值，则称为多普勒模糊现象。多普勒模糊是由于相参脉冲串信号的频谱具有周期延拓特性引起的，参见 2.1 节。在多普勒模糊中，最大不模糊多普勒频率是指不存在多普勒模糊的最大多普勒频率，此处用 f_{du1} 表示，通常雷达的频率检测范围为 $[-f_r/2, f_r/2]$，则最大不模糊多普勒频率的数学表达式为

$$|f_{du1}| = \frac{f_r}{2} \tag{2.14}$$

式(2.14)表明当目标绝对多普勒频率大于 $f_r/2$ 时，目标频谱的非中心谱线将进入雷达检测范围，此时无法得到真实的目标多普勒频率。

多普勒模糊除了导致目标多普勒频率测不准外，还有可能使得模糊后的目标回波与杂波竞争。假设杂波不存在多普勒模糊，则从与杂波竞争的角度看，在杂波不模糊的情况下确保目标不落入杂波第 1 个上边带，此时对应的最大不模糊多普勒频率为

$$|f_{\mathrm{du2}}|=f_{\mathrm{r}}-\frac{2V_{\mathrm{R}}}{\lambda}\cos\varphi \tag{2.15}$$

其中，V_{R} 表示载机运动速度；φ 表示与目标具有相同距离的杂波环对应的俯视角。由式(2.15)可以看出，雷达最大不模糊多普勒频率不仅由 PRF 决定，还与载机运动速度和俯视角有关。PRF 越小，则 f_{du1} 和 f_{du2} 越小，多普勒模糊越严重；目标越远，对应的杂波俯视角就越小，多普勒模糊越严重。图 2.15 给出了最大不模糊多普勒频率 f_{du2} 的示意图。可以看出，当目标的多普勒频率大于最大不模糊多普勒频率时，目标频谱的第 1 个下边带将与杂波中心频谱重合，导致在检测范围内目标与杂波产生竞争，同时雷达检测到的是目标的第 1 个下边带而非其中心谱线。

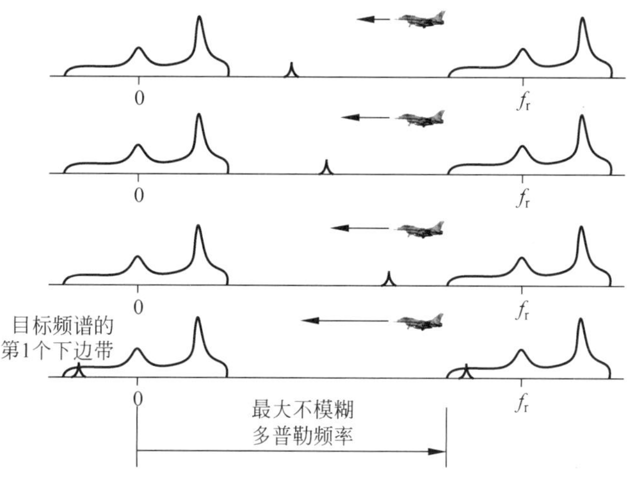

图 2.15　最大不模糊多普勒频率 f_{du2} 示意图

综合式(2.14)和式(2.15)可以看出，在杂波不发生多普勒模糊的前提下，式(2.14)的约束通常要更苛刻一些，即 $|f_{\mathrm{du2}}|>|f_{\mathrm{du1}}|$。

由式(2.15)可以得到最大不模糊多普勒频率对应的目标最大不模糊速度为

$$V_{\mathrm{u}}=\frac{\lambda}{2}\left(f_{\mathrm{r}}-\frac{2V_{\mathrm{R}}}{\lambda}\cos\varphi\right) \tag{2.16}$$

注意式(2.16)中 V_{u} 指的是目标相对载机的径向速度。图 2.16 和图 2.17 给出了不同参数情况下的 PRF 与 V_{u} 之间的关系示意图。从图中可以看出，在载机速度、波长和俯视角固定的情况下，(重频，相对运动速度)二维平面被划分为四个区域，分别是杂波模糊区、杂波不模糊目标模糊区、杂波不模糊目标模糊但目标未落入第 1 个杂波重复谱带内、杂波与目标均不模糊区。雷达波长越短，多普勒模糊范围越大；重频越大，多普勒模糊范围越小。当重频固定且杂波不模糊时，随着目标相对运动速度的变大，目标逐步从不模糊区域、模糊但未落入杂波区过渡到模糊且落入杂波区，此时模糊不仅导致目标速度测不准，同时还带来目标检测的困难。由于不同距离环上的杂波分布范围不同，因此对目标最大不模糊速度也会带来影响。

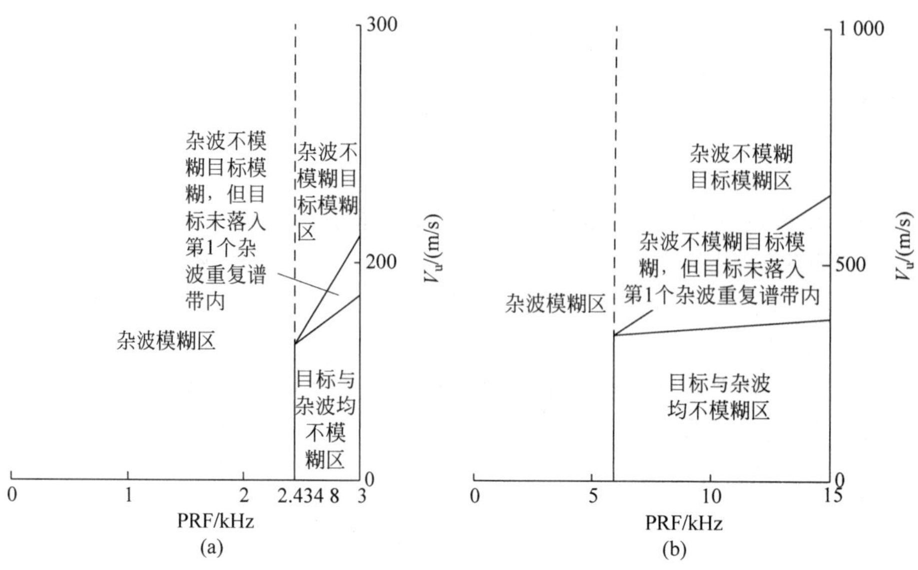

图 2.16 PRF 与 V_u 关系图($V_R=140$ m/s,$\varphi=0°$)

(a) $\lambda=0.23$ m; (b) $\lambda=0.1$ m

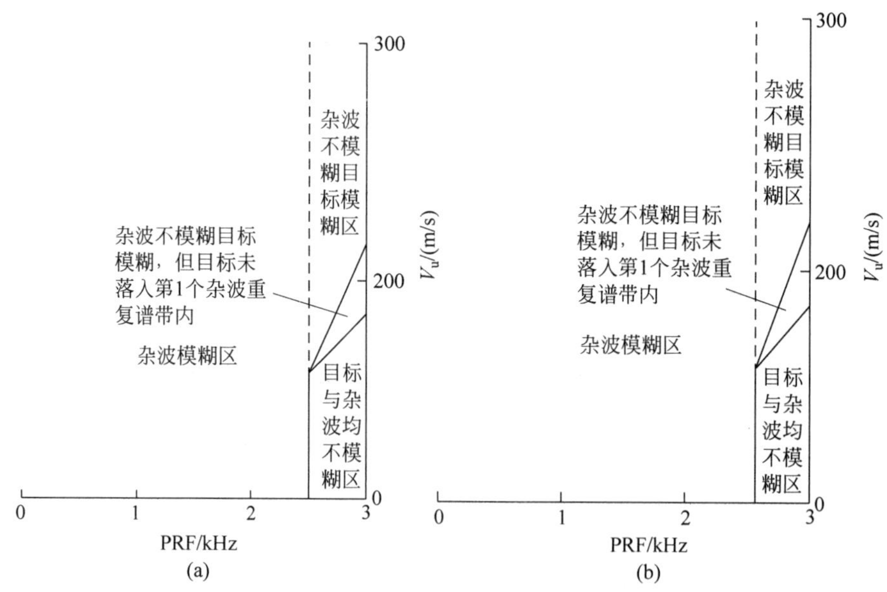

图 2.17 PRF 与 V_u 关系图($V_R=140$ m/s,$\lambda=0.23$ m)

(a) $\varphi=2°$; (b) $\varphi=10°$

上述多普勒模糊均是针对目标信号。对于杂波信号而言，它在频域上的真实分布范围是相对固定的，因此使杂波信号不发生多普勒模糊的最小脉冲重复频率为

$$f_{\rm rmin}=\frac{4V_{\rm R}}{\lambda}\cos\varphi \tag{2.17}$$

当 $f_{\rm r}>f_{\rm rmin}$ 时，杂波信号不存在多普勒模糊，否则存在模糊。当 $f_{\rm r}=f_{\rm rmin}$ 时，意味着

中心谱线的最大旁瓣杂波多普勒频率和第 1 个上边带中最大负旁瓣杂波多普勒频率重叠。

从有利于频域上检测目标的角度看，应尽可能使目标和杂波信号均不存在多普勒模糊，但在条件受限的情况下应首先确保杂波不发生多普勒模糊。

图 2.18 所示为 PRF 与距离模糊和多普勒模糊关系示意图。从图中可以看出距离不模糊区和多普勒不模糊区很窄，在两个不模糊区的中间是一个相当大的距离和多普勒同时模糊的区域。对于大多数机载雷达而言，不存在距离和多普勒都不模糊的 PRF。

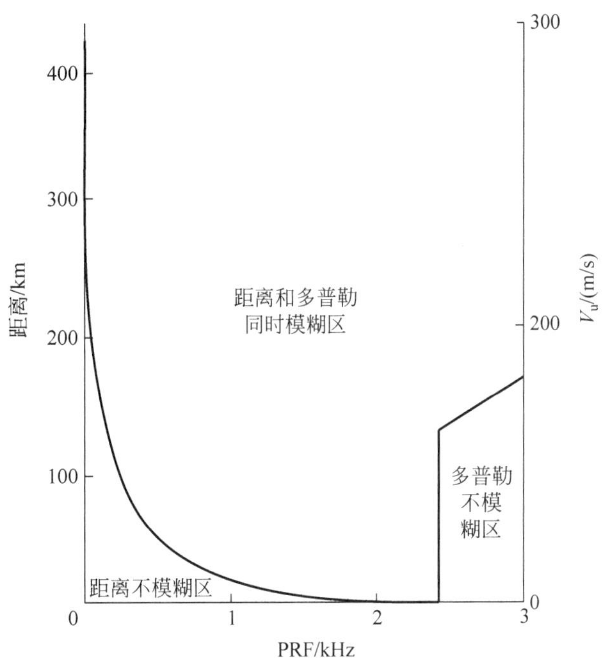

图 2.18　PRF 与距离模糊和多普勒模糊关系示意图[参数设置同图 2.17(a)]

2.5.2　多普勒模糊对回波分布的影响

本小节分别从目标检测和杂波两个角度分析多普勒模糊对回波分布的影响。

情况 1：杂波不模糊情况下多普勒模糊对目标检测的影响

假设重频不变，改变目标速度观察不同多普勒频率情况下的多普勒模糊情况，如图 2.19 所示。当目标径向速度较小时，目标不存在多普勒模糊，且落入无杂波区，此时目标仅需与噪声竞争；随着目标径向速度的增加，目标多普勒频率超过了 $f_r/2$，但还未落入杂波第 1 个重复谱带内，此时与目标竞争的仍是噪声，但是需要解速度模糊；随着目标径向速度的进一步增大，目标多普勒频率落入杂波第 1 个重复谱带内，此时目标频谱的第 1 个下边带进入检测范围，目标不仅发生了多普勒模糊，还需与旁瓣杂波竞争。

情况 2：多普勒模糊对杂波分布的影响

假设杂波分布范围不变，改变重频观察多普勒模糊对杂波分布的影响，如图 2.20 所示。当重频 $f_r > f_{rmin}$ 时，杂波不模糊；当 $f_r = f_{rmin}$ 时，杂波中心谱带与第 1 个上边带正好相接，此时杂波正好不模糊；当 $f_r < f_{rmin}$ 时，杂波发生多普勒模糊，此时杂波中心谱带与第 1 个上边带重合。

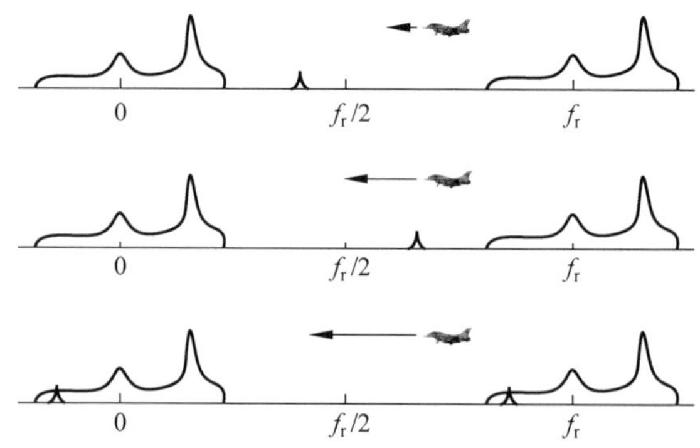

图 2.19 杂波不模糊情况下多普勒模糊对目标检测的影响

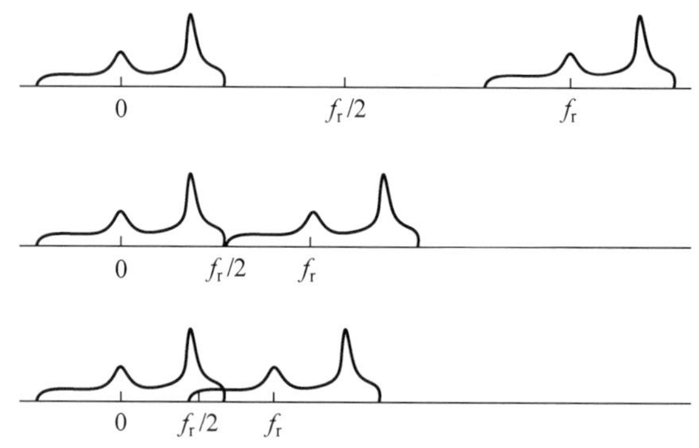

图 2.20 多普勒模糊对杂波分布的影响

随着 PRF 的减小，多普勒模糊逐渐严重，导致：①越来越多的旁瓣杂波会堆积在待检测频谱之间；②主瓣杂波的谱线互相靠近叠加在一起。在驻留时间不变的前提下，相干脉冲串的谱线宽度与 PRF 无关，降低 PRF 使得主瓣杂波占据了更多的接收机通带，造成目标检测的困难。

由于主瓣杂波占据了越来越多的通带，所以很难做到根据多普勒频率差抑制主瓣杂波的同时不至于抑制掉太多的目标回波。如果趋于极端情况，则重叠将导致主瓣杂波完全占据接收通带。此时，要么主瓣杂波和目标同时被抑制掉，要么二者同时被保留下来。

对于机载雷达，由于载机速度已知，因此通常情况下选择重频使得杂波不发生多普勒模糊，以尽可能减小杂波对目标检测性能的影响。

2.5.3 多普勒模糊对多普勒盲区的影响

由于主瓣杂波非常强，在频域上当目标多普勒频率落入主瓣杂波频谱范围内时，导致无法通过信号处理的方法使得信杂噪比（SCNR）超过门限，即无法检测到目标，该频率范围称为多普勒盲区，其具体范围即为式（2.4）给出的 ΔB_{ML}。多普勒模糊越严重，多普勒盲区的影响就越严重。图 2.21 给出了多普勒模糊对盲区的影响示意图，其中横坐标表示机载雷达感兴趣的目标速度范围。

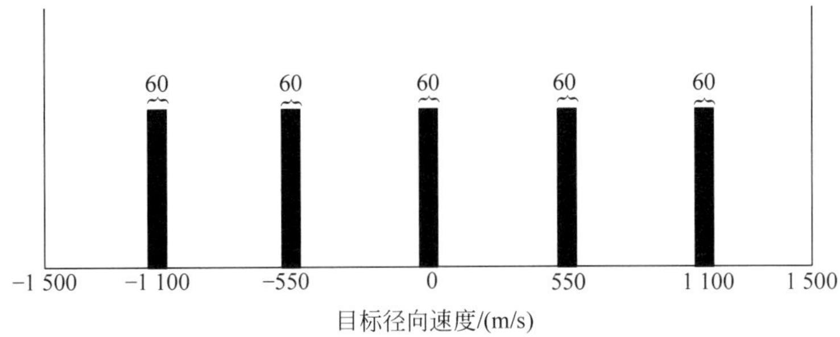

图 2.21　多普勒模糊对多普勒盲区的影响(f_r=11 000 Hz,速度盲区为 60 m/s,λ=0.1 m)

2.6　距离-速度二维盲区图

距离-速度二维盲区图表征距离模糊和多普勒模糊对雷达探测性能的影响。对于某一固定 PRF,其对应的机载雷达距离-速度二维盲区图如图 2.22 所示,二维清晰度仅为 85%,无法满足雷达战术需求。图 2.22 中当雷达作用距离超过视距时,由于不再有杂波信号,则杂波导致的多普勒盲区同时消失。此处假设载机高度为 8 km,则对应的机载雷达视距为 $R_a=4.12\sqrt{8\ 000}$ km=368 km。

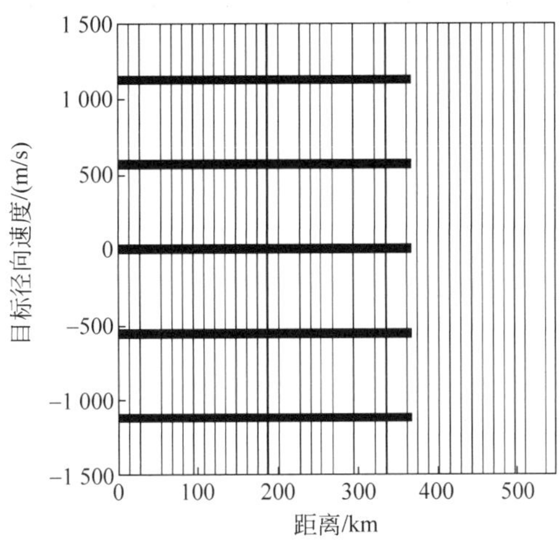

图 2.22　单重频情况下的距离-速度二维盲区图(单个重频,清晰区占比 85%)

减弱模糊对雷达探测性能影响的一种有效途径是多 PRF 技术,即在某一个波位上相继发射多个不同 PRF 的信号。以 3/5 准则为例,同一个波位上发射 5 组重频的相参脉冲串信号,对于某一(距离,多普勒)单元,若至少在任意三种 PRF 工作模式下能够同时检测到目标即认为该目标存在,也就是该单元在二维盲区图上是清晰的。图 2.23 给出了经过优化后的某一组重频对应的距离-速度二维盲区图[103],其二维清晰度达到 95%,性能得到显著提升。需要说明的是,本节图 2.22 和图 2.23 仅考虑了发射脉冲遮挡和主瓣杂波带来的盲区影响,并没有考虑旁瓣杂波和噪声对雷达探测性能的影响。

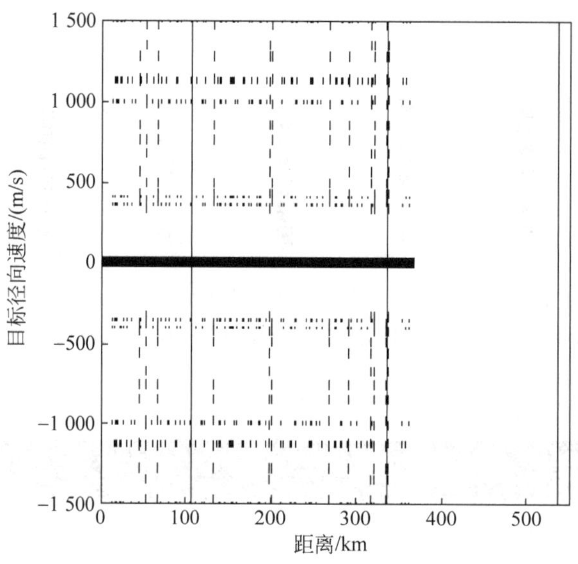

图 2.23 应用多 PRF 技术后的距离-速度二维盲区图(5 个重频,清晰区占比 95%)

2.7 三种工作模式

对于机载 PD 雷达,PRF 决定了距离和多普勒频率的模糊程度,而模糊程度不仅决定了机载 PD 雷达直接测量目标距离和速度参数的能力,还决定了机载 PD 雷达对杂波的抑制能力,因此 PRF 是机载 PD 雷达的一项重要技术参数。从模糊的角度可以将 PRF 划分为低脉冲重复频率(LPRF)、高脉冲重复频率(HPRF)和中脉冲重复频率(MPRF)三种,其中 LPRF 是指雷达最大作用距离设计在一次距离区内的 PRF,即不存在距离模糊; HPRF 是指对所有感兴趣目标的观测多普勒频率均不模糊的 PRF; MPRF 是指距离和多普勒频率同时模糊的 PRF。不同 PRF 情况下距离和多普勒频率模糊比较如表 2.1 所示。

表 2.1 不同 PRF 情况下距离和多普勒频率模糊比较

PRF	距　离	多普勒频率
LPRF	不模糊	模糊
HPRF	模糊	不模糊
MPRF	模糊	模糊

由于不同类型的重频其回波信号在距离和多普勒频率上的分布特性存在显著差异,因此适用于不同的应用场景,即对应着机载 PD 雷达的三种工作模式。

LPRF 由于距离不模糊,因此 LPRF 工作模式具有以下优点: ①目标距离参数可直接用简单的精确脉冲延时测距测得; ②大部分杂波可通过距离选通进行抑制。但是如果主瓣杂波与目标在距离上分不开,则仍需要根据多普勒频率的差别对主瓣杂波进行抑制。因为在 LPRF 情况下主瓣杂波谱宽占据了 PRF 的相当一部分,抑制主瓣杂波必然也抑制掉了位于主瓣杂波内的目标。因此 LPRF 工作模式具有以下缺点: ①空-空俯视性能不好,大部分空中高速运动目标回波可能和主瓣杂波一起被抑制掉; ②地面慢速运动目标会出现在脉冲重复频率的全范围内，给感兴趣的空中运动目标检测和跟踪造成困难。

HPRF 由于多普勒频率不模糊，因此 HPRF 工作模式具有以下优点：①在频率域具有无杂波区，使得迎头进入的运动目标仅需与噪声竞争，检测性能优良；②主瓣杂波的谱宽仅占脉冲重复频率的一小部分，其对目标检测性能影响较小；③目标速度参数容易测量。HPRF 工作模式的缺点是：由于具有严重的距离模糊，与目标回波具有相同多普勒频率的旁瓣杂波很有可能包含从近距离反射回来的近程强杂波，因此旁瓣杂波区内的目标检测性能具有一定损失。

MPRF 同时具有距离模糊和多普勒模糊，但是都不是很严重，因此 MPRF 工作模式具有以下优点：①由于模糊不严重，主瓣杂波和旁瓣杂波功率均不是很强，因此具有较优良的空域全方位目标探测性能；②可通过距离分辨和多普勒分辨相结合的方式实现运动目标的有效检测；③大部分地面慢速运动目标落入主瓣杂波区，因此陆上探测性能较好。但是 MPRF 工作模式的缺点是必须同时解决距离模糊和多普勒模糊。

2.8　主要技战术指标

1. 探测距离

当收发共用一副天线时，雷达距离方程的表达式为

$$R_{\max}^{4}=\frac{P_{t}G_{t}^{2}\lambda^{2}\sigma_{t}}{(4\pi)^{3}kT_{0}B_{n}F_{n}M} \tag{2.18}$$

其中，P_t 表示雷达发射功率；G_t 表示天线增益；λ 表示雷达工作波长；σ_t 表示目标雷达散射截面积(RCS)；k 表示玻尔兹曼常数；T_0 表示标准室温；B_n 表示接收机噪声带宽；F_n 表示噪声系数；M 表示识别系数。

1）噪声背景

当仅存在噪声时，识别系数 M 表示为最小可检测信噪比，即

$$R_{\max}^{4}=\frac{P_{t}G_{t}^{2}\lambda^{2}\sigma_{t}}{(4\pi)^{3}kT_{0}B_{n}F_{n}\left(\dfrac{S}{N}\right)_{\min}} \tag{2.19}$$

2）杂波＋噪声背景

对于机载 PD 雷达，当同时存在杂波和噪声时，识别系数 M 表示为最小可检测信杂噪比，即

$$R_{\max}^{4}=\frac{P_{t}G_{t}^{2}\lambda^{2}\sigma_{t}}{(4\pi)^{3}kT_{0}B_{n}F_{n}\left(\dfrac{S}{C+N}\right)_{\min}} \tag{2.20}$$

其中，B_n 表示机载 PD 雷达中单个多普勒滤波器频响的主瓣宽度。由式(2.20)可以看出，当存在杂波剩余时，雷达探测距离会有所下降。当杂波剩余高于噪声电平 1 dB 时，最大探测距离下降约 19%；当杂波剩余低于噪声电平 1 dB 时，最大探测距离下降约 14%。在实际工程中，由于 CNR 难以准确得到，通常以杂波＋噪声剩余电平为衡量指标，当剩余为 1 dB 时，最大探测距离下降约 6%。

2. 覆盖范围

1）方位覆盖范围

机载预警雷达在方位上通常可以实现全覆盖。对于相控阵天线，单个阵面的扫描范围通常为120°，则至少需要3个天线阵面。对于机械扫描天线，一副天线即可满足要求，但会牺牲数据率。机载火控雷达在方位上一般覆盖机头方向60°范围。

2）俯仰覆盖范围

机载预警雷达在俯仰方向覆盖要求较低，因为它主要观察中、远距离的目标。当天线置于飞机顶端时，正上方附近和正下方附近为盲区，飞行高度越高，盲区越大。

3）速度覆盖范围

机载预警雷达的最小可检测速度一般为30 m/s，最大可检测速度可达几马赫。

4）距离-速度二维盲区图

距离-速度二维盲区图表示在距离-速度二维域上，由于发射脉冲遮挡引起的距离盲区、主瓣杂波遮挡引起的速度盲区以及PRF模糊引起的二维盲区情况。

3. 分辨率

1）距离分辨率

距离分辨率由信号带宽决定，即

$$\Delta R=\frac{c}{2B} \tag{2.21}$$

其中，c 表示电磁波传播速度；B 表示信号带宽。

2）速度分辨率

速度分辨率由雷达对目标的观测时间决定。对于机载PD雷达，利用一组滤波器进行多普勒滤波处理，则速度分辨率由单个滤波器的频带宽度决定，即

$$\Delta v=\frac{\lambda}{2}\Delta f_{\mathrm{d}}=\frac{\lambda}{2KT_{\mathrm{r}}} \tag{2.22}$$

3）角度分辨率

角度分辨率由天线波束宽度决定。从战术上看，角度分辨率越高越好，但是机载平台限制了天线的孔径，也就限制了波束宽度的减小。此外，方位波束宽度和俯仰波束宽度不能过小，它还需保证一定的运动目标驻留时间和空域高度覆盖。通常情况下，机载预警雷达的方位角度分辨率约为1°～3°，俯仰角分辨率约为5°～10°。

4. 测量精度

与地面雷达相似，机载预警雷达的测量精度取决于天线波束宽度、指向精度、SCNR、信号带宽和信号处理滤波器带宽等参数。机载预警雷达通常采用单脉冲测角，当SCNR足够高时，测角误差可降到波束宽度的1/20～1/10，对应的测角精度在方位上为0.1°～0.3°，俯仰上为0.5°～1°。

5. 工作模式与数据率

与地面雷达不同，机载预警雷达的工作模式包括：①空-空正常搜索，该模式下的数据

率一般为 360°/10 s；②空-空增程搜索，为提升对重点扇区的雷达威力，通过降低数据率来增加波束驻留时间；③空-空小目标搜索，为进一步提升对高威胁性小目标的探测威力，在一个较小的扇区内通过降低数据率来增加波束驻留时间，一般扇区大小为 60°或 45°；④空-海搜索，该模式下主要探测海面舰船目标，数据率一般为 360°/10 s；⑤无源探测模式，该模式主要用于检测和定位空中各种辐射源的位置。

6. 工作频段

机载预警雷达通常工作于 UHF(P)、L 和 S 频段，机载侦察雷达一般工作于 C 频段，机载火控雷达工作于 X 频段。

7. 抗干扰能力

抗干扰能力是指在受到有意或无意干扰情况下，雷达保持探测性能不受影响的能力。雷达的抗干扰能力经常以典型干扰条件下探测距离指标下降情况来描述。通常机载雷达具备的抗干扰措施包括捷变频、旁瓣匿影、旁瓣对消和自适应波束形成等。

8. 物理参数

机载雷达受到安装平台的限制，对其体积、外形、重量、耗电量和工作环境条件等都有严格要求，特别是安装在战斗机上的机载火控雷达，要求更加苛刻。现代战斗机上的机载火控雷达体积仅为 0.1～0.15 m^3，重量仅为 100～150 kg，耗电量为 3～5 kW・h。对于机载预警雷达，其天线体积和重量同样受到载机起飞重量和机动性能的严格限制。

2.9　小结

PD 体制是 STAP 技术在实际机载雷达装备中应用的重要前提之一。本章介绍了机载 PD 雷达的相关基础知识，包括频谱特性、杂波特性、杂波与目标频谱间的关系、距离模糊、多普勒模糊、距离-速度二维盲区图、三种工作模式和主要技战术指标等。通过本章的介绍可以看出，影响目标检测的主要因素是旁瓣杂波，其分布范围广且强度通常远大于目标信号；主瓣杂波分布与波束指向有关，目标在频谱上的分布位置与目标和载机之间的相对运动关系有关；距离模糊和多普勒模糊显著改变了杂波的分布，严重影响机载雷达的目标检测性能；三种工作模式各有优缺点，在实际工程中可根据机载雷达完成任务的不同选择相应的工作模式。

第 3 章

DPCA 技术统一模型与性能分析

地基雷达杂波主要分布于零多普勒频率附近，采用传统信号处理方法即可将杂波对消。而机载雷达由于安置于载机之上，一方面，在下视工作时，将面临更强的地、海面杂波；另一方面，载机与地面的相对运动导致杂波频谱展宽。因此，机载雷达的杂波抑制非常困难。为了消除载机运动带来的影响，20 世纪 60 年代诞生了偏置相位中心天线（DPCA）技术[104]，其基本思想是通过改变连续两脉冲发射、接收相位中心的空间位置和参数约束来实现杂波信号的相位补偿，这种 DPCA 方法被称为物理位置上的 DPCA。此后，又诞生了电子 DPCA 方法[105]，其基本思想是通过合理设计连续两脉冲的波束形成矢量来实现杂波信号的相位补偿。为表示方便，本章将以上两类方法统称为传统 DPCA 方法。

虽然各种 DPCA 方法的实现方式和应用范围各不相同，但其基本思想和最终目标是一致的，即补偿杂波信号脉冲间相位差，并实现理想的杂波对消。物理位置上的 DPCA 对天线发射和接收相位中心的空间位置有严格的要求，天线利用率较低且容易受机身抖动等不利因素的影响。电子 DPCA 在一定程度上放松了对雷达参数的限制，使得 DPCA 技术得到实际应用。目前 E-2C 预警机雷达即采用了电子 DPCA 技术。DPCA 本质上是一种杂波对消的技术，实现 DPCA 的方式多种多样，除了上述传统的 DPCA 方法，还有频域 DPCA[105-106]和图像域 DPCA[107]等。因为传统的 DPCA 方法更直接地体现了 DPCA 的基本思想，且具有更紧密的内在联系，所以本章仅对传统 DPCA 方法进行讨论。下文中的 DPCA 方法均指传统的 DPCA 方法。现有的相关文献均是独立地对各种 DPCA 方法作简要介绍，这不利于理清各种 DPCA 方法之间的相互联系和实现机理。为此，本章在分析总结现有 DPCA 方法的基础上，建立了 DPCA 统一模型并结合统一模型对现有的两类 DPCA

方法进行分析比较，最后通过计算机仿真验证了 DPCA 统一模型的有效性和相关理论分析的正确性[108]。

3.1　DPCA 统一模型

图 3.1 给出了机载雷达几何关系的示意图。载机沿 Y 轴正向运动，天线阵列为均匀线阵，阵元间距为 d，阵元数为 N，脉冲数为 K，H 表示载机高度，V_R 表示载机速度，δ 表示天线轴向与载机运动方向的夹角，θ_i 和 φ 分别表示第 $i(i=1,2,\cdots,N_c)$ 个杂波块的方位角和俯视角。假设阵元全向发射，全向接收，无幅相误差和通道误差，且杂波各向同性。在本章中为讨论方便，将脉冲数 K 设定为偶数。

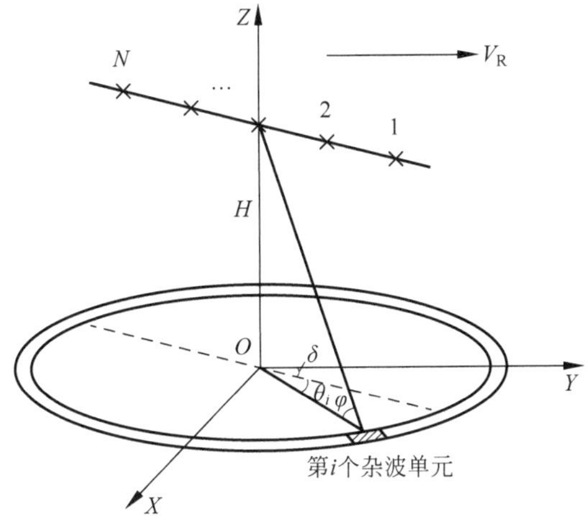

图 3.1　机载雷达几何关系的示意图

机载雷达杂波加噪声回波信号的表达式为

$$\boldsymbol{X}=\sum_{i=1}^{N_c}\boldsymbol{Q}_i\boldsymbol{X}_{c_i}+\boldsymbol{n} \tag{3.1}$$

其中，$\boldsymbol{X}_{c_i}$ 表示第 i 个杂波块的 NK 维的杂波信号；$\boldsymbol{n}$ 表示 NK 维的噪声信号；$\boldsymbol{Q}_i$ 表示偏置相位中心矩阵，其具体表达式为

$$\boldsymbol{Q}_i=\boldsymbol{I}_{\frac{K}{2}}\otimes\begin{bmatrix}\boldsymbol{I}_N & \boldsymbol{O}_{N\times N}\\ \boldsymbol{O}_{N\times N} & \mathrm{e}^{\mathrm{j}\phi_i}I_N\end{bmatrix} \tag{3.2}$$

其中，$\boldsymbol{I}_N$ 表示 $N\times N$ 单位阵；ϕ_i 表示第 i 个杂波块由于发射相位中心改变导致的脉冲间相位差。

DPCA 技术的处理流程如图 3.2 所示，主要包括四步：子 CPI 选取、波束形成、杂波对消和多普勒滤波处理。下面结合图 3.2 对 DPCA 技术的统一模型进行详细描述。

步骤 1　子 CPI 选取

第 $p(p\in\{0,1,\cdots,P-1\})$ 个子相干处理间隔(CPI)对应的回波数据为

注：本书后续章节涉及大量的矢量表达式，为了便于描述，矢量中各元素间若为分号表示按列向排列；若为逗号表示按行向排列。

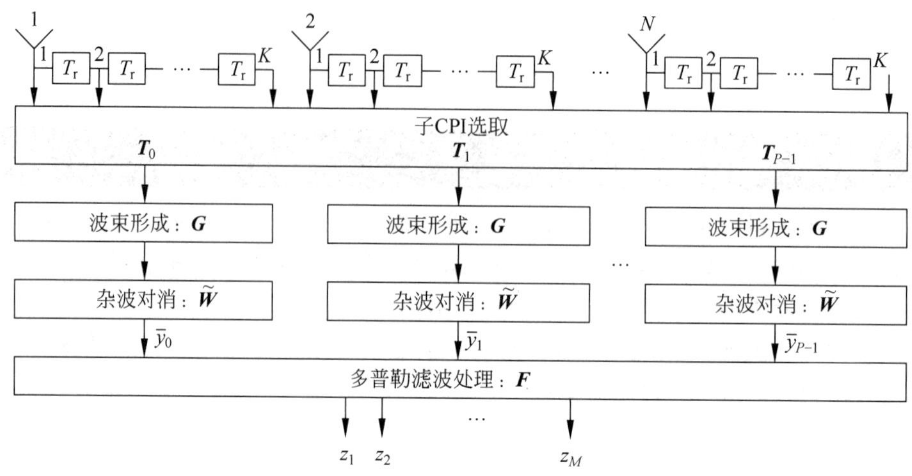

图 3.2 DPCA 处理流程图

$$\widetilde{\boldsymbol{X}}_p=\begin{bmatrix}\widetilde{\boldsymbol{X}}_{p,1}\\ \widetilde{\boldsymbol{X}}_{p,2}\end{bmatrix}=\boldsymbol{T}_p^{\mathrm{H}}\boldsymbol{X} \tag{3.3}$$

其中

$$\boldsymbol{T}_p=\begin{bmatrix}\boldsymbol{0}_{p\times 2}\\ \boldsymbol{I}_2\\ \boldsymbol{0}_{(K-2-p)\times 2}\end{bmatrix}\otimes\boldsymbol{I}_N \tag{3.4}$$

$\boldsymbol{T}_p$ 为 $NK\times 2N$ 矩阵，$\widetilde{\boldsymbol{X}}_{p,1}$ 和 $\widetilde{\boldsymbol{X}}_{p,2}$ 分别表示子 CPI 内两脉冲对应的阵列回波数据，$\widetilde{\boldsymbol{X}}_p$ 的维数为 $2N$。

步骤 2 波束形成

对第 p 个子 CPI 的回波数据进行波束形成处理的数学表达式为

$$\boldsymbol{Y}_p=\boldsymbol{G}^{\mathrm{H}}\widetilde{\boldsymbol{X}}_p \tag{3.5}$$

其中

$$\boldsymbol{G}=\begin{bmatrix}\boldsymbol{g}_1 & \boldsymbol{O}_{N\times 1}\\ \boldsymbol{O}_{N\times 1} & \boldsymbol{g}_2\end{bmatrix} \tag{3.6}$$

表示 $2N\times 2$ 波束形成矩阵；$\boldsymbol{g}_1$ 和 $\boldsymbol{g}_2$ 分别表示相邻两个脉冲对应的波束形成矢量，维数为 N。

步骤 3 杂波对消

对第 p 个子 CPI 波束形成处理后的数据进行杂波对消的数学表达式为

$$\bar{y}_p=\widetilde{\boldsymbol{W}}^{\mathrm{H}}\boldsymbol{Y}_p \tag{3.7}$$

其中 $\widetilde{\boldsymbol{W}}=(1,-1)^{\mathrm{T}}$ 表示杂波对消权矢量。

步骤 4 多普勒滤波处理

经过多普勒滤波处理后的输出信号为

$$\boldsymbol{Z}=\boldsymbol{F}^{\mathrm{H}}\bar{\boldsymbol{Y}}=(z_1,z_2,\cdots,z_M)^{\mathrm{T}} \tag{3.8}$$

其中

$$\boldsymbol{F}=(\boldsymbol{f}_1,\boldsymbol{f}_1,\cdots,\boldsymbol{f}_M) \tag{3.9}$$

$$\bar{\boldsymbol{Y}}=(\bar{y}_0,\bar{y}_1,\cdots,\bar{y}_{P-1})^{\mathrm{T}} \tag{3.10}$$

$\boldsymbol{F}$ 表示 $P\times M$ 多普勒滤波矩阵；$z_m=\boldsymbol{f}_m^{\mathrm{H}}\boldsymbol{W}^{\mathrm{H}}\boldsymbol{X}$ 表示第 $m(m=1,2,\cdots,M)$ 个多普勒通道的输出；$\boldsymbol{W}$ 是 $NK\times P$ 矩阵，其第 p 列可表示为

$$\boldsymbol{W}_p=\boldsymbol{T}_p\boldsymbol{G}\widetilde{\boldsymbol{W}} \tag{3.11}$$

因此 DPCA 技术对应的复合权矢量为

$$\boldsymbol{W}_{\mathrm{DPCA},m}=\boldsymbol{W}\boldsymbol{f}_m \tag{3.12}$$

其维数为 NK。

需要注意的是，只有在满足特定的约束条件时，两类 DPCA 方法才能实现理想的杂波对消。因此在统一模型中需加入如下约束：

$$\text{s.t.}\begin{cases}\delta=f_1(0^\circ)\\ d=f_2(V_{\mathrm{R}},T_{\mathrm{r}})\end{cases} \tag{3.13}$$

其中，$f_1(\cdot)$表示阵列偏置角与 0°的关系，即是否为正侧视阵；$f_2(\cdot)$表示阵元间距、载机速度和脉冲重复周期之间的函数关系。

3.2　统一模型与 DPCA 方法的关系

根据 DPCA 统一模型可知，不同的 DPCA 方法主要区别在于偏置相位中心矩阵、波束形成矩阵和约束条件不同。因此，当给定偏置相位中心矩阵、波束形成矩阵和约束条件时，就可得到具体的 DPCA 方法。

3.2.1　物理位置上的 DPCA

物理位置上的 DPCA 通过设置发射、接收相位中心特定的空间位置和参数约束来实现杂波信号的相位补偿，共分为两种情况。图 3.3 给出了情况 1 和情况 2 在一个完整的对消周期内的物理位置上的 DPCA 原理图，其中“×”表示天线阵元，“•”表示天线相位中心。

对于物理位置上的 DPCA，$N=2$。在子 CPI 选取时，采取相邻两脉冲选取方式，即 $P=K/2$。偏置相位中心矩阵、波束形成矩阵和约束条件分别为

$$\boldsymbol{Q}_i=\begin{cases}\boldsymbol{I}_{\frac{K}{2}}\otimes\begin{bmatrix}1&0&0&0\\0&1&0&0\\0&0&\mathrm{e}^{\mathrm{j}2\pi\frac{d}{\lambda}\cos\theta_i\cos\varphi}&0\\0&0&0&\mathrm{e}^{\mathrm{j}2\pi\frac{d}{\lambda}\cos\theta_i\cos\varphi}\end{bmatrix}, & \text{情况 1}\\ \boldsymbol{I}_{2K}, & \text{情况 2}\end{cases} \tag{3.14}$$

$$\boldsymbol{G}=\begin{bmatrix}1&0&0&0\\0&0&0&1\end{bmatrix}^{\mathrm{T}} \tag{3.15}$$

$$\text{s.t.}\begin{cases}\delta=0^{\circ}\\ d=\begin{cases}V_{\mathrm{R}}T_{\mathrm{r}}, & \text{情况 1}\\ 2V_{\mathrm{R}}T_{\mathrm{r}}, & \text{情况 2}\end{cases}\end{cases}\tag{3.16}$$

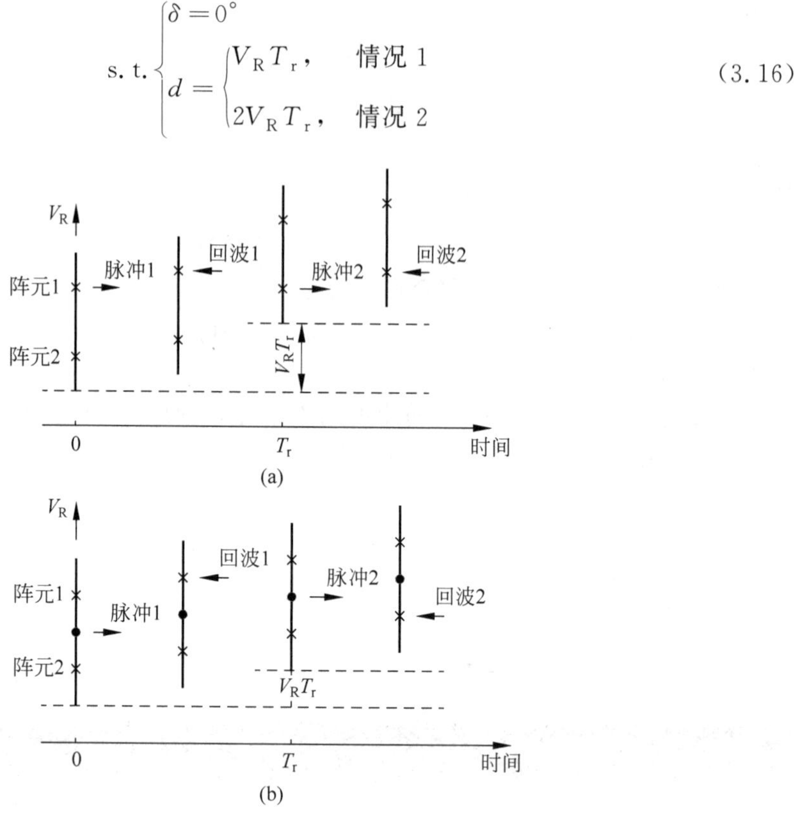

图 3.3　物理位置上的 DPCA 原理图

(a) 情况 1；(b) 情况 2

3.2.2　电子 DPCA

电子 DPCA 通过合理设计连续两脉冲的波束形成矢量来实现杂波信号的相位补偿，共分为两种情况。图 3.4 给出了情况 1 和情况 2 实现杂波相位补偿的电子 DPCA 原理图。其中 $x_{\Sigma,1}$、$x_{\Sigma,2}$ 和 $x_{\Delta,1}$、$x_{\Delta,2}$ 分别表示子 CPI 内相邻两脉冲对应的和信号和差信号，r 表示和差通道放大系数比，$\boldsymbol{g}=(1,\mathrm{e}^{\mathrm{j}2\pi\frac{d}{\lambda}\cos\theta_0\cos\varphi_0},\cdots,\mathrm{e}^{\mathrm{j}2\pi(N-1)\frac{d}{\lambda}\cos\theta_0\cos\varphi_0})^{\mathrm{T}}$ 表示波束形成矢量。

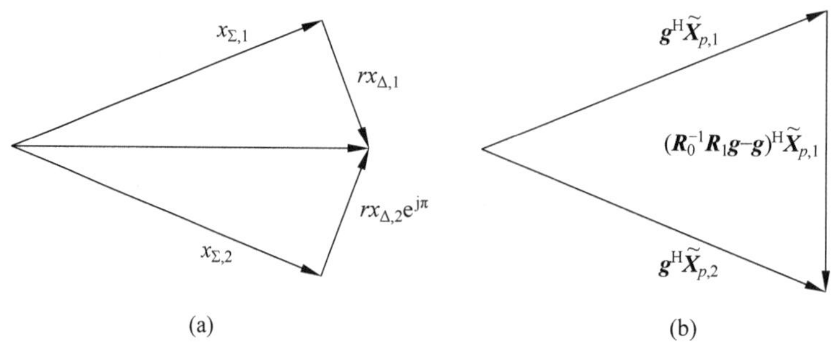

图 3.4　电子 DPCA 原理图

(a) 情况 1；(b) 情况 2

对于电子 DPCA，子 CPI 选取时采取滑窗方式，即 $P=K-1$。情况 1 中接收波束为和差波束；情况 2 中 $N\geqslant 2$。偏置相位中心矩阵、波束形成矩阵和约束条件分别为

$$\boldsymbol{Q}_i=\boldsymbol{I}_{NK} \tag{3.17}$$

$$\boldsymbol{G}=\begin{cases}\begin{bmatrix}1 & 0 & r & 0\\ 0 & 1 & 0 & r\mathrm{e}^{\mathrm{j}\pi}\end{bmatrix}^{\mathrm{H}}, & \text{情况 1}\\ \begin{bmatrix}\boldsymbol{R}_0^{-1}\boldsymbol{R}_1\boldsymbol{g} & \boldsymbol{0}_{N\times 1}\\ \boldsymbol{0}_{N\times 1} & \boldsymbol{g}\end{bmatrix}, & \text{情况 2}\end{cases} \tag{3.18}$$

其中，情况 2 中 $\boldsymbol{G}$ 为 $2N\times 2$ 矩阵；

$$\boldsymbol{R}_0=E(\widetilde{\boldsymbol{X}}_{p,1}\widetilde{\boldsymbol{X}}_{p,1}^{\mathrm{H}})=E(\widetilde{\boldsymbol{X}}_{p,2}\widetilde{\boldsymbol{X}}_{p,2}^{\mathrm{H}}) \tag{3.19}$$

$$\boldsymbol{R}_1=E(\widetilde{\boldsymbol{X}}_{p,1}\widetilde{\boldsymbol{X}}_{p,2}^{\mathrm{H}}) \tag{3.20}$$

$$\text{s.t. } d=2V_{\mathrm{R}}T_{\mathrm{r}}, \quad \text{情况 1} \tag{3.21}$$

注意，式(3.21)中 d 表示形成和差波束时的两相位中心间距。

3.3 DPCA 方法性能分析

1. 相位补偿机理

物理位置上的 DPCA 在一定参数约束条件下通过合理选取发射、接收相位中心的空间物理位置来实现相位补偿，区别在于情况 1 和情况 2 的发射相位中心不同。电子 DPCA 通过合理设计阵列波束形成方式来实现相位补偿，区别在于情况 1 采取和差波束，而情况 2 的波束形成矩阵与回波数据有关。

2. 天线利用率

物理位置上的 DPCA 情况 1，每一次杂波抑制只有一半的天线孔径被利用，而对于物理位置上的 DPCA 情况 2，虽然在每次杂波抑制时采取全阵列发射，但接收时仍然只利用一半的天线孔径。相反，电子 DPCA 技术利用全部天线孔径进行杂波抑制处理。

3. 子 CPI 数目

物理位置上的 DPCA 的子 CPI 数目为脉冲数的一半，即 $K/2$，而电子 DPCA 的子 CPI 数目为 $K-1$，因此电子 DPCA 的目标信号积累得益更高。

4. 全方位杂波抑制性能

物理位置上的 DPCA 和电子 DPCA 情况 1 可实现对空域全方位杂波的有效抑制。而对于电子 DPCA 情况 2，仅通过波束形成的方式难以对所有方向的杂波信号进行有效的相位补偿和对消。由于主瓣杂波功率远远大于副瓣杂波功率，因此通过最小均方误差准则得到的补偿向量实际上主要是作用于主瓣杂波。对于副瓣杂波可以考虑在波束形成过程中加锥销的方式加以抑制。

5. 适用范围

物理位置上的 DPCA 仅适用于正侧视阵情况，而电子 DPCA 可同时适用于正侧视阵和非

正侧视阵情况。需要注意的是,对于正侧视阵情况,电子 DPCA 情况 1 中 $r=1$,否则 $r\neq1$。

表 3.1 对各 DPCA 方法的约束条件和优缺点进行了总结。

表 3.1　DPCA 方法约束条件和优缺点比较

<table>
<tr><th colspan="2">DPCA 方法</th><th>约束条件</th><th colspan="2">优　点</th><th colspan="2">缺　点</th></tr>
<tr><td rowspan="2">物理位置上的 DPCA</td><td>情况 1</td><td>$\delta=0°$
$d=V_R T_r$</td><td colspan="2" rowspan="2">可有效对消所有方向杂波</td><td>杂波抑制时只利用了一半的天线孔径</td><td rowspan="2">(1) 子 CPI 不可重叠,目标信号积累效率较低;
(2) 对阵元间距和载机脉冲间位移有严格要求;
(3) 仅适用于正侧视阵</td></tr>
<tr><td>情况 2</td><td>$\delta=0°$
$d=2V_R T_r$</td><td>杂波抑制时在接收端仅利用了一半的天线孔径</td></tr>
<tr><td rowspan="2">电子 DPCA</td><td>情况 1</td><td>$d=2V_R T_r$</td><td>可有效对消所有方向杂波</td><td rowspan="2">(1) 子 CPI 可重叠,目标信号积累效率较高;
(2) 适用于非正侧视阵</td><td colspan="2">对阵元间距和载机脉冲间位移有严格要求</td></tr>
<tr><td>情况 2</td><td>—</td><td>对阵元间距和载机脉冲间位移无特殊要求</td><td colspan="2">仅能实现对主瓣杂波的有效抑制</td></tr>
</table>

3.4 仿真实验

仿真实验主要从输出功率和信杂噪比(SCNR)损失两个方面来分析对比不同 DPCA 方法的性能。仿真中阵元方向图为余弦方向图,仿真参数见表 3.2 和表 3.3。

表 3.2　一致的参数

参数名称	参数值
H	8 km
V_R	140 m/s
λ	0.23 m
f_r	2 434.8 Hz
K	128
δ	0°
单阵元单脉冲输入噪声功率 σ^2	0 dB
单阵元单脉冲输入信噪比 ζ_t	0 dB
天线后向衰减系数	−10 dB

表 3.3　不一致的参数

DPCA 方法		N	d/m
物理位置上的 DPCA	情况 1	2	0.057 6
	情况 2	2	0.115 2
电子 DPCA	情况 1	2	0.115 2
	情况 2	16	0.115 2

3.4.1 SCNR损失

对于某一具体的DPCA方法，其SCNR损失定义为杂波加噪声环境下的输出SCNR与纯噪声环境下的输出信噪比(SNR)的比值。设目标归一化多普勒频率为$\bar{f}_d$，则其SCNR损失可表示为

$$L_{\mathrm{SCNR}}=\frac{\mathrm{SCNR}(\bar{f}_d)}{\mathrm{SNR}_o} \tag{3.22}$$

其中，

$$\mathrm{SCNR}(\bar{f}_d)=\max_m \frac{\sigma^2\xi_t\,|\boldsymbol{W}_{\mathrm{DPCA},m}^{\mathrm{H}}\boldsymbol{S}(\bar{f}_d)|^2}{\boldsymbol{W}_{\mathrm{DPCA},m}^{\mathrm{H}}\boldsymbol{R}\boldsymbol{W}_{\mathrm{DPCA},m}} \tag{3.23}$$

其中，$\boldsymbol{S}(\bar{f}_d)$表示预设的目标导向矢量；$\boldsymbol{R}=E(\boldsymbol{XX}^{\mathrm{H}})$，表示空时协方差矩阵。式(3.23)表示选取所有DPCA滤波器输出的最大值作为待检测多普勒通道的输出值。

图3.5给出了SCNR损失随目标归一化多普勒频率的变化曲线。可以看出：①四种DPCA方法的SCNR损失在零频点，即杂波中心频点处最大，越远离杂波中心频点SCNR损失越小，直至在±0.5频点处无损失。这是因为当目标落入杂波区时，由于DPCA对目标信号响应没有约束，导致目标信号被对消。②物理位置上的DPCA和电子DPCA情况1具有基本相同的SCNR损失性能。③对于电子DPCA情况2，如果加90 dB切比雪夫锥销，则SCNR损失曲线在副瓣杂波区较为平直，且对应的SCNR损失较小，这是因为电子DPCA情况2的权矢量主要作用于主瓣杂波，因此只有在主瓣杂波区目标信号才会被大幅对消。但切比雪夫锥销会导致加权损失，因此，在副瓣杂波区存在约2.5 dB的SCNR损失。综合来看，在邻近主瓣杂波区的区域，电子DPCA情况2的SCNR损失小于其他DPCA方法，而在其他副瓣杂波区，在本节参数设置下即当$0.3\leqslant|\bar{f}_d|\leqslant 0.5$时，电子DPCA情况2的性能比其他DPCA方法略差。④对于电子DPCA情况2，如果加均匀锥销，则相对于加切比雪夫锥销其SCNR损失较大，尤其是在杂波第一副瓣区域，其原因是电子DPCA情况2的权矢量对主瓣杂波抑制效果较好，而对副瓣杂波抑制效果较差。需要指出的是，当加均匀锥销时，多普勒滤波器特性导致SCNR损失曲线存在一定程度波动。

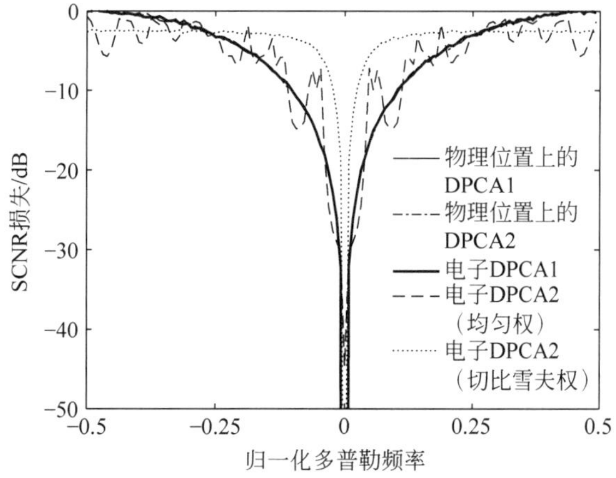

图3.5　SCNR损失曲线比较

综上所述，如果要求的 SCNR 损失不大于 3 dB，则电子 DPCA 情况 2 的综合性能最优。

3.4.2 输出 SCNR

本小节仿真实验设置了两个场景，两个场景均在 126 km 处，即第 201 个距离门添加了目标信号，目标方位角为 90°。其中，场景 1 的目标记为目标 1，其速度为 140 m/s，对应的归一化多普勒频率为 0.5；场景 2 的目标记为目标 2，其速度为 28 m/s，对应的归一化多普勒频率为 0.1。图 3.6 给出了不同距离门的回波数据经过 DPCA 处理后的输出功率。对于物理位置上的 DPCA，各子 CPI 无重叠，共可进行 64 次杂波对消。对于电子 DPCA，各子 CPI 重叠，共可进行 127 次杂波对消。因为仿真实验中单阵元、单脉冲的输入噪声功率、输入信噪比已经给定，且噪声均服从标准高斯分布，因此可以从理论上计算得到无目标且杂波被完全对消时的输出功率和有目标时的最大输出 SCNR。相关输出功率和 SCNR 的理论值和仿真值见表 3.4。由于电子 DPCA 情况 2 的输出噪声功率与归一化多普勒频率有关，因此，其相关理论值本节中未给出。

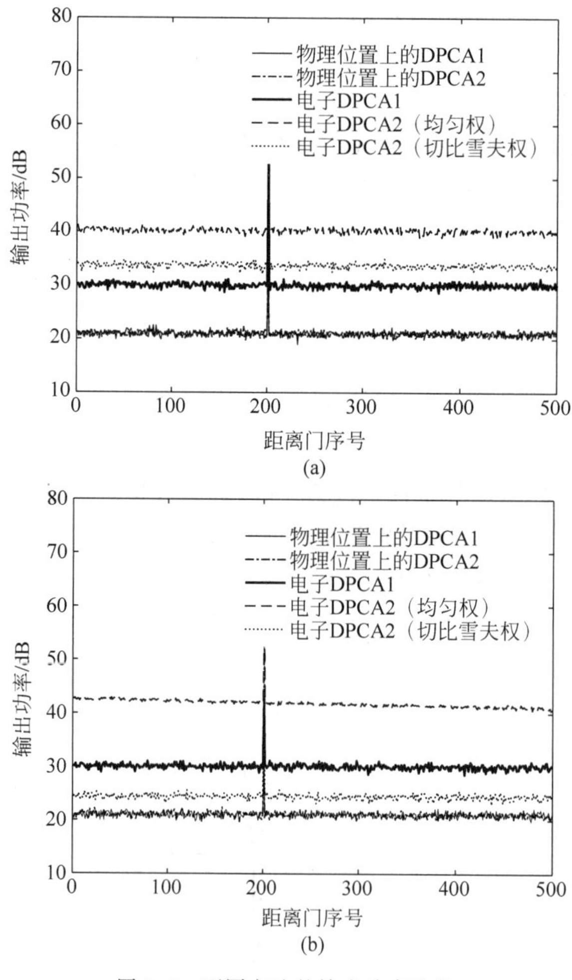

图 3.6 不同方法的输出功率比较

(a) 场景 1；(b) 场景 2

表 3.4　输出功率和 SCNR 比较

<table>
<tr><th colspan="3" rowspan="3">DPCA 方法</th><th colspan="2">物理位置上的 DPCA</th><th colspan="3">电子 DPCA</th></tr>
<tr><th rowspan="2">情况 1</th><th rowspan="2">情况 2</th><th rowspan="2">情况 1</th><th colspan="2">情况 2</th></tr>
<tr><th>均匀锥销</th><th>90 dB 切比雪夫锥销</th></tr>
<tr><td rowspan="3">输出杂波噪声功率</td><td colspan="2">理论值</td><td>21.07 dB</td><td>21.07 dB</td><td>30.07 dB</td><td colspan="2">—</td></tr>
<tr><td rowspan="2">仿真值</td><td>场景 1</td><td>21.05 dB</td><td>21.06 dB</td><td>30.06 dB</td><td>40.19 dB</td><td>33.72 dB</td></tr>
<tr><td>场景 2</td><td>21.04 dB</td><td>21.05 dB</td><td>30.06 dB</td><td>41.83 dB</td><td>24.38 dB</td></tr>
<tr><td rowspan="3">输出 SCNR</td><td colspan="2">理论最大值</td><td>21.07 dB</td><td>21.07 dB</td><td>24.05 dB</td><td colspan="2">—</td></tr>
<tr><td rowspan="2">仿真值</td><td>场景 1</td><td>21.12 dB</td><td>21.15 dB</td><td>24.03 dB</td><td>32.07 dB</td><td>30.63 dB</td></tr>
<tr><td>场景 2</td><td>11.05 dB</td><td>11.09 dB</td><td>13.45 dB</td><td>18.78 dB</td><td>29.13 dB</td></tr>
</table>

根据图 3.6 和表 3.4 可对比不同 DPCA 方法剩余的杂波功率和输出 SCNR，并得出以下结论：

(1) 对于物理位置上的 DPCA 和电子 DPCA 情况 1，输出功率与理论值基本一致，这说明剩余杂波功率近似为 0 dB，即以上 DPCA 方法实现了理想的杂波对消。目标 1 的输出 SCNR 与理论最大值基本一致，而目标 2 的输出 SCNR 明显小于理论最大值。这是因为目标 1 的归一化多普勒频率为 0.5，相邻两脉冲的目标信号反相，在杂波对消的同时目标信号反而得以同相相加，因此目标 1 的信号得到了最大程度的积累。而目标 2 的归一化多普勒频率为 0.1，在杂波对消的同时目标信号也有一部分被对消。

(2) 对于电子 DPCA 情况 2，如果加权为均匀权，场景 1 的输出功率为 40.19 dB，场景 2 的输出功率为 41.83 dB。如果加权为 90 dB 切比雪夫权，场景 1 的输出功率为 33.72 dB，场景 2 的输出功率为 24.38 dB。可以看出，此时的输出功率与场景设置，即选取的多普勒通道有关。这是因为电子 DPCA 情况 2 的子 CPI 存在重叠，在杂波对消的同时，一部分噪声信号也被对消，且噪声信号被对消的程度与归一化多普勒频率有关。

(3) 对于电子 DPCA 情况 2，目标 1 在加 90 dB 切比雪夫锥销时的输出 SCNR 为 30.63 dB，略低于加均匀权时的 32.07 dB，这主要是因为切比雪夫锥销会导致加权损失。而目标 2 在加 90 dB 切比雪夫锥销时的输出 SCNR 为 29.13 dB，显著高于加均匀权时的 18.78 dB。这是因为目标 2 位于杂波第一副瓣区域，而 90 dB 切比雪夫锥销可以有效抑制主瓣杂波，从而提高了输出 SCNR。

3.5　小结

本章在总结现有 DPCA 方法的基础上建立了传统 DPCA 方法的统一模型，在不同的具体条件下，该统一模型可以退化为不同的 DPCA 方法。在统一模型的框架下，本章简要介绍了传统的物理位置上的 DPCA 和电子 DPCA，厘清了两类 DPCA 方法之间的相互关系。其中，物理位置上的 DPCA 在一定参数约束条件下通过合理选取发射、接收相位中心的空间物理位置来实现相位补偿。电子 DPCA 通过合理设计阵列波束形成方式来实现相位补偿。对于物理位置上的 DPCA 和电子 DPCA 的情况 1,只要满足相应的约束条件,仅从时域上即可实现理想的杂波对消。而对于电子 DPCA 的情况 2,对消后的剩余杂波功率仍然较高,该问题可通过在阵列合成中加锥削的方式来解决。如果要求的 SCNR 损失不大于 3 dB,则电子 DPCA 情况 2 的综合性能最优。

第 4 章

机载雷达空时杂波模型与特性分析

第 3 章介绍的 DPCA 技术虽然在一定程度上能够实现对杂波的有效抑制，但是受到系统参数、载机运动和误差等因素的影响导致在实际工程中性能欠佳。因此，有必要研究适用于工程实现的性能更优的空时自适应信号处理方法。本章阐述机载雷达空时杂波模型[109-111]，包括机载雷达发射和接收过程、天线模型和空时杂波模型，并在此基础上分析杂波空时分布特性。本章所建模型将为后续 STAP 技术的研究提供数据来源。

4.1 机载雷达发射和接收过程

假设机载雷达发射信号表示为

$$x_{\mathrm{t}}(t)=au(t)\cos(2\pi f_0 t+\phi_{\mathrm{t}}) \tag{4.1}$$

其中，a 表示发射信号幅度；$u(t)$表示信号复包络；f_0 表示载频；ϕ_{t} 表示初始相位。则距离为 R_0 处目标的反射回波信号表示为

$$x_{\mathrm{r}}(t)=a'u(t-t_0)\cos\left(2\pi f_0 t+2\pi f_{\mathrm{d}} t+\phi_{\mathrm{t}}-\frac{4\pi R_0}{\lambda}\right) \tag{4.2}$$

其中，a'表示接收信号幅度；f_{d} 表示多普勒频率。

经过混频和相位检波后的 I/Q 双通道信号可以表示为

$$x_{\mathrm{r}}(t)=a'\mathrm{e}^{\mathrm{j}[2\pi f_{\mathrm{d}} t-\phi_0]} \tag{4.3}$$

其中，$\phi_0=\dfrac{4\pi R_0}{\lambda}$。

4.2 天线模型

相控阵机载雷达的阵列几何关系如图 4.1 所示，其中相控阵天线由 M 行 N 列的矩形平面阵列组成，行列阵元之间的间隔均为 d，通常 d 为半波长。载机飞行速度为 V_R，沿着 Y 轴正向运动，为了后续分析简便，假设阵列天线位于 YOZ 平面，即阵列轴向与载机飞行方向平行。

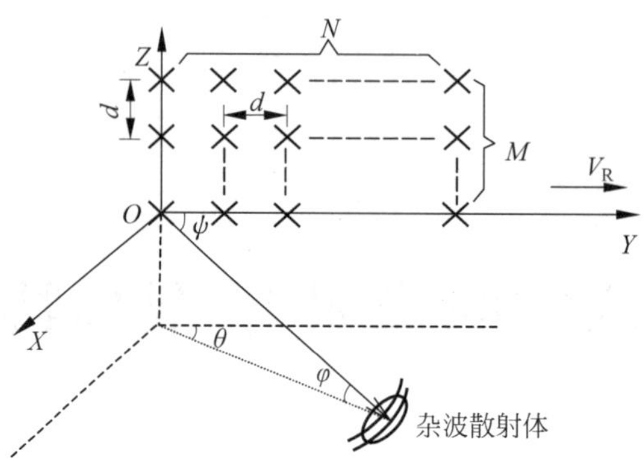

图 4.1 相控阵机载雷达的阵列几何关系

对于某一杂波散射体，可以通过方位角 θ 和俯仰角 φ 来进行描述；对于某一阵元，可以通过位置矢量进行描述，即假设第 m 个阵元的位置矢量为 $\boldsymbol{d}_m$。

定义(θ,φ)方向的单位矢量为

$$\boldsymbol{K}(\theta,\varphi)=[\sin\theta\cos\varphi;\ \cos\theta\cos\varphi;\ -\sin\varphi] \tag{4.4}$$

4.2.1 阵元增益

假设各阵元采用余弦方向图，则单个阵元的幅度方向图为

$$F_e(\theta)=|\cos(\theta+90°)| \tag{4.5}$$

其对应的阵元增益为

$$g_e(\theta)=g_0\cos^2(\theta+90°) \tag{4.6}$$

其中 g_0 为阵元的最大增益。图 4.2 给出了阵元余弦方向图，从图中可以看出，阵元方向图在 90°方向(即阵面法线方向)辐射幅度最大。

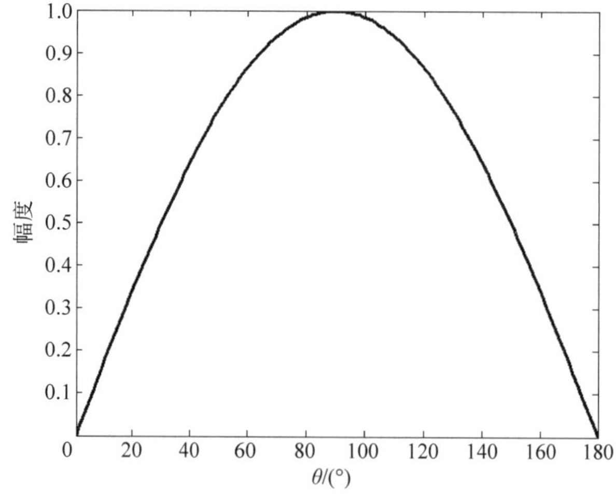

图 4.2 阵元余弦方向图

4.2.2　发射天线增益

假设将 M_q 个阵元合成一个子阵，则该子阵的发射方向图为

$$F_{t/q}(\theta,\varphi)=\sum_{m=1}^{M_q} e^{j\frac{2\pi}{\lambda}[\boldsymbol{K}(\theta,\varphi)-\boldsymbol{K}(\theta_0,\varphi_0)]\cdot \boldsymbol{d}_m}\cdot F_e(\theta) \tag{4.7}$$

其中符号“·”表示两个矢量的内积。对应的天线增益为

$$G_{t/q}(\theta,\varphi)=M_q g_0 \mid \bar{F}_{t/q}(\theta,\varphi)\mid^2 \tag{4.8}$$

其中，$\bar{F}_{t/q}(\theta,\varphi)$表示该子阵的归一化发射方向图；$M_q g_0$ 表示该子阵的最大天线增益。

下面以常见的矩形平面阵列为例说明发射天线增益。假设矩形平面阵列由 M 行 N 列的均匀阵列组成，行列可分离，如图 4.1 所示。

假设阵元方向图为余弦型，则列子阵发射方向图为

$$f_{列}(\varphi)=\sum_{m=1}^{M}\exp\left[j\frac{2\pi d}{\lambda}(m-1)(\sin\varphi-\sin\varphi_0)\right] \tag{4.9}$$

行子阵发射方向图为

$$\begin{aligned}f_{行}(\theta,\varphi)&=\sum_{n=1}^{N}\exp\left[j\frac{2\pi d}{\lambda}(n-1)(\cos\psi-\cos\psi_0)\right]\cdot F_e(\theta)\\&=\sum_{n=1}^{N}\exp\left[j\frac{2\pi d}{\lambda}(n-1)(\cos\theta\cos\varphi-\cos\theta_0\cos\varphi_0)\right]\cdot F_e(\theta)\end{aligned} \tag{4.10}$$

整个阵面总的发射方向图为

$$\begin{aligned}F_t(\theta,\varphi)&=f_{行}(\theta,\varphi)\cdot f_{列}(\varphi)\\&=\sum_{n=1}^{N}\sum_{m=1}^{M}\exp\left\{j\frac{2\pi d}{\lambda}[(n-1)(\cos\psi-\cos\psi_0)+(m-1)(\sin\varphi-\sin\varphi_0)]\right\}\cdot F_e(\theta)\end{aligned} \tag{4.11}$$

其对应的发射天线增益为

$$G_t(\theta,\varphi)=MNg_0 \mid \bar{F}_t(\theta,\varphi)\mid^2 \tag{4.12}$$

图 4.3 给出了 $N=16$，$M=4$ 时的矩形平面阵列的发射天线幅度方向图，主波束指向为(90°，3°)。

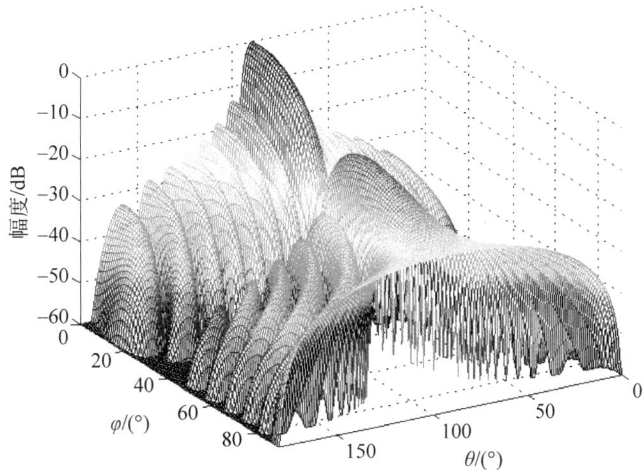

图 4.3　发射天线幅度方向图(不加锥销)

4.2.3 接收子阵增益

假设将 M_P 个阵元合成一个子阵，则该接收子阵的天线方向图为

$$F_{r/P}(\theta,\varphi)=\sum_{m=1}^{M_P}\mathrm{e}^{\mathrm{j}\frac{2\pi}{\lambda}[\boldsymbol{K}(\theta,\varphi)-\boldsymbol{K}(\theta_0,\varphi_0)]\cdot\boldsymbol{d}_m}\cdot F_e(\theta) \tag{4.13}$$

对应的子阵天线增益为

$$G_{r/q}(\theta,\varphi)=M_P g_0\mid\bar{F}_{r/P}(\theta,\varphi)\mid^2 \tag{4.14}$$

其中 $\bar{F}_{r/P}(\theta,\varphi)$表示该接收子阵的归一化方向图。

举例：假设矩形平面阵列各列合成为一个接收子阵，假设阵元方向图为余弦型，则列子阵合成的方向图为

$$F_r(\theta,\varphi)=\sum_{m=1}^{M}I_m\exp\left[\mathrm{j}\frac{2\pi d}{\lambda}(m-1)(\sin\varphi-\sin\varphi_0)\right]\cdot F_e(\theta) \tag{4.15}$$

其中 I_m 表示接收锥销权。则列子阵的接收增益为

$$G_r(\theta,\varphi)=Mg_0\mid\bar{F}_r(\theta,\varphi)\mid^2 \tag{4.16}$$

其中 $\bar{F}_r(\theta,\varphi)$表示列子阵的归一化方向图。

4.3 空时杂波模型

4.3.1 空时杂波信号

由雷达方程可知，经过脉压处理后的某一杂波块的回波信号功率为

$$a_{i,l}^2=\sigma^2\xi_{i,l} \tag{4.17}$$

其中 $\xi_{i,l}$ 表示该杂波块对应的 CNR，其表达式为

$$\xi_{i,l}=\frac{P_t G_t(\theta_i,\varphi_l)G_r(\theta_i,\varphi_l)\lambda^2\sigma_{i,l}D}{(4\pi)^3R_l^4KT_0BF_nL_s} \tag{4.18}$$

其中，P_t 表示峰值发射功率；D 表示脉压得益，即 $D=\tau B$；B 表示接收机带宽；L_s 表示系统损耗；$\sigma_{i,l}$ 表示杂波块的 RCS，其表达式为

$$\sigma_{i,l}=\sigma_0 A_{g,l} \tag{4.19}$$

其中，σ_0 和 $A_{g,l}$ 分别表示杂波散射系数和杂波分辨单元面积。通常假设杂波散射系数 σ_0 的分布满足等 γ 模型。

散射系数 σ_0 仅代表杂波的平均散射强度，而对于某一确定的杂波单元，在雷达不同扫描周期之间的回波幅度是不同的，且服从一定的统计分布。下面介绍三种典型的杂波幅度统计分布模型。

1. 瑞利分布

杂波单元为由大量独立散射单元组成的合成散射体，只要均匀且足够小，则合成杂波回波幅度服从瑞利分布，其概率密度函数为

$$p(A)=\frac{A}{\sigma_1^2}\exp\left(-\frac{A^2}{2\sigma_1^2}\right),\quad A\geqslant 0 \tag{4.20}$$

其中 σ_1^2 表示杂波的平均功率。

2. 对数-正态分布

实际的地海面杂波的分布不可能是完全均匀的。对于恶劣的杂波环境通常可以采用对数-正态分布进行近似逼近，其概率密度函数为

$$p(A)=\frac{1}{\sqrt{2\pi}\sigma_2 A}\exp\left[-\frac{\left(\ln\frac{A}{A_z}\right)^2}{2\sigma_2^2}\right],\quad A\geqslant 0 \tag{4.21}$$

其中，A_z 为 A 的中值；σ_2 为 $\ln A$ 的标准偏差。

3. 韦布尔分布

通常情况下瑞利分布代表最简单的杂波环境，对数-正态分布代表较恶劣的杂波环境，韦布尔分布则代表介于二者之间的一种杂波环境，其概率密度函数为

$$p(A)=\frac{bA^{2b-1}}{A_z^{2b}}\exp\left[-\frac{1}{2}\left(\frac{A}{A_z}\right)^{2b}\right],\quad A\geqslant 0 \tag{4.22}$$

其中 b 为分布的形状参数。

考虑杂波幅度统计分布特性后的杂波信号为

$$x_c(\theta_i,\varphi_l)=a'_{i,l}a''_{i,l}a_{i,l} \tag{4.23}$$

其中，复随机数 $a'_{i,l}$ 表示由于杂波块反射引入的随机起伏，该随机数仅与杂波块的位置有关，而与空时采样无关；$a''_{i,l}$ 表示杂波幅度统计分布特性。

$$a_{i,l}=\sigma\sqrt{\frac{P_t G_t(\theta_i,\varphi_l)G_r(\theta_i,\varphi_l)\lambda^2\sigma_{i,l}D}{(4\pi)^3 R_l^4 K T_0 B F_n L_s}} \tag{4.24}$$

同时考虑时间采样和空间采样，则该杂波块的回波信号矢量为

$$\boldsymbol{X}_c(\theta_i,\varphi_l)=a'_{i,l}a''_{i,l}a_{i,l}\boldsymbol{S}(f_{sil},\bar{f}_{dil}) \tag{4.25}$$

其中，f_{sil} 表示空间频率；$\bar{f}_{dil}$ 表示归一化多普勒频率；$\boldsymbol{S}(f_{sil},\bar{f}_{dil})$表示空时导向矢量，其表达式为

$$\boldsymbol{S}(f_{sil},\bar{f}_{dil})=\boldsymbol{S}_t(\bar{f}_{dil})\otimes\boldsymbol{S}_s(f_{sil}) \tag{4.26}$$

其中，$\otimes$表示 Kronecker 积；$\boldsymbol{S}_t(\bar{f}_{dil})$和 $\boldsymbol{S}_s(f_{sil})$分别表示时域导向矢量和空域导向矢量，其表达式分别为

$$\begin{aligned}\boldsymbol{S}_t(\bar{f}_{dil})&=[1;\ e^{j2\pi\bar{f}_{dil}};\ \cdots;\ e^{j(K-1)2\pi\bar{f}_{dil}}]\\&=[1;\ e^{j2\pi\frac{2\boldsymbol{K}(\theta_i,\varphi_l)\cdot\boldsymbol{V}_R}{\lambda f_r}};\ \cdots;\ e^{j(K-1)2\pi\frac{2\boldsymbol{K}(\theta_i,\varphi_l)\cdot\boldsymbol{V}_R}{\lambda f_r}}]\end{aligned} \tag{4.27}$$

$$\boldsymbol{S}_s(f_{sil})=[1;\ e^{j2\pi f_{sil}};\ \cdots;\ e^{j(N-1)2\pi f_{sil}}]=[1;\ e^{j2\pi\frac{\boldsymbol{K}(\theta_i,\varphi_l)\cdot\boldsymbol{d}}{\lambda}};\ \cdots;\ e^{j(N-1)2\pi\frac{\boldsymbol{K}(\theta_i,\varphi_l)\cdot\boldsymbol{d}}{\lambda}}] \tag{4.28}$$

因为相同距离环的回波同时到达雷达接收机，则第 l 个距离环的杂波信号为

$$\boldsymbol{X}_{cl}=\sum_{i=1}^{N_c}a'_{i,l}a''_{i,l}a_{i,l}\boldsymbol{S}(f_{sil},\bar{f}_{dil}) \tag{4.29}$$

其中，N_c 表示该距离环所划分的杂波块的数目。考虑距离模糊情况，假设模糊次数为 N_r-1，则

$$\boldsymbol{X}_{c}=\sum_{l=1}^{N_r}\sum_{i=1}^{N_c}a'_{i,l}a''_{i,l}a_{i,l}\boldsymbol{S}(f_{sil},\bar{f}_{dil}) \tag{4.30}$$

4.3.2 杂波协方差矩阵

为便于建立杂波协方差矩阵 $\boldsymbol{R}_c$ 模型，首先作以下假设：

(1) 杂波源统计特性在空间上相互独立(即雷达接收到的杂波信号是各杂波单元回波之和，不存在交叉项)，在时间上相关且平稳(即在一个 CPI 内，各杂波单元的起伏是缓慢的，幅度保持不变)；

(2) 在相干处理距离内，载机移动距离远小于雷达与杂波间的斜距，即雷达与杂波源的相对几何关系近似不变；

(3) 载机作匀速直线飞行。

在上述假设条件下，杂波协方差矩阵的表达式为

$$\begin{aligned}\boldsymbol{R}_c&=E(\boldsymbol{X}_c\boldsymbol{X}_c^{\mathrm{H}})\xlongequal{E(a'_{i,l}a'^{*}_{i',l'})=0,i\neq i',l\neq l'}\sigma^2\sum_{l=1}^{N_r}\sum_{i=1}^{N_c}\xi_{il}\boldsymbol{S}(f_{sil},\bar{f}_{dil})\boldsymbol{S}_{il}^{\mathrm{H}}(f_{sil},\bar{f}_{dil})\\&=\sigma^2\sum_{l=1}^{N_r}\sum_{i=1}^{N_c}\xi_{il}[\boldsymbol{S}_t(\bar{f}_{dil})\boldsymbol{S}_t^{\mathrm{H}}(\bar{f}_{dil})]\otimes[\boldsymbol{S}_s(f_{sil})\boldsymbol{S}_s^{\mathrm{H}}(f_{sil})]\end{aligned} \tag{4.31}$$

考虑杂波幅度统计分布特性后的各杂波块对应的 CNR 为

$$\xi_{i,l}=\frac{P_tG_t(\theta_i,\varphi_l)G_r(\theta_i,\varphi_l)\lambda^2\sigma_{i,l}a''^2_{i,l}D}{(4\pi)^3R_l^4L_sKT_0BF_n} \tag{4.32}$$

下面讨论杂波协方差矩阵的性质。假设空域采样数为 N，时域采样数为 K，则

$$\boldsymbol{R}_c=\begin{bmatrix}\boldsymbol{R}_{11}&\boldsymbol{R}_{12}&\cdots&\boldsymbol{R}_{1K}\\\boldsymbol{R}_{12}&\boldsymbol{R}_{22}&\cdots&\boldsymbol{R}_{2K}\\\vdots&\vdots&&\vdots\\\boldsymbol{R}_{K1}&\boldsymbol{R}_{K2}&\cdots&\boldsymbol{R}_{KK}\end{bmatrix}_{NK\times NK} \tag{4.33}$$

$$\boldsymbol{R}_{11}=\begin{bmatrix}r_{11}^{11}&r_{12}^{11}&\cdots&r_{1N}^{11}\\r_{21}^{11}&r_{22}^{11}&\cdots&r_{2N}^{11}\\\vdots&\vdots&&\vdots\\r_{N1}^{11}&r_{N2}^{11}&\cdots&r_{NN}^{11}\end{bmatrix}_{N\times N} \tag{4.34}$$

$$\boldsymbol{r}_{ln}=E(\boldsymbol{x}_{c_{im}}\boldsymbol{x}^{*}_{c_{pk}})=\sigma^2\sum_{l'=1}^{N_r}\sum_{i'=1}^{N_c}\xi_{i'l'}\mathrm{e}^{\mathrm{j}(i-p)2\pi f_{sil}+\mathrm{j}(m-k)2\pi\bar{f}_{dil}} \tag{4.35}$$

$$\begin{cases} l=(m-1)N+i, & m=1,2,\cdots,K;\ i=1,2,\cdots,N \\ n=(k-1)N+p, & k=1,2,\cdots,K;\ p=1,2,\cdots,N \end{cases} \tag{4.36}$$

其中，$\boldsymbol{R}_{11}$ 表示第 1 个脉冲的空间采样自相关矩阵，其维数为 $N\times N$，同理，$\boldsymbol{R}_{12}$ 表示第 1 个脉冲与第 2 个脉冲之间的空间采样互相关矩阵。式(4.35)是 $\boldsymbol{R}_{\mathrm{c}}$ 中的第(l,n)个元素的表达式，表示第 i 个阵元第 m 个脉冲与第 p 个阵元第 k 个脉冲采样信号之间的互相关性，各参数之间的约束关系如式(4.36)所示。

由式(4.33)可以看出，当接收阵列为均匀线阵时，即空域均匀采样，杂波协方差矩阵 $\boldsymbol{R}_{\mathrm{c}}$ 为 Toeplitz-块-Toeplitz 矩阵，即对角线块元素相同，且块内也是 Toeplitz 矩阵。

当不存在距离模糊时，$\boldsymbol{R}_{\mathrm{c}}$ 可表示成以下形式：

$$\boldsymbol{R}_{\mathrm{c}}=\boldsymbol{S}_{\mathrm{c}}\boldsymbol{\Xi}_{\mathrm{c}}\boldsymbol{S}_{\mathrm{c}}^{\mathrm{H}} \tag{4.37}$$

$$\boldsymbol{S}_{\mathrm{c}}=[\boldsymbol{S}_1,\boldsymbol{S}_2,\cdots,\boldsymbol{S}_{N_{\mathrm{c}}}]_{NK\times N_{\mathrm{c}}} \tag{4.38}$$

$$\boldsymbol{\Xi}_{\mathrm{c}}=\sigma^2\operatorname{diag}([\xi_1,\xi_2,\cdots,\xi_{N_{\mathrm{c}}}])_{N_{\mathrm{c}}\times N_{\mathrm{c}}} \tag{4.39}$$

其中，$\boldsymbol{S}_{\mathrm{c}}$ 表示各杂波块对应的空时导向矢量；$\boldsymbol{\Xi}_{\mathrm{c}}$ 表示由各杂波块的回波功率组成的对角矩阵。

4.4 杂波特性分析

4.4.1 杂波空时轨迹

1. 正侧视阵

杂波空时轨迹表示杂波随空间频率和归一化多普勒频率的变化关系，也称为杂波脊(clutter ridge)。由式(4.27)和式(4.28)可知，第(θ_i,φ_l)个杂波块对应的空间频率和归一化多普勒频率分别为

$$f_{sil}=\frac{\boldsymbol{K}(\theta_i,\varphi_l)\cdot\boldsymbol{d}}{\lambda} \tag{4.40}$$

$$\bar{f}_{dil}=\frac{2\boldsymbol{K}(\theta_i,\varphi_l)\cdot\boldsymbol{V}_{\mathrm{R}}}{\lambda f_{\mathrm{r}}} \tag{4.41}$$

对于正侧视阵，即阵列轴向与载机速度方向一致，且接收阵列为间隔为 d 的均匀线阵，则

$$f_{sil}=\frac{d}{\lambda}\cos\theta_i\cos\varphi_l \tag{4.42}$$

$$\bar{f}_{dil}=\frac{2V_{\mathrm{R}}}{\lambda f_{\mathrm{r}}}\cos\theta_i\cos\varphi_l \tag{4.43}$$

二者之间的关系为

$$\alpha=\frac{f_{sil}}{\bar{f}_{dil}}=\frac{d}{2V_{\mathrm{R}}T_{\mathrm{r}}} \tag{4.44}$$

式(4.44)表示在一个脉冲重复间隔内平台运动半个阵元间距数目的倒数。通常情况下阵元

间距为半波长，则

$$\alpha=\frac{\lambda}{4V_R T_r} \tag{4.45}$$

图4.4给出了α取不同值时正侧视阵杂波空时轨迹图。从图中可以看出，当$\alpha=1$时，杂波正好呈对角线分布，杂波多普勒频率与空间频率(即空间角度)一一对应；当$\alpha=0.5$，即小于1时，杂波发生多普勒模糊，此时一个多普勒频率对应两个以上的角度值；当$\alpha=2$，即大于1时，在多普勒频率域出现无杂波区。注意图4.4给出了俯视角$\varphi=0°$时的距离环的杂波空时轨迹，随着俯视角的增大，杂波在空时平面上的分布范围将减小，图4.5给出了不同距离时的杂波轨迹。通过对比图4.4和图4.5可以得出如下结论：正侧视阵杂波分布特性在不同距离上虽然均呈直线分布，但是其分布范围是变化的。

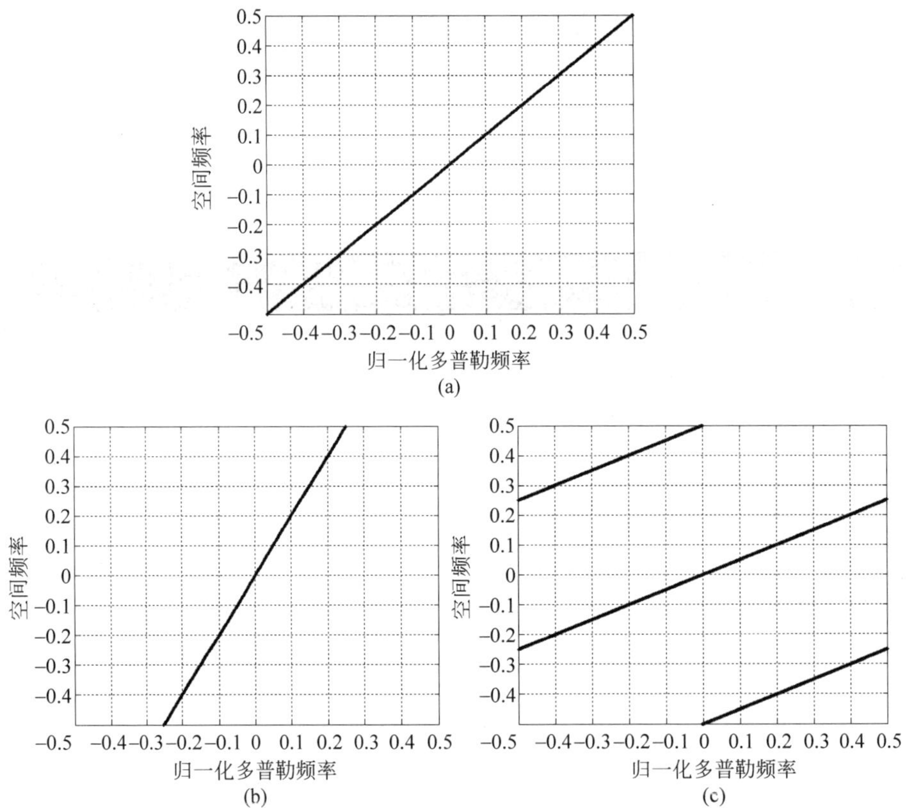

图4.4 α取不同值时杂波空时轨迹图(正侧视阵，$\varphi=0°$)

(a) $\alpha=1$；(b) $\alpha=2$；(c) $\alpha=0.5$

2. 非正侧视阵

对于非正侧视阵，即阵列轴向与载机速度方向不一致，二者之间的夹角为θ_p，如图4.6所示，当$0°<\theta_p<90°$时，称为斜侧视阵；当$\theta_p=-90°$时，称为前视阵。非正侧视阵产生的原因包括：①载机偏航；②机械扫描天线，在扫描一圈内仅存在两个时刻为正侧视阵，大部分时刻均为非正侧视阵；③当相控阵天线布于机头位置时，通常为前视阵情况。

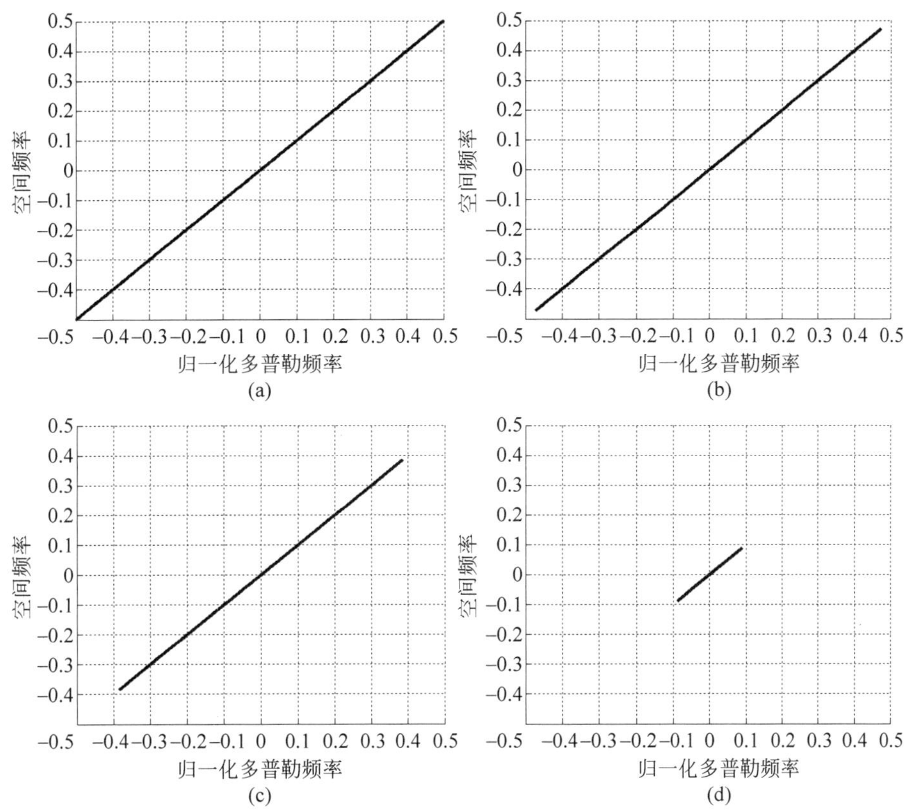

图 4.5　不同距离时杂波空时轨迹图(正侧视阵,$\alpha=1$)

(a) $\varphi=3°$;(b) $\varphi=20°$;(c) $\varphi=40°$;(d) $\varphi=80°$

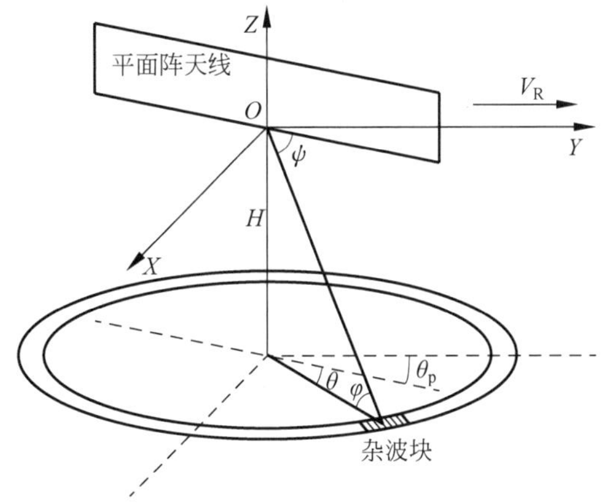

图 4.6　非正侧视阵机载雷达几何关系图

如图 4.6 所示,在非正侧视阵情况下某一杂波块对应的空间频率和归一化多普勒频率分别为

$$f_s=\frac{d}{\lambda}\cos\theta\cos\varphi \tag{4.46}$$

$$\bar{f}_{\mathrm{d}} = \frac{2V_{\mathrm{R}}}{\lambda f_{\mathrm{r}}} \cos(\theta + \theta_{\mathrm{p}}) \cos\varphi \tag{4.47}$$

为了便于描述，假设

$$\eta = \frac{d}{\lambda} \cos\varphi \tag{4.48}$$

则

$$f_{\mathrm{s}} = \eta \cos\theta \tag{4.49}$$

$$\bar{f}_{\mathrm{d}} = \frac{\eta}{\alpha} \cos(\theta + \theta_{\mathrm{p}}) \tag{4.50}$$

经过推导后可以得到

$$f_{\mathrm{s}}^2 - 2\alpha \cos\theta_{\mathrm{p}} f_{\mathrm{s}} \bar{f}_{\mathrm{d}} + \alpha^2 \bar{f}_{\mathrm{d}}^2 - \eta^2 \sin^2\theta_{\mathrm{p}} = 0 \tag{4.51}$$

由式(4.51)可以看出，非正侧视阵的杂波空时轨迹不再是一条直线，而是呈椭圆形分布。

图 4.7～图 4.9 给出了不同空时斜率情况下的非正侧视阵杂波空时轨迹图。从图中可以看出：①当空时斜率 $\alpha=1$ 时，随着偏置角 θ_{p} 的增大，杂波轨迹以直线、椭圆、圆为周期进行变化；②当空时斜率 $\alpha=2$ 时，随着偏置角 θ_{p} 的增大，杂波轨迹以直线、椭圆为周期进行变化，且在多普勒频率域存在无杂波区；③当空时斜率 $\alpha=0.5$ 时，杂波出现多普勒频率模糊，杂波空时轨迹不再呈规律性变化。

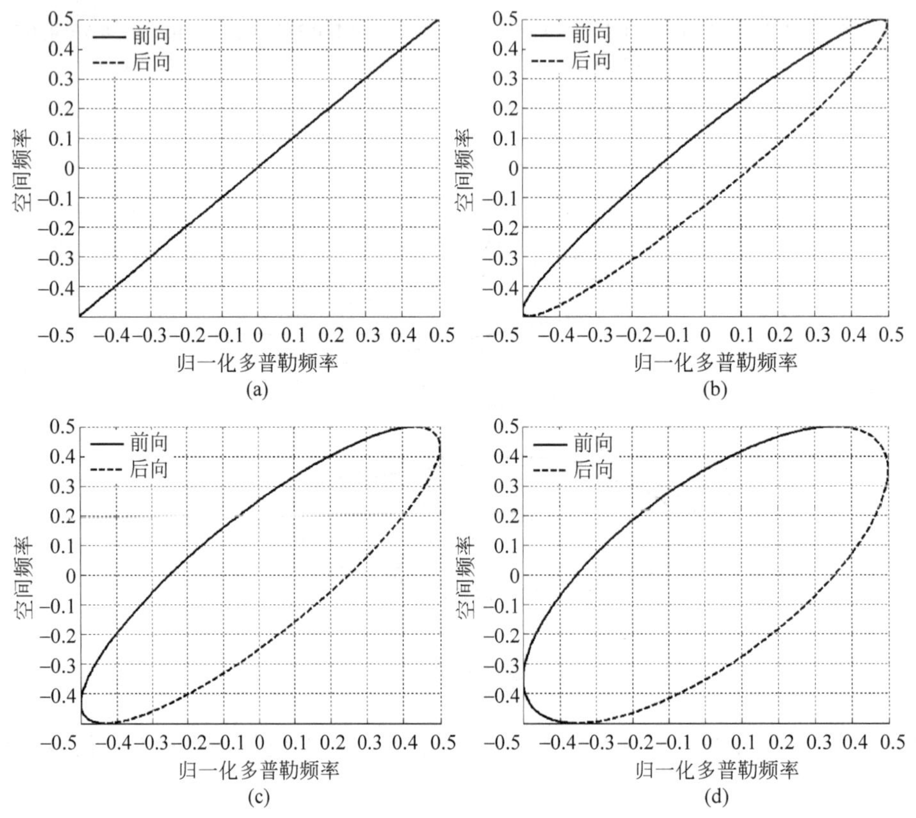

图 4.7 杂波空时轨迹图(非正侧视阵，$\alpha=1$)

(a) $\theta_{\mathrm{p}}=0°$；(b) $\theta_{\mathrm{p}}=15°$；(c) $\theta_{\mathrm{p}}=30°$；(d) $\theta_{\mathrm{p}}=45°$；(e) $\theta_{\mathrm{p}}=60°$；(f) $\theta_{\mathrm{p}}=75°$；(g) $\theta_{\mathrm{p}}=90°$；(h) $\theta_{\mathrm{p}}=105°$

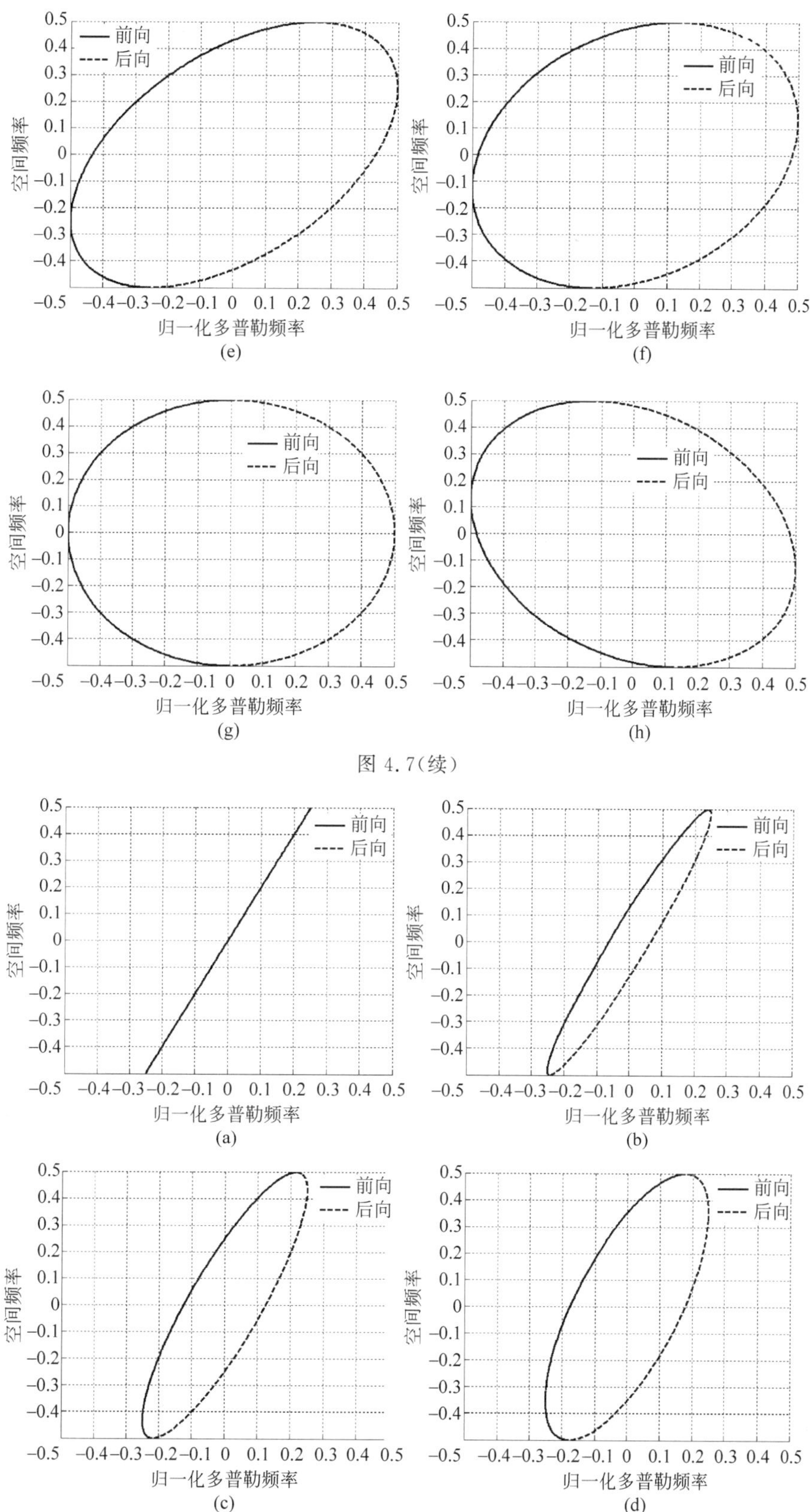

图 4.7(续)

图 4.8　杂波空时轨迹图(非正侧视阵，$\alpha=2$)

(a) $\theta_p=0°$；(b) $\theta_p=15°$；(c) $\theta_p=30°$；(d) $\theta_p=45°$；(e) $\theta_p=60°$；(f) $\theta_p=75°$；(g) $\theta_p=90°$；(h) $\theta_p=105°$

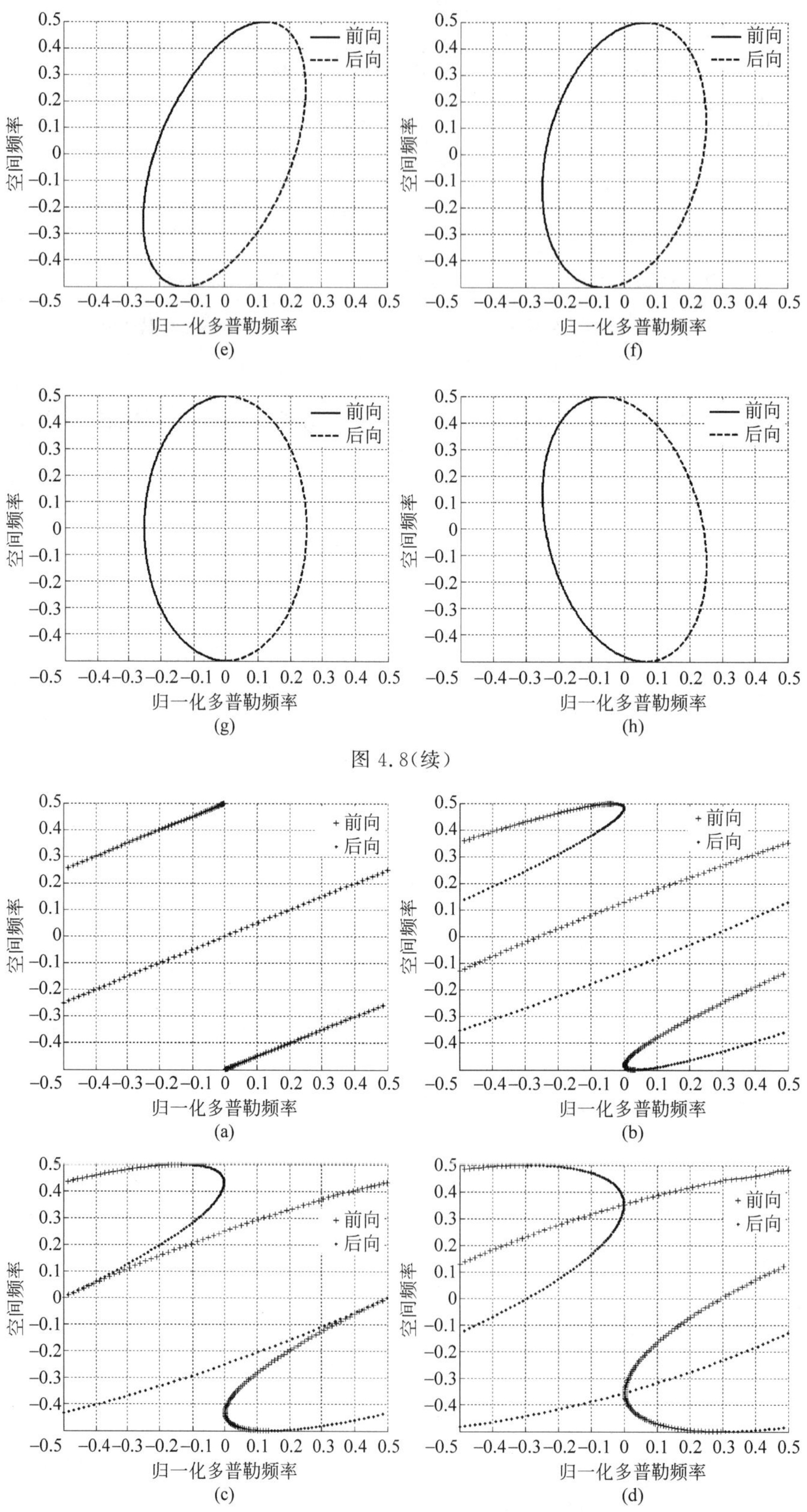

图 4.8(续)

图 4.9 杂波空时轨迹图(非正侧视阵，$\alpha=0.5$)

(a) $\theta_p=0°$；(b) $\theta_p=15°$；(c) $\theta_p=30°$；(d) $\theta_p=45°$；(e) $\theta_p=60°$；(f) $\theta_p=75°$；(g) $\theta_p=90°$；(h) $\theta_p=105°$

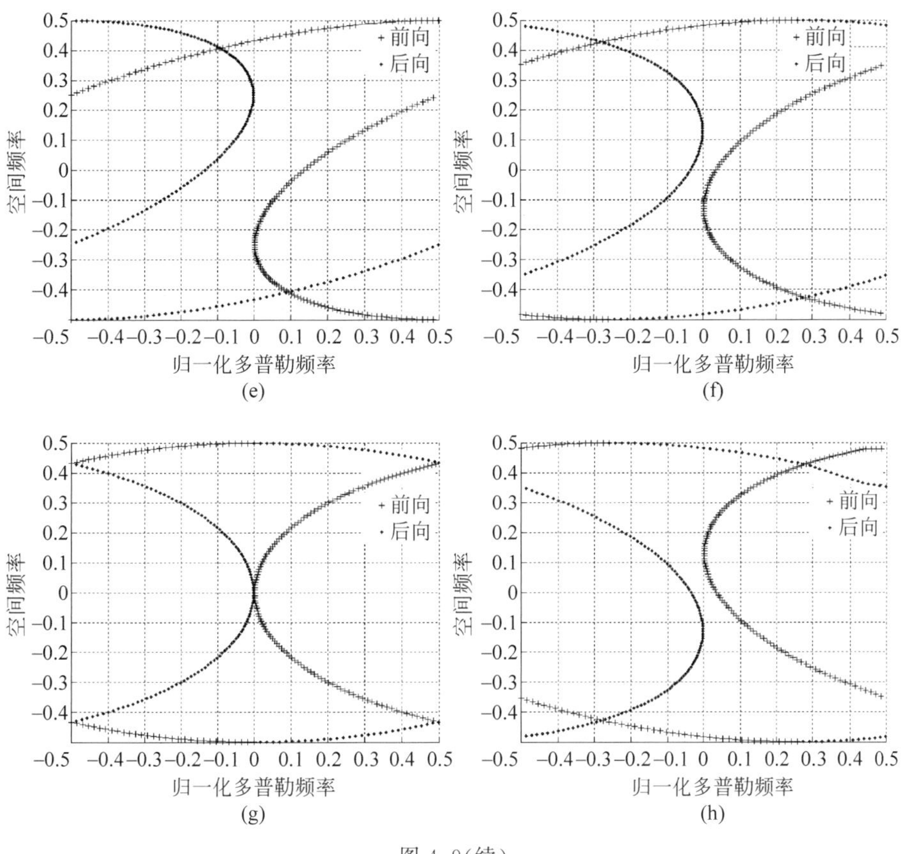

图 4.9(续)

图 4.10 及图 4.11 给出了不同距离环情况下非正侧视阵杂波空时轨迹图，参数分别设置为 $\theta_p=30°$ 和 $\theta_p=90°$ 且 $\alpha=1$。从图中可以看出：①随着俯视角的增大，杂波距离随之减小，杂波轨迹在空时平面上的分布范围也随之减小；②距离越远，杂波空时轨迹随距离变化越平缓，反之，近程变化剧烈。

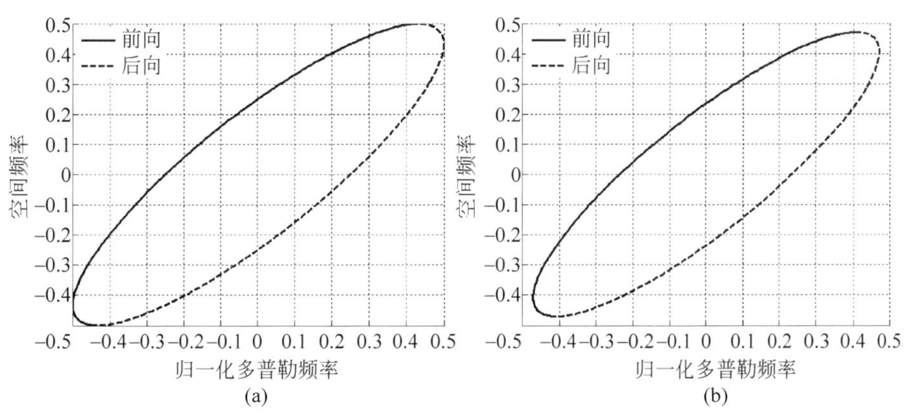

图 4.10　不同距离环杂波空时轨迹图(非正侧视阵，$\theta_p=30°$，$\alpha=1$)

(a) $\varphi=3°$；(b) $\varphi=20°$；(c) $\varphi=40°$；(d) $\varphi=80°$

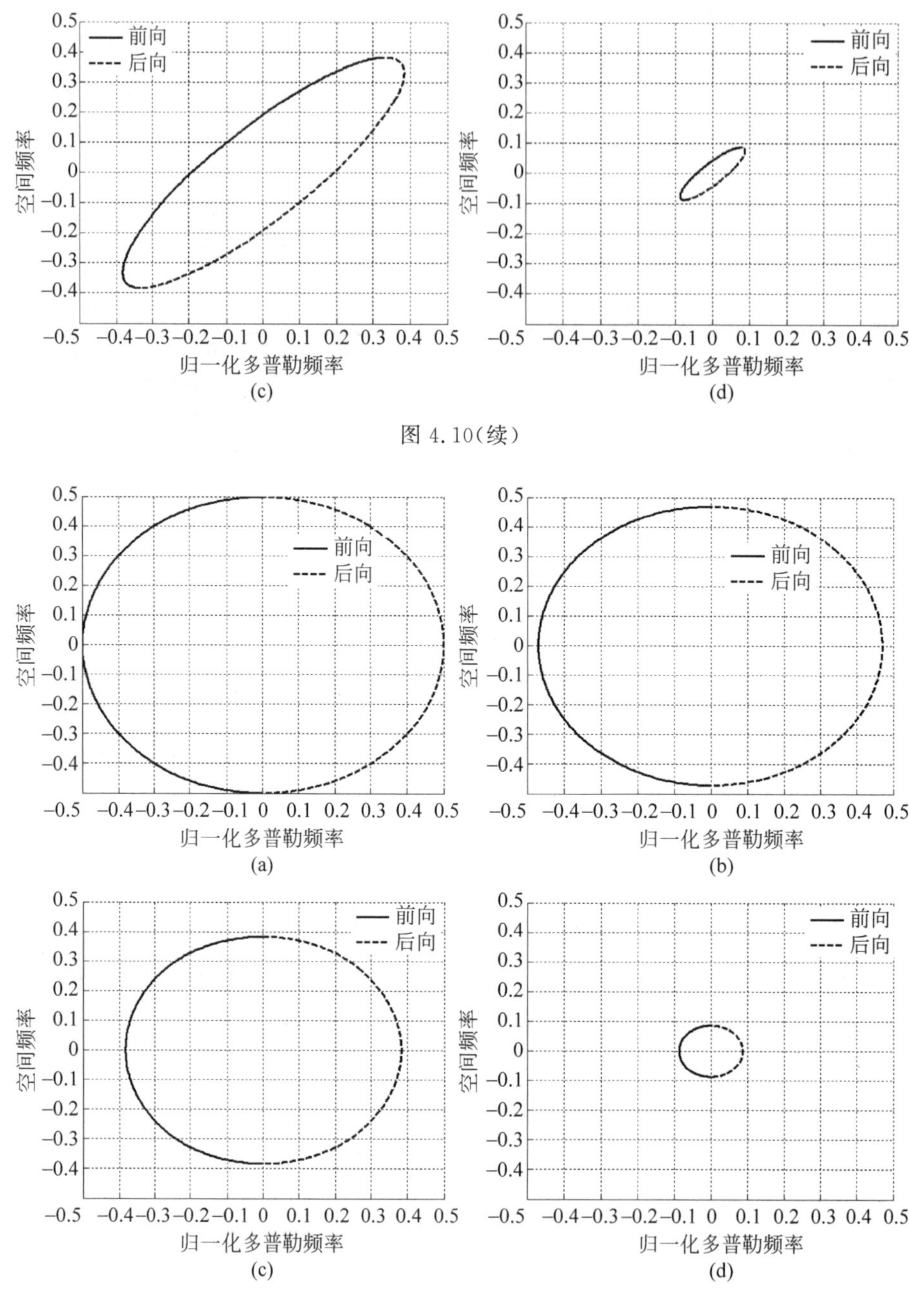

图 4.10(续)

图 4.11 不同距离环杂波空时轨迹图(非正侧视阵，$\theta_p=90°$，$\alpha=1$)

(a) $\varphi=3°$；(b) $\psi=20°$；(c) $\varphi-40°$；(d) $\varphi=80°$

4.4.2 杂波功率谱

杂波空时轨迹仅给出了杂波在空时平面上的轨迹分布，而杂波功率谱则表征杂波功率在空时二维平面上的分布情况。为了便于分析，对于某一距离环的杂波信号，其对应的俯视角是固定的，因此空间频率与空域锥角余弦一一对应，下面将 $\boldsymbol{S}(f_s,\bar{f}_d)$统一写作 $\boldsymbol{S}(\psi,\bar{f}_d)$。

表4.1给出本书中仿真时采用的机载雷达系统参数、天线参数、载机参数、目标参数和杂波参数，除非特别说明，否则本书中的仿真参数均采用表4.1给出的参数。

表4.1　典型仿真参数

参数分类	名　称	数　值
系统参数	峰值发射功率	230 kW
	工作波长	0.23 m
	脉冲重复频率	2 434.8 Hz
	接收机带宽	5 MHz
	接收机噪声系数	3 dB
	脉冲宽度	15 μs
	相参脉冲数	16
	归一化噪声功率	1
天线参数	阵元方向图	余弦方向图 后向散射衰减系数：−10 dB
	阵元增益	4 dB
	天线大小	4×16
	接收子阵数	16
载机参数	高度	8 km
	速度	140 m/s
目标参数	目标俯视角	1°
杂波参数	归一化散射系数	−3 dB
	杂波散射模型	等 γ 模型
	杂波距离	150 km
	最远杂波距离	368.5 km

1. 傅里叶谱

杂波傅里叶谱的数学表达式为

$$\boldsymbol{P}_{\mathrm{SM}}(\psi,\bar{f}_{\mathrm{d}})=\left|\frac{\boldsymbol{S}^{\mathrm{H}}(\psi,\bar{f}_{\mathrm{d}})}{\sqrt{\boldsymbol{S}^{\mathrm{H}}(\psi,\bar{f}_{\mathrm{d}})\boldsymbol{S}(\psi,\bar{f}_{\mathrm{d}})}}\boldsymbol{X}_{\mathrm{c+n}}\right|^{2}=\frac{\boldsymbol{S}^{\mathrm{H}}(\psi,\bar{f}_{\mathrm{d}})\boldsymbol{R}_{\mathrm{c+n}}\boldsymbol{S}(\psi,\bar{f}_{\mathrm{d}})}{\boldsymbol{S}^{\mathrm{H}}(\psi,\bar{f}_{\mathrm{d}})\boldsymbol{S}(\psi,\bar{f}_{\mathrm{d}})}\tag{4.52}$$

式(4.52)表明当雷达空域接收阵列为均匀线阵且脉冲重复间隔恒定时，空时导向矢量可看成离散傅里叶变换(DFT)权矢量，因此在时域上相当于进行多普勒滤波器组处理，在空域上相当于进行一组波束形成处理，在空时域上相当于进行空时二维傅里叶变换处理。

图4.12给出了正侧视阵情况下的杂波傅里叶谱。从图4.12(a)中可以看出，杂波功率经过收发方向图调制后呈现主副瓣特性。除了沿着杂波脊分布的空时副瓣外，同时还存在两个强副瓣，分别为多普勒副瓣和方位副瓣。注意：这些副瓣对应的杂波实际上没有，而是在傅里叶变换过程中主瓣杂波的泄露产生的。从图4.12(b)中可以看出，在傅里叶变换过程中加锥销后杂波谱展宽，两个寄生副瓣显著降低。因此，傅里叶谱的缺点是在空时平面上存在实际中没

有的寄生强副瓣,通过加深锥销可以在一定程度上抑制寄生副瓣,但会导致整个杂波谱展宽。

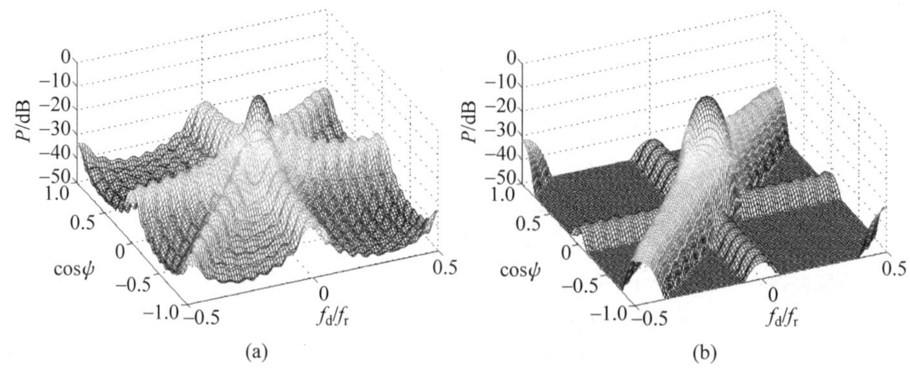

图 4.12　正侧视阵机载雷达杂波傅里叶谱

(a) 不加锥销;(b) 加锥销

2. 最小方差谱(即似然谱)

杂波最小方差谱的数学表达式为

$$\begin{aligned}\boldsymbol{P}_{\mathrm{MVE}}(\psi,\bar{f}_{\mathrm{d}})&=\left|\frac{\boldsymbol{S}^{\mathrm{H}}(\psi,\bar{f}_{\mathrm{d}})\boldsymbol{R}_{\mathrm{c+n}}^{-1}}{\boldsymbol{S}^{\mathrm{H}}(\psi,\bar{f}_{\mathrm{d}})\boldsymbol{R}_{\mathrm{c+n}}^{-1}\boldsymbol{S}(\psi,\bar{f}_{\mathrm{d}})}\boldsymbol{X}_{\mathrm{c+n}}\right|^{2}\\&=\frac{1}{\boldsymbol{S}^{\mathrm{H}}(\psi,\bar{f}_{\mathrm{d}})\boldsymbol{R}_{\mathrm{c+n}}^{-1}\boldsymbol{S}(\psi,\bar{f}_{\mathrm{d}})}\end{aligned}\tag{4.53}$$

由式(4.53)可以看出,最小方差谱的含义是杂波+噪声协方差矩阵确知情况下经滤波后的杂波+噪声在空时平面上的输出功率,它表征杂波+噪声在空时二维平面上的真实功率分布情况。

图 4.13 给出了正侧视阵杂波最小方差谱。从图中可以看出最小方差谱非常接近杂波的真实分布,即杂波沿对角线分布,且没有虚假的寄生副瓣。因此,在本书后续分析过程中,均采用最小方差谱作为杂波功率谱。

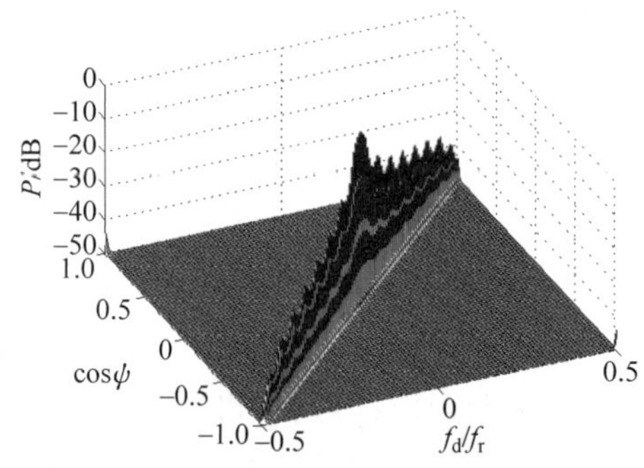

图 4.13　正侧视阵机载雷达杂波最小方差谱

图 4.14～图 4.17 给出了理想无误差情况下杂波功率谱分布情况。从图中可以看出:①杂波功率谱分布与 4.4.1 节中介绍的杂波空时轨迹一致;②在非正侧视阵情况下,后向散射导致杂波功率谱分布为一椭圆形或圆形,但是后向散射功率明显低于前向散射。

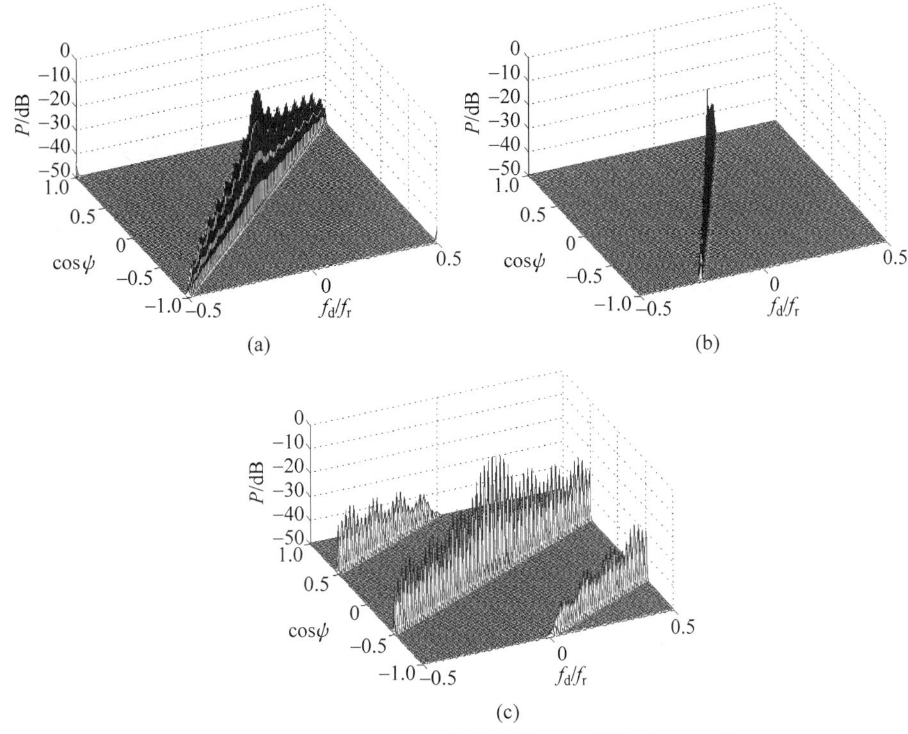

图 4.14　α 取不同值时杂波功率谱图(正侧视阵，$\varphi=0°$)

(a) $\alpha=1$；(b) $\alpha=2$；(c) $\alpha=0.5$

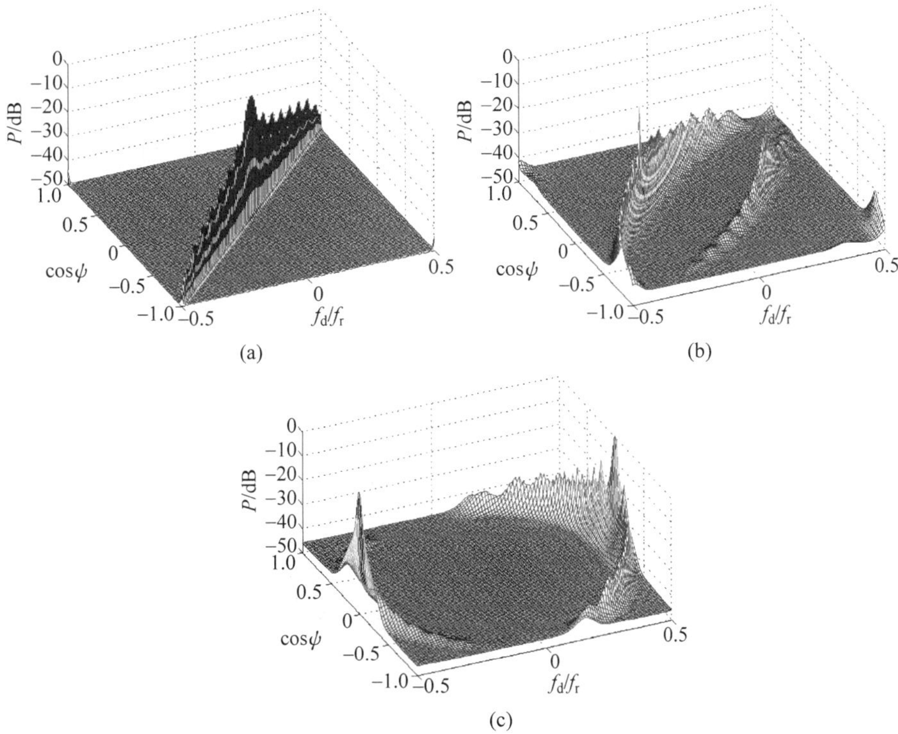

图 4.15　杂波功率谱图(非正侧视阵，$\alpha=1$)

(a) $\theta_p=0°$；(b) $\theta_p=30°$；(c) $\theta_p=-90°$

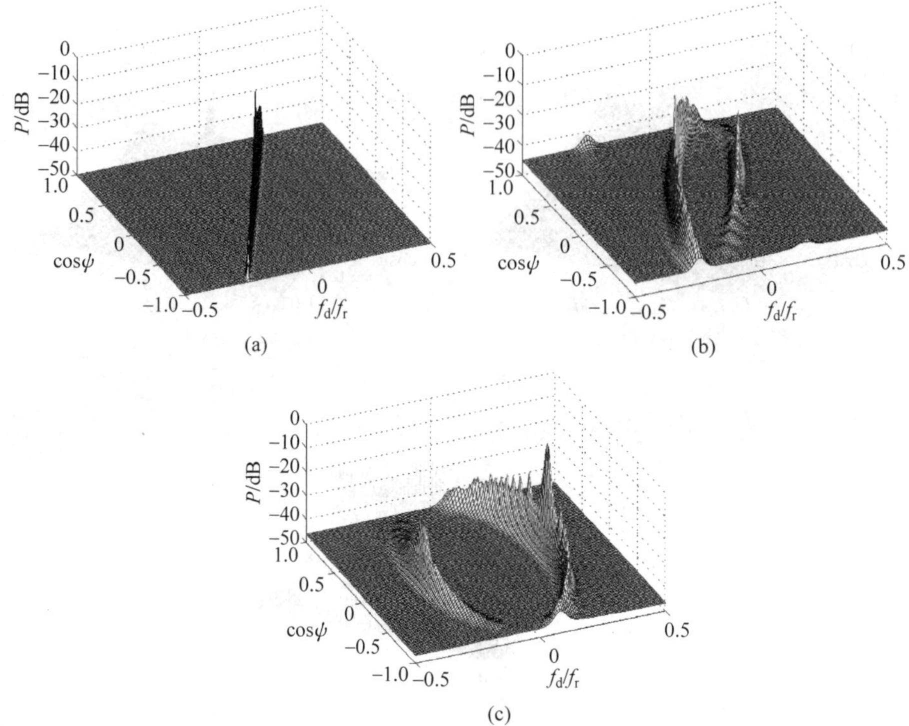

图 4.16 杂波功率谱图(非正侧视阵,$\alpha=2$)

(a) $\theta_p=0°$;(b) $\theta_p=30°$;(c) $\theta_p=-90°$

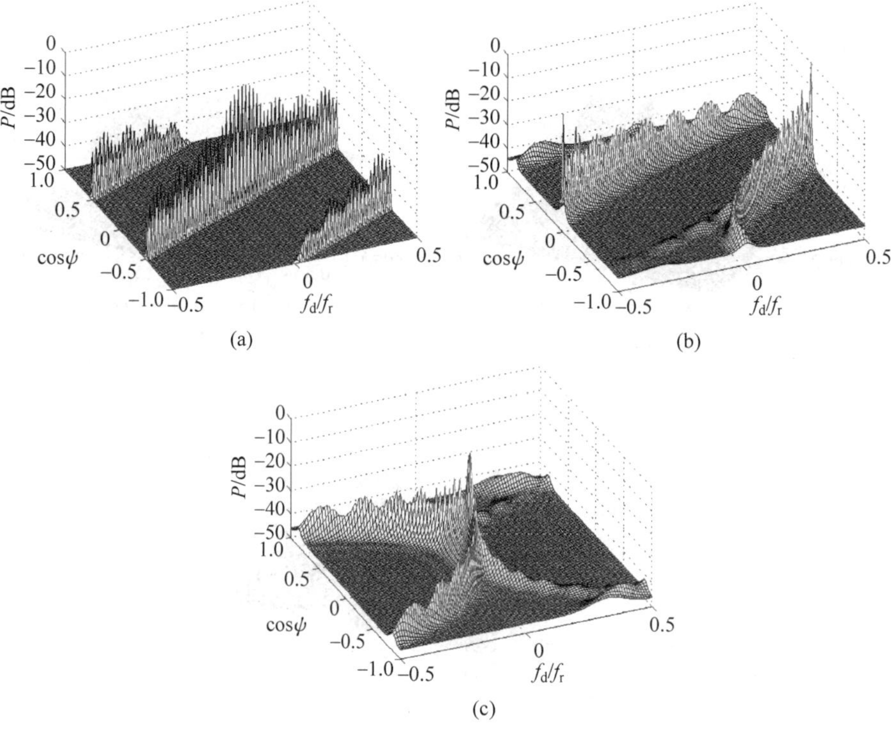

图 4.17 杂波功率谱图(非正侧视阵,$\alpha=0.5$)

(a) $\theta_p=0°$;(b) $\theta_p=30°$;(c) $\theta_p=-90°$

4.4.3　杂波特征谱

由机载雷达杂波空时轨迹和杂波功率谱特性可知，杂波在空时平面上仅占很少的一部分，表明杂波协方差矩阵是低秩的，即非满秩。本节利用杂波特征谱研究杂波协方差矩阵秩的特性，此处杂波特征谱是指将杂波协方差矩阵或者杂波＋噪声协方差矩阵的特征值按照从大到小的顺序进行排列后得到的图形。

通过对杂波协方差矩阵进行特征分解，可以得到特征谱，即

$$\boldsymbol{R}_{\mathrm{c}} = \boldsymbol{E}\boldsymbol{\Lambda}\boldsymbol{E}^{\mathrm{H}} \tag{4.54}$$

其中，$\boldsymbol{\Lambda}$ 表示由杂波特征值组成的对角矩阵；$\boldsymbol{E}$ 表示由特征矢量构成的酉矩阵，即 $\boldsymbol{E}\boldsymbol{E}^{\mathrm{H}} = \boldsymbol{E}^{\mathrm{H}}\boldsymbol{E} = \boldsymbol{I}$。

杂波协方差矩阵具有如下性质：

(1) $\boldsymbol{R}_{\mathrm{c}}$ 为 Hermite 矩阵，即 $\boldsymbol{R}_{\mathrm{c}}^{\mathrm{H}} = \boldsymbol{R}_{\mathrm{c}}$，因此特征值为实数；

(2) $\boldsymbol{R}_{\mathrm{c}}$ 为半正定矩阵，即所有特征值都大于等于 0。

杂波特征谱的含义如下：

(1) 表明多少矢量空间已被杂波占据及多少留给信号；

(2) 大特征值的数目代表了杂波自由度的大小。

下面给出描述杂波自由度规律的 Brennan 准则[33]。

Brennan 准则：在正侧视均匀线阵情况下，机载雷达杂波自由度（即杂波协方差矩阵的秩或者杂波＋噪声协方差矩阵的大特征值个数）为

$$r_{\mathrm{c}} \approx \mathrm{round}\{N + \beta(K-1)\} \tag{4.55}$$

其中，round{ }为四舍五入函数；

$$\beta = \frac{1}{\alpha} = \frac{2V_{\mathrm{R}}T_{\mathrm{r}}}{d} \tag{4.56}$$

当 β 为整数时，式(4.55)为等式，即 $r_{\mathrm{c}} = N + \beta(K-1)$。

图 4.18～图 4.20 给出了不同情形下的杂波特征谱，注意此处给出的是杂波＋噪声协方差矩阵特征值的分布图，其中竖线表示由 Brennan 准则估计得到的杂波自由度值。从图中可以看出：①在正侧视阵情况下，当 β 为整数时杂波特征值中的杂波自由度值严格满足 Brennan 准则，原因是杂波仅分布在空时二维域上的部分区域；②在正侧视阵情况下，当 β 为非整数时 Brennan 准则估计得到的杂波自由度偏高；③在非正侧视阵情况下，杂波自由度显著增加。

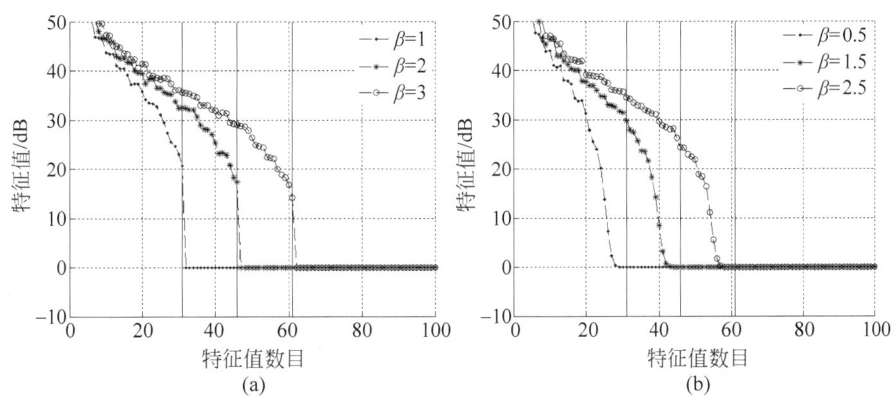

图 4.18　杂波特征谱(正侧视阵)

(a) β 为整数；(b) β 为非整数

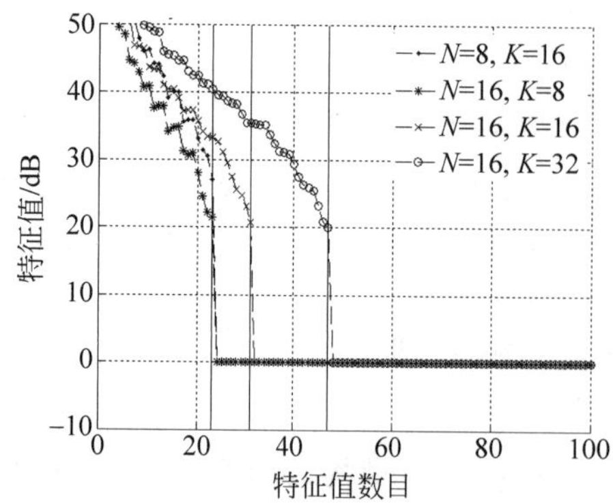

图 4.19　不同 N、K 值时的杂波特征谱（正侧视阵，$\beta=1$）

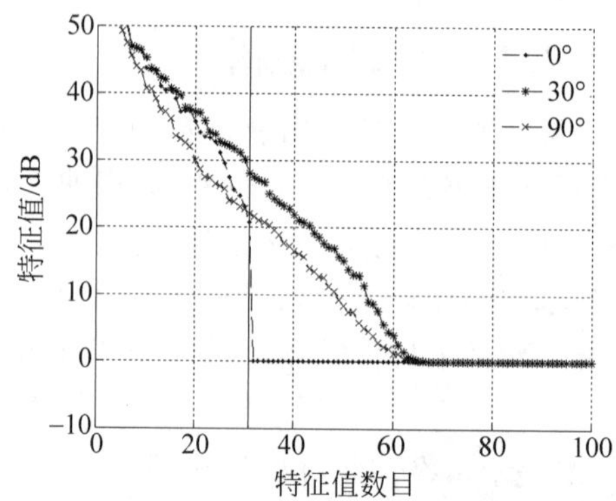

图 4.20　阵列不同放置情况下的杂波特征谱（$\beta=1$）

4.4.4　杂波距离-多普勒轨迹和功率谱

杂波距离-多普勒轨迹表示相同锥角对应的各杂波块的归一化多普勒频率在距离上的分布情况，即相同波束轨迹对应的杂波距离-多普勒分布曲线。杂波距离-多普勒功率谱表示空域所有杂波回波在（距离，多普勒频率）二维平面上的功率分布。

对于非正侧视阵，杂波的归一化多普勒频率与距离之间的关系为

$$\begin{aligned}\bar{f}_{\mathrm{d}}&=\frac{2V_{\mathrm{R}}}{\lambda f_{\mathrm{r}}}\cos(\theta+\theta_{\mathrm{p}})\cos\varphi\\&=\frac{2V_{\mathrm{R}}}{\lambda f_{\mathrm{r}}}(\cos\psi\cos\theta_{\mathrm{p}}-\sin\theta_{\mathrm{p}}\sqrt{\cos^2\varphi-\cos^2\psi})\\&=\frac{2V_{\mathrm{R}}}{\lambda f_{\mathrm{r}}}\left(\cos\psi\cos\theta_{\mathrm{p}}-\sin\theta_{\mathrm{p}}\sqrt{\frac{R^2-H^2}{R^2}-\cos^2\psi}\right)\end{aligned}\tag{4.57}$$

当 $\theta_{\mathrm{p}}=0°$时，即正侧视阵情况下，二者的关系退化为

$$\bar{f}_{\mathrm{d}}=\frac{2V_{\mathrm{R}}}{\lambda f_{\mathrm{r}}}\cos\psi\tag{4.58}$$

由式(4.58)可以看出，正侧视阵情况下相同锥角对应的杂波块的归一化多普勒频率与距离无关，而在非正侧视阵情况下相同锥角对应的杂波块的归一化多普勒频率随距离变化而变化。

图 4.21～图 4.23 分别给出了正侧视阵、非正侧视阵（斜侧视阵）和前视阵情况下的杂波距离-多普勒轨迹和杂波距离-多普勒功率谱。从图中可以看出：①正侧视阵情况下，无论是否存在距离模糊，杂波多普勒频率均与距离无关；当无距离模糊时由于重频较低（$f_{\mathrm{r}}=300$ Hz）导致发生多普勒模糊，使得杂波占据整个频域范围，且在近程存在一定范围的无杂波区，如图 4.21(b)所示。此外，当存在距离模糊时，远程杂波模糊到近程，导致杂波分布在整个距离维，如图 4.21(d)所示。②斜侧视阵情况下，杂波多普勒频率随距离变化，尤其是在近程区域；当 $f_{\mathrm{r}}=300$ Hz 时，虽然不存在距离模糊，但是近程杂波存在一定程度的多普勒模糊，如图 4.22(a)所示；当存在距离模糊时远程平稳杂波模糊到近程区域，如图 4.22(d)所

示。③前视阵情况与斜侧视阵情况类似，区别在于当 $\cos\psi=0$ 时，该波束轨迹对应的杂波多普勒频率为正值，而斜侧视阵情况下为负值。需要指出的是，在本书所给参数下俯仰方向图第一零点位于第 30 个距离门附近，正好对应近程非平稳杂波，导致在距离-多普勒谱图上非正侧视阵情况下的近程杂波非平稳特性表现得不是特别明显。

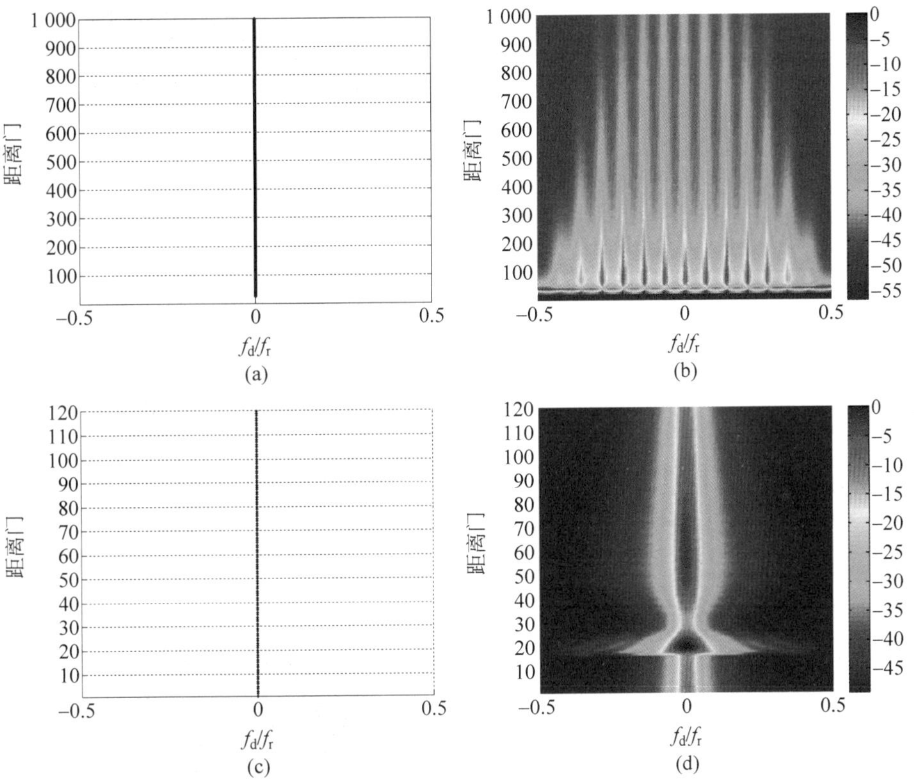

图 4.21　正侧视阵(无距离模糊，$f_r=300$ Hz；存在距离模糊，$f_r=2\,434.8$ Hz)

(a) 杂波距离-多普勒轨迹($\cos\psi=0$，无距离模糊)；(b) 杂波距离-多普勒功率谱(无距离模糊)；(c) 杂波距离-多普勒轨迹($\cos\psi=0$，存在距离模糊)；(d) 杂波距离-多普勒功率谱(存在距离模糊)

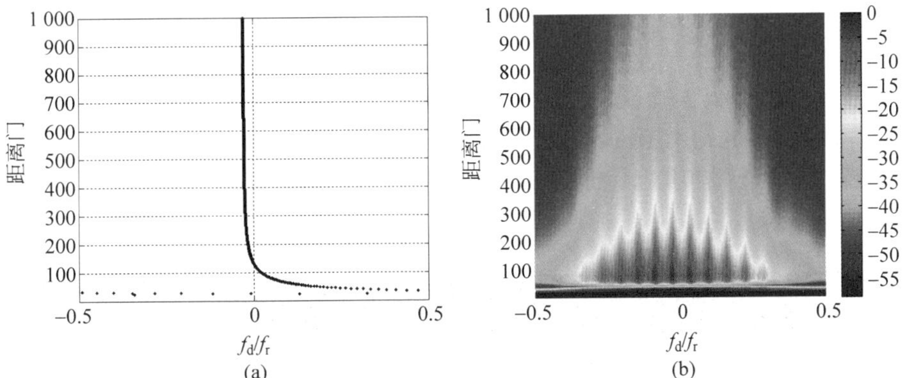

图 4.22　斜侧视阵($\theta_p=30°$。无距离模糊，$f_r=300$ Hz；存在距离模糊，$f_r=2\,434.8$ Hz)

(a) 杂波距离-多普勒轨迹($\cos\psi=0$，无距离模糊)；(b) 杂波距离-多普勒功率谱(无距离模糊)；(c) 杂波距离-多普勒轨迹($\cos\psi=0$，存在距离模糊)；(d) 杂波距离-多普勒功率谱(存在距离模糊)

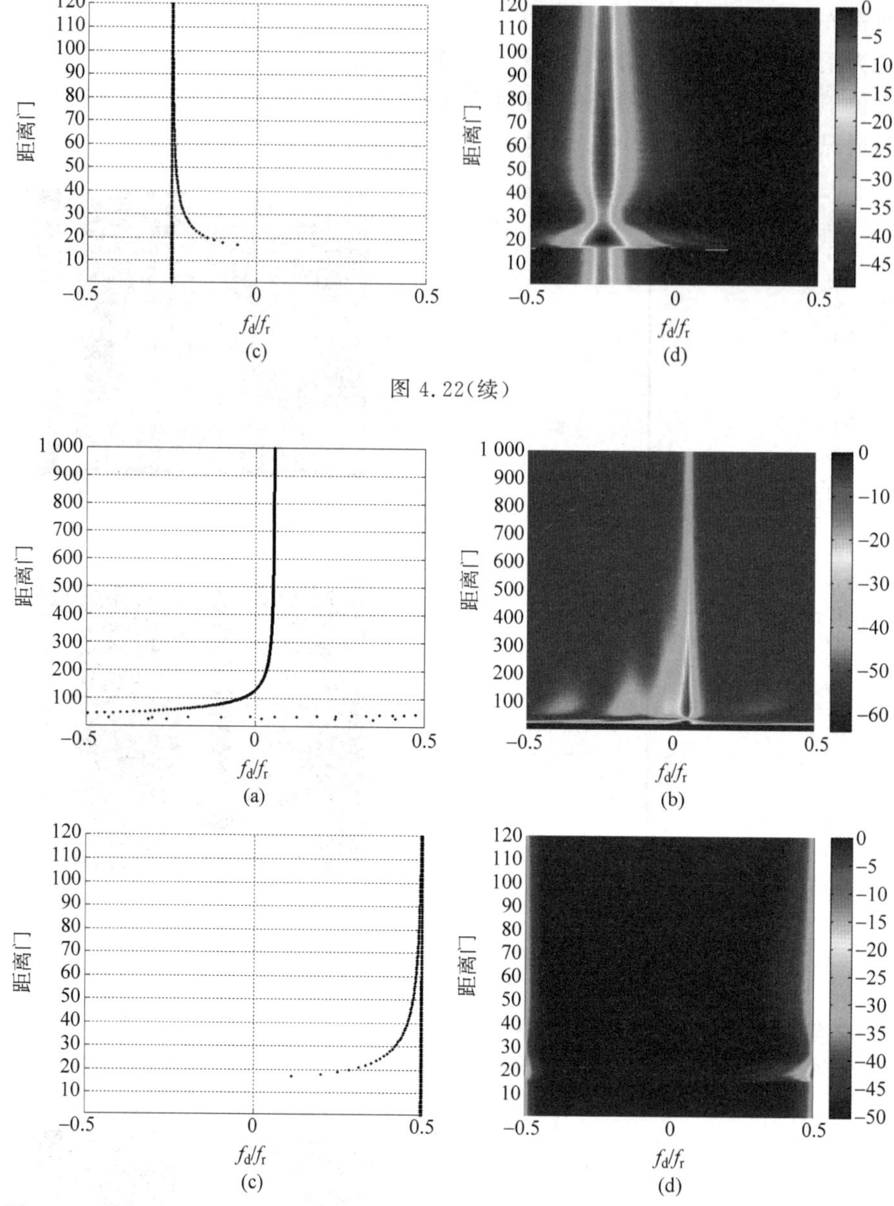

图 4.22(续)

图 4.23 前视阵($\theta_p=-90°$。无距离模糊,$f_r=300$ Hz;存在距离模糊,$f_r=2\ 434.8$ Hz)

(a) 杂波距离-多普勒轨迹($\cos\psi=0$,无距离模糊);(b) 杂波距离-多普勒功率谱(无距离模糊);(c) 杂波距离-多普勒轨迹($\cos\psi=0$,存在距离模糊);(d) 杂波距离-多普勒功率谱(存在距离模糊)

4.5 小结

本章建立了机载相控阵雷达阵元级杂波模型,研究了杂波协方差矩阵的性质,并在此基础上从杂波空时轨迹、杂波功率谱、杂波特征谱、杂波距离-多普勒轨迹和距离-多普勒功率谱等方面分析了不同阵面放置形式下的杂波分布特性。本章工作可以为后续 STAP 技术的研究奠定重要的基础,并可以为 STAP 方法的仿真提供数据来源。

第 5 章

STAP 的基本原理

STAP 技术充分利用相控阵天线提供的多个空域通道信息和相干脉冲串提供的时域信息，通过空域和时域二维自适应滤波的方式，实现杂波的有效抑制。本章首先介绍空时最优处理器的基本原理，然后阐述空时自适应处理器的实现结构，最后从空时自适应方向图、输出 SCNR、SCNR 损失、改善因子和最小可检测速度等方面介绍衡量 STAP 方法性能的测度。

5.1 空时最优处理器

空时最优处理器由 Brennan 等人于 1973 年提出[1]。假设机载雷达回波信号为

$$\boldsymbol{X} = a\boldsymbol{S} + \boldsymbol{X}_{\mathrm{c}} + \boldsymbol{n} = a\boldsymbol{S} + \boldsymbol{q} \tag{5.1}$$

其中，干扰信号 $\boldsymbol{q}$ 是一个多变量复高斯分布的零均值随机矢量；杂波信号 $\boldsymbol{X}_{\mathrm{c}}$ 空时相关；噪声信号 $\boldsymbol{n}$ 空时不相关；目标信号 $a\boldsymbol{S}$ 为确定信号。则从背景干扰 $\boldsymbol{q}$ 中检测目标信号 $a\boldsymbol{S}$ 的最优线性权值为

$$\boldsymbol{W}_{\mathrm{opt}} = \mu \boldsymbol{R}^{-1} \boldsymbol{S} \tag{5.2}$$

其中，$\boldsymbol{R}$ 表示杂波噪声协方差矩阵；$\boldsymbol{S}$ 表示预设的目标空时导向矢量。二者的具体表达式如下：

$$\boldsymbol{R} = \begin{bmatrix} \boldsymbol{R}_0 & \boldsymbol{R}_1 & \cdots & \boldsymbol{R}_{K-2} & \boldsymbol{R}_{K-1} \\ \boldsymbol{R}_1^* & \boldsymbol{R}_0 & \ddots & \cdots & \boldsymbol{R}_{K-2} \\ \vdots & \ddots & \ddots & \ddots & \vdots \\ \boldsymbol{R}_{K-2}^* & \cdots & \ddots & \ddots & \boldsymbol{R}_1 \\ \boldsymbol{R}_{K-1}^* & \boldsymbol{R}_{K-2}^* & \cdots & \boldsymbol{R}_1^* & \boldsymbol{R}_0 \end{bmatrix} \tag{5.3}$$

杂波噪声协方差矩阵 $\boldsymbol{R}$ 为 Hermite 矩阵（共轭对称）+ Toeplitz-块-Toeplitz 矩阵，其中子矩阵 $\boldsymbol{R}_k$ 表示 $N\times N$ 空间协方差矩阵。例如：$\boldsymbol{R}_0$ 表示同一脉冲回波的空间协方差矩阵，$\boldsymbol{R}_1$ 表示相邻脉冲回波的空间协方差矩阵。

$$\boldsymbol{S}=\boldsymbol{S}_{\mathrm{t}}(\bar{f}_{\mathrm{d}})\otimes\boldsymbol{S}_{\mathrm{s}}(f_{\mathrm{s}}) \tag{5.4}$$

$\boldsymbol{S}_{\mathrm{t}}(\bar{f}_{\mathrm{d}})$和 $\boldsymbol{S}_{\mathrm{s}}(f_{\mathrm{s}})$分别表示预设的目标时域导向矢量和空域导向矢量，其表达式分别为

$$\boldsymbol{S}_{\mathrm{t}}(\bar{f}_{\mathrm{d}})=[1;\ \mathrm{e}^{\mathrm{j}2\pi\bar{f}_{\mathrm{d}}};\ \cdots;\ \mathrm{e}^{\mathrm{j}(K-1)2\pi\bar{f}_{\mathrm{d}}}] \tag{5.5}$$

$$\boldsymbol{S}_{\mathrm{s}}(f_{\mathrm{s}})=[1;\ \mathrm{e}^{\mathrm{j}2\pi\frac{\boldsymbol{K}(\theta_{\mathrm{t}},\varphi_{\mathrm{t}})\cdot\boldsymbol{d}}{\lambda}};\ \cdots;\ \mathrm{e}^{\mathrm{j}(N-1)2\pi\frac{\boldsymbol{K}(\theta_{\mathrm{t}},\varphi_{\mathrm{t}})\cdot\boldsymbol{d}}{\lambda}}] \tag{5.6}$$

其中，$\bar{f}_{\mathrm{d}}$ 表示预设的目标归一化多普勒频率；θ_{t} 和 φ_{t} 分别表示预设的目标方位角和俯仰角。

根据不同准则可以得到不同的最优权值，下面介绍两种典型的准则。

准则 1：线性约束最小方差（LCMV）准则。表达式为

$$\begin{cases}\min\limits_{W}\boldsymbol{W}^{\mathrm{H}}\boldsymbol{R}\boldsymbol{W}\\ \text{s. t. }\ \boldsymbol{W}^{\mathrm{H}}\boldsymbol{S}=1\end{cases} \tag{5.7}$$

该准则的物理意义是保证系统对目标信号的增益不变的前提下，使系统输出的杂波和噪声功率剩余最小，等价于使输出 SCNR 最大。线性约束最小方差准则下的最优权值为

$$\boldsymbol{W}_{\mathrm{opt}}=\frac{1}{\boldsymbol{S}^{\mathrm{H}}\boldsymbol{R}^{-1}\boldsymbol{S}}\boldsymbol{R}^{-1}\boldsymbol{S} \tag{5.8}$$

准则 2：最小均方误差准则。表达式为

$$\min_{W}E[e^2]=E[(\boldsymbol{S}-\boldsymbol{W}^{\mathrm{H}}\boldsymbol{X})^2] \tag{5.9}$$

该准则的物理意义是使得输出信号与期望信号 $\boldsymbol{S}$ 之间的均方差最小。最小均方误差准则下的最优权值为

$$\boldsymbol{W}_{\mathrm{opt}}=\boldsymbol{R}_{\boldsymbol{X}}^{-1}\boldsymbol{R}_{\boldsymbol{XS}} \tag{5.10}$$

其中，$\boldsymbol{R}_{\boldsymbol{X}}$ 表示雷达回波信号协方差矩阵；$\boldsymbol{R}_{\boldsymbol{XS}}$ 表示回波信号与期望信号之间的互相关矩阵。最小均方误差准则下的滤波器也称为维纳滤波器。

在 STAP 理论中，若不特别说明，一般均指 LCMV 准则权值。空时滤波之后再进行门限检测，典型的检测函数为搜索所有多普勒滤波器输出的最大幅度，即

$$\max_{k}|\boldsymbol{W}_{\mathrm{opt}_k}^{\mathrm{H}}\boldsymbol{X}|\begin{cases}\geqslant\eta, & \text{存在目标}\\ <\eta, & \text{不存在目标}\end{cases} \tag{5.11}$$

其中，$\boldsymbol{W}_{\mathrm{opt}_k}$ 表示第 k 个空时滤波器对应的空时权值。

图 5.1 所示为空时最优处理器的原理框图。对于空时采样后的雷达回波数据，经过空时自适应滤波处理模块完成杂波抑制和目标积累处理后，再将各滤波器的输出信号送至目标检测模块，经目标检测处理后输出。

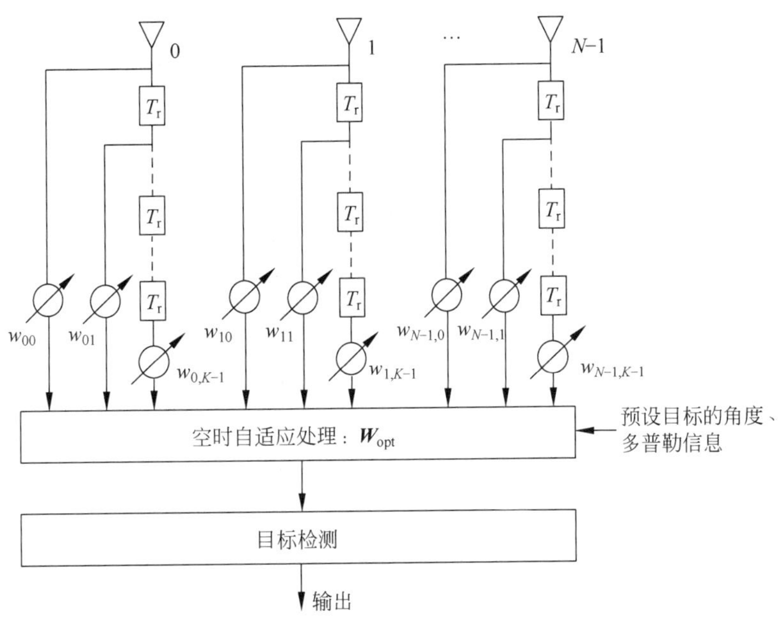

图 5.1　空时最优处理器的原理框图

5.2　空时自适应处理器

杂波噪声协方差矩阵 $\boldsymbol{R}=\boldsymbol{R}_{\mathrm{c}}+\boldsymbol{R}_{\mathrm{n}}$，其中噪声协方差矩阵通常可由雷达接收机参数计算得到，杂波协方差矩阵 $\boldsymbol{R}_{\mathrm{c}}$ 理论上也可通过载机与地面的几何关系和雷达系统参数构造得到，但实际中由于各种误差导致无法准确构造。因此，在实际工程中，杂波噪声协方差矩阵 $\boldsymbol{R}$ 通常由雷达回波信号估计得到，普遍的方法是采样矩阵求逆法(SMI)[112]，类似于单元平均 CFAR 中的噪声电平估计。

假设参考单元的数据与待检测单元中的杂波信号具有相同的统计特性，且相互之间满足独立同分布条件，则可将参考单元中的数据作为训练样本来估计杂波噪声协方差矩阵。假设训练样本数为 L，则

$$\hat{\boldsymbol{R}}=\frac{1}{L}\sum_{l=1}^{L}\boldsymbol{X}_l\boldsymbol{X}_l^{\mathrm{H}} \tag{5.12}$$

图 5.2 给出了某一个 CPI 内的机载雷达回波立方体，其中空域采样数为 N，时域采样数为 K，距离采样数为 L。如图所示，SMI 方法利用 L 个训练样本估计待检测距离单元的杂波噪声协方差矩阵。则此时空时权值为

$$\boldsymbol{W}=\frac{1}{\boldsymbol{S}^{\mathrm{H}}\hat{\boldsymbol{R}}^{-1}\boldsymbol{S}}\hat{\boldsymbol{R}}^{-1}\boldsymbol{S} \tag{5.13}$$

上述权值对应的滤波器称为空时自适应处理器。

利用 SMI 方法估计得到的杂波噪声协方差矩阵并不是准确值，因此此时的 STAP 滤波权值是准最优的。假设噪声功率为 σ^2，单个阵元单个脉冲对应的输入 SNR 为 ξ_{t}，目标信号的空时导向矢量为 $\boldsymbol{S}$，真实的杂波噪声协方差矩阵为 $\boldsymbol{R}$，预设的目标信息与真实的目标信息

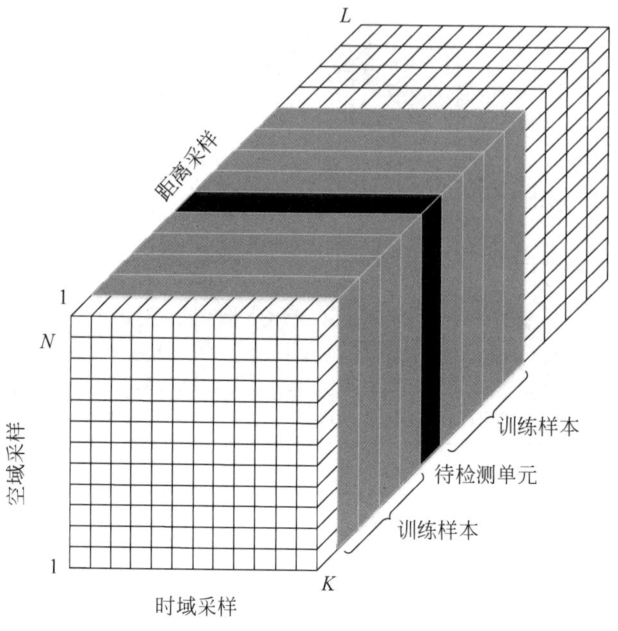

图 5.2 机载雷达回波立方体

完全匹配，则

$$\mathrm{SCNR}_{\mathrm{o}\hat{\boldsymbol{R}}}=\frac{\sigma^2\xi_{\mathrm{t}}\mid \boldsymbol{W}^{\mathrm{H}}\boldsymbol{S}\mid^2}{\boldsymbol{W}^{\mathrm{H}}\boldsymbol{R}\boldsymbol{W}}=\frac{\sigma^2\xi_{\mathrm{t}}\mid \boldsymbol{S}^{\mathrm{H}}\hat{\boldsymbol{R}}^{-1}\boldsymbol{S}\mid^2}{\boldsymbol{S}^{\mathrm{H}}\hat{\boldsymbol{R}}^{-1}\boldsymbol{R}\hat{\boldsymbol{R}}^{-1}\boldsymbol{S}} \tag{5.14}$$

$$\mathrm{SCNR}_{\mathrm{o}\boldsymbol{R}}=\frac{\sigma^2\xi_{\mathrm{t}}\mid \boldsymbol{S}^{\mathrm{H}}\boldsymbol{R}^{-1}\boldsymbol{S}\mid^2}{\boldsymbol{S}^{\mathrm{H}}\boldsymbol{R}^{-1}\boldsymbol{R}\boldsymbol{R}^{-1}\boldsymbol{S}}=\sigma^2\xi_{\mathrm{t}}\boldsymbol{S}^{\mathrm{H}}\boldsymbol{R}^{-1}\boldsymbol{S} \tag{5.15}$$

由于估计引起的 SCNR 损失为

$$\rho=\frac{\mathrm{SCNR}_{\mathrm{o}\hat{\boldsymbol{R}}}}{\mathrm{SCNR}_{\mathrm{o}\boldsymbol{R}}}=\frac{\mid \boldsymbol{S}^{\mathrm{H}}\hat{\boldsymbol{R}}^{-1}\boldsymbol{S}\mid^2}{\boldsymbol{S}^{\mathrm{H}}\hat{\boldsymbol{R}}^{-1}\boldsymbol{R}\hat{\boldsymbol{R}}^{-1}\boldsymbol{S}}\cdot\frac{1}{\boldsymbol{S}^{\mathrm{H}}\boldsymbol{R}^{-1}\boldsymbol{S}} \tag{5.16}$$

当训练样本数满足 I. I. D. 条件时，SCNR 损失 ρ 的期望值为

$$E[\rho(\hat{\boldsymbol{R}})]=\frac{L+2-N_{\mathrm{dof}}}{L+1} \tag{5.17}$$

其中 N_{dof} 表示系统自由度，即空时权值的维数。由式(5.17)可以看出 SCNR 损失的期望值仅与训练样本数和系统自由度有关。下面给出描述上述关系的 RMB 准则[112]。

RMB 准则：如果要求由于杂波噪声协方差矩阵估计导致的输出 SCNR 损失不超过 3 dB，则对于训练样本的要求包括：①满足 I. I. D. 条件，即各训练样本和待检测数据之间的杂波分布相同且独立；②数量至少为 $2N_{\mathrm{dof}}-3$ 个。

图 5.3 所示为空时自适应处理器(STAP)的实现框图，从图中可以看出，STAP 滤波器主要包括三部分：训练策略、权值计算和权值应用。

在训练策略方面，①通常采用就近邻准则，即选取与待检测距离单元相邻的 L 个样本作为训练样本；②训练样本需要满足 RMB 准则；③在非均匀杂波环境下，训练样本集需实时更新，且需选取均匀样本，即存在非均匀样本选取问题，该问题将在第 16 章详细介绍。

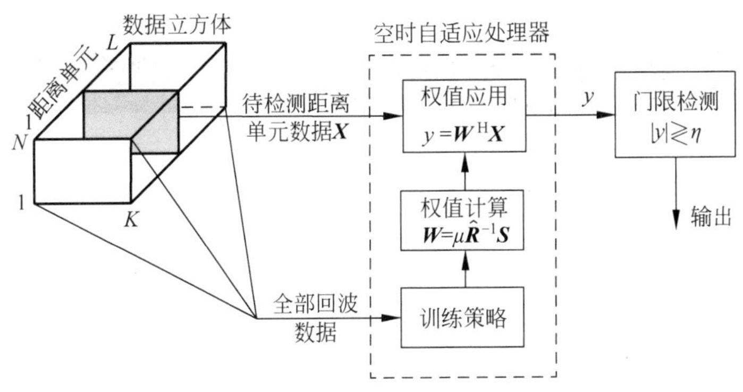

图5.3　空时自适应处理器的实现框图

在权值计算方面，①通常采用LCMV权值(也称为SMI)；②也可采用维纳权，此时对应的滤波器结构为旁瓣相消结构；③也可采用正交投影权，此时对应的滤波器为降秩STAP。下面对正交投影权进行简单介绍。

正交投影权的数学表达式为

$$\boldsymbol{W}_{\mathrm{OP}}=\boldsymbol{P}^{\mathrm{H}}\boldsymbol{S} \tag{5.18}$$

其中

$$\boldsymbol{P}=\boldsymbol{E}^{(\mathrm{n})}\boldsymbol{E}^{(\mathrm{n})\mathrm{H}} \tag{5.19}$$

或者

$$\boldsymbol{P}=\boldsymbol{I}-\boldsymbol{E}^{(\mathrm{c})}(\boldsymbol{E}^{(\mathrm{c})\mathrm{H}}\boldsymbol{E}^{(\mathrm{c})})^{-1}\boldsymbol{E}^{(\mathrm{c})\mathrm{H}} \tag{5.20}$$

式中，$\boldsymbol{E}^{(\mathrm{n})}$、$\boldsymbol{E}^{(\mathrm{c})}$分别表示噪声和杂波特征矢量矩阵，上述矩阵由杂波噪声协方差矩阵特征分解得到。如果机载雷达杂波自由度满足Brennan准则，则正交投影权容易得到，否则难以准确得到噪声和杂波特征矢量矩阵。此外，对杂波噪声协方差矩阵进行特征分解运算量较大，限制了降秩STAP方法的工程应用。基于特征值分解的正交投影处理也称为特征对消器。

在权值应用方面，①一个权值对应一个多普勒频率，因此对于待检测距离单元数据需要同时应用一组权值；②在实际工程中，通常一段距离区间对应一组相同的权值。

在门限检测方面，经过权值应用后需要利用门限检测模块判断每一个(距离，多普勒)单元是否存在目标，即进行过门限检测。门限检测包括两类：一类是利用传统的CFAR检测方法对STAP滤波后的数据进行处理，例如CA-CFAR、GO-CFAR和OS-CFAR等；另一类是将STAP权值进行归一化处理，使得在STAP滤波的同时具有CFAR特性，我们将具有该特性的STAP滤波器称为空时自适应检测器(STAD)[89]。不同的归一化处理对应不同的STAD，典型的空时自适应检测器包括AMF[82-83]和GLRT[81]，二者的数学表达式如下：

$$\Lambda_{\mathrm{AMF}}=\frac{|\boldsymbol{S}^{\mathrm{H}}\boldsymbol{R}^{-1}\boldsymbol{X}|^{2}}{\boldsymbol{S}^{\mathrm{H}}\boldsymbol{R}^{-1}\boldsymbol{S}}\underset{\mathrm{H}_0}{\overset{\mathrm{H}_1}{\gtrless}}\eta \tag{5.21}$$

$$\Lambda_{\mathrm{GLRT}}=\frac{|\boldsymbol{S}^{\mathrm{H}}\boldsymbol{R}^{-1}\boldsymbol{X}|^{2}}{(\boldsymbol{S}^{\mathrm{H}}\boldsymbol{R}^{-1}\boldsymbol{S})\left[1+\dfrac{1}{L}\boldsymbol{X}^{\mathrm{H}}\boldsymbol{R}^{-1}\boldsymbol{X}\right]}\underset{\mathrm{H}_0}{\overset{\mathrm{H}_1}{\gtrless}}\eta \tag{5.22}$$

5.3 性能测度

5.3.1 空时自适应方向图

空时自适应方向图表示空时自适应滤波器在空时二维平面上的响应，也称为空时二维频响图，其定义如下：

$$\boldsymbol{P}(f_s, \bar{f}_d) = |\boldsymbol{W}^H(f_{s0}, \bar{f}_{d0})\boldsymbol{S}(f_s, \bar{f}_d)|^2 \tag{5.23}$$

其中 $\boldsymbol{W}(f_{s0}, \bar{f}_{d0})$ 表示预设目标位置为 $(f_{s0}, \bar{f}_{d0})$ 时的空时自适应滤波器权矢量。

对于一个具有固定脉冲重复间隔的均匀线阵，空时自适应方向图即为空时自适应权值的二维傅里叶变换，即对于某一预设目标的空时自适应固定权值对所有空时分辨单元作用后的输出功率。

当不存在杂波时，即在理想白噪声环境下，空时自适应方向图通常也被称为静态方向图，即

$$\boldsymbol{P}_{理想}(f_s, \bar{f}_d) = |\boldsymbol{S}^H(f_{s0}, \bar{f}_{d0})\boldsymbol{S}(f_s, \bar{f}_d)|^2 \tag{5.24}$$

图 5.4 给出了空时最优处理器的空时自适应方向图，参数设置为正侧视阵，$\alpha=1$，预设目标位置为(90°，−695.7 Hz)。从图 5.4(a)、(b)中可以看出，空时自适应方向图的主瓣位于预设目标位置，沿着杂波轨迹形成了一条斜凹口，同时抑制了主瓣杂波和旁瓣杂波。从图 5.4(c)、(d)中可以看出，在预设目标多普勒频率对应的空域自适应方向图上，在与预设

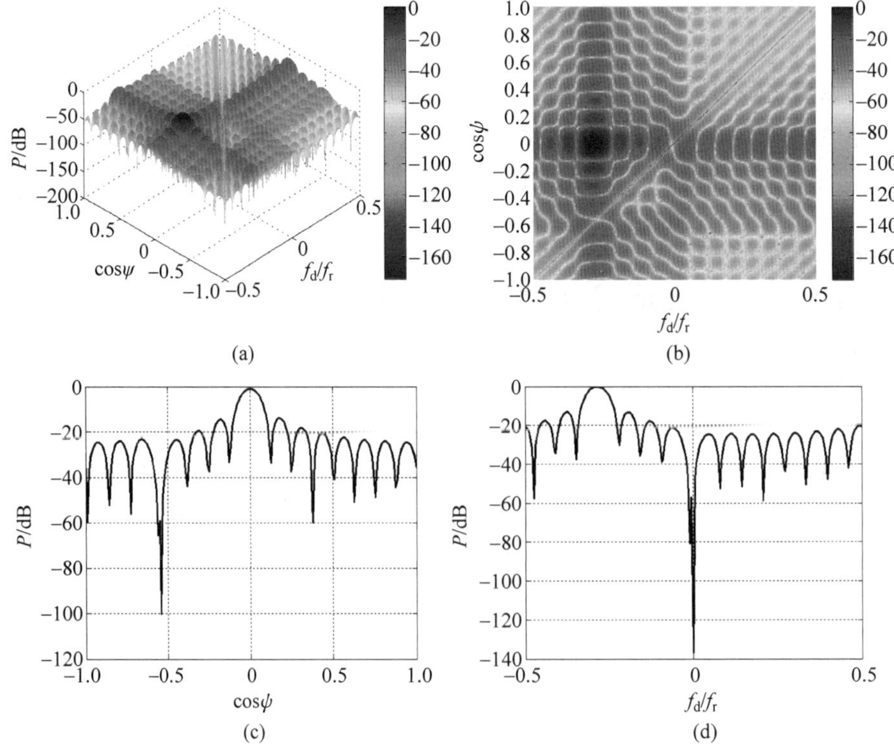

图 5.4 自适应方向图

(空时最优处理器，正侧视阵，$\alpha=1$，目标位置：(90°，−695.7 Hz))

(a) 三维图；(b) 二维俯视图；(c) 空域自适应方向图；(d) 多普勒自适应方向图

目标具有相同多普勒频率的旁瓣杂波(也称为Ⅱ区杂波)位置形成了深凹口；在预设目标角度对应的多普勒自适应方向图上,在主瓣杂波(也称为Ⅰ区杂波)位置形成了深凹口。

5.3.2 输出 SCNR

对于空时自适应处理器,当预设目标空间位置固定,即始终处于主波束方向时,某一待检测多普勒通道对应的输出 SCNR 为

$$\mathrm{SCNR_o}(\bar{f}_\mathrm{d})=\frac{|a|^2\,|\boldsymbol{W}^\mathrm{H}(\bar{f}_\mathrm{d})\boldsymbol{S}(\bar{f}_\mathrm{d})|^2}{|\boldsymbol{W}^\mathrm{H}(\bar{f}_\mathrm{d})\boldsymbol{R}\boldsymbol{W}(\bar{f}_\mathrm{d})|} \tag{5.25}$$

其中,$|a|^2=\sigma^2\xi_\mathrm{t}$,表示输入端单个阵元单个脉冲对应的目标信号功率。若为空时最优处理器(即杂波噪声协方差矩阵已知),则

$$\mathrm{SCNR_o}(\bar{f}_\mathrm{d})=\sigma^2\xi_\mathrm{t}\,|\boldsymbol{S}^\mathrm{H}(\bar{f}_\mathrm{d})\boldsymbol{R}^{-1}\boldsymbol{S}(\bar{f}_\mathrm{d})| \tag{5.26}$$

假设在理想情况下,机载雷达系统中不存在杂波,仅包含白噪声,即 $\boldsymbol{R}=\sigma^2\boldsymbol{I}_{NK}$,则空时最优处理器为完全匹配滤波器,即 $\boldsymbol{W}(\bar{f}_\mathrm{d})=\boldsymbol{S}(\bar{f}_\mathrm{d})$,此时

$$\mathrm{SNR}_{\mathrm{o理想}}=NK\xi_\mathrm{t} \tag{5.27}$$

其中,NK 表示系统自由度；N 表示空域采样数；K 表示时域采样数。上式的物理机理是在纯噪声环境下空时匹配滤波器相当于将信噪比改善了 NK 倍。

图 5.5 给出了空时最优处理器的输出 SCNR。从图中可以看出：①在大部分多普勒通道处,输出 SCNR 均达到了 24 dB,几乎接近理想无杂波环境下的输出 SCNR 上限(10lg(16×16)=24.1 dB)。②在主瓣杂波所在多普勒频率处,输出 SCNR 下降明显,这是因为此时在多普勒域上目标信号落入杂波区,空时最优处理器在同一多普勒频率处无法实现杂波有效抑制的同时兼顾对目标的高增益。

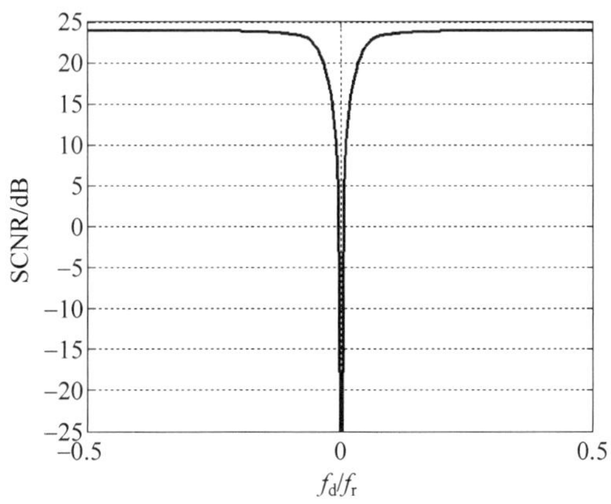

图 5.5 输出 SCNR(空时最优处理器,正侧视阵,$\xi_\mathrm{t}=0$ dB)

5.3.3 SCNR 损失

SCNR 损失的定义是空时自适应滤波器的输出 SCNR 与理想环境下(纯噪声)的空时匹配滤波器的输出 SCNR 的比值,即

$$\mathrm{SCNR}_{\mathrm{loss}}(\bar{f}_{\mathrm{d}})=\frac{\mathrm{SCNR}(\bar{f}_{\mathrm{d}})}{\mathrm{SNR}_{\mathrm{o理想}}}=\frac{\dfrac{a^{2}\,|\boldsymbol{W}^{\mathrm{H}}(\bar{f}_{\mathrm{d}})\boldsymbol{S}(\bar{f}_{\mathrm{d}})|^{2}}{|\boldsymbol{W}^{\mathrm{H}}(\bar{f}_{\mathrm{d}})\boldsymbol{R}\boldsymbol{W}(\bar{f}_{\mathrm{d}})|}}{NK\dfrac{a^{2}}{\sigma^{2}}}$$

$$=\frac{\sigma^{2}\,|\boldsymbol{W}^{\mathrm{H}}(\bar{f}_{\mathrm{d}})\boldsymbol{S}(\bar{f}_{\mathrm{d}})|^{2}}{NK\,|\boldsymbol{W}^{\mathrm{H}}(\bar{f}_{\mathrm{d}})\boldsymbol{R}\boldsymbol{W}(\bar{f}_{\mathrm{d}})|} \tag{5.28}$$

对于空时最优处理器，其 SCNR 损失为

$$\mathrm{SCNR}_{\mathrm{loss}}(\bar{f}_{\mathrm{d}})=\frac{\sigma^{2}}{NK}\,|\boldsymbol{S}^{\mathrm{H}}(\bar{f}_{\mathrm{d}})\boldsymbol{R}^{-1}\boldsymbol{S}(\bar{f}_{\mathrm{d}})| \tag{5.29}$$

SCNR 损失的范围为[0,1]，其数值越大，说明空时自适应滤波器的杂波抑制性能越好，在理想纯噪声情况下 SCNR 损失等于 1，即 0 dB。

图 5.6 给出了空时最优处理器的输出 SCNR 损失。从图中可以看出：①在大部分多普勒频率处，输出 SCNR 损失接近于 0 dB，即相对于理想情况几乎无损失；②在主瓣杂波区，输出 SCNR 损失严重下降，原因是在此区域杂波与目标在空频域完全重合。

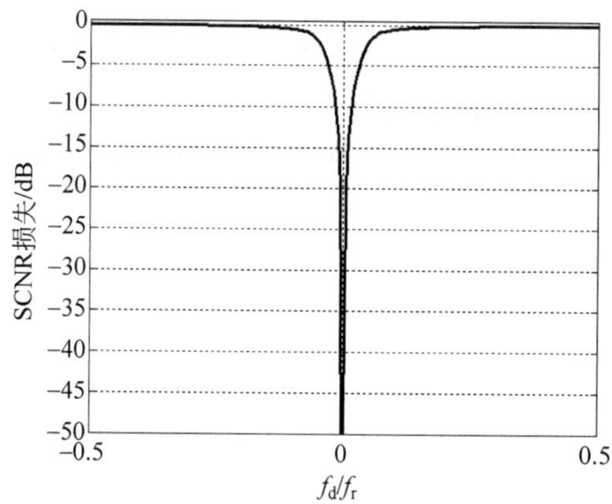

图 5.6 输出 SCNR 损失(空时最优处理器，正侧视阵，$\xi_{\mathrm{t}}=0$ dB)

5.3.4 改善因子

改善因子定义为空时自适应滤波器的输出 SCNR 与输入单阵元单脉冲的 SCNR 的比值。假设输入 CNR 为 ξ_{c}，则输入单阵元单脉冲的 SCNR 为

$$\mathrm{SCNR}_{\mathrm{i}}=\frac{\sigma^{2}\xi_{\mathrm{t}}}{\sigma^{2}\xi_{\mathrm{c}}+\sigma^{2}}=\frac{\xi_{\mathrm{t}}}{\xi_{\mathrm{c}}+1} \tag{5.30}$$

因此空时自适应处理器的改善因子为

$$\mathrm{IF}(\bar{f}_{\mathrm{d}})=\frac{\mathrm{SCNR}_{\mathrm{o}}(\bar{f}_{\mathrm{d}})}{\mathrm{SCNR}_{\mathrm{i}}}=\sigma^{2}(1+\xi_{\mathrm{c}})\frac{|\boldsymbol{W}^{\mathrm{H}}(\bar{f}_{\mathrm{d}})\boldsymbol{S}(\bar{f}_{\mathrm{d}})|^{2}}{|\boldsymbol{W}^{\mathrm{H}}(\bar{f}_{\mathrm{d}})\boldsymbol{R}\boldsymbol{W}(\bar{f}_{\mathrm{d}})|} \tag{5.31}$$

对于空时最优处理器，其改善因子可进一步推导为

$$\mathrm{IF}(\bar{f}_{\mathrm{d}})=\sigma^{2}(1+\xi_{\mathrm{c}})\cdot|\boldsymbol{S}^{\mathrm{H}}(\bar{f}_{\mathrm{d}})\boldsymbol{R}^{-1}\boldsymbol{S}(\bar{f}_{\mathrm{d}})| \tag{5.32}$$

由式(5.27)可知，在理想无杂波环境下，输出 SNR 达到最大，此时相对于输入 SCNR 的改善程度即为杂波环境下改善因子的上限，即

$$\mathrm{IF}_{理想}=\frac{NK\xi_{\mathrm{t}}}{\dfrac{\xi_{\mathrm{t}}}{1+\xi_{\mathrm{c}}}}=NK(1+\xi_{\mathrm{c}}) \tag{5.33}$$

由式(5.33)可以看出，改善因子的上限随着输入 CNR 的增大而增大。

图 5.7 给出了空时最优处理器的改善因子。由给出的参数可得到改善因子的性能上限为 $10\lg(16\times16\times(10^{4.197}+1))=66.05$ dB。从图 5.7 中可以看出：①在旁瓣杂波区，滤波器的改善因子达到 66 dB，即接近性能上限；②在主瓣杂波区，空时最优处理器改善因子性能严重下降，但与传统 MTI 技术不同，空时最优处理器在主瓣杂波区仍具有一定的改善性能。

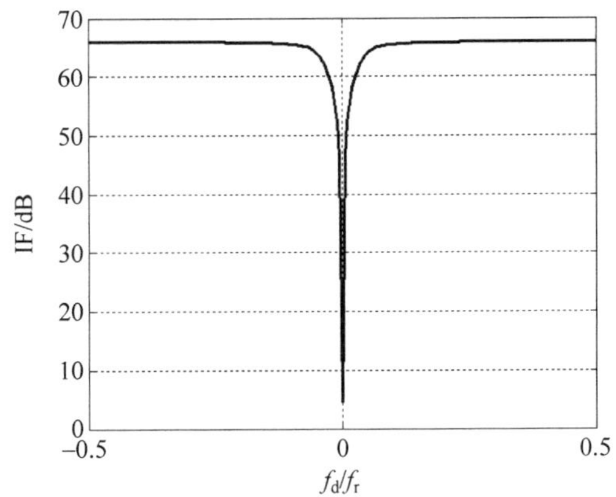

图 5.7　改善因子(空时最优处理器，$\mathrm{CNR}_{\mathrm{i}}=41.97$ dB)

5.3.5　最小可检测速度

最小可检测速度(MDV)是机载雷达能够检测到的最小目标速度值，是机载雷达的一项重要技术指标。下面给出 MDV 指标的理论计算过程。

1. 输出 SNR

假设单个阵元单个脉冲的输入信噪比为

$$\xi_{\mathrm{t}}=\frac{P_{\mathrm{t}}G_{\mathrm{t}}G_{\mathrm{r}}\lambda^{2}\sigma_{\mathrm{t}}D}{(4\pi)^{3}R_{\mathrm{t}}^{4}KT_{0}BF_{\mathrm{n}}} \tag{5.34}$$

经过 STAP 处理后的输出信噪比为

$$\mathrm{SNR}_{\mathrm{o}}(\bar{f}_{\mathrm{d}})=\frac{a_{\mathrm{t}}^{2}\,|\boldsymbol{W}^{\mathrm{H}}(\bar{f}_{\mathrm{d}})\boldsymbol{S}(\bar{f}_{\mathrm{d}})|^{2}}{|\boldsymbol{W}^{\mathrm{H}}(\bar{f}_{\mathrm{d}})\boldsymbol{R}_{\mathrm{n}}\boldsymbol{W}(\bar{f}_{\mathrm{d}})|} \tag{5.35}$$

2. 输出 CNR

经过 STAP 处理后的输出杂噪比由下式给出：

$$\mathrm{CNR}_{\mathrm{o}}(\bar{f}_{\mathrm{d}})=\frac{|\boldsymbol{W}^{\mathrm{H}}(\bar{f}_{\mathrm{d}})\boldsymbol{R}_{\mathrm{c}}\boldsymbol{W}(\bar{f}_{\mathrm{d}})|}{|\boldsymbol{W}^{\mathrm{H}}(\bar{f}_{\mathrm{d}})\boldsymbol{R}_{\mathrm{n}}\boldsymbol{W}(\bar{f}_{\mathrm{d}})|} \tag{5.36}$$

其中杂波协方差矩阵 $\boldsymbol{R}_{\mathrm{c}}$ 的表达式见式(4.31)。

3. MDV 指标计算

根据给定的参数可分别计算得到输出信噪比和输出杂噪比，然后在输出杂噪比的基础上加上给定的检测门限 η 即可得到 MDV 门限如下：

$$M_{\mathrm{MDV}}(\bar{f}_{\mathrm{d}})=\mathrm{CNR}_{\mathrm{o}}(\bar{f}_{\mathrm{d}})+\eta \tag{5.37}$$

则曲线 $M_{\mathrm{MDV}}(\bar{f}_{\mathrm{d}})$ 与曲线 $\mathrm{SNR}_{\mathrm{o}}(\bar{f}_{\mathrm{d}})$ 的交点对应的速度值即为 MDV。图 5.8 给出了当检测门限 $\eta=12.8$ dB 时，不同输入 SNR 情况下的空时自适应处理器对应的最小可检测速度。从图中可以看出：①输入 SNR 越大，最小可检测速度越小；②空时自适应处理器将杂波抑制到了噪声电平以下。

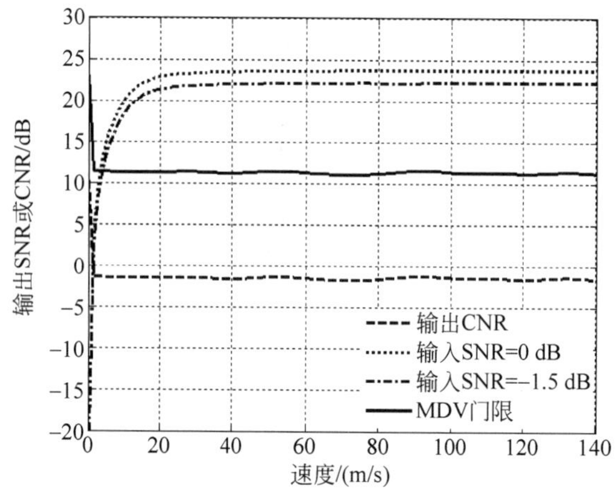

图 5.8 不同 SNR 情况下的最小可检测速度（空时自适应处理器，$\eta=12.8$ dB）

5.4 小结

空时最优处理器提供了 STAP 方法的性能上限，具有重要的理论研究价值。在实际工程中，空时自适应处理器通过训练样本估计协方差矩阵，可实现对杂波的有效抑制。衡量自适应信号处理方法性能的测度很多，本章重点从空时自适应方向图、输出 SCNR、SCNR 损失、改善因子和最小可检测速度等方面进行了阐述，这些测度分别从不同角度描述了 STAP 方法的杂波抑制性能。

第 6 章

降维 STAP 统一理论与分类

第 5 章介绍的空时自适应处理器利用全部空域自由度和时域自由度进行自适应处理，因此也称为全维 STAP。该方法虽然杂波抑制性能优良，但是在实际工程中并不适用。全维 STAP 的局限性体现在以下两个方面：①全维自适应处理的运算量太大，难以实时实现；②全维自适应处理所需的大量均匀训练样本数难以获取到，即存在样本支持问题。本章首先介绍全维 STAP 方法的局限性，然后阐述降维 STAP 方法的统一理论以及降维矩阵的选取问题，最后论述降维 STAP 方法的分类和局域杂波自由度的概念。

6.1 全维 STAP 方法的局限性

6.1.1 运算量问题

通常可以假设实数的乘法、除法、加法和减法都需要相同的运算时间，且每一次操作都认为是一次实数浮点操作(RFLOP)，例如：①复数与复数相乘需要 6 次 RFLOP；②复数与复数加/减需要 2 次 RFLOP；③复数与复数相除需要 12 次 RFLOP。因此，STAP 方法运算量的估计结果通常用 RFLOP 计算。此外，运算速率通常也是需要重点关注的指标，即每秒的 RFLOP 次数(RFLOPS)。

从 5.2 节介绍的空时自适应处理器的实现流程可以看出，全维 STAP 方法的运算量主要体现在两个方面：①空时自适应权值的计算，包括协方差矩阵的估计、求逆和权值形成等，其中杂波噪声协方差矩阵的求逆运算量最大。对于全维 STAP 处理，$\boldsymbol{R}$ 的维数非常大

($NK \times NK$),直接求逆运算不仅非常耗时,而且数值稳定性差。计算空时权矢量所需要的RFLOP数目通常为$O((NK)^3)$;②权值应用方面,在某一个波位上,假设存在K个多普勒频率和L个距离门,则权值需要重复应用KL次,每一次操作($\boldsymbol{W}^{\mathrm{H}}\boldsymbol{X}$)的运算量为($8NK-2$)个RFLOP,因此一个波位上权值应用所需要的RFLOP数目通常为$O(NK)$。

6.1.2 样本支持问题

由5.2节内容可知,在杂波噪声协方差矩阵的估计过程中,训练样本数需要满足RMB准则,即满足独立同分布条件的训练样本数目至少应为系统自由度的两倍。对于机载雷达而言,由于波束照射到地面很大的区域,在实际工程中很难确保各训练样本满足I. I. D.条件,在存在距离模糊情况时问题更为严重。下面举例说明。

假设天线接收相位中心$N=8$,一个CPI内的脉冲数$K=20$,则系统自由度$NK=160$,假设接收机带宽为2.5 MHz,则距离分辨率为60 m。因此,对于全维STAP方法,若要满足RMB准则,则至少需要$2\times160\times60\ \mathrm{m}=19.2\times10^3\ \mathrm{m}=19.2\ \mathrm{km}$范围内的杂波样本是独立同分布的,这在实际中很难保证。

由于上述两方面原因,需要研究降维STAP方法。回顾4.4.3节中介绍的Brennan准则可知,杂波协方差矩阵是低秩矩阵,该特性为研究降维STAP方法提供了理论基础。

6.2 降维STAP的统一理论

降维STAP方法是指首先对机载雷达回波数据进行降维处理,然后针对降维后的数据进行空时自适应滤波处理。图6.1给出了降维STAP方法对第k个多普勒通道进行处理时的流程图。

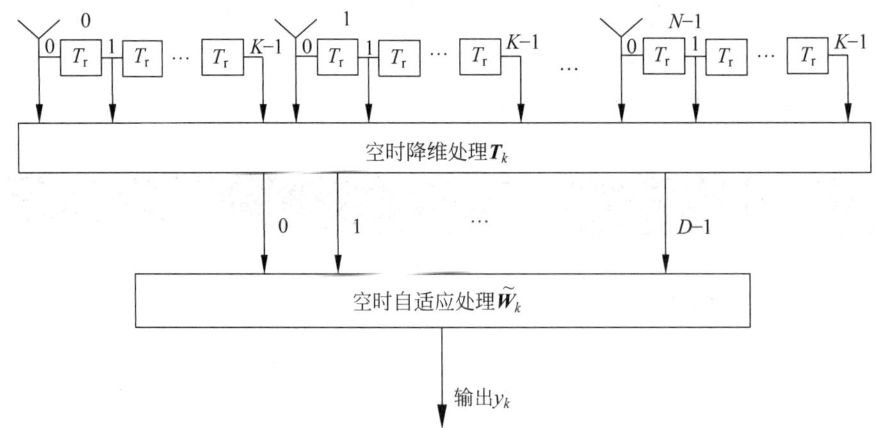

图6.1 降维STAP方法的处理流程图

对机载雷达回波数据进行降维处理后的空时数据为

$$\widetilde{\boldsymbol{X}}_k=\boldsymbol{T}_k^{\mathrm{H}}\boldsymbol{X} \tag{6.1}$$

其中,$\boldsymbol{T}_k$表示降维矩阵,其维数为$NK\times D$,D表示降维后的系统维数。为了便于分析,忽略空时权矢量中的常系数μ,则对降维后数据进行空时滤波时的空时权矢量为

$$\widetilde{\boldsymbol{W}}_k = \widetilde{\boldsymbol{R}}_k^{-1}\widetilde{\boldsymbol{S}}_k \tag{6.2}$$

其中

$$\widetilde{\boldsymbol{R}}_k = E(\widetilde{\boldsymbol{X}}_k\widetilde{\boldsymbol{X}}_k^{\mathrm{H}}) = \boldsymbol{T}_k^{\mathrm{H}}\boldsymbol{R}\boldsymbol{T}_k \tag{6.3}$$

$$\widetilde{\boldsymbol{S}}_k = \boldsymbol{T}_k^{\mathrm{H}}\boldsymbol{S}_k \tag{6.4}$$

则经过降维 STAP 处理后的输出信号为

$$y_k = \widetilde{\boldsymbol{W}}_k^{\mathrm{H}}\widetilde{\boldsymbol{X}} = (\boldsymbol{T}_k\widetilde{\boldsymbol{W}}_k)^{\mathrm{H}}\boldsymbol{X} = \boldsymbol{W}_k^{\mathrm{H}}\boldsymbol{X} \tag{6.5}$$

降维 STAP 方法的复合权矢量为

$$\boldsymbol{W}_k = \boldsymbol{T}_k\widetilde{\boldsymbol{W}}_k \tag{6.6}$$

上式表明降维 STAP 方法由降维预处理和自适应滤波两部分级联组成。

决定降维 STAP 方法性能的关键在于降维矩阵 $\boldsymbol{T}_k$ 的选择，降维矩阵应保证在获取接近最优杂波抑制性能的同时，尽可能地降低系统维数。需把握以下原则：

(1) 在降维过程中不能有目标信号损失，即 $\boldsymbol{T}_k$ 中需包含搜索波束；

(2) 应该有辅助通道来估计杂波的功率和方向；

(3) 辅助通道中的 CNR 应等于搜索波束中的 CNR。

6.3 降维矩阵

6.3.1 全维 STAP 权矢量特性

假设杂波噪声协方差矩阵可以表示为

$$\boldsymbol{R} = \boldsymbol{R}_{\mathrm{c}} + \boldsymbol{R}_{\mathrm{n}} \tag{6.7}$$

其中，噪声协方差矩阵 $\boldsymbol{R}_{\mathrm{n}}$ 是满秩的。由 Brennan 准则可知，杂波协方差矩阵 $\boldsymbol{R}_{\mathrm{c}}$ 是低秩的，即 $r=\mathrm{rank}(\boldsymbol{R}_{\mathrm{c}})<NK$，因此

$$\boldsymbol{R}_{\mathrm{c}} = \boldsymbol{E}_{\mathrm{c}}\boldsymbol{\Lambda}_{\mathrm{c}}\boldsymbol{E}_{\mathrm{c}}^{\mathrm{H}} \tag{6.8}$$

其中，$\boldsymbol{\Lambda}_{\mathrm{c}}$ 表示由非零特征值组成的 $r\times r$ 对角矩阵；$\boldsymbol{E}_{\mathrm{c}}$ 表示由非零特征值对应的特征矢量组成的 $NK\times r$ 矩阵。

忽略常系数，全维 STAP 权矢量可表示为

$$\boldsymbol{W}_{\text{全维}} = \boldsymbol{R}^{-1}\boldsymbol{g}_{\mathrm{t}} = (\boldsymbol{R}_{\mathrm{n}}+\boldsymbol{R}_{\mathrm{c}})^{-1}\boldsymbol{g}_{\mathrm{t}} = (\boldsymbol{R}_{\mathrm{n}}+\boldsymbol{E}_{\mathrm{c}}\boldsymbol{\Lambda}_{\mathrm{c}}\boldsymbol{E}_{\mathrm{c}}^{\mathrm{H}})^{-1}\boldsymbol{g}_{\mathrm{t}} = [\boldsymbol{R}_{\mathrm{n}}^{-1}\boldsymbol{g}_{\mathrm{t}}, \boldsymbol{R}_{\mathrm{n}}^{-1}\boldsymbol{E}_{\mathrm{c}}]\boldsymbol{c} \tag{6.9}$$

其中

$$\boldsymbol{c} = [1;\ -(\boldsymbol{E}_{\mathrm{c}}^{\mathrm{H}}\boldsymbol{R}_{\mathrm{n}}^{-1}\boldsymbol{E}_{\mathrm{c}}+\boldsymbol{\Lambda}_{\mathrm{c}}^{-1})^{-1}\boldsymbol{E}_{\mathrm{c}}^{\mathrm{H}}\boldsymbol{R}_{\mathrm{n}}^{-1}\boldsymbol{g}_{\mathrm{t}}]_{(r+1)\times 1} \tag{6.10}$$

因此，当预设的导向矢量 $\boldsymbol{g}_{\mathrm{t}}$ 与目标导向矢量 $\boldsymbol{S}_{\mathrm{t}}$ 匹配时，

$$\boldsymbol{W}_{\text{全维}} \subset \mathrm{span}\{\boldsymbol{R}_{\mathrm{n}}^{-1}[\boldsymbol{g}_{\mathrm{t}}, \boldsymbol{E}_{\mathrm{c}}]\} = \mathrm{span}\{[\boldsymbol{S}_{\mathrm{t}}, \boldsymbol{E}_{\mathrm{c}}]\} \tag{6.11}$$

式(6.11)表示全维 STAP 权矢量位于目标＋杂波子空间内。注意目标信号空间正交于杂波子空间。

6.3.2 降维矩阵的选取

定理：若空时降维矩阵 $\boldsymbol{T}$ 具有如下形式：

$$\text{span}\{[\boldsymbol{S}_{\text{t}},\boldsymbol{E}_{\text{c}}]\}\subset\text{span}\{\boldsymbol{T}\}\tag{6.12}$$

则当杂波协方差矩阵已知时，降维 STAP 方法可获得与全维 STAP 方法相同的杂波抑制性能。

由式(6.12)可知，最优空时降维矩阵 $\boldsymbol{T}$ 可以看成是 1 个目标波束加上 r 个杂波对消波束。关于最优空时降维矩阵的获取讨论如下：

(1) 杂波的空时分布轨迹等先验信息在理想情况下可通过雷达几何关系计算得到，利用该先验知识可以沿杂波脊设计最优的空时降维矩阵。但是通常情况下由于存在系统误差导致杂波在空时平面上展宽，难以得到准确的杂波空时位置，即无法构造出理想的杂波对消波束。

(2) 杂波对消波束也可基于雷达回波数据通过对杂波子空间的估计得到，但是当雷达空时回波维数较大时，该估计涉及的运算量通常会较大。

基于上述原因，在实际工程中一种可行的技术途径是首先对空时回波数据进行非自适应降维滤波处理，将系统维数降低到工程可接受的程度，注意在降维的同时也抑制了部分杂波；然后再针对降维后的低维空时数据通过空时自适应处理抑制剩余杂波。

6.4 降维 STAP 方法的分类

根据降维矩阵 $\boldsymbol{T}$ 的不同，将降维 STAP 方法分为四类：阵元-脉冲域降维 STAP 方法、阵元-多普勒域降维 STAP 方法、波束-脉冲域降维 STAP 方法和波束-多普勒域降维 STAP 方法。四类方法的相互关系如图 6.2 所示。

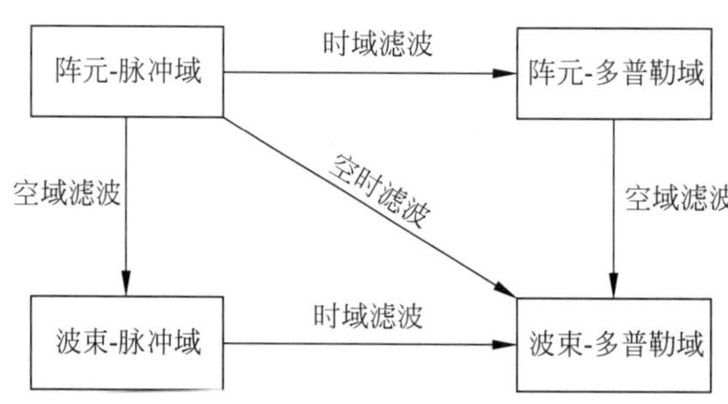

图 6.2 降维 STAP 方法关系图

1. 阵元-脉冲域降维 STAP 方法

阵元-脉冲域降维 STAP 方法的降维方式是时域滑窗处理，该类方法保留了全部空域自由度，因此具有良好的空域抗干扰性能。

2. 阵元-多普勒域降维 STAP 方法

阵元-多普勒域降维 STAP 方法的降维方式是多普勒滤波处理。由于现代雷达信号在脉冲间具有高的平稳性，因此可以实现超低副瓣的多普勒滤波(>80 dB)。该类方法的降维方式可实现杂波在频域的局域化处理，因此可显著降低后续杂波抑制所需要的系统自由度。

3. 波束-脉冲域降维 STAP 方法

波束-脉冲域降维 STAP 方法的降维方式是空域滤波处理级联时域滑窗处理，其中空域滤波处理包括空域偏置滤波和空域相邻滤波两种实现方式。该类方法在降维的同时可抑制部分杂波。

4. 波束-多普勒域降维 STAP 方法

波束-多普勒域降维 STAP 方法的降维方式是空域滤波处理级联多普勒滤波处理。该类方法的特点是降维程度最大，便于工程实现。

如果杂波协方差矩阵已知，则根据式(6.12)可以选取最优空时降维矩阵，此时降维 STAP 方法的性能等价于全维 STAP 方法。而在实际工程中，杂波协方差矩阵未知，且满足 I. I. D. 条件的均匀训练样本数通常有限，此时降维 STAP 方法的性能有可能优于全维 STAP 方法。

6.5 局域杂波自由度

Brennan 准则给出了全维杂波自由度的估计方法，但是当进行降维处理后，Brennan 准则将无法给出所有降维处理后的杂波自由度估计值。局域杂波自由度(也称为子空间杂波自由度)的定义为：针对降维处理后的局域空间，对该空间中杂波噪声数据形成的协方差矩阵进行特征分解，大于噪声功率的特征值数目即为局域杂波自由度。

局域杂波自由度估计准则[113]：对于正侧视均匀线阵，阵元间距为半波长，在一次脉冲重复间隔内阵元运动的半个阵元间距个数为 β，其空域阵元数为 N，相干处理脉冲数为 K，经过各种降维处理后的空域阵元/波束数为 N'，时域脉冲/多普勒通道数为 K'。如果阵元域、脉冲域、波束域和多普勒域的降维方式均为连续的滑窗或者不加锥销的相邻滤波，则降维处理后的局域杂波自由度可由如下公式估计得到。

(1) 阵元-脉冲域降维 STAP 方法：$\tilde{r}_c \approx \text{round}\{N+\beta(K'-1)\}$

(2) 阵元-多普勒域降维 STAP 方法：$\tilde{r}_c \approx \text{round}\{N+\beta(K'-1)\}$

(3) 波束-脉冲域降维 STAP 方法：$\tilde{r}_c \approx \text{round}\{N'+\beta(K'-1)\}$

(4) 波束-多普勒域降维 STAP 方法：$\tilde{r}_c \approx \text{round}\{N'+\beta(K'-1)\}$

当 β 为整数时，上述公式变为等式。

6.6 小结

降维 STAP 处理为空时自适应处理方法进入实际工程应用提供了一条可行的技术途径。基于本章给出的降维 STAP 统一理论，可将降维 STAP 方法分为四类，即阵元-脉冲域降维 STAP 方法、阵元-多普勒域降维 STAP 方法、波束-脉冲域降维 STAP 方法和波束-多普勒域降维 STAP 方法。各降维 STAP 方法的基本原理和实现过程将在后续章节进行详细阐述。

第 7 章

阵元-脉冲域降维 STAP

阵元-脉冲域降维 STAP 方法通过时域滑窗方式实现了系统维数的降低。本章首先介绍阵元-脉冲域降维 STAP 方法的基本原理；然后阐述其具体实现过程，包括降维处理、子 CPI 空时自适应处理和多普勒滤波处理三个步骤，并分析降维后的局域自由度变化；最后通过仿真实验分析该类方法的性能。

7.1 基本原理

阵元-脉冲域降维 STAP 方法的实现流程图如图 7.1 所示。该方法首先通过时域滑窗

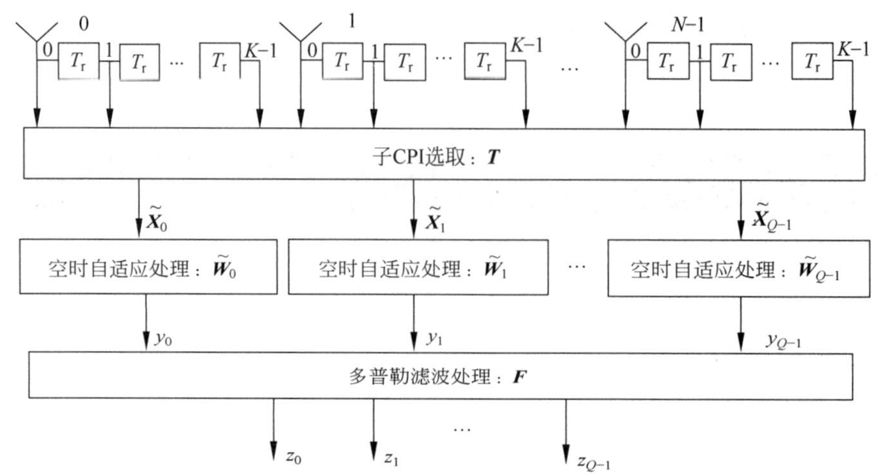

图 7.1　阵元-脉冲域降维 STAP 方法实现流程图

方式选取 2～3 个脉冲对应的全部阵元数据，然后对降维后的每个子 CPI 数据进行空时自适应处理，最后再通过多普勒滤波器组对各 CPI 数据进行相参积累。该方法由 Brennan 于 1992 年提出，也称为先自适应后滤波方法(A＄F)[33]。

7.2 实现过程

7.2.1 降维处理

假设机载雷达每一个相干处理间隔内包含 K 个脉冲回波，则降维后第 q 个子 CPI 对应的空时数据为

$$\widetilde{\boldsymbol{X}}_q = \boldsymbol{T}_q^{\mathrm{H}} \boldsymbol{X} = (\boldsymbol{T}_{\mathrm{t}q} \otimes \boldsymbol{T}_{\mathrm{s}})^{\mathrm{H}} \boldsymbol{X} = (\boldsymbol{T}_{\mathrm{t}q} \otimes \boldsymbol{I}_N)^{\mathrm{H}} \boldsymbol{X}, \quad q = 0,1,2,\cdots,Q-1 \tag{7.1}$$

其中，$\boldsymbol{T}_q$ 表示第 q 个子 CPI 对应的空时降维矩阵，其维数为 $NK \times NK'$；$\boldsymbol{T}_{\mathrm{s}}$ 表示空域降维矩阵，由于阵元-脉冲域降维 STAP 方法保留了全部阵元，因此 $\boldsymbol{T}_{\mathrm{s}}$ 为 $N \times N$ 单位阵；$\boldsymbol{T}_{\mathrm{t}q}$ 表示第 q 个子 CPI 对应的时域降维矩阵，维数为 $K \times K'$，其具体表达式为

$$\boldsymbol{T}_{\mathrm{t}q} = \begin{bmatrix} \boldsymbol{0}_{q \times K'} \\ \boldsymbol{I}_{K'} \\ \boldsymbol{0}_{(K-K'-q) \times K'} \end{bmatrix}_{K \times K'} \tag{7.2}$$

假设经过时域滑窗降维后形成 Q 个子 CPI，每个子 CPI 内包含 K'个相邻脉冲，则

$$Q = K - K' + 1 \tag{7.3}$$

由于各子 CPI 包含的脉冲相互重叠，则所有子 CPI 的输出在时域上是相关的。

7.2.2 子 CPI 空时自适应处理

第 q 个子 CPI 对应的空时权矢量为

$$\widetilde{\boldsymbol{W}}_q = \widetilde{\boldsymbol{R}}_q^{-1} \widetilde{\boldsymbol{S}} \tag{7.4}$$

其中 $\widetilde{\boldsymbol{S}}$ 为降维后的预设目标导向矢量，不随子 CPI 变化而变化。假设主杂波位于零频，预设的目标归一化多普勒频率为 0.5，则有

$$\widetilde{\boldsymbol{S}} = \widetilde{\boldsymbol{S}}_{\mathrm{t}} \otimes \boldsymbol{S}_{\mathrm{s}} \tag{7.5}$$

其中

$$\widetilde{\boldsymbol{S}}_{\mathrm{t}} = \begin{cases} [1;\ -2;\ 1], & K' = 3 \\ [1;\ -1], & K' = 2 \end{cases} \tag{7.6}$$

在式(7.4)中，各子 CPI 对应的空时权矢量存在两种情况：①各子 CPI 对应的空时权矢量相同，训练样本来自一个子 CPI 的样本或者多个子 CPI 的样本；②权矢量随子 CPI 变化而变化，即适用于快变的杂波环境。当 DPCA 条件满足时，子 CPI 空时滤波相当于进行 DPCA 处理。

将上述子 CPI 对应的空时权矢量展开为

$$\widetilde{\boldsymbol{W}}_q = [\widetilde{\boldsymbol{W}}_{q,0};\ \widetilde{\boldsymbol{W}}_{q,1};\ \cdots;\ \widetilde{\boldsymbol{W}}_{q,K'-1}]_{NK' \times 1} \tag{7.7}$$

其中 $\widetilde{\boldsymbol{W}}_{q,K'}$ 表示第 K' 个脉冲对应的空域权矢量，其维数为 N。

第 q 个 CPI 经过空时自适应处理后的输出信号为

$$y_q = \widetilde{\boldsymbol{W}}_q^{\mathrm{H}} \widetilde{\boldsymbol{X}}_q = \sum_{k'=0}^{K'-1} \widetilde{\boldsymbol{W}}_{q,k'}^{\mathrm{H}} \boldsymbol{X}_{qK'+k'}, \quad q = 0,1,2,\cdots,Q-1 \tag{7.8}$$

其中 $\boldsymbol{X}_{qK'+k'}$ 表示第 $qK'+k'$ 个脉冲对应的空域回波数据。

将各子 CPI 的输出数值排列成一个维数为 Q 的列矢量，即

$$\boldsymbol{y} = [y_0;\ y_1;\ \cdots;\ y_{Q-1}] = \widetilde{\boldsymbol{W}}^{\mathrm{H}} \boldsymbol{X} \tag{7.9}$$

其中 $\widetilde{\boldsymbol{W}}$ 为 $NK \times Q$ 矩阵，其表达式为

$$\widetilde{\boldsymbol{W}} = \begin{bmatrix} \widetilde{\boldsymbol{W}}_{0,0} & \boldsymbol{0} & \boldsymbol{0} & \cdots & \boldsymbol{0} \\ \widetilde{\boldsymbol{W}}_{0,1} & \widetilde{\boldsymbol{W}}_{1,0} & \boldsymbol{0} & \cdots & \boldsymbol{0} \\ \vdots & & \ddots & \ddots & \vdots \\ \widetilde{\boldsymbol{W}}_{0,K'-1} & & & \ddots & \boldsymbol{0} \\ \boldsymbol{0} & \ddots & & & \widetilde{\boldsymbol{W}}_{Q-1,0} \\ \vdots & \ddots & \ddots & & \widetilde{\boldsymbol{W}}_{Q-1,1} \\ \boldsymbol{0} & & & \ddots & \vdots \\ \boldsymbol{0} & \cdots & & \boldsymbol{0} & \widetilde{\boldsymbol{W}}_{Q-1,K'-1} \end{bmatrix} \tag{7.10}$$

7.2.3 多普勒滤波处理

不失一般性，长度为 Q 的多普勒滤波器组可以用下式表示：

$$\boldsymbol{F} = [\boldsymbol{F}_0, \boldsymbol{F}_1, \cdots, \boldsymbol{F}_{Q-1}] = \mathrm{diag}(\boldsymbol{t}_d)\boldsymbol{F}' \tag{7.11}$$

其中 $\boldsymbol{t}_d$ 表示维数为 Q 的锥销权矢量，则第 q 个多普勒滤波器的权系数为

$$\boldsymbol{F}_q = \boldsymbol{t}_d \odot \boldsymbol{F}'_q \tag{7.12}$$

其中，$\boldsymbol{F}'_q$ 表示第 q 个多普勒滤波器对应的未加锥销的权系数，其形式通常为 Q 维的 DFT 矢量。则经过 Q 个多普勒滤波器作用后的输出信号为

$$\boldsymbol{Z} = [z_0;\ z_1;\ \cdots;\ z_{Q-1}] = \boldsymbol{F}^{\mathrm{H}} \boldsymbol{y} \tag{7.13}$$

其中第 q 个多普勒滤波器的输出为

$$z_q = \boldsymbol{F}_q^{\mathrm{H}} \boldsymbol{y} = \boldsymbol{F}_q^{\mathrm{H}} \widetilde{\boldsymbol{W}}^{\mathrm{H}} \boldsymbol{X} = \boldsymbol{W}_q^{\mathrm{H}} \boldsymbol{X} \tag{7.14}$$

$$\boldsymbol{W}_q = \widetilde{\boldsymbol{W}} \boldsymbol{F}_q \tag{7.15}$$

上式表示第 q 个多普勒通道对应的复合权矢量，从中可以看出阵元-脉冲域降维 STAP 方法包含自适应处理和非自适应处理两部分。

7.3 局域自由度分析

利用局域杂波自由度估计准则，可得正侧视阵机载雷达经过时域滑窗降维后的局域杂波自由度为

$$\tilde{r}_{\mathrm{c}}=\operatorname{rank}(\widetilde{\boldsymbol{R}}_{\mathrm{c}})=N+\beta(K'-1) \tag{7.16}$$

噪声自由度为

$$\tilde{r}_{\mathrm{n}}=\operatorname{rank}(\widetilde{\boldsymbol{R}}_{\mathrm{n}})=NK' \tag{7.17}$$

由式(7.17)可以看出，噪声协方差矩阵是满秩的，而杂波协方差矩阵依然是非满秩的，但是降维处理后的杂波自由度相对于系统自由度的比值显著增大。

假设 $N=16,K=16,K'=3,\beta=1$，则

$$\frac{r_{\mathrm{c}}}{NK}=\frac{N+(K-1)\beta}{NK}=0.121 \tag{7.18}$$

$$\frac{\tilde{r}_{\mathrm{c}}}{NK'}=\frac{N+(K'-1)\beta}{NK'}=0.375 \tag{7.19}$$

因此，降维处理后杂波冗余度显著降低。

图 7.2 给出了 $K'=2,3,6$ 时的阵元-脉冲域降维 STAP 方法的杂波特征值分布情况，其中竖线表示利用局域杂波自由度估计准则得到的杂波自由度值。从图中可以看出，阵元-脉冲域降维 STAP 方法的局域杂波自由度满足式(7.16)。

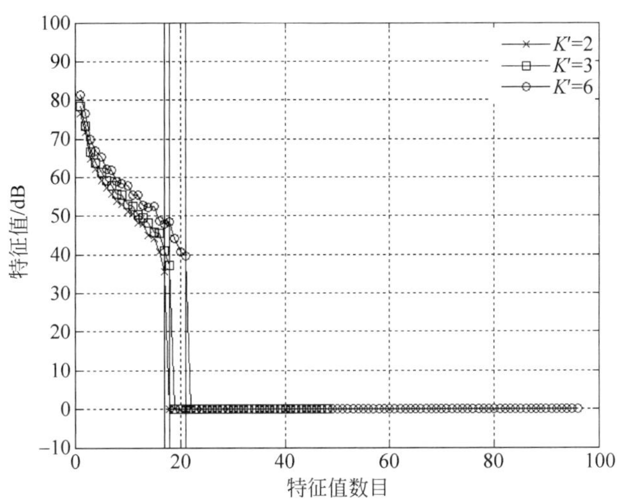

图 7.2　不同窗大小情况下的局域杂波自由度

7.4　仿真分析

实验 1：子 CPI STAP 性能分析

假设 $K'=2$ 或 3，经过时域滑窗降维后的每一个子 CPI 的系统大小为 16×2 或 16×3，则此时式(7.4)对应的子 CPI 空时自适应处理滤波器的方向图分别如图 7.3 和图 7.4 所示。由于子 CPI 级 STAP 处理时预设目标的归一化多普勒频率为 0.5，即 $f_{\mathrm{d}}=1\,217.4$ Hz，因此空时自适应方向图在(0.5,0)处形成高增益，同时在杂波脊上形成二维凹口。此外，$K'=3$ 时的滤波器凹口宽度相对更宽。

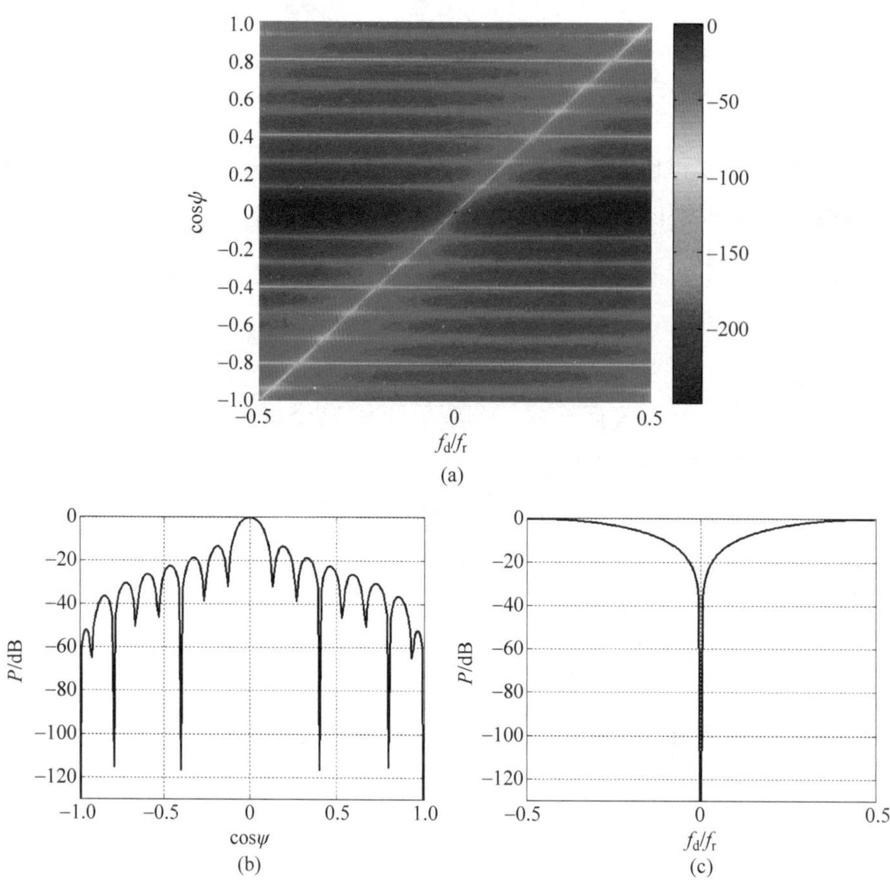

图 7.3　子 CPI 空时自适应方向图($K'=2$)

(a) 空时自适应方向图；(b) 空域自适应方向图(目标多普勒频率处)；(c) 频域自适应方向图(目标角度处)

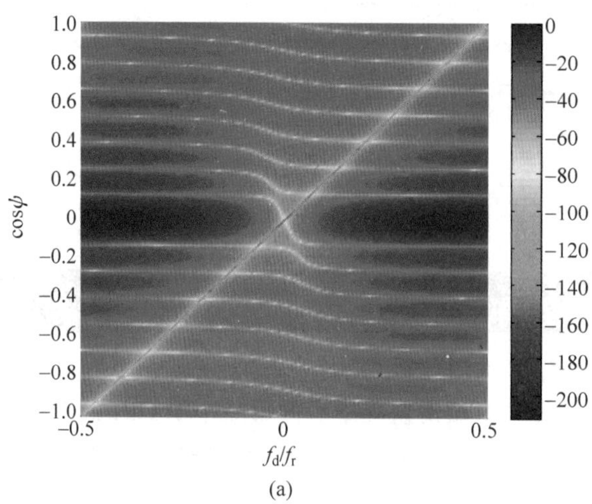

图 7.4　子 CPI 空时自适应方向图($K'=3$)

(a) 空时自适应方向图；(b) 空域自适应方向图(目标多普勒频率处)；(c) 频域自适应方向图(目标角度处)

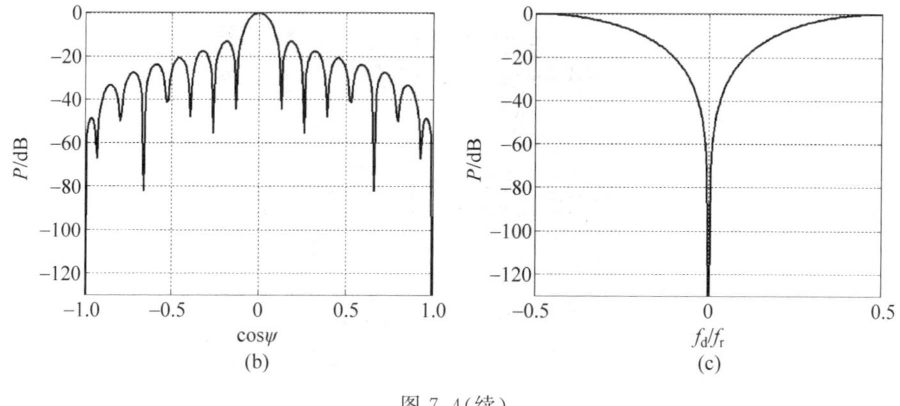

图 7.4(续)

实验 2：阵元-脉冲域降维 STAP 方法性能分析

本实验选取第 5 个多普勒通道($f_d=-521.74$ Hz)对应的阵元-脉冲域降维 STAP 方法的空时自适应方向图进行分析，利用式(7.15)给出的复合权矢量得到的空时自适应方向图如图 7.5 和图 7.6 所示。从图中可以看出相对于子 CPI STAP，阵元-脉冲域降维 STAP 方法在预设目标处形成了更高的增益，同时在杂波脊上形成了相对更深的凹口，其原因是阵元-脉冲域降维 STAP 方法增加了多普勒滤波处理环节。

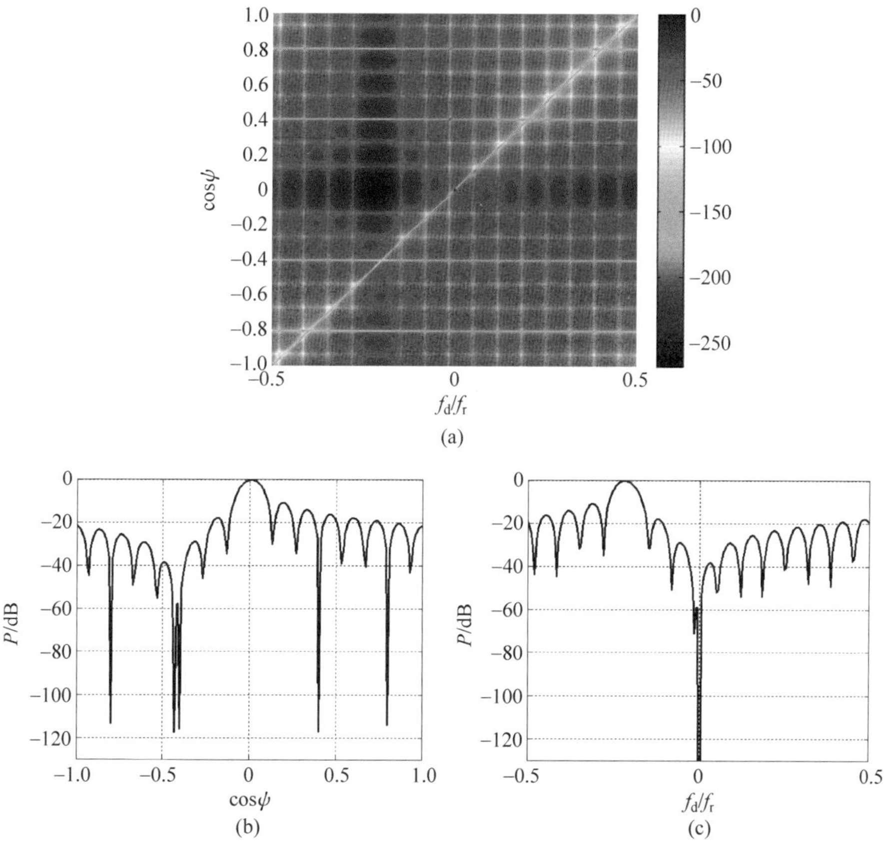

图 7.5　阵元-脉冲域降维 STAP 方法的空时自适应方向图($K'=2$)

(a) 空时自适应方向图；(b) 空域自适应方向图(目标多普勒频率处)；(c) 频域自适应方向图(目标角度处)

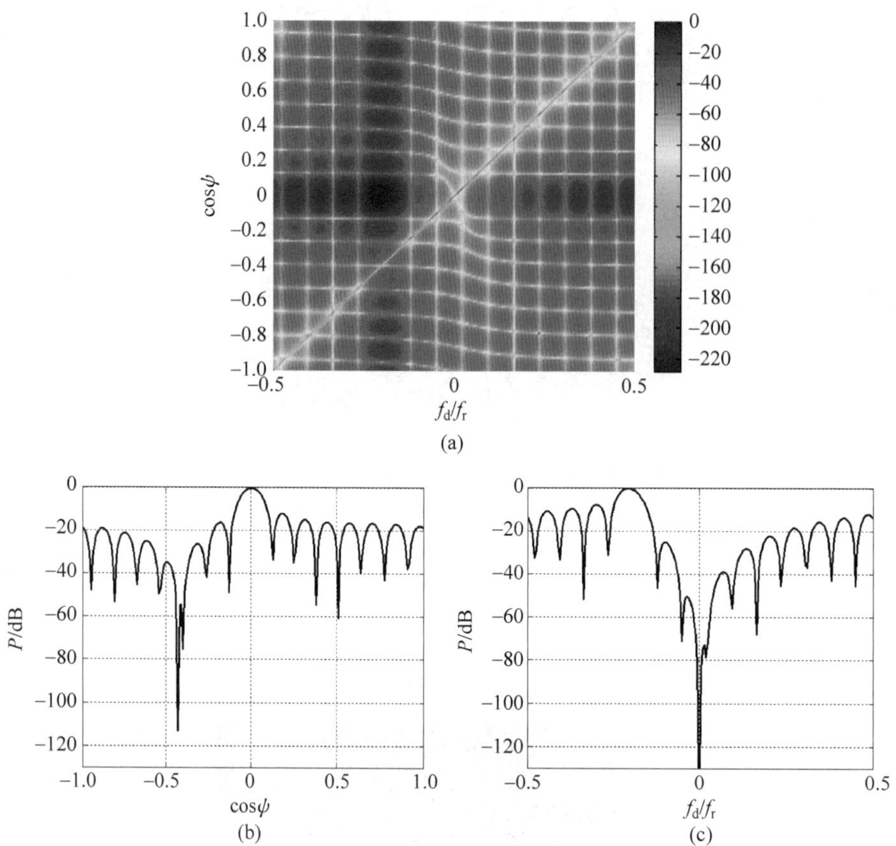

图 7.6 阵元-脉冲域降维 STAP 方法的空时自适应方向图($K'=3$)

(a) 空时自适应方向图；(b) 空域自适应方向图(目标多普勒频率处)；(c) 频域自适应方向图(目标角度处)

下面从 SCNR 损失的角度分析阵元-脉冲域降维 STAP 方法的性能，如图 7.7 和图 7.8 所示。从中可以得到如下结论：①阵元-脉冲域降维 STAP 方法的 SCNR 损失曲线存在抖

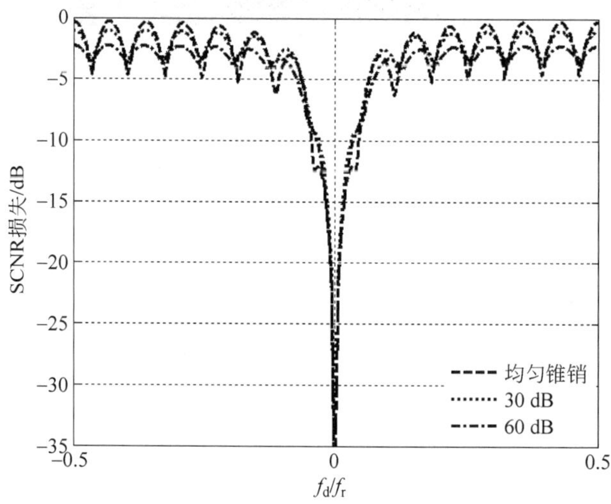

图 7.7 锥销对阵元-脉冲域降维 STAP 方法的性能影响

动，其原因是空时滤波器的数目（当 $K'=2$ 时，$Q=15$）远小于待匹配的目标数目（601），抖动的波瓣数等于 Q；空时最优处理器不存在抖动的原因是我们假设存在与待匹配目标数目相同的空时滤波器。②锥销对阵元-脉冲域降维 STAP 方法性能的影响主要表现在两个方面。一是在主瓣杂波区附近，由于锥销导致的低副瓣将主瓣杂波抑制，使得 SCNR 损失显著减小，但是当锥销幅度大于 30 dB 后改善基本相同；二是在旁瓣杂波区加锥销后 SCNR 存在 2～3 dB 损失，锥销幅度越大损失越严重。③窗的长度 K' 越大，在主瓣杂波区的 SCNR 损失越大，在旁瓣杂波区二者性能基本一致，其原因是随着 K' 的增大，子 CPI STAP 滤波器的频域凹口逐渐展宽，该结论与实验 1 一致。

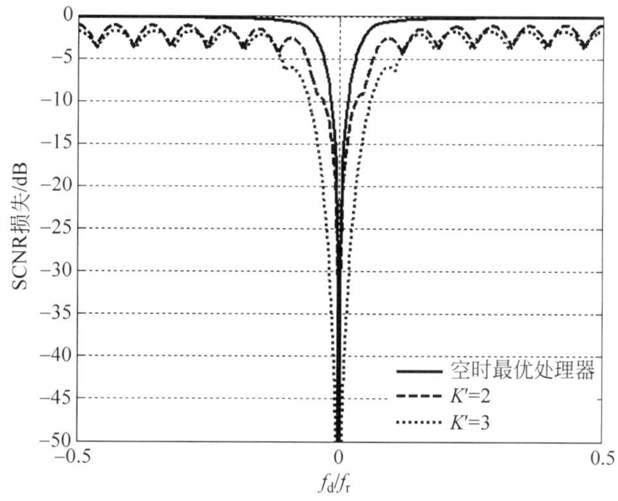

图 7.8　不同窗的大小对阵元-脉冲域降维 STAP 方法的性能影响（加 30 dB 切比雪夫锥销）

7.5　小结

本章对阵元-脉冲域降维 STAP 方法的基本原理和实现过程进行了详细阐述，并分析了降维后的局域杂波自由度变化。经过时域滑窗处理后，杂波冗余度显著降低，该特性可以确保阵元-脉冲域降维 STAP 方法在降低运算量的同时仍能实现对杂波的有效抑制。最后通过仿真实验验证了理论分析的正确性。通过分析可知，若存在充足的训练样本，则阵元-脉冲域降维 STAP 方法由于保留了全部空域自由度，因此更加灵活。但在实际工程中，考虑可实现性，该方法仅适用于中小规模的天线阵列。

第 8 章

阵元-多普勒域降维 STAP

阵元-多普勒域降维 STAP 方法首先对每个阵元包含的所有脉冲数据进行时域多普勒滤波处理,然后进行空域-多普勒域联合自适应处理。理论上,可用较多的多普勒通道进行联合处理,以获得强的杂波抑制能力。阵元-多普勒域降维 STAP 方法分为三种:第一种是 1DT 法(也称为 Factored STAP 法)[26];第二种是 mDT 法(也称为 EFA 法或联合通道多普勒后处理法)[27-28];第三种是先滤波后自适应处理方法(F$A,也称为参差 PRI 多普勒后处理)[33]。本章分别介绍上述三种方法的基本原理和实现过程,并分析各方法之间的关系,最后通过仿真实验阐述各方法的性能。

8.1 1DT 方法

8.1.1 基本原理

1DT 方法首先对每个阵元包含的所有脉冲数据进行时域多普勒滤波处理,然后选取待检测多普勒通道对应的所有空域阵元数据进行空域自适应处理,该方法的实现流程如图 8.1 所示。

图 8.2 给出了 1DT 方法的原理示意图,从图中可以看出:1DT 方法在多普勒滤波过程中通过深锥销加权,一方面将主瓣杂波(Ⅰ区杂波)抑制掉,另一方面在将大部分副瓣杂波(Ⅲ区杂波)抑制掉的同时,仅保留了与目标具有相同多普勒频率的副瓣杂波(Ⅱ区杂波);1DT 方法在空域自适应处理过程中,通过空域自由度将剩余Ⅱ区杂波抑制掉,仅保留目标

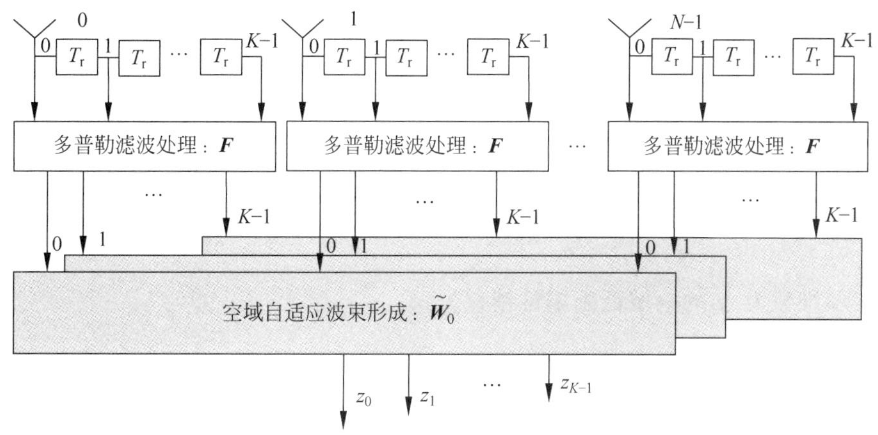

图 8.1　1DT 法实现流程图

信号。注意当目标多普勒频率落入主瓣杂波区时，Ⅱ区杂波和目标在角度上严重重合，因此 1DT 方法对指向主瓣杂波处的多普勒滤波器输出不再进行空域自适应处理，而是直接将它丢弃掉。

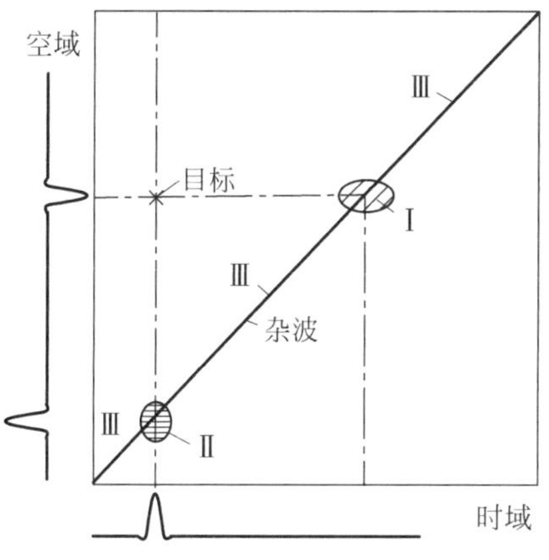

图 8.2　1DT 方法原理示意图

8.1.2　实现过程

1. 降维处理

与式(7.11)类似，长度为 K 的多普勒滤波器组可以用下式表示：

$$\boldsymbol{F}=[\boldsymbol{F}_0,\boldsymbol{F}_1,\cdots,\boldsymbol{F}_{K-1}]=\mathrm{diag}(\boldsymbol{t}_d)\boldsymbol{F}' \tag{8.1}$$

其中，$\boldsymbol{t}_d$ 表示维数为 K 的低副瓣锥销权矢量，目的是抑制主瓣杂波；$\boldsymbol{F}'$ 为 $K\times K$ 的 DFT 矩阵。

第 k 个多普勒通道对应的降维矩阵 $\boldsymbol{T}_k$ 表示为

$$\boldsymbol{T}_k=\boldsymbol{F}_k\otimes\boldsymbol{I}_N \tag{8.2}$$

2. 空域自适应权矢量

第 k 个多普勒通道对应的空域自适应权矢量为

$$\widetilde{\boldsymbol{W}}_k=\widetilde{\boldsymbol{R}}_k^{-1}\widetilde{\boldsymbol{S}}_\mathrm{s} \tag{8.3}$$

$$\widetilde{\boldsymbol{R}}_k=\boldsymbol{T}_k^\mathrm{H}\boldsymbol{R}\boldsymbol{T}_k=(\boldsymbol{F}_k\otimes\boldsymbol{I}_N)^\mathrm{H}\boldsymbol{R}(\boldsymbol{F}_k\otimes\boldsymbol{I}_N) \tag{8.4}$$

$$\widetilde{\boldsymbol{S}}_\mathrm{s}=\boldsymbol{t}_a\odot\boldsymbol{S}_\mathrm{s} \tag{8.5}$$

其中 $\boldsymbol{t}_a$ 表示维数为 N 的空域低副瓣锥销权矢量。

3. 复合权矢量

第 k 个多普勒通道对应的最终输出信号为

$$z_k=\boldsymbol{W}_k^\mathrm{H}\boldsymbol{X}=\widetilde{\boldsymbol{W}}_k^\mathrm{H}\widetilde{\boldsymbol{X}}_k=\widetilde{\boldsymbol{W}}_k^\mathrm{H}\boldsymbol{T}_k^\mathrm{H}\boldsymbol{X}=(\boldsymbol{T}_k\widetilde{\boldsymbol{W}}_k)^\mathrm{H}\boldsymbol{X} \tag{8.6}$$

因此,1DT 方法的复合权矢量为

$$\boldsymbol{W}_k=\boldsymbol{T}_k\widetilde{\boldsymbol{W}}_k=(\boldsymbol{F}_k\otimes\boldsymbol{I}_N)\widetilde{\boldsymbol{W}}_k=\boldsymbol{F}_k\otimes\widetilde{\boldsymbol{W}}_k \tag{8.7}$$

上式说明 1DT 方法的复合权矢量可以看成一个固定的时域滤波器和自适应的空域滤波器的 Kronecker 积,即体现了空时因式分解的思想。

8.1.3 局域自由度分析

经过式(8.2)的降维矩阵处理后的噪声协方差矩阵为

$$\widetilde{\boldsymbol{R}}_{\mathrm{n}k}=(\boldsymbol{F}_k\otimes\boldsymbol{I}_N)^\mathrm{H}\boldsymbol{R}_\mathrm{n}(\boldsymbol{F}_k\otimes\boldsymbol{I}_N)=\boldsymbol{F}_k^\mathrm{H}\boldsymbol{F}_k\sigma^2\boldsymbol{I}_N \tag{8.8}$$

由于噪声在时域上是白化的,因此如果在降维过程中不加锥销,则经过多普勒滤波处理后的噪声功率改善了 K 倍。但是噪声的分布并未改变,仍是白化的,因此

$$\tilde{r}_\mathrm{n}=\mathrm{rank}(\widetilde{\boldsymbol{R}}_{\mathrm{n}k})=N \tag{8.9}$$

经过式(8.2)的降维矩阵处理后的杂波协方差矩阵为

$$\begin{aligned}\widetilde{\boldsymbol{R}}_{\mathrm{c}k}&=(\boldsymbol{F}_k\otimes\boldsymbol{I}_N)^\mathrm{H}\boldsymbol{R}_\mathrm{c}(\boldsymbol{F}_k\otimes\boldsymbol{I}_N)\\&=(\boldsymbol{F}_k\otimes\boldsymbol{I}_N)^\mathrm{H}\boldsymbol{V}_\mathrm{c}\boldsymbol{\Xi}_\mathrm{c}\boldsymbol{V}_\mathrm{c}^\mathrm{H}(\boldsymbol{F}_k\otimes\boldsymbol{I}_N)\\&=\sum_{i=1}^{N_\mathrm{c}}\sigma^2\xi_i\ |\boldsymbol{F}_k^\mathrm{H}\boldsymbol{S}_{\mathrm{t}i}|^2\boldsymbol{S}_{\mathrm{s}i}\boldsymbol{S}_{\mathrm{s}i}^\mathrm{H}\\&=\sum_{i=1}^{N_\mathrm{c}}\sigma^2\tilde{\xi}_{ki}\boldsymbol{S}_{\mathrm{s}i}\boldsymbol{S}_{\mathrm{s}i}^\mathrm{H}\\&=\widetilde{\boldsymbol{V}}_\mathrm{c}\widetilde{\boldsymbol{\Xi}}_\mathrm{c}\widetilde{\boldsymbol{V}}_\mathrm{c}^\mathrm{H}\end{aligned} \tag{8.10}$$

其中,$\widetilde{\boldsymbol{V}}_\mathrm{c}$ 表示由杂波空域导向矢量组成的 $N\times N_\mathrm{c}$ 矩阵;

$$\widetilde{\boldsymbol{\Xi}}_\mathrm{c}=\sigma^2\mathrm{diag}(\tilde{\xi}_{k1},\tilde{\xi}_{k2},\cdots,\tilde{\xi}_{kN_\mathrm{c}}) \tag{8.11}$$

$$\sigma^2\tilde{\xi}_{ki}=\sigma^2\xi_i\ |\boldsymbol{F}_k^\mathrm{H}\boldsymbol{S}_{\mathrm{t}i}|^2 \tag{8.12}$$

式(8.12)表示第 k 个多普勒滤波器对第 i 个杂波块信号滤波后的输出杂波功率。如果滤波

器系数与杂波块多普勒频率匹配，则第 i 个杂波块的输出杂波功率改善 K^2 倍，否则输出杂波功率改善小于 K^2 倍，且与滤波器的副瓣电平有关。

由局域杂波自由度估计准则得到 1DT 方法降维后的杂波自由度为

$$\tilde{r}_{c} = \text{rank}(\widetilde{\boldsymbol{R}}_{ck}) = N \tag{8.13}$$

下面从杂波协方差矩阵特征谱的角度分析 1DT 方法的局域杂波自由度。

图 8.3 给出了加 40 dB 锥销情况下的多普勒通道位置对局域杂波自由度的影响，其中第 9 个多普勒通道位于主杂波区，第 2 个和第 12 个通道分别位于两侧旁瓣杂波区。从图中可以看出，降维后的杂波协方差矩阵各个特征值的大小依赖于杂波功率谱密度和多普勒滤波器响应，越靠近主瓣杂波特征值越大。但是降维后不同多普勒通道的杂波自由度是相同的，均为 16。

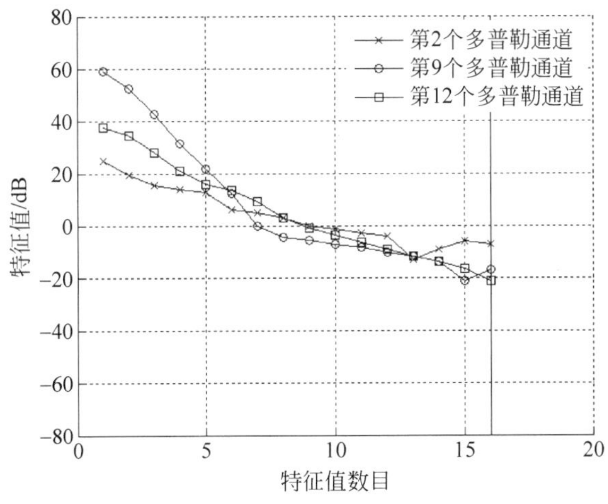

图 8.3　多普勒通道位置对 1DT 方法局域杂波自由度的影响(40 dB 锥销)

图 8.4 给出了锥销对局域杂波自由度的影响(第 8 个多普勒通道)，分别加均匀锥销、40 dB 和 67 dB 切比雪夫锥销。从图中可以看出，无论在多普勒滤波过程中是否加锥销，降维后的杂波协方差矩阵仍然是满秩的，即杂波自由度等于 N。需要指出的是，当加 40 dB 和 67 dB 切比雪夫锥销时，部分特征值的幅度低于 0 dB，意味着多普勒滤波器的超低副瓣将部分杂波抑制到了噪声电平以下。

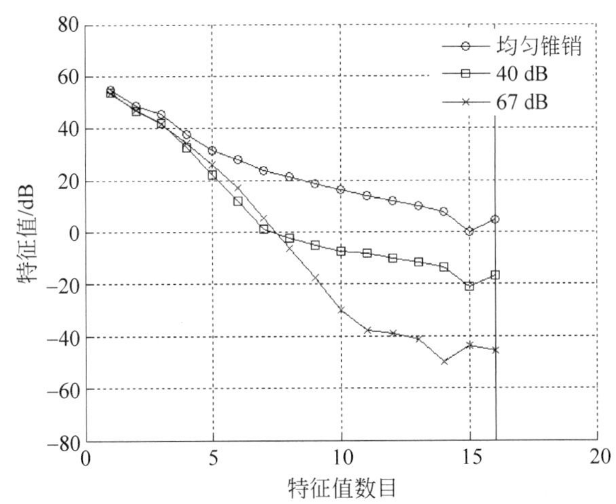

图 8.4　锥销对 1DT 方法局域杂波自由度的影响(第 8 个多普勒通道)

8.2 mDT 方法

8.2.1 基本原理

mDT 方法的基本原理是：①对于每一个空域通道的所有 K 个脉冲，由一组长度为 K 的多普勒滤波器组进行滤波处理，对于某一个多普勒通道，共包含 K' 个输出信号；②对于待检测多普勒通道，联合 N 个阵元对应的 NK' 个空时信号进行空时自适应处理，其输出即为该待检测多普勒通道的滤波输出信号。mDT 方法的实现流程如图 8.5 所示。

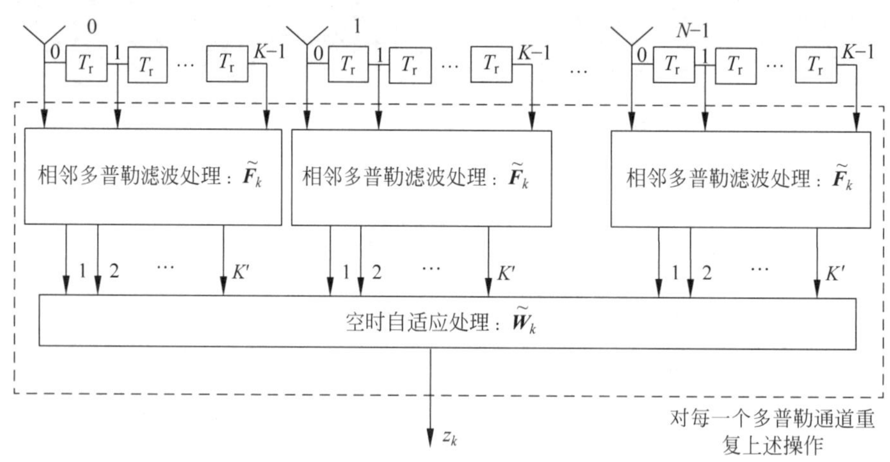

图 8.5 mDT 方法实现流程图

8.2.2 实现过程

1. 降维处理

第 k 个待检测多普勒通道对应的降维矩阵 $\boldsymbol{T}_k$ 表示为

$$\boldsymbol{T}_k = \widetilde{\boldsymbol{F}}_k \otimes \boldsymbol{I}_N \tag{8.14}$$

其中 $\widetilde{\boldsymbol{F}}_k$ 为 $K \times K'$ 矩阵，要求列满秩，即各列之间线性无关，但不要求正交。

当 K' 为奇数时，即 $K'=2P+1$，则 mDT 方法中第 k 个待检测多普勒通道对应的多普勒滤波矩阵为

$$\widetilde{\boldsymbol{F}}_k = [\boldsymbol{F}_{k-P}, \cdots, \boldsymbol{F}_k, \cdots, \boldsymbol{F}_{k+P}] \tag{8.15}$$

其中 $\boldsymbol{F}_k$ 的表达式同式(8.1)。当 K' 为偶数时，则 mDT 方法中第 k 个待检测多普勒通道应位于所有多普勒滤波器的中间，即

$$\widetilde{\boldsymbol{F}}_k = [\boldsymbol{F}_{k-\frac{1}{2}-\frac{K'}{2}+1}, \cdots, \boldsymbol{F}_{k-\frac{1}{2}}, \boldsymbol{F}_{k+\frac{1}{2}}, \cdots, \boldsymbol{F}_{k+\frac{1}{2}+\frac{K'}{2}-1}] \tag{8.16}$$

举例说明如下：

当 $K'=3$ 时，若检测第 5 个多普勒通道，则选取第 4、5、6 个多普勒滤波器的输出进行

自适应处理，如图 8.6 所示。

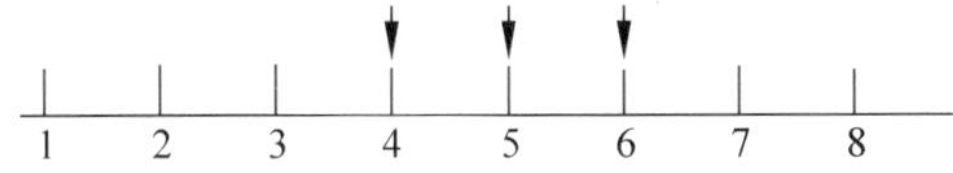

图 8.6　3DT 方法降维输出示意图

当 $K'=2$ 时，若检测第 5 个多普勒通道，则选取第 4.5、5.5 个多普勒滤波器的输出进行自适应处理，如图 8.7 所示。

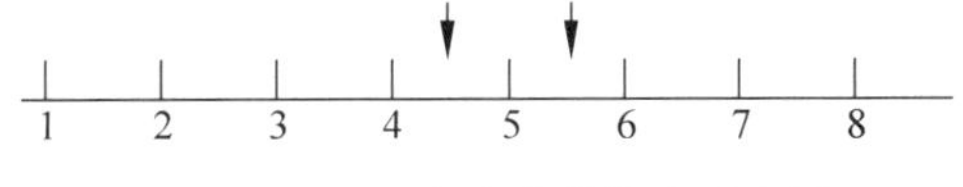

图 8.7　2DT 方法降维输出示意图

2. 空时自适应权矢量

第 k 个多普勒通道对应的空时自适应权矢量为

$$\tilde{\boldsymbol{W}}_k=\tilde{\boldsymbol{R}}_k^{-1}\tilde{\boldsymbol{S}}_k \tag{8.17}$$

$$\tilde{\boldsymbol{R}}_k=\boldsymbol{T}_k^{\mathrm{H}}\boldsymbol{R}\boldsymbol{T}_k=(\tilde{\boldsymbol{F}}_k\otimes\boldsymbol{I}_N)^{\mathrm{H}}\boldsymbol{R}(\tilde{\boldsymbol{F}}_k\otimes\boldsymbol{I}_N) \tag{8.18}$$

$$\tilde{\boldsymbol{S}}_k=(\tilde{\boldsymbol{F}}_k\otimes\boldsymbol{I}_N)^{\mathrm{H}}\boldsymbol{S}_k \tag{8.19}$$

3. 复合权矢量

最终的输出信号表示为

$$z_k=\boldsymbol{W}_k^{\mathrm{H}}\boldsymbol{X}=\tilde{\boldsymbol{W}}_k^{\mathrm{H}}\tilde{\boldsymbol{X}}_k=\tilde{\boldsymbol{W}}_k^{\mathrm{H}}\boldsymbol{T}_k^{\mathrm{H}}\boldsymbol{X}=(\boldsymbol{T}_k\tilde{\boldsymbol{W}}_k)^{\mathrm{H}}\boldsymbol{X} \tag{8.20}$$

则第 k 个多普勒通道对应的复合权矢量表示为

$$\boldsymbol{W}_k=\boldsymbol{T}_k\tilde{\boldsymbol{W}}_k=(\tilde{\boldsymbol{F}}_k\otimes\boldsymbol{I}_N)\tilde{\boldsymbol{W}}_k \tag{8.21}$$

式(8.21)表明 mDT 方法的复合权矢量可以看成一个固定的多普勒域滤波器组和自适应的空时滤波器的级联。

8.2.3　局域自由度分析

降维后的噪声协方差矩阵为

$$\tilde{\boldsymbol{R}}_{\mathrm{n}k}=(\tilde{\boldsymbol{F}}_k\otimes\boldsymbol{I}_N)^{\mathrm{H}}\boldsymbol{R}_{\mathrm{n}}(\tilde{\boldsymbol{F}}_k\otimes\boldsymbol{I}_N)=\sigma^2\tilde{\boldsymbol{F}}_k^{\mathrm{H}}\tilde{\boldsymbol{F}}_k\otimes\boldsymbol{I}_N \tag{8.22}$$

因为多普勒域降维矩阵是列满秩的，因此降维后的噪声自由度为

$$\tilde{r}_{\mathrm{n}}=\mathrm{rank}(\tilde{\boldsymbol{R}}_{\mathrm{n}k})=K'N \tag{8.23}$$

由于多普勒域降维矩阵列间不要求正交，因此降维后的噪声在多普勒域上相关，导致噪声在多普勒域上不再是白噪声，相应的降维后的阵元-多普勒域噪声协方差矩阵也不再是对角矩阵，即降维后的噪声特性为满秩但非白噪声。

降维后的杂波协方差矩阵为

$$\tilde{\boldsymbol{R}}_{\mathrm{c}k}=(\tilde{\boldsymbol{F}}_k\otimes\boldsymbol{I}_N)^{\mathrm{H}}\boldsymbol{R}_{\mathrm{c}}(\tilde{\boldsymbol{F}}_k\otimes\boldsymbol{I}_N)$$

$$
\begin{aligned}
&= (\widetilde{\boldsymbol{F}}_k \otimes \boldsymbol{I}_N)^{\mathrm{H}} \boldsymbol{V}_{\mathrm{c}} \boldsymbol{\Xi}_{\mathrm{c}} \boldsymbol{V}_{\mathrm{c}}^{\mathrm{H}} (\widetilde{\boldsymbol{F}}_k \otimes \boldsymbol{I}_N) \\
&= \sum_{i=1}^{N_{\mathrm{c}}} \sigma^2 \xi_i (\widetilde{\boldsymbol{F}}_k^{\mathrm{H}} \boldsymbol{S}_{\mathrm{t}i} \boldsymbol{S}_{\mathrm{t}i}^{\mathrm{H}} \widetilde{\boldsymbol{F}}_k) \otimes \boldsymbol{S}_{\mathrm{s}i} \boldsymbol{S}_{\mathrm{s}i}^{\mathrm{H}}
\end{aligned} \tag{8.24}
$$

由局域杂波自由度估计准则可得不加锥销时的局域杂波自由度为

$$
\tilde{r}_{\mathrm{c}} = \mathrm{rank}(\widetilde{\boldsymbol{R}}_{\mathrm{c}k}) = N + \beta(K' - 1) \tag{8.25}
$$

图 8.8 给出了不加锥销情况下的多普勒通道位置对 mDT 方法局域杂波自由度的影响。从图中可以看出，当不加锥销时，3DT 方法和 2DT 方法的局域杂波自由度分别为 18 和 17，满足式(8.25)。此外，局域杂波自由度大小与多普勒通道位置无关，杂波特征值的幅度大小与多普勒通道的关系同 1DT 方法。需要指出的是，为了更清楚地阐述局域杂波自由度的变化情况，此处给出的是杂波协方差矩阵的特征值分布情况，它与杂波噪声协方差矩阵特征值分布的区别在于小特征值不为 0 dB。后续仿真图中若出现此种情况，仿真对象均指杂波协方差矩阵。

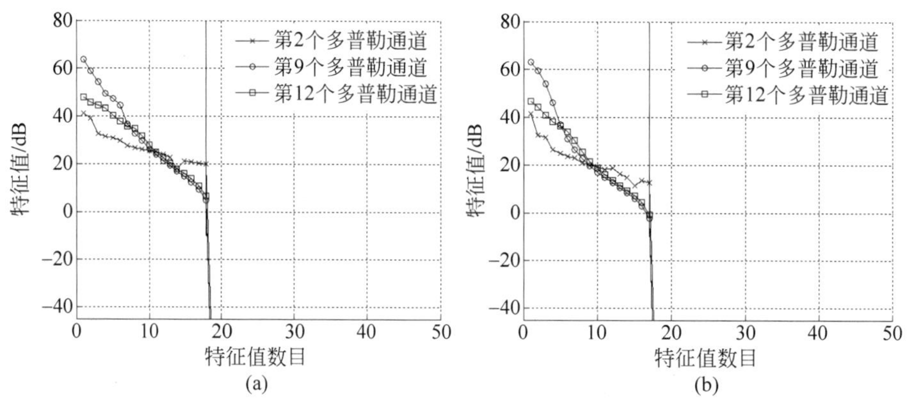

图 8.8 多普勒通道位置对 mDT 方法局域杂波自由度的影响(不加锥销)

(a) 3DT 方法；(b) 2DT 方法

图 8.9 给出了锥销对 mDT 方法局域杂波自由度的影响，其中多普勒通道选第 8 个。从图中可以看出，当加锥销时，杂波自由度显著增大。此外，不同锥销幅度仅对杂波特征值的大小有影响，而对杂波自由度影响不大。

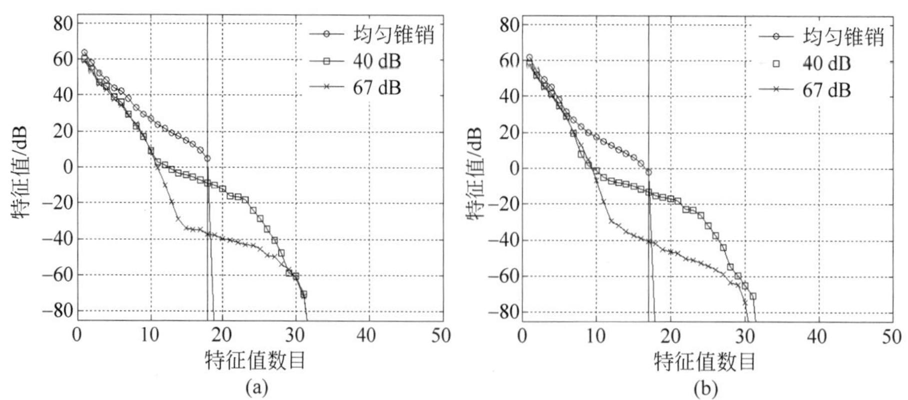

图 8.9 锥销对 mDT 方法局域杂波自由度的影响(第 8 个多普勒通道)

(a) 3DT 方法；(b) 2DT 方法

8.3　F$A 方法

8.3.1　基本原理

F$A 方法的基本原理是：①对于每一个阵元的所有脉冲，由一组长度为 $Q(Q<K)$的多普勒滤波器进行滤波处理，对于某一个多普勒通道，共包含 $K'(K'=K-Q+1)$个滤波输出；②对于待检测多普勒通道，联合 N 个阵元对应的 NK'个空时信号进行空时自适应处理，其输出即为该待检测多普勒通道的输出信号。F$A 方法的实现流程图如图 8.10 所示。

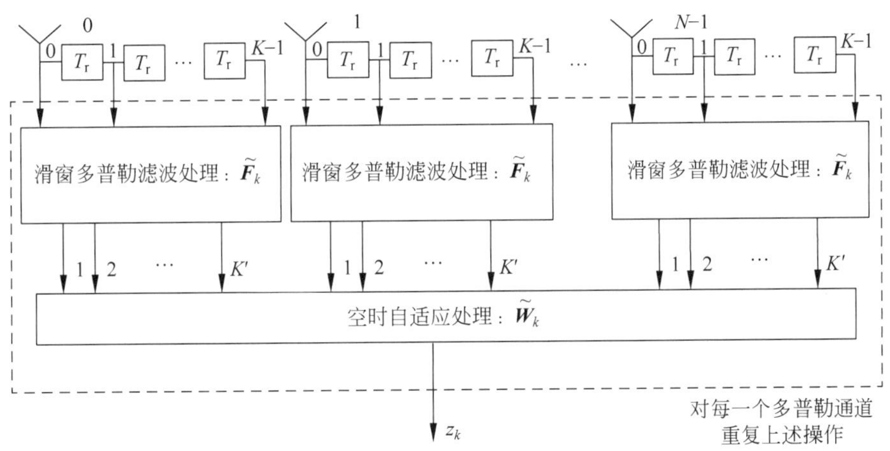

图 8.10　F$A 方法实现流程图

8.3.2　实现过程

F$A 方法的实现过程与 mDT 方法基本相同，唯一的区别在于多普勒域降维矩阵不同。F$A 方法中第 k 个多普勒通道对应的多普勒域降维矩阵为

$$
\widetilde{\boldsymbol{F}}_k=\begin{bmatrix}
t_{d,0}f_{k,0} & & 0\\
t_{d,1}f_{k,1} & \ddots & \vdots\\
 & & 0\\
\vdots & \ddots & t_{d,0}f_{k,0}\\
t_{d,Q-1}f_{k,Q-1} & & t_{d,1}f_{k,1}\\
0 & \ddots & \vdots\\
\vdots & & \\
0 & & t_{d,Q-1}f_{k,Q-1}
\end{bmatrix}_{K\times K'}
$$

$$
=\text{Toeplitz}([\boldsymbol{t}_d\odot\boldsymbol{f}_k;\boldsymbol{0}_{(K'-1)\times 1}],[t_{d,0}f_{k,0},\boldsymbol{0}_{1\times(K'-1)}])\tag{8.26}
$$

其中，$\boldsymbol{t}_d=[t_{d,0};\ t_{d,1};\ \cdots;\ t_{d,Q-1}]$表示长度为 Q 的锥销矢量，$\boldsymbol{f}_k=[f_{k,0};\ f_{k,1};\ \cdots;\ f_{k,Q-1}]$表示对应第 k 个多普勒通道的长度为 Q 的 DFT 矢量。

8.3.3　局域自由度分析

对于 F$A 方法，其降维后的噪声自由度与 mDT 方法相同，即 $\tilde{r}_{\text{n}}=\text{rank}(\widetilde{\boldsymbol{R}}_{\text{n}k})=K'N$。

由局域杂波自由度估计准则可得 F$A 方法的局域杂波自由度为

$$\tilde{r}_c = \operatorname{rank}(\widetilde{\boldsymbol{R}}_{ck}) = N + \beta(K' - 1) \tag{8.27}$$

若多普勒滤波器矢量退化为 $\boldsymbol{f}_k = [1; 0; \cdots; 0]$，即

$$\widetilde{\boldsymbol{F}}_k = \begin{bmatrix} 1 & & 0 \\ 0 & \ddots & \vdots \\ \vdots & & 1 \\ 0 & & 0 \\ \vdots & & \vdots \\ 0 & & 0 \end{bmatrix}_{K \times K'} \tag{8.28}$$

此时 F$A 方法退化为阵元-脉冲域降维 STAP 方法。

图 8.11 给出了多普勒通道位置对 F$A 方法局域杂波自由度的影响。从图中可以看出，杂波协方差矩阵特征谱中陡降现象明显，大特征值个数分别为 17 和 18，满足局域杂波自由度估计准则。此外，局域杂波自由度与多普勒通道位置无关，越靠近主瓣杂波，杂波特征值越大。

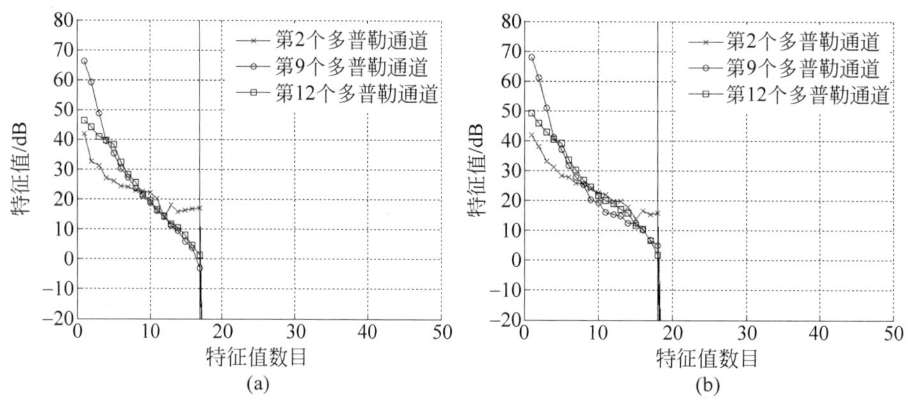

图 8.11 多普勒通道位置对 F$A 方法局域杂波自由度的影响

(a) $K'=2$; (b) $K'=3$

图 8.12 给出了不同锥销对 F$A 方法局域杂波自由度的影响，其中多普勒通道为第 8 个。从图中可以看出：①是否加锥销并不影响 F$A 方法的局域杂波自由度大小；②锥销幅度越大，杂波协方差矩阵大特征值的幅度越小。

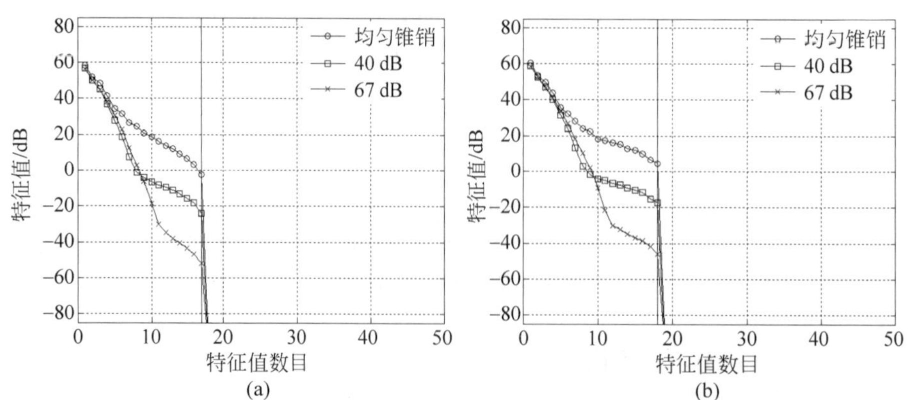

图 8.12 锥销对 F$A 方法局域杂波自由度的影响(第 8 个多普勒通道)

(a) $K'=2$; (b) $K'=3$

8.4　F $ A 方法和 mDT 方法的关系

8.4.1　局域杂波自由度比较

(1) F $ A 方法：无论是否加锥销，经过滑窗多普勒滤波降维后的杂波自由度均满足局域杂波自由度估计准则。

(2) mDT 方法：如果多普勒滤波时不加锥销，则经过相邻多普勒滤波降维后的局域杂波自由度满足局域杂波自由度估计准则；但是如果加了锥销，则经过相邻多普勒滤波降维后的局域杂波自由度不再满足局域杂波自由度估计准则，局域杂波自由度的变化趋势取决于锥销的幅度。

8.4.2　F $ A 方法、mDT 方法与 DPCA 的关系

由第 3 章的内容可知，物理位置上的 DPCA 技术的机理是首先在空域通过非自适应方式形成多个波束，然后通过时域延迟对消实现对平台运动的补偿。F $ A 方法首先在时域通过非自适应方式形成多个多普勒“波束”，然后通过空域延迟自适应对消，实现对杂波的有效抑制。因此，F $ A 方法类似于物理位置上的 DPCA。和差 DPCA 方法(即电子 DPCA 情况 1)利用和差波束之间相互正交的特点，将空域和信号作为待补偿信号，空域差信号作为补偿信号，通过非自适应的方式实现杂波对消。mDT 方法通过相邻多普勒滤波的方式形成多普勒和差“波束”，若和差波束严格正交，则为标准的和差 DPCA，否则类似于和差 DPCA。

8.5　仿真分析

仿真参数设置：杂波距离为 150 km，对应单阵元单脉冲的主瓣杂波 CNR 为 33.4 dB。在一个 PRF 内分为 17 个多普勒通道，即左右两侧多普勒通道的归一化中心频率为 −0.5 和 0.5，最中间的多普勒通道(第 9 个)的归一化中心频率为 0。

8.5.1　1DT 方法性能分析

1. 锥销的影响

图 8.13 和图 8.14 分别给出了加 40 dB 和 67 dB 切比雪夫锥销时第 4 个多普勒通道($f_{d0}=-760.88$ Hz)对应的 CNR 和空域自适应方向图，该多普勒通道对应的副瓣杂波角度为 55°。从图 8.13(a)中可以看出，由于主瓣杂波的 CNR 为 33.4 dB，加 40 dB 锥销可以将主瓣杂波抑制到噪声功率以下；另外，在多普勒滤波器的主瓣方向(55°)的旁瓣杂波的 CNR 大约为 13 dB。虽然主瓣杂波功率已降至噪声功率以下，但仍存在一定剩余，导致空域自适应方向图中无法在目标方向(90°)形成高增益，如图 8.13(b)所示，但是在剩余的 55°旁瓣杂波处形成了凹口。如图 8.14(a)所示，由于 67 dB 锥销已将主瓣杂波抑制到 −33.4 dB 左右，

它对后续空域自适应处理的影响几乎可以忽略,因此空域自适应方向图在目标方向形成了高增益,如图 8.14(b)所示。但是锥销幅度不宜加得太大,否则多普勒滤波器的主瓣过度展宽,导致目标损失过大和大量Ⅱ区旁瓣杂波泄漏进来。

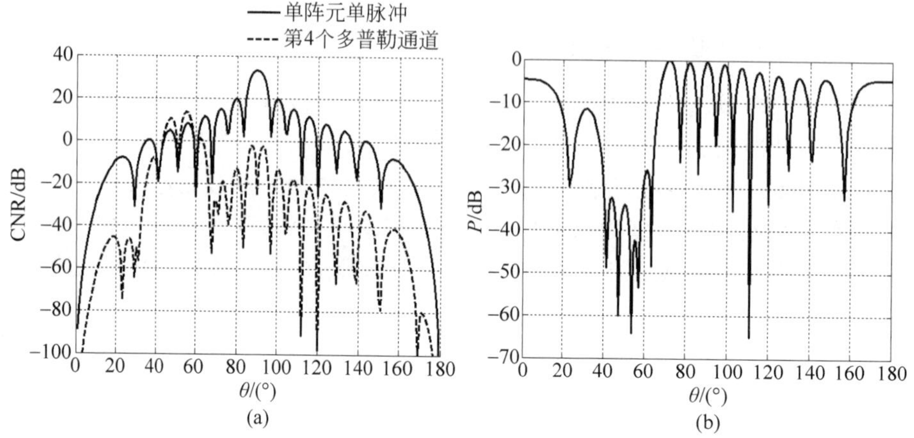

图 8.13　第 4 个多普勒通道对应的 CNR 和空域自适应方向图(加 40 dB 切比雪夫锥销)

(a) 多普勒滤波前后 CNR 的比较;(b) 空域自适应方向图

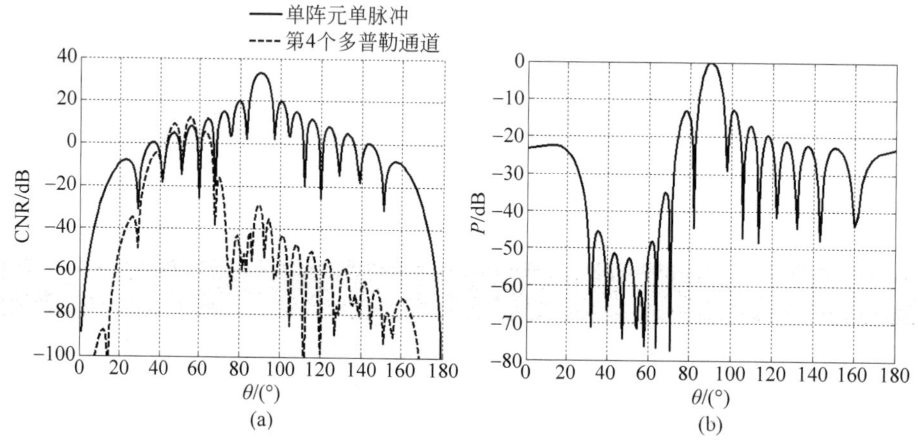

图 8.14　第 4 个多普勒通道对应的 CNR 和空域自适应方向图(加 67 dB 切比雪夫锥销)

(a) 多普勒滤波前后 CNR 的比较;(b) 空域自适应方向图

2. 脉冲数的影响

图 8.15 和图 8.16 分别从空时自适应方向图和 SCNR 损失角度给出了脉冲数对 1DT 方法性能的影响。从图中可以看出,在相同锥销情况下,当脉冲数较少时,多普勒滤波器主瓣较宽,在多普勒滤波过程中大量Ⅱ区杂波泄漏进来,在相同空域自由度的情况下杂波抑制性能将下降。此外,在邻近主瓣杂波区也存在同样的问题,此时在多普勒滤波过程中部分主瓣杂波通过滤波器主瓣边缘泄露进来。因此 1DT 方法通常适用于脉冲数较多的场合。

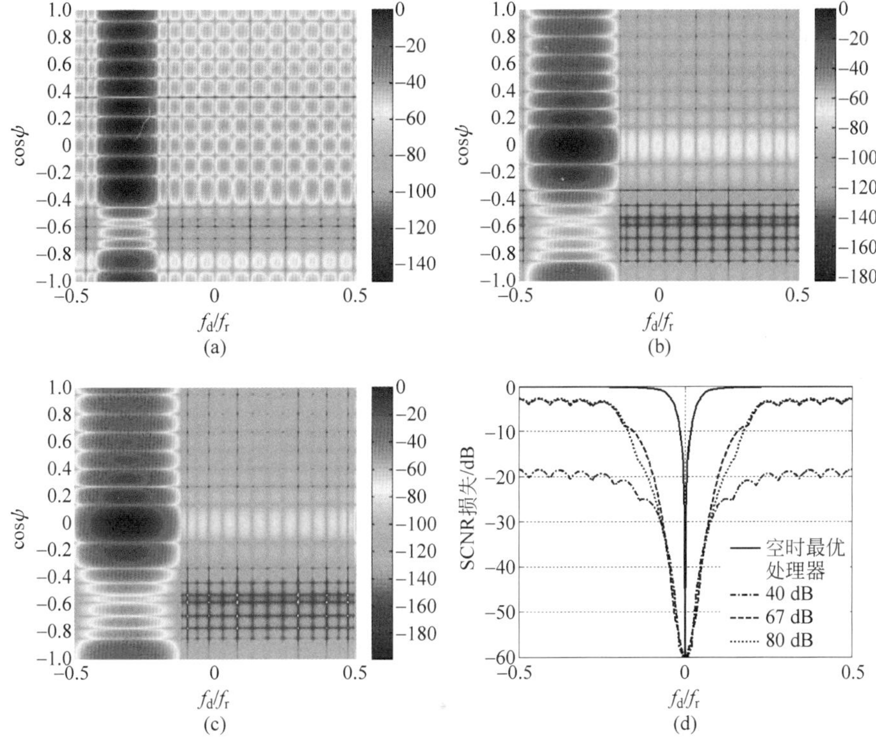

图 8.15　$K=16$ 时的 1DT 方法性能

(a) 空时自适应方向图(40 dB 锥销)；(b) 空时自适应方向图(67 dB 锥销)；(c) 空时自适应方向图(80 dB 锥销)；(d) SCNR 损失

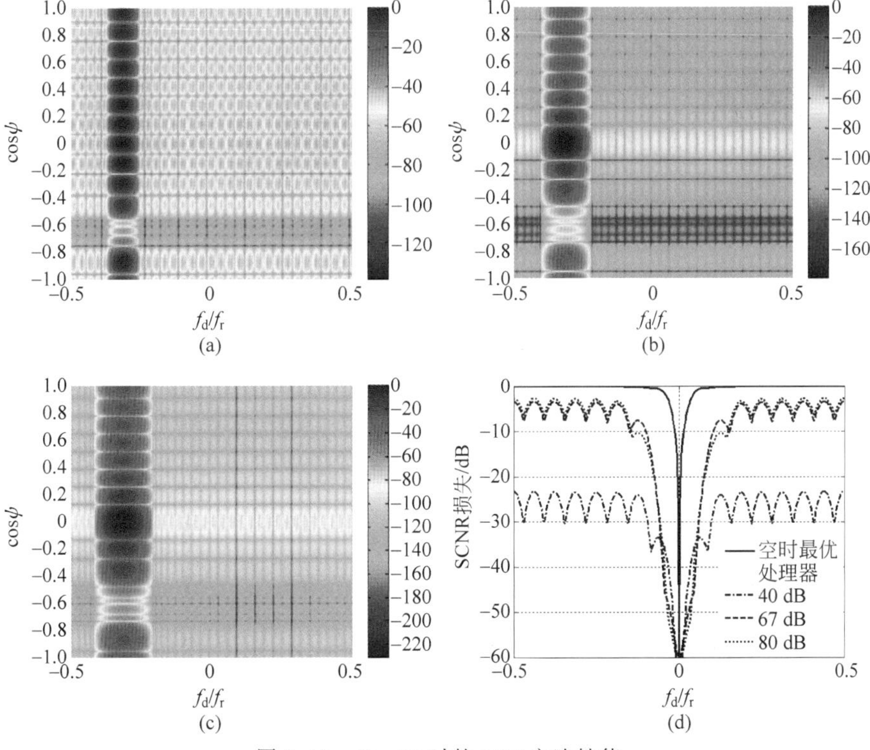

图 8.16　$K=30$ 时的 1DT 方法性能

(a) 空时自适应方向图(40 dB 锥销)；(b) 空时自适应方向图(67 dB 锥销)；(c) 空时自适应方向图(80 dB 锥销)；(d) SCNR 损失

此外,从图 8.15 和图 8.16 中还可以看出:①在脉冲数相同的情况下,只有当锥销能够将主瓣杂波抑制到远低于噪声功率时(本仿真中主瓣杂波 CNR=33.4 dB,所需锥销幅度为 67 dB,大约为前者的两倍),剩余主瓣杂波才不会对旁瓣杂波抑制性能带来影响,该结论与图 8.13 和图 8.14 一致。②1DT 方法在主瓣杂波区凹口较宽,在旁瓣杂波区存在大约 4 dB 的性能损失。其原因是,对于邻近主瓣杂波区的多普勒滤波器而言,由于深锥销导致其主瓣展宽,在多普勒滤波过程中部分主瓣杂波通过滤波器主瓣边缘泄露进来,导致 1DT 滤波器凹口较宽;旁瓣杂波区的性能损失同样是由深锥销引起的。

8.5.2 mDT 方法性能分析

1. 锥销对 mDT 方法性能的影响

图 8.17 和图 8.18 分别给出了不同锥销情况下 3DT 方法和 2DT 方法的性能比较。从图中可以看出:①当不加锥销,即加均匀锥销时,无论是 3DT 方法还是 2DT 方法,均可在空时二维平面上形成深凹口,具有优良的杂波抑制性能;②当加 40 dB 锥销时,2DT 方法性能下降明显,其原因是加锥销后局域杂波自由度增加,导致 2DT 方法无足够的系统自由度来抑制杂波,而 3DT 方法相对性能损失不明显;③当加 67 dB 锥销时,相对于 40 dB 锥销局域杂波自由度无明显增加,此时锥销对主瓣杂波的抑制得益大于局域杂波自由度增加导致的损失,因此 SCNR 性能损失不明显。综上所述,mDT 方法在实际应用过程中通常不需要加锥销。

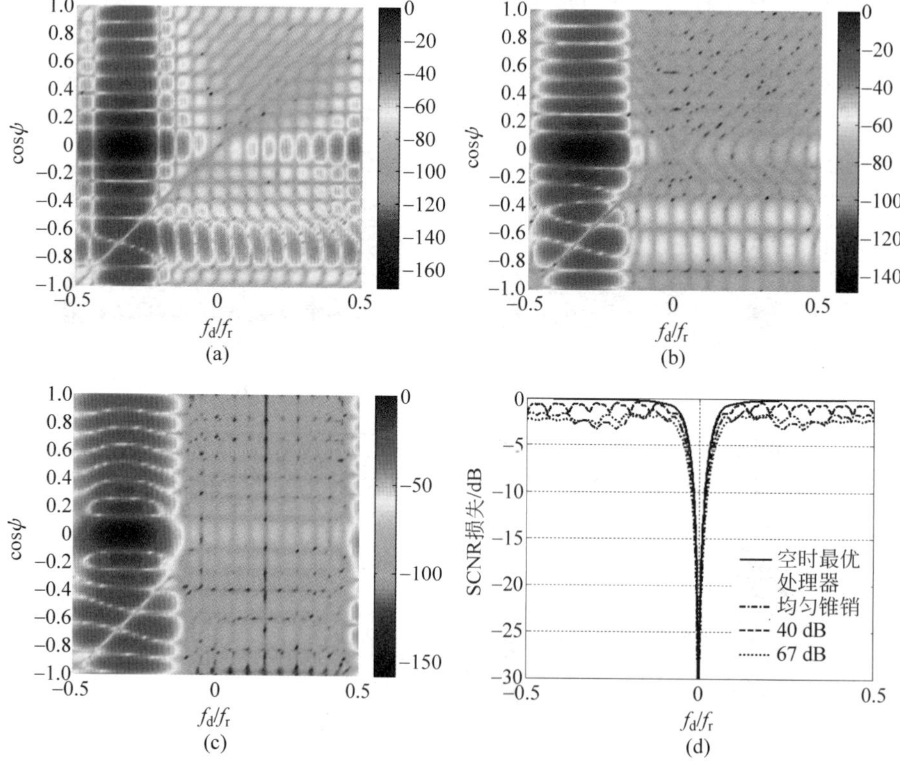

图 8.17 不同锥销情况下的 3DT 方法性能

(a) 空时自适应方向图(均匀锥销);(b) 空时自适应方向图(40 dB 锥销);(c) 空时自适应方向图(67 dB 锥销);(d) SCNR 损失

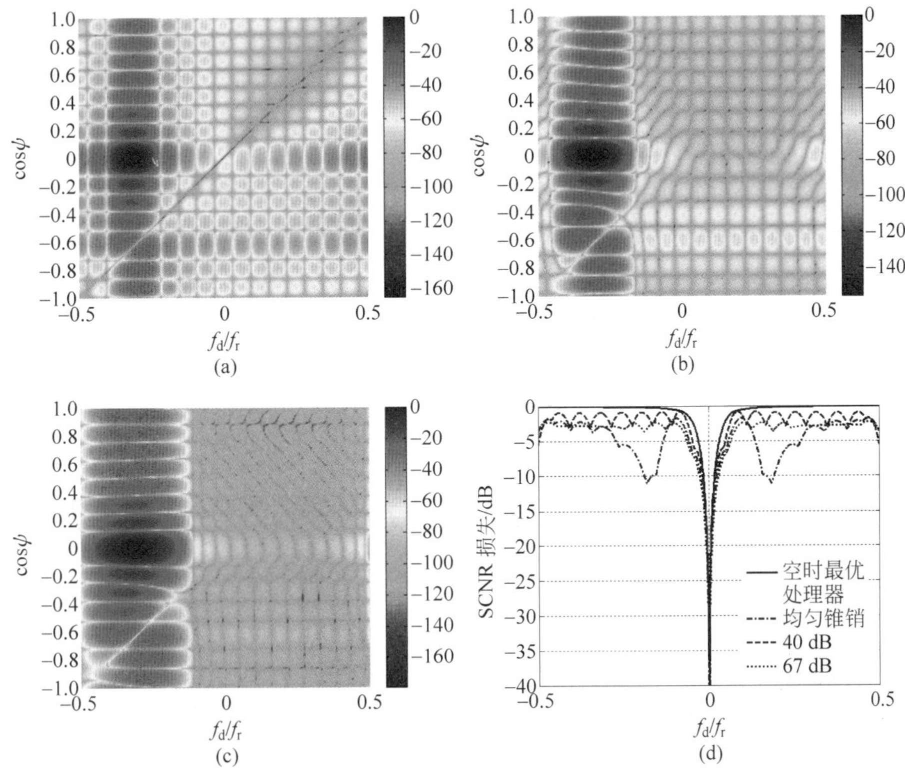

图 8.18　不同锥销情况下的 2DT 方法性能

(a) 空时自适应方向图(均匀锥销)；(b) 空时自适应方向图(40 dB 锥销)；(c) 空时自适应方向图(67 dB 锥销)；(d) SCNR 损失

2. 参数 m 对 mDT 方法性能的影响

图 8.19 给出了不加锥销情况下 2DT、3DT 和 5DT 方法的 SCNR 损失比较。从图中可以看出，随着 m 的增大，杂波抑制性能逐渐改善，但是 3DT 和 5DT 方法之间性能差别较小，因此通常情况下 3DT 方法即可满足要求。

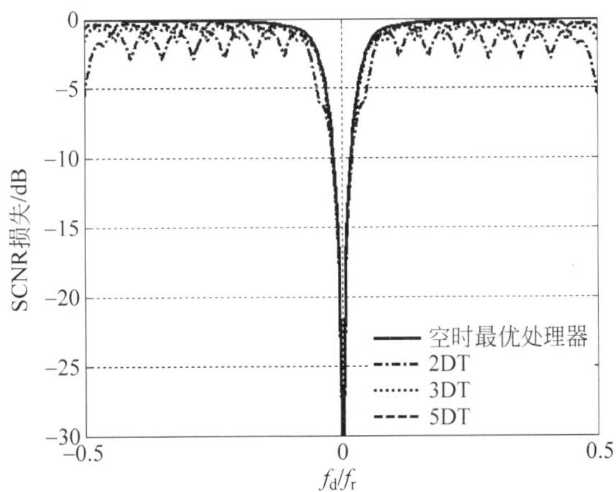

图 8.19　不同 m 情况下的 mDT 方法性能

8.5.3 F＄A 方法性能分析

1. 锥销对 F＄A 方法性能的影响

图 8.20 给出了不同锥销情况下 F＄A 方法的性能比较。从图中可以看出：①无论是否加锥销，F＄A 方法均可在杂波脊上形成一定的凹口；②当不加锥销时，F＄A 方法在旁瓣杂波区的性能较差，原因是强主瓣杂波通过滤波器高旁瓣泄露进来；③随着锥销幅度的增大，主瓣杂波被抑制，旁瓣杂波区性能得到改善，但是付出的代价是主瓣杂波区附近性能存在一定程度下降，这一点在自适应方向图上表现得尤为明显；④对于 F＄A 方法，40 dB 锥销即可实现对杂波的有效抑制，不需要加很深的锥销来抑制主瓣杂波，锥销幅度过大反而会导致 F＄A 方法在旁瓣杂波区的性能下降。

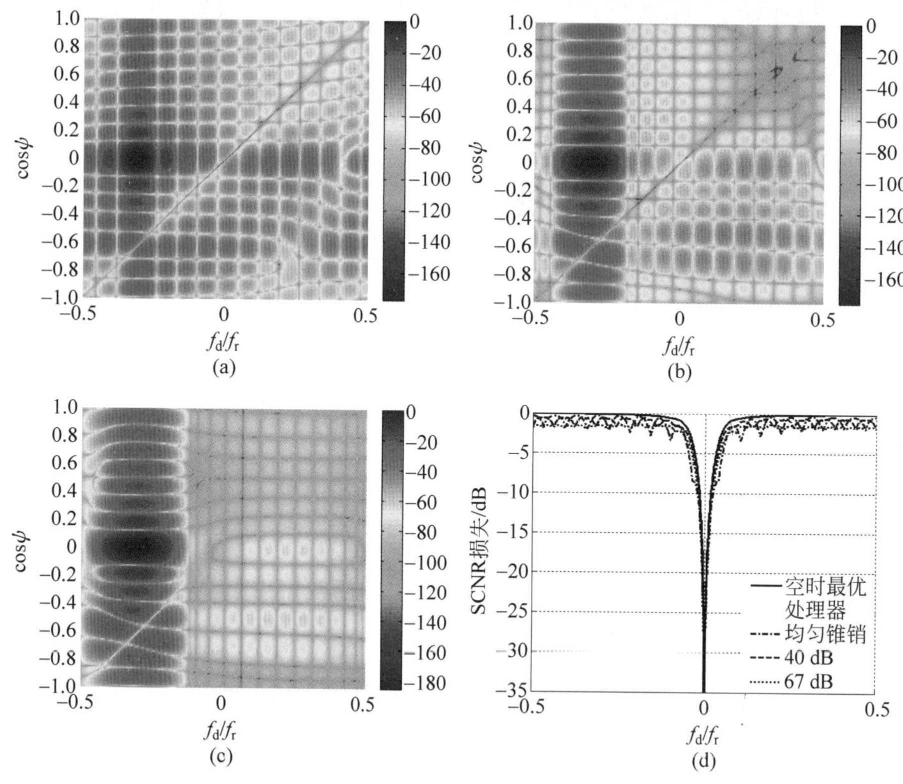

图 8.20 不同锥销情况下的 F＄A 方法性能

(a) 空时自适应方向图(均匀锥销)；(b) 空时自适应方向图(40 dB 锥销)；(c) 空时自适应方向图(67 dB 锥销)；(d) SCNR 损失

2. 参数 K' 对 F＄A 方法性能的影响

图 8.21 给出了不加锥销情况下 F＄A 方法的 SCNR 损失比较。从图中可以看出，随着 K' 的增大，杂波抑制性能逐渐改善，但是当 K' 大于 3 时方法之间性能差别较小，该结论与 mDT 方法的结论相同。

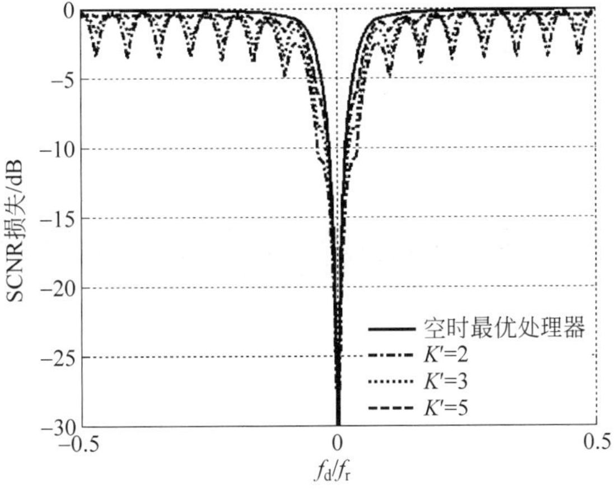

图 8.21　不同 K' 情况下的 F＄A 方法性能

8.5.4　阵元-多普勒域降维 STAP 方法性能分析

参数设置：对于 mDT 方法和 F＄A 方法，均选取 $K'=3$。考察不同锥销情况下的阵元-多普勒域降维 STAP 方法性能，如图 8.22 所示。从图中可以得到如下结论：①加均匀锥销时，F＄A 方法和 mDT 方法的性能在旁瓣杂波区几乎一样，但在主瓣杂波区 mDT 方

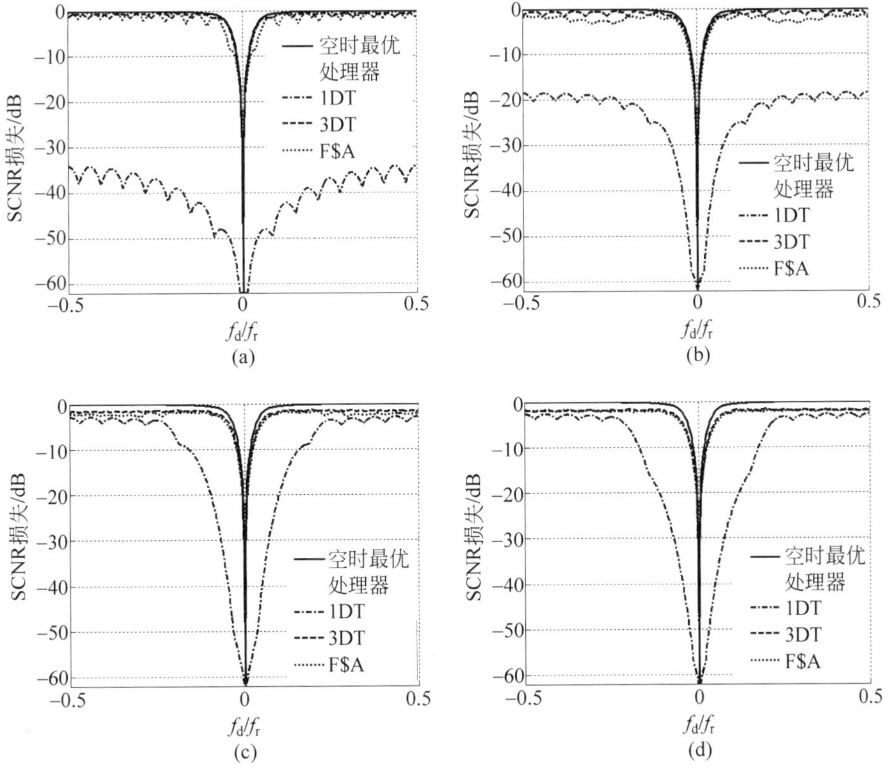

图 8.22　1DT、mDT 和 F＄A 方法性能比较

(a) 均匀锥销；(b) 40 dB 锥销；(c) 67 dB 锥销；(d) 80 dB 锥销

法的性能较好；②加 40 dB 切比雪夫锥销时，由于 mDT 方法降维后的杂波自由度相对较大，导致该方法的性能比 F$A 方法要差；③随着锥销量的逐渐增大，主瓣杂波的影响逐渐减小，mDT 方法和 F$A 方法的性能逐渐趋于一致；④1DT 方法由于系统自由度有限，仅能在空域形成自适应凹口，因此其杂波抑制性能比 mDT 方法和 F$A 方法差。

8.6 小结

本章介绍了三种典型阵元-多普勒域降维 STAP 方法的基本原理与实现过程，包括 1DT 方法、mDT 方法和 F$A 方法；在此基础上阐述了 F$A 方法和 mDT 方法之间的关系；最后通过仿真实验分析了各方法的杂波抑制性能。通过分析可知，在系统自由度相同的情况下 F$A 方法和 mDT 方法具有相似的杂波抑制性能。值得注意的是：1DT 方法将时域处理和空域处理分开进行，严格来讲，该方法不属于空时自适应处理。

第 9 章

波束-脉冲域降维 STAP

波束-脉冲域降维 STAP 方法通过空域波束形成和时域滑窗方式实现空域和时域维数的降低。本章首先介绍波束-脉冲域降维 STAP 方法的基本原理；然后阐述其具体实现过程，包括波束域降维处理、时域降维处理、子 CPI 空时自适应处理和多普勒滤波四个步骤，并分析降维后的局域自由度变化；最后通过仿真实验分析该类方法的性能。

9.1 基本原理

波束-脉冲域降维 STAP 方法的基本原理是：一方面利用空域波束形成处理抑制部分杂波，例如，将空域波束对准主瓣方向，则会在空域局域化杂波；另一方面通过脉冲域滑窗处理在时域上进一步降维。图 9.1 给出了波束-脉冲域降维 STAP 方法的实现流程图。该方法首先对每个脉冲包含的所有阵元数据进行空域波束形成处理，形成 N' 个波束；然后对 N' 个空域滤波器的输出信号进行时域滑窗处理，共形成 Q 个子 CPI；再次对每个子 CPI 的数据（$N'K'$ 维）进行空时自适应处理；最后对 Q 个子 CPI 的输出信号进行多普勒滤波处理。

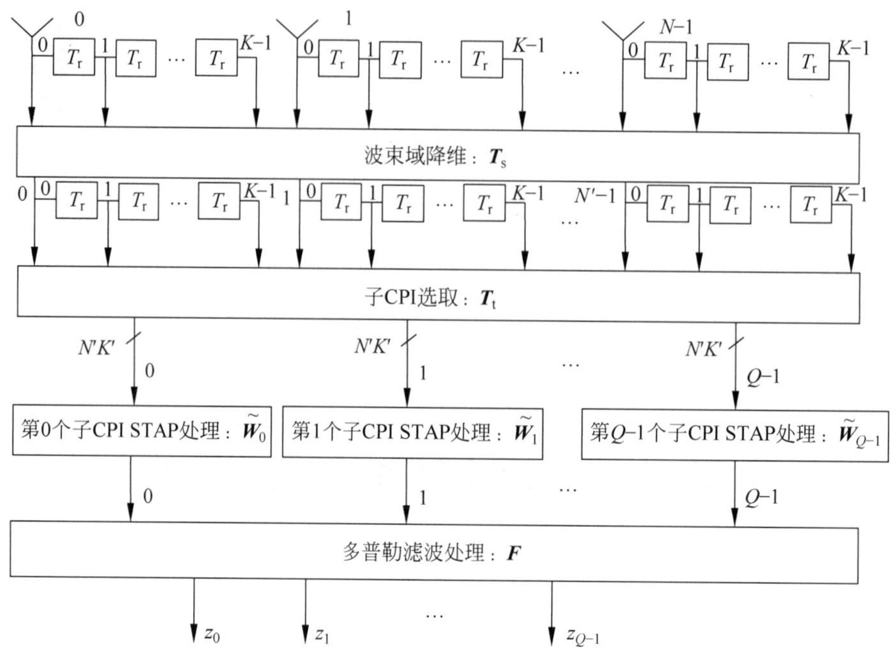

图 9.1 波束-脉冲域降维 STAP 方法实现流程图

9.2 实现过程

9.2.1 波束域降维矩阵

假设长度为 Q_s 的波束形成滤波器组可以用下式表示：

$$\boldsymbol{G}=[\boldsymbol{G}_0,\boldsymbol{G}_1,\cdots,\boldsymbol{G}_{N'-1}]=\text{diag}(\boldsymbol{t}_d)\boldsymbol{G}' \tag{9.1}$$

其中 $\boldsymbol{G}_n$ 表示中心角度指向 θ_n 的波束形成矢量，其表达式为

$$\boldsymbol{G}_n=\boldsymbol{t}_d\odot\boldsymbol{G}'_n \tag{9.2}$$

形式 1：偏置波束情况下的空域降维矩阵（$N\times N'$）为

$$\boldsymbol{T}_s=\text{Toeplitz}([\boldsymbol{G}_{n_0};\boldsymbol{0}_{(N'-1)\times 1}],[g_{n_0},\boldsymbol{0}_{1\times(N'-1)}]) \tag{9.3}$$

其中，$\boldsymbol{G}_{n_0}$ 表示主波束指向处的空域波束形成矢量，其维数为 Q_s，g_{n_0} 表示 $\boldsymbol{G}_{n_0}$ 中的第一个元素；$N'=N-Q_s+1$。

形式 2：相邻波束情况下的空域降维矩阵（$N\times N'$）为

$$\boldsymbol{T}_s=[\boldsymbol{G}_{n_0-P},\cdots,\boldsymbol{G}_{n_0},\cdots,\boldsymbol{G}_{n_0+P}],\quad N'=2P+1 \tag{9.4}$$

$$\boldsymbol{T}_s=[\boldsymbol{G}_{n_0-\frac{1}{2}-P+1},\cdots,\boldsymbol{G}_{n_0-\frac{1}{2}},\boldsymbol{G}_{n_0+\frac{1}{2}},\cdots,\boldsymbol{G}_{n_0+\frac{1}{2}+P-1}],\quad N'=2P \tag{9.5}$$

注意，此处波束形成器的长度 $Q_s=N$。

9.2.2 时域降维矩阵

与阵元-脉冲域降维 STAP 方法类似，第 q 个子 CPI 对应的时域降维矩阵为

$$\boldsymbol{T}_{\mathrm{t}q} = \begin{bmatrix} \boldsymbol{0}_{q\times K'} \\ \boldsymbol{I}_{K'} \\ \boldsymbol{0}_{(K-K'-q)\times K'} \end{bmatrix}_{K\times K'}, \quad q=0,1,\cdots,Q-1 \tag{9.6}$$

其中滑窗降维后形成的子 CPI 的数目 $Q=K-K'+1$。

9.2.3　空时自适应权矢量

第 q 个子 CPI 对应的空时数据为

$$\widetilde{\boldsymbol{X}}_q = \boldsymbol{T}_q^{\mathrm{H}}\boldsymbol{X} = (\boldsymbol{T}_{\mathrm{t}q}\otimes\boldsymbol{T}_{\mathrm{s}})^{\mathrm{H}}\boldsymbol{X} \tag{9.7}$$

第 q 个子 CPI 对应的空时权矢量（$N'K'$维）为

$$\widetilde{\boldsymbol{W}}_q = \widetilde{\boldsymbol{R}}_q^{-1}\widetilde{\boldsymbol{S}} \tag{9.8}$$

其中 $\widetilde{\boldsymbol{S}}$ 为降维后的预设目标导向矢量，其不随子 CPI 的变化而变化，具体表达式为

$$\widetilde{\boldsymbol{S}} = \widetilde{\boldsymbol{S}}_{\mathrm{t}}\otimes\widetilde{\boldsymbol{S}}_{\mathrm{s}} = \widetilde{\boldsymbol{S}}_{\mathrm{t}}\otimes(\boldsymbol{T}_{\mathrm{s}}^{\mathrm{H}}\boldsymbol{S}_{\mathrm{s}}) \tag{9.9}$$

其中 $\widetilde{\boldsymbol{S}}_{\mathrm{t}}$ 的表达式同式(7.6)。

假设第 q 个子 CPI 中第 k 个脉冲对应的空域权矢量（N'维）表示为 $\widetilde{\boldsymbol{W}}_{q,k}$，则第 q 个子 CPI 对应的空时权矢量（维数 $N'\times K'$）可以表示为

$$\widetilde{\widetilde{\boldsymbol{W}}}_q = [\widetilde{\boldsymbol{W}}_{q,0},\widetilde{\boldsymbol{W}}_{q,1},\cdots,\widetilde{\boldsymbol{W}}_{q,K'-1}] \tag{9.10}$$

第 q 个子 CPI 的输出信号表示为

$$\begin{aligned} y_q &= \widetilde{\boldsymbol{W}}_q^{\mathrm{H}}\widetilde{\boldsymbol{X}}_q = \widetilde{\boldsymbol{W}}_q^{\mathrm{H}}(\boldsymbol{T}_q^{\mathrm{H}}\boldsymbol{X}) = (\boldsymbol{T}_q\widetilde{\boldsymbol{W}}_q)^{\mathrm{H}}\boldsymbol{X} \\ &= [(\boldsymbol{T}_{\mathrm{t}q}\otimes\boldsymbol{T}_{\mathrm{s}})\widetilde{\boldsymbol{W}}_q]^{\mathrm{H}}\boldsymbol{X} \\ &= [(\boldsymbol{I}_K\otimes\boldsymbol{T}_{\mathrm{s}})\mathrm{vec}(\widetilde{\widetilde{\boldsymbol{W}}}_q\boldsymbol{T}_{\mathrm{t}q}^{\mathrm{H}})]^{\mathrm{H}}\boldsymbol{X} \end{aligned} \tag{9.11}$$

其中 vec(·)表示将方阵排成一个列矢量。所有子 CPI 的输出信号（Q 维）表示为

$$\boldsymbol{y} = [(\boldsymbol{I}_K\otimes\boldsymbol{T}_{\mathrm{s}})\widetilde{\widetilde{\boldsymbol{W}}}]^{\mathrm{H}}\boldsymbol{X} \tag{9.12}$$

其中 $\widetilde{\widetilde{\boldsymbol{W}}}$ 为 $N'K\times Q$ 矩阵，其表达式为

$$\widetilde{\widetilde{\boldsymbol{W}}} = \begin{bmatrix} \widetilde{\boldsymbol{W}}_{0,0} & \boldsymbol{0} & \boldsymbol{0} & \cdots & \boldsymbol{0} \\ \widetilde{\boldsymbol{W}}_{0,1} & \widetilde{\boldsymbol{W}}_{1,0} & \boldsymbol{0} & \cdots & \boldsymbol{0} \\ \vdots & & \ddots & \ddots & \vdots \\ \widetilde{\boldsymbol{W}}_{0,K'-1} & & & \ddots & \boldsymbol{0} \\ \boldsymbol{0} & \ddots & & & \widetilde{\boldsymbol{W}}_{Q-1,0} \\ \vdots & \ddots & \ddots & & \widetilde{\boldsymbol{W}}_{Q-1,1} \\ \boldsymbol{0} & & & \ddots & \vdots \\ \boldsymbol{0} & \cdots & & \boldsymbol{0} & \widetilde{\boldsymbol{W}}_{Q-1,K'-1} \end{bmatrix} \tag{9.13}$$

9.2.4 多普勒滤波处理

最后,将各子 CPI 的输出信号进行多普勒滤波处理。经过 Q 个多普勒滤波器作用后的输出信号为

$$\boldsymbol{Z}=[z_0,z_1,\cdots,z_{Q-1}]=\boldsymbol{F}^{\mathrm{H}}\boldsymbol{y} \tag{9.14}$$

其中多普勒滤波器的表达式参见 7.2.3 节。第 q 个多普勒滤波器的输出为

$$z_q=\boldsymbol{W}_q^{\mathrm{H}}\boldsymbol{X}=\boldsymbol{F}_q^{\mathrm{H}}\boldsymbol{y}=\boldsymbol{F}_q^{\mathrm{H}}[(\boldsymbol{I}_K\otimes\boldsymbol{T}_{\mathrm{s}})\tilde{\tilde{\boldsymbol{W}}}]^{\mathrm{H}}\boldsymbol{X} \tag{9.15}$$

$$\boldsymbol{W}_q=(\boldsymbol{I}_K\otimes\boldsymbol{T}_{\mathrm{s}})\tilde{\tilde{\boldsymbol{W}}}\boldsymbol{F}_q \tag{9.16}$$

式(9.16)表示第 q 个多普勒通道对应的复合权矢量,其中 $\tilde{\tilde{\boldsymbol{W}}}$ 表示自适应处理环节,其余表示非自适应处理环节。

9.3 局域自由度分析

假设空域降维矩阵是列满秩的,但列间不要求正交。对于第 q 个子 CPI,降维后的噪声协方差矩阵为

$$\begin{aligned}\widetilde{\boldsymbol{R}}_{\mathrm{n}q}&=(\boldsymbol{T}_{\mathrm{t}q}\otimes\boldsymbol{T}_{\mathrm{s}})^{\mathrm{H}}\boldsymbol{R}_{\mathrm{n}}(\boldsymbol{T}_{\mathrm{t}q}\otimes\boldsymbol{T}_{\mathrm{s}})\\&=\sigma^2(\boldsymbol{T}_{\mathrm{t}q}^{\mathrm{H}}\boldsymbol{T}_{\mathrm{t}q})\otimes(\boldsymbol{T}_{\mathrm{s}}^{\mathrm{H}}\boldsymbol{T}_{\mathrm{s}})\\&=\sigma^2\boldsymbol{I}_{K'}\otimes(\boldsymbol{T}_{\mathrm{s}}^{\mathrm{H}}\boldsymbol{T}_{\mathrm{s}})\end{aligned} \tag{9.17}$$

因为空域降维矩阵是列满秩的,因此

$$\tilde{r}_{\mathrm{n}}=\mathrm{rank}(\widetilde{\boldsymbol{R}}_{\mathrm{n}k})=N'K' \tag{9.18}$$

需要注意的是,由于空域降维矩阵列间不要求正交,因此降维后的噪声在空域上相关,导致噪声在空域上不再是白噪声,降维后的噪声协方差矩阵也不再是对角矩阵。

降维后的杂波协方差矩阵为

$$\begin{aligned}\widetilde{\boldsymbol{R}}_{\mathrm{c}q}&=(\boldsymbol{T}_{\mathrm{t}q}\otimes\boldsymbol{T}_{\mathrm{s}})^{\mathrm{H}}\boldsymbol{R}_{\mathrm{c}}(\boldsymbol{T}_{\mathrm{t}q}\otimes\boldsymbol{T}_{\mathrm{s}})\\&=(\boldsymbol{T}_{\mathrm{t}q}\otimes\boldsymbol{T}_{\mathrm{s}})^{\mathrm{H}}\boldsymbol{V}_{\mathrm{c}}\boldsymbol{\Xi}_{\mathrm{c}}\boldsymbol{V}_{\mathrm{c}}^{\mathrm{H}}(\boldsymbol{T}_{\mathrm{t}q}\otimes\boldsymbol{T}_{\mathrm{s}})\\&=\sum_{i=1}^{N_{\mathrm{c}}}\sigma^2\xi_i(\widetilde{\boldsymbol{S}}_{\mathrm{t}i}\widetilde{\boldsymbol{S}}_{\mathrm{t}i}^{\mathrm{H}})\otimes(\boldsymbol{T}_{\mathrm{s}}^{\mathrm{H}}\boldsymbol{S}_{\mathrm{s}i}\boldsymbol{S}_{\mathrm{s}i}^{\mathrm{H}}\boldsymbol{T}_{\mathrm{s}})\end{aligned} \tag{9.19}$$

由局域杂波自由度估计准则可得在偏置滤波和不加锥销的相邻滤波降维情况下的局域杂波自由度为

$$\tilde{r}_{\mathrm{c}}=\mathrm{rank}(\widetilde{\boldsymbol{R}}_{\mathrm{c}k})=N'+\beta(K'-1) \tag{9.20}$$

由自适应滤波理论可知要实现对杂波的有效抑制,系统自由度必须大于杂波自由度,即

$$N'K'\geqslant\tilde{r}_{\mathrm{c}}+1 \tag{9.21}$$

因此

$$N'\geqslant\beta+\frac{1}{K'-1} \tag{9.22}$$

当 K' 固定时,所需的波束数与 β 成正比,即载机速度和多普勒模糊度越大,所需的波束数越多。

图 9.2～图 9.5 分别给出了不同情况下的波束-脉冲域降维 STAP 方法的杂波特征值分布情况。对于相邻滤波方法，相邻波束形成器中心空间频率间隔与 mDT 法中的多普勒滤波器中心频率间隔一致，对应的方位角度间隔大约为 7.2°。从图中可以看出：①无论是否加锥销，偏置滤波波束-脉冲域降维 STAP 方法的局域杂波自由度均满足式(9.20)。②当不加锥销时，相邻滤波波束-脉冲域降维 STAP 方法的局域杂波自由度均满足式(9.20)；相反，当加锥销时，其对应的局域杂波自由度增大。上述结论与阵元-多普勒域降维 STAP 方法局域杂波自由度的结论一致。

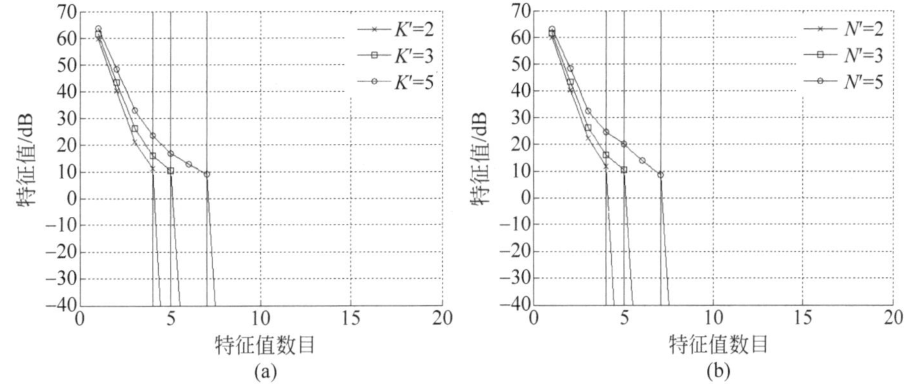

图 9.2　偏置滤波情况下的局域杂波自由度(均匀锥销)

(a) 时域窗的影响($N'=3$)；(b) 波束数目的影响($K'=3$)

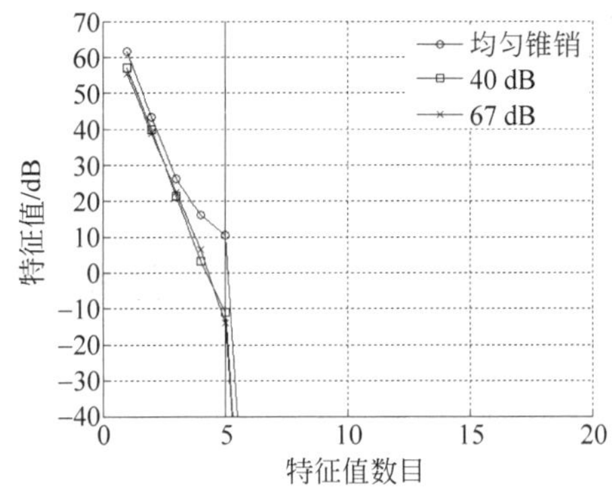

图 9.3　锥销对偏置滤波情况下的局域杂波自由度的影响($N'=3, K'=3$)

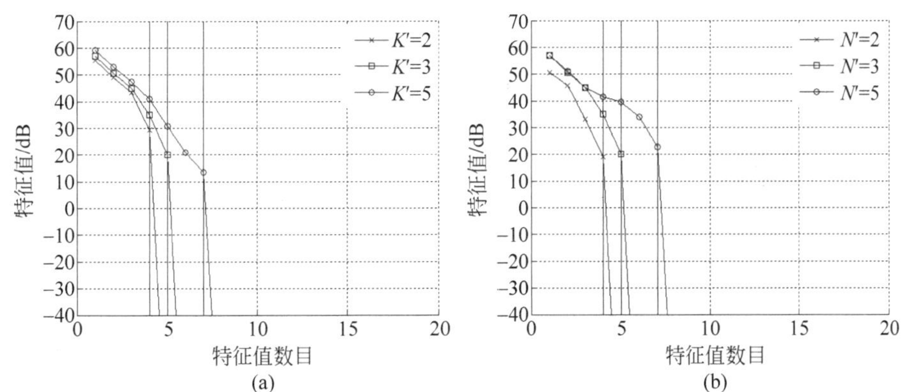

图 9.4　相邻滤波情况下的局域杂波自由度(均匀锥销)

(a) 时域窗的影响($N'=3$)；(b) 波束数目的影响($K'=3$)

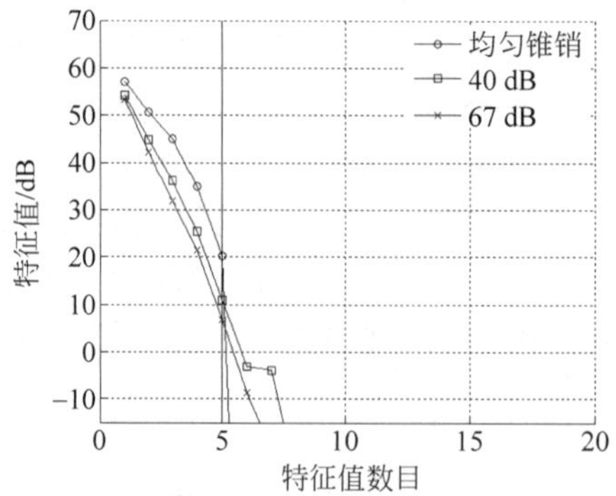

图 9.5 锥销对相邻滤波情况下的局域杂波自由度的影响($N'=3, K'=3$)

9.4 仿真分析

9.4.1 偏置滤波方式

1. 锥销的影响

图 9.6 给出了不同锥销情况下的偏置滤波方法的空时自适应方向图和 SCNR 损失性能，其中 $N'=3, K'=2$。从图中可以看出，随着锥销幅度的增大，空时自适应滤波器主瓣展宽，导致在主瓣杂波区的 SCNR 损失增大。

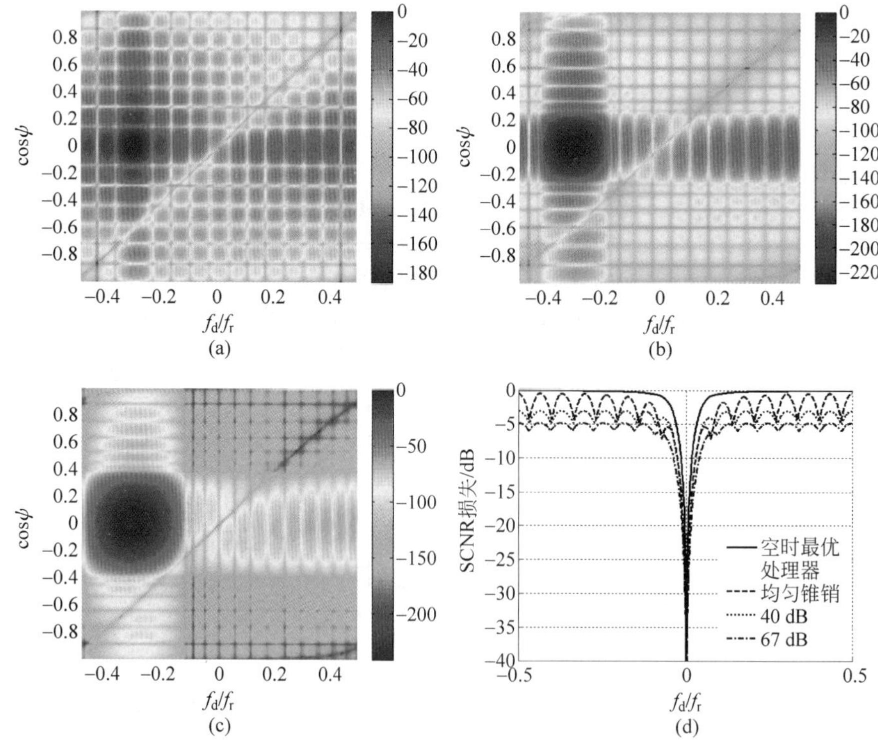

图 9.6 不同锥销情况下的偏置滤波方法性能($N'=3, K'=2$)

(a) 空时自适应方向图(均匀锥销)；(b) 空时自适应方向图(40 dB 锥销)；(c) 空时自适应方向图(67 dB 锥销)；(d) SCNR 损失

2. 波束数目的影响

图 9.7 给出了不同波束数情况下不加锥销时的偏置滤波方法的 SCNR 损失性能。从图中可以看出，对于偏置波束形成-脉冲域降维 STAP 方法，即使仅采用两个波束，性能也是非常优良的。

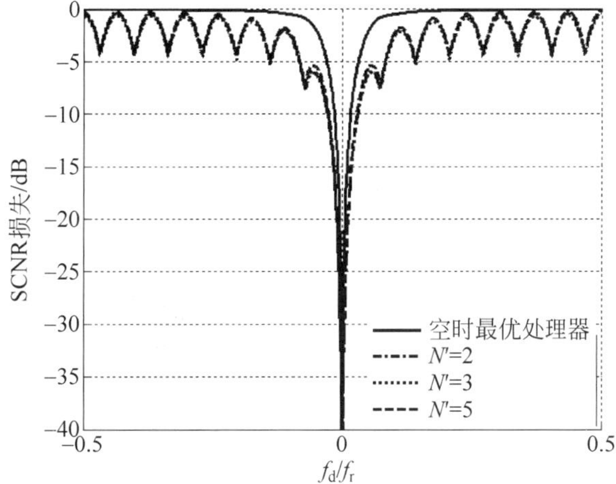

图 9.7　不同波束数情况下的偏置滤波方法性能比较（均匀锥销，$K'=2$）

3. 子 CPI 脉冲数目的影响

图 9.8 给出了不同子 CPI 脉冲数情况下不加锥销时的偏置滤波方法的 SCNR 损失性能。从图中可以看出，对于偏置波束形成-脉冲域降维 STAP 方法，随着子 CPI 脉冲数目的增加，主瓣杂波区的性能下降明显。原因是脉冲数越多，MTI 滤波器的凹口宽度越宽，虽然对杂波的抑制性能增强，但同时也会导致主瓣杂波区的目标能量损失。

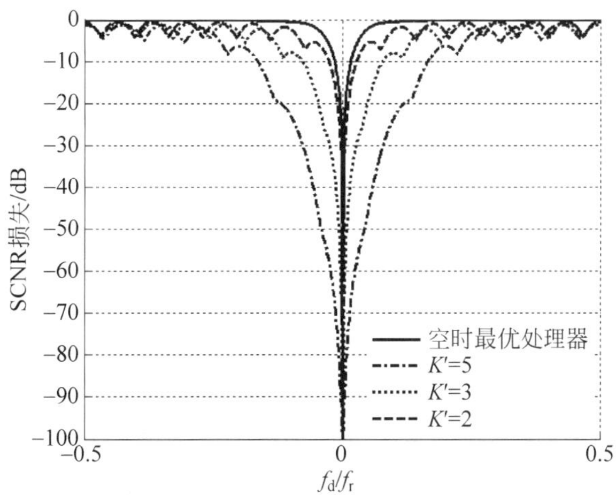

图 9.8　不同脉冲数情况下的偏置滤波方法性能比较（均匀锥销，$N'=3$）

9.4.2 相邻滤波方式

1. 锥销的影响

图 9.9 和图 9.10 给出了不同锥销情况下的偏置滤波方法的空时自适应方向图和 SCNR 损失性能，其中 $N'=2$ 和 3，$K'=2$。从图中可以看出，对于相邻波束形成-脉冲域降维 STAP 方法，不加锥销时两个波束即可以满足要求。当加锥销时，两个波束自适应性能下降明显，尤其是在主瓣杂波区。

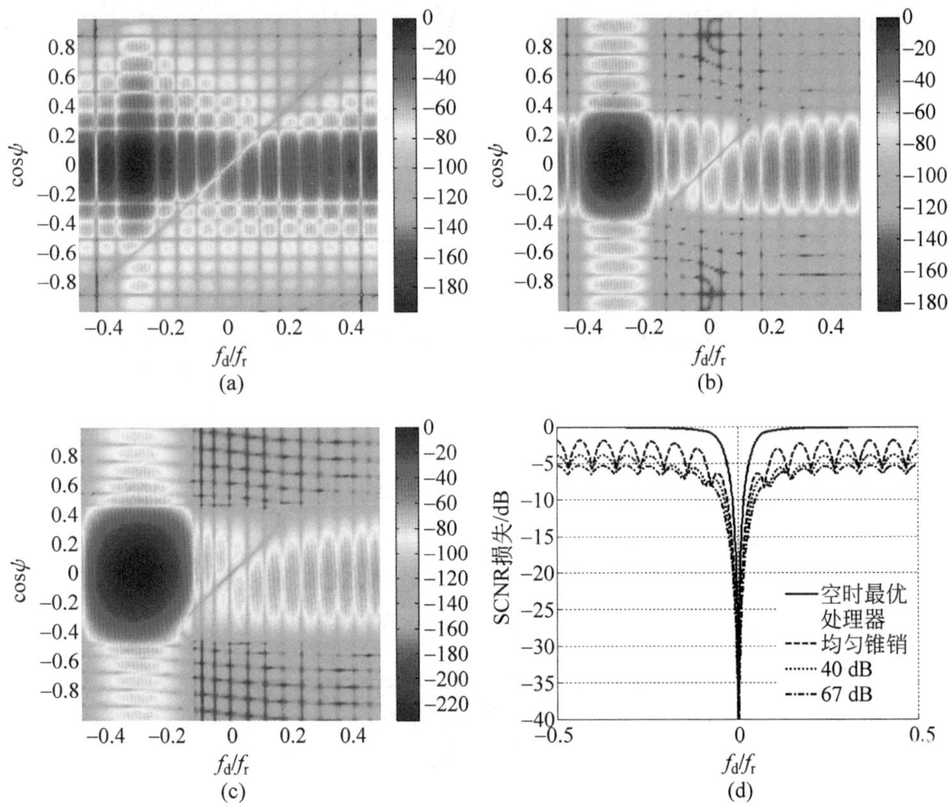

图 9.9 不同锥销情况下的相邻滤波方法性能（$N'=3, K'=2$）

(a) 空时自适应方向图（均匀锥销）；(b) 空时自适应方向图（40 dB 锥销）；(c) 空时自适应方向图（67 dB 锥销）；(d) SCNR 损失

2. 波束数目的影响

图 9.11 给出了不同波束数情况下不加锥销时的相邻滤波方法的 SCNR 损失性能。从图中可以看出，与偏置滤波相似，对于相邻滤波方式，在不加锥销情况下，波束数目的变化对性能影响不大。

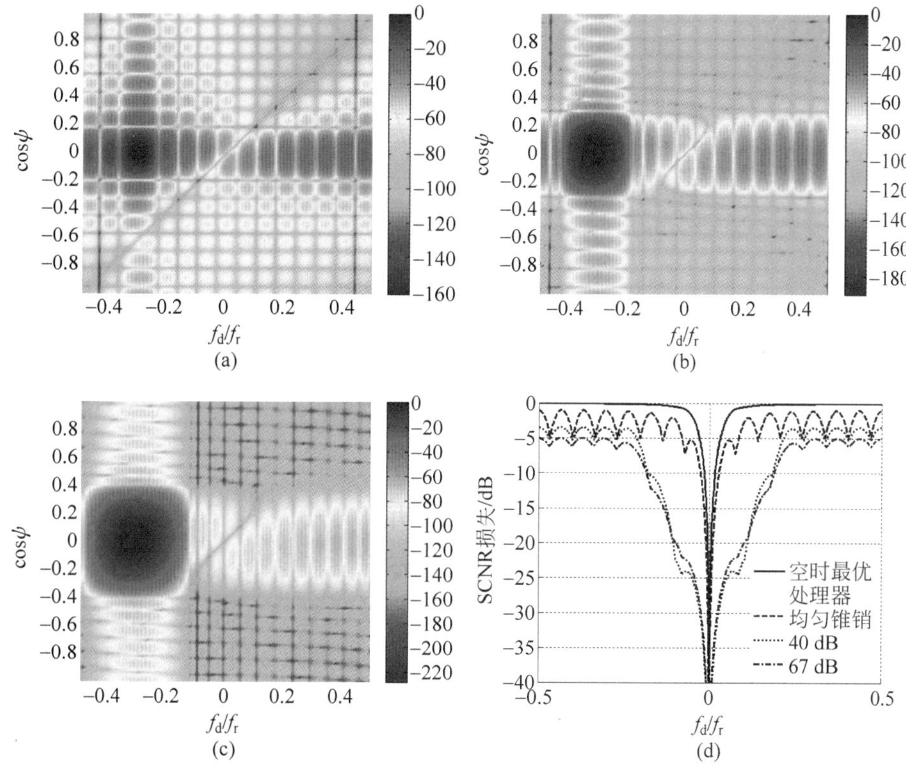

图 9.10　不同锥销情况下的相邻滤波方法性能($N'=2,K'=2$)

(a) 空时自适应方向图(均匀锥销)；(b) 空时自适应方向图(40 dB 锥销)；(c) 空时自适应方向图(67 dB 锥销)；(d) SCNR 损失

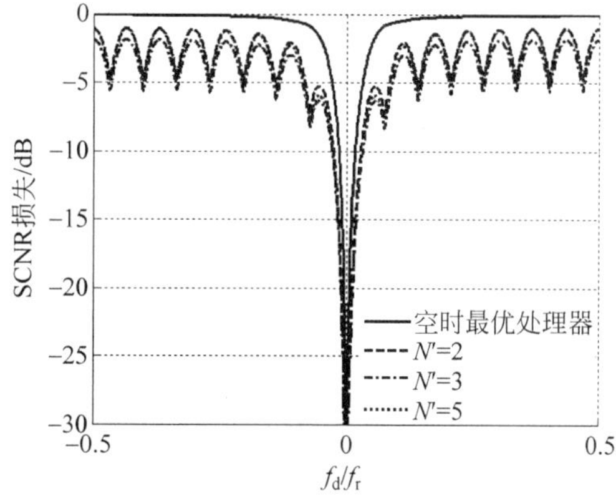

图 9.11　不同波束数情况下的相邻滤波方法性能比较(均匀锥销,$K'=2$)

3. 子 CPI 脉冲数目的影响

图 9.12 给出了不同子 CPI 脉冲数情况下不加锥销时的相邻滤波方法的 SCNR 损失性能。从图中可以看出,与偏置滤波相似,对于相邻滤波方式,随着子 CPI 脉冲数目的增加,主瓣杂波区的性能下降明显。

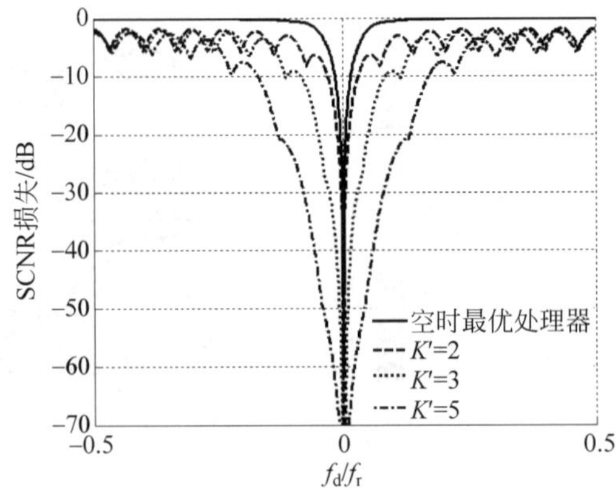

图 9.12 不同脉冲数情况下的相邻滤波方法性能比较(均匀锥销,$N'=3$)

9.4.3 偏置滤波和相邻滤波性能分析

图 9.13 和图 9.14 给出了不同锥销情况下的偏置滤波和相邻滤波方法的 SCNR 损失性能,其中 $N'=3$ 和 2,$K'=2$。从图中可以看出,当波束数为 2 时,随着锥销的增大,相邻滤波方法相对于偏置滤波方法的性能下降明显;当波束数为 3 时,二者之间的 SCNR 损失性能几乎相同,偏置滤波方法略好一些。

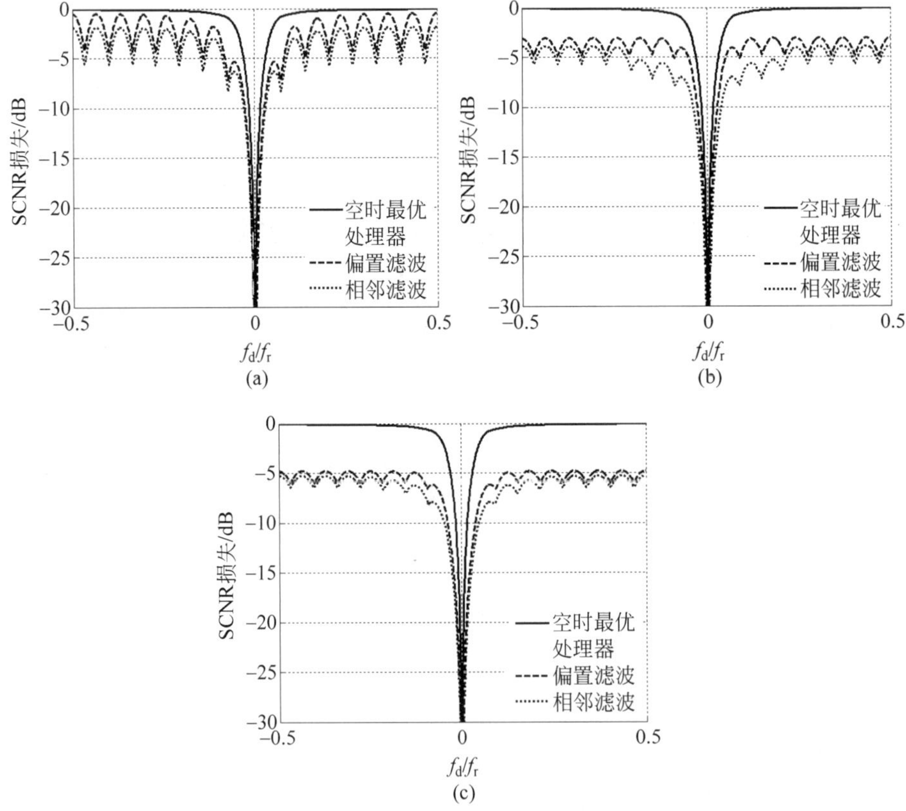

图 9.13 偏置滤波和相邻滤波方法性能比较($N'=3$,$K'=2$)

(a) 均匀锥销;(b) 40 dB 锥销;(c) 67 dB 锥销

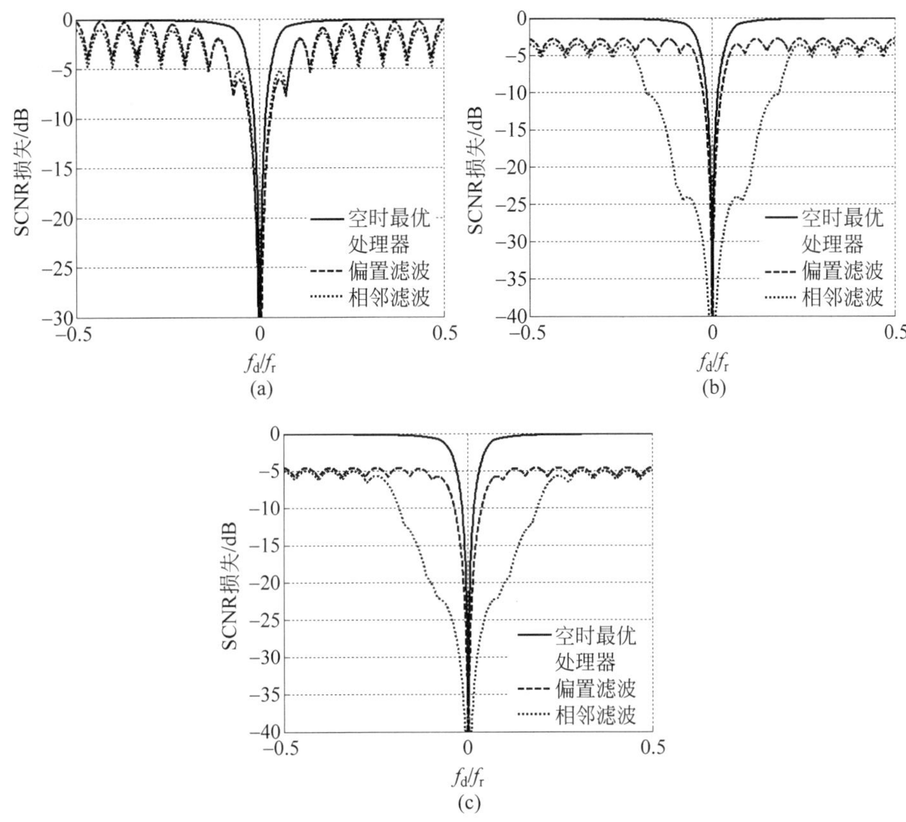

图 9.14　偏置滤波和相邻滤波方法性能比较($N'=2, K'=2$)

(a) 均匀锥销；(b) 40 dB 锥销；(c) 67 dB 锥销

9.5 小结

本章介绍了波束-脉冲域降维 STAP 方法的基本原理与实现过程，包括波束域降维处理、时域滑窗降维处理、子 CPI 空时自适应处理和多普勒滤波处理等，在此基础上分析了降维后的局域自由度变化情况，最后通过仿真实验分析了偏置滤波和相邻滤波两种降维方式情况下波束-脉冲域降维 STAP 方法的杂波抑制性能。相对于阵元域降维 STAP 方法，波束-脉冲域降维 STAP 方法同时实现了空域和时域的降维处理，因此具有相对更低的计算复杂度。

第 10 章

波束-多普勒域降维 STAP

波束-多普勒域降维 STAP 方法通过空域波束形成和时域多普勒滤波方式实现空域和时域维数的降低。本章首先介绍波束-多普勒域降维 STAP 方法的基本原理；然后阐述其具体实现过程和典型实现方式，包括两维相邻滤波、空域偏置＋时域相邻滤波，并分析四种降维方式下的局域自由度变化情况；最后通过仿真实验分析该类方法的性能。

10.1 基本原理

波束-多普勒域降维 STAP 方法的实现流程图如图 10.1 所示。该方法首先将空时回波数据通过空时二维滤波器组处理，即对每个脉冲包含的所有阵元数据进行空域波束形成处理，形成 N' 个波束；然后对 N' 个空域滤波器的输出信号分别进行多普勒域降维处理，对于每一个待检测多普勒通道形成 K' 个输出，最终得到一个对应的子 CPI（P 维）；最后对该子 CPI 的数据进行空时自适应处理，得到最终的输出。

10.2 实现过程

10.2.1 空时域降维矩阵

第 q 个多普勒通道对应的空时降维矩阵（$NK\times P$）可以表示为

$$\boldsymbol{T}_q=(\boldsymbol{G}_\mathrm{t}\otimes\boldsymbol{G}_\mathrm{s})\boldsymbol{J}_q \tag{10.1}$$

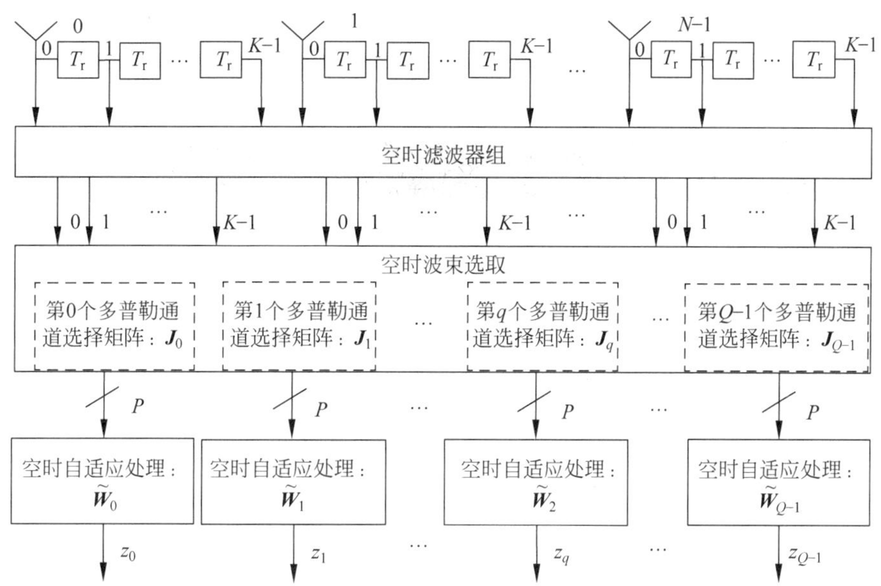

图 10.1　波束-多普勒域降维 STAP 方法实现流程图

其中，$\boldsymbol{G}_{\mathrm{t}}$ 和 $\boldsymbol{G}_{\mathrm{s}}$ 分别表示 $K\times K$ 和 $N\times N$ 的多普勒滤波矩阵和空域波束形成矩阵；$\boldsymbol{J}_q$ 表示第 q 个多普勒通道对应的 $NK\times P$ 的选择矩阵。该形式首先进行空时滤波，然后再选择各子 CPI 对应的空时数据。

如果空时降维滤波处理是可分离的，即空域波束形成和多普勒滤波可级联进行，则此时空时降维矩阵也可表示为

$$\boldsymbol{T}_q=\boldsymbol{T}_{\mathrm{t}q}\otimes\boldsymbol{T}_{\mathrm{s}} \tag{10.2}$$

其中，$\boldsymbol{T}_{\mathrm{t}q}$ 表示第 q 个多普勒通道对应的 $K\times K'$ 的多普勒滤波矩阵；$\boldsymbol{T}_{\mathrm{s}}$ 表示 $N\times N'$ 的波束形成矩阵。

10.2.2　空时自适应处理

当空时降维可分离时，经过空时降维处理后第 q 个多普勒通道对应的空时数据可以表示为

$$\widetilde{\boldsymbol{X}}_q=\boldsymbol{T}_q^{\mathrm{H}}\boldsymbol{X}=(\boldsymbol{T}_{\mathrm{t}q}\otimes\boldsymbol{T}_{\mathrm{s}})^{\mathrm{H}}\boldsymbol{X},\quad q=0,1,2,\cdots,Q-1 \tag{10.3}$$

第 q 个多普勒通道对应的空时权矢量（P 维）为

$$\widetilde{\boldsymbol{W}}_q=\widetilde{\boldsymbol{R}}_q^{-1}\widetilde{\boldsymbol{S}}_q \tag{10.4}$$

其中

$$\widetilde{\boldsymbol{S}}_q=\boldsymbol{T}_q^{\mathrm{H}}\boldsymbol{S}_q=(\boldsymbol{T}_{\mathrm{t}q}\otimes\boldsymbol{T}_{\mathrm{s}})^{\mathrm{H}}\boldsymbol{S}_q \tag{10.5}$$

第 q 个多普勒通道的输出信号表示为

$$z_q=\widetilde{\boldsymbol{W}}_q^{\mathrm{H}}\widetilde{\boldsymbol{X}}_q=\widetilde{\boldsymbol{W}}_q^{\mathrm{H}}(\boldsymbol{T}_q^{\mathrm{H}}\boldsymbol{X})=(\boldsymbol{T}_q\widetilde{\boldsymbol{W}}_q)^{\mathrm{H}}\boldsymbol{X}=\boldsymbol{W}_q^{\mathrm{H}}\boldsymbol{X} \tag{10.6}$$

因此，第 q 个多普勒通道对应的复合权矢量可表示为

$$\boldsymbol{W}_q=(\boldsymbol{T}_{\mathrm{t}q}\otimes\boldsymbol{T}_{\mathrm{s}})\widetilde{\boldsymbol{W}}_q \tag{10.7}$$

式中，$\widetilde{\boldsymbol{W}}_q$ 表示自适应处理环节；$\boldsymbol{T}_{\mathrm{t}q}\otimes\boldsymbol{T}_{\mathrm{s}}$ 表示非自适应处理环节。

根据空时降维方式的不同，可将波束-多普勒域降维 STAP 方法分为四类：两维偏置滤波方式、两维相邻滤波方式、空域偏置＋时域相邻滤波方式、空域相邻＋时域偏置滤波方式。

10.3 局域自由度分析

假设空域降维矩阵和时域降维矩阵均是列满秩的，但列间不要求正交。对于第 q 个多普勒通道，降维后的噪声协方差矩阵为

$$\widetilde{\boldsymbol{R}}_{nq}=(\boldsymbol{T}_{tq}\otimes\boldsymbol{T}_{s})^{H}\boldsymbol{R}_{n}(\boldsymbol{T}_{tq}\otimes\boldsymbol{T}_{s})=\sigma^{2}(\boldsymbol{T}_{tq}^{H}\boldsymbol{T}_{tq})\otimes(\boldsymbol{T}_{s}^{H}\boldsymbol{T}_{s}) \tag{10.8}$$

因为空时域降维矩阵均是列满秩的，因此

$$\tilde{r}_{n}=\mathrm{rank}(\widetilde{\boldsymbol{R}}_{nq})=N'K' \tag{10.9}$$

由于空时域降维矩阵列间不要求正交，因此降维后的噪声在空时域上相关，降维后的噪声协方差矩阵不再是对角矩阵。

降维后的杂波协方差矩阵为

$$\begin{aligned}\widetilde{\boldsymbol{R}}_{cq}&=(\boldsymbol{T}_{tq}\otimes\boldsymbol{T}_{s})^{H}\boldsymbol{R}_{c}(\boldsymbol{T}_{tq}\otimes\boldsymbol{T}_{s})\\&=(\boldsymbol{T}_{tq}\otimes\boldsymbol{T}_{s})^{H}\boldsymbol{V}_{c}\boldsymbol{\Xi}_{c}\boldsymbol{V}_{c}^{H}(\boldsymbol{T}_{tq}\otimes\boldsymbol{T}_{s})\\&=\sum_{i=1}^{N_{c}}\sigma^{2}\xi_{i}(\boldsymbol{T}_{tq}^{H}\boldsymbol{S}_{ti}\boldsymbol{S}_{ti}^{H}\boldsymbol{T}_{tq})\otimes(\boldsymbol{T}_{s}^{H}\boldsymbol{S}_{si}\boldsymbol{S}_{si}^{H}\boldsymbol{T}_{s})\end{aligned} \tag{10.10}$$

由局域杂波自由度估计准则可得在两维偏置滤波降维和不加锥销的两维相邻滤波降维情况下的局域杂波自由度为

$$\tilde{r}_{c}=\mathrm{rank}(\widetilde{\boldsymbol{R}}_{cq})=N'+\beta(K'-1) \tag{10.11}$$

10.3.1 两维偏置滤波方式

图 10.2 和图 10.3 给出了两维偏置滤波方式的局域杂波自由度。从图中可以看出：①在不加锥销情况下，不同多普勒通道数目和波束数情况下的局域杂波自由度均满足局域杂波自由度估计准则；②锥销对局域杂波自由度数目无影响；③不同多普勒通道位置情况下的局域杂波自由度相同，区别在于越靠近主瓣杂波特征值幅度越大。

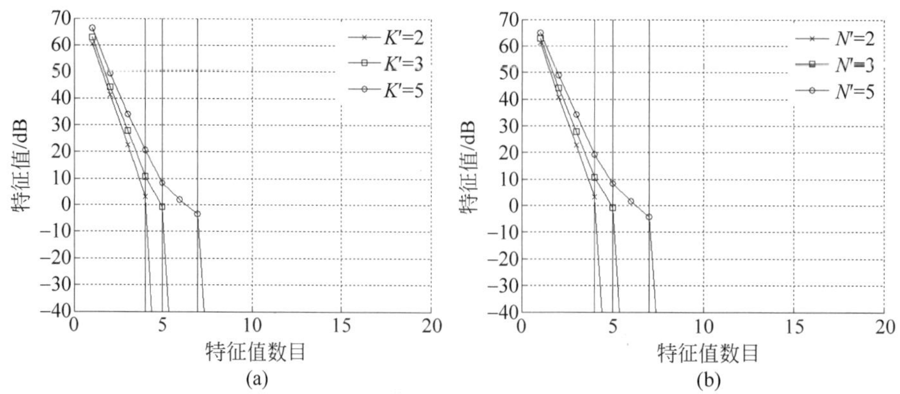

图 10.2 两维偏置滤波方式的局域杂波自由度（不加锥销，第 8 个多普勒通道）

(a) 多普勒通道数目的影响（$N'=3$）；(b) 波束数目的影响（$K'=3$）

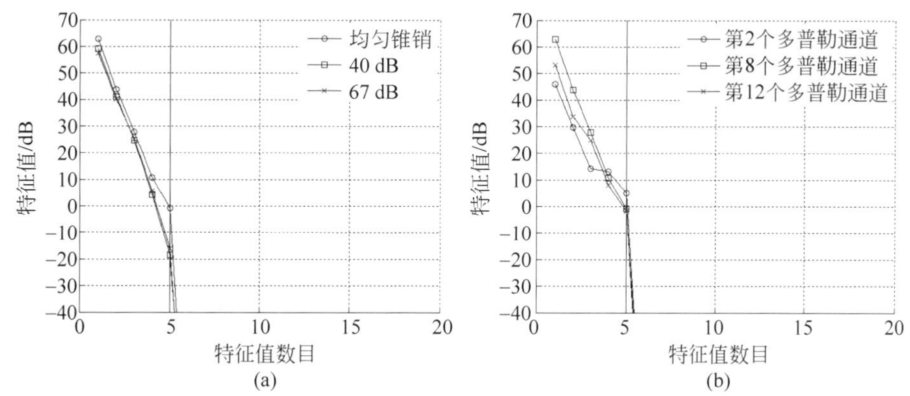

图 10.3　两维偏置滤波方式的局域杂波自由度($N'=3,K'=3$)

(a) 锥销影响(第 8 个多普勒通道)；(b) 多普勒通道位置影响

10.3.2　两维相邻滤波方式

图 10.4 和图 10.5 给出了两维相邻滤波方式的局域杂波自由度。从图中可以看出：①在不加锥销情况下，与两维偏置滤波相同，不同多普勒通道数目和波束数情况下的局域杂波自由度均满足局域杂波自由度估计准则；②锥销对局域杂波自由度数目具有显著影响，加锥销后杂波自由度增大；③与两维偏置滤波相同，多普勒通道位置对局域杂波自由度无影响。

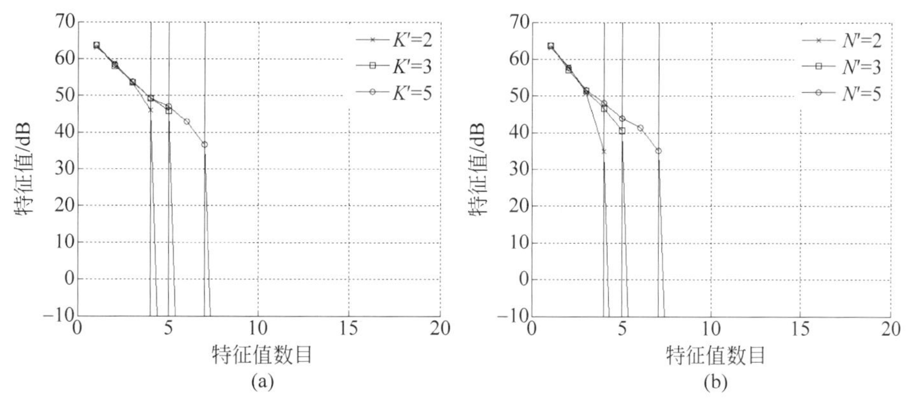

图 10.4　两维相邻滤波方式下的局域杂波自由度(不加锥销，第 8 个多普勒通道)

(a) 多普勒通道数目的影响($N'=3$)；(b) 波束数目的影响($K'=3$)

10.3.3　空域偏置+时域相邻滤波方式

图 10.6 和图 10.7 给出了空域偏置+时域相邻滤波方式的局域杂波自由度。从图中可以看出：①在不加锥销情况下，与两维偏置滤波相同，不加锥销时不同多普勒通道数目、波束数目情况下的局域杂波自由度均满足局域杂波自由度估计准则；②锥销对局域杂波自由度数目具有显著影响；③多普勒通道位置对局域杂波自由度无影响。

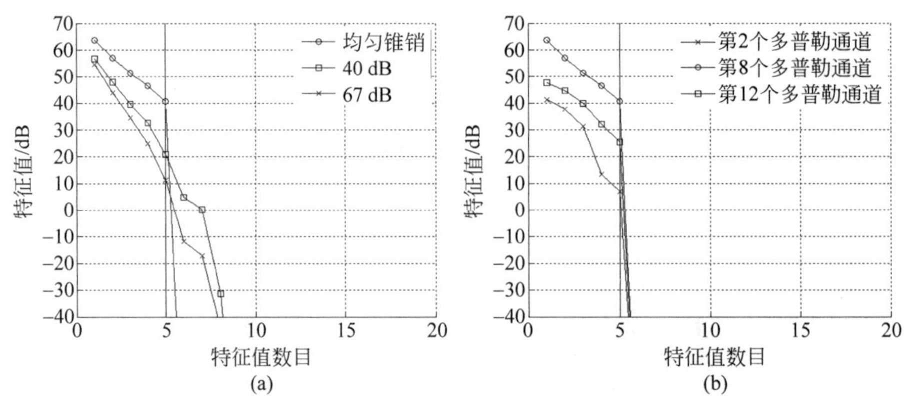

图 10.5 两维相邻滤波方式下的局域杂波自由度($N'=3,K'=3$)

(a) 锥销影响(第 8 个多普勒通道);(b) 多普勒通道位置影响

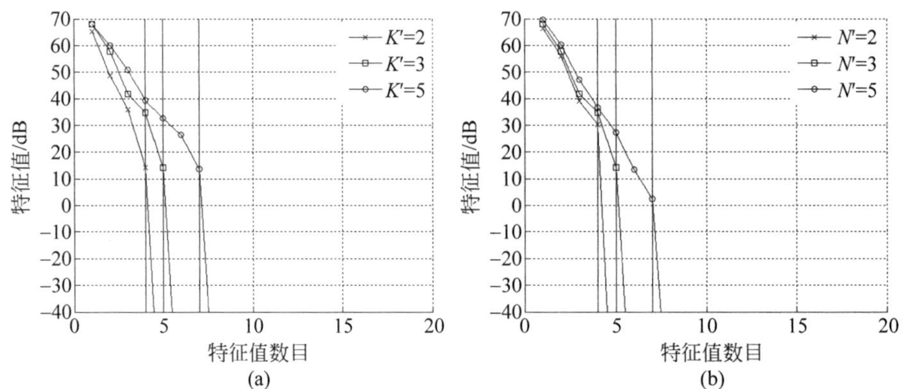

图 10.6 空域偏置+时域相邻滤波方式下的局域杂波自由度(不加锥销,第 8 个多普勒通道)

(a) 多普勒通道数目的影响($N'=3$);(b) 波束数目的影响($K'=3$)

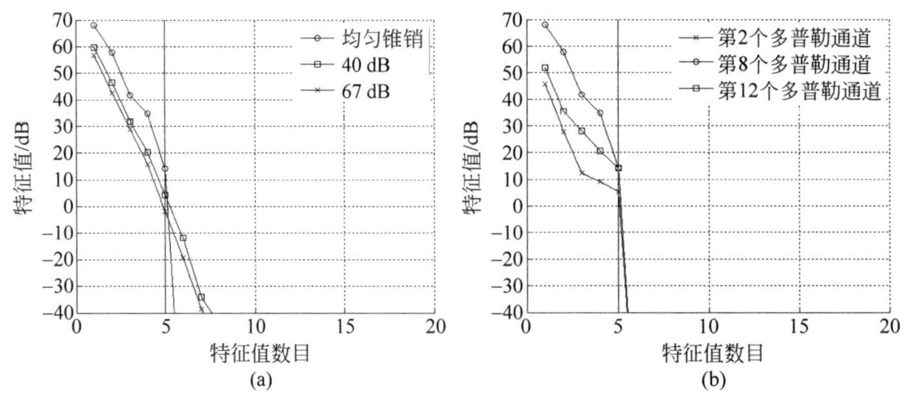

图 10.7 空域偏置+时域相邻滤波方式下的局域杂波自由度($N'=3,K'=3$)

(a) 锥销影响(第 8 个多普勒通道);(b) 多普勒通道位置影响

10.3.4 空域相邻+时域偏置滤波方式

图 10.8 和图 10.9 给出了空域相邻+时域偏置滤波方式的局域杂波自由度，该种情况下的局域杂波自由度分布规律与空域偏置+时域相邻滤波方式相同。

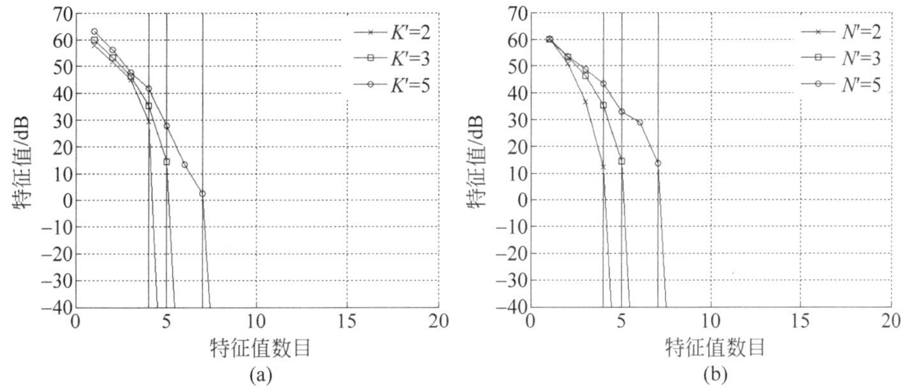

图 10.8 空域相邻+时域偏置滤波滤波方式下的局域杂波自由度(不加锥销，第 8 个多普勒通道)

(a) 多普勒通道数目的影响($N'=3$)；(b) 波束数目的影响($K'=3$)

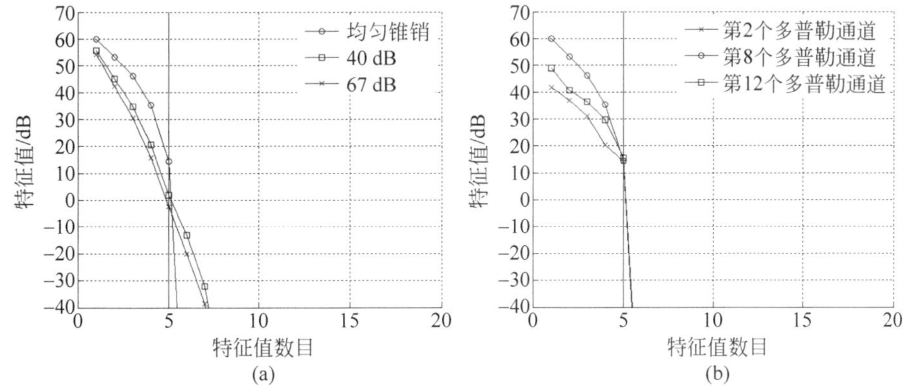

图 10.9 空域相邻+时域偏置滤波方式下的局域杂波自由度($N'=3,K'=3$)

(a) 锥销影响(第 8 个多普勒通道)；(b) 多普勒通道位置影响

10.4 典型实现方式

10.4.1 两维相邻滤波方式

两维相邻滤波方式是指波束域降维和多普勒域降维均采用相邻滤波处理，该实现方式包含的典型降维 STAP 方法主要包括 ACR 方法[25]、JDL 方法[29]和 STMB 方法[31]等。

1. ACR 方法

ACR 方法又称辅助通道法，由 Klemm 于 1987 年提出。该方法将空时降维后的主波束对准预设目标，辅助波束选在杂波脊上，如图 10.10 所示。ACR 方法辅助波束的数量为全域杂波自由度，即 $N+\beta(K-1)$，因此降维后的局域系统自由度 $P=N+\beta(K-1)+1$。由 10.3 节内容可知在空时相邻滤波降维过程中，杂波得到一定程度的抑制，因此局域杂波自由度必然小于全维杂波自由度，所以该辅助波束选取方式导致系统自由度存在一定程度的冗余。

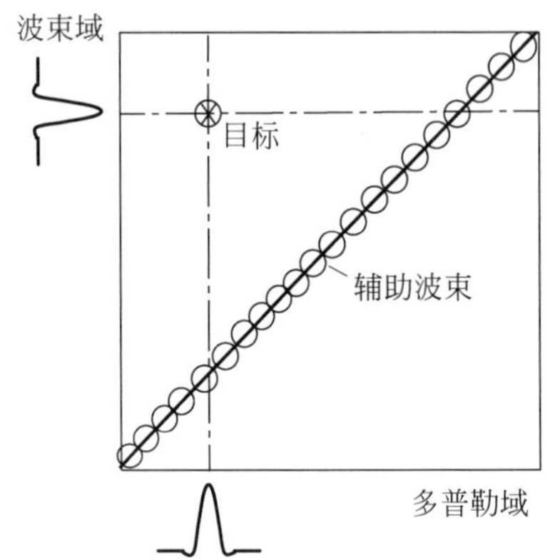

图 10.10 ACR 方法的辅助波束位置示意图

2. JDL 方法

JDL 方法又称为局域联合处理方法，由 Wang H 等人于 1994 年提出。该方法将空时降维后的主波束对准预设目标，辅助波束选在目标滤波器周围的矩形区域内，如图 10.11 所示。此时 $P=N'K'$，其中 N' 和 K' 分别表示辅助波束中包含的空域波束数目和多普勒滤波器数目。随着待检测多普勒通道 q 的变化，矩形区域也将移动。

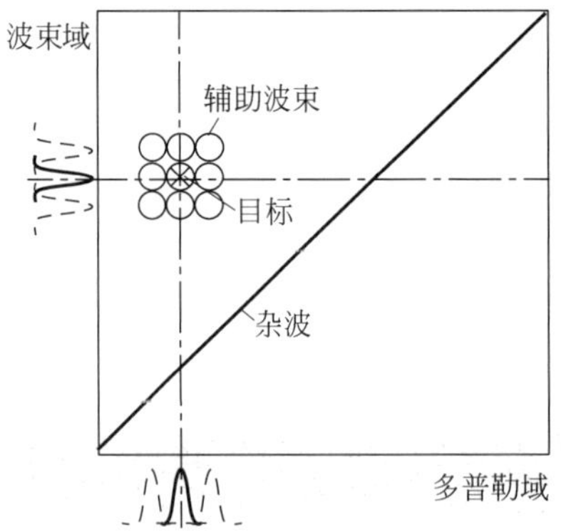

图 10.11 JDL 方法的辅助波束位置示意图

3. STMB 方法

STMB 方法又称为空时多波束方法，由王永良等人于 2003 年提出。该方法将空时降维后的主波束对准预设目标，辅助波束选在目标滤波器周围的十字形区域内，如图 10.12 所示。此时 $P=N'+K'$，其中 N' 和 K' 分别表示辅助波束中包含的空域波束数目和多普勒滤波器数目。随着待检测多普勒通道 q 的变化，十字形区域也将移动。

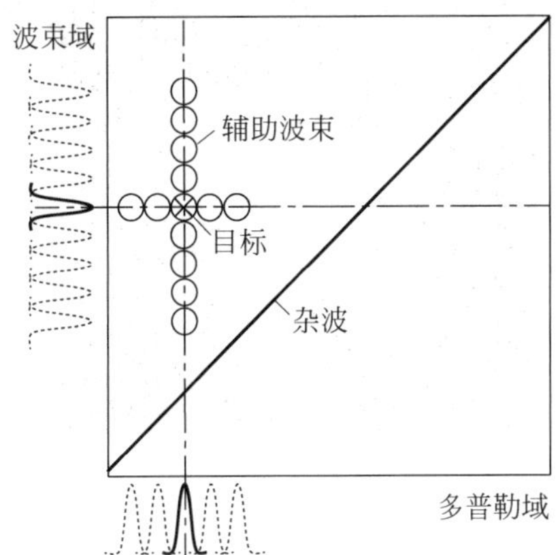

图 10.12　STMB 方法的辅助波束位置示意图

4. MCP 方法

对于待检测波束而言，其包含的杂波主要来自剩余的主瓣杂波和 Π 区杂波，因此可以考虑将辅助波束位置选择在上述两区域，即杂波功率最强处，该方法称为最强杂波功率(MCP)方法，如图 10.13 所示。

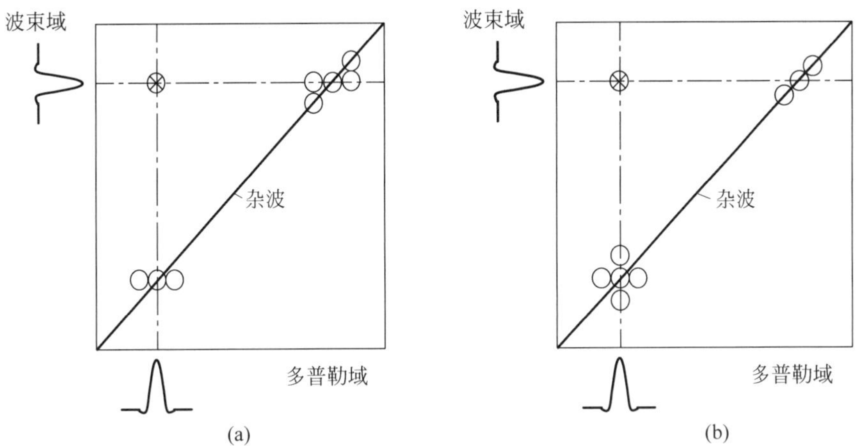

图 10.13　MCP 方法的辅助波束位置示意图
(a) 形式 1；(b) 形式 2

5. MCC 方法

除了上述辅助波束选取方式外，我们还可以考虑将辅助波束选择为与待检测波束杂波信号相关性最强的 P 个区域，该方法称为最强杂波互相关(MCC)方法。图 10.14 给出了杂波信号在波束-多普勒域上的互相关特性。假设 $P=9$，则不同锥销情况下的辅助波束位置如图 10.15 所示。

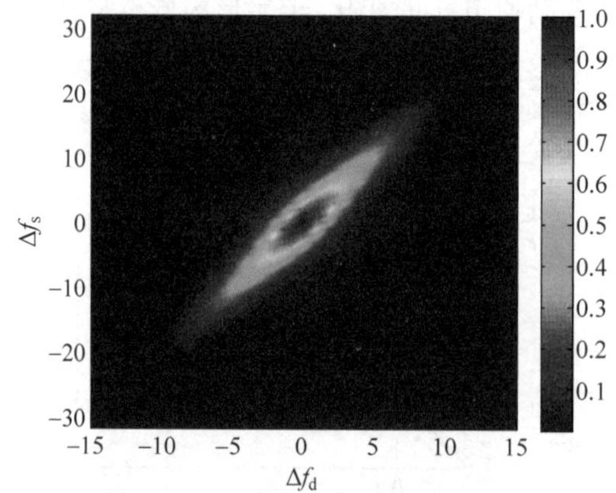

图 10.14 波束-多普勒域杂波互相关性(加 40 dB 锥销)

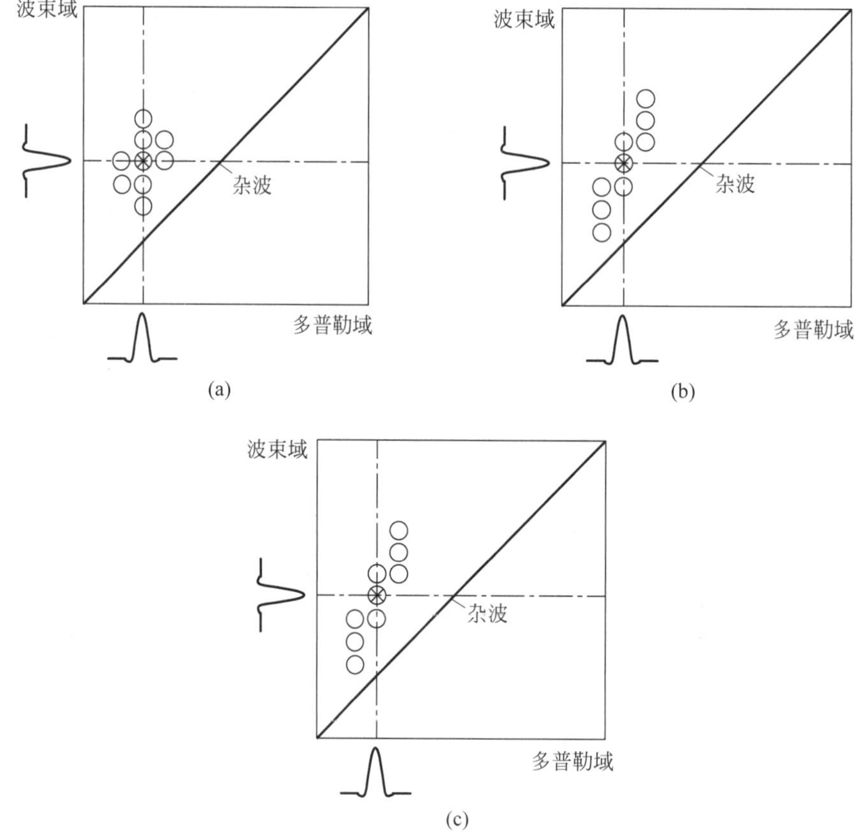

图 10.15 MCC 方法辅助波束选取示意图

(a) 辅助波束位置(不加锥销);(b) 辅助波束位置(加 40 dB 锥销);(c) 辅助波束位置(加 67 dB 锥销)

10.4.2 空域偏置+时域相邻滤波方式

空域偏置+时域相邻滤波方式也称为子阵级 STAP 方法，是指首先在空域形成波束指向相同的多个子阵，然后再利用相邻多普勒滤波的方式在时域上进行降维处理。该类方法的空时降维矩阵仍为式(10.2)，与相邻滤波的区别在于空域滤波器均指向预设目标角度(即主波束方向)。

1. 子阵结构

典型的子阵合成方式包括重叠子阵合成和非重叠子阵合成两种，合成后的子阵形式包括一维线阵、二维面阵和十字形阵等。在实际工程中，由于天线形式不一定是矩阵阵列，因此各子阵所包含的阵元数目可能不一样。

指向主波束方向处的空域波束形成矩阵包含两种实现形式：一种是滑窗滤波，另一种是非滑窗滤波。假设窗的大小为 Q_s，则两种滤波方式对应的波束数目 N' 分别为 $N-Q_s+1$ 和 N/Q_s。若 $\boldsymbol{G}_{n_0}$ 表示长度为 Q_s 的波束形成矢量，则滑窗滤波对应的空域降维矩阵($N\times N'$)的数学表达式为

$$\boldsymbol{T}_s=\text{Toeplitz}([\boldsymbol{G}_{n_0};\ \boldsymbol{0}_{(N'-1)\times 1}],[g_{n_0},\boldsymbol{0}_{1\times(N'-1)}]) \tag{10.12}$$

非滑窗滤波对应的空域降维矩阵($N\times N'$)的数学表达式为

$$\boldsymbol{T}_s=\begin{bmatrix} \boldsymbol{G}_{n_0} & \boldsymbol{0}_{Q_s\times 1} & \boldsymbol{0}_{(N-Q_s)\times 1} \\ & \boldsymbol{G}_{n_0} & \ddots & \\ \boldsymbol{0}_{(N-Q_s)\times 1} & \boldsymbol{0}_{(N-2Q_s)\times 1} & \boldsymbol{G}_{n_0} \end{bmatrix} \tag{10.13}$$

假设阵列天线结构为长方形面阵，阵列由 4 行 16 列组成，总阵元个数为 64，合成后的接收子阵个数为 8，其具体结构及接收子阵划分如图 10.16 所示。图中“＊”表示单个阵元的相位中心坐标位置，“•”表示各个子阵的相位中心坐标位置，子阵由图 10.16 中的线条内包含的阵元形成。

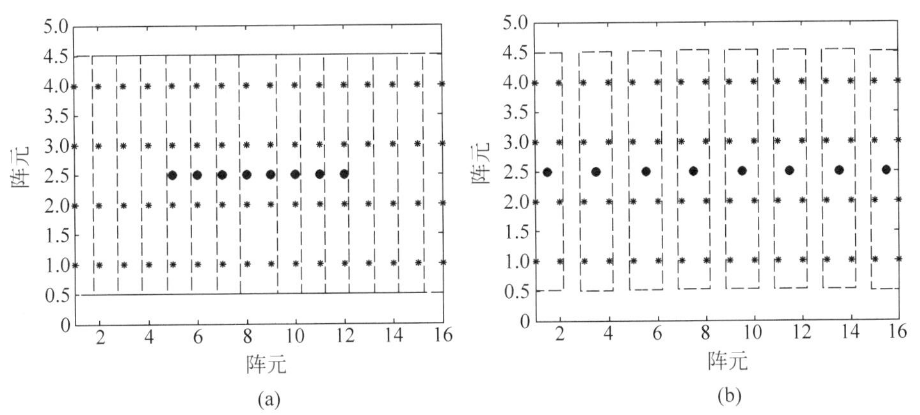

图 10.16　典型子阵合成方式

(a) 一维重叠子阵；(b) 一维非重叠子阵；(c) 二维重叠子阵；(d) 二维非重叠子阵；(e) 十字形重叠子阵；(f) 十字形非重叠子阵

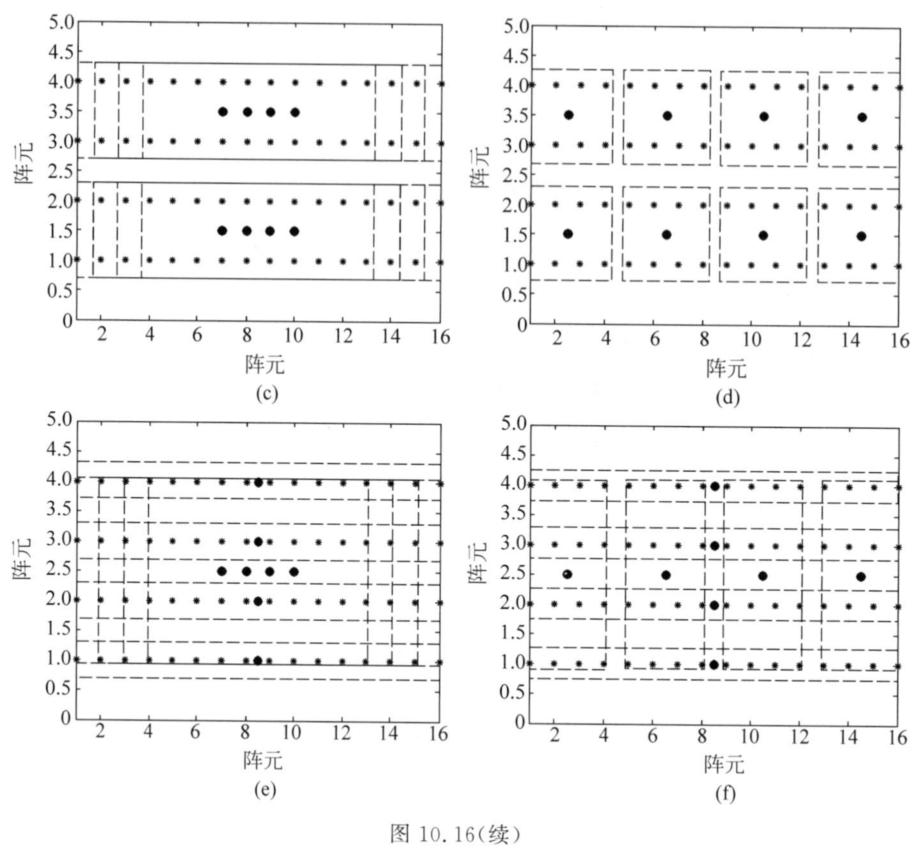

图 10.16(续)

2. 子阵级时域相邻滤波局域杂波自由度

Zhang Q 在文献[114]中指出，当满足 Brennan 准则条件时，对于一维非重叠子阵，在时域偏置滤波或不加锥销的相邻滤波情况下的局域杂波自由度为

$$\tilde{r} \approx \text{round}\{N - N_{es} + 1 + \beta(K' - 1)\} \tag{10.14}$$

其中 N_{es} 表示单个子阵内包含的阵元数目。此外，对于平面阵情况，伍勇等[115]从时宽带宽积有限信号(BT)理论角度开展子阵级局域杂波自由度研究，但未给出具体的局域杂波自由度估计准则。

图 10.17 给出了六种典型子阵合成方式下的局域杂波自由度特性，其中时域滤波方式为三通道相邻滤波。从图中可以看出：①当不加锥销时，一维重叠子阵和一维非重叠子阵分别满足 6.5 节给出的局域杂波自由度估计准则和式(10.14)，当在子阵合成过程中加锥销时，局域杂波自由度增大；②在大部分情况下，二维子阵的局域杂波自由度略小于一维子阵；③十字形重叠子阵的局域杂波自由度大于一维/二维重叠子阵，十字形非重叠子阵的局域杂波自由度小于一维非重叠子阵。

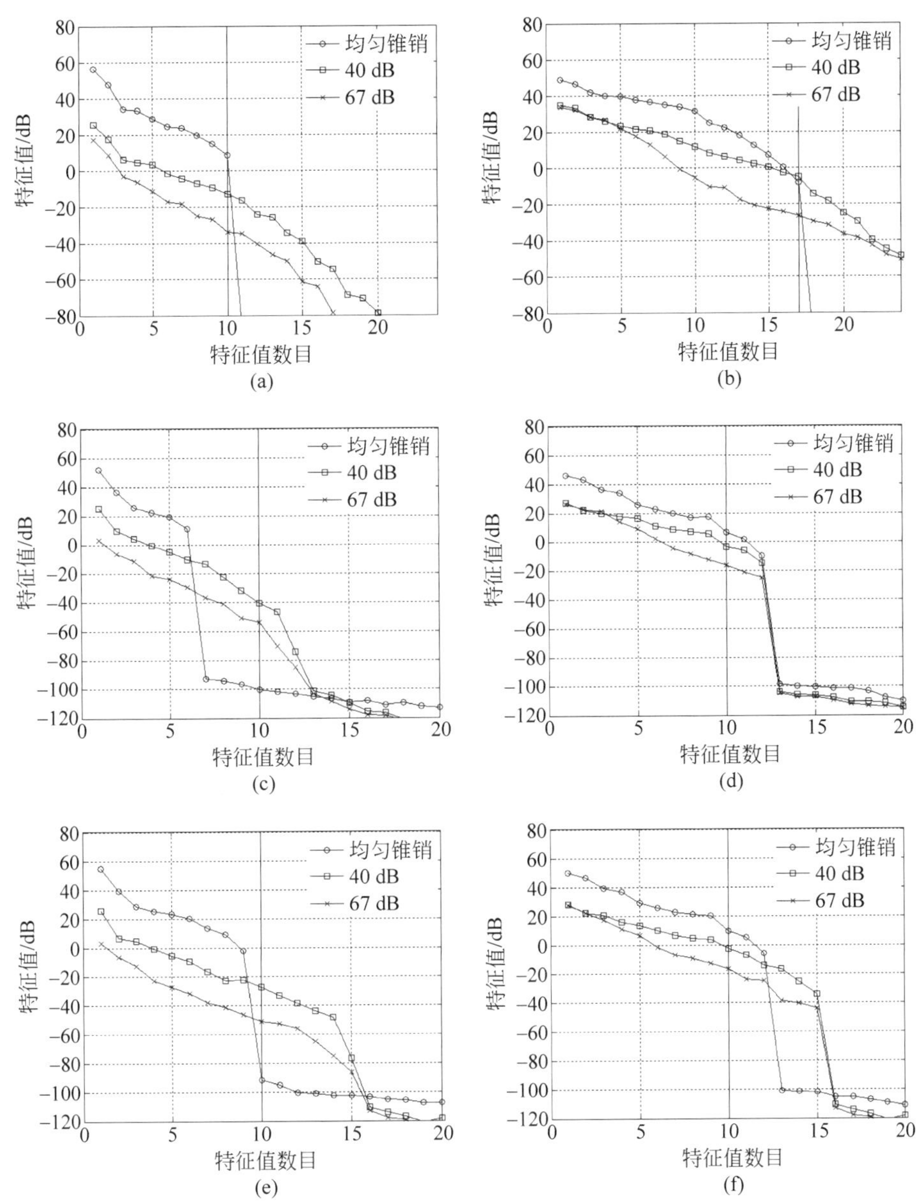

图 10.17　六种子阵合成方式下的局域杂波自由度（$N'=8, K'=3$）

(a) 一维重叠子阵；(b) 一维非重叠子阵；(c) 二维重叠子阵；

(d) 二维非重叠子阵；(e) 十字形重叠子阵；(f) 十字形非重叠子阵

10.5 仿真分析

10.5.1 两维相邻滤波方法

本节通过仿真实验比较 ACR、JDL、STMB、MCP 和 MCC 五种典型两维相邻滤波方法的杂波抑制性能。

1. 锥销影响

本实验分析相同系统自由度情况下锥销对两维相邻滤波方法性能的影响，其中 ACR 方法的系统自由度与杂波自由度相关，其固定选为 32 个(16+15+1)，JDL 方法为(3×3)个，STMB 方法为(3+6)个，MCP 方法为(1+3+5)个(如图 10.13(a)所示)，MCC 方法为 9 个(如图 10.15 所示)。从图 10.18 中可以看出：①由于系统自由度最多，因此 ACR 方法性能相对最优；JDL 方法性能次之；STMB 方法和 MCP 方法的性能与锥销有关，当加的锥销幅度较大时，其性能与 JDL 方法接近。②ACR 方法。锥销对 ACR 方法的性能影响较小，原因：ACR 方法辅助波束内的杂波 CNR 远大于待检测波束，足以将杂波抑制掉。③JDL 方法。锥销对其性能影响不大，原因：辅助波束与待检测波束在杂波脊上的电平基本相同，因此二者的 CNR 基本一致。④STMB 方法。不加锥销时，在主瓣杂波区附近辅助波束未能完全将剩余杂波信息学习进来，导致辅助波束 CNR 偏低；当加锥销时，待检测波束剩余杂波 CNR 降低，辅助波束位置的影响减弱，性能接近 JDL 方法。⑤MCP 方法。不加锥销时，在旁瓣杂波区，辅助波束未能将Ⅲ区旁瓣杂波信息学习进来，导致 CNR 偏低；当加锥销时，剩余杂波 CNR 降低，辅助波束位置影响减弱。⑥MCC 方法。不加锥销时，主瓣杂波区性能较差，随着锥销幅度的增大，MCC 方法的杂波抑制性能逐渐得到改善。

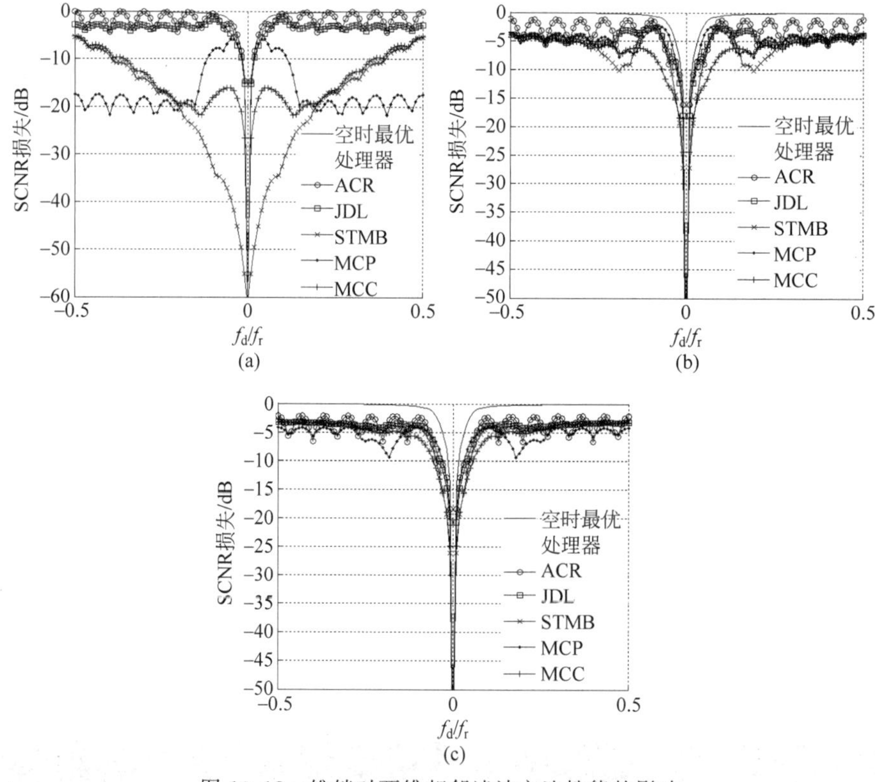

图 10.18 锥销对两维相邻滤波方法性能的影响

(a) 均匀锥销；(b) 40 dB 锥销；(c) 67 dB 锥销

2. 波束数目的影响

本实验分析不同波束数目情况下加 40 dB 锥销时 JDL 方法、STMB 方法、MCP 方法和

MCC 方法的性能，如图 10.19～图 10.22 所示，由于 ACR 方法波束数目固定，因此本实验不予讨论。从图中可以看出：①JDL 和 STMB 方法。辅助波束数目越多，杂波抑制性能越好。②MCP 方法。由于主瓣杂波在剩余杂波中占主导地位，因此 MCP1 方法在旁瓣杂波区性能较好，但在主瓣杂波区由于该方法的多普勒辅助波束重合，导致系统自由度损失两个，因此相对 MCP2 方法，其性能优势减小。③MCC 方法。辅助波束数为 13 时，性能相对最优。

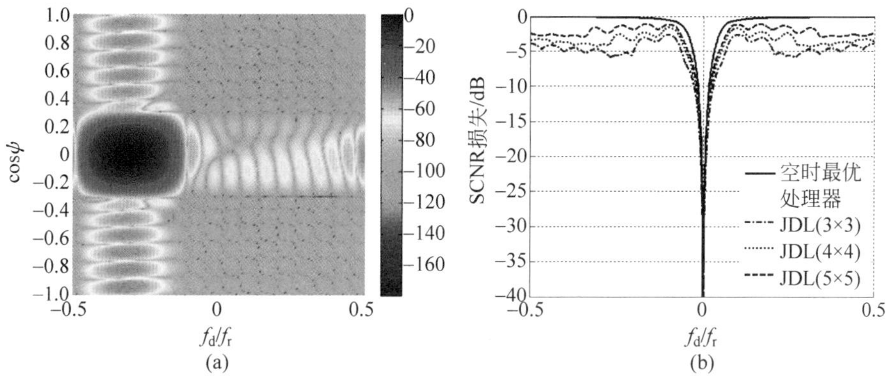

图 10.19　JDL 方法性能比较

(a) 空时自适应方向图；(b) SCNR 损失

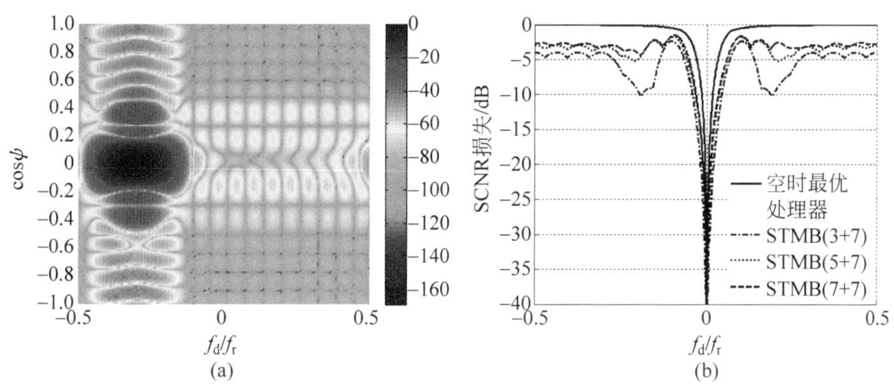

图 10.20　STMB 方法性能比较

(a) 空时自适应方向图；(b) SCNR 损失

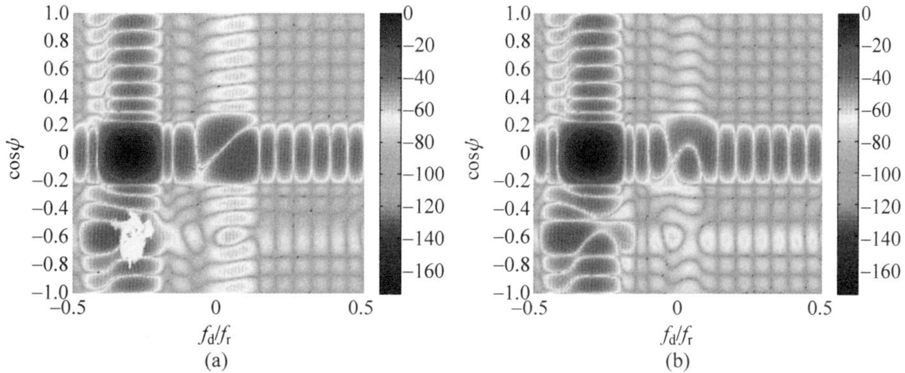

图 10.21　MCP 方法性能比较(MCP1：1＋3＋5；MCP2：1＋5＋3)

(a) MCP1 方法空时自适应方向图；(b) MCP2 方法空时自适应方向图；(c) SCNR 损失

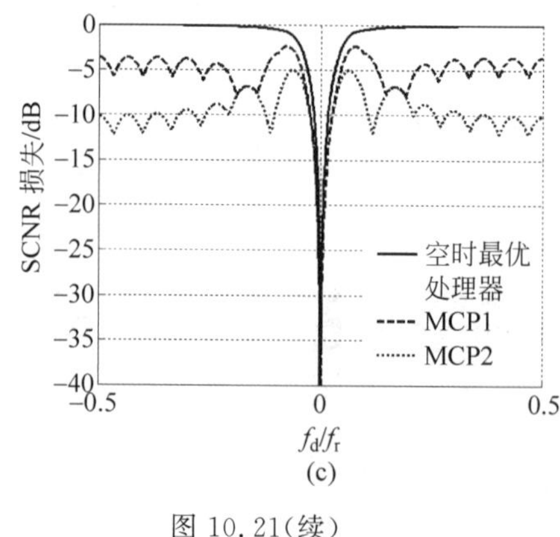

(c)

图 10.21(续)

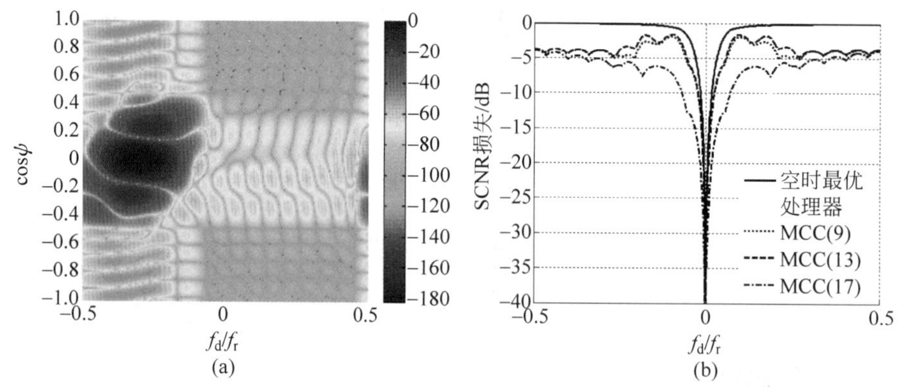

(a) (b)

图 10.22 MCC 方法性能比较

(a) 空时自适应方向图；(b) SCNR 损失

10.5.2 空域偏置+时域相邻滤波方法

1. 一维重叠子阵

图 10.23 和图 10.24 分别给出了加均匀锥销和 67 dB 切比雪夫锥销情况下的一维重叠子阵性能，其中空时最优处理器表示阵元级全维自适应处理。从图中可以得出如下结论：①杂波功率谱。相对于阵元级杂波功率谱图，一维重叠子阵的杂波功率谱图在主波束方向($\theta=90°,\varphi=1°$)噪声功率和杂波功率抬升，其原因是在进行子阵合成时，各子阵方向图的主瓣均指向主波束方向，导致该方向上的回波信号功率增大，而其他方向功率降低。②锥销对杂波功率谱的影响。当加 67 dB 切比雪夫锥销时，子阵方向图主瓣展宽，因此导致相对更宽角度范围内的回波信号功率增大，如图 10.24(b)所示。③锥销对空时自适应方向图的影响。当加锥销时，STAP 滤波器的主瓣展宽，尤其是空域主波束脊线更加明显，如图 10.24(c)所示。④锥销对 SCNR 损失的影响。当加锥销时，由于在主瓣方向上整个多普勒频率范围内的噪声功率增大，导致其 SCNR 损失在旁瓣区性能下降，如图 10.24(d)所示。

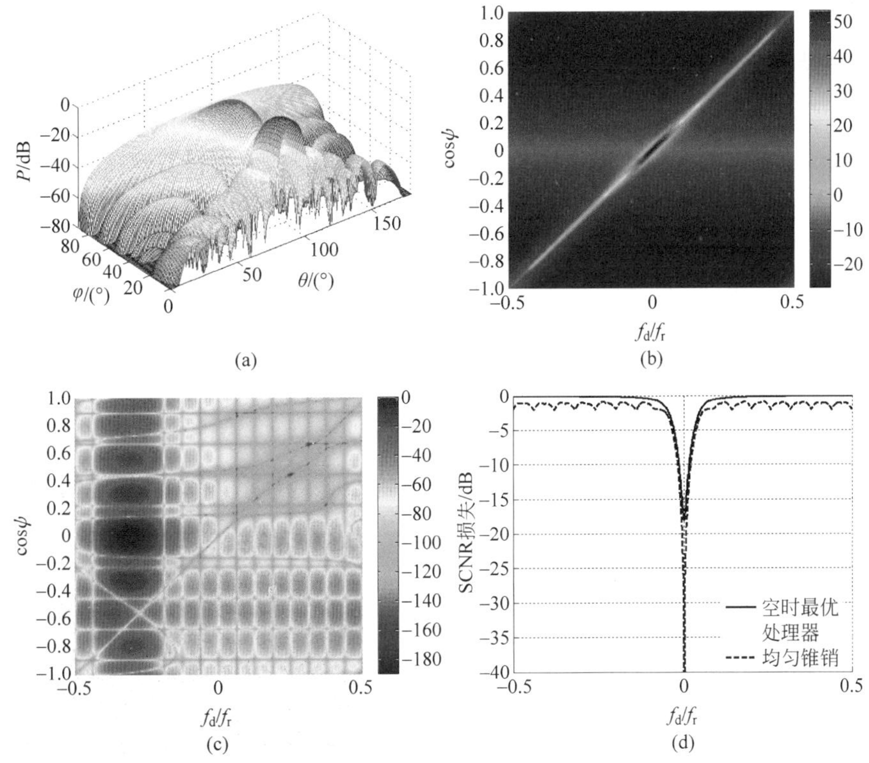

图 10.23　一维重叠子阵性能(加均匀锥销)

(a) 子阵级天线方向图；(b) 杂波功率谱；(c) 空时自适应方向图；(d) SCNR 损失

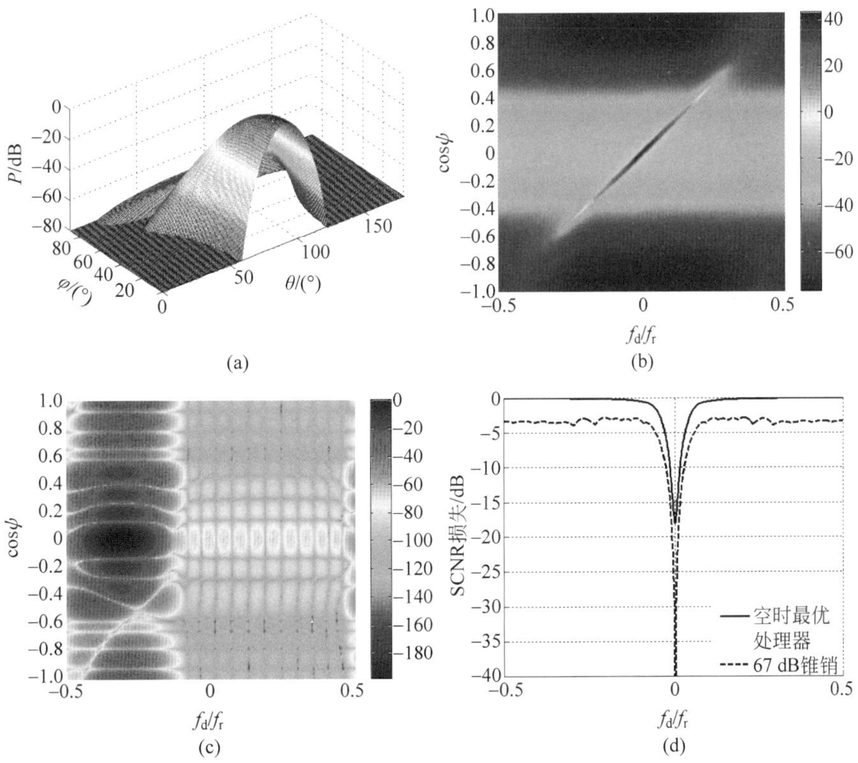

图 10.24　一维重叠子阵性能(加 67 dB 切比雪夫锥销)

(a) 子阵级天线方向图；(b) 杂波功率谱；(c) 空时自适应方向图；(d) SCNR 损失

2. 一维非重叠子阵

图 10.25 和图 10.26 分别给出了加均匀锥销和 67 dB 切比雪夫锥销情况下的一维非重叠子阵性能。从图中可以得出如下结论：①杂波功率谱。当杂波脊斜率 $\alpha=1$ 时，一维非重叠子阵的杂波功率谱在空时平面上呈现多条直线分布，如图 10.25(b)和图 10.26(b)所示，其原因是非重叠子阵间隔 $d=\lambda$，大于半波长导致空域欠采样，功率谱的空域重复周期由原来的 180°变为 90°，导致出现模糊。②SCNR 损失。空域模糊导致 SCNR 损失曲线在 -0.5 和 0.5 处存在一定程度下降，如图 10.25(d)和图 10.26(d)所示。③栅瓣问题。当加切比雪夫锥销时，子阵级方向图出现栅瓣，如图 10.26(a)所示，但是该栅瓣对 STAP 方法的性能影响并不明显。

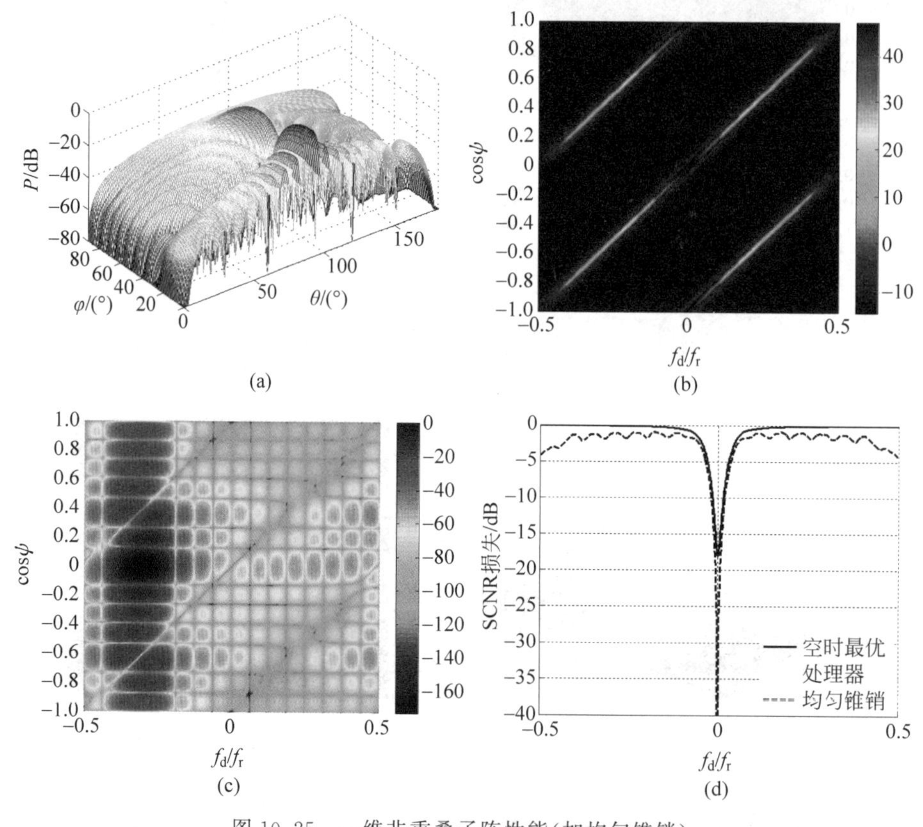

图 10.25 一维非重叠子阵性能(加均匀锥销)

(a) 子阵级天线方向图；(b) 杂波功率谱；(c) 空时自适应方向图；(d) SCNR 损失

3. 二维重叠子阵

图 10.27 和图 10.28 分别给出了加均匀锥销和 67 dB 切比雪夫锥销情况下的二维重叠子阵性能。从图中可以得出如下结论：①二维重叠子阵的杂波功率谱图、锥销的影响与一维重叠子阵的类似；②由于二维重叠子阵在方位向仅有 4 个接收子阵，因此其杂波抑制性能相对于一维重叠子阵略差一些。需要指出的是，当阵列放置形式为非正侧视阵时，二维重叠子阵将体现出其优势。

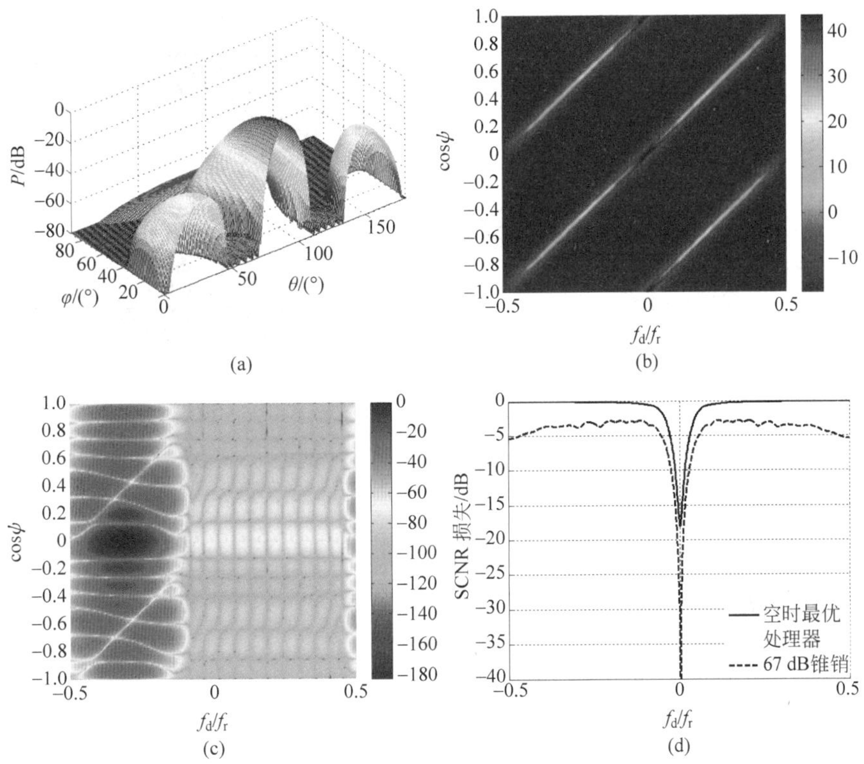

图 10.26　一维非重叠子阵性能(加 67 dB 切比雪夫锥销)

(a) 子阵级天线方向图；(b) 杂波功率谱；(c) 空时自适应方向图；(d) SCNR 损失

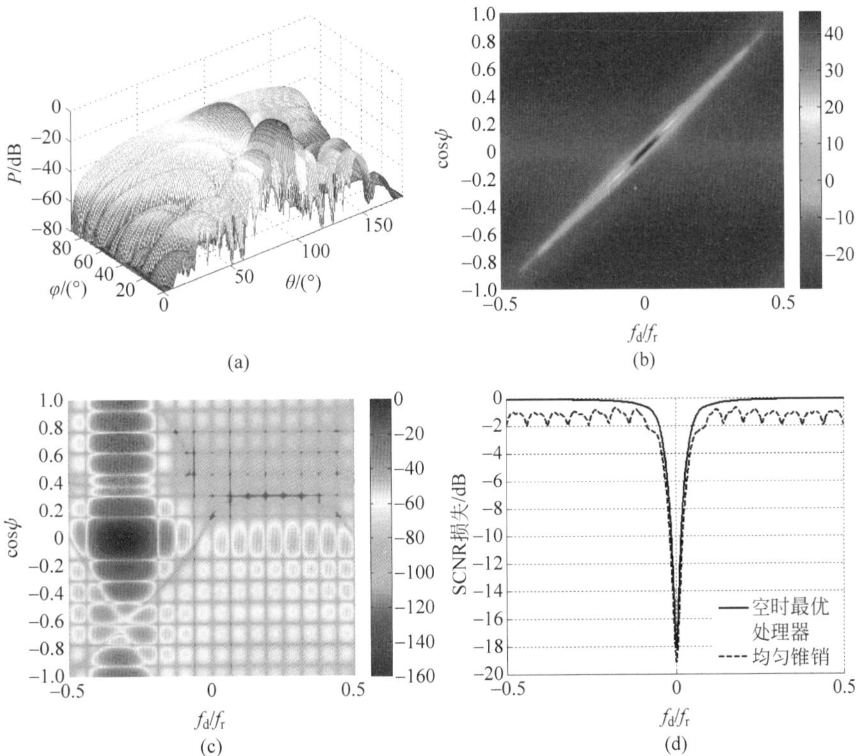

图 10.27　二维重叠子阵性能(加均匀锥销)

(a) 子阵级天线方向图；(b) 杂波功率谱；(c) 空时自适应方向图；(d) SCNR 损失

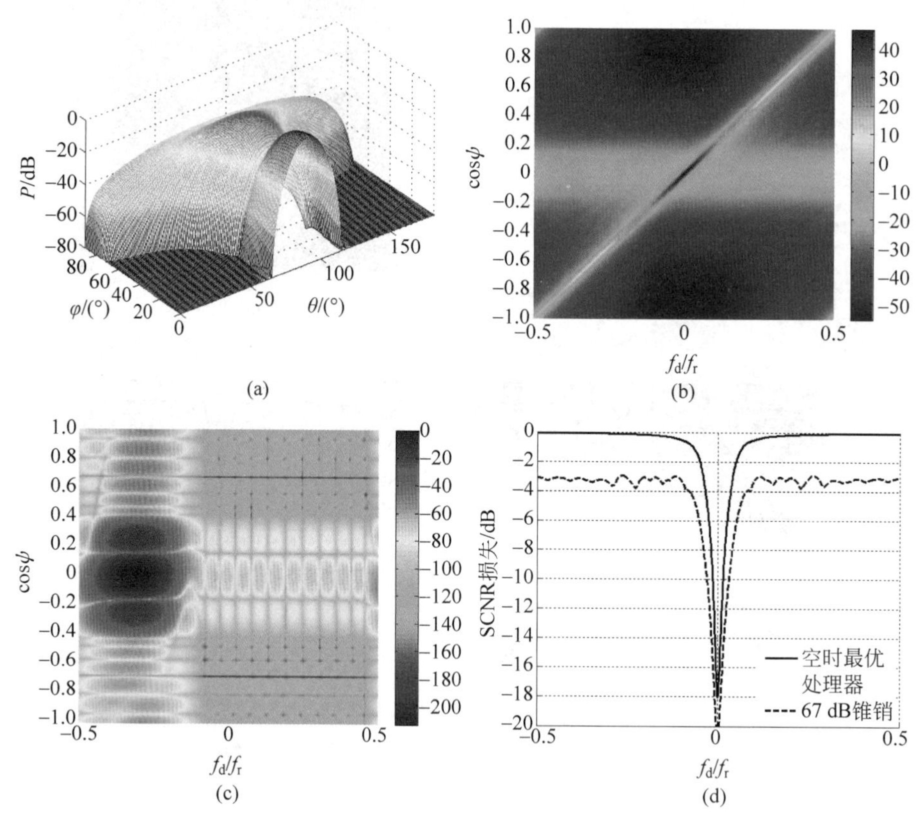

图 10.28 二维重叠子阵性能(加 67 dB 切比雪夫锥销)

(a) 子阵级天线方向图；(b) 杂波功率谱；(c) 空时自适应方向图；(d) SCNR 损失

4. 二维非重叠子阵

图 10.29 和图 10.30 分别给出了加均匀锥销和 67 dB 切比雪夫锥销情况下的二维非重叠子阵性能。从图中可以得出如下结论：①杂波功率谱。与一位非重叠子阵类似，二维非重叠子阵的杂波谱在空间上产生模糊，由于子阵间的间距 $d=2\lambda$，因此功率谱的穸域重复周期由原来的 180°变为 45°，如图 10.29(b)和图 10.30(b)所示。②SCNR 损失。由于空域模糊导致在目标方向出现 5 个主瓣，对应的归一化多普勒频率分别为−0.5、−0.25、0、0.25 和 0.5，如图 10.29(d)和图 10.30(d)所示。

5. 十字形重叠子阵

图 10.31 和图 10.32 分别给出了加均匀锥销和 67 dB 切比雪夫锥销情况下的十字形重叠子阵性能。从图中可以得出如下结论：①杂波功率谱。相对于一维重叠子阵和二维重叠子阵，十字形重叠子阵的杂波功率谱更加复杂，体现为杂波功率谱存在一定程度展宽。②SCNR 损失。十字形重叠子阵的 SCNR 损失性能与一维/二维重叠子阵基本相同。

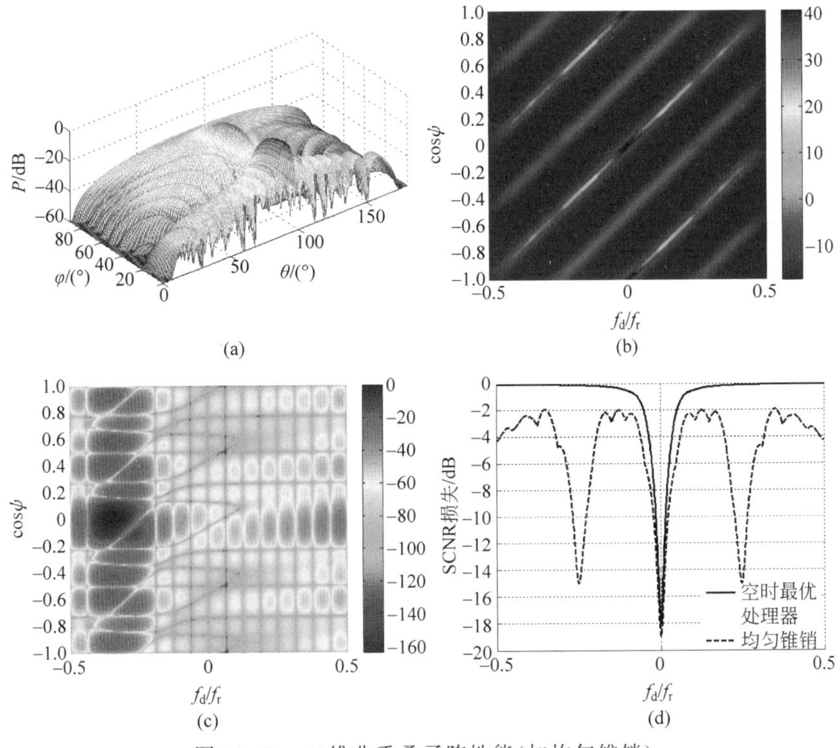

图 10.29　二维非重叠子阵性能(加均匀锥销)

(a) 子阵级天线方向图；(b) 杂波功率谱；(c) 空时自适应方向图；(d) SCNR 损失

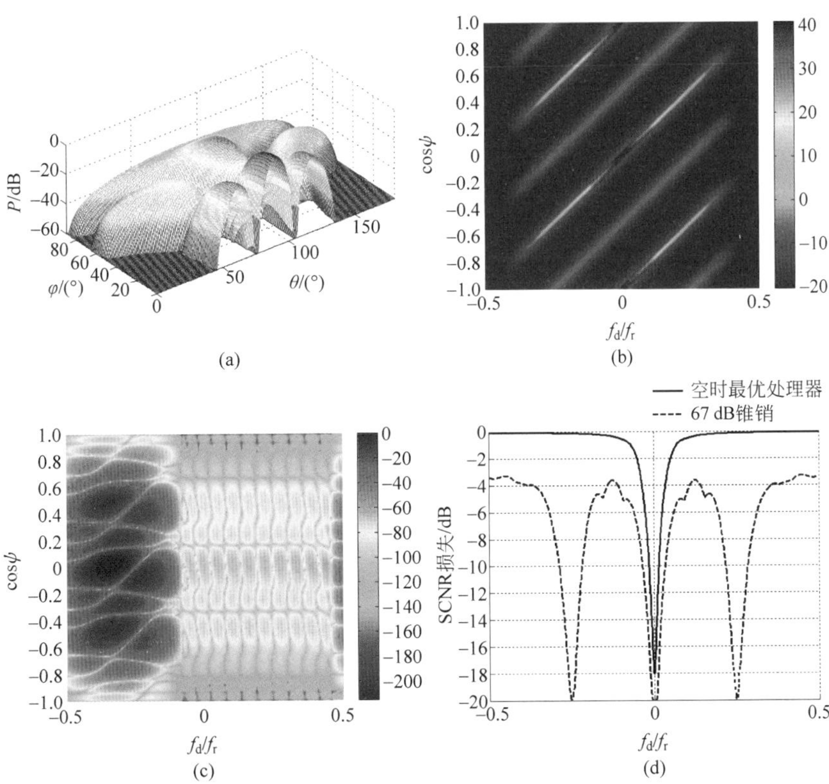

图 10.30　二维非重叠子阵性能(加 67 dB 切比雪夫锥销)

(a) 子阵级天线方向图；(b) 杂波功率谱；(c) 空时自适应方向图；(d) SCNR 损失

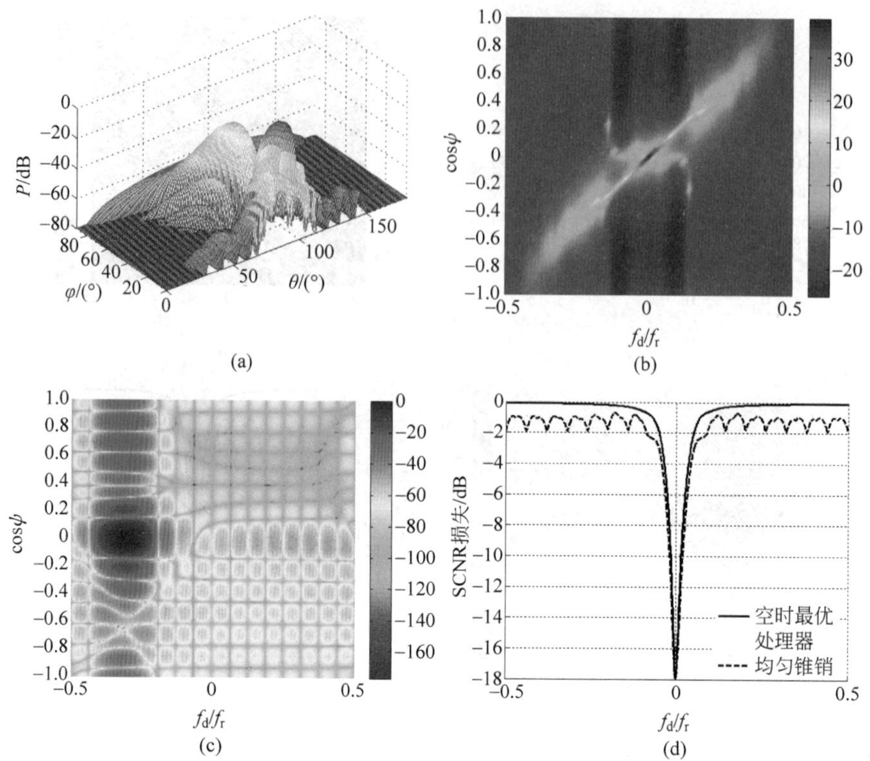

图 10.31　十字形重叠子阵性能(加均匀锥销)

(a) 子阵级天线方向图；(b) 杂波功率谱；(c) 空时自适应方向图；(d) SCNR 损失

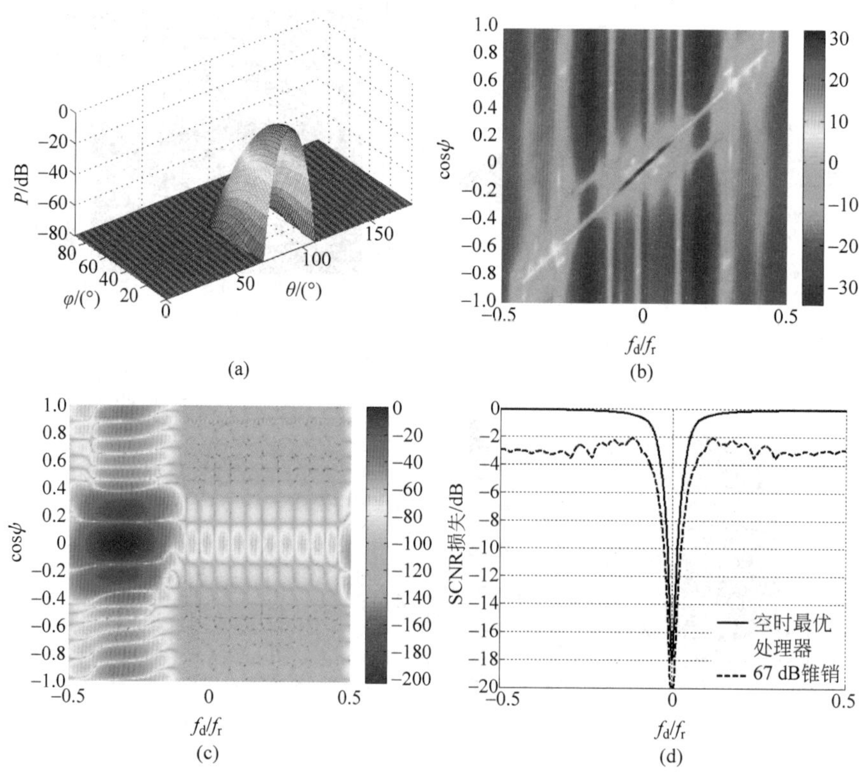

图 10.32　十字形重叠子阵性能(加 67 dB 切比雪夫锥销)

(a) 子阵级天线方向图；(b) 杂波功率谱；(c) 空时自适应方向图；(d) SCNR 损失

6. 十字形非重叠子阵

由于加均匀锥销时，十字形非重叠子阵的杂波＋噪声协方差矩阵奇异，因此本实验仅给出加 67 dB 切比雪夫锥销时的仿真结果，如图 10.33 所示。从图中可以得出如下结论：①杂波功率谱。相对于一维/二维非重叠子阵，十字形非重叠子阵的杂波功率谱在空域模糊程度更加严重，但是模糊进来的杂波功率较低。②SCNR 损失。当波束指向阵列法线方向时，十字形非重叠子阵的 SCNR 损失性能优于一维/二维非重叠子阵情况，主要体现为无模糊凹口，如图 10.33(d)所示。

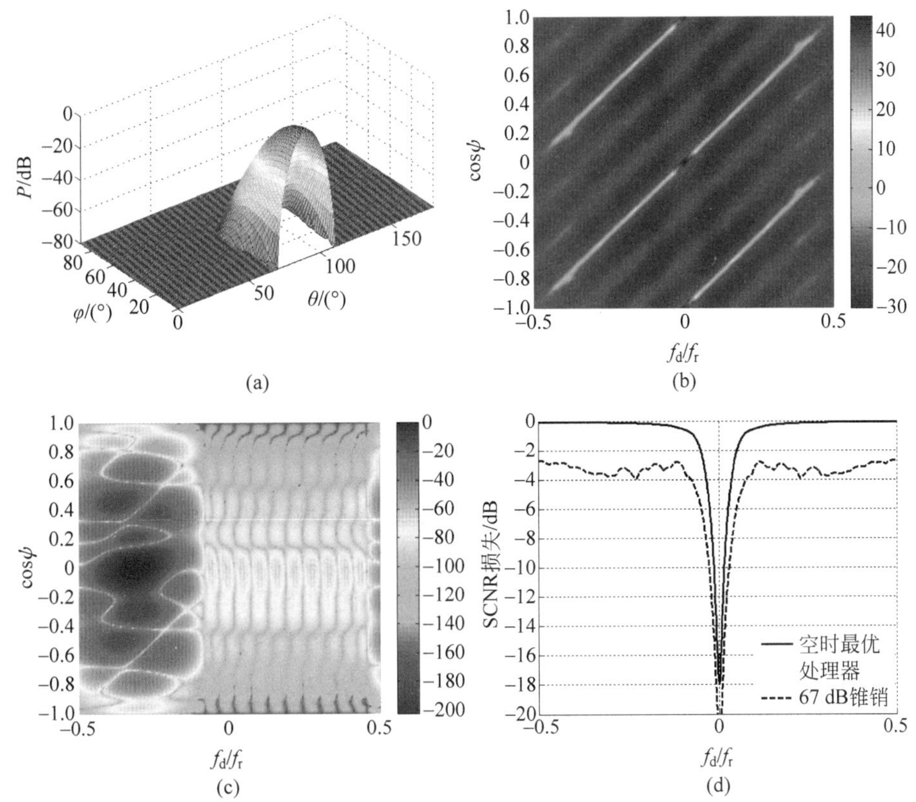

图 10.33　十字形非重叠子阵性能(加 67 dB 切比雪夫锥销)

(a) 子阵级天线方向图；(b) 杂波功率谱；(c) 空时自适应方向图；(d) SCNR 损失

10.6　小结

本章介绍了波束-多普勒域降维 STAP 方法的基本原理与实现过程，其中重点分析了基于两维相邻滤波和空域偏置＋时域相邻滤波方式的波束-多普勒域降维 STAP 方法的杂波抑制性能。基于两维相邻滤波的波束-多普勒域降维 STAP 方法包括 ACR、JDL、STMB、MCP 和 MCC 等；基于空域偏置＋时域相邻滤波的波束-多普勒域降维 STAP 方法包括一维线阵、二维面阵和十字形阵等不同合成方式。仿真结果表明，各种方法的性能各有优缺点，在实际工程中需根据实际应用场景选择合适的方法。

第 11 章

降维 STAP 方法性能分析

第 7～10 章详细阐述了阵元-脉冲域、阵元-多普勒域、波束-脉冲域和波束-多普勒域四类典型降维 STAP 方法的基本原理、实现过程、降维后的局域自由度和杂波抑制性能。需要指出的是，在实际环境下不存在所谓最优的 STAP 方法，每一种 STAP 方法均有其优缺点和特定的应用场景。本章首先对四类降维 STAP 方法进行总结；然后分别从四类降维 STAP 方法中选取具有代表性的方法对其杂波抑制性能进行横向比较，给出各类降维 STAP 方法的适用范围，并对运算量进行分析；最后指出降维 STAP 方法存在的问题。

11.1 四类降维 STAP 方法

本节从复合权的角度对四类降维 STAP 方法进行对比分析。

1. 阵元-脉冲域降维 STAP 方法

该类方法也称为 A$F 方法，首先通过滑窗方式在时域降维，然后对降维后的阵元-脉冲域数据进行空时自适应处理，最后通过多普勒滤波器进行相参积累。阵元-脉冲域降维 STAP 方法对应的第 q 个待检测多普勒通道的权矢量为

$$\boldsymbol{W}_q = \widetilde{\boldsymbol{W}} \boldsymbol{F}_q \tag{11.1}$$

其中，$\widetilde{\boldsymbol{W}}$ 表示脉冲域降维和空时自适应处理权矢量；$\boldsymbol{F}_q$ 表示第 q 个多普勒滤波器权矢量。

2. 阵元-多普勒域降维 STAP 方法

该类方法包括 1DT 法、mDT 法和 F＄A 法，首先通过时域偏置/相邻滤波方式在时域降维，然后对降维后的阵元-多普勒域数据进行空时自适应处理。所包含的三种方法的区别是：1DT 方法仅选取待检测多普勒通道对应的全部阵元数据进行空域自适应处理；mDT 方法选取与待检测多普勒通道相邻的 m 个多普勒通道进行自适应处理；F＄A 方法选取待检测多普勒通道对应的 K' 个偏置滤波器的输出进行自适应处理。阵元-多普勒域降维 STAP 方法对应的第 q 个待检测多普勒通道的权矢量为

$$\boldsymbol{W}_q = (\widetilde{\boldsymbol{F}}_q \otimes \boldsymbol{I}_N)\widetilde{\boldsymbol{W}}_q \tag{11.2}$$

其中，$\widetilde{\boldsymbol{F}}_q$ 表示第 q 个待检测多普勒通道对应的多普勒域降维权矢量；$\widetilde{\boldsymbol{W}}_q$ 表示第 q 个待检测多普勒通道对应的降维后空时自适应处理权矢量。

3. 波束-脉冲域降维 STAP 方法

该类方法首先通过空域偏置/相邻波束形成处理实现空域降维处理；然后通过滑窗方式实现时域降维处理；再次对降维后的波束-脉冲域数据进行空时自适应处理；最后通过多普勒滤波器进行相参积累。波束-脉冲域降维 STAP 方法对应的第 q 个待检测多普勒通道的权矢量为

$$\boldsymbol{W}_q = (\boldsymbol{I}_K \otimes \boldsymbol{T}_{\mathrm{s}})\widetilde{\widetilde{\boldsymbol{W}}}\boldsymbol{F}_q \tag{11.3}$$

其中，$\boldsymbol{T}_{\mathrm{s}}$ 表示波束域降维矩阵；$\widetilde{\widetilde{\boldsymbol{W}}}$ 表示时域滑窗处理和降维后的空时自适应处理权矢量；$\boldsymbol{F}_q$ 表示第 q 个多普勒滤波器权矢量。

4. 波束-多普勒域降维 STAP 方法

该类方法包括四种实现方式，分别是两维偏置滤波、两维相邻滤波、空域偏置＋时域相邻滤波、空域相邻＋时域偏置滤波，首先通过偏置/相邻滤波方式在波束-多普勒域进行降维处理，然后对降维后的数据进行空时自适应处理。波束-多普勒域降维 STAP 方法对应的第 q 个待检测多普勒通道的权矢量为

$$\boldsymbol{W}_q = (\boldsymbol{T}_{\mathrm{t}q} \otimes \boldsymbol{T}_{\mathrm{s}q})\widetilde{\boldsymbol{W}}_q \tag{11.4}$$

其中，$\boldsymbol{T}_{\mathrm{t}q}$ 和 $\boldsymbol{T}_{\mathrm{s}q}$ 分别表示第 q 个待检测多普勒通道对应的多普勒域和波束域降维矩阵；$\widetilde{\boldsymbol{W}}_q$ 表示降维后的空时自适应处理权矢量。

由式(11.1)～式(11.4)可以看出，阵元-多普勒域降维 STAP 方法和波束-多普勒域降维 STAP 方法实现较为简单，仅需要降维处理和空时自适应处理两步；阵元-脉冲域降维 STAP 方法除了降维和自适应处理外，还包含多普勒滤波处理；波束-脉冲域降维 STAP 方法实现步骤最为复杂，共包含四步：空域降维、时域滑窗降维、空时自适应处理和多普勒滤波处理。

11.2 杂波抑制性能分析

本节选取6种典型的降维STAP方法进行仿真分析，具体参数设置见表11.1。其中，B-PSTAP(DF)方法表示通过偏置滤波(DF)方式进行空域降维处理；B-DSTAP(1D-OS)方法表示波束域降维采取一维重叠子阵(1D-OS)方式，多普勒域降维采取相邻滤波方式；B-DSTAP(2D-OS)方法表示波束域降维采取二维重叠子阵方式，多普勒域降维采取相邻滤波方式。需要指出的是，该6种方法在降维过程中均不加锥销处理，此外B-DSTAP(2D-OS)方法中为了便于合成两排对称子阵，将子阵数目选为4。

表11.1 典型降维STAP方法参数设置

类型	典型方法	参数
最优全自适应STAP方法	Opt	$N=16, K=16$
阵元-脉冲域降维STAP方法	A\$F	$N=16, K'=3$
阵元-多普勒域降维STAP方法	mDT	$N=16, K'=3$
波束-脉冲域降维STAP方法	B-PSTAP(DF)	$N'=3, K'=3$
波束-多普勒域降维STAP方法	JDL	$N'=3, K'=3$
	B-DSTAP(1D-OS)	$N'=3, K'=3$
	B-DSTAP(2D-OS)	$N'=4, K'=3$

本节中分别设置杂波脊斜率为1、0.5、2，考察这三种情况下各种方法的杂波抑制性能。上述三种情况下的杂波空时轨迹在第4章中已进行了详细分析，根据杂波轨迹可以得到如下结论：①$\alpha=1$，即满足DPCA条件，杂波正好占满整个频域；②$\alpha=0.5$，杂波自由度增大，一个多普勒频率对应两个角度的杂波块，杂波脊斜率减小导致主瓣杂波展宽，杂波抑制凹口展宽，MDV增大；③$\alpha=2$，杂波仅占整个频域的一半，此时存在无杂波区，杂波自由度减小，杂波脊斜率增大导致主瓣杂波变窄，杂波抑制凹口变窄，MDV减小。

11.2.1 正侧视阵

图11.1给出了正侧视阵情况下的降维STAP方法性能。从图中可以得出如下结论：①相对于脉冲域降维方法，多普勒域降维方法的主瓣杂波抑制凹口更窄，性能更优，其原因是在多普勒滤波降维过程中，部分主瓣杂波被滤波器旁瓣抑制。②相对于波束-多普勒域降维方法，阵元-多普勒域降维方法性能更优，其原因是前者在降维后的系统自由度与杂波自由度比值小于后者，导致自由度缺乏。例如：当$\alpha=1$时，JDL方法比值为$(3\times3)/(3+3-1)=1.8$，mDT方法比值为$(16\times3)/(16+3-1)\approx2.7$。③阵元-脉冲域降维方法与波束-脉冲域降维方法的杂波抑制性能基本相同。④相对于一维子阵级STAP方法，二维子阵级STAP方法在主瓣杂波区性能优势明显，其原因是后者通过俯仰向自由度形成的俯仰凹口抑制了部分主瓣杂波。但是当$\alpha=0.5$时，由于杂波脊斜率减小，一个多普勒频率同时对应多个方位角度的杂波块，而二维子阵级STAP方法在方位向系统自由度有限，所以此时其性能显著下降，如图11.1(b)所示。

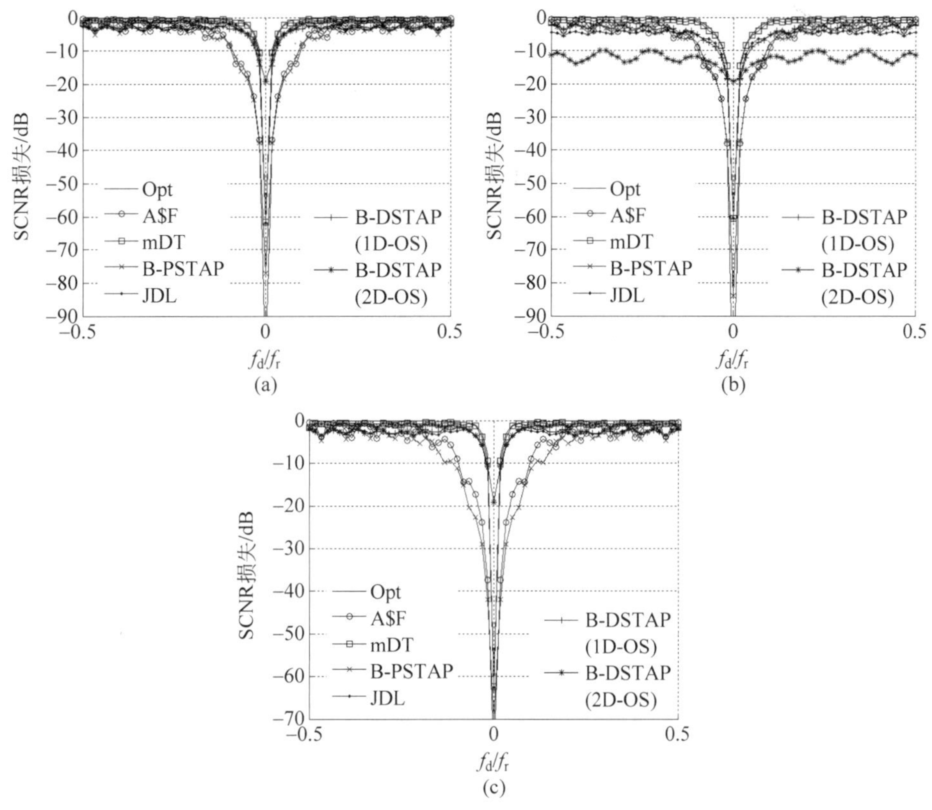

图 11.1　正侧视阵降维 STAP 方法性能比较

(a) $\alpha=1$；(b) $\alpha=0.5$；(c) $\alpha=2$

11.2.2　斜侧视阵

图 11.2 给出了斜侧视阵情况下的降维 STAP 方法性能，斜侧视阵对应的偏置角为 60°。从图中可以得出如下结论：①降维 STAP 方法在多普勒频率域出现两个凹口，分别对应主瓣杂波和后向散射对应的“主瓣”杂波，从图中可以看出该“主瓣”杂波的位置分别为 0.43、−0.14 和 0.22，该结论与图 4.7～图 4.9 一致。②相对于正侧视阵，斜侧视阵情况下波束-多普勒域方法性能下降明显，尤其是在 $\alpha=0.5$ 和 $\alpha=2$ 两种情况下，其原因是斜侧视情况下杂波自由度显著增大，波束-多普勒域降维后的系统自由度无法满足杂波抑制需求。

11.2.3　前视阵

图 11.3 给出了前视阵情况下的降维 STAP 方法性能，前视阵对应的偏置角为 −90°。从图中可以得出如下结论：①与斜侧视阵类似，降维 STAP 方法在多普勒频率域出现两个凹口，其中后向散射导致的“主瓣”杂波的位置分别为 −0.5、0 和 −0.25，该结论与图 4.15～图 4.17 一致；②相对于正侧视阵和斜侧视阵，前视阵情况下的降维 STAP 方法的主瓣杂波抑制凹口相对最窄，其原因是在前视阵情况下，杂波空时轨迹在目标方向的斜率始终为 1，

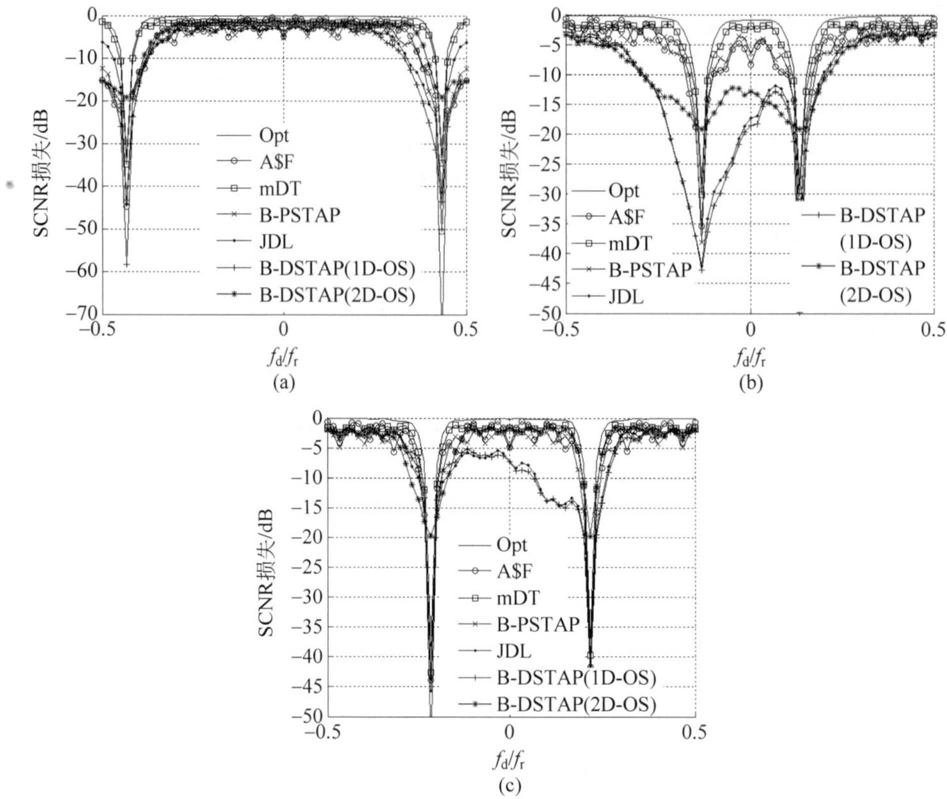

图 11.2 斜侧视阵降维 STAP 方法性能比较

(a) $\alpha=1$; (b) $\alpha=0.5$; (c) $\alpha=2$

因此在相同波束宽度情况下前视阵的主瓣杂波谱宽最窄，导致 SCNR 损失曲线凹口最窄；③相对于其他三类方法，脉冲域降维方法的杂波抑制性能较差，尤其是在主瓣杂波区。

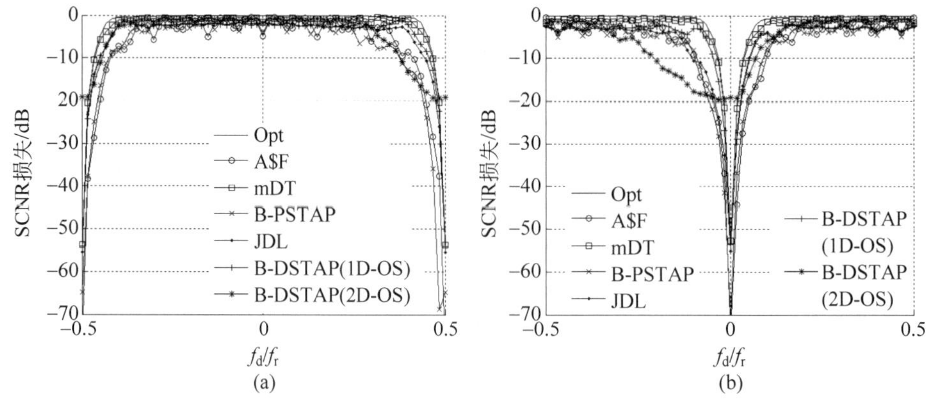

图 11.3 前视阵降维 STAP 方法性能比较

(a) $\alpha=1$; (b) $\alpha=0.5$; (c) $\alpha=2$

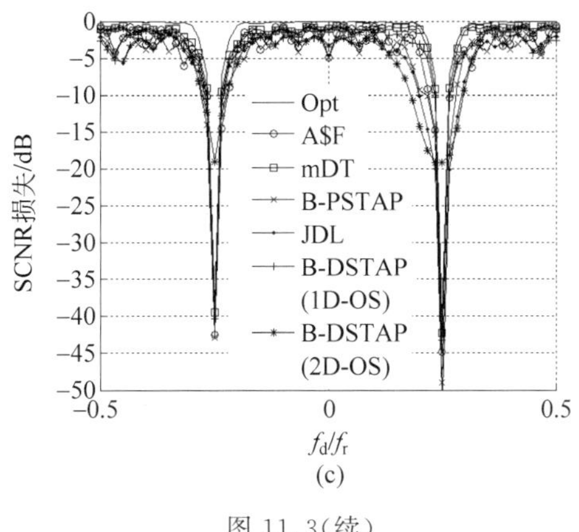

(c)

图 11.3(续)

11.3 运算量分析

如 6.1.1 节所述，STAP 方法的运算量通常以实数浮点操作（RFLOP）次数表示，典型实数/复数浮点操作运算量如表 11.2 所示。

表 11.2　典型实数/复数浮点操作运算量

操　　作	实数浮点操作次数
复数与复数相乘	6 次 RFLOP（4 个实数相乘+2 个实数相加）
复数与复数相加/相减	2 次 RFLOP（2 个实数相加/相减）
实数与复数相乘	2 次 RFLOP（2 个实数相乘）
$NK\times NK$ 复数矩阵求逆	$O(NK)^3$ 次 RFLOP

假设机载雷达接收天线为平面相控阵天线，天线大小为 M 行 N 列，相参积累脉冲数为 K，降维处理后的系统维数为 $P=N'K'$（对于全自适应最优处理方法、阵元-脉冲域降维方法和阵元-多普勒域降维 STAP 方法，$N'=N$），时域滑窗后的窗数目为 Q_t，多普勒滤波器个数为 Q，估计协方差矩阵所需的训练样本数为 L，则表 11.1 中给出的 6 种典型降维 STAP 方法和全自适应最优处理方法的运算量如表 11.3 所示。需要说明的是，对于 Opt 方法，其存在的降维处理是指在接收时将 M 行 N 列阵列合成为 1 行 N 列子阵时的处理运算量。

为了更直观地比较各种降维 STAP 方法的运算量，假设 $M=4$，$N=16$，$K=16$，$N'=K'=3$，$Q_t=14$，$Q=16$，矩阵求逆采用 Gauss 消元法，其具体的 RFLOP 次数为

$$Q(N)=3N^3-\frac{5}{2}N^2+\frac{1}{2}N \tag{11.5}$$

则在上述条件下各类方法的具体运算量如表 11.4 所示。

表 11.3　STAP 方法运算量

方法	步骤：降维处理	步骤：估计协方差矩阵	步骤：计算权矢量	步骤：应用权矢量	步骤：多普勒滤波	合计
Opt ($P=NK$, $L=2P$)	$8M-2$	—	$[O(P^3)+8P^2+6P+4+8P^2+4P]Q$	$Q(8P-2)$	—	$[O(P^3)+16P^2+18P+2]Q+P^2+8LP^2+8M-2$
A\$F ($P=NK'$, $L=2P$, $Q_t=K-K'+1$)	$8\times M-2+PNKQ_t+(4NK-2)P(L+1)$	$(P^2+8LP^2)Q_t$	$[O(P^3)+8P^2+6P+4+8P^2+4P]Q_t$	$Q_t(8P-2)$	$(8Q_t-2)Q$	$[O(P^3)+8LP^2+17P^2+NKP+18P+8Q+2]\times Q_t+8M-2+(4NK-2)P(L+1)-2Q$
mDT ($P=NK'$, $L=2P$)	$Q[8M-2+2PNK+(8NK-2)P(L+1)]$	$(P^2+8LP^2)Q$	$[O(P^3)+8P^2+6P+4+8P^2+4P]Q$	$Q(8P-2)$	—	$[O(P^3)+8LP^2+17P^2+18P+2NKP+(8NK-2)P(L+1)+8M]Q$
B-PSTAP(DF) ($P=N'K'$, $L=2P$, $Q_t=K-K'+1$)	$8M-2+2PNKQ_t+(8NK-2)P(L+1)$	$(P^2+8LP^2)Q_t$	$[O(P^3)+8P^2+6P+4+8P^2+4P]Q_t$	$Q_t(8P-2)$	$(8Q_t-2)Q$	$8M-2+(8NK-2)P(L+1)-2Q+[O(P^3)+17P^2+8LP^2+18P+2NKP+8Q+2]Q_t$
JDL ($P=N'K'$, $L=2P$)	$Q[8M-2+6PNK+(8NK-2)P(L+1)]$	$(P^2+8LP^2)Q$	$[O(P^3)+8P^2+6P+4+8P^2+4P]Q$	$Q(8P-2)$	—	$[O(P^3)+8LP^2+17P^2+18P+6NKP+(8NK-2)P(L+1)+8M]Q$
B-DSTAP(1D-OS) ($P=N'K'$, $L=2P$)	$Q[8M-2+6PNK+(8NK-2)P(L+1)]$	$(P^2+8LP^2)Q$	$[O(P^3)+8P^2+6P+4+8P^2+4P]Q$	$Q(8P-2)$	—	$[O(P^3)+8LP^2+17P^2+18P+6NKP+(8NK-2)P(L+1)+8M]Q$
B-DSTAP(2D-OS) ($P=N'K'$, $L=2P$)	$Q[6PMNK+(8NK-2)P(L+1)]$	$(P^2+8LP^2)Q$	$[O(P^3)+8P^2+6P+4+8P^2+4P]Q$	$Q(8P-2)$	—	$[O(P^3)+17P^2+8LP^2+18P+6MNKP+(8NK-2)P(L+1)+2]Q$

表 11.4 STAP 方法运算量(数值比较)

方法	步骤					
	降维处理	估计协方差矩阵	计算权矢量	应用权矢量	多普勒滤波	合计
Opt ($P=NK, L=2P$)	30	—	282 634 304	32 736	—	282 667 070 (2.8×10^8)
A$F ($P=NK', L=2P$, $Q_t=K-K'+1$)	4 930 494	24 804 864	1 990 856	5 348	1 760	31 733 322 (3.2×10^7)
mDT ($P=NK', L=2P$)	152 812 512	28 348 416	2 275 264	6 112	—	183 442 304 (1.8×10^8)
B-PSTAP(DF) ($P=N'K', L=2P$, $Q_t=K-K'+1$)	414 408	164 430	26 894	980	1 760	608 472 (6.1×10^5)
JDL ($P=N'K', L=2P$)	5 819 520	187 920	30 736	1 120	—	6 039 296 (6.0×10^6)
B-DSTAP(1D-OS) ($P=N'K', L=2P$)	5 819 520	187 920	30 736	1 120	—	6 039 296 (6.0×10^6)
B-DSTAP(2D-OS) ($P=N'K', L=2P$)	6 482 592	187 920	30 736	1 120	—	6 702 368 (6.7×10^6)

从表 11.4 中可以看出 Opt 方法的运算量最大，在四类降维 STAP 方法中阵元-多普勒域方法(mDT 方法)运算量相对较大，其次是阵元-脉冲域方法(A$F 方法)，再次是波束-多普勒域方法(JDL、B-DSTAP(1D-OS)、B-DSTAP(2D-OS))，波束-脉冲域方法运算量最小。其中 JDL 方法和 B-DSTAP(1D-OS)方法运算量相同，B-DSTAP(2D-OS)方法运算量略大一些，其原因是在该方法中 $N'=4$。

11.4 存在的问题

降维 STAP 方法的优点是结构简单，易于工程实现；缺点是结构相对固定，对环境的适应性较差。结合作者多年来在 STAP 领域的研究，我们认为降维 STAP 方法存在的问题包括以下四个方面：

1. 误差问题

STAP 技术需要雷达具有多个空域接收通道，在实际工程中天线各通道之间必然存在各种幅相误差；同时载机的运动和地海面杂波的起伏也会导致时域误差，因此误差情况下的降维 STAP 方法性能分析和对误差稳健的降维 STAP 方法研究是一个重要的研究内容。

2. 干扰和杂波同时抑制问题

在现代战争中，机载雷达面临大量的有意和无意干扰，雷达回波中干扰信号和杂波信号混叠，导致传统降维 STAP 方法性能严重下降。如何实现干扰和杂波的同时有效抑制是

STAP 技术在实际工程应用过程中必须要解决的问题之一。

3. 非平稳杂波抑制问题

在实际工程中，为了实现全空域覆盖，机载雷达天线有两种典型安置方式：一是单阵面机械扫描；二是三阵面呈三角形固定放置。无论哪一种安置方式，天线在多数情况下均为非正侧视情形。此时，杂波回波在近程区域呈现非平稳特性。同时由于机载雷达通常工作在中高重频模式，远区的目标会与近程非平稳强杂波混合在一起，导致机载雷达全距离域目标探测性能下降。因此如何抑制近程非平稳强杂波是机载雷达 STAP 技术面临的一个难题。

4. 非均匀杂波抑制问题

机载雷达面临的杂波环境复杂多变，尤其是在山区、高原、城市群、滨海等复杂地理环境下杂波强度大、分布不均匀，该特性导致 STAP 技术中估计杂波协方差矩阵所需的训练样本之间不再满足 I. I. D. 条件，传统 STAP 方法的杂波抑制性能显著下降。因此如何抑制非均匀杂波是机载雷达 STAP 技术面临的另一个难题。

11.5 小结

本章对四类降维 STAP 方法的杂波抑制性能和运算量进行了分析和比较，得到如下结论：①相对于阵元域降维 STAP 方法，波束域降维 STAP 方法的系统自由度更低。②阵元域降维 STAP 方法由于保留了全部空域自由度，因此在空域上对抗干扰的能力更强。但在实际工程中，考虑可实现性，该方法仅适用于中小规模的天线阵列。③相对于多普勒域降维 STAP 方法，脉冲域降维 STAP 方法具有更加快速的自适应能力。④当存在偏航和后向散射时，多普勒域降维 STAP 方法的性能更优。此外，本章还对降维 STAP 方法存在的四个方面的问题进行了简要阐述，本书后续章节将重点围绕这些问题展开论述。

第 12 章

降秩 STAP 方法统一模型与性能分析

降维 STAP 方法存在的问题是降维矩阵固定，与回波数据无关，因此其杂波抑制性能有限。统计降维 STAP 方法，即降秩 STAP 方法[116]，充分利用机载雷达回波数据对应的协方差矩阵中包含的杂波和噪声信息，构成与回波数据有关的降维矩阵，即实现了依赖数据的自适应降维处理，该类方法属于统计类降维处理。典型的降秩 STAP 方法包括 PC 方法、CSM 方法、MWF 方法和 AVF 方法。1991 年 Haimovich 等对机载雷达杂波的特征结构进行了分析，提出了主分量(PC)方法[117]，该方法将权矢量约束在杂波子空间内。1997 年 Goldstein 和 Reed 在广义旁瓣相消(GSC)结构的基础上提出了互谱尺度(CSM)方法[35]，该方法根据 CSM 测度来选择特征子空间，可保证降维引起的 SCNR 损失最小。PC 方法和 CSM 方法均需要对全维协方差矩阵进行估计，并进行特征分解，运算量并不能降低。1998 年 Goldstein 等提出了多级维纳滤波器(MWF)方法[36,118]，该方法借助一系列的变换矩阵对维纳滤波器进行分解，将对矢量权的求解分解成求若干个标量权的过程。MWF 方法能够直接用空时数据进行处理，无须已知其特征结构，即对全维协方差矩阵进行估计。2007 年 Pados 等提出了辅助矢量滤波(AVF)方法[119]，该方法通过循环迭代的方式实现对空时自适应权值的求取，而且不需要各辅助矢量之间正交。PC 方法和 CSM 方法属于特征空间类降秩方法，MWF 方法和 AVF 方法属于 Krylov 子空间类降秩方法。此外，2011 年 Rui Fa 等提出了基于联合迭代最优的降秩 STAP 方法[120]，在 LCMV 准则下通过迭代方式实现了降秩矩阵和维纳权值的最优求取，该方法存在的问题是运算量较大，不适合实际工程应用，因此在本章中不考虑该方法。

本章首先从广义旁瓣相消结构的角度给出降秩 STAP 方法的统一模型，在此基础上介绍典型降秩 STAP 方法的基本原理，并分析各种方法的异同点，通过计算机仿真对方法的性能进行分析比较，最后给出有益的结论。

12.1 降秩 STAP 方法的统一模型

本节从 GSC 结构的角度给出降秩 STAP 方法的统一模型。图 12.1 给出了降秩 STAP 方法的原理框图，其中 $\boldsymbol{X}$ 为待检测单元数据，$\boldsymbol{S}_k$ 为第 k 个待检测多普勒通道对应的预设目标空时导向矢量，d_{0k} 为主通道数据(期望信号)，$\boldsymbol{B}_k$ 为空时导向矢量 $\boldsymbol{S}_k$ 对应的阻塞矩阵，$\boldsymbol{X}_{0k}$ 为辅助通道数据，$\boldsymbol{T}_k$ 为降秩矩阵，$\widetilde{\boldsymbol{X}}_k$ 为降秩后的辅助通道数据，$\widetilde{\boldsymbol{W}}_k$ 为降秩后的维纳滤波器权矢量，$\hat{d}_{0k}$ 为 d_{0k} 的估计值，y_k 为滤波器的输出。第 k 个多普勒通道对应的空时自适应复合权值可表达为

$$\boldsymbol{W}_k = \boldsymbol{S}_k - \boldsymbol{B}_k \boldsymbol{T}_k \widetilde{\boldsymbol{W}}_k \tag{12.1}$$

其中

$$\widetilde{\boldsymbol{W}}_k = \widetilde{\boldsymbol{R}}_k^{-1} \boldsymbol{r}_{\widetilde{\boldsymbol{X}}_k d_{0k}} \tag{12.2}$$

$$\widetilde{\boldsymbol{R}}_k = E(\widetilde{\boldsymbol{X}}_k \widetilde{\boldsymbol{X}}_k^{\mathrm{H}}) \tag{12.3}$$

$$\boldsymbol{r}_{\widetilde{\boldsymbol{X}}_k d_{0k}} = E(\widetilde{\boldsymbol{X}}_k d_{0k}^*) \tag{12.4}$$

不同的降秩方法的区别在于降秩矩阵的选取和降秩后维纳权值的求取方式，下面从统一模型的角度介绍四种典型降秩 STAP 方法的基本原理。

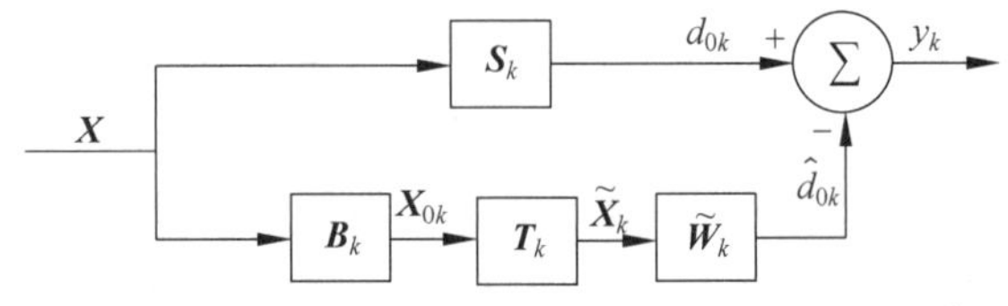

图 12.1 降秩 STAP 方法原理图

12.2 基本原理

12.2.1 PC 方法

由于机载雷达杂波的空时耦合特性，杂波噪声协方差矩阵中大特征值(即杂波特征值)的个数通常远小于矩阵维数，因此通过低阶空间来近似全维空间既可以实现杂波的有效抑制，又可以进行降维处理。

假设经过阻塞处理后的第 k 个多普勒通道对应的回波数据协方差矩阵为

$$\boldsymbol{R}_{X_{0k}} = \sum_{i=1}^{NK-1} \lambda_i \boldsymbol{u}_i \boldsymbol{u}_i^{\mathrm{H}} \tag{12.5}$$

PC 方法选取 $\boldsymbol{R}_{X_{0k}}$ 的大特征值对应的特征矢量形成降秩矩阵，若降秩后的子空间维数

为 D，则

$$\boldsymbol{T}_k = [\boldsymbol{u}_1, \boldsymbol{u}_2, \cdots, \boldsymbol{u}_D] \tag{12.6}$$

其中，$\boldsymbol{u}_i$ 表示按照特征值从大到小排序后对应的特征矢量；$\boldsymbol{T}_k$ 为$(NK-1)\times D$ 矩阵。则PC 方法阻塞后的第 k 个多普勒通道对应的空时自适应权值可表示为

$$\begin{aligned}\boldsymbol{W}_{k\mathrm{PC}} &= \boldsymbol{T}_k \widetilde{\boldsymbol{W}}_k = \boldsymbol{T}_k \widetilde{\boldsymbol{R}}_k^{-1} \boldsymbol{r}_{\widetilde{\boldsymbol{X}}_k d_{0k}} = \boldsymbol{T}_k (\boldsymbol{T}_k^{\mathrm{H}} \boldsymbol{R}_{\boldsymbol{X}_0} \boldsymbol{T}_k)^{-1} \boldsymbol{T}_k^{\mathrm{H}} \boldsymbol{r}_{\boldsymbol{X}_{0k} d_{0k}} \\ &= \sum_{i=1}^{D} \frac{\boldsymbol{u}_i^{\mathrm{H}} \boldsymbol{r}_{\boldsymbol{X}_{0k} d_{0k}}}{\lambda_i} \boldsymbol{u}_i \end{aligned} \tag{12.7}$$

如果杂波完全包含于 $\widetilde{\boldsymbol{X}}_k$ 中，则 PC 方法在降秩的同时可实现对杂波的有效抑制。但是 PC 方法的缺点是：在降秩矩阵的选取过程中并未考虑预设的目标导向矢量信息，因此从输出 SCNR 最大的角度看其未能实现最大程度的压缩。此外，当存在空时误差时，杂波特征谱陡降现象消失，难以准确选取出杂波子空间对应的特征矢量，此时 PC 方法性能将受到影响。

12.2.2　CSM 方法

与 PC 方法不同，CSM 方法在降秩矩阵的选取过程中考虑了目标导向矢量的影响。互谱尺度的数学表达式为

$$\frac{|\boldsymbol{u}_i^{\mathrm{H}} \boldsymbol{r}_{\boldsymbol{X}_{0k} d_{0k}}|^2}{\lambda_i} \tag{12.8}$$

CSM 方法的降秩矩阵中各列向量为按照式(12.8)的互谱测度从大到小排序后对应的特征矢量，为了与 PC 方法区别，将其表示为

$$\boldsymbol{T}_k = [\hat{\boldsymbol{u}}_1, \hat{\boldsymbol{u}}_2, \cdots, \hat{\boldsymbol{u}}_D] \tag{12.9}$$

则 CSM 方法阻塞后的第 k 个多普勒通道对应的空时自适应权值可表示为

$$\boldsymbol{W}_{k\mathrm{CSM}} = \sum_{i=1}^{D} \frac{\hat{\boldsymbol{u}}_i^{\mathrm{H}} \boldsymbol{r}_{\boldsymbol{X}_{0k} d_{0k}}}{\hat{\lambda}_i} \hat{\boldsymbol{u}}_i \tag{12.10}$$

其中 $\hat{\lambda}_i$ 表示 $\hat{\boldsymbol{u}}_i$ 对应的特征值。

当降秩矩阵 $\boldsymbol{T}_k$ 为单位阵时，$\widetilde{\boldsymbol{X}}_k = \boldsymbol{X}_{0k}$，且假设输入回波中无目标信号，则

$$\mathrm{SCNR}_{k\mathrm{opt}} = \frac{|\boldsymbol{S}_k^{\mathrm{H}} \boldsymbol{S}_k|^2}{\sigma_{d_{0k}}^2 - \boldsymbol{r}_{\boldsymbol{X}_{0k} d_{0k}}^{\mathrm{H}} \boldsymbol{R}_{\boldsymbol{X}_{0k}}^{-1} \boldsymbol{r}_{\boldsymbol{X}_{0k} d_{0k}}} = \frac{|\boldsymbol{S}_k^{\mathrm{H}} \boldsymbol{S}_k|^2}{\sigma_{d_{0k}}^2 - \sum_{i=1}^{NK} \frac{|\boldsymbol{u}_i^{\mathrm{H}} \boldsymbol{r}_{\boldsymbol{X}_{0k} d_{0k}}|^2}{\lambda_i}} \tag{12.11}$$

由上式可以看出按照互谱尺度最大准则构造的降秩矩阵将保证滤波器输出 SCNR 最大。式(12.8)表示的互谱尺度实际上是特征波束 $\boldsymbol{u}_i$ 与主通道数据 d_{0k} 之间的广义互相关系数，表示用 $\boldsymbol{u}_i$ 做辅助通道时所能对消掉的杂波噪声功率大小。而在降秩过程中我们通常希望选取的辅助波束能够最大限度地对消杂波噪声。因此通过互谱尺度选择的降秩子空间是合理的。相反，PC 方法中仅通过特征值大小构造降秩矩阵无法得到最优的杂波抑制性。

12.2.3　MWF 方法

PC 方法和 CSM 方法属于特征子空间类方法，其在处理过程中均需要已知杂波噪声协方差矩阵的特征结构，因此需要估计杂波噪声协方差矩阵。虽然 CSM 方法利用了预设目

标导向矢量信息来选取降秩矩阵，但是其降秩矩阵仍局限于杂波噪声协方差矩阵的特征矢量，该特征矢量并不受目标导向矢量的影响。

MWF 方法能够直接对空时数据进行处理，而无须对杂波噪声协方差矩阵进行估计，仅需要估计互相关系数，因此属于一种基于统计的部分自适应处理器。

为了便于描述 MWF 方法的基本原理，图 12.2 在图 12.1 的基础上给出了降秩 MWF 方法的详细结构框图，其中级数为 3。结合图 12.1 和图 12.2，可以给出 MWF 方法的降秩矩阵数学表达式为

$$\boldsymbol{T}_k=\begin{bmatrix}\boldsymbol{h}_{1,k}^{\mathrm{H}}\\ \boldsymbol{h}_{2,k}^{\mathrm{H}}\boldsymbol{B}_{1,k}\\ \vdots\\ \boldsymbol{h}_{D,k}^{\mathrm{H}}\prod_{i=1}^{D-1}\boldsymbol{B}_{i,k}\end{bmatrix}^{\mathrm{H}} \tag{12.12}$$

其为$(NK-1)\times D$ 矩阵，其中

$$\boldsymbol{h}_{i,k}=\frac{\boldsymbol{r}_{\boldsymbol{X}_{i-1,k}d_{i-1,k}}}{\sqrt{\boldsymbol{r}_{\boldsymbol{X}_{i-1,k}d_{i-1,k}}^{\mathrm{H}}\boldsymbol{r}_{\boldsymbol{X}_{i-1,k}d_{i-1,k}}}},\quad i=1,2,\cdots,D \tag{12.13}$$

$\boldsymbol{h}_{i,k}$ 的维数为 $NK-1$；$\boldsymbol{B}_{i,k}$ 是 $\boldsymbol{h}_{i,k}$ 分量的阻塞矩阵，为$(NK-1)\times(NK-1)$方阵。

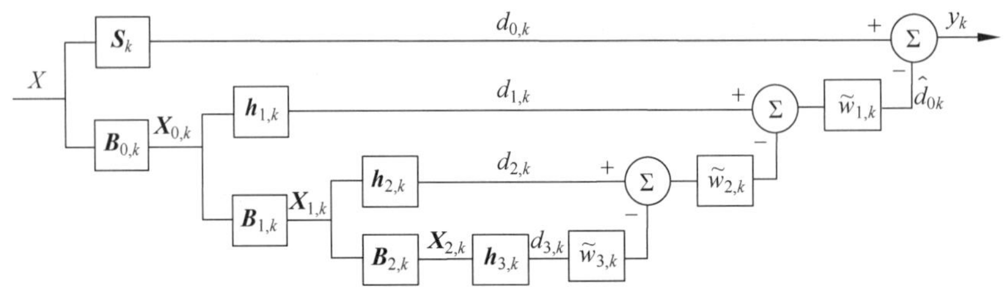

图 12.2 降秩 MWF 结构框图($D=3$)

则 MWF 方法经过第一级阻塞后的第 k 个多普勒通道对应的空时自适应权值可表示为

$$\boldsymbol{W}_{k\mathrm{MWF}}=\boldsymbol{T}_k\widetilde{\boldsymbol{W}}_k=\boldsymbol{T}_k\widetilde{\boldsymbol{R}}_k^{-1}\boldsymbol{r}_{\tilde{\boldsymbol{X}}_k d_{0k}} \tag{12.14}$$

其中

$$\widetilde{\boldsymbol{R}}_k=\boldsymbol{T}_k^{\mathrm{H}}\boldsymbol{R}_{\boldsymbol{X}_{0k}}\boldsymbol{T}_k \tag{12.15}$$

$$\boldsymbol{r}_{\tilde{\boldsymbol{X}}_k d_{0k}}=\boldsymbol{T}_k^{\mathrm{H}}\boldsymbol{r}_{\boldsymbol{X}_{0k}d_{0k}} \tag{12.16}$$

MWF 方法通过多级分解方式将 NK 维的高阶空时权值的求解过程分解成求 D 个标量权的过程。D 阶的多级维纳滤波器权值 $\boldsymbol{W}_{k\mathrm{MWF}}$ 位于 $\boldsymbol{T}_k$ 的列向量张成的 Krylov 子空间内，随着级数的增加，新增权值对 $\boldsymbol{W}_{k\mathrm{MWF}}$ 的贡献逐渐降低。

12.2.4 AVF 方法

AVF 方法的初始权值为目标导向矢量，通过多次迭代后逐渐收敛于理想匹配滤波器权值。在 AVF 方法中阻塞矩阵和降秩矩阵合二为一，统一用 $\boldsymbol{T}_k$ 表示，即

$$T_k = [G_1, G_2, \cdots, G_D] \tag{12.17}$$

其中

$$G_1 = RS_k - (S_k^H RS_k) S_k \tag{12.18}$$

$$G_{i+1} = R\left[S_k - \sum_{j=1}^{i} \mu_j G_j\right] - \left[S_k^H R\left(S_k - \sum_{j=1}^{i} \mu_j G_j\right)\right] S_k, \quad i = 1, 2, \cdots, D-1 \tag{12.19}$$

$$\mu_i = \frac{G_i^H R W_{i-1,k}}{G_i^H R G_i}, \quad i = 1, 2, \cdots, D \tag{12.20}$$

$$W_{0,k} = S_k \tag{12.21}$$

$$W_{i,k} = W_{i-1,k} - \mu_i G_i, \quad i = 1, 2, \cdots, D \tag{12.22}$$

辅助矢量 G_i 的维数为 NK，μ_i 为标量，$W_{i,k}$ 的维数为 NK。由式(12.18)和式(12.19)表达的各辅助矢量均与目标导向矢量 S_k 正交，但其相互之间不一定正交。

AVF 方法经过 D 次迭代后的第 k 个多普勒通道对应的空时自适应复合权值可表示为

$$W_{k\text{AVF}} = S_k - T_k \widetilde{W}_k = W_{D,k} \tag{12.23}$$

与前述三种降秩 STAP 方法不同，AVF 方法的空时自适应权值通过迭代方式得到，而不是由维纳滤波器得到。与 MWF 方法类似，进行降秩处理后，$W_{k\text{AVF}}$ 位于由各辅助矢量张成的 Krylov 子空间内。PC 方法和 CSM 方法需要进行高阶矩阵特征分解，MWF 方法则需要对高阶矩阵进行三对角化处理，如式(12.15)所示。AVF 方法采取辅助矢量迭代处理，不存在矩阵求逆、特征分解和对角化处理等复杂运算。

12.3 方法比较

PC 方法、CSM 方法、MWF 方法和 AVF 方法的相同点和区别总结如下。

相同点：都可以从旁瓣相消角度阐述其杂波抑制机理。PC 方法和 CSM 方法除了 GSC 形式外，还同时存在直接实现形式(DFP)，而 MWF 方法和 AVF 方法则仅存在 GSC 形式。

区别：①PC 方法和 CSM 方法属于特征子空间类方法，即需要对全维杂波噪声协方差矩阵进行特征分解以获得杂波和噪声子空间信息。二者的区别是 PC 方法在选取降秩矩阵时未考虑目标导向矢量信息，而 CSM 方法则充分利用了目标导向矢量信息，通过互谱尺度实现了对降秩矩阵的最优选取。②MWF 方法和 AVF 方法属于 Krylov 子空间类方法，即将降秩后的空时自适应权值约束在由降秩矩阵列向量张成的 Krylov 子空间内。二者的区别是 MWF 方法将矢量权值的求取分解成多个标量权的求取，而 AVF 方法是通过迭代的方式实现对矢量权值的求取。③PC 方法、CSM 方法和 AVF 方法需要预先估计全维空时协方差矩阵，而 MWF 方法则仅需估计各级的互相关矢量即可。④从计算量的角度看，PC 方法和 CSM 方法包含矩阵特征分解运算，MWF 方法包含矩阵三对角化运算，AVF 方法包含迭代运算。

12.4 仿真分析

本节主要仿真参数同表 4.1，由表 4.1 中的参数可以计算得到正侧视情况且 $\alpha=1$ 时，杂波自由度为 31。本节分别从收敛性、空时自适应方向图和 SCNR 损失等角度分析四种降秩 STAP 方法的性能。在实验 1 和实验 2 中待检测归一化多普勒频率为 0.3。

实验 1：收敛性

假设机载雷达回波样本数充足，即估计全维杂波噪声协方差矩阵所需的样本数满足 RMB 准则，则不同的降秩数 D 情况下的各方法对应的 SCNR 损失如图 12.3 所示。从图中可以看出：①当降秩数接近杂波自由度 31 时，PC 方法和 CSM 方法的性能接近最优，其原因是 PC 方法和 CSM 方法均需要保留全部的杂波信息才能实现对杂波的有效对消；②由于 CSM 方法利用目标导向矢量信息来选取降秩矩阵，因此当 D 远小于 31 时，CSM 方法的性能优于 PC 方法；③MWF 方法利用各级分解后的主辅通道的互相关信息来形成降秩矩阵，因此该方法仅通过较少的维数即可实现优良的杂波抑制性能；④相比其他三种方法，AVF 方法对降秩数的要求较高，仅当降秩数 D 远大于 31 时，该方法的 SCNR 损失才逐渐接近于最优性能。

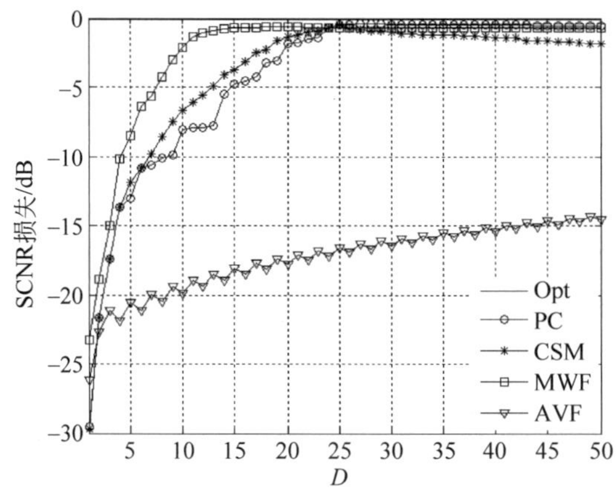

图 12.3 降秩 STAP 方法性能与降秩数的关系

图 12.4 给出了降秩 STAP 方法 SCNR 损失与降秩数和满足 I.I.D. 条件的样本数之间的关系，其中样本数变化范围 256～512 对应 NK～$2NK$，降秩数的变化范围为 1～18。从图中可以看出：①对于 PC 方法和 CSM 方法，当降秩数低于杂波自由度时，其性能严重下降；仅在样本数接近 512 且降秩数大于 10 时，其 SCNR 损失才接近于 0 dB。②对于 MWF 方法，当降秩数超过 8 时，即使样本数不足也具有良好的杂波抑制性能，该方法在(降秩数，样本数)平面上具有较大的收敛区域。③AVF 方法的整体杂波抑制性能较差，尤其是在低降秩数情况下。

实验 2：空时自适应方向图

图 12.5 给出了四种降秩 STAP 方法的空时自适应方向图，其中 $D=15$，样本数满足 RMB 准则。从图中可以看出：①PC 方法的空时自适应方向图接近于静态方向图，在杂波处未能形成有效凹口，因此无法实现对杂波的抑制；②相比于 PC 方法，CSM 方法在一定程度上形成了杂波凹口；③MWF 方法形成较深的杂波凹口，在目标处形成高增益的同时实现了对杂波的有效抑制；④与 PC 方法类似，AVF 方法同样未能形成有效的杂波凹口。

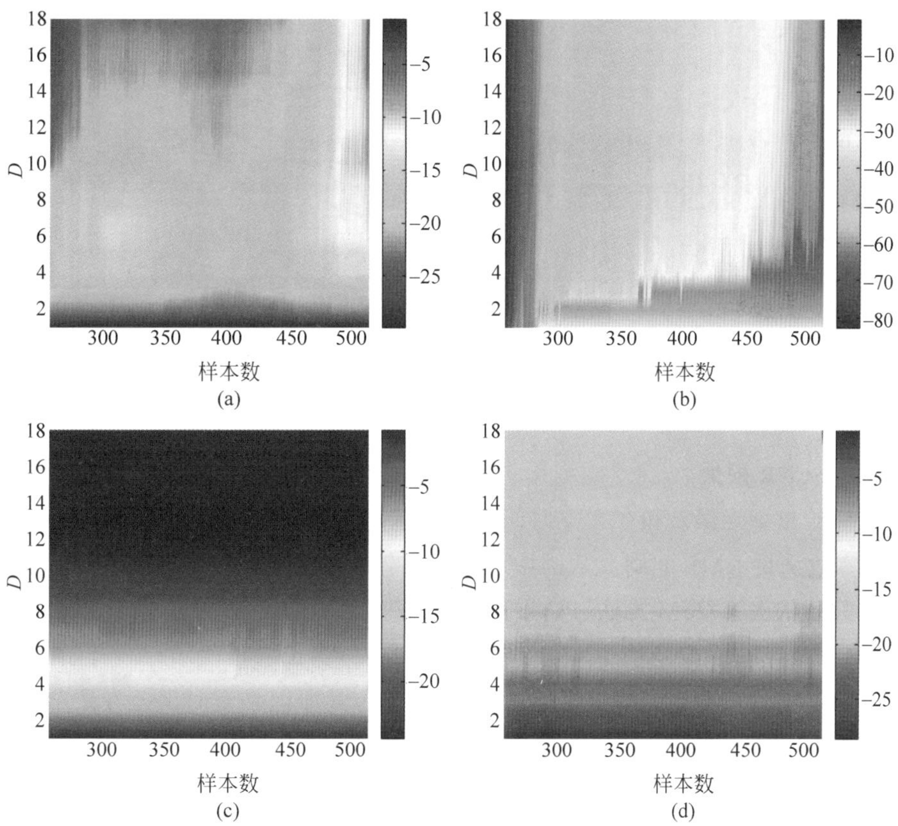

图 12.4　SCNR 损失与降秩数和样本数之间的关系

(a) PC 方法；(b) CSM 方法；(c) MWF 方法；(d) AVF 方法

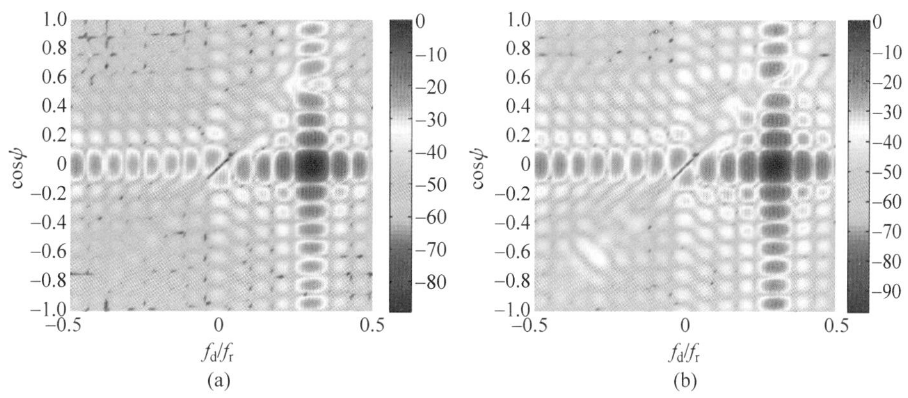

图 12.5　空时自适应方向图

(a) PC 方法；(b) CSM 方法；(c) MWF 方法；(d) AVF 方法

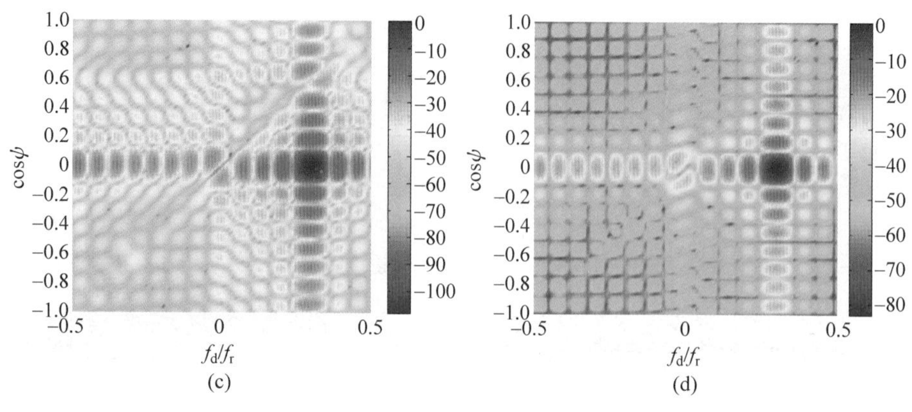

图 12.5(续)

实验 3：SCNR 损失

图 12.6 给出了无误差和存在空时误差情况下的降秩 STAP 方法的 SCNR 损失，其中 $D=15$，样本数满足 RMB 准则。从图中可以看出：①在降秩数相同的情况下，MWF 方法性能最好，其后依次为 CSM 方法、PC 方法和 AVF 方法；②CSM 方法优于 PC 方法的原因是其选择降秩矩阵的标准是使得输出 SCNR 最大，如式(12.11)所示；③当存在空时误差时，四种方法在零多普勒频率附近区域性能下降明显，其原因是空时误差导致杂波谱展宽。相对而言，MWF 方法具有较强的误差鲁棒性，而 CSM 方法和 PC 方法由于误差情况下杂波自由度的增加导致其降秩数相对偏低，性能下降明显。

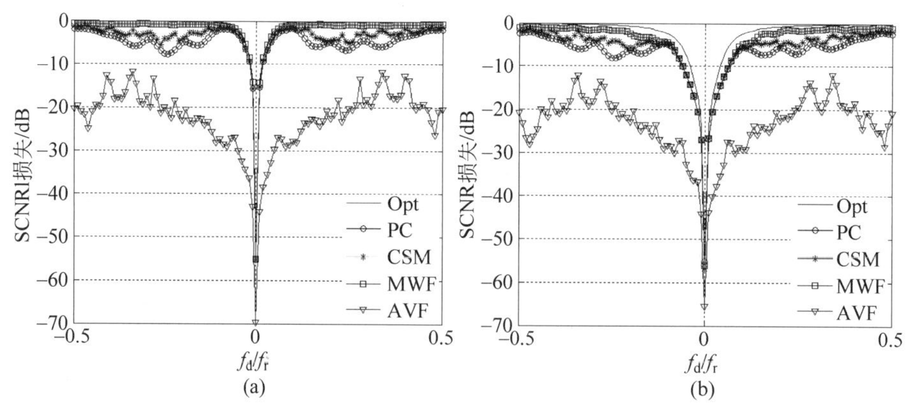

图 12.6　SCNR 损失比较

(a) 无误差；(b) 存在空时误差

12.5　小结

降秩 STAP 方法属于统计的降维方法，其通过构造与回波数据相关的降秩矩阵实现自适应降维。降秩矩阵的选择一是基于杂波噪声协方差矩阵的特征空间，二是基于回波数据和目标信号的 Krylov 空间。通过本章的分析可知，MWF 方法借助一系列变换矩阵实现了维纳滤波器的逐级分解，从而将高阶空时权值的求取过程简化为多个标量权的求取，具有优良的杂波抑制性能和鲁棒性；AVF 方法首先将权值初始值预设为静态权值，即目标导向矢量，然后通过迭代的方式实现向最优权值的逼近，但该方法需要多次迭代才能具备较优良的性能；CSM 方法和 PC 方法均属于特征空间类方法，相对而言，CSM 方法性能较好。

第 13 章

误差情况下的STAP方法性能分析

STAP技术在雷达系统中应用的前提是雷达具有多个接收通道，同时雷达平台必须是运动的。以上两方面因素导致STAP技术应用于实际工程时，不可避免地会受到各种空时误差的影响。空时误差一方面会导致机载雷达杂波回波信号的空时去相关，即使得杂波功率谱展宽、杂波自由度增大；另一方面会导致STAP滤波器预设的目标空时导向矢量与真实的目标空时导向矢量失配。以上两方面因素使得STAP方法的杂波抑制性能存在一定程度的下降。因此，系统研究各种空时误差的特性及其对STAP方法性能的影响具有重要的工程应用价值。

文献[8]给出了时域误差的信号模型，并分析了其对杂波特征谱的影响；文献[7]通过计算机仿真分析了天线阵列误差对STAP方法杂波抑制性能的影响；文献[5]初步分析了角度无关的通道失配和角度相关的通道失配，并研究了空域误差对杂波秩的影响。目前，现有关于机载雷达空时误差的研究文献主要存在以下不足：①所建立的误差数学模型仅针对某一特定类型的误差，缺乏系统性；②未对误差对杂波自由度影响的机理进行深入分析；③未研究目标导向矢量失配对STAP性能的影响。

针对上述问题，本章首先给出各种空时误差的数学模型，并通过数学推导从理论上详细分析误差对STAP方法性能影响的内在机理，然后以信杂噪比(SCNR)损失为指标分析不同误差对STAP性能的影响，最后通过仿真实验进行有效性验证[121]。

13.1　空域误差信号模型

空域误差可根据是否与方位角相关分为与角度无关的误差和与角度相关的误差，其中前者主要是由天线阵元之后的通道间失配引起的，后者主要是由阵元位置误差、宽带色散和近场散射等因素引起的。一般情况下，空域误差均与脉冲数无关。

13.1.1　与角度无关的误差

波束形成天线阵列通道包含高频放大器、混频器、中频放大器等模拟器件以及数模转换器件。由于以上器件的构成电路存在加工误差，即相同功能的模拟器件所构成的电路不可能做得完全相同，使得每个阵元的通道幅相特性较之于理想情况出现固定的偏差。此外，阵列天线单元之间存在互耦，不但影响天线的增益、波束宽度等参数，而且还会影响阵列接收信号的幅度和相位，加之模拟电路的状态不断变化，导致通道幅相特性也发生随机变化。以上通道不一致性可统一用幅相误差来描述，且可分为通道间固定的幅相误差和通道间随机的幅相误差。

本章中假设天线阵为正侧视均匀线阵，当不存在目标且无空时误差时某一距离环对应的空时回波信号可表示为

$$\boldsymbol{X}=\boldsymbol{X}_{\mathrm{c}}+\boldsymbol{X}_{\mathrm{n}} \tag{13.1}$$

其中，$\boldsymbol{X}_{\mathrm{c}}=\sum_{i=1}^{N_{\mathrm{c}}}a_i\boldsymbol{S}_i$ 表示杂波信号；$\boldsymbol{X}_{\mathrm{n}}$ 表示噪声信号；a_i 和 $\boldsymbol{S}_i$ 分别表示第 i 个杂波块的回波幅度和导向矢量；N_{c} 表示该距离环包含的杂波块的数目。

与角度无关的幅相误差在脉冲间是固定不变的，因此误差矢量可表示为

$$\boldsymbol{e}=\boldsymbol{e}_{\mathrm{t}}\otimes\boldsymbol{e}_{\mathrm{s}} \tag{13.2}$$

其中

$$\boldsymbol{e}_{\mathrm{t}}=(\underbrace{1,1,\cdots,1}_{K})^{\mathrm{T}} \tag{13.3}$$

$$\boldsymbol{e}_{\mathrm{s}}=(e_{\mathrm{s},1},e_{\mathrm{s},2},\cdots,e_{\mathrm{s},N})^{\mathrm{T}} \tag{13.4}$$

$\boldsymbol{e}_{\mathrm{s}}$ 的第 $n(n\in\{1,2,\cdots,N\})$ 个元素可表示为

$$e_{\mathrm{s},n}=(1+\varepsilon_n)\mathrm{e}^{\mathrm{j}\phi_n} \tag{13.5}$$

其中，ε_n 和 ϕ_n 分别表示幅度误差和相位误差。

需要注意的是，对于通道间固定的幅相误差，$\boldsymbol{e}_{\mathrm{s}}$ 不随距离变化而变化，且通常假设幅度误差服从高斯分布，相位误差服从均匀分布，即 $\varepsilon_n\sim N(0,\xi^2)$，$\phi_n\sim U(-\zeta,\zeta)$。而对于通道间随机的幅相误差，$\boldsymbol{e}_{\mathrm{s}}$ 随距离变化而变化，且 $\varepsilon_n\sim U(-\zeta,\zeta)$。

存在误差时空时回波信号可表示为

$$\widetilde{\boldsymbol{X}}=\boldsymbol{X}_{\mathrm{c}}\odot\boldsymbol{e}+\boldsymbol{X}_{\mathrm{n}} \tag{13.6}$$

对应的空时协方差矩阵可表示为

$$\widetilde{\boldsymbol{R}}=E((\boldsymbol{X}_{\mathrm{c}}\odot\boldsymbol{e})(\boldsymbol{X}_{\mathrm{c}}\odot\boldsymbol{e})^{\mathrm{H}})+E(\boldsymbol{X}_{\mathrm{n}}\boldsymbol{X}_{\mathrm{n}}^{\mathrm{H}})=\widetilde{\boldsymbol{R}}_{\mathrm{c}}+\boldsymbol{R}_{\mathrm{n}}=\boldsymbol{R}_{\mathrm{c}}\odot\boldsymbol{E}+\boldsymbol{R}_{\mathrm{n}} \tag{13.7}$$

其中，$\boldsymbol{R}_c$ 表示无误差时的杂波协方差矩阵；$\boldsymbol{E}=E(\boldsymbol{e}\boldsymbol{e}^{\mathrm{H}})$表示误差协方差矩阵。

因为通道间固定的幅相误差在距离间是固定不变的，所以 $\boldsymbol{E}=E(\boldsymbol{e}\boldsymbol{e}^{\mathrm{H}})=\boldsymbol{e}\boldsymbol{e}^{\mathrm{H}}$，由此可知 $\boldsymbol{E}$ 的秩为 1。而对于通道间随机的幅相误差，误差协方差矩阵可作如下分解：

$$\boldsymbol{E}=E(\boldsymbol{e}\boldsymbol{e}^{\mathrm{H}})=E((\boldsymbol{e}_{\mathrm{t}}\otimes\boldsymbol{e}_{\mathrm{s}})(\boldsymbol{e}_{\mathrm{t}}\otimes\boldsymbol{e}_{\mathrm{s}})^{\mathrm{H}})=E((\boldsymbol{e}_{\mathrm{t}}\boldsymbol{e}_{\mathrm{t}}^{\mathrm{H}})\otimes(\boldsymbol{e}_{\mathrm{s}}\boldsymbol{e}_{\mathrm{s}}^{\mathrm{H}}))\tag{13.8}$$

将 $\boldsymbol{e}_{\mathrm{t}}\boldsymbol{e}_{\mathrm{t}}^{\mathrm{H}}$ 和 $\boldsymbol{e}_{\mathrm{s}}\boldsymbol{e}_{\mathrm{s}}^{\mathrm{H}}$ 分别记为 $\boldsymbol{E}_{\mathrm{t}}$ 和 $\boldsymbol{E}_{\mathrm{s}}$，由于该误差与脉冲数无关，则上式可表示为

$$\boldsymbol{E}=\boldsymbol{E}_{\mathrm{t}}\otimes\boldsymbol{E}_{\mathrm{s}}=\boldsymbol{1}_K\otimes\boldsymbol{E}_{\mathrm{s}}\tag{13.9}$$

其中，$\boldsymbol{1}_K$ 为 $K\times K$ 全 1 方阵，因此只需讨论 $\boldsymbol{E}_{\mathrm{s}}$ 的具体形式。根据 ε_n 和 ϕ_n 的分布模型可推得 $E(e_{n_1}e_{n_2}^*)(n_1,n_2\in\{1,2,\cdots,N\})$的值为

$$E(e_{n_1}e_{n_2}^*)=\begin{cases}\operatorname{sinc}^2\zeta, & n_1\neq n_2\\ 1+\dfrac{\xi^2}{3}, & n_1=n_2\end{cases}\tag{13.10}$$

由式(13.10)可得

$$\boldsymbol{E}_{\mathrm{s}}=A\boldsymbol{1}_N+B\boldsymbol{I}_N\tag{13.11}$$

其中，$A=\operatorname{sinc}^2\zeta$；$B=1+\dfrac{\xi^2}{3}-\operatorname{sinc}^2\zeta$；$\boldsymbol{1}_N$ 表示 $N\times N$ 全 1 方阵；$\boldsymbol{I}_N$ 表示 $N\times N$ 单位矩阵。

由式(13.9)可得

$$\boldsymbol{E}=\boldsymbol{1}_K\otimes(A\boldsymbol{1}_N+B\boldsymbol{I}_N)\tag{13.12}$$

13.1.2 与角度相关的误差

阵元位置误差是一种典型的与角度相关的误差，由于阵元安装精度有限、天线热胀冷缩和机身机械抖动等原因，阵元位置误差是无法避免的。本节以该误差为例展开讨论。

阵元位置误差如图 13.1 所示，假设 Y 轴为天线轴向。将不存在阵元位置误差时第 n 个阵元的位置记为$(0,y_n)$，则存在阵元位置误差时，第 n 个阵元的位置可记为$(\tilde{x}_n,\tilde{y}_n)$，其中，$\tilde{x}_n=\Delta x_n$，$\tilde{y}_n=y_n+\Delta y_n$。$\Delta x_n$ 和 Δy_n 分别表示第 n 个阵元的位置误差，且通常假设 $\Delta x_n,\Delta y_n\sim N(0,\xi^2)$。此时，第 i 个杂波块对应的空域导向矢量可表示为

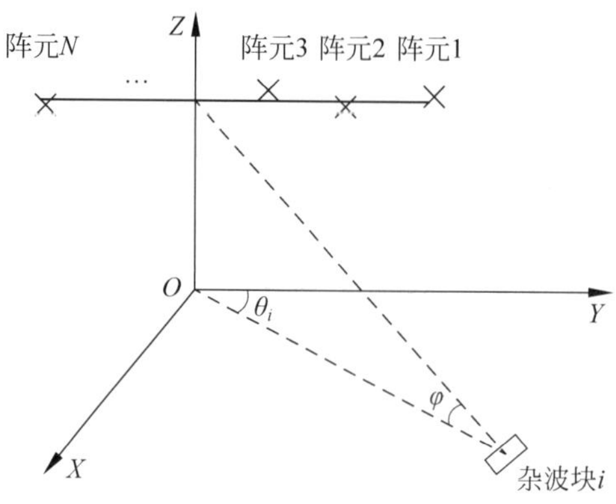

图 13.1 阵元位置误差示意图

$$\widetilde{\boldsymbol{S}}_{si}=(\mathrm{e}^{\mathrm{j}\frac{2\pi}{\lambda}(\tilde{x}_1\sin\theta_i\cos\varphi+\tilde{y}_1\cos\theta_i\cos\varphi)},\mathrm{e}^{\mathrm{j}\frac{2\pi}{\lambda}(\tilde{x}_2\sin\theta_i\cos\varphi+\tilde{y}_2\cos\theta_i\cos\varphi)},\cdots,\mathrm{e}^{\mathrm{j}\frac{2\pi}{\lambda}(\tilde{x}_N\sin\theta_i\cos\varphi+\tilde{y}_N\cos\theta_i\cos\varphi)})^{\mathrm{T}} \tag{13.13}$$

其中，θ_i 和 φ 分别表示第 i 个杂波块对应的方位角和俯视角。假设不存在阵元位置误差时的阵元间距为 d，则 $y_n=y_1-(n-1)d$，因此式(13.13)可变换为

$$\widetilde{\boldsymbol{S}}_{si}=\boldsymbol{S}_{si}\odot\boldsymbol{e}_{si} \tag{13.14}$$

其中

$$\boldsymbol{S}_{si}=(1,\mathrm{e}^{\mathrm{j}2\pi\frac{d}{\lambda}\cos\theta_i\cos\varphi},\cdots,\mathrm{e}^{\mathrm{j}2\pi\frac{(N-1)d}{\lambda}\cos\theta_i\cos\varphi})^{\mathrm{T}} \tag{13.15}$$

$$\boldsymbol{e}_{si}=(\mathrm{e}^{-\mathrm{j}\frac{2\pi}{\lambda}(\Delta x_1\sin\theta_i\cos\varphi+\Delta y_1\cos\theta_i\cos\varphi)},\mathrm{e}^{-\mathrm{j}\frac{2\pi}{\lambda}(\Delta x_2\sin\theta_i\cos\varphi+\Delta y_2\cos\theta_i\cos\varphi)},\cdots,\mathrm{e}^{-\mathrm{j}\frac{2\pi}{\lambda}(\Delta x_N\sin\theta_i\cos\varphi+\Delta y_N\cos\theta_i\cos\varphi)})^{\mathrm{T}} \tag{13.16}$$

分别表示不存在阵元位置误差时的空域导向矢量和存在阵元位置误差时的空域位置误差矢量。

由于阵元位置误差与脉冲无关，因此根据式(13.16)可得空时位置误差矢量

$$\boldsymbol{e}_i=(\underbrace{1,1,\cdots,1}_{K})^{\mathrm{T}}\otimes\boldsymbol{e}_{si} \tag{13.17}$$

存在阵元位置误差时空时回波信号可表示为

$$\widetilde{\boldsymbol{X}}=\sum_{i=1}^{N_c}\tilde{a}_i\widetilde{\boldsymbol{S}}_i+\boldsymbol{X}_{\mathrm{n}} \tag{13.18}$$

其中，$\tilde{a}_i$ 和 $\widetilde{\boldsymbol{S}}_i=\boldsymbol{S}_i\odot\boldsymbol{e}_i$ 分别表示存在阵元位置误差时第 i 个杂波块的回波幅度和空时导向矢量；$\boldsymbol{S}_i$ 表示不存在阵元位置误差时第 i 个杂波块的空时导向矢量。

存在阵元位置误差时空时协方差矩阵可表示为

$$\widetilde{\boldsymbol{R}}=E(\boldsymbol{X}\widetilde{\boldsymbol{X}}^{\mathrm{H}})=E\left(\sum_{i=1}^{N_c}\tilde{a}_i^2\widetilde{\boldsymbol{S}}_i\widetilde{\boldsymbol{S}}_i^{\mathrm{H}}\right)+E(\boldsymbol{X}_{\mathrm{n}}\boldsymbol{X}_{\mathrm{n}}^{\mathrm{H}})=\sum_{i=1}^{N_c}\tilde{a}_i^2(\boldsymbol{S}_i\boldsymbol{S}_i^{\mathrm{H}})\odot E(\boldsymbol{e}_i\boldsymbol{e}_i^{\mathrm{H}})+\boldsymbol{R}_{\mathrm{n}} \tag{13.19}$$

13.2 时域误差信号模型

时域误差主要来源于杂波内部运动(ICM)，诸如植被和海浪等的随风运动。第 i 个杂波块对应的杂波内部运动矢量可表示为

$$\boldsymbol{e}_i=\boldsymbol{e}_{\mathrm{t}i}\otimes(\underbrace{1,1,\cdots,1}_{N})^{\mathrm{T}} \tag{13.20}$$

其中

$$\boldsymbol{e}_{\mathrm{t}i}=(\boldsymbol{e}_{\mathrm{t}i,1},\boldsymbol{e}_{\mathrm{t}i,2},\cdots,\boldsymbol{e}_{\mathrm{t}i,K})^{\mathrm{T}} \tag{13.21}$$

存在杂波内部运动时空时回波信号可表示为

$$\widetilde{\boldsymbol{X}}=\sum_{i=1}^{N_c}a_i\boldsymbol{S}_i\odot\boldsymbol{e}_i+\boldsymbol{X}_{\mathrm{n}} \tag{13.22}$$

对应的空时协方差矩阵可表示为

$$\widetilde{\boldsymbol{R}}=E(\widetilde{\boldsymbol{X}}\widetilde{\boldsymbol{X}}^{\mathrm{H}})=E\left[\sum_{i=1}^{N_c}a_i^2(\boldsymbol{S}_i\odot\boldsymbol{e}_i)(\boldsymbol{S}_i\odot\boldsymbol{e}_i)^{\mathrm{H}}\right]+E(\boldsymbol{X}_{\mathrm{n}}\boldsymbol{X}_{\mathrm{n}}^{\mathrm{H}})$$

$$= \sum_{i=1}^{N_c} a_i^2 (\boldsymbol{S}_i \boldsymbol{S}_i^{\mathrm{H}}) \odot E(\boldsymbol{e}_i \boldsymbol{e}_i^{\mathrm{H}}) + \boldsymbol{R}_{\mathrm{n}} \tag{13.23}$$

假设杂波内部运动在方位向是均匀的(即与杂波块无关),且不随距离变化,则 $E(\boldsymbol{e}_i\boldsymbol{e}_i^{\mathrm{H}})$ 可记为 $\boldsymbol{E}$。此时,式(13.23)可变换为

$$\widetilde{\boldsymbol{R}} = \boldsymbol{R}_{\mathrm{c}} \odot \boldsymbol{E} + \boldsymbol{R}_{\mathrm{n}} \tag{13.24}$$

误差协方差矩阵 $\boldsymbol{E}$ 可作如下分解:

$$\boldsymbol{E} = \boldsymbol{E}_{\mathrm{t}} \otimes \boldsymbol{1}_N \tag{13.25}$$

通常假设存在内部运动时的杂波频谱服从高斯分布。此时,$\boldsymbol{E}_{\mathrm{t}}(k_1,k_2)(k_1,k_2 \in \{1,2,\cdots,K\})$的值可由下式给出:

$$\boldsymbol{E}_{\mathrm{t}}(k_1,k_2) = \mathrm{e}^{-\frac{8\pi^2\sigma_{\mathrm{v}}^2}{\lambda^2}T_{\mathrm{r}}^2(k_2-k_1)^2} \tag{13.26}$$

其中,σ_{v} 表示杂波内部运动速度;T_{r} 表示脉冲重复周期。由式(13.26)可以看出,$\boldsymbol{E}_{\mathrm{t}}$ 是一个对称的 Toeplitz 矩阵。

13.3 误差影响分析

本节采用 SCNR 损失作为性能指标来分析误差对 STAP 性能的影响。为了便于分析,本节不考虑样本数对协方差矩阵估计的影响,即认为估计值为无偏估计,则 SCNR 损失可表示为

$$L_{\mathrm{SCNR}}(\bar{f}_{\mathrm{d}}) = \frac{\sigma^2 \,|\, \boldsymbol{W}^{\mathrm{H}}(\bar{f}_{\mathrm{d}})\widetilde{\boldsymbol{S}}(\bar{f}_{\mathrm{d}}) \,|^2}{NK\boldsymbol{W}^{\mathrm{H}}(\bar{f}_{\mathrm{d}})\widetilde{\boldsymbol{R}}\boldsymbol{W}(\bar{f}_{\mathrm{d}})} = \frac{\sigma^2 \,|\, \boldsymbol{S}^{\mathrm{H}}(\bar{f}_{\mathrm{d}})\widetilde{\boldsymbol{R}}^{-1}\widetilde{\boldsymbol{S}}(\bar{f}_{\mathrm{d}}) \,|^2}{NK\boldsymbol{S}^{\mathrm{H}}(\bar{f}_{\mathrm{d}})\widetilde{\boldsymbol{R}}^{-1}\boldsymbol{S}(\bar{f}_{\mathrm{d}})} \tag{13.27}$$

其中,σ^2 表示噪声功率;$\widetilde{\boldsymbol{S}}(\bar{f}_{\mathrm{d}})$和 $\widetilde{\boldsymbol{R}}$ 分别表示存在误差时的目标空时导向矢量和杂波噪声协方差矩阵;$\boldsymbol{W}(\bar{f}_{\mathrm{d}})=\mu\widetilde{\boldsymbol{R}}^{-1}\boldsymbol{S}(\bar{f}_{\mathrm{d}})$表示 STAP 权矢量;$\boldsymbol{S}(\bar{f}_{\mathrm{d}})$表示预设的理想情况下的目标空时导向矢量。

由式(13.27)可知,误差导致的 SCNR 损失主要来源于两个方面:一方面是真实的目标导向矢量 $\widetilde{\boldsymbol{S}}(\bar{f}_{\mathrm{d}})$与预设的目标导向矢量 $\boldsymbol{S}(\bar{f}_{\mathrm{d}})$之间的失配;另一方面是空时协方差矩阵特征空间(包括杂波子空间与噪声子空间)相对于理想的空时协方差矩阵特征空间的变化,主要表现为杂波特征值幅度的变化和杂波自由度的增大。

13.3.1 通道间固定的幅相误差

1. 目标导向矢量失配的影响

存在误差时的目标导向矢量 $\widetilde{\boldsymbol{S}}(\bar{f}_{\mathrm{d}})$与不存在误差时的目标导向矢量 $\boldsymbol{S}(\bar{f}_{\mathrm{d}})$不一致,这种失配会使 SCNR 损失增大。以清晰区为例,此时 $\widetilde{\boldsymbol{R}}=\boldsymbol{R}_{\mathrm{n}}=\sigma^2\boldsymbol{I}_{NK}$,其中,$\boldsymbol{I}_{NK}$ 表示 $NK\times NK$ 单位矩阵。因此,式(13.27)可变换为

$$L_{\mathrm{SCNR}}(\bar{f}_{\mathrm{d}}) = \frac{|\, \boldsymbol{S}^{\mathrm{H}}(\bar{f}_{\mathrm{d}})\widetilde{\boldsymbol{S}}(\bar{f}_{\mathrm{d}}) \,|^2}{(NK)^2} \tag{13.28}$$

因为 $\boldsymbol{S}^{\mathrm{H}}(\bar{f}_{\mathrm{d}})\widetilde{\boldsymbol{S}}(\bar{f}_{\mathrm{d}})\leqslant\boldsymbol{S}^{\mathrm{H}}(\bar{f}_{\mathrm{d}})\boldsymbol{S}(\bar{f}_{\mathrm{d}})=NK$，所以 $L_{\mathrm{SCNR}}(\bar{f}_{\mathrm{d}})\leqslant 1$。通常误差水平较小，目标导向矢量失配程度较小，即有 $\boldsymbol{S}^{\mathrm{H}}(\bar{f}_{\mathrm{d}})\widetilde{\boldsymbol{S}}(\bar{f}_{\mathrm{d}})\approx NK$，因此由目标导向矢量失配导致的 SCNR 损失也较小。

对于通道间随机的幅相误差和阵元位置误差，其由目标导向矢量失配导致的 SCNR 损失与通道间固定的幅相误差类似，因此后续不再进行讨论。

2. 杂波自由度增大的影响

首先讨论通道间固定的幅相误差对杂波自由度的影响。对于任意相同维度的方阵 $\boldsymbol{A}$ 和方阵 $\boldsymbol{B}$，根据 Hadamard 乘积的性质可知 $\operatorname{rank}(\boldsymbol{A}\odot\boldsymbol{B})\leqslant\operatorname{rank}(\boldsymbol{A})\operatorname{rank}(\boldsymbol{B})$，因此

$$\operatorname{rank}(\widetilde{\boldsymbol{R}}_{\mathrm{c}})=\operatorname{rank}(\boldsymbol{R}_{\mathrm{c}}\odot\boldsymbol{E})\leqslant\operatorname{rank}(\boldsymbol{R}_{\mathrm{c}})\operatorname{rank}(\boldsymbol{E})=\operatorname{rank}(\boldsymbol{R}_{\mathrm{c}})\tag{13.29}$$

由式(13.29)可知，通道间固定的幅相误差不会增加杂波自由度。

其次讨论通道间固定的幅相误差对杂波特征值幅度的影响。对于只存在相位误差的情况，即

$$e_{\mathrm{s},n}=\mathrm{e}^{\mathrm{j}\phi_n}\tag{13.30}$$

空时协方差矩阵可分解为

$$\begin{aligned}\widetilde{\boldsymbol{R}}&=\boldsymbol{R}_{\mathrm{c}}\odot\boldsymbol{E}+\boldsymbol{R}_{\mathrm{n}}=\left(\sum_{q=1}^{r_{\mathrm{c}}}\lambda_q\boldsymbol{u}_q\boldsymbol{u}_q^{\mathrm{H}}\right)\odot\boldsymbol{E}+\boldsymbol{R}_{\mathrm{n}}\\&=\sum_{q=1}^{r_{\mathrm{c}}}\lambda_q(\boldsymbol{u}_q\odot\boldsymbol{e})(\boldsymbol{u}_q\odot\boldsymbol{e})^{\mathrm{H}}+\boldsymbol{R}_{\mathrm{n}}\end{aligned}\tag{13.31}$$

其中，r_{c} 表示杂波秩。因为特征矢量集 $\{\boldsymbol{u}_q\}$ 中的矢量两两正交，且对于任意的 $q_1,q_2\in\{1,2,\cdots,r_{\mathrm{c}}\}$ 有

$$(\boldsymbol{u}_{q_1}\odot\boldsymbol{e})^{\mathrm{H}}(\boldsymbol{u}_{q_2}\odot\boldsymbol{e})=(\boldsymbol{u}_{q_1}^{*}\odot\boldsymbol{u}_{q_2})^{\mathrm{T}}(\boldsymbol{e}^{*}\odot\boldsymbol{e})=\boldsymbol{u}_{q_1}^{\mathrm{H}}\boldsymbol{u}_{q_2}\tag{13.32}$$

所以矢量集 $\{\boldsymbol{u}_q\odot\boldsymbol{e}\}$ 中的矢量也两两正交。由此可知，存在误差时的空时协方差矩阵和无误差时的空时协方差矩阵具有相同的特征值，且前者的特征矢量是后者的特征矢量与误差矢量的点乘。

对于同时存在幅度误差和相位误差的情况，由于 $\boldsymbol{e}^{*}\odot\boldsymbol{e}\neq\underbrace{(1,1,\cdots,1)}_{NK}{}^{\mathrm{T}}$，式(13.32)不再成立。但实际上误差水平通常不大于 5%，因此 $\boldsymbol{e}^{*}\odot\boldsymbol{e}\approx\underbrace{(1,1,\cdots,1)}_{NK}{}^{\mathrm{T}}$，此时的特征值和特征矢量相较于仅存在相位误差的情况会有轻微的变化。

根据上述分析可知，对于通道间固定的幅相误差，目标导向矢量失配程度较小，杂波自由度不变，杂波特征值变化幅度较小，因此，由其导致的 SCNR 损失较小。

13.3.2 通道间随机的幅相误差

存在通道间随机的幅相误差时，阵列接收到的第 i 个杂波块的回波信号可以表示为

$$\widetilde{\boldsymbol{X}}_{\mathrm{c}i}=a_i\widetilde{\boldsymbol{S}}_i\tag{13.33}$$

其中

$$\widetilde{\boldsymbol{S}}_i=\boldsymbol{S}_i\odot\boldsymbol{e}=(\boldsymbol{S}_{\mathrm{t}i}\otimes\boldsymbol{S}_{\mathrm{s}i})\odot(\boldsymbol{e}_{\mathrm{t}}\otimes\boldsymbol{e}_{\mathrm{s}})=\boldsymbol{S}_{\mathrm{t}i}\otimes(\boldsymbol{S}_{\mathrm{s}i}\odot\boldsymbol{e}_{\mathrm{s}}) \tag{13.34}$$

时域导向矢量和空域导向矢量可分别表示为

$$\boldsymbol{S}_{\mathrm{t}i}=(1,\mathrm{e}^{\mathrm{j}\omega_{\mathrm{t}i}},\cdots,\mathrm{e}^{\mathrm{j}(K-1)\omega_{\mathrm{t}i}})^{\mathrm{T}} \tag{13.35}$$

$$\boldsymbol{S}_{\mathrm{s}i}=(1,\mathrm{e}^{\mathrm{j}\omega_{\mathrm{s}i}},\cdots,\mathrm{e}^{\mathrm{j}(N-1)\omega_{\mathrm{s}i}})^{\mathrm{T}} \tag{13.36}$$

其中

$$\omega_{\mathrm{t}i}=\frac{4\pi V}{\lambda f_{\mathrm{r}}}\cos\theta_i\cos\varphi \tag{13.37}$$

$$\omega_{\mathrm{s}i}=\frac{2\pi d}{\lambda}\cos\theta_i\cos\varphi \tag{13.38}$$

分别表示时域角频率和空域角频率。

当 $\alpha=1$ 时有 $\omega_{\mathrm{t}i}=\omega_{\mathrm{s}i}$，并将其简记为 ω_i。根据式(13.34)～式(13.36)可得

$$\widetilde{\boldsymbol{S}}_i=\boldsymbol{U}\boldsymbol{V} \tag{13.39}$$

其中

$$\boldsymbol{U}=\begin{bmatrix}
e_{\mathrm{s},1} & 0 & \cdots & \boldsymbol{O}_{(NK-2)\times1} & \boldsymbol{O}_{(NK-1)\times1}\\
 & \ddots & & & \\
 & e_{\mathrm{s},N} & & & \\
 & e_{\mathrm{s},1} & & & \\
 & & \ddots & & \\
 & & e_{\mathrm{s},N} & & \\
 & & \cdots & & \\
 & & & e_{\mathrm{s},1} & \\
 & & & \ddots & \\
\boldsymbol{O}_{(NK-1)\times1} & \boldsymbol{O}_{(NK-2)\times1} & \cdots & 0 & e_{\mathrm{s},N}
\end{bmatrix}_{(NK)\times(N+K-1)} \tag{13.40}$$

$$\boldsymbol{V}=(1,\mathrm{e}^{\mathrm{j}\omega_i},\mathrm{e}^{\mathrm{j}2\omega_i},\cdots,\mathrm{e}^{\mathrm{j}(N+K-2)\omega_i})^{\mathrm{T}} \tag{13.41}$$

由上式可知，对于任意的 $i\in\{1,2,\cdots,N_{\mathrm{c}}\}$，$\widetilde{\boldsymbol{S}}_i$ 都可以由矩阵 $\boldsymbol{U}$ 的列矢量的线性组合来表示。为叙述方便，将与矩阵 $\boldsymbol{U}$ 同型的矩阵称为杂波基矩阵。如果 $\boldsymbol{e}$ 不随距离变化，则不同训练单元对应的杂波基矩阵是一致的。此时，不同训练单元不同方位的杂波信号均可由矩阵 $\boldsymbol{U}$ 的列矢量的线性组合来表示。矩阵 $\boldsymbol{U}$ 显然是列满秩的，因此可推得

$$\widetilde{\boldsymbol{R}}_{\mathrm{c}}=E(\widetilde{\boldsymbol{X}}_{\mathrm{c}}\widetilde{\boldsymbol{X}}_{\mathrm{c}}^{\mathrm{H}})=E\left(\sum_{l=1}^{L}\widetilde{\boldsymbol{X}}_{\mathrm{c}l}\widetilde{\boldsymbol{X}}_{\mathrm{c}l}^{\mathrm{H}}\right)=\mathrm{rank}(\boldsymbol{U})=N+K-1 \tag{13.42}$$

其中，$\widetilde{\boldsymbol{X}}_{\mathrm{c}l}$ 表示估计杂波协方差矩阵采用的第 l 个训练样本；L 表示训练样本数。如果 $\boldsymbol{e}$ 随距离变化，则不同训练单元对应的杂波基矩阵是不一致的。记第 l 个训练单元对应的杂波基矩阵为 $\boldsymbol{U}_l$，则不同训练单元不同方位的杂波信号均可由矩阵 $\boldsymbol{U}_1,\boldsymbol{U}_2,\cdots,\boldsymbol{U}_L$ 的所有列矢量的线性组合来表示。将由矩阵 $\boldsymbol{U}_1,\boldsymbol{U}_2,\cdots,\boldsymbol{U}_L$ 的所有线性无关列矢量组成的矩阵记为 $\overline{\boldsymbol{U}}$，则显然有

$$\text{rank}(\bar{\boldsymbol{U}}) \geqslant \text{rank}(\boldsymbol{U}) \tag{13.43}$$

实际上，式(13.43)中等号成立的概率近似为零。当 $\alpha>1$ 时，可用同样的方法进行分析，此处不再赘述。

根据上述分析可知，通道间随机的幅相误差会显著增加杂波自由度和杂波谱宽，在主瓣杂波区及其附近区域会导致明显的 SCNR 损失，而清晰区的 SCNR 损失主要来源于目标导向矢量失配，损失幅度较小。

13.3.3　阵元位置误差

阵元位置误差与其他误差不同的地方在于能够影响发射方向图，即能够改变发射信号功率在空间方位的分布。如果不考虑阵列加权，则存在阵元位置误差时的阵列发射方向图可表示为

$$f(\theta,\varphi)=\sum_{n=1}^{N}\sum_{m=1}^{M}\mathrm{e}^{\mathrm{j}2\pi\frac{d}{\lambda}[(n-1)(\cos\theta\cos\varphi-\cos\theta_0\cos\varphi_0)+(m-1)(\sin\varphi-\sin\varphi_0)]-\mathrm{j}\frac{2\pi}{\lambda}(\Delta x_{mn}\sin\theta\cos\varphi+\Delta y_{mn}\cos\theta\cos\varphi)} \tag{13.44}$$

其中，θ_0 和 φ_0 分别表示主瓣方位角和俯视角。阵元位置误差会导致发射方向图出现起伏，主瓣指向随之会发生一定变化。实际上，阵元位置误差对发射方向图的影响最终表现为杂波特征值幅度的变化。

至于阵元位置误差对杂波自由度的影响，同样可用 13.3.2 节介绍的方法进行分析，需要注意的是此时的空域误差变成了阵元位置误差 $\boldsymbol{e}_{si}$。$\boldsymbol{e}_{si}$ 与方位角有关，但不随距离变化，因此不同训练单元对应的杂波基矩阵是一致的。

根据上述分析可知，阵元位置误差会增加杂波自由度和杂波谱宽，在主瓣杂波区及其附近区域会导致一定程度的 SCNR 损失。

13.3.4　杂波内部运动

对于杂波内部运动对杂波自由度的影响，依然可用 13.3.2 节介绍的方法进行分析，杂波内部运动随距离变化，因此不同训练单元对应的杂波基矩阵是不一致的。记第 l 个训练单元对应的杂波基矩阵为 $\boldsymbol{U}_l$，则

$$\boldsymbol{U}_l=\begin{bmatrix}
e_{tl,1} & 0 & & \cdots & & \boldsymbol{O}_{(NK-2)\times 1} & \boldsymbol{O}_{(NK-1)\times 1}\\
 & \ddots & & & & & \\
 & & e_{tl,1} & & & & \\
 & e_{tl,2} & & & & & \\
 & & \ddots & & & & \\
 & & & e_{tl,2} & & & \\
 & & & \cdots & & & \\
 & & & & e_{tl,N} & & \\
 & & & & & \ddots & \\
\boldsymbol{O}_{(NK-1)\times 1} & \boldsymbol{O}_{(NK-2)\times 1} & & \cdots & & 0 & e_{tl,N}
\end{bmatrix}_{(NK)\times(N+K-1)} \tag{13.45}$$

不同训练单元不同方位的杂波信号可由矩阵 $\boldsymbol{U}_1, \boldsymbol{U}_2, \cdots, \boldsymbol{U}_L$ 的所有列矢量的线性组合来表示。将由矩阵 $\boldsymbol{U}_1, \boldsymbol{U}_2, \cdots, \boldsymbol{U}_L$ 的所有线性无关列矢量组成的矩阵记为 $\bar{\boldsymbol{U}}$，依然可推得式(13.43)。

根据上述分析可知，杂波内部运动会显著增加杂波自由度和杂波谱宽，在主瓣杂波区及其附近区域会导致明显的 SCNR 损失。杂波内部运动不会增大噪声功率，也不会导致目标导向矢量失配，因此，清晰区 SCNR 无损失。

13.4 仿真分析

仿真实验中假设杂波脊斜率 $\alpha=2$，这意味着杂波占据了一半的脉冲重复频率范围，即存在清晰区。图 13.2～图 13.5 分别给出了存在通道间固定的幅相误差、通道间随机的幅相误差、阵元位置误差和杂波内部运动等四种空时误差情况下的杂波特征谱和 SCNR 损失情况。

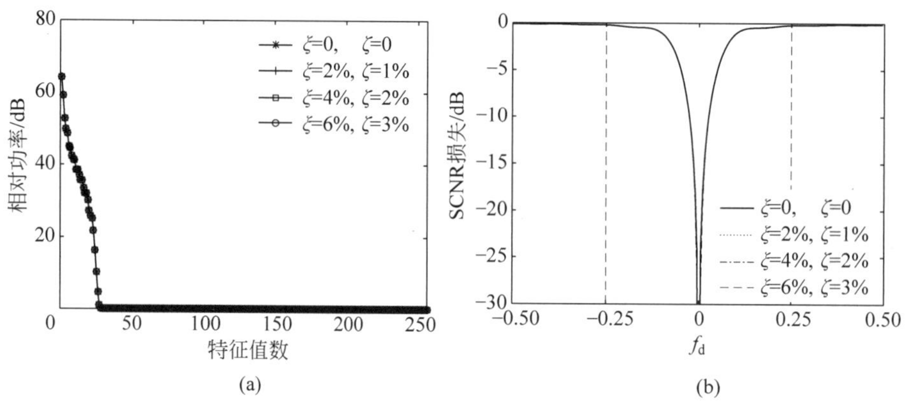

图 13.2　通道间固定的幅相误差影响

(a) 杂波特征谱；(b) SCNR 损失

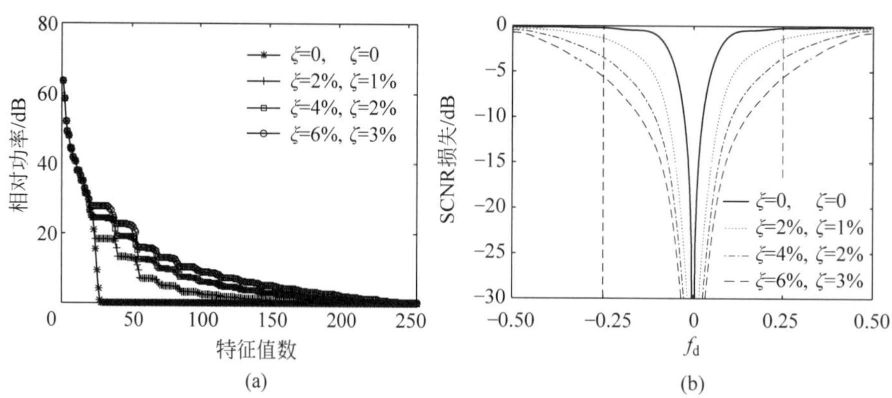

图 13.3　通道间随机的幅相误差影响

(a) 杂波特征谱；(b) SCNR 损失

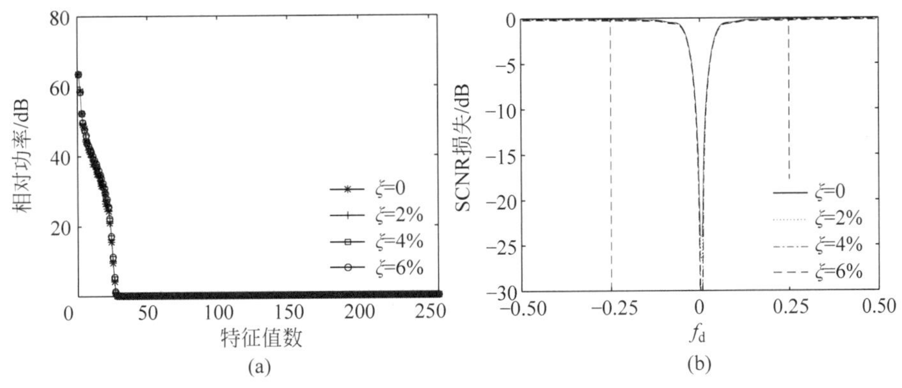

图 13.4　阵元位置误差影响

(a) 杂波特征谱；(b) SCNR 损失

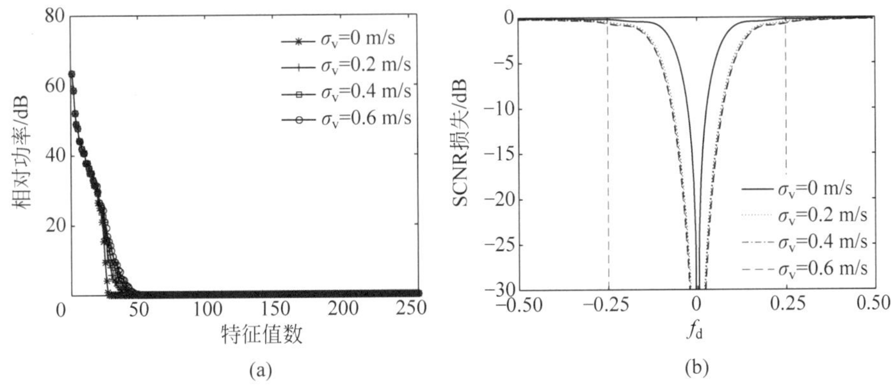

图 13.5　杂波内部运动误差影响

(a) 杂波特征谱；(b) SCNR 损失

由图 13.2 可以看出：①随着通道间固定的幅相误差水平的升高，大特征值数不变，仅大特征值相对幅度有轻微变化，而小特征值无变化；②SCNR 损失随着误差水平的升高而增大，但损失程度较小。例如当 $\xi=6\%$，$\zeta=3\%$时，清晰区(虚线内部区域为杂波区，两侧区域为清晰区)和副瓣杂波区的 SCNR 损失均小于 2 dB。因此，通道间固定的幅相误差导致的 SCNR 损失程度较小。

由图 13.3 可以看出：①随着通道间随机的幅相误差水平的升高，大特征值数明显增多；②SCNR 损失随着误差水平的升高而增大，且清晰区和副瓣杂波区的损失程度均较大。例如当 $\xi=6\%$，$\zeta=3\%$，$f_d=\pm0.15$ 时，副瓣杂波区的 SCNR 损失超过 5 dB。因此，通道间随机的幅相误差导致的副瓣杂波区 SCNR 损失程度较大。

由图 13.4 可以看出：①随着阵元位置误差水平的升高，大特征值数和小特征值相对幅度均没有明显变化；②SCNR 损失随着误差水平的升高而增大，但损失程度较小。例如当 $\xi=6\%$时，清晰区和副瓣杂波区的 SCNR 损失均小于 2 dB。因此，阵元位置误差导致的 SCNR 损失程度较小。

由图 13.5 可以看出：①随着杂波内部运动误差水平的升高，大特征值数明显增多，小特征值相对幅度不变；②SCNR 损失随着误差水平的升高而增大，损失程度较大，且主要局限于主瓣杂波区及其附近区域，而清晰区几乎无损失。

此外，图 13.3(b)和图 13.5(b)的仿真结果也反映出通道间随机的幅相误差和杂波内部运动会导致杂波谱在频域上存在一定程度的展宽。

综上所述，本节仿真结果与 13.3 节的理论分析结果一致。表 13.1 和表 13.2 对各种空时误差的特性及其对 STAP 杂波抑制性能的影响进行了总结。

表 13.1　平均 SCNR 损失

杂波分区	通道间固定的幅相误差 $\xi=6\%,\zeta=3\%$	通道间随机的幅相误差 $\xi=6\%,\zeta=3\%$	阵元位置误差 $\xi=6\%$	杂波内部运动 $\sigma_v=0.6$ m/s
清晰区，$0.25\leqslant\lvert\bar{f}_d\rvert\leqslant0.5$	−0.12 dB	−2.64 dB	−0.32 dB	−0.34 dB
副瓣杂波区，$0.15\leqslant\lvert\bar{f}_d\rvert<0.25$	−0.33 dB	−7.53 dB	−0.54 dB	−0.98 dB
主瓣杂波区，$0.05\leqslant\lvert\bar{f}_d\rvert<0.15$	−1.52 dB	−14.51 dB	−1.72 dB	−6.2 dB

表 13.2　误差影响总结

误差类型	特性	影响 STAP 性能的原因		STAP 性能		
		目标导向矢量	杂波自由度	主瓣杂波区	副瓣杂波区	清晰区
通道间固定的幅相误差	与距离、脉冲和方位角无关	失配程度较小	不变（仅杂波特征值幅度有轻微变化）	几乎无影响	几乎无影响	几乎无影响
通道间随机的幅相误差	与距离有关，与脉冲和方位角无关	失配程度较小	明显增大（主要原因）	显著下降	显著下降	显著下降
阵元位置误差	与距离、脉冲无关，与方位角有关	失配程度较小	几乎不变	几乎无影响	几乎无影响	几乎无影响
杂波内部运动	与距离、脉冲和方位角有关	无影响	明显增大	显著下降	有一定影响	几乎无影响

下面给出解决误差问题的具体措施。①对于通道间固定的幅相误差和位置误差，可通过定期天线误差校正予以补偿；②对于通道间随机的幅相误差，可考虑利用不同距离门的回波数据重构杂波协方差矩阵，并通过距离向的平均弱化其影响；③对于杂波内部运动，其误差协方差矩阵仅与 σ_v 有关，如果可以重构其误差协方差矩阵，则利用重构的误差协方差矩阵点除估计的空时协方差矩阵即可减弱其对 STAP 的影响。σ_v 的实际取值是未知的，但容易确定其取值范围，因此可通过设计某种具体方法从设定的取值范围中选取一个最优值作为 σ_v 的估计值，据此重构出误差协方差矩阵。

13.5 小结

在实际工程应用中各种不可避免的空时误差严重影响着 STAP 的性能。本章给出了各种误差的数学模型，并根据相关模型详细研究了不同误差的特性，同时从目标导向矢量失配和杂波自由度的增大两方面分析了空时误差影响 STAP 性能的内在机理。研究结果表明：①通道间固定的幅相误差和阵元位置误差导致的 SCNR 损失较小；②通道间随机的幅相误差导致的副瓣杂波区 SCNR 损失最大，同时导致了杂波谱的严重展宽；③杂波内部运动在主瓣杂波区及其附近区域会导致一定程度的 SCNR 损失和杂波谱展宽。通过本章工作，可以看出在机载雷达信号处理方案设计过程中应重点考虑对通道间随机的幅相误差和杂波内部运动稳健的 STAP 方法。

第 14 章

干扰环境下的 STAP

当前雷达干扰的样式日趋复杂，特别是随着数字射频存储器（DRFM）的发展与应用，干扰样式从传统的欺骗干扰和压制干扰发展为各种形式的灵巧干扰。灵巧干扰以其样式多、随机性强以及干扰效率高等特点，对现代雷达的生存和发展构成了严重威胁。目前机载雷达空时自适应处理抗干扰方法的研究较少。文献[122]研究了机载雷达背景下压制噪声干扰的抑制方法，但未对灵巧干扰的抑制方法进行研究；文献[123]研究了空时自适应子空间投影抗干扰方法，前提是干扰来向已知。灵巧干扰兼具欺骗干扰和压制干扰的特点，一方面，干扰在距离和多普勒频率上具有随机性，致使雷达难以获取服从独立同分布条件的样本；另一方面，灵巧干扰可以获得比传统压制干扰更大的脉压增益，具有较高的干扰利用率。相对于常规地面雷达，机载雷达同时面临着强杂波背景，干扰和杂波信号叠加在一起，进一步增大了获取干扰样本的难度。

除了传统的压制噪声干扰外，典型灵巧干扰样式包括噪声卷积干扰、随机移频干扰和延时转发干扰三类。本章建立机载雷达背景下上述干扰的空时信号模型，从特征谱、空时功率谱和距离-多普勒谱图三个角度分析干扰分布特性，提出基于干扰来向估计的机载雷达干扰和杂波同时抑制方法[124]，并分析比较同时抑制 STAP 方法和级联抑制 STAP 方法的抗干扰性能。

14.1　空时干扰信号模型

1. 压制噪声干扰

压制噪声干扰是指用强的干扰功率压制雷达目标信号的一种干扰方式，该干扰在空间上相关，时间上不相关。因此压制噪声干扰的空间采样信号类似于点目标，脉冲间采样信号类似于白噪声。

由雷达方程可知，雷达接收到的某一干扰信号的功率为

$$a_{\mathrm{j}}^2=\sigma^2\xi_{\mathrm{j}} \tag{14.1}$$

其中 ξ_{j} 表示单阵元单脉冲干扰信号的 JNR，其表达式为

$$\xi_{\mathrm{j}}=\frac{S_{\mathrm{j}}BG_{\mathrm{r}}(\theta_{\mathrm{j}},\varphi_{\mathrm{j}})\lambda^2}{(4\pi)^2\widetilde{R}_{\mathrm{j}}^2KT_0BF_{\mathrm{n}}L_{\mathrm{s}}}=\frac{S_{\mathrm{j}}G_{\mathrm{r}}(\theta_{\mathrm{j}},\varphi_{\mathrm{j}})\lambda^2}{(4\pi)^2\widetilde{R}_{\mathrm{j}}^2KT_0F_{\mathrm{n}}L_{\mathrm{s}}} \tag{14.2}$$

其中，S_{j} 表示干扰功率谱密度(单位：W/Hz)；θ_{j} 和 φ_{j} 分别表示干扰的方位角和俯仰角；$\widetilde{R}_{\mathrm{j}}$ 表示干扰机与雷达之间的距离。需要指出的是，脉压处理对压制噪声干扰信号的 JNR 没有得益。

同时考虑时间采样和空间采样，则干扰的回波信号矢量为

$$\boldsymbol{X}_{\mathrm{j}}=a_{\mathrm{j}}\boldsymbol{S}(f_{\mathrm{s}}) \tag{14.3}$$

其中，f_{s} 表示干扰的空间频率；$\boldsymbol{S}(f_{\mathrm{s}})$表示空时导向矢量，其表达式为

$$\boldsymbol{S}(f_{\mathrm{s}})=\boldsymbol{S}_{\mathrm{t}}\otimes\boldsymbol{S}_{\mathrm{s}}(f_{\mathrm{s}}) \tag{14.4}$$

$$\begin{aligned}\boldsymbol{S}_{\mathrm{s}}(f_{\mathrm{s}})&=[1;\ \mathrm{e}^{\mathrm{j}2\pi f_{\mathrm{s}}};\ \cdots;\ \mathrm{e}^{\mathrm{j}(N-1)2\pi f_{\mathrm{s}}}]\\&=\left[1;\ \mathrm{e}^{\mathrm{j}2\pi\frac{\boldsymbol{K}(\theta_{\mathrm{j}},\varphi_{\mathrm{j}})\cdot\boldsymbol{d}}{\lambda}};\ \cdots;\ \mathrm{e}^{\mathrm{j}(N-1)2\pi\frac{\boldsymbol{K}(\theta_{\mathrm{j}},\varphi_{\mathrm{j}})\cdot\boldsymbol{d}}{\lambda}}\right]\end{aligned} \tag{14.5}$$

由于压制噪声干扰在脉冲间不相关，因此时域导向矢量 $\boldsymbol{S}_{\mathrm{t}}$ 为一个 K 维的满足高斯分布的复随机矢量。则压制噪声干扰协方差矩阵的表达式为

$$\boldsymbol{R}_{\mathrm{j}}=E(\boldsymbol{X}_{\mathrm{j}}\boldsymbol{X}_{\mathrm{j}}^{\mathrm{H}})=\sigma^2\xi_{\mathrm{j}}I_K\otimes(\boldsymbol{S}_{\mathrm{s}}(f_{\mathrm{s}})\boldsymbol{S}_{\mathrm{s}}^{\mathrm{H}}(f_{\mathrm{s}})) \tag{14.6}$$

如果同时存在 N_{j} 个互不相关的干扰，则总的干扰回波信号矢量为

$$\boldsymbol{X}_{\mathrm{j}}=\sum_{i=1}^{N_{\mathrm{j}}}a_{\mathrm{j},i}\boldsymbol{S}(f_{\mathrm{s},i}) \tag{14.7}$$

此时，干扰协方差矩阵可表示成以下形式：

$$\boldsymbol{R}_{\mathrm{j}}=\boldsymbol{I}_K\otimes(\sigma^2\xi_{\mathrm{j}}\boldsymbol{S}_{\mathrm{s}}(f_{\mathrm{s}})\boldsymbol{S}_{\mathrm{s}}^{\mathrm{H}}(f_{\mathrm{s}}))=\boldsymbol{I}_K\otimes\boldsymbol{R}_{\mathrm{s}}=\begin{bmatrix}\boldsymbol{R}_{\mathrm{s}} & & & \boldsymbol{0}\\ & \boldsymbol{R}_{\mathrm{s}} & & \\ & & \ddots & \\ \boldsymbol{0} & & & \boldsymbol{R}_{\mathrm{s}}\end{bmatrix} \tag{14.8}$$

其中

$$\boldsymbol{R}_{\mathrm{s}}=\boldsymbol{S}_{\mathrm{s}}\boldsymbol{\Xi}_{\mathrm{s}}\boldsymbol{S}_{\mathrm{s}}^{\mathrm{H}} \tag{14.9}$$

$$\boldsymbol{S}_{\mathrm{s}}=[\boldsymbol{S}_{\mathrm{s}1},\boldsymbol{S}_{\mathrm{s}2},\cdots,\boldsymbol{S}_{\mathrm{s}N_{\mathrm{j}}}]_{N\times N_{\mathrm{j}}} \tag{14.10}$$

$$\boldsymbol{\Xi}_{\mathrm{s}}=\sigma^2\operatorname{diag}([\xi_{\mathrm{j}1},\xi_{\mathrm{j}2},\cdots,\xi_{\mathrm{j}N_{\mathrm{j}}}])_{N_{\mathrm{j}}\times N_{\mathrm{j}}} \tag{14.11}$$

其中,$\boldsymbol{S}_{si}$ 表示第 i 个干扰对应的空域导向矢量;$\boldsymbol{\Xi}_{\mathrm{s}}$ 表示由各干扰的回波功率组成的对角矩阵。

由式(14.8)可以看出,干扰协方差矩阵是一个块对角矩阵,在非对角线上的各个 $N\times N$ 的空间相关矩阵均为零矩阵,这是因为压制性噪声干扰在不同脉冲间是不相关的。同时由于干扰信号在各脉冲间是平稳的,因此对角线上的块矩阵相同,均为 $\boldsymbol{R}_{\mathrm{s}}$。

2. 噪声卷积干扰

噪声卷积干扰是指干扰机将接收到的雷达信号与噪声卷积后生成的干扰信号。对雷达接收机来说,干扰信号的特性主要表现为:①从快时间域来看,每个干扰回波脉压之后仅在一段距离上有输出(取决于卷积的噪声长度),回波幅度随机起伏,表现为类噪声的特性;②从慢时间域来看,干扰信号的幅度是随机起伏的,且分布在整个多普勒频段内,呈现出“白噪声”特性。

噪声卷积干扰信号的数学表达式同压制噪声干扰,见式(14.3),二者唯一的区别是噪声卷积干扰脉压之后的干噪比(JNR)增益为[125]

$$K_{\mathrm{d}}=\frac{T_{\mathrm{n}}+\tau}{T_{\mathrm{n}}+1/B}>1 \tag{14.12}$$

其中,T_{n} 为卷积的噪声长度;τ 为脉压前的脉冲宽度;B 为雷达接收机带宽。所以脉压后噪声卷积干扰信号的幅度 $a_{\mathrm{j}}=\sigma\sqrt{K_{\mathrm{d}}\xi_{\mathrm{j}}}$。

3. 随机移频干扰

随机移频干扰是指干扰机将接收到的雷达信号在距离和多普勒频率上进行随机调制后得到的干扰信号,该干扰样式表现为多个假目标。其特点是可以在距离-多普勒谱图上形成任意指定区域的干扰,达到掩护目标的目的。

随机移频干扰相当于一系列密集假目标。假设雷达发射信号为线性调频(LFM)信号,则单个假目标信号经过脉冲压缩之后的输出是一个包络为 sinc 函数形状的信号。当单个假目标信号的移频量 Δf_{j} 为零时,sinc 函数的峰值出现在 $t=t_{\mathrm{j}}+\Delta t_{\mathrm{j}}$ 时刻;当 Δf_{j} 不为零时,峰值移动到 $t=t_{\mathrm{j}}+\Delta t_{\mathrm{j}}-\Delta f_{\mathrm{j}}/\mu$ 处。所以随机移频干扰所在的实际距离单元为

$$l=\operatorname{mod}\left(t_{\mathrm{j}}+\Delta t_{\mathrm{j}}-\frac{\Delta f_{\mathrm{j}}}{\mu},T_{\mathrm{r}}\right)\cdot\frac{c}{2\Delta R}T_{\mathrm{r}} \tag{14.13}$$

其中,mod(·)为取余函数;t_{j} 为干扰机与雷达之间的距离决定的时延;Δt_{j} 为干扰机的调制时延;$\mu=B/\tau$ 为 LFM 信号的调频斜率;T_{r} 为脉冲重复间隔;ΔR 为距离分辨率。

随机移频干扰的回波信号矢量为

$$\boldsymbol{X}_{\mathrm{j}}=a_{\mathrm{j}}\boldsymbol{S}(f_{\mathrm{dj}},f_{\mathrm{sj}})=a_{\mathrm{j}}\boldsymbol{S}_{\mathrm{t}}(f_{\mathrm{dj}})\otimes\boldsymbol{S}_{\mathrm{s}}(f_{\mathrm{sj}}) \tag{14.14}$$

其中,空域导向矢量 $\boldsymbol{S}_{\mathrm{s}}(f_{\mathrm{sj}})$ 如式(14.5)所示;时域导向矢量 $\boldsymbol{S}_{\mathrm{t}}(f_{\mathrm{dj}})=[1,\mathrm{e}^{\mathrm{j}2\pi f_{\mathrm{dj}}},\cdots,\mathrm{e}^{\mathrm{j}(K-1)2\pi f_{\mathrm{dj}}}]^{\mathrm{T}}$,其中 $f_{\mathrm{dj}}=\dfrac{f'_{\mathrm{dj}}+\Delta f_{\mathrm{j}}}{f_{\mathrm{r}}}$,$f'_{\mathrm{dj}}$ 为干扰机自身运动导致的多普勒频率,Δf_{j} 为干扰机对接收到的雷达信号进行调制后产生的频率差,f_{r} 为脉冲重复频率。

随机移频干扰中单个假目标信号脉压之后的 JNR 增益为

$$K_{\mathrm{d}}=B\tau\left(1-\frac{|\Delta f_{\mathrm{j}}|}{B}\right) \tag{14.15}$$

4. 延时转发干扰

延时转发干扰是指干扰机通过对截获的雷达信号进行延时转发，形成一系列与目标信号具有相同多普勒频率的假目标。由于机载雷达通常存在距离模糊，因此延时转发干扰形成的假目标可能出现在任意距离单元上，严重破坏样本的均匀分布特性。

由于延迟转发干扰未进行频率调制，所以假目标所在的实际距离单元为

$$l=\mathrm{mod}(t_{\mathrm{j}}+\Delta t_{\mathrm{j}},T_{\mathrm{r}})\cdot\frac{c}{2\Delta R}T_{\mathrm{r}} \tag{14.16}$$

延时转发干扰的信号矢量与随机移频干扰中假目标的信号矢量相同。单个假目标脉压后的增益为

$$K_{\mathrm{d}}=B\tau \tag{14.17}$$

14.2 干扰特性分析

1. 杂波自由度

压制噪声干扰由干扰机不停地施放噪声信号所产生，所以干扰存在于每一个距离单元，并且在多普勒频率上是白化的。由 Brennan 准则可知：在正侧视均匀线阵情况下，当存在 N_{j} 个互不相关的压制噪声干扰时，机载雷达杂波自由度为[126]

$$r_{\mathrm{c}}\approx\mathrm{round}\{N+(\beta+N_{\mathrm{j}})(K-1)\} \tag{14.18}$$

即每增加一个压制噪声干扰，杂波自由度增加 $K-1$ 个。

与压制噪声干扰类似，噪声卷积干扰在多普勒频率上也是白化的，因此当某一距离环上存在噪声卷积干扰时，其对杂波自由度的影响与压制噪声干扰相同。但是，与压制噪声干扰不同的是，噪声卷积干扰并不存在于全部距离环，因此并不是所有距离环上的杂波自由度均增加。

对于随机移频干扰和延时转发干扰，干扰信号分布在一段多普勒频率范围内且呈现出扩散现象，所以杂波自由度为

$$r_{\mathrm{c}}\approx\mathrm{round}[N+\beta(K-1)+N_{\mathrm{j}}] \tag{14.19}$$

与噪声卷积干扰类似，只有在存在干扰的距离环上的杂波自由度才会增加，否则不变。

图 14.1 给出了某一距离环上分别存在 1 个干扰和 3 个来自不同方向的干扰时的杂波特征谱，其中 $K=16$，$\beta=0.5$ 和 $\beta=1$，随机移频干扰的频率变化范围为 $-200\sim200$ Hz。如图 14.1(a)所示，当存在一个干扰时，压制噪声干扰、噪声卷积干扰、随机移频干扰和延时转发干扰对应的杂波自由度分别为 39、39、25 和 25。当存在 3 个干扰时，四种干扰对应的杂波自由度分别为 69、69、27 和 27，如图 14.1(b)所示。图 14.1 中两条黑色竖线为根据式(14.18)和式(14.19)计算得到的杂波自由度值，该数值与仿真结果基本一致。当 β 取整数时，杂波特征谱存在明显的陡降现象，此时仿真结果与估计值完全一致，如图 14.1(c)和(d)所示。

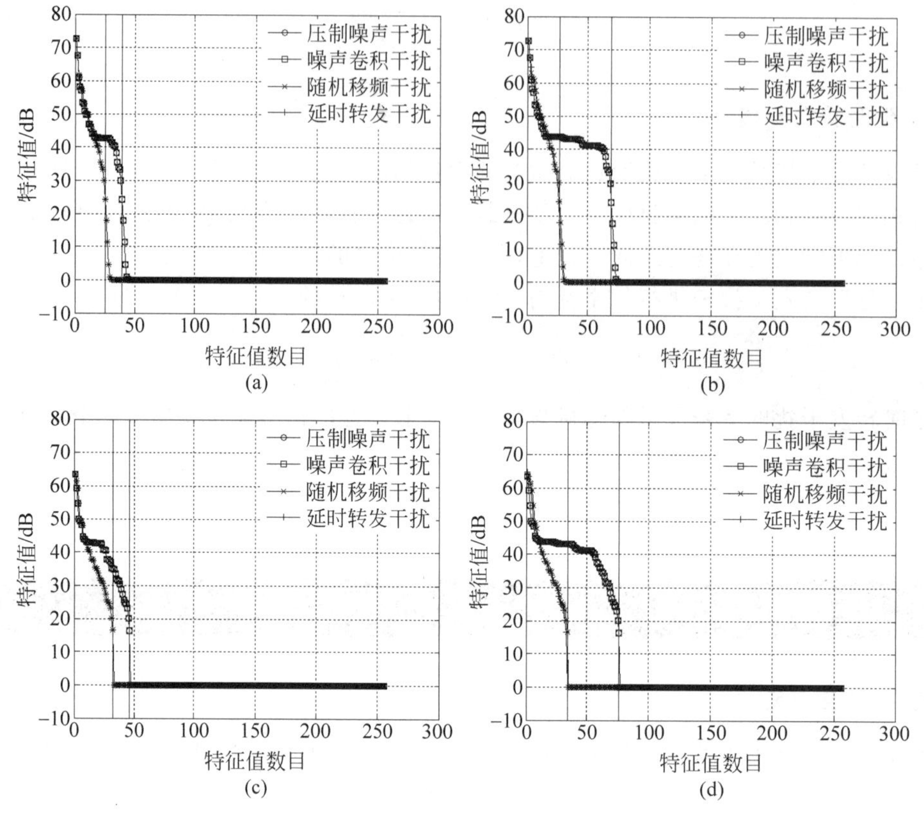

图 14.1 杂波特征谱图

(a) 1 个干扰($\beta=0.5$)；(b) 3 个干扰($\beta=0.5$)；(c) 1 个干扰($\beta=1$)；(d) 3 个干扰($\beta=1$)

2. 空时功率谱图

图 14.2 给出了当 1 个干扰机施放四种不同干扰时的空时功率谱图，其中灵巧干扰的数量为 3 个。从图中可以看出压制噪声干扰和噪声卷积干扰表现为全频带、方向固定，而随机移频干扰表现为部分频带、方向固定。由于延时转发干扰与目标具有相同的多普勒频率，所以与目标具有相同的形式。需要说明的是，图 14.2 中的功率谱所采用的协方差矩阵是通过所有距离单元的数据估计得到的。从图 14.2 中可以看出：①噪声卷积干扰虽有脉压得益，但由于其仅分布于部分距离单元，因此经所有距离单元平均后的干扰功率(41 dB)低于压制噪声干扰(44 dB)；②随机移频干扰的功率与多普勒频率有关，虽然经过距离平均但其干扰功率最大仍达到 56 dB；③延时转发干扰的脉压得益最大，其干扰功率为 65 dB。注意图 14.2 中的干扰功率是指经过脉压和空时积累后的结果。

3. 距离-多普勒谱图

图 14.3 给出了图 14.2 情形下对应的距离-多普勒谱图。从图中可以看出，压制噪声干扰表现为全距离段；噪声卷积干扰在距离上呈离散分布，在多普勒域上呈现白化的特性；随机移频干扰在距离和多普勒域上均呈现离散特性，注意在第 900 个距离单元附近的假目标干扰在多普勒频率上出现了模糊；延时转发干扰与目标具有相同的多普勒频率，在距离门

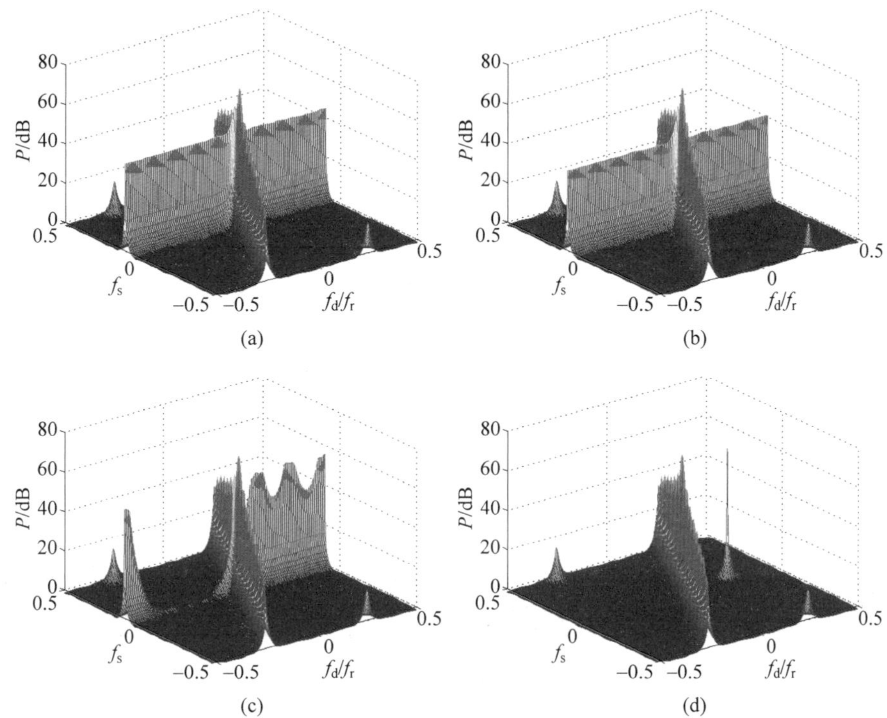

图 14.2　存在杂波和干扰情况下的空时功率谱

(a) 压制噪声干扰；(b) 噪声卷积干扰；(c) 随机移频干扰；(d) 延时转发干扰

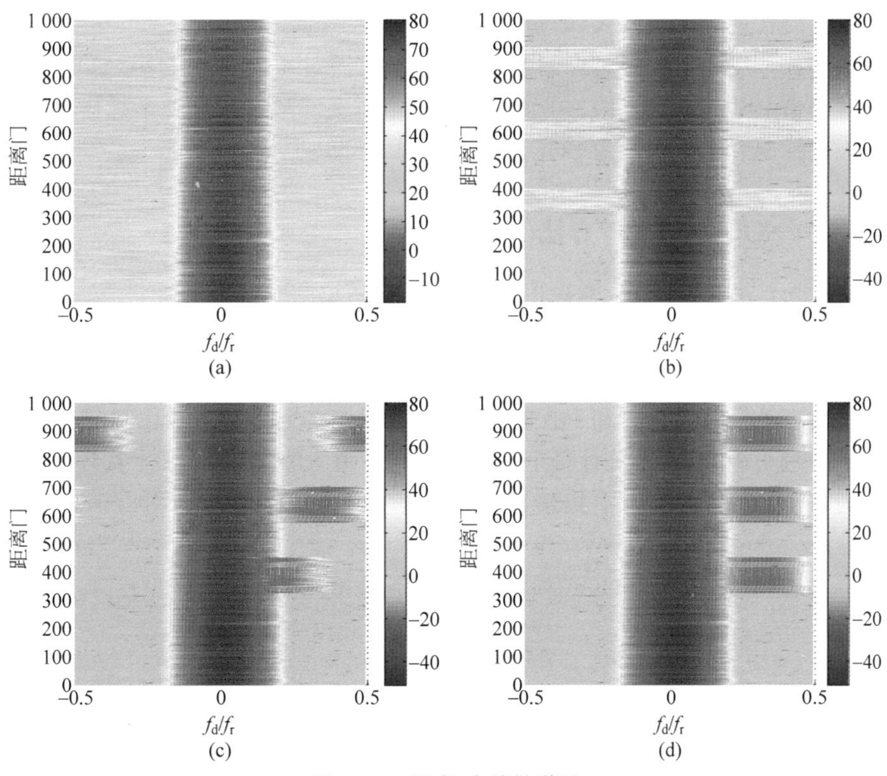

图 14.3　距离-多普勒谱图

(a) 压制噪声干扰；(b) 噪声卷积干扰 ；(c) 随机移频干扰；(d) 延时转发干扰

上形成密集假目标。需要指出的是,相比于图 14.2(d),图 14.3(d)中的延时转发干扰虽然中心多普勒频率为 0.3,但是存在一定展宽,其原因是图 14.3 中的距离-多普勒谱图是傅里叶谱,相比于图 14.2 中的最大似然谱分辨率较差。

典型干扰样式的特性总结如表 14.1 所示。

表 14.1 干扰特性总结

干扰类型	脉压增益	杂波自由度增加数目	距离-多普勒谱图	特性
压制噪声干扰	1	$N_j(K-1)$	距离和多普勒均连续分布	时域白化,空域相关
噪声卷积干扰	$(T_n+\tau)/(T_n+1/B)$	$N_j(K-1)$	距离离散,多普勒连续	时域白化,空域相关
随机移频干扰	$B\tau(1-\|\Delta f_j\|/B)$	N_j	距离和多普勒均离散分布	时域部分相关,空域相关
延时转发干扰	$B\tau$	N_j	距离和多普勒均离散分布	时域相关,空域相关

14.3 干扰环境下的 STAP 方法

在空时自适应处理理论中,存在两种抗干扰途径:一种是增加指向干扰方向的辅助波束,即杂波和干扰同时抑制,该方法的前提是干扰来向已知;另一种是先通过获取的纯干扰样本在空域实现干扰的自适应抑制,然后再通过空时自适应处理抑制杂波,即级联抑制。目前可通过两种方式获取纯干扰样本:①中/高重频模式时在无杂波区(即清晰区)获取;②低重频模式时在远端无杂波区(即超视距区)获取。

针对第一种杂波和干扰同时抑制方法,本节提出通过单元平均选小(SOCA)检测的方法在空时功率谱上估计干扰来向;在级联处理中本节在清晰区获取纯干扰样本。此处将同时抑制和级联抑制方法分别记为 SOCA-STAP 和 TSN-STAP。

14.3.1 SOCA-STAP 方法

步骤 1:估计杂波+干扰+噪声协方差矩阵,并构造空时功率谱。

步骤 2:干扰来向估计

由 14.2 节的分析可知,干扰在空时功率谱上的特性为全频带且方向固定,而杂波具有空时耦合特性。基于上述杂波和干扰的分布特性,首先在空时功率谱上对每个多普勒通道进行单元平均选小检测,然后统计每个空间频率超过阈值的个数,由于干扰集中出现在某几个空域方向,所以超过阈值的干扰累计数远大于杂波,可以据此检测出干扰所在的空间频率。

对每个多普勒通道进行 SOCA 检测,对应的判决准则为

$$\boldsymbol{P}(f_s,f_d)\underset{H_0}{\overset{H_1}{\gtrless}}\eta_1 \tag{14.20}$$

其中,$\boldsymbol{P}(f_s,f_d)$表示空时功率谱上(f_s,f_d)处的功率;H_1 表示待检测频率单元上有杂波或干扰的假设;H_0 表示只有噪声的假设;η_1 表示检测门限,其表达式为

$$\eta_1=\alpha_{so}\min(\sigma_1^2,\sigma_2^2) \tag{14.21}$$

取待检测空间频率两侧的频点为前后参考窗，则 σ_1^2 和 σ_2^2 分别表示前后参考窗内功率的平均值；α_{so} 为根据经验预设的阈值因子，本节设置为 10 倍的噪声功率。在空时功率谱上杂波脊和干扰交汇边缘，SOCA 检测可以避免参考窗内杂波或干扰的功率超过待检测单元功率而产生漏检。

对每个空间频率进行检测，假设待检测空间频率满足上述 H_1 条件的个数为 N_d，干扰所在空间频率的判决准则为

$$N_d \underset{\mathrm{H}_0'}{\overset{\mathrm{H}_1'}{\gtrless}} \eta_2 \tag{14.22}$$

其中，H_1' 表示该空间频率存在干扰的假设；H_0' 表示无干扰的假设；η_2 表示区分干扰和杂波累计数的门限。

步骤 3：构造波束域降维矩阵

在波束域降维矩阵中增加指向干扰方向的辅助波束，此时波束域降维矩阵为

$$\boldsymbol{T}_s = [\boldsymbol{T}_c, \boldsymbol{T}_j] \tag{14.23}$$

其中，$\boldsymbol{T}_c$ 表示指向预设目标方向及其附近的空域波束；$\boldsymbol{T}_j$ 表示指向干扰方向的辅助波束。需要指出的是，除了在波束域降维过程中增加了干扰辅助波束外，SOCA-STAP 方法的其余处理环节与无干扰时的波束域 STAP 方法相同。

步骤 4：降维空时自适应处理。

14.3.2 TSN-STAP 方法

步骤 1：对各阵元接收到的 K 维数据进行多普勒滤波处理。

步骤 2：利用清晰区的数据估计 $\hat{\boldsymbol{R}}_{jn}$。

对于俯仰角为 φ 的距离环的杂波信号，其归一化多普勒频率范围为

$$B_d = \left[-\frac{2V_R}{\lambda f_r}\cos\varphi, \frac{2V_R}{\lambda f_r}\cos\varphi\right], \quad f_r \geqslant 4V_R/\lambda \tag{14.24}$$

所以多普勒频率在 $\left[-0.5, -\frac{2V_R}{\lambda f_r}\cos\varphi\right]$ 和 $\left[\frac{2V_R}{\lambda f_r}\cos\varphi, 0.5\right]$ 区间内无杂波，该区域称为清晰区。在多普勒清晰区内，利用待检测单元外所有样本估计得到的干扰噪声空域协方差矩阵为

$$\hat{\boldsymbol{R}}_{jn} = \frac{1}{LK}\sum_{l=1}^{L}\sum_{k=1}^{K}\boldsymbol{X}_{l,k}\boldsymbol{X}_{l,k}^{\mathrm{H}} \tag{14.25}$$

其中，$\boldsymbol{X}_{l,k}$ 表示位于清晰区的第 l 个距离单元第 k 个多普勒通道对应的 N 维空域数据。

步骤 3：构造波束域降维矩阵。

波束域降维矩阵为

$$\boldsymbol{T}_s = [\boldsymbol{G}_{n_0-1}, \boldsymbol{G}_{n_0}, \boldsymbol{G}_{n_0+1}] \tag{14.26}$$

其中，$\boldsymbol{G}_{n_0} = (\hat{\boldsymbol{R}}_{jn})^{-1}\boldsymbol{S}_s$，$\boldsymbol{S}_s$ 表示预设的目标空域导向矢量，维数为 N，$\boldsymbol{G}_{n_0} = (\hat{\boldsymbol{R}}_{jn})^{-1}\boldsymbol{S}_s$ 表示在波束域降维过程中进行自适应抗干扰处理；$\boldsymbol{G}_{n_0-1}$ 和 $\boldsymbol{G}_{n_0+1}$ 分别表示指向预设目标附近的经过自适应抗干扰处理后的辅助波束。

步骤 4：降维空时自适应处理。

14.4 仿真分析

在本节仿真实验中采用的机载雷达系统的主要参数如表 14.2 所示。由系统参数可知在空时域上的杂波脊斜率为 2,因此存在一半的清晰区,满足级联抑制方法在清晰区选取干扰样本的要求。主波束和干扰机对应的归一化空间频率分别为 0 和 0.1,表明干扰从波束旁瓣进入。其他系统参数同表 4.1。本节在仿真过程中采用的 STAP 方法为偏置波束+相邻多普勒域处理。

表 14.2 雷达系统及干扰参数

系统参数	脉冲重复频率 f_r	4 869.6 Hz
	空时杂波脊斜率 α	2
干扰机参数	干扰机距离	370 km
	空间频率	0.1
	功率谱密度 S_j	10^{-3} W/Hz
噪声卷积干扰	干扰数目	3
	卷积噪声长度 T_n	15 μs
随机移频干扰	干扰数目	3
	单个干扰包含的假目标数目	50
	移频范围	−200～200 Hz
延时转发干扰	干扰数目	3
	单个干扰包含的假目标数目	50
	归一化多普勒频率	0.3

14.4.1 脉压增益比较

根据参数计算得到输入端单阵元单脉冲信号的 JNR 为

$$\xi_j = \frac{S_j G_r(\theta_j, \varphi_j)\lambda^2}{(4\pi)^2 \widetilde{R}_j^2 K T_0 F_n L_s} = 30.8 \text{ dB} \tag{14.27}$$

噪声卷积干扰脉压后的 JNR 增益为

$$K_d = \frac{T_n + \iota}{T_n + 1/B} = 2.9 \text{ dB} \tag{14.28}$$

随机移频干扰脉压后的最大 JNR 增益为

$$K_d = B\tau\left(1 - \frac{200}{B}\right) = 18.8 \text{ dB} \tag{14.29}$$

延时转发干扰脉压后的 JNR 增益为

$$K_d = B\tau = 18.8 \text{ dB} \tag{14.30}$$

因此,脉压后的压制噪声干扰、噪声卷积干扰、随机移频干扰和延时转发干扰的 JNR 分别为 30.8 dB、33.7 dB、49.6 dB 和 49.6 dB。

14.4.2　干扰来向估计

本小节考察 SOCA 检测方法对干扰来向的估计性能。从图 14.4 中可以看出，干扰能被有效检测出来；从干扰所在空间频率来看，除了延时转发干扰外，超过阈值的干扰点数明显大于杂波，所以能够准确估计出干扰来向。对于四种干扰类型，估计出的干扰空间频率均为 0.099，与预设的空间频率基本相符。

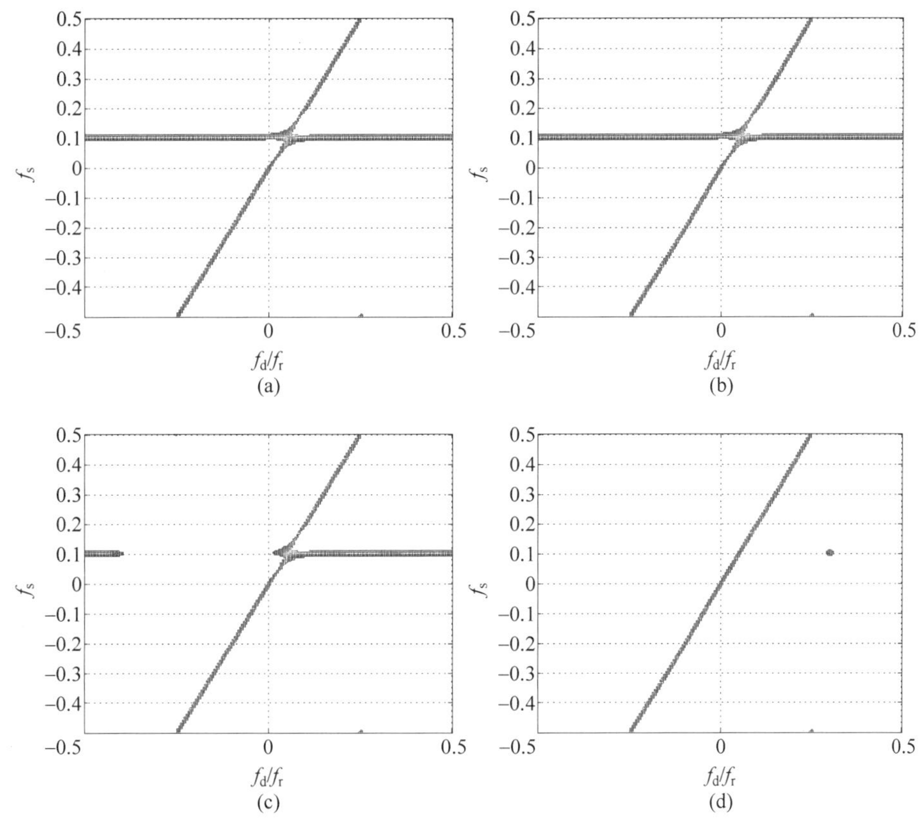

图 14.4　SOCA 检测输出

(a) 压制噪声干扰；(b) 噪声卷积干扰；(c) 随机移频干扰；(d) 延时转发干扰

14.4.3　干扰抑制性能

本小节分别从距离-多普勒谱图和信干噪比(SINR)损失角度对比两种抗干扰方法的性能，其中 SINR 损失以干扰所在的第 600 个距离单元为例进行说明。

实验 1：压制噪声干扰

图 14.5 给出了压制噪声干扰的抑制性能。与图 14.3(a)对比可知，压制噪声干扰和杂波均得到有效抑制。此外从图 14.5(c)SINR 损失曲线上可以看出，在干扰协方差矩阵和干扰来向估计准确的前提下，TSN-STAP 方法和 SOCA-STAP 方法具有相同的抑制性能。

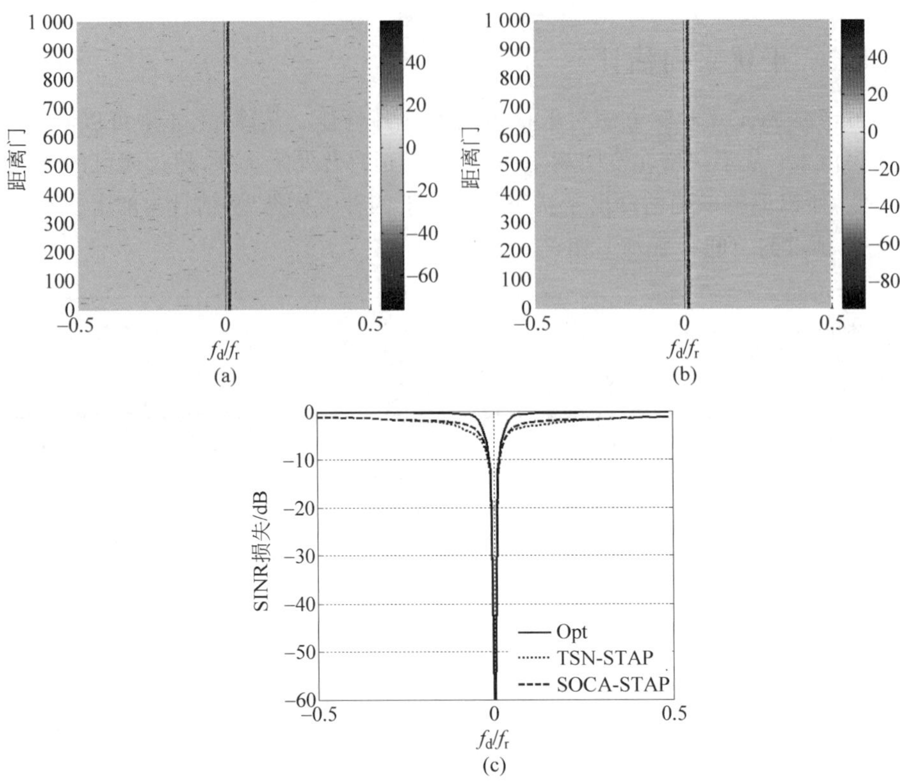

图 14.5　压制噪声干扰抑制性能

(a) 距离-多普勒谱图(TSN-STAP)；(b) 距离-多普勒谱图(SOCA-STAP)；(c) SINR 损失

实验 2：噪声卷积干扰

图 14.6 给出了噪声卷积干扰的抑制性能。与图 14.3(b)对比可知，3 个噪声卷积干扰得到了有效抑制。从图 14.6(c)中可以看出，两种抑制方法的 SINR 损失性能基本相同，这是因为对于噪声卷积干扰，一方面多普勒清晰区存在干扰样本，另一方面本章方法能准确估计出干扰来向，所以两种方法均能有效抑制干扰。

实验 3：随机移频干扰

图 14.7 所示为随机移频干扰的抑制性能。从图中可以看出，两种方法的处理结果基本一致，其原因是对于 TSN-STAP 方法，在本章所设置的参数情况下随机移频干扰有一部分位于多普勒清晰区(第 820～950 个距离门)，如图 14.3(c)所示，所以清晰区采样能够获得纯干扰样本；同时因为本节 3 个干扰均来自同一角度，导致 TSN-STAP 方法即使仅学习到 1 个干扰信息也可实现对所有干扰的抑制。

实验 4：延时转发干扰

图 14.8 给出了延时转发干扰的抑制性能。从图 14.8(a)中可以看出，主杂波附近存在杂波剩余，这是因为 TSN-STAP 方法第一级处理后干扰未被抑制，在第二级的多普勒降维过程中干扰通过多普勒滤波器旁瓣引入到主杂波附近的多普勒通道中，此时的样本中同时包含了杂波和干扰，导致杂波不能被完全抑制，而干扰通过第二级空时滤波被有效抑制。根据图 14.8(c)中的 SINR 损失曲线也可以看出，TSN-STAP 方法在主杂波附近的 SINR 损失比 SOCA-STAP 方法大。

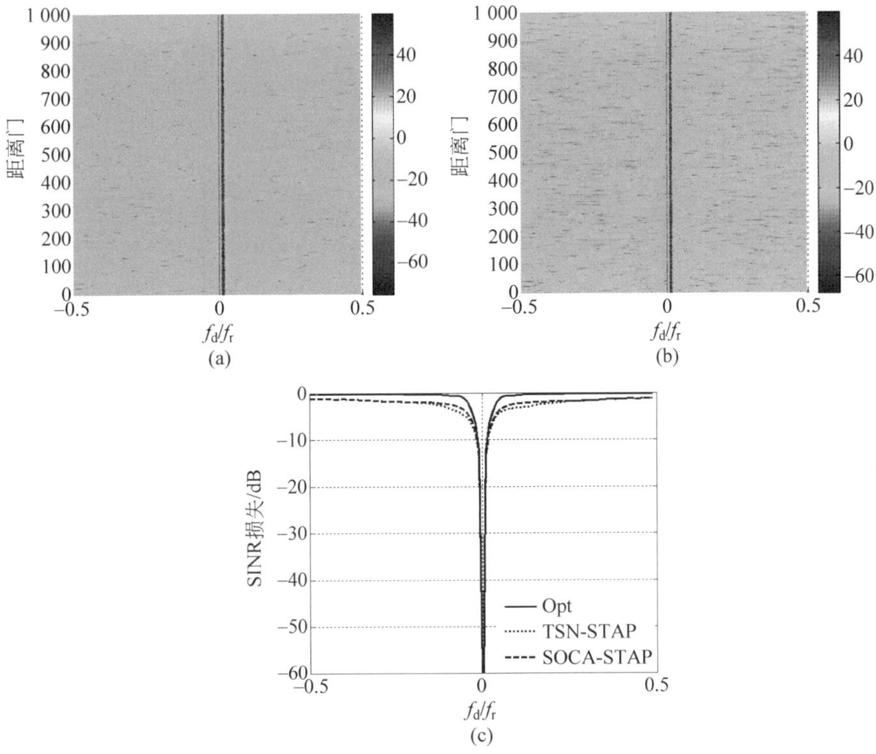

图 14.6　噪声卷积干扰抑制性能

(a) 距离-多普勒谱图(TSN-STAP)；(b) 距离-多普勒谱图(SOCA-STAP)；(c) SINR 损失

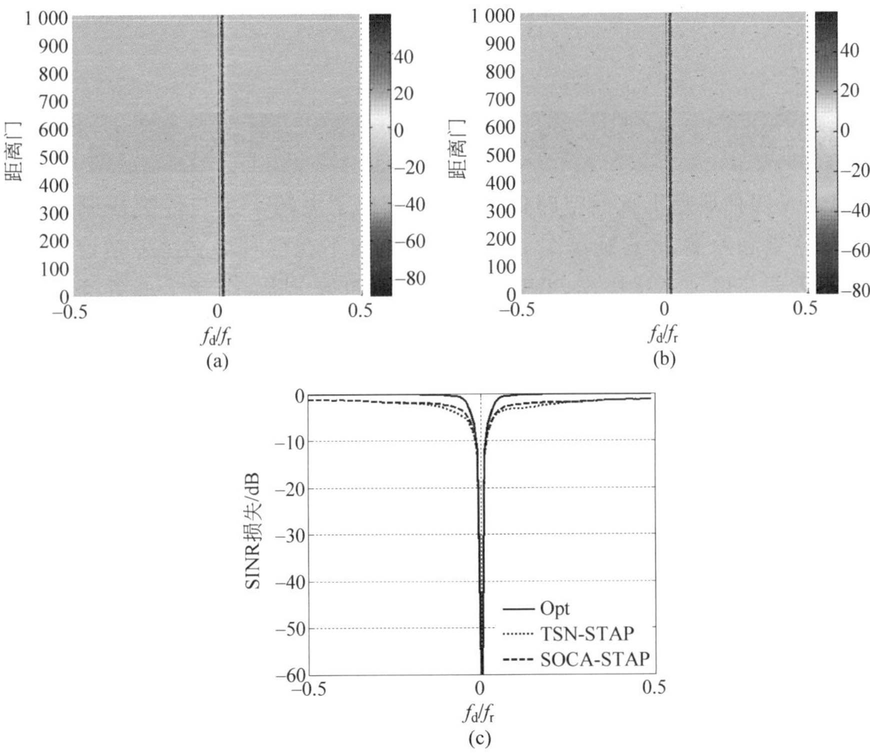

图 14.7　随机移频干扰抑制性能

(a) 距离-多普勒谱图(TSN-STAP)；(b) 距离-多普勒谱图(SOCA-STAP)；(c) SINR 损失

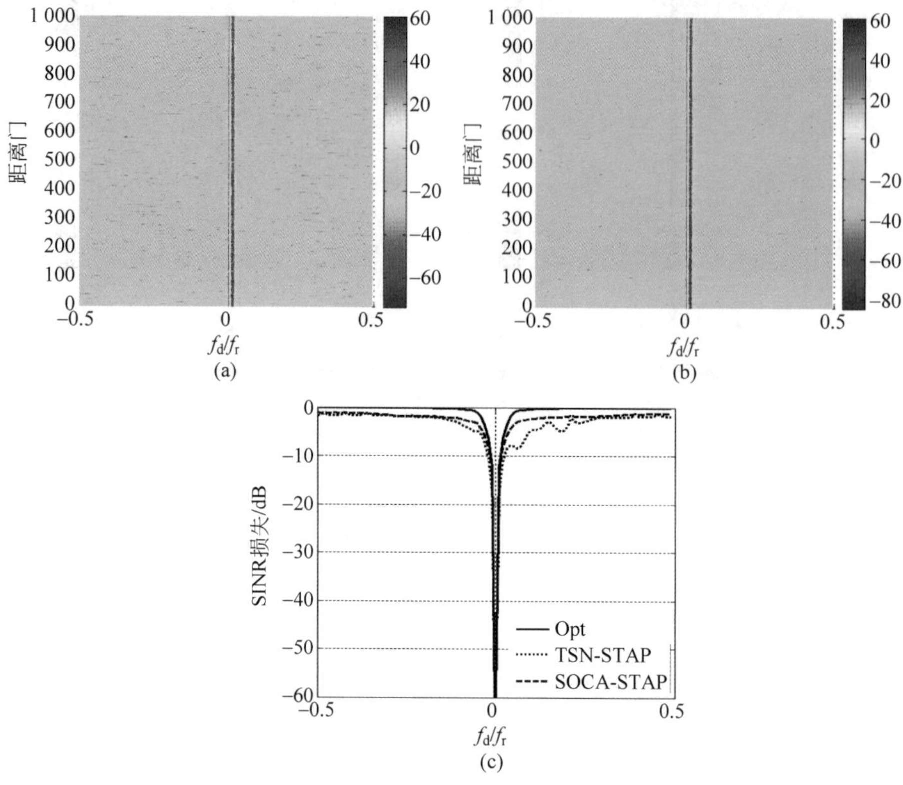

图 14.8 延时转发干扰抑制性能

(a) 距离-多普勒谱图(TSN-STAP); (b) 距离-多普勒谱图(SOCA-STAP); (c) SINR 损失

14.5 小结

本章建立了四种典型干扰的空时信号模型,对比了灵巧干扰与传统压制噪声干扰在特征谱、空时功率谱和距离-多普勒谱图上的差异。提出了在空时功率谱上估计干扰来向的方法,该方法不需要获取纯干扰样本,并且对本章中的四种干扰均有效;此外通过在清晰区获取纯干扰样本的方式可实现干扰和杂波的级联抑制。本章建立的干扰模型和得到的干扰特性分析结论将为复杂干扰的鉴别和分类研究提供数据来源和分类依据,并且基于波束域降维处理的同时和级联 STAP 抗干扰方法在实际工程中具有重要的应用价值。

第 15 章

非平稳杂波特性分析与STAP

由 4.4 节所述可知，当天线阵列非正侧视放置时，杂波空时轨迹随距离变化而变化，此时 STAP 技术所需要的训练样本不再满足 I. I. D. 条件，导致传统 STAP 方法性能严重下降。因此，非平稳杂波抑制是目前 STAP 技术在实际工程应用过程中遇到的难题之一。本章首先从波束轨迹和等多普勒线的角度给出非平稳杂波的来源，然后分析有无距离模糊情况下的非平稳杂波分布特性，最后从不同角度提出三种有效的机载雷达非平稳杂波抑制方法，分别是基于 RBC 的非平稳杂波补偿方法[133]、基于稀疏恢复和正交投影的近程杂波抑制方法[142]和基于自适应分区处理的机载雷达非平稳杂波抑制工程实用方法[144]。

15.1 非平稳杂波来源

对于单基地正侧视阵机载雷达，虽然不同距离单元的杂波分布范围有所不同，但是其在空时二维平面上均沿同一脊线分布，此时杂波具有较好的平稳性。因此，可利用相邻距离单元的空时快拍数据来估计待检测距离单元的杂波统计特性。然而对于非正侧视阵、共形阵、双基地和端射阵等新体制机载雷达，同一空域锥角对应的杂波回波多普勒频率将随距离变化而变化，导致杂波在空时二维平面上的分布轨迹呈现严重的非平稳，尤其是在近程区域。非正侧视阵机载雷达不同距离环的杂波分布特性和同一空域锥角对应的杂波回波多普勒频率随距离变化情况见 4.4.1 节和 4.4.4 节。关于共形阵、双基地和端射阵等新体制机载雷达[127-131]的杂波非平稳特性将在后续章节中介绍，本章主要以非正侧视阵为例介绍杂波非平稳特性和非平稳 STAP 方法。

下面从波束轨迹和等多普勒线的相互关系角度分析非正侧视阵机载雷达非平稳杂波的

来源，其中波束轨迹是指具有相同空间频率的地面杂波块分布轨迹，等多普勒线是指具有相同多普勒频率的地面杂波块分布轨迹。图 15.1 和图 15.2 分别给出了机载雷达的等多普勒线和波束轨迹，其中对应的角度分别为地面杂波块与载机飞行方向和阵列轴向之间的夹角，即空域锥角；载机沿 X 轴正向运动。

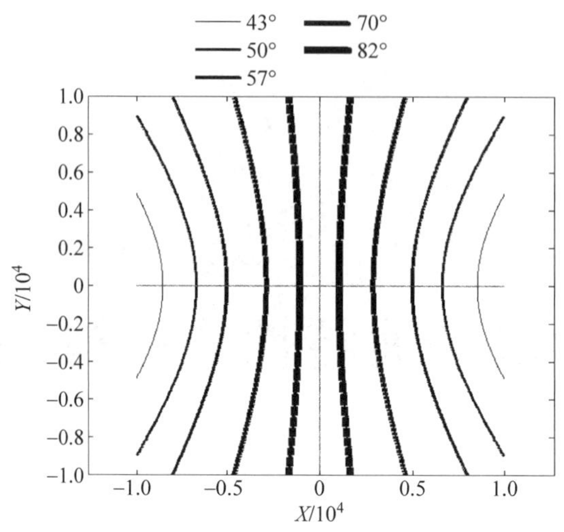

图 15.1　机载雷达等多普勒线

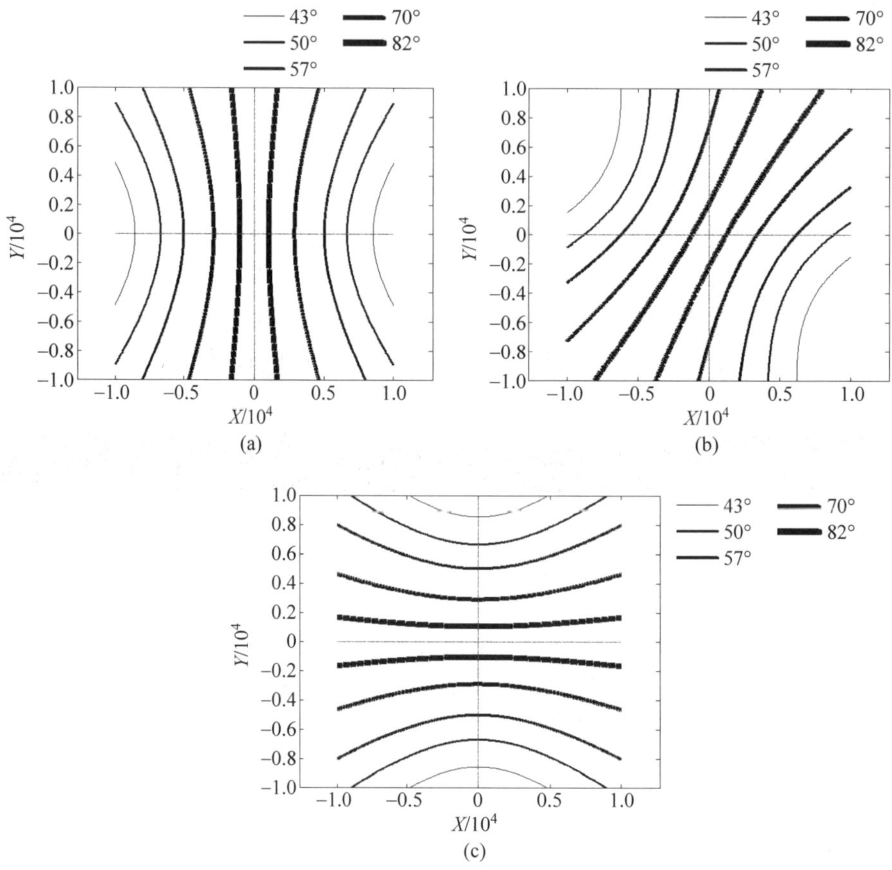

图 15.2　机载雷达波束轨迹

(a) 正侧视阵；(b) 斜侧视阵($\theta_p=30°$)；(c) 前视阵($\theta_p=-90°$)

从图 15.1 和图 15.2 中可以看出：①机载雷达的等多普勒线和波束轨迹均为一组双曲线。②等多普勒线相对于载机飞行方向对称，与阵列安置方向无关，同时当空域锥角接近 90°时等多普勒线趋于直线。③波束轨迹在不同阵列放置方式下改变，但始终对称于阵列轴向。④正侧视阵情况下等多普勒线和波束轨迹重合，表示相同波束轨迹对应的各杂波块的多普勒频率与距离无关；在斜侧视和前视阵情况下，二者不重合，表示杂波的多普勒频率与距离相关。

非正侧视阵情况下杂波多普勒频率随距离变化而变化，该现象称为杂波非平稳，此时不同距离环的杂波统计特性不一致。如果直接利用相邻距离单元的数据来估计待检测单元的杂波协方差矩阵，则得到的空时自适应权值不仅无法有效抑制待检测单元的杂波，还会造成 STAP 滤波器凹口展宽，使得机载雷达对慢速运动目标的检测性能严重下降和虚警率升高。

15.2　非平稳杂波特性分析

第 4 章对非正侧视阵情况下的杂波空时轨迹、特征谱、距离-多普勒轨迹和功率谱进行了分析，主要结论为非正侧视阵情况下杂波自由度显著增大，同时在近程杂波区杂波分布严重非平稳。本节从距离模糊的角度进一步分析非正侧视阵机载雷达的杂波分布特性。

图 15.3 给出了不同阵列安置方式下不同距离单元的杂波空时轨迹，图 15.4 和图 15.5

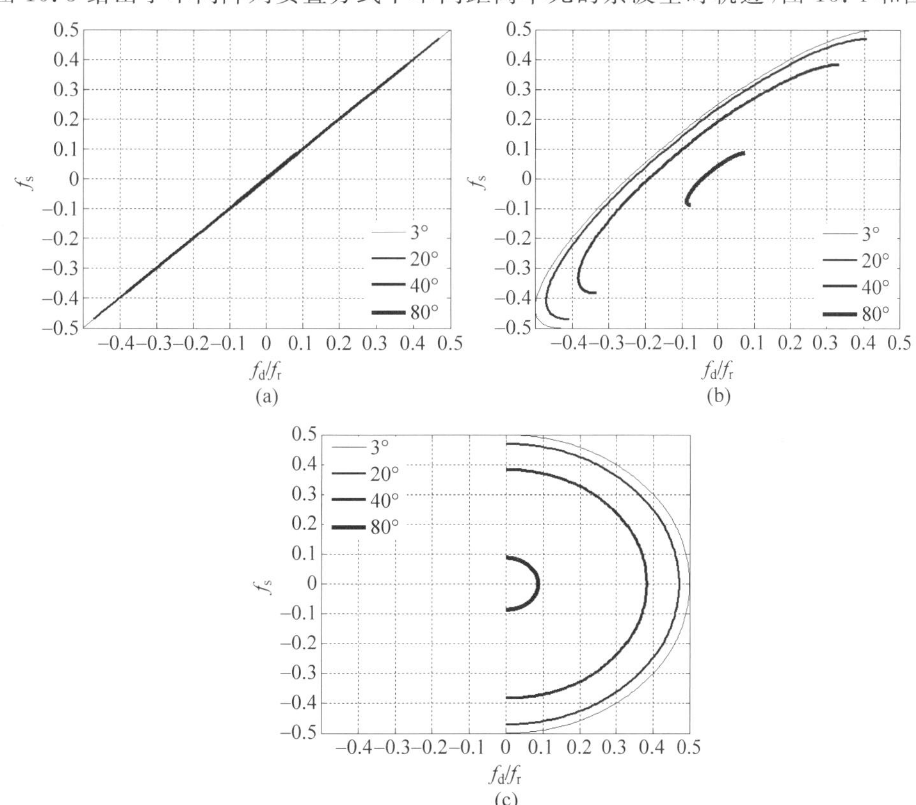

图 15.3　不同阵列安置方式下的杂波空时轨迹

(a) 正侧视阵；(b) 斜侧视阵；(c) 前视阵

分别给出了无距离模糊和存在距离模糊时的杂波距离-多普勒轨迹，其中杂波距离-多普勒轨迹是指在空域锥角固定的情况下（即对应某一波束轨迹，此处假设锥角 $\psi=90°$），其波束扫过地面上的各距离单元杂波块的多普勒频率变化情况。

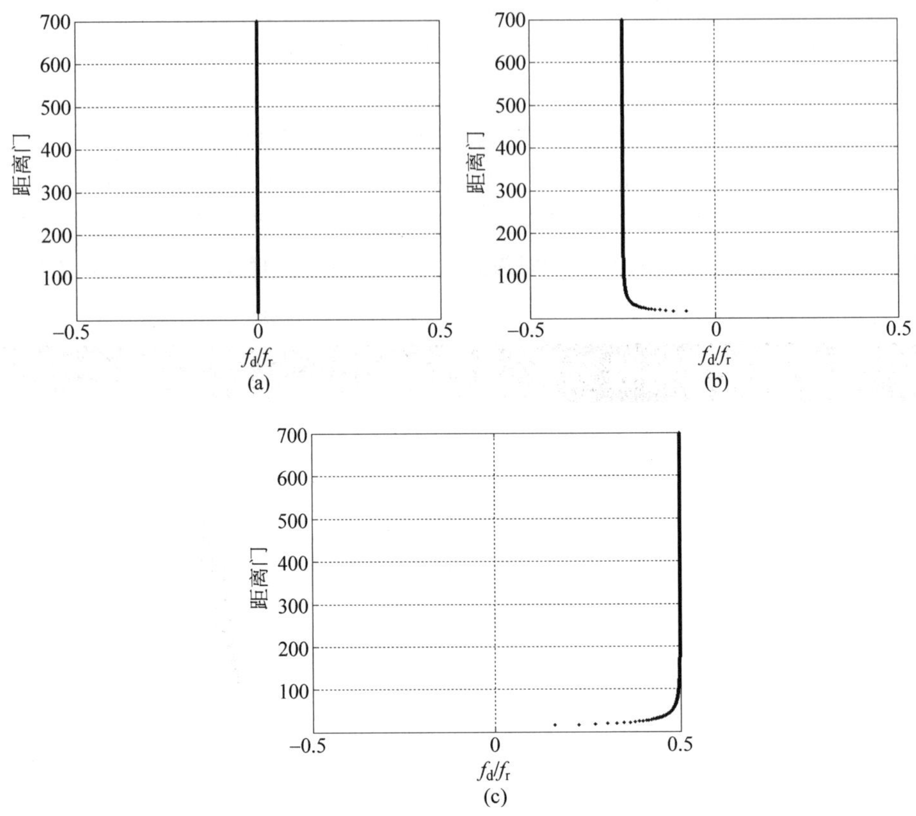

图 15.4 不同安置方式下杂波距离-多普勒轨迹（无距离模糊）

（a）正侧视阵；（b）斜侧视阵；（c）前视阵

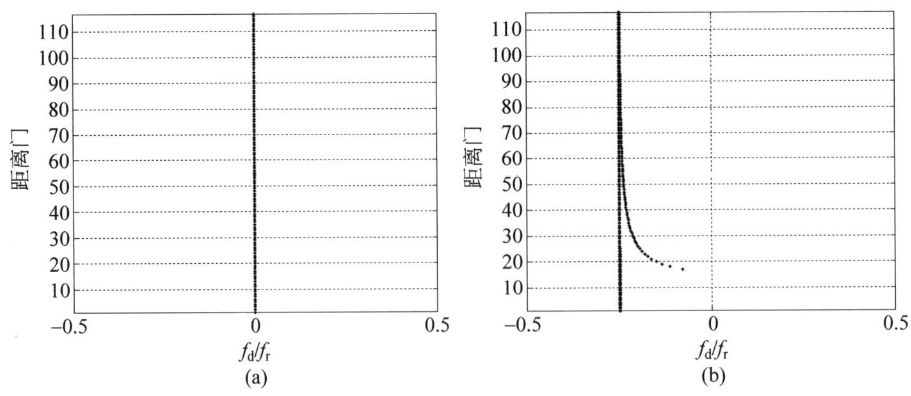

图 15.5 不同安置方式下杂波距离-多普勒轨迹（存在距离模糊）

（a）正侧视阵；（b）斜侧视阵；（c）前视阵

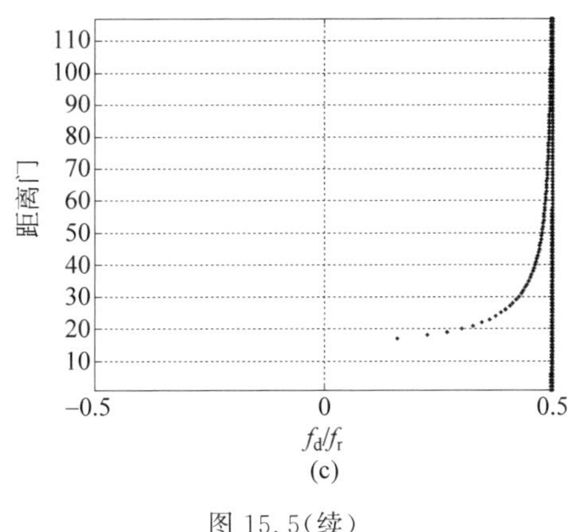

图 15.5(续)

根据图 15.4 和图 15.5 可知，在非正侧视阵情况下，机载雷达主波束照射范围内的近程杂波多普勒频率随距离变化，但是远区杂波的多普勒频率几乎不随距离变化，呈现出较好的平稳性，且该部分杂波通常为模糊进来的杂波。此外，当存在距离模糊时，近程杂波和远程杂波混叠在一起，远程微弱目标检测性能会受到近程非平稳强杂波的严重影响。因此机载雷达非平稳杂波抑制问题在某种程度上可归结为近程强杂波的抑制问题。

15.3　补偿类非平稳 STAP 方法

早期对于非平稳杂波抑制问题主要从杂波补偿的角度开展研究，统称为补偿类非平稳 STAP 方法。该方法分为五类：一维多普勒补偿、二维补偿、空时内插、权值调整和逆协方差矩阵预测。上述方法在无距离模糊情况时具有较好的非平稳杂波补偿效果。但是当存在距离模糊时，由于同一距离单元中近程杂波和远程杂波混叠在一起，导致在对近程非平稳杂波进行补偿的同时，会影响到远程杂波的空时分布，使得上述方法的性能严重下降。

文献[132]提出了一种基于 RBC 原理的 STAP 方法，能够在抑制近程非平稳杂波的同时，还能够保证远程模糊杂波数据的平稳性。然而该方法具有以下缺点：①需重构和计算出每个距离门的杂波协方差矩阵与补偿变换矩阵，计算量大且存在重构误差；②以最远训练单元作为参考单元，当参考单元模糊杂波脊不能完全重合时，补偿效果变差；③在补偿的过程中会引起目标回波的搬移或相消，不利于后续对目标的有效检测。针对上述问题，本节提出一种基于 RBC 的非平稳杂波补偿方法[133]，下面介绍该方法的基本原理，并对其性能进行分析。

15.3.1　基本原理

1. 训练样本补偿

对于某个待检测距离单元，通过最大似然估计可得其对应的杂波噪声协方差矩阵

$$\boldsymbol{R}=\frac{1}{L}\sum_{l=1}^{L}\boldsymbol{X}_l\boldsymbol{X}_l^{\mathrm{H}} \tag{15.1}$$

其中,L 为训练单元数;$\boldsymbol{X}_l$ 为第 l 个参与训练的单元对应的回波数据。由于距离模糊的存在,$\boldsymbol{X}_l$ 中既包含着远程平稳杂波数据,同时也包含着模糊进来的近程非平稳杂波数据,因此回波数据 $\boldsymbol{X}_l$ 之间不满足独立同分布条件,通过式(15.1)估计得到的杂波协方差矩阵若直接用于自适应处理则会获得宽且浅的杂波凹口,达不到抑制杂波的目的。

由于远程距离门各模糊杂波脊叠加在一起,可近似看成平稳杂波,因此可选用最远可检测距离门作为参考距离门,并通过变换矩阵 $\boldsymbol{T}$ 使得变换后每个训练单元的杂波特性都能跟最远可检测距离单元的统计特性趋于一致,实现对近程模糊杂波的补偿。假设最远可检测距离门(即最大不模糊距离对应的距离门)对应的杂波协方差矩阵为 $\boldsymbol{R}_{\max}$,由于最远可检测距离门处于远程平稳杂波区,因而 $\boldsymbol{R}_{\max}$ 可直接通过最大似然估计得到。则变换矩阵可由下式求得:

$$\min_{\boldsymbol{T}} \| \boldsymbol{T}^{\mathrm{H}}\boldsymbol{R}\boldsymbol{T} - \boldsymbol{R}_{\max} \|_2 \tag{15.2}$$

其中 $\|\cdot\|_2$ 表示矩阵的 2-范数。由于 $\boldsymbol{R}_{\max}$ 中同时考虑了距离模糊时近程杂波数据和远程杂波数据,式(15.2)在对近程杂波向远程杂波进行配准的同时,不会改变远程杂波的空时分布。由文献[134]可知,式(15.2)的优化问题可以转化为

$$\min_{\boldsymbol{T}} \| \boldsymbol{T}^{\mathrm{H}}\boldsymbol{V}\boldsymbol{\Lambda}^{1/2} - \boldsymbol{V}_{\max}\boldsymbol{\Lambda}_{\max}^{1/2} \|_2 \tag{15.3}$$

其中,$\boldsymbol{V}$ 和 $\boldsymbol{\Lambda}$ 为 $\boldsymbol{R}$ 特征分解得到的特征矢量矩阵和特征值矩阵;$\boldsymbol{V}_{\max}$ 和 $\boldsymbol{\Lambda}_{\max}$ 为 $\boldsymbol{R}_{\max}$ 特征分解得到的特征矢量矩阵和特征值矩阵。为了保证 $\boldsymbol{\Lambda}$ 可逆,需对其进行对角加载。

求解式(15.3)可得

$$\boldsymbol{T} = \boldsymbol{V}\boldsymbol{\Lambda}^{-1/2}\boldsymbol{\Lambda}_{\max}^{1/2}\boldsymbol{V}_{\max}^{\mathrm{H}} \tag{15.4}$$

将求解得到的 $\boldsymbol{T}$ 作用于除待检测距离单元之外的所有训练单元回波数据,可以保证训练距离单元和参考距离单元杂波数据统计特性趋于一致,实现对训练单元杂波数据距离依赖性的补偿。补偿后的训练单元数据为

$$\boldsymbol{Y}_l = \boldsymbol{T}^{\mathrm{H}}\boldsymbol{X}_l \tag{15.5}$$

2. 待检测单元补偿

由于待检测距离单元的雷达回波数据中可能包含运动目标,若直接使用式(15.4)所示的变换矩阵进行杂波谱补偿,会使得目标数据产生搬移或者相消,因此在求解对待检测距离单元进行补偿变换的矩阵 $\boldsymbol{T}'$ 时需添加对运动目标信息保护的约束,使得在补偿待检测距离单元杂波距离依赖性的同时,对运动目标信息进行保护。

由于运动目标检测主要关心的是主波束内是否存在运动目标,因此可利用主波束指向和待检测多普勒频率对应的空时导向矢量 $\boldsymbol{V}_{\mathrm{T}}$ 约束运动目标。则综合考虑待检测单元的依赖性补偿和目标约束,可构造以下目标函数求解 $\boldsymbol{T}'$:

$$\begin{cases} \min\limits_{\boldsymbol{T}'} \| \boldsymbol{T}'^{\mathrm{H}}\boldsymbol{V}\boldsymbol{\Lambda}^{1/2} - \boldsymbol{V}_{\max}\boldsymbol{\Lambda}_{\max}^{1/2} \|_2 \\ \text{s. t. } \boldsymbol{T}'^{\mathrm{H}}\boldsymbol{V}_{\mathrm{T}} = \boldsymbol{V}_{\mathrm{T}} \end{cases} \tag{15.6}$$

式(15.6)是一个优化问题,具体求解过程及结果见文献[71]。

利用式(15.6)求解的变换矩阵 $\boldsymbol{T}'$ 在对距离模糊的某待检测杂波数据 $\boldsymbol{X}_0$ 进行距离依赖性补偿的同时,还可对主波束内的运动目标信息进行保护。

则补偿后的待检测单元数据和估计得到的杂波噪声协方差矩阵分别为

$$\boldsymbol{Y}_0 = \boldsymbol{T}'^{\mathrm{H}} \boldsymbol{X}_0 \tag{15.7}$$

$$\widetilde{\boldsymbol{R}} = \frac{1}{L} \sum_{l=1}^{L} \boldsymbol{Y}_l \boldsymbol{Y}_l^{\mathrm{H}} \tag{15.8}$$

利用式(15.8)获得补偿后的杂波噪声协方差矩阵,可直接进行后续的空时自适应处理。该方法的整个处理过程如图 15.6 所示,通过本节方法处理后,杂波回波的距离依赖性能够得到有效的抑制,并且包含在杂波中的运动目标信息能够得到有效保护。

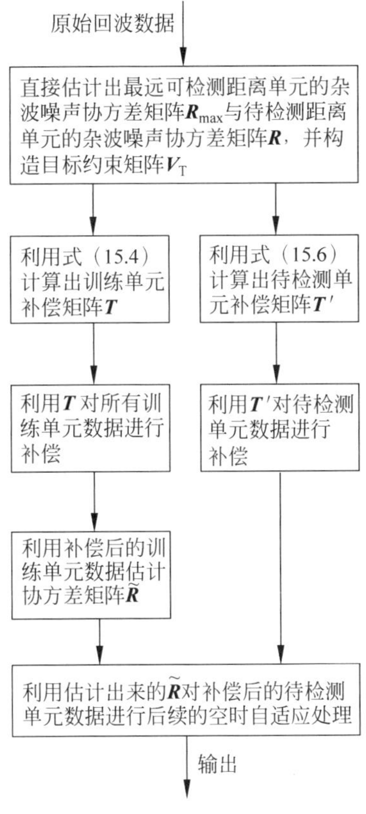

图 15.6　本节方法处理流程图

15.3.2　目标约束失配情况下的扩展补偿

在实际工程应用中,运动目标可能并非严格位于约束波束(主波束指向)处,即存在目标约束失配。此时,目标信息不能完全被约束,空时自适应权值中的预设导向矢量也与目标真实导向矢量不匹配,目标能量无法被有效积累,这将导致 SCNR 损失。为了解决目标约束失配问题,本节对 15.3.1 节介绍的方法进行进一步扩展,其基本思想是除了在空域主波束(θ_0,φ_0)处形成目标约束波束外,还在主波束左右各形成 G 个相邻辅助虚拟约束波束,$2G+1$ 个波束共同完成对主波束 3 dB 宽度的覆盖,可克服因目标约束失配引起的 SCNR 损失问题。其目标约束采样点选取示意图见图 15.7,扩展补偿方法原理结构示意图见图 15.8。

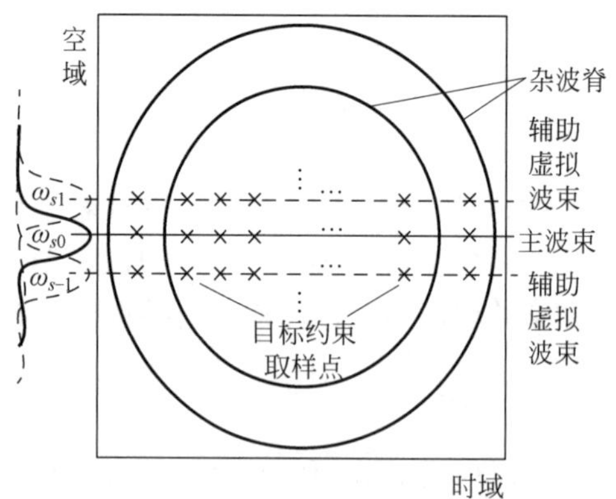

图 15.7 目标约束点选取示意图

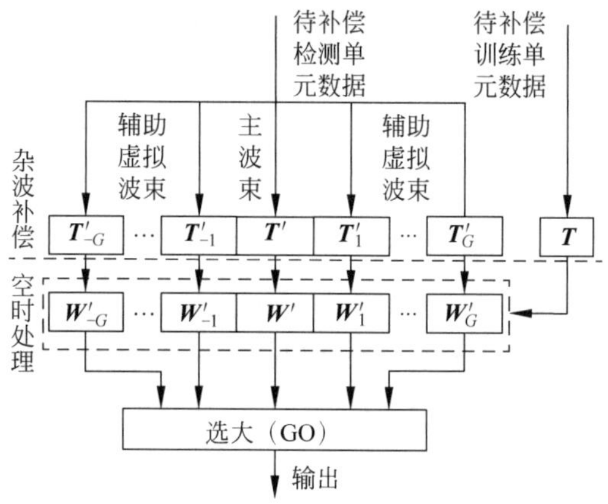

图 15.8 扩展补偿方法原理结构示意图

15.3.3 与传统基于 RBC 原理方法的比较

综上所述，与传统基于 RBC 原理的杂波补偿方法相比，本节方法具有以下优点：

（1）基于 RBC 原理的方法需要载机系统的飞行参数与位置信息等作为先验知识来重构杂波的协方差矩阵；本节方法无矩阵重构过程，因而不需要飞行参数与位置信息等作为先验知识，鲁棒性相对较好。

（2）基于 RBC 原理的方法选取最远训练单元作为参考单元，而当最远训练单元模糊杂波脊不能完全重合时，补偿效果会受到影响；本节方法以最远可检测距离单元作为参考单元，对于通常工作于 MPRF 的机载预警雷达而言，最远可检测距离单元处的杂波一般处于平稳区，因此克服了传统方法存在的缺点。

（3）基于 RBC 原理的方法针对每一个训练单元均需计算出一个补偿矩阵 $\boldsymbol{T}_l$ 使得训练单元杂波统计特性趋近于参考单元；本节方法对于所有的训练单元都用同一个变换矩阵 $\boldsymbol{T}$ 进行处理，显著降低了计算量。

（4）基于 RBC 原理的方法在进行杂波补偿的同时会引起包含在待检测单元数据中的目标信息产生搬移或相消。文献[135]虽然考虑了目标约束问题，但由于目标只可能存在于待检测单元，其对每个训练单元的补偿矩阵中都增加了目标保护约束，不仅增加了计算量，而且还可能使得训练单元中的干扰成分被保留下来从而影响后续的目标检测；而本节方法仅仅在对待检测距离单元进行补偿时添加了目标约束条件，可在补偿杂波的同时保证目标的空时分布不发生改变。

15.3.4　仿真分析

本节通过计算机仿真对方法的有效性进行验证。在仿真中加入一个模拟目标，其空间频率为 0，归一化多普勒频率为 0.1。按照表 4.1 中的参数计算可得，一个不模糊距离内包含 2 053 个距离单元，本节方法选用远端的 512 个距离单元估计协方差矩阵 $\boldsymbol{R}_{\max}$，模拟目标位于第 557 个距离单元，该单元处于近程非平稳杂波处，相邻的待补偿距离单元范围为 300～812。

1. 非平稳杂波补偿效果

图 15.9 给出了第 557 个距离单元的真实杂波功率谱，以及未经过补偿和分别经过传统 RBC 方法和本节方法补偿后的杂波功率谱。从图中可以得到如下结论：①相对于真实的杂波功率谱，由传统相邻样本估计得到的杂波功率谱由于非平稳特性而展宽严重，目标几乎淹没在杂波中，若直接进行空时自适应处理，将得到宽且浅的杂波抑制凹口，难以有效抑制杂波，如图 15.9(a)和(b)所示；②经过传统 RBC 方法补偿后，杂波功率谱明显变窄，谱重合度显著改善，但目标也随着杂波一起进行了搬移，目标信号与杂波混合，无法实现对目标的检测，如图 15.9(c)所示；③经本节方法补偿后杂波谱基本与理想情况下远端杂波谱一致，且保留了目标信息，如图 15.9(d)所示。

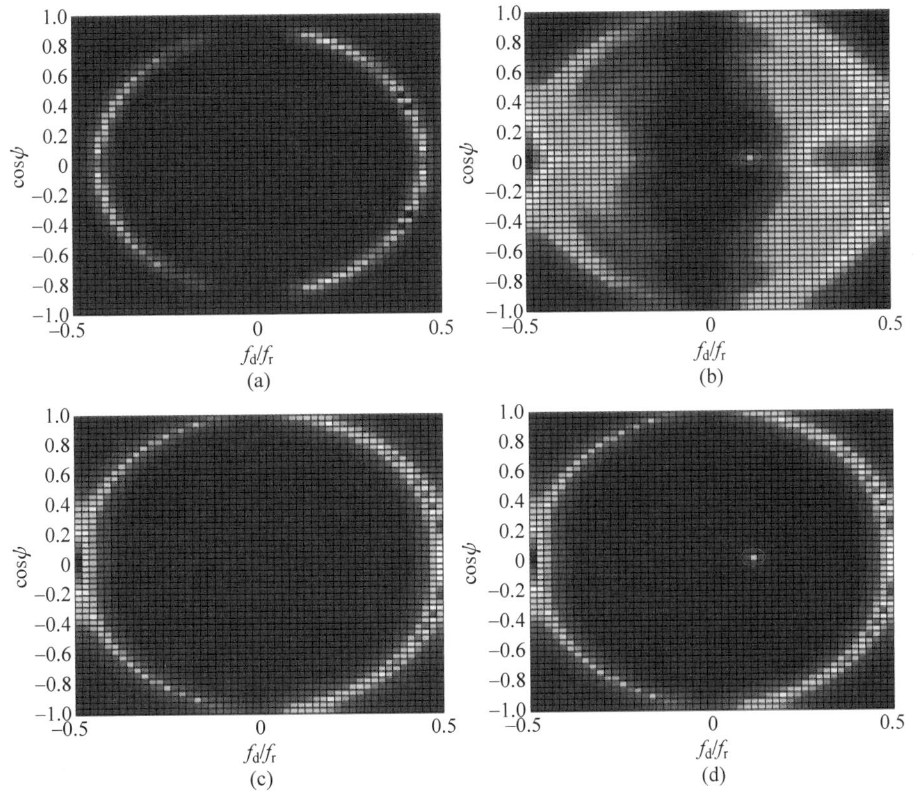

图 15.9　非平稳杂波补偿效果对比

(a) 待检测距离单元真实杂波功率谱；(b) 传统相邻样本估计的杂波功率谱；(c) 传统 RBC 方法补偿后的功率谱；(d) 本节方法补偿后的功率谱

2. 非平稳杂波抑制性能

图 15.10 给出了理想情况下存在距离模糊时的 SCNR 损失比较。由于基于 RBC 原理的补偿方法会引起目标相消或搬移，故不再给出仿真结果。SMI 方法指不进行补偿处理，直接利用相邻样本估计杂波协方差矩阵。由图 15.10 可知：①在理想情况下，经本节方法补偿后的杂波凹口变窄，杂波抑制性能相对于 SMI 方法在主瓣区有显著的改善效果；②在杂波协方差矩阵已知情况下，杂波凹口分别位于−0.44 和 0.44 处，其原因是待检测距离单元(即第 557 个)的前后向主杂波分别位于这两个频点处，如图 15.9(a)所示。本节方法由于对杂波进行了补偿，因此导致杂波凹口位于远端平稳杂波位置，即−0.5 和 0.5 处，如图 15.9(d)所示。

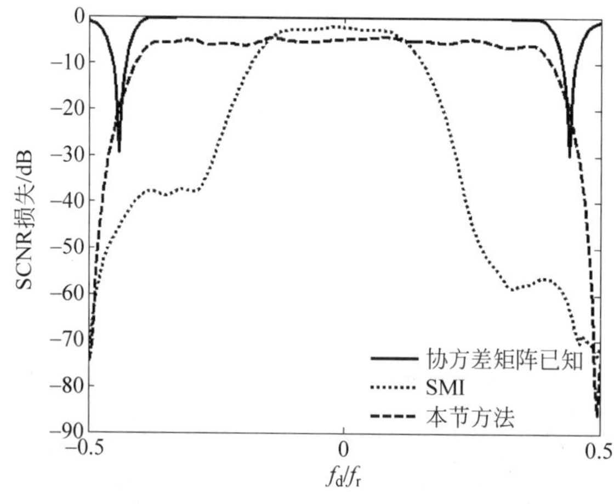

图 15.10　理想情况下信杂噪比损失比较

图 15.11 给出了存在目标约束失配情况下的 SCNR 损失，其中假设失配时目标偏离主波束指向 1°。从图中可以看出：①当目标与约束波束失配时，本节给出的单波束约束方法性能下降；②相对于失配情况，扩展方法的输出 SCNR 损失在旁瓣杂波区改善大约 15 dB，显著增强了目标检测的稳健性。

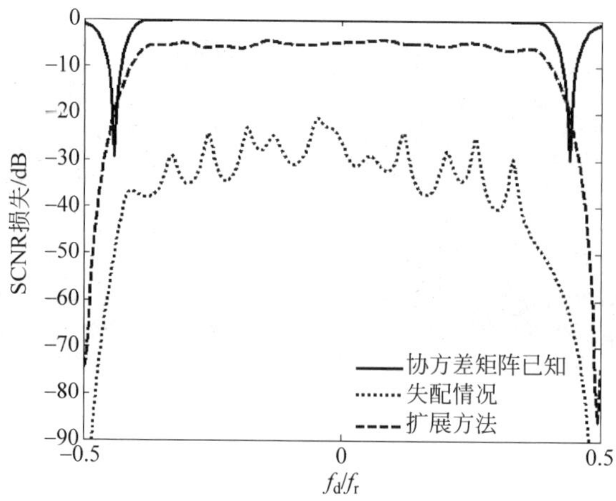

图 15.11　存在目标约束失配情况下的 SCNR 损失比较

综上所述，本节给出的补偿类非平稳 STAP 方法在一定程度上可以实现近程非平稳杂波的有效补偿，同时通过约束条件实现了对运动目标的有效检测。但是该约束类方法存在的不足之处是当检测到靠近主瓣杂波的多普勒频点时，在没有运动目标的情况下有可能误把杂波保留下来，从而导致机载雷达系统虚警率升高。

15.4　基于俯仰维信息的近程杂波抑制方法

对于近程非平稳杂波抑制，除了 15.3 节介绍的补偿类方法外，俯仰维预滤波是另一条重要的技术途径。由于近程杂波与远程杂波的俯仰角不同，该类方法利用阵列的俯仰自由度预先滤除非平稳的近程杂波以改善杂波的非平稳性，然后利用方位-多普勒维 STAP 抑制远程杂波。文献[136]通过子阵合成的方式抑制近程杂波，但该方法的性能受俯仰维阵元数的影响，当俯仰阵元数较少时，近程杂波容易从俯仰主瓣进入，即使近程杂波落入俯仰波束零点也不足以抑制干净。文献[137]提出了一种俯仰维鲁棒的 Capon 波束形成(ERCB)方法，该方法利用待处理单元上的所有脉冲数据估计俯仰维协方差矩阵来抑制近程杂波，由于样本中含有远程杂波，因此形成的俯仰方向图会发生主瓣畸变，导致近程杂波抑制效果不佳。文献[138]提出了一种基于正交波形的近程杂波获取方法，但该方法需要改变雷达的系统结构。文献[139]和文献[140]利用机载雷达发射的第一个脉冲获取仅包含近程杂波的样本来抑制近程杂波，然而，机载雷达通常工作在多重频模式下以解决模糊问题，因此当前 PRF 的第一个脉冲容易被前 PRF 的最后一个接收脉冲污染。另外，文献[141]采用稀疏恢复的方法获取近程杂波的俯仰维协方差矩阵，但该方法仍需近程杂波的角度信息作为先验知识。

为了改善近程杂波抑制性能并提高稳健性，本节基于无网格稀疏贝叶斯推理(OGSBI)和正交投影技术，提出了一种基于稀疏恢复和正交投影的近程杂波抑制方法，即 OGSBI-OP-STAP 方法[142]。该方法首先采用阻塞矩阵对每个俯仰快拍中的远程杂波进行阻塞以降低远程杂波对后续稀疏恢复精度的影响，然后基于 OGSBI 估计近程杂波俯仰角，再采用正交投影的方法抑制近程杂波以降低杂波的距离依赖性。最后，对于剩余的远程杂波，通过传统的方位-多普勒 STAP 进行抑制。

15.4.1　近程杂波分布特性与俯仰维信号模型

在水平地面的假设下，杂波俯仰角与斜距的关系为

$$\varphi = \arcsin \frac{H}{R_c} \tag{15.9}$$

根据式(15.9)可确定主瓣杂波俯仰角与斜距的关系，如图 15.12 所示。可以看出：①杂波在不模糊距离内表现出明显的距离非平稳性，因此，杂波的距离依赖性主要是由不模糊距离内的近程杂波引起的，而远程杂波可近似认为没有距离依赖性；②对于每一个距离门，近程杂波和远程杂波的俯仰角差别较大，以第 400 个距离单元为例，不模糊距离中近程杂波的俯仰角为 41.81°，远程模糊杂波的俯仰角均小于 10°，所以可以通过稀疏恢复的方法获取近程杂波俯仰角参数。

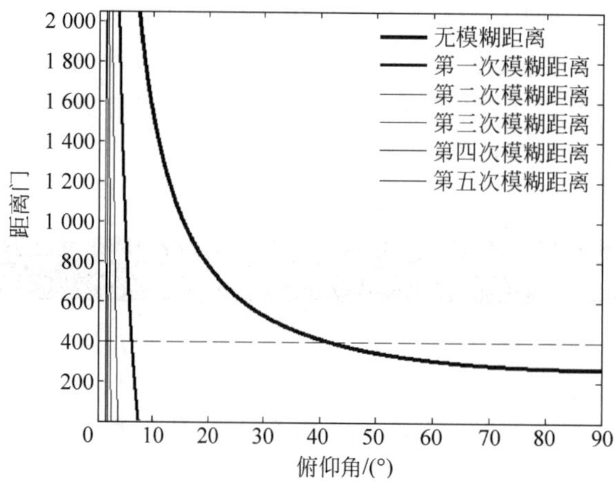

图 15.12 主瓣杂波俯仰角与斜距的关系

当存在距离模糊时，每一列阵元的单脉冲杂波回波 $\widetilde{\boldsymbol{X}}_{\mathrm{se}}\in\mathbb{C}^{M\times1}$ 可表示为

$$\widetilde{\boldsymbol{X}}_{\mathrm{se}}=\sum_{l=0}^{L}\sum_{i=1}^{N_{\mathrm{c}}}a_{l,i}\boldsymbol{S}_{\mathrm{se}}(\varphi_l')\tag{15.10}$$

其中，L 为距离模糊次数；N_{c} 为各距离环包含的杂波块数目；$a_{l,i}$ 为第 l 个距离环中第 i 个杂波块的复幅度；φ_l' 为第 l 个距离环对应的俯仰角；φ_0' 表示不模糊距离环对应的俯仰角；$\boldsymbol{S}_{\mathrm{se}}(\varphi_l')$ 为俯仰导向矢量，具体可表示为

$$\boldsymbol{S}_{\mathrm{se}}(\varphi_l')=\left[1,\exp\left(\mathrm{j}2\pi\frac{d_{\mathrm{e}}}{\lambda}\sin\varphi_l'\right),\cdots,\exp\left(\mathrm{j}2\pi\frac{(M-1)d_{\mathrm{e}}}{\lambda}\sin\varphi_l'\right)\right]^{\mathrm{T}}\tag{15.11}$$

15.4.2 OGSBI-OP-STAP 方法

1. 远程杂波阻塞

当强弱信号同时存在时，采用稀疏恢复算法很难准确估计出弱信号的到达角。由于发射和接收方向图以及距离模糊的影响，对于某些距离单元，远程杂波的功率会远大于近程杂波，这会导致后续无网格稀疏恢复对低功率的近程杂波信号的角度估计不准，所以本节预先采用阻塞方式削弱远程杂波，以提高后续无网格稀疏恢复的精度。通常远程杂波的俯仰角靠近俯仰主瓣，所以只需对俯仰维主瓣方向 φ_0 进行阻塞即可。阻塞之后的数据为

$$\boldsymbol{Y}_{\mathrm{se}}=\boldsymbol{B}\boldsymbol{X}_{\mathrm{se}}\tag{15.12}$$

其中

$$\boldsymbol{B}=\begin{bmatrix}1 & -\mathrm{e}^{-\mathrm{j}u_0} & \cdots & 0 & 0\\ \vdots & \vdots & & \vdots & \vdots\\ 0 & 0 & \cdots & -\mathrm{e}^{-\mathrm{j}u_0} & 0\\ 0 & 0 & \cdots & 1 & -\mathrm{e}^{-\mathrm{j}u_0}\end{bmatrix}\in\mathbb{C}^{(M-1)\times M}\tag{15.13}$$

$$u_0=2\pi\frac{d_{\mathrm{e}}}{\lambda}\sin\varphi_0\tag{15.14}$$

$\boldsymbol{X}_{\mathrm{se}}=[\widetilde{\boldsymbol{X}}_{\mathrm{se}}^{(1)},\widetilde{\boldsymbol{X}}_{\mathrm{se}}^{(2)},\cdots,\widetilde{\boldsymbol{X}}_{\mathrm{se}}^{(K)}]\in\mathbb{C}^{M\times K}$ 为机载雷达接收的 K 个脉冲的俯仰维数据，$\boldsymbol{Y}_{\mathrm{se}}\in\mathbb{C}^{(M-1)\times K}$ 为阻塞后的俯仰数据。经过阻塞之后的俯仰维数据中可能还含有部分剩余远程杂波，但此时远程杂波的功率将远低于近程杂波。需要指出的是，尽管阻塞处理会使俯仰维数降低，但不会影响基于稀疏恢复的近程杂波角度估计精度。

2. 基于稀疏恢复的近程杂波角度估计

由前面分析可知，每个距离单元中近程杂波在俯仰维的分布具有稀疏性。因此，近程杂波的俯仰角可以通过 OGSBI 算法估计得到。

由式(15.10)可以看出，机载雷达不同脉冲采样得到的杂波具有相同的分布特性，因此某一距离单元的 K 个脉冲可以组成多观测矢量以提高稀疏恢复的精度。此时多观测矢量模型可描述为

$$\boldsymbol{Y}_{\mathrm{se}}=\boldsymbol{\Phi}(\boldsymbol{\beta})\boldsymbol{A}_{\mathrm{se}}+\boldsymbol{E} \tag{15.15}$$

其中，$\boldsymbol{\beta}$ 为信号到达角与相邻最近网格之间的偏差组成的矩阵；$\boldsymbol{\Phi}(\boldsymbol{\beta})\in\mathbb{C}^{(M-1)\times M_{\mathrm{s}}}$ 为超完备字典；$\boldsymbol{A}_{\mathrm{se}}=[\boldsymbol{a}_{\mathrm{se}}^{(1)},\boldsymbol{a}_{\mathrm{se}}^{(2)},\cdots,\boldsymbol{a}_{\mathrm{se}}^{(K)}]\in\mathbb{R}^{M_{\mathrm{s}}\times K}$ 为对应的稀疏矩阵；$\boldsymbol{E}$ 为观测噪声。

稀疏恢复可以表示为如下的最优化问题：

$$\min_{\boldsymbol{A}_{\mathrm{se}}}\|\boldsymbol{A}_{\mathrm{se}}\|_{2,0}\quad \text{s.t.}\quad \|\boldsymbol{Y}_{\mathrm{se}}-\boldsymbol{\Phi}(\boldsymbol{\beta})\boldsymbol{A}_{\mathrm{se}}\|_{\mathrm{F}}^{2}\leqslant\varepsilon \tag{15.16}$$

其中，$\|\cdot\|_{2,0}$ 表示混合范数，定义为每个行向量的 l_2 范数形成的向量中非零元素个数；$\|\cdot\|_{\mathrm{F}}$ 表示 F 范数；ε 表示允许的噪声误差。

采用稀疏贝叶斯方法对以上问题进行求解可以得到该距离单元俯仰维的近程杂波谱，通过谱搜索的方法即可获得近程杂波的俯仰角 φ_0'。

3. 基于正交投影的近程杂波抑制

近程杂波可以通过俯仰维正交投影进行抑制，即

$$\widetilde{\boldsymbol{X}}_{\mathrm{se}}=\boldsymbol{P}\boldsymbol{X}_{\mathrm{se}} \tag{15.17}$$

其中，$\boldsymbol{P}=\boldsymbol{I}-\boldsymbol{V}_{\mathrm{c}}(\boldsymbol{V}_{\mathrm{c}}^{\mathrm{H}}\boldsymbol{V}_{\mathrm{c}})^{-1}\boldsymbol{V}_{\mathrm{c}}^{\mathrm{H}}$；$\boldsymbol{V}_{\mathrm{c}}$ 为近程杂波对应的俯仰导向矢量。需要注意的是，尽管无网格稀疏恢复 OGSBI 方法得到的近程俯仰角已经很准确，但仍然存在一定的误差[143]，所以本节取 $\boldsymbol{V}_{\mathrm{c}}=[\boldsymbol{S}_{\mathrm{se}}(\varphi_0'-\sigma_{\varphi_0'})\quad \boldsymbol{S}_{\mathrm{se}}(\varphi_0')\quad \boldsymbol{S}_{\mathrm{se}}(\varphi_0'+\sigma_{\varphi_0'})]\in\mathbb{C}^{M\times 3}$ 以避免稀疏恢复带来的角度误差，其中 $\sigma_{\varphi_0'}$ 表示俯仰角估计值的方差。

4. 基于方位-多普勒 STAP 的远程杂波抑制

近程杂波抑制之后，对俯仰维数据进行合成，即

$$\boldsymbol{x}_{\mathrm{se}}=\boldsymbol{S}_{\mathrm{se}}^{\mathrm{H}}(\varphi_0)\widetilde{\boldsymbol{X}}_{\mathrm{se}} \tag{15.18}$$

最后，通过传统的方位-多普勒维 STAP 抑制剩余的远程杂波。

表 15.1 给出了 OGSBI-OP-STAP 方法的主要实现步骤。

表 15.1 OGSBI-OP-STAP 方法主要实现步骤

步骤 1：根据主瓣俯仰角构造阻塞矩阵 $\boldsymbol{B}$；
步骤 2：根据式(15.12)得到阻塞后的俯仰维数据 $\boldsymbol{Y}_{\mathrm{se}}$；
步骤 3：初始化$\boldsymbol{\Phi}(\boldsymbol{\beta})$和 ε；
步骤 4：利用 OGSBI 求解式(15.16)得到杂波功率谱；
步骤 5：找到功率谱中最大峰值对应的角度 φ_0'；
步骤 6：根据 φ_0' 和 $\sigma_{\varphi_0'}$ 构造正交投影矩阵 $\boldsymbol{P}$；
步骤 7：根据式(15.17)获得不含近程杂波的俯仰数据 $\widetilde{\boldsymbol{X}}_{\mathrm{se}}$；
步骤 8：根据式(15.18)对 $\widetilde{\boldsymbol{X}}_{\mathrm{se}}$ 进行合成；
步骤 9：利用方位-多普勒 STAP 滤除剩余杂波。

15.4.3 仿真分析

本小节通过与其他三种不依赖于先验知识的方法进行对比来评估本节方法的性能，这三种方法分别是常规俯仰波束形成级联 STAP(CEBF-STAP)方法、ERCB-STAP 方法和 3D-STAP 方法，其中 CEBF-STAP 方法在俯仰波束形成过程中加 60 dB 切比雪夫锥销。将第 400 个距离单元作为待处理单元。实验中加入目标的归一化多普勒频率为 0.1，同时也是第 400 个距离单元近程杂波对应的归一化多普勒频率，目标的俯仰角和方位角分别为 1°和 90°，单阵元单脉冲的 SNR 设置为 0 dB，俯仰向阵元数设置为 6 个。

1. 近程杂波角度估计性能

图 15.13 所示为利用第 400 个距离单元的俯仰维脉冲数据构造协方差矩阵得到的真实杂波功率谱和阻塞处理后的基于 OGSBI 方法恢复出的俯仰功率谱。竖线对应的角度表示利用雷达系统参数计算得到的第 400 个距离单元对应的第一个不模糊距离的俯仰角，即 $\varphi=44.72°$。从图中可以看出，利用真实杂波功率谱和稀疏恢复估计得到的近程杂波俯仰角相同，均为 45.38°，验证了 OGSBI 方法的有效性。由于雷达回波的随机性导致基于参数计算的角度与真实近程杂波角度之间存在一定偏差。此外，由于对远程杂波进行了阻塞处理，因此稀疏恢复谱中仅存在 1 个谱峰。需要说明的是，第 400 个距离单元对应的近程杂波相对远程杂波较弱，其原因是该距离处的近程杂波落入俯仰方向图的第一零点附近。图 15.14 给出了近程 500 个距离门利用稀疏恢复估计得到的近程杂波角度。从图中可以看出：①在 268 个距离门以内，由于不存在近程杂波，所以在该段距离内不需要进行估计；②在 268～500 个距离门，由稀疏恢复估计得到的近程杂波角度与真实角度基本一致，误差在 0.5°以内。

2. 自适应俯仰方向图性能

图 15.15 给出了滤波器主瓣指向目标所在多普勒单元时的俯仰-多普勒域自适应方向图，从图中可以看出：①ERCB-STAP 方法和 3D-STAP 方法在近程杂波俯仰角处均形成了窄凹口，但 ERCB-STAP 方法的主瓣发生了分裂，会导致 SNR 损失；②OGSBI-OP-STAP 方法在近程杂波处形成了宽且深的凹口，同时在目标所在位置保持了高增益；③CEBF-STAP 方法虽然在目标所在位置保持了高增益，但未在近程杂波处形成针对性的凹口。

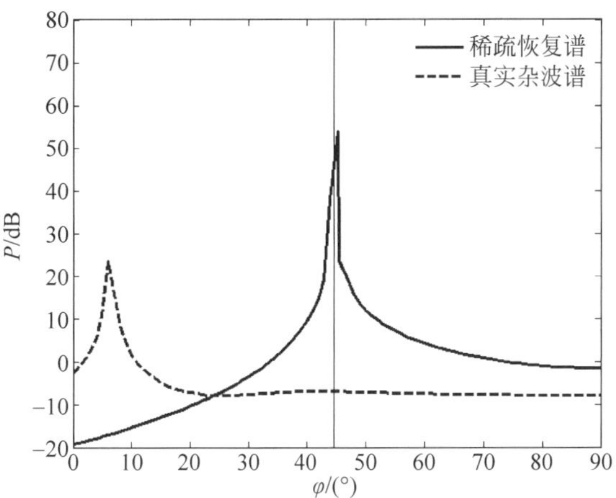

图 15.13　俯仰维杂波功率谱

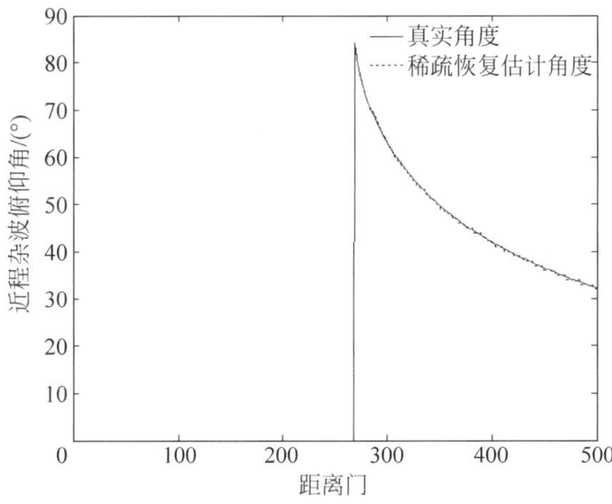

图 15.14　估计角度与真实角度比较

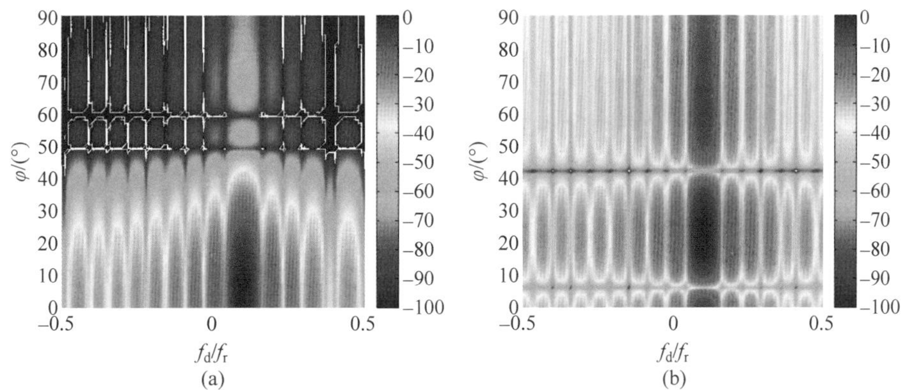

图 15.15　俯仰-多普勒域自适应方向图

(a) CEBF-STAP 方法；(b) ERCB-STAP 方法；(c) 3D-STAP 方法；(d) OGSBI-OP-STAP 方法

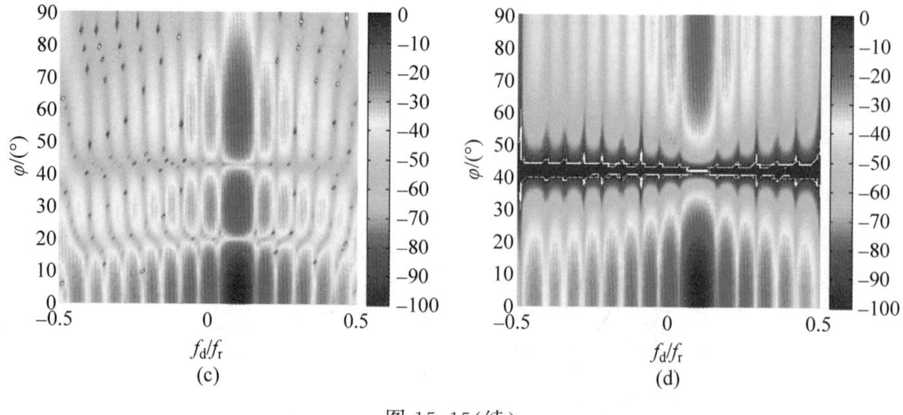

图 15.15(续)

3. 剩余近程杂波对比

图 15.16 给出了近程 500 个距离门对应的各方法处理后的距离-多普勒谱图。从图中可以看出：①3D-STAP 方法和 OGSBI-OP-STAP 方法在抑制掉近程杂波的同时能够实现对目标的有效检测；②ERCB-STAP 方法由于俯仰自适应方向图主瓣发生分裂，导致无法检测到目标，同时还存在大量近程杂波剩余；③由于俯仰向仅存在 6 个阵元，CEBF-STAP 方法通过加锥销的方式无法实现对近程强杂波的有效抑制，近程非平稳杂波仍大量剩余。

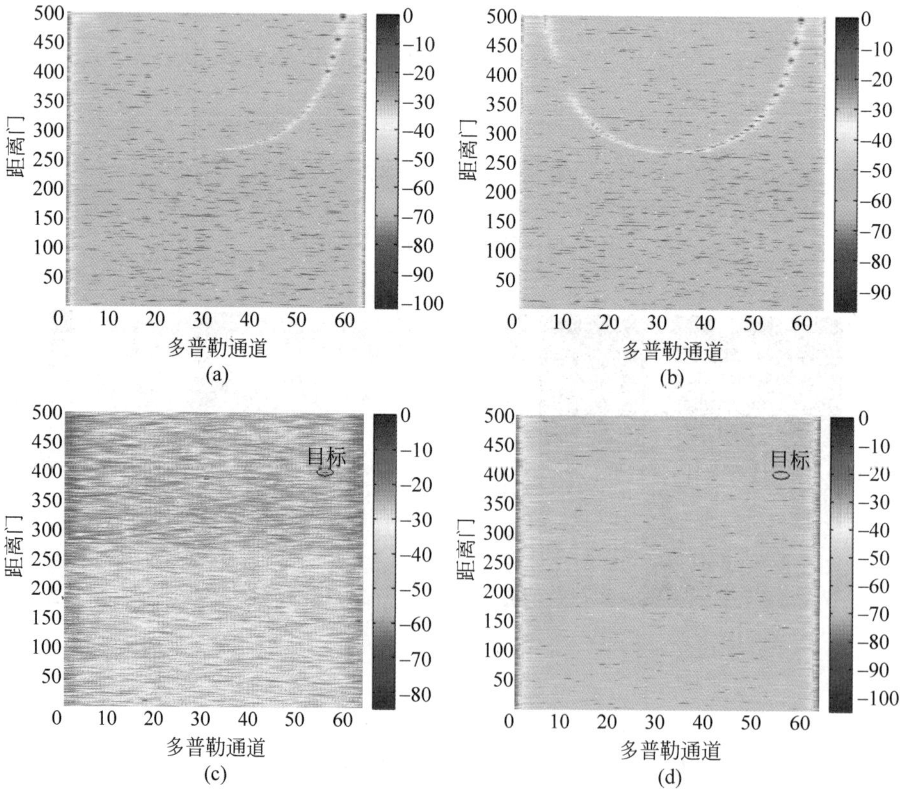

图 15.16 各种方法处理后的距离-多普勒谱图

(a) CEBF-STAP 方法；(b) ERCB-STAP 方法；(c) 3D-STAP 方法；(d) OGSBI-OP-STAP 方法

4. SCNR 损失对比

本实验对比了第 400 个距离单元四种方法的输出 SCNR 损失，如图 15.17 所示。从图中可以看出：①OGSBI-OP-STAP 方法的 SCNR 损失性能与 3D-STAP 方法相近，尤其是在近程杂波处(第 56 个多普勒通道)存在显著性能优势；②CEBF-STAP 方法由于无法抑制近程杂波，因此在第 56 个多普勒通道附近 SCNR 损失较大；③ERCB-STAP 方法在整个多普勒频率范围内抑制性能均相对较差。

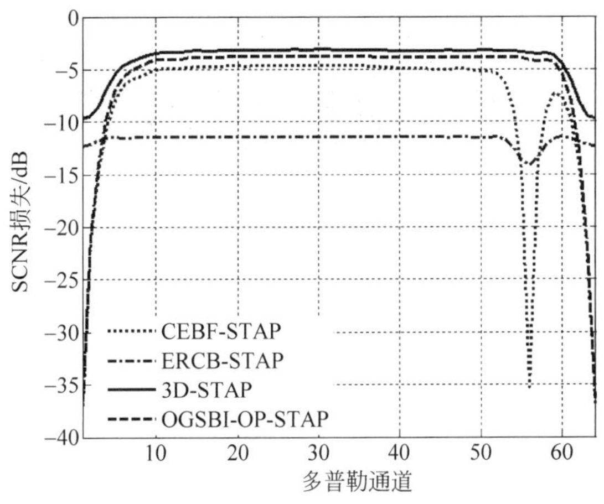

图 15.17　输出 SCNR 损失对比

15.5　基于自适应分区的非平稳 STAP 方法

本节提出一种基于自适应分区处理的机载雷达非平稳杂波抑制工程实用方法[144]。该方法首先利用杂波时域协方差矩阵黎曼均值距离来量化衡量杂波的距离非平稳性，沿距离维将回波划分为平稳区和非平稳区；然后通过噪声电平沿多普勒频率维将回波划分为清晰区和杂波区；最后在不同的区域采取相应的杂波抑制方法实现全域杂波的有效抑制。

15.5.1　基本原理

由 15.2 节的分析可知，非正侧视阵机载雷达杂波在近程具有严重的非平稳性，但是随着距离的增加，杂波趋于平稳；同时，对于杂波信号而言，机载雷达通常采用高脉冲重复频率，因此在多普勒频率维存在清晰区。图 15.18 给出了前视阵某一子阵回波信号的距离-多普勒谱图，根据杂波分布特性将距离-多普勒谱在(距离，多普勒)二维域上分为非平稳杂波区、平稳杂波区以及清晰区三个区段，其中线条 1、2、3、4 为各区域的分界线。在不同的区段分别采用 3D-STAP 方法、2D-STAP 方法以及脉冲多普勒(PD)处理。

1. 3D-STAP 原理

与传统的方位-脉冲空时二维数据结构不同，3D-STAP 的处理对象增加了俯仰维接收

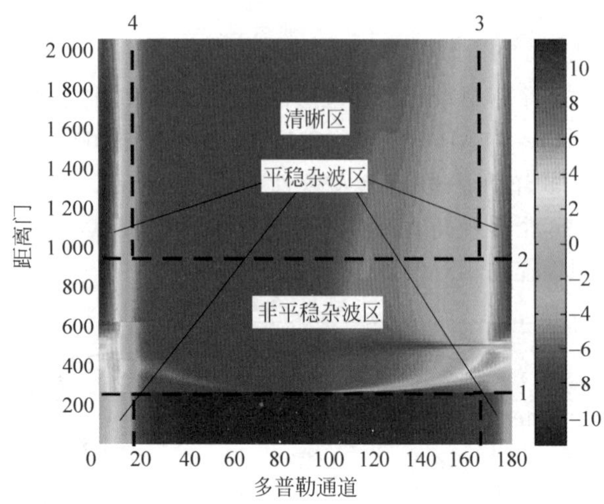

图 15.18 前视阵机载雷达分区示意图

子阵(或阵元)数据,由原来的方位-脉冲空时二维导向矢量拓展为俯仰-方位-时域三维导向矢量,即

$$\boldsymbol{S} = \boldsymbol{S}_{\mathrm{t}} \otimes \boldsymbol{S}_{\mathrm{a}} \otimes \boldsymbol{S}_{\mathrm{e}} \tag{15.19}$$

其中,$\boldsymbol{S}_{\mathrm{e}}$ 为 M 维俯仰向导向矢量;$\boldsymbol{S}_{\mathrm{a}}$ 为 N 维方位向导向矢量;$\boldsymbol{S}_{\mathrm{t}}$ 为 K 维时域导向矢量。

雷达接收回波数据 $\boldsymbol{X}_{\mathrm{c}}$ 为 MNK 维矢量,利用回波数据通过最大似然估计法估计出待检测单元 $MNK \times MNK$ 杂波协方差矩阵 $\boldsymbol{R}$,则可得利用俯仰-方位-时域三维信息形成的自适应权值[145]

$$\boldsymbol{W}_{3\mathrm{D}} = \mu(\boldsymbol{T}^{\mathrm{H}}\boldsymbol{R}\boldsymbol{T})^{-1}\boldsymbol{T}^{\mathrm{H}}\boldsymbol{S} \tag{15.20}$$

其中,$\boldsymbol{T}$ 为降维矩阵;μ 为常数因子。图 15.19 给出了前视阵机载雷达 3D-STAP 方法杂波抑制原理,相比于近程杂波,主瓣杂波具有相对较小的俯仰角和更大的多普勒频率。

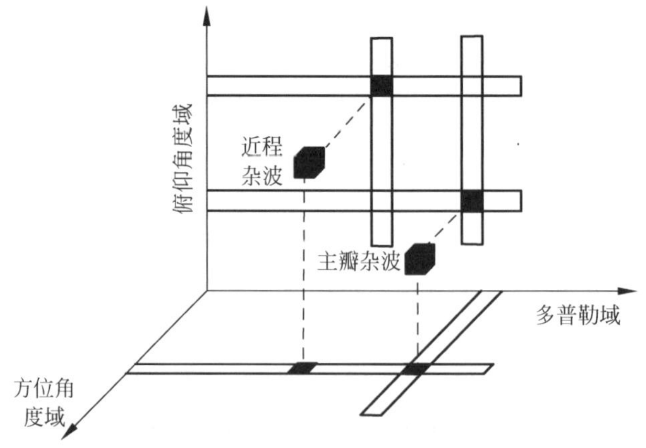

图 15.19 3D-STAP 近程杂波抑制原理图

由图 15.19 可以看出,方位主瓣对应的近程杂波和主瓣杂波在方位-多普勒平面上同处方位主波束方向,因此无法通过方位向空域自适应处理抑制近程杂波;增加了空域俯仰信息后,近程杂波在俯仰上位于俯仰波束副瓣方向,在俯仰维近程杂波和主瓣杂波得以区分,

所以 3D-STAP 方法中俯仰-方位-多普勒联合自适应处理在保证主瓣方向无损失的同时可以将近程杂波进行抑制。

2. 非平稳杂波区的自适应划分

由于离雷达天线最近的地杂波是处于载机正下方的高度线杂波，即处于 $R=H$ 处的近程杂波，所以近程杂波所处距离对应的距离门就是近程非平稳杂波区的起始距离门，即

$$L_l = \mathrm{int}(H/\Delta R) \tag{15.21}$$

其中，ΔR 为距离门宽度；int(·)表示向下取整函数。因此根据机载雷达系统参数易求得分界线 1 对应的距离门为 266，本节的重点是如何实现分界线 2 的自动确定。

由于杂波距离非平稳性的本质表现为杂波功率在多普勒域的分布随着距离变化而变化，而杂波的时域协方差矩阵恰好包含了杂波功率在多普勒频率维的分布信息，因此可以考虑利用不同距离门的时域杂波协方差矩阵的差别来衡量杂波的非平稳性。

假设对于第 n 个阵元、K 个脉冲接收到的第 l 个距离单元的杂波数据为 $\boldsymbol{X}_l((n-1)K+1: nK)$，则第 n 个接收通道的时域协方差矩阵为

$$\boldsymbol{R}_{\mathrm{t};l;n} = E[\boldsymbol{X}_l((n-1)K+1: nK)\boldsymbol{X}_l^{\mathrm{H}}((n-1)K+1: nK)] \tag{15.22}$$

值得注意的是，根据 RMB 准则，杂波协方差矩阵估计需要样本数大于两倍的系统自由度才能保证 SCNR 损失小于 3 dB。在利用各阵元的数据估计时域协方差矩阵时也需要阵元数大于脉冲数的两倍。在实际场景中，上述条件不一定满足，所以需要通过选取部分脉冲或多普勒滤波来达到这一要求，上述处理可通过降维矩阵 $\boldsymbol{T}_{\mathrm{t}}$ 来实现。同时，为了保证时域杂波协方差矩阵的可逆性，可使用对角加载技术。则第 l 个距离门的时域杂波协方差矩阵可估计为

$$\begin{aligned}\boldsymbol{R}_{\mathrm{t};l} &= \frac{1}{N}\sum_{n=1}^{N}\boldsymbol{T}_{\mathrm{t}}^{\mathrm{H}}\boldsymbol{R}_{\mathrm{t};l;n}\boldsymbol{T}_{\mathrm{t}} + \delta^2\boldsymbol{I} \\ &= \frac{1}{N}\sum_{n=1}^{N}\boldsymbol{T}_{\mathrm{t}}^{\mathrm{H}}\boldsymbol{X}_l((n-1)K+1: nK)\boldsymbol{X}_l((n-1)K+1: nK)^{\mathrm{H}}\boldsymbol{T}_{\mathrm{t}} + \delta^2\boldsymbol{I}\end{aligned} \tag{15.23}$$

其中，δ^2 为对角加载系数；$\boldsymbol{I}$ 为单位矩阵。

为了精确反映两个时域杂波协方差矩阵的差别，我们引入黎曼距离。可逆矩阵 $\boldsymbol{A}$ 和 $\boldsymbol{B}$ 的黎曼距离可定义为[146]

$$d_{\mathrm{R}}(\boldsymbol{A},\boldsymbol{B}) = \|\log_{10}(\boldsymbol{A}^{-1}\boldsymbol{B})\|_{\mathrm{F}} = \left(\sum_{i=1}^{\bar{N}}\log_{10}^2(\lambda_i)\right)^{\frac{1}{2}} \tag{15.24}$$

其中，λ_i 为 $\boldsymbol{A}^{-1}\boldsymbol{B}$ 的特征值；$\bar{N}$ 为矩阵 $\boldsymbol{A}$ 或 $\boldsymbol{B}$ 的维度。黎曼距离反映的是 $\boldsymbol{A}$ 对 $\boldsymbol{B}$ 的白化程度，如果 $\boldsymbol{A}$ 和 $\boldsymbol{B}$ 由独立同分布的杂波数据构建而成，则 $\boldsymbol{A}^{-1}\boldsymbol{B}\approx\boldsymbol{I}$，此时 $d_{\mathrm{R}}(\boldsymbol{A},\boldsymbol{B})\approx 0$。

但式(15.24)定义的黎曼距离不满足数学距离的对称性，即

$$d_{\mathrm{R}}(\boldsymbol{A},\boldsymbol{B}) \neq d_{\mathrm{R}}(\boldsymbol{B},\boldsymbol{A}) \tag{15.25}$$

如果 $\boldsymbol{A}$ 和 $\boldsymbol{B}$ 的杂波具有相同的协方差矩阵结构，但构成矩阵 $\boldsymbol{A}$ 的杂波功率大于 $\boldsymbol{B}$，那么“距离”不会增加，因为 $\boldsymbol{B}$ 中的杂波被 $\boldsymbol{A}$ 过度白化。而反过来，“距离”会增加。这在量度两个杂波协方差矩阵的差别时将面临问题。因此，我们通过定义一个对称的黎曼距离来解决该问题，即

$$\bar{d}_{\mathrm{R}}(\boldsymbol{A},\boldsymbol{B})=\left(\frac{d_{\mathrm{R}}^{2}(\boldsymbol{A},\boldsymbol{B})+d_{\mathrm{R}}^{2}(\boldsymbol{B},\boldsymbol{A})}{2}\right)^{\frac{1}{2}} \tag{15.26}$$

由于杂波的距离非平稳现象是一个连续的渐变过程，需要通过多个距离门来表现，因此仅仅通过两个距离门的时域杂波协方差矩阵的黎曼距离来衡量并不准确。为了解决该问题，我们引入 L_{p} 个时域杂波协方差矩阵的黎曼均值距离，具体定义为

$$\mathrm{DR}=\frac{1}{L_{\mathrm{p}}}\sum_{l=1}^{L_{\mathrm{p}}}\bar{d}_{\mathrm{R}}(\boldsymbol{R}_{\mathrm{t};l},\bar{\boldsymbol{R}}) \tag{15.27}$$

其中，$\bar{\boldsymbol{R}}=\frac{1}{L_{\mathrm{p}}}\sum_{l=1}^{L_{\mathrm{p}}}\boldsymbol{R}_{\mathrm{t};l}$。

因此，各距离门杂波的非平稳性便可通过式(15.27)所求值的大小来衡量，这实现了对杂波距离非平稳性的量化量度，同时也为实现图 15.18 中非平稳杂波区的自适应划分提供了技术途径。

假设一个不模糊距离内共有 L 个距离门，我们从最远处开始选取 L_{p} 个距离门，即估计第 $L-L_{\mathrm{p}}+1$ 到第 L 个距离门的时域协方差矩阵，并计算它们的黎曼均值距离 $\mathrm{DR}_{L-L_{\mathrm{p}}+1}$ 且与门限值 DR_{m} 进行比较。若小于门限值，则继续选取第 $L-L_{\mathrm{p}}$ 到第 $L-1$ 个距离门的时域协方差矩阵，重复上述步骤，直到出现某一黎曼均值距离 $\mathrm{DR}_{L_{\mathrm{f}}}\geqslant\mathrm{DR}_{\mathrm{m}}$，此时认为第 L_{f} 距离门即为图 15.18 中的非平稳区分界线 2。为了便于理解，表 15.2 中给出了自动寻找分界线 2 的算法的具体实现流程。

表 15.2　分界线 2 自动寻找算法

设置关键参数：DR_{m}，$\boldsymbol{T}_{\mathrm{t}}$，$L_{\mathrm{p}}$

计算距离门总数：$L=c/(2f_{\mathrm{r}}\Delta R)$

估计杂波时域协方差矩阵 $\boldsymbol{R}_{\mathrm{t}}(l)$，$l=1,2,\cdots,L$：

for $l=1:L$

$$\boldsymbol{R}_{\mathrm{t}}(l)=\frac{1}{N}\sum_{n=1}^{N}\boldsymbol{T}_{\mathrm{t}}^{\mathrm{H}}\boldsymbol{X}_{l}((n-1)K+1:nK)\cdot\boldsymbol{X}_{l}((n-1)K+1:nK)^{\mathrm{H}}\boldsymbol{T}_{\mathrm{t}}+\delta^{2}\boldsymbol{I}$$

end

寻找分界线 2 所处的第 L_{f} 个距离门：

$j=-1$

重复下述步骤：

(1) $j=j+1$

(2) $\bar{\boldsymbol{R}}=\frac{1}{L_{\mathrm{p}}}\sum_{l=1}^{L_{\mathrm{p}}}\boldsymbol{R}_{\mathrm{t}}(L-L_{\mathrm{p}}+l-j)$

(3) $\mathrm{DR}_{L-L_{\mathrm{p}}+1-j}=\frac{1}{L_{\mathrm{p}}}\sum_{l=1}^{L_{\mathrm{p}}}\bar{d}_{\mathrm{R}}(\boldsymbol{R}_{\mathrm{t}}(L-L_{\mathrm{p}}+l-j),\bar{\boldsymbol{R}})$

直到：$\mathrm{DR}_{L-L_{\mathrm{p}}+1-j}\geqslant\mathrm{DR}_{\mathrm{m}}$，

此时可得：$L_{\mathrm{f}}=L-L_{\mathrm{p}}+1-j$。

图15.20给出了$L_p=100$时的黎曼均值距离随距离门变化的曲线图。若设定门限值$DR_m=0.25$，则据此可确定第935个距离门为图15.18中的非平稳杂波区分界线2。

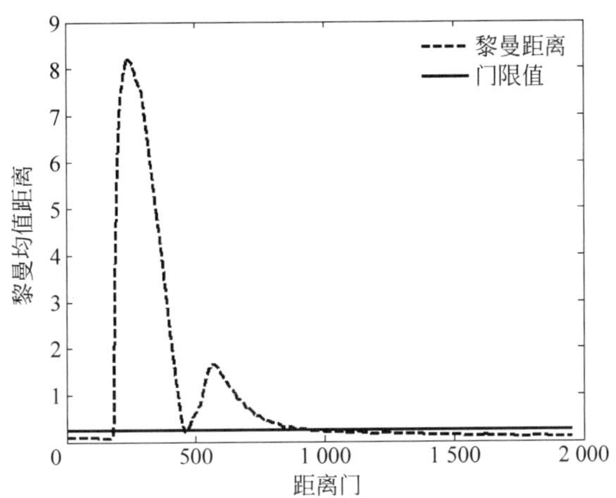

图15.20　黎曼均值距离随距离门变化曲线图

3. 清晰区的自适应划分

从图15.18中可以看出，前视阵机载雷达杂波主要分布于多普勒频率的两端，故其杂波最弱的点应该处于中间多普勒单元处。假设共有K_d个多普勒单元，我们在分界线2所处距离门的中间多普勒单元处连续取h个多普勒单元(即第$K_d/2-h/2+1$到$K_d/2+h/2$个多普勒单元)并求其平均功率作为噪声基底值σ_0；并设相对门限值为σ_m，而后再向右滑动一个多普勒单元，即取第$K_d/2-h/2+2$到$K_d/2+h/2+1$个多普勒单元，再求其平均功率值$\sigma_{K_d/2+1}$，并与门限值$\sigma_0+\sigma_m$进行比较；若小于此值，则继续重复上述步骤直至出现$\sigma_{K_r}\geqslant\sigma_0+\sigma_m$，此时认为第$K_r$个多普勒单元即为图15.18中的清晰区分界线3。为了便于理解，表15.3给出了自动寻找分界线3的算法的具体实现流程。同理，向左再利用上述算法即可寻找出图15.18中的噪声清晰区分界线4所处的第K_l个多普勒单元。

表15.3　分界线3自动寻找算法

设置关键参数：σ_m，h

计算多普勒单元总数：$K_d=f_r/\Delta f$，其中Δf为多普勒滤波器带宽；

计算噪声基底值σ_0：

选择第L_f个距离门的接收数据矢量$\boldsymbol{X}_{L_f}$，

计算主波束指向处各多普勒单元的回波功率：

$$\boldsymbol{P}(k)=\frac{1}{\boldsymbol{S}^{\mathrm{H}}(\psi_0,f_{dk})\boldsymbol{R}^{-1}\boldsymbol{S}(\psi_0,f_{dk})},\ k=1,2,\cdots,K_d$$

$$\sigma_0=\frac{1}{h}\sum_{k=K_d/2-h/2+1}^{K_d/2+h/2}\boldsymbol{P}(k);$$

续表

寻找分界线 3 所处的第 K_r 个多普勒单元：
$j=0$
重复下述步骤：
(1) $j=j+1$
(2) $\sigma_{K_d/2+j}=\dfrac{1}{h}\sum\limits_{k=K_d/2-h/2+j+1}^{K_d/2+h/2+j}\boldsymbol{P}(k)$
直到：$\sigma_{K_d/2+j}\geqslant\sigma_0+\sigma_m$
此时可得：$K_r=K_d/2+j$。

图 15.21 给出的是 $h=20$，门限值 $\sigma_m=6$ dB 时分界线 2 所处距离门的杂波平均功率随多普勒单元变化的曲线图，据此可确定第 14 个多普勒单元与第 165 个多普勒单元为图 15.18 中的清晰区分界线 4 和 3。

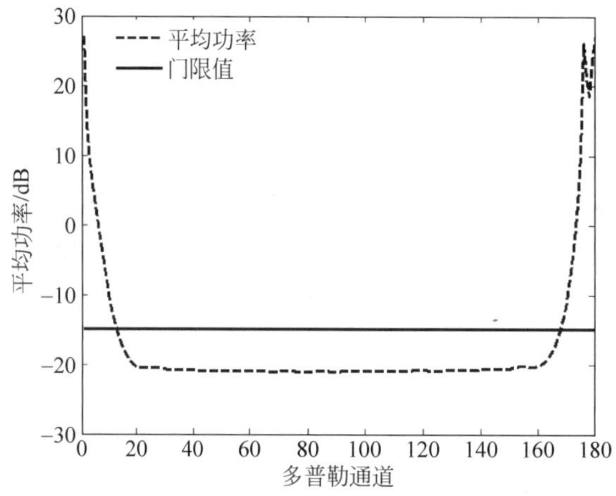

图 15.21　回波平均功率随多普勒单元变化曲线图

15.5.2　处理流程

综上所述，可将基于自适应分区的机载雷达杂波抑制方法处理流程总结如下：

步骤 1：设计降维矩阵 $\boldsymbol{T}_t$ 对各距离单元数据进行降维，使得在估计时域协方差矩阵时各距离单元的阵元数大于脉冲数的两倍。

步骤 2：利用式(15.23)估计各距离单元的时域协方差矩阵 $\boldsymbol{R}_{t;l}$。

步骤 3：计算第 $L-L_p+1$ 到第 L 个距离门的时域协方差矩阵的黎曼均值距离 DR_{L-L_p+1}，与门限值 DR_m 进行比较。若 DR_{L-L_p+1} 小于门限值，则继续往下平滑一个距离门并计算所选取 L_p 个距离门时域协方差矩阵黎曼均值距离，直到出现某一黎曼均值距离 $\mathrm{DR}_{L_f}\geqslant\mathrm{DR}_m$，此时认为第 L_f 距离门即为非平稳区上分界线。

步骤 4：计算载机高度线杂波所处的距离门数 L_1，并认为第 L_1 距离门即非平稳区下分界线。

步骤 5：将第 L_f 距离门回波数据进行 PD 处理，选取第 $K_d/2-h/2+1$ 到第 $K_d/2+h/2$

个多普勒单元并求其平均功率作为噪声基底值 σ_0。

步骤6：设噪声相对门限值为 σ_m，取第 $K_d/2-h/2+2$ 到第 $K_d/2+h/2+1$ 个多普勒单元再求其平均功率值 $\sigma_{K_d/2+1}$，并与门限值 $\sigma_0+\sigma_m$ 进行比较。若小于此值，则继续往右平滑一个多普勒单元并计算所选取 h 个多普勒单元的均值功率，直到出现某一均值功率 $\sigma_{K_r}\geqslant\sigma_0+\sigma_m$，此时认为第 K_r 个多普勒单元即为清晰区与副瓣杂波区的右分界线。

步骤7：同理，利用步骤5、步骤6的方法向左平滑即可得出清晰区与副瓣杂波区的左分界线。

步骤8：对非平稳杂波区进行3D-STAP处理，对平稳杂波区进行2D-STAP处理，对清晰区进行PD处理，从而完成全域的杂波抑制处理。

需要指出的是，本节方法中的两个门限值 DR_m 与 σ_m 的选取决定着方法的性能与运算复杂度：若设置过高的门限值，则会使得方法自动划分的非平稳杂波区与平稳副瓣杂波区所占比重减小，这必然会降低算法的运算量，但同时也会损失一定的杂波抑制性能；相反，若设置过低的门限值，非平稳杂波区与平稳副瓣杂波区所占比重增大，这无疑可以改善杂波抑制性能，但也会使得运算量大幅增加。因此在实际工程应用中，应该根据实际情况合理设置门限值。

15.5.3 仿真分析

本节仿真中前视阵采用4行16列阵列，在二维STAP中空域合成一行线阵，即空域自由度为1×16；在三维STAP中空域合成两行线阵，即空域自由度为2×8。在空域自由度相等的情况下时域采用相邻3个多普勒通道进行联合自适应处理。本节仿真中非平稳杂波区黎曼均值距离门限 $DR_m=0.25$，清晰区杂波功率值的相对门限值 $\sigma_m=6$ dB。PD处理采用90 dB切比雪夫空时锥销。

1. SCNR损失

图15.22给出了分别经过PD处理、2D-STAP处理、3D-STAP处理以及本节方法处理后的距离-多普勒信杂噪比损失图。由图可以看出：①PD处理在清晰区效果较好，但由于加较深的锥销导致滤波器主瓣较宽，因此在杂波区存在较大SCNR损失；②2D-STAP处理能够抑制掉远程的副瓣杂波，但在近程的非平稳杂波区SCNR损失较大；③3D-STAP方法无论在近程非平稳杂波区还是远程平稳杂波区均具有较小的SCNR损失，甚至对主瓣杂波也有一定的抑制作用；④本节方法通过自适应划分区段，对于不同的杂波区运用不同的杂波抑制方法，除主瓣杂波区外在整个距离-多普勒域上均能有效滤除杂波。

2. 输出杂波剩余比较

为了更清晰地比较各方法的杂波抑制效果，我们在原始回波数据中插入了3个目标，各目标所处的位置分别为：目标1(100,1 500)、目标2(170,1 500)和目标3(157,400)。其中横坐标为多普勒单元数，纵坐标为距离门数。目标1、2、3分别位于清晰区、平稳杂波区和非平稳杂波区，目标输入SNR为0 dB。

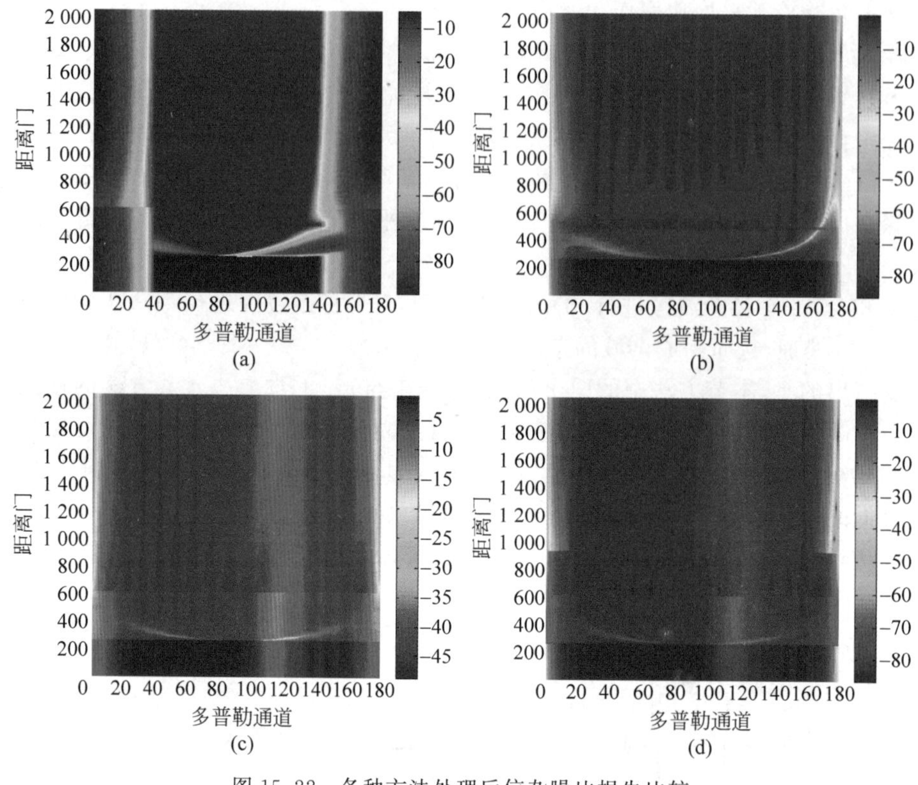

图 15.22 各种方法处理后信杂噪比损失比较

(a) PD；(b) 2D-STAP；(c) 3D-STAP；(d) 本节方法

图 15.23 分别给出了经过 PD 处理、2D-STAP 处理、3D-STAP 处理以及本节方法处理后的输出信号距离-多普勒谱图。由图可以看出：①PD 处理后只有处于清晰区的目标 1 可以被有效检测到；②2D-STAP 处理后除了目标 1 之外，位于副瓣杂波区的目标 2 也能够被有效检测到，但处于非平稳杂波区的目标 3 依旧被杂波淹没；③本节方法与 3D-STAP 方法对所有 3 个目标均能实现有效检测。

为了进一步定量衡量各方法的杂波抑制性能，体现本节方法的优势，图 15.24 给出了目标 2 所在多普勒通道的输出功率。由图可以看出，目标 2 位于第 1 500 个距离门，通过计算可得 PD、2D-STAP、3D-STAP 和本节方法处理后的输出 SNR 分别为 1.56 dB、13.79 dB、17.98 dB 和 16.87 dB。相比于 2D-STAP 方法，本节方法存在 3 dB 的 SNR 改善，其原因是 2D-STAP 方法在近程杂波处存在较多杂波剩余；另外，本节方法与 3D-STAP 方法性能基本相当。

3. 计算量比较

表 15.4 给出了四种方法对所有距离门单元进行处理后所需的计算量。假设总共需处理 L 个距离单元，其中属于非平稳区的距离单元数为 L_n，属于平稳区的距离单元数为 L_s；总共需处理 K_d 个多普勒单元，其中属于杂波区的多普勒单元数为 K_n，属于清晰区的多普勒单元数为 K_s。为了便于直观比较，下面给出具体参数情况下的四种方法的计算量。在

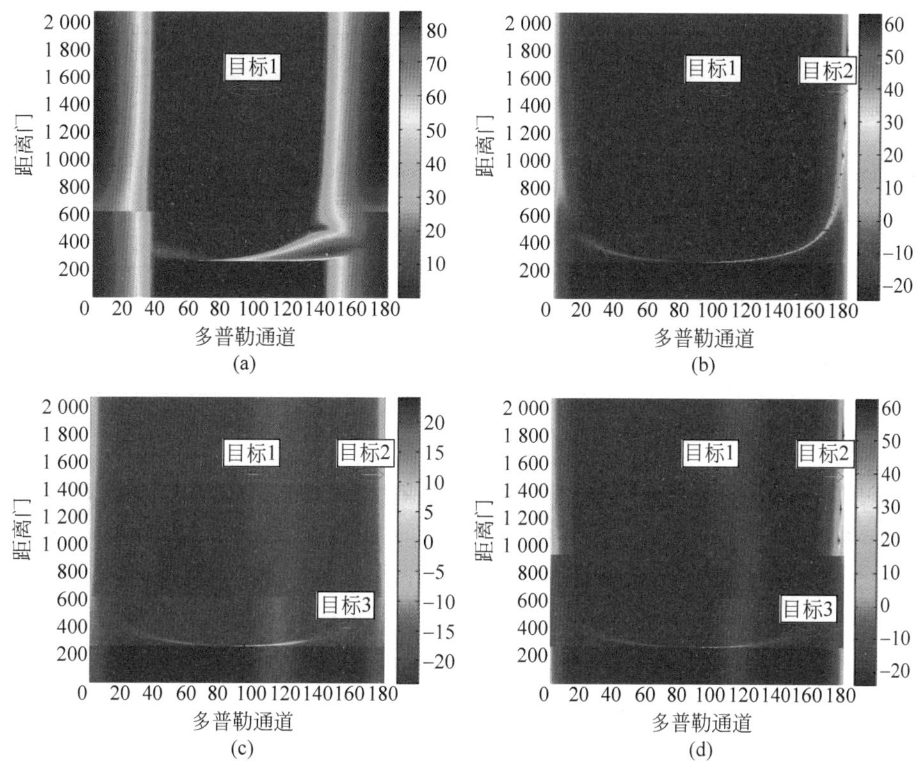

图 15.23　各种方法处理后的输出信号距离-多普勒谱图

(a) PD；(b) 2D-STAP；(c) 3D-STAP；(d) 本节方法

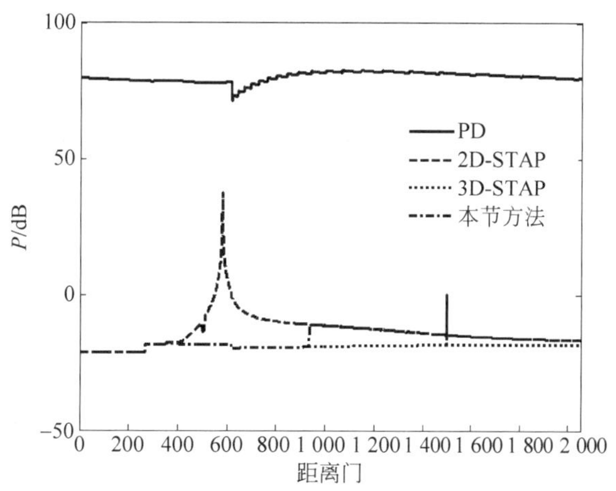

图 15.24　目标 2 所在多普勒通道输出功率

本节仿真参数下 PD、2D-STAP、3D-STAP 以及本节方法的计算量分别为：9.68×10^{7} 次、1.87×10^{13} 次、1.87×10^{13} 次和 1.37×10^{13} 次。2D-STAP 和 3D-STAP 方法计算量相同的原因是二者的系统自由度相同，而本节方法经过分区后计算复杂度存在一定程度下降。

表 15.4 计算量比较

方法	DFT	自适应分区	协方差矩阵估计	权值应用
PD	$L\frac{NK}{4}\log_2 N\log_2 K$	—	—	$LK_{\mathrm{d}}NK$
2D-STAP	$L\frac{NK}{4}\log_2 N\log_2 K$	—	$LK_{\mathrm{d}}(NK)^2(1+NK)$	$LK_{\mathrm{d}}[2(NK)^3+2(NK)^2+NK]$
3D-STAP	$L\frac{MNK}{8}\log_2 M\log_2 N\log_2 K$	—	$LK_{\mathrm{d}}(MNK)^2(1+MNK)$	$LK_{\mathrm{d}}[2(MNK)^3+2(MNK)^2+MNK]$
本节方法	$L_{\mathrm{s}}\frac{NK}{4}\log_2 N\log_2 K+L_{\mathrm{n}}\frac{MNK}{8}\log_2 M\log_2 N\log_2 K$	$L_{\mathrm{s}}(K^2+6K^3)$	$L_{\mathrm{s}}K_{\mathrm{n}}(NK)^2(1+NK)+L_{\mathrm{n}}K_{\mathrm{d}}(MNK)^2(1+MNK)$	$L_{\mathrm{s}}K_{\mathrm{n}}[2(NK)^3+2(NK)^2+NK]+L_{\mathrm{n}}K_{\mathrm{d}}[2(MNK)^3+2(MNK)^2+MNK]$

15.6 小结

本章分别从杂波谱补偿、俯仰维信息利用和自适应分区处理等角度研究了机载雷达非平稳杂波抑制方法。研究结果表明：补偿类方法在一定程度上能够实现非平稳杂波的有效抑制，但是该方法在主杂波区存在一定的性能损失，并且当模糊杂波脊位置估计不准时易将杂波当成目标保留下来从而导致虚警；相比于补偿类方法，基于俯仰维信息的近程杂波抑制方法不受先验知识的影响，可以获得稳健的杂波抑制效果；基于自适应分区的非平稳杂波抑制方法通过分区处理可实现全距离域和全速度域目标的有效检测，且运算量较小，因此是一种便于工程实现的非平稳 STAP 方法。

第 16 章

非均匀杂波影响分析与 STAP

第 15 章中介绍的杂波非平稳分布的原因主要是由机载雷达自身因素引起的，本章中我们将重点研究机载雷达面临的外部环境，例如：由于距离变化导致的杂波回波功率变化、地形反射特性的空间变化和杂波起伏引起的回波分布特性变化、地面运动车辆和强孤立散射点引起的杂波回波变化等，上述因素导致的杂波分布变化统称为杂波非均匀。本章首先介绍非均匀环境的分类，然后给出非均匀环境下的机载雷达信号模型，并分析四种非均匀因素对 STAP 性能的影响，最后从功率/频谱非均匀和干扰目标环境角度分别提出两种有效的非均匀 STAP 方法，即加权相关固定点迭代（WCFPI）方法[151]和循环训练样本检测对消方法[154]。

16.1 非均匀环境分类

在实际工程中，形成 STAP 权值所需的杂波噪声协方差矩阵往往需要利用该单元相邻距离单元的数据作为训练样本（或称学习样本）经最大似然估计得到。根据 RMB 准则可知，经 STAP 处理后信杂噪比损失在 3 dB 以内所需满足独立同分布条件的均匀训练样本数至少为 2 倍的系统自由度。“独立同分布”假设的内涵是指各个训练样本与待检测样本的杂波协方差矩阵具有相同的结构，即 $\boldsymbol{R}_l=\boldsymbol{R}_0,l=1,2,\cdots,L$。

考虑到机载多通道雷达可观的阵元和脉冲数，所需均匀样本数量往往是巨大的。在真实杂波环境中，由于不同距离单元杂波功率的剧烈变化以及多目标环境的存在，杂波在各距离单元是严重非均匀分布的。均匀训练样本的严重不足，导致估计得到的杂波协方差矩阵与真实矩阵间存在较大偏差，使得基于统计的 STAP 方法性能急剧下降。

机载雷达面临的非均匀环境可分为四类：功率非均匀、频谱非均匀、干扰目标和孤立干扰[147]。①功率非均匀。由于训练样本来自不同距离，而地面反射特性是变化的，例如地理环境的空间变化（海滨、城乡接合部、农田山区交界）、高大物体（如山峰）及其遮蔽（即由于雷达波束被高大物体遮挡形成的功率很低的区域）、人造物体的强点固定杂波（如桥梁、电线杆、市中心、铁塔、角反射器等），即使是均匀地貌，实际杂波回波功率也会随距离变化，因此严格来讲实际环境中的杂波必然是功率非均匀的。②频谱非均匀。由于不同距离上地形和海况的杂波内部运动特性不同导致其回波的频谱展宽不同，即杂波内部运动（ICM）。③干扰目标。由运动目标引入，例如地面高速运动的车辆以及空中从不同距离进入的飞机目标，需要说明的是，干扰目标通常是指包含在训练样本中的运动目标。④孤立干扰。是指包含在待检测样本中，但不同时位于主瓣方向和待检测多普勒单元上的运动目标。

16.2 非均匀环境下的机载雷达信号模型

1. 杂波功率非均匀

在第 4 章中介绍机载雷达空时杂波模型时，假设各杂波块的散射系数的分布满足等伽马模型，即在同一距离环内各杂波块的散射系数保持不变。但是在实际环境下，杂波散射系数不仅与距离有关，而且与方位角度也有关，即不同方位和距离环内的各杂波块的散射系数均不相同。通常假设杂波散射系数在距离-角度域上的变化服从伽马分布，即

$$f(\sigma_0)=\frac{1}{\Gamma(\alpha)\beta^{\alpha}}\sigma_0^{\alpha-1}\exp\left(\frac{-\sigma_0}{\beta}\right) \tag{16.1}$$

其中

$$\alpha=\frac{E(\sigma_0)^2}{\mathrm{var}(\sigma_0)},\quad \beta=\frac{\mathrm{var}(\sigma_0)}{E(\sigma_0)} \tag{16.2}$$

此时第 l 个距离环第 i 个杂波块的 RCS 为

$$\sigma_{i,l}=\sigma_{0i,l}A_{gl} \tag{16.3}$$

该杂波块对应的 CNR 为

$$\xi_{i,l}=\frac{P_{\mathrm{t}}G_{\mathrm{t}}(\theta_i,\varphi_l)G_{\mathrm{r}}(\theta_i,\varphi_l)\lambda^2\sigma_{i,l}a''_{i,l}D}{(4\pi)^3R_l^4L_sKT_0BF_{\mathrm{n}}} \tag{16.4}$$

则当不存在距离模糊时，第 l 个距离环对应的杂波协方差矩阵为

$$\boldsymbol{R}_{cl}=\sigma^2\sum_{i=1}^{N_{\mathrm{c}}}\xi_{i,l}(\boldsymbol{S}_{\mathrm{t}}(\bar{f}_{\mathrm{d}i,l})\boldsymbol{S}_{\mathrm{t}}^{\mathrm{H}}(\bar{f}_{\mathrm{d}i,l}))\otimes(\boldsymbol{S}_{\mathrm{s}}(f_{\mathrm{s}i,l})\boldsymbol{S}_{\mathrm{s}}^{\mathrm{H}}(f_{\mathrm{s}i,l})) \tag{16.5}$$

因此由最大似然估计得到的某距离环的杂波协方差矩阵为

$$\hat{\boldsymbol{R}}_{\mathrm{c}}=E(\boldsymbol{S}_{cl}\boldsymbol{\Xi}_{cl}\boldsymbol{S}_{cl}^{\mathrm{H}})=\frac{1}{L}\sum_{l=1}^{L}\boldsymbol{S}_{cl}\boldsymbol{\Xi}_{cl}\boldsymbol{S}_{cl}^{\mathrm{H}} \tag{16.6}$$

其中

$$\boldsymbol{S}_{cl}=[S_{l,1},S_{l,2},\cdots,S_{l,N_{\mathrm{c}}}]_{NK\times N_{\mathrm{c}}} \tag{16.7}$$

$$\boldsymbol{\Xi}_{cl}=\sigma^2\mathrm{diag}([\xi_{1,l},\xi_{2,l},\cdots,\xi_{N_{\mathrm{c}},l}])_{N_{\mathrm{c}}\times N_{\mathrm{c}}} \tag{16.8}$$

其中，$\boldsymbol{S}_{cl}$ 和 $\boldsymbol{\Xi}_{cl}$ 分别表示第 l 个距离环上各杂波块对应的空时导向矢量组成的矩阵和杂波块功率组成的对角矩阵。

假设服从伽马分布的杂波散射系数的均值为 μ，方差为 σ^2，则由于杂波散射系数引起的功率非均匀可进行如下表示：假设待检测样本和训练样本所包含的各杂波块的散射系数的均值均相同，即为 μ，二者对应的方差分别为 σ_0^2 和 σ_s^2。当 $\sigma_s^2=0$ 时表示均匀杂波环境，反之表示非均匀杂波环境，σ_s^2 越大，非均匀程度越严重。

为了更直观地说明功率非均匀的影响，假设由训练样本估计得到的杂波平均功率为 $\bar{p}_c$，则某个距离环对应的估计杂波噪声协方差矩阵可表示如下：

$$\hat{\boldsymbol{R}}_{c+n}=\frac{\bar{p}_c}{NK\sigma^2\sum_{i=1}^{N_c}\xi_i}\boldsymbol{S\Xi S}^{H}+\sigma^2 I \tag{16.9}$$

其中，$\dfrac{1}{NK\sigma^2\sum_{i=1}^{N_c}\xi_i}$ 表示功率归一化系数，其表示噪声功率不变，杂波功率积累 NK 倍后的归一化系数。

2. 杂波频谱非均匀

杂波频谱非均匀主要来源于杂波内部运动(ICM)，由 13.2 节内容可知存在 ICM 情况下第 l 个距离环对应的杂波协方差矩阵为

$$\boldsymbol{R}_{cl}=\sigma^2\sum_{i=1}^{N_c}\xi_{i,l}[\boldsymbol{E}_{ti,l}\odot(\boldsymbol{S}_t(\bar{f}_{di,l})\boldsymbol{S}_t^H(\bar{f}_{di,l}))]\otimes(\boldsymbol{S}_s(f_{si,l})\boldsymbol{S}_s^H(f_{si,l})) \tag{16.10}$$

其中，$\boldsymbol{E}_{ti,l}$ 表示第 l 个距离环第 i 个杂波块由于 ICM 导致的脉冲间去相关矩阵，其表达式为

$$\boldsymbol{E}_{ti,l}=\text{Toeplitz}(\rho_{i,l}(0)\quad \rho_{i,l}(1)\quad \cdots\quad \rho_{i,l}(K-1)) \tag{16.11}$$

$$\rho_{i,l}(k_1-k_2)=e^{-\frac{8\pi^2\sigma_{vi,l}^2}{\lambda^2}T_r^2(k_1-k_2)^2} \tag{16.12}$$

其中 $\sigma_{vi,l}$ 表示该杂波块对应的杂波内部运动速度的标准偏差。与杂波散射系数分布类似，通常可以假设 $\sigma_{vi,l}$ 在距离-角度域上的变化服从伽马分布，见式(16.1)。

3. 干扰目标

干扰目标是指训练样本中的运动目标。假设共有 J 个干扰目标，则估计得到的杂波噪声协方差矩阵为

$$\hat{\boldsymbol{R}}=\boldsymbol{R}+\frac{1}{L}\sum_{j=1}^{J}\sigma_j^2\boldsymbol{S}_j\boldsymbol{S}_j^H \tag{16.13}$$

其中，L 表示训练样本数目；σ_j^2 和 $\boldsymbol{S}_j$ 分别表示第 j 个干扰目标的功率和空时导向矢量；$\boldsymbol{R}$ 表示待检测样本的真实杂波噪声协方差矩阵。

4. 孤立干扰

孤立干扰是指待检测样本中的运动目标。假设共有 J 个孤立干扰，则估计得到的杂波

噪声协方差矩阵为

$$\hat{\boldsymbol{R}}=\boldsymbol{R}-\sum_{j=1}^{J}\sigma_j^2\boldsymbol{S}_j\boldsymbol{S}_j^{\mathrm{H}} \tag{16.14}$$

16.3 非均匀环境对 STAP 性能的影响

本节对非均匀环境对 STAP 性能的影响进行定量分析[148]。由 5.3.2 节内容可知均匀环境下最优处理器的输出 SCNR 为 $\mathrm{SCNR}_{\mathrm{opt均匀}}(\bar{f}_{\mathrm{d}})=\sigma^2\xi_{\mathrm{t}}|\boldsymbol{S}^{\mathrm{H}}(\bar{f}_{\mathrm{d}})\boldsymbol{R}^{-1}\boldsymbol{S}(\bar{f}_{\mathrm{d}})|$，在非均匀环境下 STAP 的输出 SCNR 为

$$\begin{aligned}\mathrm{SCNR}_{\text{非均匀}}(\bar{f}_{\mathrm{d}},\hat{\boldsymbol{R}})&=\frac{a^2\,|\boldsymbol{W}^{\mathrm{H}}(\bar{f}_{\mathrm{d}})\boldsymbol{S}(\bar{f}_{\mathrm{d}})|^2}{|\boldsymbol{W}^{\mathrm{H}}(\bar{f}_{\mathrm{d}})\boldsymbol{R}\boldsymbol{W}(\bar{f}_{\mathrm{d}})|}\\&=\frac{a^2\,|\boldsymbol{S}^{\mathrm{H}}(\bar{f}_{\mathrm{d}})\hat{\boldsymbol{R}}^{-1}\boldsymbol{S}(\bar{f}_{\mathrm{d}})|^2}{|\boldsymbol{S}^{\mathrm{H}}(\bar{f}_{\mathrm{d}})\hat{\boldsymbol{R}}^{-1}\boldsymbol{R}\hat{\boldsymbol{R}}^{-1}\boldsymbol{S}(\bar{f}_{\mathrm{d}})|}\end{aligned} \tag{16.15}$$

因此，非均匀环境对 STAP 性能的影响可通过如下 SCNR 损失进行衡量，具体表达式为

$$\begin{aligned}\mathrm{SCNR}_{\mathrm{loss}}(\bar{f}_{\mathrm{d}},\hat{\boldsymbol{R}})&=\frac{\mathrm{SCNR}_{\text{非均匀}}(\bar{f}_{\mathrm{d}})}{\mathrm{SCNR}_{\mathrm{opt均匀}}(\bar{f}_{\mathrm{d}})}\\&=\frac{|\boldsymbol{S}^{\mathrm{H}}(\bar{f}_{\mathrm{d}})\hat{\boldsymbol{R}}^{-1}\boldsymbol{S}(\bar{f}_{\mathrm{d}})|^2}{|\boldsymbol{S}^{\mathrm{H}}(\bar{f}_{\mathrm{d}})\hat{\boldsymbol{R}}^{-1}\boldsymbol{R}\hat{\boldsymbol{R}}^{-1}\boldsymbol{S}(\bar{f}_{\mathrm{d}})|\,|\boldsymbol{S}^{\mathrm{H}}(\bar{f}_{\mathrm{d}})\boldsymbol{R}^{-1}\boldsymbol{S}(\bar{f}_{\mathrm{d}})|}\end{aligned} \tag{16.16}$$

在本节仿真中，系统参数、天线参数、目标参数等主要参数见表 4.1。

16.3.1 杂波功率非均匀

1. 杂波散射系数分布非均匀

本小节仅考虑由杂波散射系数分布变化导致的杂波功率非均匀。假设杂波距离固定为 150 km(消除了距离和天线增益对功率的影响)，距离-方位上的每一个杂波块的散射系数均服从伽马分布，且均值由等伽马模型确定，即 $\mu=0.0267$。待检测距离单元和训练样本中的每一个杂波块散射系数的标准差分别用 σ_0 和 σ_{s} 表示，在本节仿真中分别设置$[\sigma_0,\sigma_{\mathrm{s}}]=[0,0]$，$[0.32,0.32]$和$[0.32,0.57]$。具体仿真结果如图 16.1 和图 16.2 所示。

结论：①待检测样本和训练样本中各杂波块散射系数分布的标准差均为零时，SCNR 无损失，此时为均匀杂波环境；②当二者均不为零时，标准差越大，非均匀程度越严重，SCNR 损失越大；③即使待检测样本和训练样本的散射系数的标准差相同，由于分布的随机性，SCNR 也存在一定损失。

2. 杂波功率非均匀

本小节综合考虑由杂波散射系数分布变化、天线增益和距离变化导致的杂波功率非均匀。假设待检测样本的距离为 150 km，在其相邻两边共选 512 个距离单元作为训练样本，

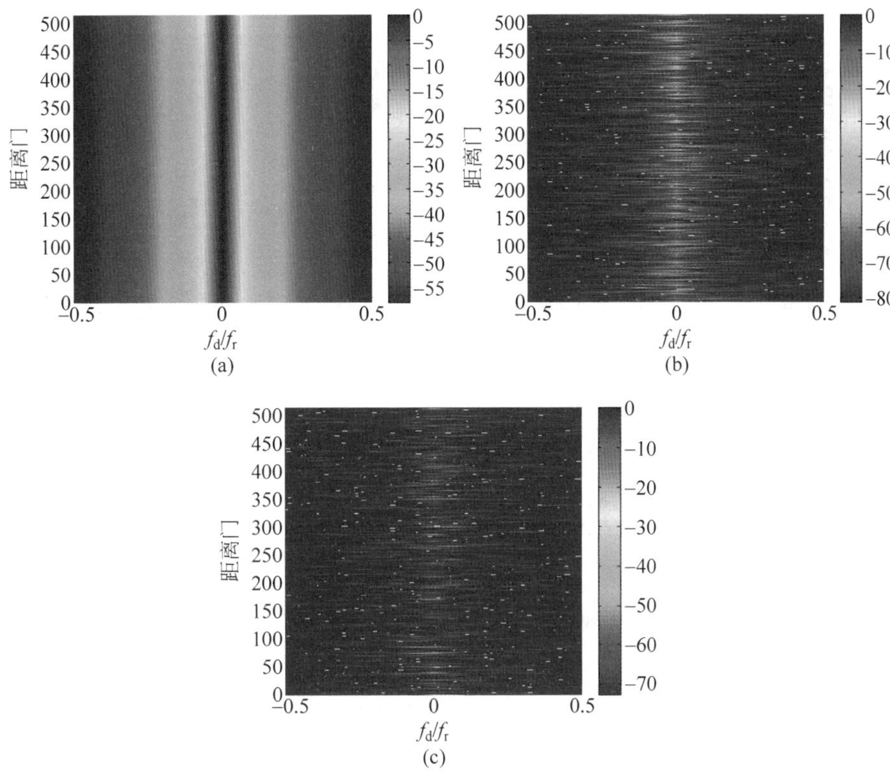

图 16.1 杂波散射系数分布变化对杂波分布的影响

(a) $[\sigma_0,\sigma_s]=[0,0]$；(b) $[\sigma_0,\sigma_s]=[0.32,0.32]$；(c) $[\sigma_0,\sigma_s]=[0.32,0.57]$

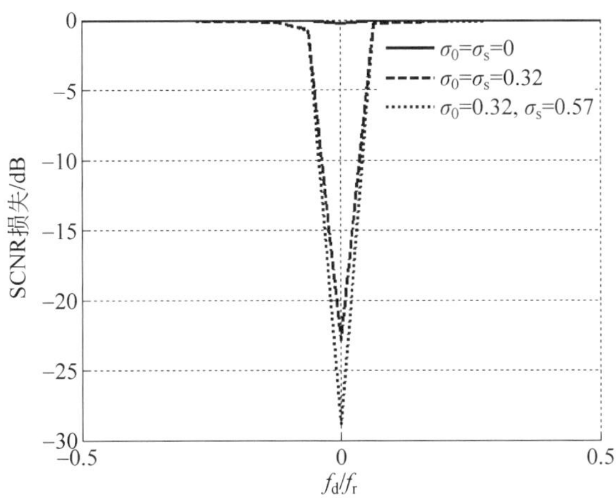

图 16.2 杂波散射系数分布变化对 SCNR 损失的影响

其他参数同图 16.1,具体仿真结果如图 16.3 和图 16.4 所示。

结论：考虑距离因素后,杂波功率非均匀对 SCNR 损失的影响规律不变,这是因为 512 个训练样本在距离上的范围较小,仅覆盖了 $513\times30\ \text{m}\approx15.4\times10^3\ \text{m}=15.4\ \text{km}$,在该距离范围内杂波功率变化较小。

利用表 4.1 中的仿真参数,可得 150 km 处待检测距离单元的单阵元单脉冲 CNR 为 42 dB,则改变由训练样本估计得到的杂波协方差矩阵功率,可以得到不同功率非均匀情况

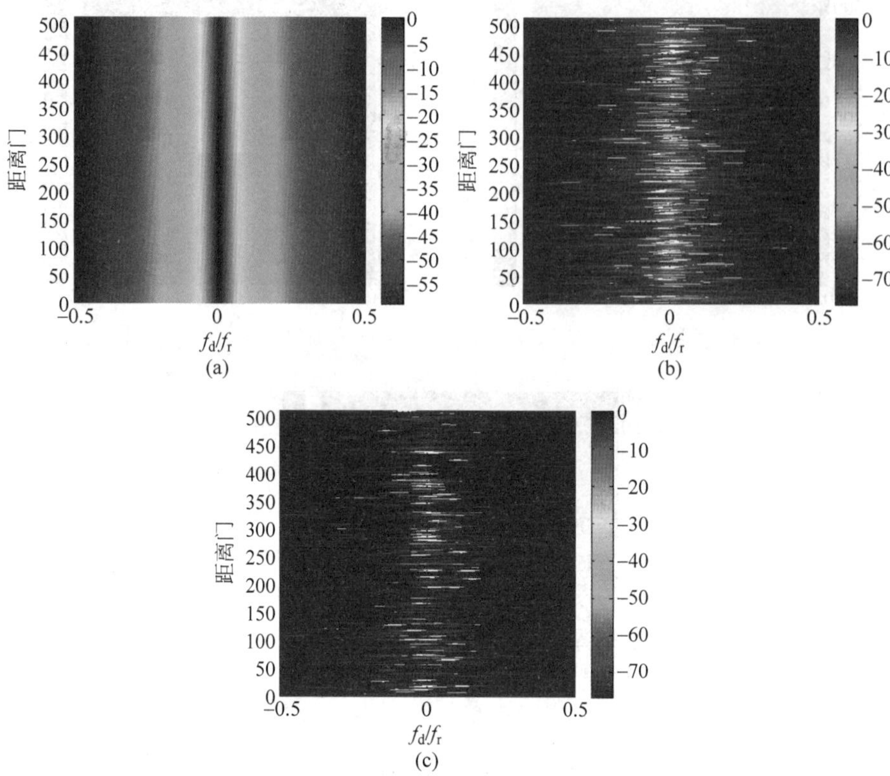

图 16.3 杂波散射系数分布变化对杂波分布的影响(考虑距离因素)

(a) $[\sigma_0,\sigma_s]=[0,0]$; (b) $[\sigma_0,\sigma_s]=[0.32,0.32]$; (c) $[\sigma_0,\sigma_s]=[0.32,0.57]$

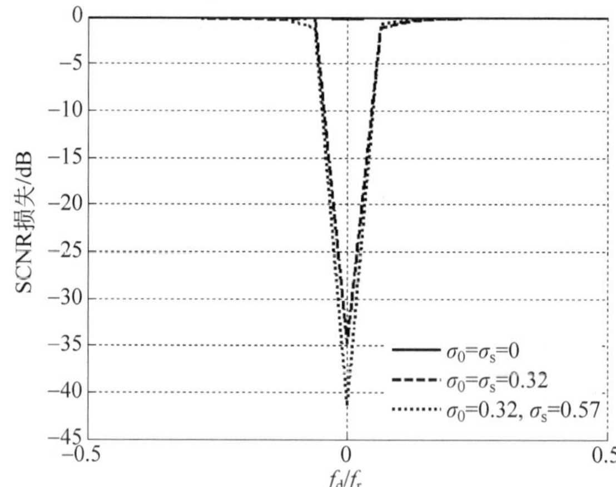

图 16.4 杂波散射系数分布变化对 SCNR 损失的影响(考虑距离因素)

下的 SCNR 损失结果,如图 16.5 所示,其中第 9 个多普勒通道对应主瓣杂波区。

结论:①当由训练样本估计得到的杂波功率高于 42 dB 时,SCNR 几乎无损失;②当估计功率值低于真实功率值 5 dB 以上时,损失明显,其原因是杂波功率估计过低时,空时自适应滤波器的凹口不够深,导致杂波存在剩余;③对于第 9 个多普勒通道,由功率非均匀导致的 SCNR 损失较小,其原因是在主瓣杂波区,即使对于功率均匀情况,杂波仍存在大量剩余。

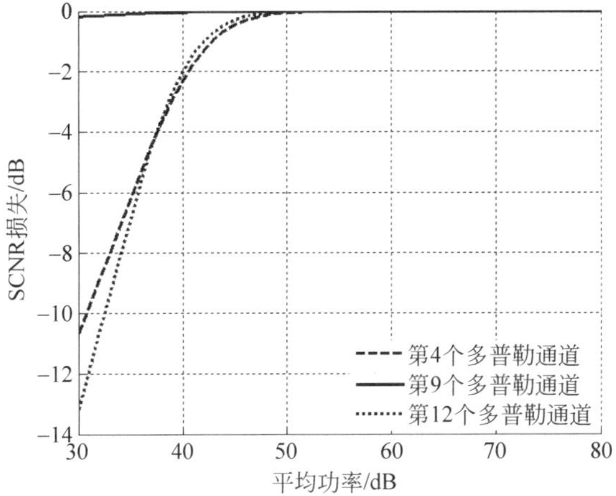

图 16.5　杂波功率非均匀对 SCNR 损失的影响

16.3.2　杂波频谱非均匀

本节假设待检测样本各杂波块对应的杂波内部运动速度标准偏差的均值和均方根分别为 μ_{v0} 和 σ_{v0}，训练样本对应的均值和均方根分别为 μ_{vs} 和 σ_{vs}，上述参数的仿真设置同 16.3.1 节。图 16.6 给出了杂波频谱非均匀情况下的杂波距离-多普勒谱图，图 16.7 给出了杂波内部运动速度变化对 SCNR 损失的影响，其中图 16.7(a)所示为不同非均匀情况下的 SCNR 损失，图 16.7(b)所示为$[\sigma_{v0},\sigma_{vs}]=[0.32,0.16]$时不同波束指向情况下的主瓣杂波区 SCNR 损失。

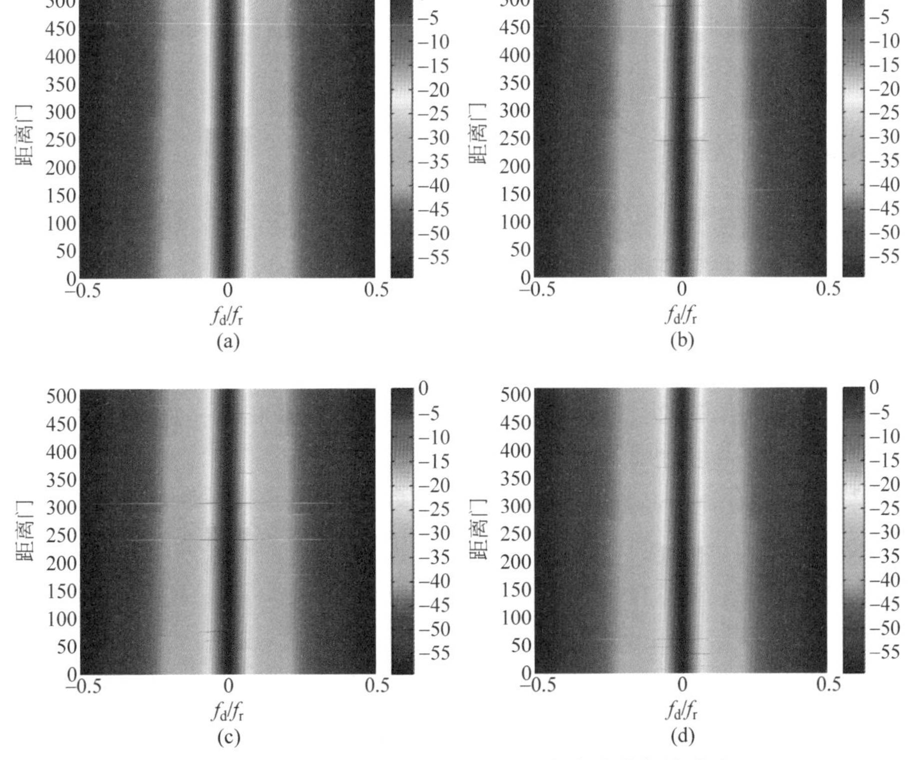

图 16.6　杂波内部运动速度变化对杂波非均匀的影响

(a) $[\sigma_{v0},\sigma_{vs}]=[0,0]$；(b) $[\sigma_{v0},\sigma_{vs}]=[0.32,0.32]$；(c) $[\sigma_{v0},\sigma_{vs}]=[0.16,0.32]$；(d) $[\sigma_{v0},\sigma_{vs}]=[0.32,0.16]$

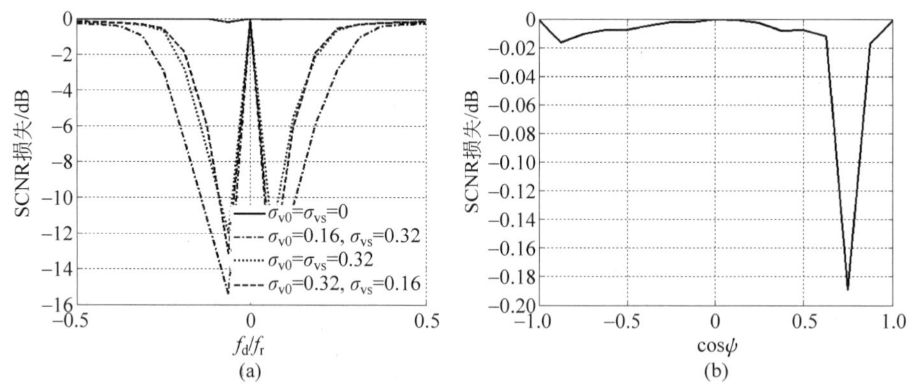

图 16.7 杂波内部运动速度变化对 SCNR 损失的影响

(a) 不同非均匀情况下的 SCNR 损失；(b) 不同波束指向情况下的主杂波 SCNR 损失($[\sigma_{v0},\sigma_{vs}]=[0.32,0.16]$)

结论：①待检测样本和训练样本中各杂波块内部运动速度标准差分布的均方根均为零时，SCNR 无损失，此时为均匀杂波环境；②当二者均不为零时，均方根越大，非均匀程度越严重，SCNR 损失越大，这一点也可以在图 16.6 中得到反映，图 16.6(b)～(d)表明在部分距离单元存在明显的谱展宽；③即使待检测样本和训练样本的杂波内部运动相同(均方根同为 0.32)，由于分布的随机性，SCNR 也存在一定损失；④当训练样本的均方根值大于待检测样本的均方根值时，杂波谱宽估计过宽，此时杂波凹口过宽，主瓣杂波区 SCNR 损失严重，慢速目标检测性能下降，如图 16.7(a)多普勒频率为零附近区域所示；⑤如图 16.6(d)所示，当训练样本的均方根值小于待检测样本的均方根值时，杂波谱宽估计过窄，此时杂波凹口过窄，杂波存在剩余，SCNR 损失严重；⑥在主瓣杂波区，频谱非均匀对 SCNR 损失的影响几乎可以忽略，如图 16.7(b)所示。

16.3.3 干扰目标

情况 1：假设仅存在 1 个干扰目标，除距离参数不同外，该干扰目标与预设目标的角度参数和多普勒频率参数完全相同，即 $\boldsymbol{S}_{\mathrm{j}}=\boldsymbol{S}$。且假设 $\tilde{\sigma}_{\mathrm{j}}^{2}=\frac{1}{L}\sigma_{\mathrm{j}}^{2}$，则

$$\boldsymbol{W}_{干扰目标}(\bar{f}_{\mathrm{d}})=\frac{1}{\tilde{\sigma}_{\mathrm{j}}^{2}\boldsymbol{S}_{\mathrm{j}}^{\mathrm{H}}(\bar{f}_{\mathrm{d}})\boldsymbol{R}^{-1}\boldsymbol{S}_{\mathrm{j}}(\bar{f}_{\mathrm{d}})+1}\boldsymbol{W}_{均匀}(\bar{f}_{\mathrm{d}}) \tag{16.17}$$

式(16.17)表明存在干扰目标时的权值相当于均匀权值乘以一个常数，则干扰目标对 SCNR 无影响。此时，目标约束保证了目标不被对消。

情况 2：假设仅存在 1 个干扰目标，除距离参数不同外，干扰目标与预设目标参数也不完全相同，即 $\boldsymbol{S}_{\mathrm{j}}=\boldsymbol{S}+\Delta\boldsymbol{S}$，其中 $\Delta\boldsymbol{S}$ 表示干扰目标与预设目标导向矢量之间的偏差。则

$$\boldsymbol{W}_{干扰目标}(\bar{f}_{\mathrm{d}})=(1-\eta_{干扰目标})\boldsymbol{W}_{均匀}(\bar{f}_{\mathrm{d}})-\eta_{干扰目标}\boldsymbol{R}^{-1}\Delta\boldsymbol{S} \tag{16.18}$$

其中

$$\eta_{干扰目标}=\frac{\boldsymbol{S}_{\mathrm{j}}^{\mathrm{H}}\boldsymbol{R}^{-1}\boldsymbol{S}}{\boldsymbol{S}_{\mathrm{j}}^{\mathrm{H}}\boldsymbol{R}^{-1}\boldsymbol{S}_{\mathrm{j}}+\tilde{\sigma}_{\mathrm{j}}^{-2}} \tag{16.19}$$

由式(16.19)可以看出 $\eta_{干扰目标}$ 为一常数，当干扰目标功率足够小时，$\eta_{干扰目标}$ 趋近于 0，此时干扰目标对权值无影响。反之，随着干扰目标功率逐渐增大，$\eta_{干扰目标}$ 偏离零值，非均匀权值逐渐偏离均匀权值，$\eta_{干扰目标}\boldsymbol{R}^{-1}\Delta\boldsymbol{S}$ 项中的 $\Delta\boldsymbol{S}$ 对目标进行积累，该项前面的负号导致目标能量损失，即目标相消，从而造成 SCNR 损失。

本节仿真中雷达波束指向 90°方向，半功率点波束宽度为 6.3°(16 个均匀线阵波束宽度为 101.5°/16≈6.3°)，半功率点多普勒波束宽度 0.06 Hz(16 个脉冲对应的多普勒滤波器归一化半功率点波束宽度为 1/16≈0.06)。假设存在一个干扰目标，改变干扰目标的功率、角度和多普勒频率，以中心频点 $f_{d0}=-0.3$ 的多普勒滤波器为例考察干扰目标对 SCNR 的影响，如图 16.8 所示。图 16.8(a)中干扰目标多普勒频率 $f_{dj}=-0.3$，干扰目标角度分别为[80°，85°，88°，90°]，分别表示干扰目标位于旁瓣区、零零波束宽度内、3 dB 波束宽度内和与波束指向完全一致；图 16.8(b)中干扰目标角度为 90°，干扰目标归一化多普勒频率分别为[−0.3，−0.28，−0.25，−0.23]，分别表示干扰目标与多普勒滤波器指向完全一致以及位于 3 dB 波束宽度内、零零波束宽度内和旁瓣区。

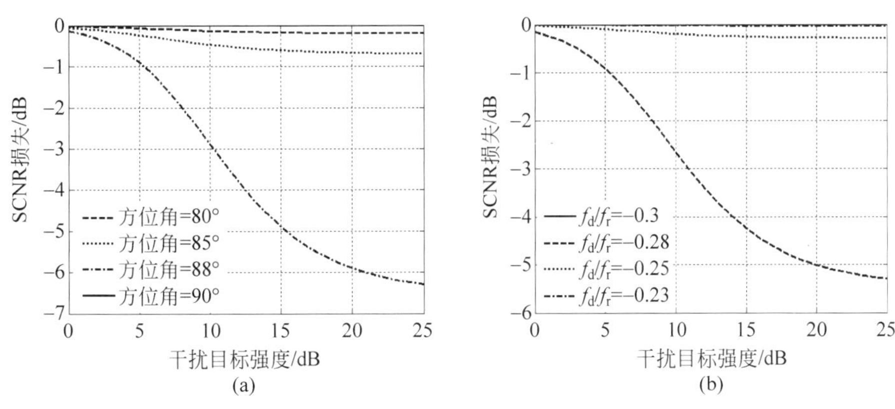

图 16.8　干扰目标对 SCNR 损失的影响

(a) 干扰目标强度和方位角的影响；(b) 干扰目标强度和多普勒频率的影响

结论：①当干扰目标和预设目标的角度和多普勒频率完全一致时，不存在 SCNR 损失，该结论验证了式(16.17)。②当干扰目标和预设目标的角度和多普勒频率参数不完全一致时，存在 SCNR 损失，SCNR 损失随着干扰目标强度的增大而增大；干扰目标方位角离待检测方位角越近，SCNR 损失越大，反之越小；干扰目标多普勒频率离待检测多普勒频率越近，SCNR 损失越大，反之越小。该结论验证了式(16.18)。因此从上述结论可以看出，对 STAP 性能影响最大的干扰目标应是同时位于波束主瓣和多普勒滤波器主瓣内的强功率目标，但不能与预设目标的角度和多普勒频率完全一致。

16.3.4　孤立干扰

假设仅存在 1 个孤立干扰，且 $\boldsymbol{S}_d=\boldsymbol{S}+\Delta\boldsymbol{S}$，其中 $\Delta\boldsymbol{S}$ 表示孤立干扰与预设目标导向矢量之间的偏差，且假设 $\tilde{\sigma}_d^2=-\sigma_d^2$，则由式(16.14)和式(16.18)可得

$$\boldsymbol{W}_{孤立干扰}(\bar{f}_d)=(1-\eta_{孤立干扰})\boldsymbol{W}_{均匀}(\bar{f}_d)-\eta_{孤立干扰}\boldsymbol{R}^{-1}\Delta\boldsymbol{S} \tag{16.20}$$

其中

$$\eta_{\text{孤立干扰}} = \frac{\boldsymbol{S}_{\mathrm{d}}^{\mathrm{H}} \boldsymbol{R}^{-1} \boldsymbol{S}}{\boldsymbol{S}_{\mathrm{d}}^{\mathrm{H}} \boldsymbol{R}^{-1} \boldsymbol{S}_{\mathrm{d}} - \sigma_{\mathrm{d}}^{-2}} \tag{16.21}$$

由式(16.21)可以看出 $\eta_{\text{孤立干扰}}$ 为一常数。随着孤立干扰功率的逐渐减小，$\eta_{\text{孤立干扰}}$ 趋近于 0，此时孤立干扰对 SCNR 的影响可以忽略；随着孤立干扰功率的增加，$\eta_{\text{孤立干扰}}$ 逐渐增大，$\eta_{\text{孤立干扰}} \boldsymbol{R}^{-1}\Delta\boldsymbol{S}$ 项中的 $\Delta\boldsymbol{S}$ 对目标进行积累，导致目标相消，从而使得 SCNR 损失增大。

本节假设存在一个孤立干扰，改变孤立干扰的功率、角度和多普勒频率，以中心频点 $f_{\mathrm{d0}}=-0.3$ 的多普勒滤波器为例考察孤立干扰对 SCNR 损失的影响，如图 16.9 所示，其中雷达波束指向，即预设目标的方位角和俯仰角分别为 90°和 1°。图 16.9(a)中孤立干扰多普勒频率 $f_{\mathrm{dj}}=-0.3$，俯仰角为 1°，方位角度分别为[80°，85°，88°]；图 16.9(b)中孤立干扰方位角和俯仰角分别为 90°和 2°，归一化多普勒频率分别为[−0.28，−0.25，−0.23]。

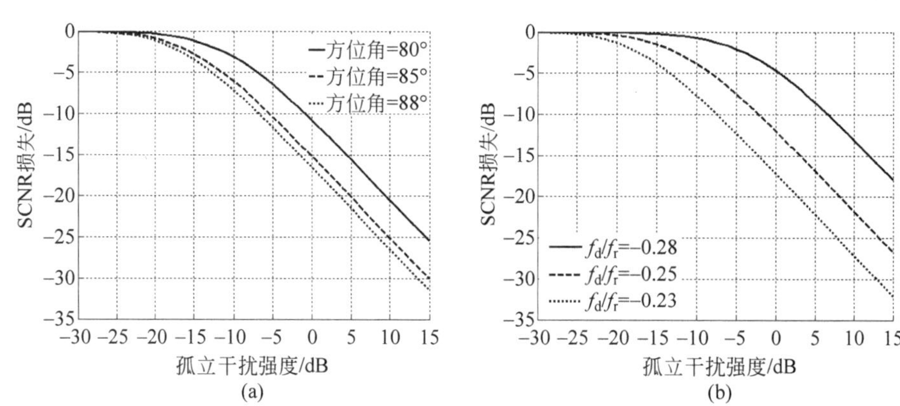

图 16.9　孤立干扰对 SCNR 损失的影响

(a) 孤立干扰强度和方位角的影响；(b) 孤立干扰强度和多普勒频率的影响

结论：①SCNR 损失随着孤立干扰强度的增大而增大，但是相对于干扰目标，在相同干扰强度下孤立干扰的影响更大；②孤立干扰方位角和多普勒频率离待检测方位角和多普勒频率越近，SCNR 损失越大，反之越小。

16.4　功率和频谱非均匀 STAP 方法

由上节的分析可知，杂波功率非均匀和频谱非均匀分别由杂波散射系数和杂波内部运动引起，并给 STAP 性能带来了严重影响，其原因是传统的通过相邻训练样本估计杂波协方差矩阵的方式，即采样协方差矩阵(SCM)方法，所选取的样本之间不再满足独立同分布条件。解决上述问题的传统技术途径是采用训练样本挑选策略，即通过一定准则挑选出适合抑制待处理单元杂波的样本。代表性方法为功率选择训练法(PST)[37]，该方法选取功率最强的 L 个样本作为训练样本，但是可能将含有强干扰目标的样本选中，从而导致目标相消；相位和功率选择训练方法($\mathrm{P^2ST}$)[38]虽然相对传统 PST 方法通过增加相位准则剔除掉了可能存在的强干扰目标样本，但并不适用于杂波和目标多普勒模糊情况。另一种技术途径是通过复合高斯分布来表征非均匀杂波环境，典型方法包括归一化采样协方差矩阵(NSCM)方法[149]和约束最大似然估计(CML)方法[150]，其中 NSCM 方法对每一个训练样本进行功率归一化处理；CML 方法在一定约束条件下通过迭代方式求解杂波协方差矩阵，但仅适用于功率非均匀环境。针对上述问题，本节提出一种加权相关固定点迭代(WCFPI)方法[151]，该方法同时适用于功率非均匀和频谱非均匀环境，且可显著降低干扰目标的影响。

16.4.1 PST 方法

PST 方法的处理步骤为：①针对第 l 个样本，根据杂波多普勒频率与空间方位角的对应关系，求出第 k 个待检测多普勒通道对应的杂波方位角，即得到$(\bar{f}_{dk},\theta_k)$；②对第 l 个样本的回波数据进行空时滤波处理，其中滤波器中心位置位于$(\bar{f}_{dk},\theta_k)$处；③对各训练样本的空时滤波结果进行排序处理，选出功率最大的 L 个样本作为训练样本；④针对不同的待检测多普勒通道，重复上述操作，选出相应的训练样本。

如果训练样本中存在强运动目标，则 PST 方法有可能将包含该运动目标的样本选作训练样本，此时将会导致目标存在一定程度的相消现象。文献[38]针对该问题提出了 $\mathrm{P^2ST}$ 方法，该方法利用相同多普勒频率情况下运动目标和固定杂波在空域通道间的相位差不同的特性，进行对包含干扰目标样本的剔除。但是该方法的缺点是：当存在多普勒模糊时，一个多普勒频率对应两个以上的杂波角度，此时无法利用相位信息区分杂波和运动目标。

16.4.2 约束最大似然估计方法

由 5.2 节介绍的 RMB 准则可知，杂波噪声协方差矩阵的最大似然估计要求训练样本和待检测数据之间满足独立同分布(I. I. D.)条件。但是杂波功率非均匀导致各训练样本的回波功率不相等，因此无法满足同分布条件，传统最大似然估计方法不再适用。仅存在杂波功率非均匀的杂波环境称为部分均匀环境，即各训练样本数据和待检测数据之间的杂波协方差矩阵具有相同的结构，仅存在着功率差别。部分均匀环境通常用复合高斯模型进行描述。

在部分均匀环境下，假设训练样本数据和待检测数据分别表示为$\{\boldsymbol{X}_l\}_{l=1}^{L}$和 $\boldsymbol{X}_0$，其中各训练样本之间统计独立。因此利用复合高斯模型将部分均匀环境表示如下：

$$\begin{cases}\boldsymbol{X}_0=\sqrt{p_0}\,\boldsymbol{c}_0, & \boldsymbol{c}_0\sim \mathrm{CN}(0,\boldsymbol{R})\\ \boldsymbol{X}_l=\sqrt{p_l}\,\boldsymbol{c}_l, & \boldsymbol{c}_l\sim \mathrm{CN}(0,\boldsymbol{R})\end{cases} \tag{16.22}$$

式中，$p_l(l=0,1,2,\cdots,L)$为各距离单元的回波功率；$\boldsymbol{c}_l(l=0,1,2,\cdots,L)$为各距离单元的相位信息；$\boldsymbol{R}$ 为$\{\boldsymbol{X}_l\}_{l=1}^{L}$和 $\boldsymbol{X}_0$ 的杂波噪声协方差矩阵，表明训练样本和待检测样本具有相同的协方差矩阵结构；$\mathrm{CN}(0,\boldsymbol{R})$为均值为零、协方差矩阵为 $\boldsymbol{R}$ 的复高斯分布。通常假设 $\boldsymbol{R}$ 的迹等于系统自由度，即 $\mathrm{tr}(\boldsymbol{R})=NK$。

训练样本集$\{\boldsymbol{X}_l\}_{l=1}^{L}$的似然函数可表示为

$$f(\boldsymbol{X}_1,\boldsymbol{X}_2,\cdots,\boldsymbol{X}_L \mid \boldsymbol{R},p_1,p_2,\cdots,p_L)=\frac{1}{(\pi)^{mL}}\prod_{l=1}^{L}\frac{1}{\mid p_l\boldsymbol{R}\mid}\exp\left(-\frac{\boldsymbol{X}_l^{\mathrm{H}}\boldsymbol{R}^{-1}\boldsymbol{X}_l}{p_l}\right) \tag{16.23}$$

根据最大似然原理可知,$\boldsymbol{R}$ 的最大似然估计是使对数似然函数最大化。对式(16.23)两边取对数可得

$$\begin{aligned} J&=\ln f(\boldsymbol{X}_1,\boldsymbol{X}_2,\cdots,\boldsymbol{X}_L \mid \boldsymbol{R},p_1,p_2,\cdots,p_L)\\ &=-mL\ln\pi-m\sum_{l=1}^{L}\ln p_l-L\ln\mid\boldsymbol{R}\mid-\mathrm{tr}\left(\sum_{l=1}^{L}\frac{\boldsymbol{X}_l\boldsymbol{X}_l^{\mathrm{H}}}{p_l}\boldsymbol{R}^{-1}\right) \end{aligned} \tag{16.24}$$

J 关于协方差矩阵$\boldsymbol{R}$ 求导可得

$$\frac{\partial J}{\partial \boldsymbol{R}}=-L\frac{\partial \ln\mid\boldsymbol{R}\mid}{\partial \boldsymbol{R}}-\frac{\partial \mathrm{tr}\left(\sum_{l=1}^{L}\frac{\boldsymbol{X}_l\boldsymbol{X}_l^{\mathrm{H}}}{p_l}\boldsymbol{R}^{-1}\right)}{\partial \boldsymbol{R}} \tag{16.25}$$

令上式等于零,可得协方差矩阵的最大似然估计为

$$\hat{\boldsymbol{R}}=\frac{1}{L}\sum_{l=1}^{L}\frac{\boldsymbol{X}_l\boldsymbol{X}_l^{\mathrm{H}}}{p_l} \tag{16.26}$$

在部分均匀环境下各训练样本所对应的功率未知,因此必须通过数据估计得到,则$\boldsymbol{R}$ 的最大似然估计可以表示为

$$\hat{\boldsymbol{R}}=\frac{1}{L}\sum_{l=1}^{L}\frac{\boldsymbol{X}_l\boldsymbol{X}_l^{\mathrm{H}}}{\hat{p}_l} \tag{16.27}$$

1. NSCM 估计

根据$\boldsymbol{c}_l^{\mathrm{H}}\boldsymbol{c}_l\approx NK$ 的特点得训练样本数据功率的估计为$\hat{p}_l=\dfrac{\boldsymbol{X}_l^{\mathrm{H}}\boldsymbol{X}_l}{NK}$,从而有

$$\hat{\boldsymbol{R}}=\frac{1}{L}\sum_{l=1}^{L}\left(\frac{NK}{\boldsymbol{X}_l^{\mathrm{H}}\boldsymbol{X}_l}\right)\boldsymbol{X}_l\boldsymbol{X}_l^{\mathrm{H}} \tag{16.28}$$

该估计器称为归一化样本协方差矩阵(NSCM)估计。由上式可以看出,NSCM 估计表示首先对各训练样本进行功率归一化处理,然后再进行最大似然估计。

2. CML 估计

首先假设$\boldsymbol{R}$ 已知,得到第 l 个训练样本功率的最大似然估计为

$$\hat{p}_l=\underset{p_l}{\mathrm{argmax}}f(\boldsymbol{X}_l \mid \boldsymbol{R},p_l)=\frac{\boldsymbol{X}_l^{\mathrm{H}}\boldsymbol{R}^{-1}\boldsymbol{X}_l}{NK} \tag{16.29}$$

将式(16.29)代入式(16.27)得

$$\hat{\boldsymbol{R}}=\frac{1}{L}\sum_{l=1}^{L}\left(\frac{NK}{\boldsymbol{X}_l^{\mathrm{H}}\hat{\boldsymbol{R}}^{-1}\boldsymbol{X}_l}\right)\boldsymbol{X}_l\boldsymbol{X}_l^{\mathrm{H}} \tag{16.30}$$

式(16.30)可以通过联合迭代求解,即

$$\hat{p}_l^{(k+1)} = \frac{\boldsymbol{X}_l^{\mathrm{H}}(\boldsymbol{R}^{(k)})^{-1}\boldsymbol{X}_l}{NK} \tag{16.31}$$

$$\hat{\boldsymbol{R}}^{(k+1)} = \frac{1}{L}\sum_{l=1}^{L}\frac{\boldsymbol{X}_l\boldsymbol{X}_l^{\mathrm{H}}}{\hat{p}_l^{(k+1)}} \tag{16.32}$$

其中 $\hat{p}_l^{(k+1)}$ 和 $\hat{\boldsymbol{R}}^{(k+1)}$ 分别表示第 $k+1$ 次迭代的结果。式(16.32)的估计器不能保证 $\mathrm{tr}(\hat{\boldsymbol{R}}^{(k+1)})=NK$ 的假设。文献[152]已经证明,在上述假设约束下,上述迭代方法具有唯一解。在这一约束下,上述迭代方法可以表示为

$$\boldsymbol{A}^{(k+1)} = \frac{1}{L}\sum_{l=1}^{L}\frac{NK}{\boldsymbol{X}_l^{\mathrm{H}}(\hat{\boldsymbol{R}}^{(k)})^{-1}\boldsymbol{X}_l}\boldsymbol{X}_l\boldsymbol{X}_l^{\mathrm{H}} \tag{16.33}$$

$$\hat{\boldsymbol{R}}^{(k+1)} = \frac{NK}{\mathrm{tr}(\boldsymbol{A}^{(k+1)})}\boldsymbol{A}^{(k+1)} \tag{16.34}$$

通常将利用式(16.33)和式(16.34)进行杂波噪声协方差矩阵估计的方法称为约束最大似然估计方法。

16.4.3　加权相关固定点迭代协方差矩阵估计方法

由式(16.33)和式(16.34)可以看出,CML 估计方法并没有用到待检测数据的信息,其对待检测单元协方差矩阵估计的准确性实际上是通过部分均匀条件这一约束实现的。该约束条件在实际的杂波环境中很难满足。本节我们提出一种加权相关固定点迭代协方差矩阵估计(WCFPI)方法,该方法不受部分均匀条件限制,适用于功率和频谱同时非均匀情况。

在 STAP 中利用训练样本对待检测单元杂波噪声协方差矩阵进行估计通常采用如下线性加权形式:

$$\hat{\boldsymbol{R}} = \frac{1}{L}\sum_{l=1}^{L}\beta_l\boldsymbol{X}_l\boldsymbol{X}_l^{\mathrm{H}} \tag{16.35}$$

对上述模型,引入不同的目标函数和约束可以得到不同的权值。例如,引入最大似然目标函数和均匀环境约束可以得到样本协方差矩阵估计器,此时 $\beta_l(l=0,1,2,\cdots,L)$ 相当于均匀加权;引入最大似然目标函数和部分均匀环境约束,得到 NSCM 方法和 CML 方法,此时 β_l 通过估计得到,相当于最大似然或近似最大似然加权;引入样本选择策略,此时 $\beta_l\in\{0,1\}$,$l=1,2,\cdots,L$,当 $\beta_l=0$ 时相当于将样本剔除掉,得到 PST 方法。在该模型下协方差矩阵估计等同于对权系数 β_l 的估计。

假设权系数 β_l 未知,则

$$\hat{\boldsymbol{R}} = \frac{1}{L}\sum_{l=1}^{L}\hat{\boldsymbol{X}}_l\hat{\boldsymbol{X}}_l^{\mathrm{H}},\quad \hat{\boldsymbol{X}}_l = \sqrt{\beta_l}\boldsymbol{X}_l \tag{16.36}$$

上式可以看成是样本集 $\{\hat{\boldsymbol{X}}_l\}_{l=1}^{L}$ 的 SCM,相当于通过加权使得样本集 $\{\hat{\boldsymbol{X}}_l\}_{l=1}^{L}$ 总体源于同一分布 $\mathrm{CN}(0,\hat{\boldsymbol{R}})$。

这里需要注意的是样本集$\{\hat{\boldsymbol{X}}_l\}_{l=1}^{L}$的总体分布不同于单个样本的分布。对于单个样本来说CN$(0,\hat{\boldsymbol{R}})$并不一定是其最大似然分布,但对整个样本集而言,CN$(0,\hat{\boldsymbol{R}})$是其最大似然分布。式(16.22)表示的复合高斯模型是将样本当成随机变量来描述的,严格来说在实际机载雷达回波中各训练样本已经不是随机变量,而是确知量。对于随机变量来说,我们可以定义它的准确分布,但对于确知量来说只能定义其似然分布(并不一定是最大似然分布)。从统计的角度来讲,所有样本可能来源于同一分布,只是概率大小不同,也就是说,$\{\hat{\boldsymbol{X}}_l\}_{l=1}^{L}$中的样本在最大似然意义上是独立同分布的。

通过式(16.36)所示模型来估计待处理单元的协方差矩阵时,并不是通过加权使单个训练样本与待检测单元数据的似然分布最相似,而是使整个样本集的似然分布与待检测单元的似然分布最相似。这与通常的均匀环境约束不同,均匀环境是直接约束待检测单元与单个训练样本之间独立同分布,这一约束可以保证样本集总体与待检测单元分布保持最大似然意义上的相同。加权协方差矩阵估计$\hat{\boldsymbol{R}}=\dfrac{1}{L}\sum\limits_{l=1}^{L}\beta_l\boldsymbol{X}_l\boldsymbol{X}_l^{\mathrm{H}}$与部分均匀模型的杂波协方差矩阵估计器$\hat{\boldsymbol{R}}=\dfrac{1}{L}\sum\limits_{l=1}^{L}\dfrac{\boldsymbol{X}_l\boldsymbol{X}_l^{\mathrm{H}}}{\hat{p}_l}$有相同的形式,不同的是后者通过部分均匀的约束保证估计出的杂波协方差矩阵与待检测单元相同,而前者还需要待检测单元的信息才能保证估计结果的准确性。所以,$\beta_l(l=0,1,2,\cdots,L)$需要实现两项功能:一是将各训练样本的分布调整为独立同分布,二是将训练样本集$\{\boldsymbol{X}_l\}_{l=1}^{L}$的总体分布调整到与待检测单元杂波分布最相似。

我们假设加权系数$\beta_l(l=0,1,2,\cdots,L)$确知,则可以得到如下模型:

$$\begin{cases}\boldsymbol{X}_0\sim \mathrm{CN}(0,\boldsymbol{R})\\[2ex]\hat{\boldsymbol{X}}_l\sim \mathrm{CN}(0,\hat{\boldsymbol{R}})\end{cases}\tag{16.37}$$

将上述模型转换成由原始训练样本表示的形式:

$$\begin{cases}\boldsymbol{X}_0\sim \mathrm{CN}(0,\boldsymbol{R})\\[2ex]\boldsymbol{X}_l=\sqrt{\dfrac{1}{\beta_l}}\hat{\boldsymbol{X}}_l,\quad \hat{\boldsymbol{X}}_l\sim \mathrm{CN}(0,\hat{\boldsymbol{R}})\end{cases}\tag{16.38}$$

式(16.38)与式(16.22)表示的部分均匀模型十分相似,不同之处在于$\boldsymbol{R}$与$\hat{\boldsymbol{R}}$的区别。但我们依然可以通过CML来得到$\hat{\boldsymbol{R}}$,只是需要引入别的信息来保证$\hat{\boldsymbol{R}}$是对真实$\boldsymbol{R}$的估计。

在此,我们将加权系数建模为两个因子的乘积,即

$$\beta_l=\mu_l\cdot\gamma_l\tag{16.39}$$

其中,因子μ_l用于调节$\hat{\boldsymbol{X}}_l$,使得各训练样本的分布接近独立同分布;因子γ_l用于调节训练样本集的总体分布,使得$\hat{\boldsymbol{R}}$接近待检测数据的$\boldsymbol{R}$。进一步将模型(16.38)修改为

$$\begin{cases}\boldsymbol{X}_l=\sqrt{\mu_l}\hat{\boldsymbol{X}}_l,\quad \hat{\boldsymbol{X}}_l\sim \mathrm{CN}(0,\hat{\boldsymbol{R}})\\ \beta_l=\mu_l\cdot\gamma_l\\ \hat{\boldsymbol{R}}=\dfrac{1}{L}\sum\limits_{l=1}^{L}\beta_l\boldsymbol{X}_l\boldsymbol{X}_l^{\mathrm{H}}\end{cases}\tag{16.40}$$

其中第 l 个训练样本 $\boldsymbol{X}_l$ 与待检测数据 $\boldsymbol{X}_0$ 之间的加权相关系数的表达式为

$$\gamma_l = \sqrt{\frac{\boldsymbol{X}_0^{\mathrm{H}}\hat{\boldsymbol{R}}^{-1}\boldsymbol{X}_l\boldsymbol{X}_l^{\mathrm{H}}\hat{\boldsymbol{R}}^{-1}\boldsymbol{X}_0}{\boldsymbol{X}_0^{\mathrm{H}}\hat{\boldsymbol{R}}^{-1}\boldsymbol{X}_0\boldsymbol{X}_l^{\mathrm{H}}\hat{\boldsymbol{R}}^{-1}\boldsymbol{X}_l}} \tag{16.41}$$

由式(16.41)可以看出，加权相关系数反映训练样本 $\boldsymbol{X}_l$ 与待检测单元 $\boldsymbol{X}_0$ 被白化后的相似度，相当于对 $\boldsymbol{X}_l$ 和 $\boldsymbol{X}_0$ 做杂波抑制后剩余杂波的相似度，白化后的相似度更能反映训练样本与待检测单元中杂波分量的差异，特别是二者杂波结构的差异。利用 γ_l 可以使与 $\boldsymbol{X}_0$ 更相似的训练样本获得更大的权值，而差异较大的训练样本被赋予相对较小的权值，通过这种方式调节 $\hat{\boldsymbol{R}}$ 使其更接近真实的 $\boldsymbol{R}$。

对于式(16.38)表示的模型，采用与 CML 类似的方法迭代估计加权系数。首先假设 $\hat{\boldsymbol{R}}$ 已知，得到 μ_l 的最大似然估计如下：

$$\hat{\mu}_l = \underset{\mu_l}{\arg\max} f(\boldsymbol{X}_l \mid \hat{\boldsymbol{R}}) = \frac{NK}{\boldsymbol{X}_l^{\mathrm{H}}\hat{\boldsymbol{R}}^{-1}\boldsymbol{X}_l} \tag{16.42}$$

将式(16.42)代入式(16.39)得

$$\hat{\beta}_l = \hat{\mu}_l \cdot \gamma_l = \frac{NK}{\boldsymbol{X}_l^{\mathrm{H}}\hat{\boldsymbol{R}}^{-1}\boldsymbol{X}_l}\sqrt{\frac{\boldsymbol{X}_0^{\mathrm{H}}\hat{\boldsymbol{R}}^{-1}\boldsymbol{X}_l\boldsymbol{X}_l^{\mathrm{H}}\hat{\boldsymbol{R}}^{-1}\boldsymbol{X}_0}{\boldsymbol{X}_l^{\mathrm{H}}\hat{\boldsymbol{R}}^{-1}\boldsymbol{X}_l\boldsymbol{X}_0^{\mathrm{H}}\hat{\boldsymbol{R}}^{-1}\boldsymbol{X}_0}} \tag{16.43}$$

则

$$\hat{\boldsymbol{R}} = \frac{1}{L}\sum_{l=1}^{L}\frac{NK\boldsymbol{X}_l\boldsymbol{X}_l^{\mathrm{H}}}{\boldsymbol{X}_l^{\mathrm{H}}\hat{\boldsymbol{R}}^{-1}\boldsymbol{X}_l}\sqrt{\frac{\boldsymbol{X}_0^{\mathrm{H}}\hat{\boldsymbol{R}}^{-1}\boldsymbol{X}_l\boldsymbol{X}_l^{\mathrm{H}}\hat{\boldsymbol{R}}^{-1}\boldsymbol{X}_0}{\boldsymbol{X}_l^{\mathrm{H}}\hat{\boldsymbol{R}}^{-1}\boldsymbol{X}_l\boldsymbol{X}_0^{\mathrm{H}}\hat{\boldsymbol{R}}^{-1}\boldsymbol{X}_0}} \tag{16.44}$$

式(16.44)可以通过与 CML 估计器相同的方式联合迭代求解，即

步骤 1：

$$\boldsymbol{A}^{(k+1)} = \frac{1}{L}\sum_{l=1}^{L}\frac{NK\boldsymbol{X}_l\boldsymbol{X}_l^{\mathrm{H}}}{\boldsymbol{X}_l^{\mathrm{H}}(\hat{\boldsymbol{R}}^{(k)})^{-1}\boldsymbol{X}_l}\sqrt{\frac{\boldsymbol{X}_0^{\mathrm{H}}(\hat{\boldsymbol{R}}^{(k)})^{-1}\boldsymbol{X}_l\boldsymbol{X}_l^{\mathrm{H}}(\hat{\boldsymbol{R}}^{(k)})^{-1}\boldsymbol{X}_0}{\boldsymbol{X}_l^{\mathrm{H}}(\hat{\boldsymbol{R}}^{(k)})^{-1}\boldsymbol{X}_l\boldsymbol{X}_0^{\mathrm{H}}(\hat{\boldsymbol{R}}^{(k)})^{-1}\boldsymbol{X}_0}} \tag{16.45}$$

步骤 2：

$$\hat{\boldsymbol{R}}^{(k+1)} = \frac{NK}{\mathrm{tr}(\boldsymbol{A}^{(k+1)})}\boldsymbol{A}^{(k+1)} \tag{16.46}$$

需要说明的是，通过上述联合迭代得到的 $\hat{\boldsymbol{R}}$ 是归一化杂波协方差矩阵，但这不影响 STAP 滤波器的权值。

在上述推导过程中，我们并未考虑待检测单元数据 $\boldsymbol{X}_0$ 可能存在的目标信号对因子 γ_l 的影响。但对于实际场景来说，不可避免地会存在目标。通常认为目标信号、杂波和噪声是统计独立的，则当待检测单元中存在目标时，其对应的协方差矩阵为

$$\boldsymbol{R}_0 = E(\boldsymbol{X}_0\boldsymbol{X}_0^{\mathrm{H}}) = \boldsymbol{R} + |a|^2\boldsymbol{S}\boldsymbol{S}^{\mathrm{H}} \tag{16.47}$$

其中，$\boldsymbol{R}$ 为杂波噪声协方差矩阵；a 为目标信号复幅度；$\boldsymbol{S}$ 为目标信号导向矢量。我们可以在迭代中通过 STAP 滤波估计目标信号的复幅度，因此考虑目标影响后的 WCFPI 方法的处理流程如表 16.1 所示，其中 $\boldsymbol{\beta} = [\beta_1 \quad \beta_2 \quad \cdots \quad \beta_{L+1}]$。

表 16.1 WCFPI 方法处理流程

初始化：$\beta_l^{(0)}=1, l=1,2,\cdots,L, \beta_{L+1}^{(0)}=0, \boldsymbol{X}_{L+1}=\boldsymbol{S}$

迭代：

$$\boldsymbol{A}^{(k)}=\frac{1}{L+1}\sum_{l=1}^{L+1}\beta_l^{(k)}\boldsymbol{X}_l\boldsymbol{X}_l^{\mathrm{H}}$$

$$\hat{\boldsymbol{R}}^{(k)}=\frac{NK}{\mathrm{tr}(\boldsymbol{A}^{(k)})}\boldsymbol{A}^{(k)}$$

$$\hat{a}^{(k+1)}=\frac{\boldsymbol{S}^{\mathrm{H}}(\hat{\boldsymbol{R}}^{(k)})^{-1}\boldsymbol{X}_0}{\boldsymbol{S}^{\mathrm{H}}(\hat{\boldsymbol{R}}^{(k)})^{-1}\boldsymbol{S}}$$

$$\boldsymbol{X}_{L+1}=\hat{a}^{(k+1)}\boldsymbol{S}$$

for $l=1,2,\cdots,L+1$

$$\hat{\beta}_l=\frac{NK}{\boldsymbol{X}_l^{\mathrm{H}}(\hat{\boldsymbol{R}}^{(k)})^{-1}\boldsymbol{X}_l}\sqrt{\frac{\boldsymbol{X}_0^{\mathrm{H}}(\hat{\boldsymbol{R}}^{(k)})^{-1}\boldsymbol{X}_l\boldsymbol{X}_l^{\mathrm{H}}(\hat{\boldsymbol{R}}^{(k)})^{-1}\boldsymbol{X}_0}{\boldsymbol{X}_l^{\mathrm{H}}(\hat{\boldsymbol{R}}^{(k)})^{-1}\boldsymbol{X}_l\boldsymbol{X}_0^{\mathrm{H}}(\hat{\boldsymbol{R}}^{(k)})^{-1}\boldsymbol{X}_0}}$$

end

$$\hat{\boldsymbol{R}}^{(k+1)}=\frac{1}{L}\sum_{l=1}^{L}\beta_l^{(k+1)}\boldsymbol{X}_l\boldsymbol{X}_l^{\mathrm{H}}$$

16.4.4 仿真分析

本节分别从杂波协方差矩阵的估计精度和 SCNR 损失两个角度分析各方法的性能。仿真参数设置一共包括五种情况，如表 16.2 所示。此外，在仿真数据中插入一干扰目标，JNR=20 dB，归一化多普勒频率为−0.2。

表 16.2 仿真参数设置

序号	杂波功率分布	杂波频谱分布	备　注
1	$[\sigma_0,\sigma_s]=[0,0]$	$[\sigma_0,\sigma_s]=[0,0]$	均匀环境
2	$[\sigma_0,\sigma_s]=[0.032,0.057]$	$[\sigma_0,\sigma_s]=[0.016,0.032]$	非均匀环境（样本功率过高、频谱过宽）
3	$[\sigma_0,\sigma_s]=[0.032,0.057]$	$[\sigma_0,\sigma_s]=[0.032,0.016]$	非均匀环境（样本功率过高、频谱过窄）
4	$[\sigma_0,\sigma_s]=[0.057,0.032]$	$[\sigma_0,\sigma_s]=[0.016,0.032]$	非均匀环境（样本功率过低、频谱过宽）
5	$[\sigma_0,\sigma_s]=[0.057,0.032]$	$[\sigma_0,\sigma_s]=[0.032,0.016]$	非均匀环境（样本功率过低、频谱过窄）

1. 杂波协方差矩阵估计精度

在本实验中我们利用归一化 F 范数作为收敛因子来衡量各方法估计的杂波噪声协方差矩阵的估计精度，具体数学表达式如下：

$$\varepsilon=\frac{\|\hat{\boldsymbol{R}}-\boldsymbol{R}\|_{\mathrm{F}}}{\|\boldsymbol{R}\|_{\mathrm{F}}} \tag{16.48}$$

其中，$\|\cdot\|_F$ 表示 F 范数。

图 16.10 给出了杂波协方差矩阵估计结果。从图中可以看出，WCFPI 方法在情况 1～情况 3 下收敛性能最优，在情况 4 和情况 5 下的性能略低于 SCM 和 CML 方法，但是整体

来看，WCFPI 方法在功率和频谱非均匀环境下具有较强的杂波协方差矩阵估计稳健性。

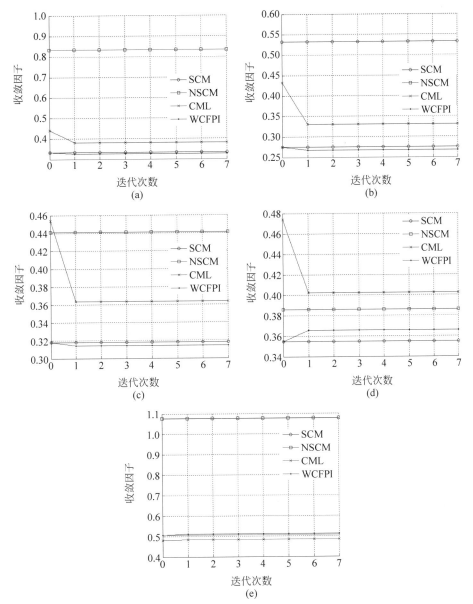

图 16.10　杂波协方差矩阵估计性能比较

(a) 情况 1；(b) 情况 2；(c) 情况 3；(d) 情况 4；(e) 情况 5

2. SCNR 损失性能

图 16.11 给出了不同方法的 SCNR 损失。从图中可以看出，除了在主瓣杂波处 SCNR 损失严重以外，各方法在干扰目标处（$f_d/f_r=-0.2$）SCNR 也存在一定的损失。五种方法中，WCFPI 方法在整个多普勒频率范围内的 SCNR 损失较小，尤其是在干扰目标处，优势更为明显。

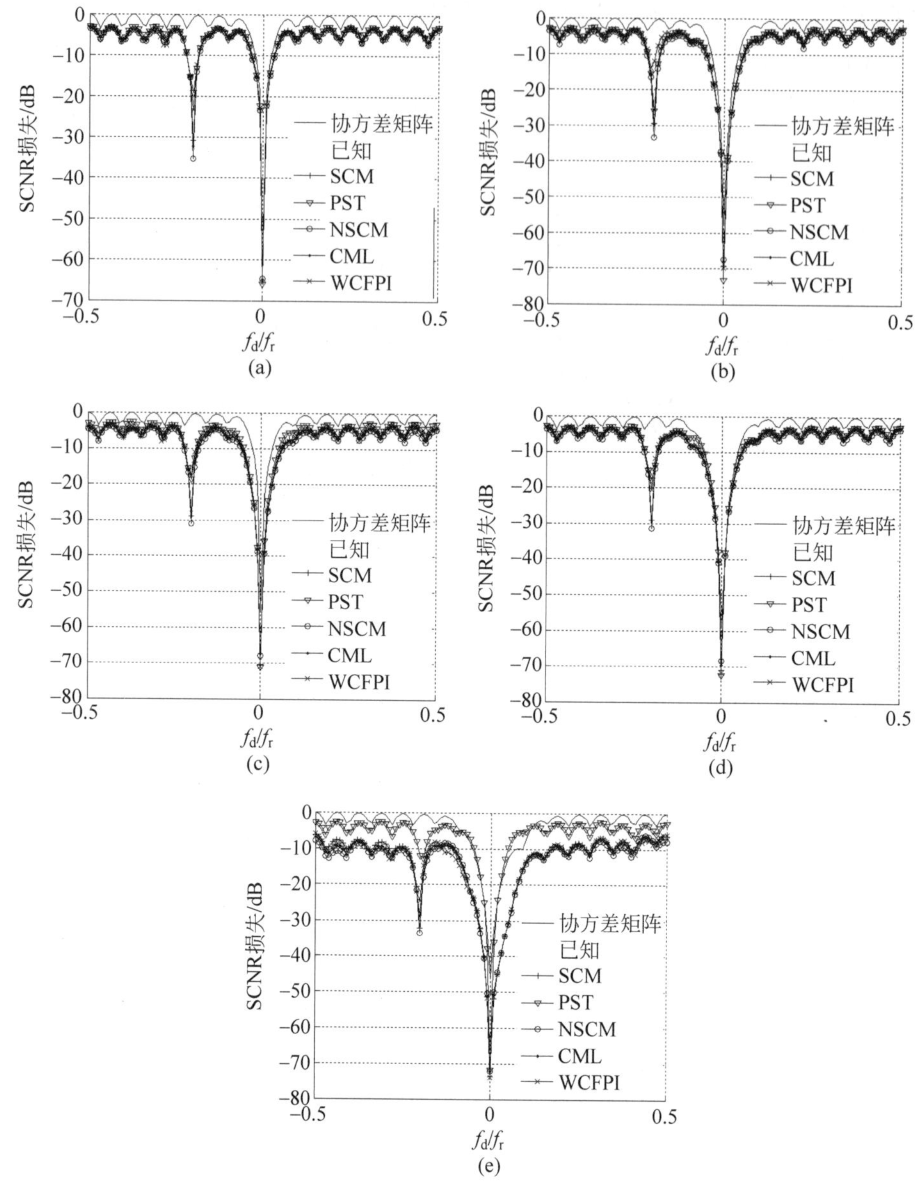

图 16.11　SCNR 损失性能比较

(a) 情况 1；(b) 情况 2；(c) 情况 3；(d) 情况 4；(e) 情况 5

16.5　干扰目标环境 STAP 方法

由 16.3.3 节的分析可知，当训练样本中包含干扰目标时，将会造成目标相消，导致目标无法被有效检测。针对该问题，传统的解决方法是采用非均匀检测器(NHD)剔除包含干扰目标的样本。目前在实际工程中普遍采用的是广义内积(GIP)NHD[39]。除了 GIP 外，SMI 也是一种常见的非均匀检测器[41]。以上两种非均匀检测器在干扰目标数较少或者训练样本数较多时比较适用。针对强干扰目标检测问题，文献[153]提出了一种互谱平滑方法，通过将采样协方差矩阵中干扰目标对应的特征值置于噪声电平的方式来避免强干扰目标信号对传统非均匀检测器的影响,但是该方法的缺点是对弱干扰目标检测性能较差。本节提出一种循环训练样本检测对消方法[154],通过循环迭代方式逐步检测出所有的干扰目标,可以解决干扰目标对传统非均匀检测器性能的影响问题。

16.5.1　GIP 非均匀检测器

假设初始训练样本集由 L 个训练样本组成,则第 l 个训练样本对应的 GIP 检验统计量可表示为

$$T_{\mathrm{GIP}}(l)=\boldsymbol{X}_l^{\mathrm{H}}\boldsymbol{R}_l^{-1}\boldsymbol{X}_l \tag{16.49}$$

其中 $\boldsymbol{R}_l$ 表示训练样本 $\boldsymbol{X}_l$ 的检验协方差矩阵。通常 $\boldsymbol{R}_l$ 由初始训练样本集中的样本估计得到,即

$$\boldsymbol{R}_l=\frac{1}{L-1}\sum_{i=1,i\neq l}^{L}\boldsymbol{X}_i\boldsymbol{X}_i^{\mathrm{H}} \tag{16.50}$$

GIP 统计量可以认为是样本被检验协方差矩阵白化后的剩余信号功率。如果 $\boldsymbol{X}_l$ 是均匀样本,则 GIP 统计量的期望为

$$E[T_{\mathrm{GIP}}(l)]=E(\boldsymbol{X}_l^{\mathrm{H}}\boldsymbol{R}_l^{-1}\boldsymbol{X}_l)\approx NK \tag{16.51}$$

如果 $\boldsymbol{X}_l$ 中包含干扰目标,则 $\boldsymbol{R}_l^{-\frac{1}{2}}$ 将无法完全使 $\boldsymbol{X}_l$ 白化,导致 GIP 统计量偏离期望值。

16.5.2　SMI 非均匀检测器

SMI 非均匀检测器的检验统计量可表示为

$$T_{\mathrm{SMI}}(l,f_{\mathrm{d}k})=\boldsymbol{W}_{l,f_{\mathrm{d}k}}^{\mathrm{H}}\boldsymbol{X}_l\boldsymbol{X}_l^{\mathrm{H}}\boldsymbol{W}_{l,f_{\mathrm{d}k}} \tag{16.52}$$

其中 $\boldsymbol{W}_{l,f_{\mathrm{d}k}}$ 表示第 l 个距离单元第 k 个多普勒频率对应的 SMI 权值,即 $\boldsymbol{W}_{l,f_{\mathrm{d}k}}=\mu\boldsymbol{R}_l^{-1}\boldsymbol{S}(f_{\mathrm{d}k})$。SMI 统计量可以认为是样本被检验协方差矩阵白化且经过积累后的剩余信号功率。如果 $\boldsymbol{X}_l$ 是均匀样本,则 SMI 统计量的期望为

$$E[T_{\mathrm{SMI}}(l,f_{\mathrm{d}k})]=E(\boldsymbol{W}_{l,f_{\mathrm{d}k}}^{\mathrm{H}}\boldsymbol{X}_l\boldsymbol{X}_l^{\mathrm{H}}\boldsymbol{W}_{l,f_{\mathrm{d}k}})\approx\boldsymbol{W}_{l,f_{\mathrm{d}k}}^{\mathrm{H}}\boldsymbol{R}_l\boldsymbol{W}_{l,f_{\mathrm{d}k}} \tag{16.53}$$

如果 $\boldsymbol{X}_l$ 中包含干扰目标,SMI 统计量将偏离期望值。

16.5.3　互谱平滑(CSMS)非均匀检测器

在密集目标环境中,初始训练样本集经常存在多个相似的干扰目标,此时 GIP 方法的性能会显著下降。为了提高传统 GIP 方法的性能,CSMS 非均匀检测器以初始训练样本集的样本协方差矩阵作为采样协方差矩阵,通过将目标导向矢量与采样协方差矩阵特征空间的最大互谱对应的特征值置为噪声方差重构出一个新的协方差矩阵;然后,利用基于该协方差矩阵的 GIP 检测器检测训练样本中的干扰目标;最后,对于检测出的含有干扰目标的训练样本通过正交投影的方式将其中包含的干扰目标分量滤除,并与挑选出的均匀训练样本一起用于杂波协方差矩阵估计。该检测器不需要任何关于载机平台和地面之间的几何关系和杂波分布的先验信息,所需的噪声方差在实际工程中通常是已知的。表 16.3 总结了 CSMS 非均匀检测器的主要实现步骤。

表 16.3 CSMS 非均匀检测器主要实现步骤

步骤 1：计算初始协方差矩阵 $\boldsymbol{R}=\frac{1}{L}\sum_{l=1}^{L}\boldsymbol{X}_l\boldsymbol{X}_l^{\mathrm{H}}$，设置检验门限 ε；
步骤 2：对 $\boldsymbol{R}$ 进行特征分解得到$\{\tilde{\lambda}_i\}_{i=1}^{NK}$ 和$\{\boldsymbol{b}_i\}_{i=1}^{NK}$；
步骤 3：计算互谱$\{\eta(\boldsymbol{S}_{\mathrm{t}},\boldsymbol{b}_i)\}_{i=1}^{NK}$，其中 $\eta(\boldsymbol{S}_{\mathrm{t}},\boldsymbol{b}_i)=\lvert\boldsymbol{S}_{\mathrm{t}}^{\mathrm{H}}\boldsymbol{b}_i\rvert^2/\tilde{\lambda}_i$；
步骤 4：$k=\max\limits_i\eta(\boldsymbol{S}_{\mathrm{t}},\boldsymbol{b}_i)$，如果 $\eta(\boldsymbol{S}_{\mathrm{t}},\boldsymbol{b}_k)>\frac{1}{NK\sigma_n^2}$，则 $\tilde{\lambda}_k=\sigma_n^2$；
步骤 5：重构协方差矩阵 $\boldsymbol{R}_{\mathrm{CSMS}}=\sum_{i=1}^{NK}\tilde{\lambda}_i\boldsymbol{b}_i\boldsymbol{b}_i^{\mathrm{H}}$；
步骤 6：计算 $T_{\mathrm{CSMS\text{-}GIP}}(l)=\boldsymbol{X}_l^{\mathrm{H}}\boldsymbol{R}_{\mathrm{CSMS}}^{-1}\boldsymbol{X}_l$，如果 $T_{\mathrm{CSMS}}(l)>\varepsilon$，则剔除 $\boldsymbol{X}_l$；
步骤 7：将选取的样本构成训练样本集 Ω，将剔除的样本构成样本集 Ψ；
步骤 8：滤除 Ψ 中的干扰目标分量得到 $\tilde{\Psi}=\{\tilde{\boldsymbol{X}}_l=\boldsymbol{P}^{\perp}\boldsymbol{X}_l,\boldsymbol{X}_l\in\Psi\}$，其中 $\boldsymbol{P}^{\perp}=\boldsymbol{I}-\boldsymbol{S}_{\mathrm{t}}(\boldsymbol{S}_{\mathrm{t}}^{\mathrm{H}}\boldsymbol{S}_{\mathrm{t}})^{-1}\boldsymbol{S}_{\mathrm{t}}^{\mathrm{H}}$；
步骤 9：估计杂波协方差矩阵 $\hat{\boldsymbol{R}}=\frac{1}{L}\left(\sum_{\boldsymbol{X}_l\in\Omega}\boldsymbol{X}_l\boldsymbol{X}_l^{\mathrm{H}}+\sum_{\tilde{\boldsymbol{X}}_l\in\tilde{\Psi}}\tilde{\boldsymbol{X}}_l\tilde{\boldsymbol{X}}_l^{\mathrm{H}}\right)$。

16.5.4 循环训练样本检测对消(CTSSC)非均匀检测器

CTSSC 非均匀检测器的实现有两个步骤。第一步是循环干扰目标信号检测。在每一次检测循环中，采样矩阵都是由训练样本集中所有的训练样本估计而来。初始训练样本集由所有距离门的空时快拍组成。干噪比相对较大的干扰目标信号将被检测出来，与这些干扰目标信号相对应的训练样本将被移出训练样本集。采样矩阵在下一次检测循环中也随之更新。干扰目标信号检测依此循环进行，直到所有剩余训练样本的 SMI 统计量均不超过检测门限。第二步是干扰目标信号对消。对第一步中检测出来的每一个干扰目标信号，估计其复幅度和导向矢量，并以此重构该干扰目标信号。重构的干扰目标信号将被用于对消相应的训练样本中的干扰目标信号。经过上述处理，训练样本中的干扰目标信号将被有效检测并对消。该检测器结构简单，计算量较小，适于工程应用。

1. 干扰目标信号检测

我们知道 JNR 相对较大的干扰目标可被有效检测，因此，所有距离门的快拍数据可组成初始训练样本集。如果将 JNR 较大的干扰目标信号对应的训练样本从训练样本集中移除并更新采样矩阵，那么剩余的训练样本中那些 JNR 较大的干扰目标就可被有效检测。因此，循环执行以上过程即可以实现对所有干扰目标信号的有效检测。

表 16.4 总结了 CTSSC 非均匀检测器中干扰目标信号的检测步骤。可以看出，采样矩阵每一次检测循环只更新一次，采样矩阵求逆运算每次循环也只需进行一次。因此，CTSSC 检测器的计算量较小。

表 16.4　干扰目标信号检测步骤

```
初始化：Ω={X_l | l=1,2,…,L}，Θ={0}。
While Θ≠∅
    重置 Θ={0}；
    计算 R̂ = (1/N_Ω) Σ_{X_l∈Ω} X_l X_l^H；
    for k=1：K
      计算 L 个训练样本的 SMI 统计量 η_lk=|S_k^H R^{-1} X_l|^2，l=1,2,…,L；
      对序列{η_lk}由小到大进行排序得到{u_lk}；
      计算 T_k = r/(L−N_0) Σ_{l=1}^{L−N_0} u_lk，其中 N_0 表示预设的干扰目标数目，r 为大于 1 的常数，用于降低虚警率；
      检测结果记录 Θ_k={X_l | η_lk>T_k}。
    end
    检测结果合并 Θ=Θ_1∪Θ_2…∪Θ_K；
    更新训练样本集 Ω=Ω−Θ。
end
```

2. 干扰目标信号对消

对于每一个被检测出的包含干扰目标信号的训练样本，可根据该样本数据和干扰目标检测环节中得到的干扰目标距离和多普勒频率信息，精确估计出各干扰目标的复幅度和导向矢量，从而重构出所包含的干扰目标信号，利用重构的干扰目标信号即可对消掉该训练样本中的干扰目标信号。

以 $\boldsymbol{X}_l$ 为例，假设在第 k 个多普勒通道中包含一个干扰目标信号。为表示方便，将重构的干扰目标信号表示为

$$\hat{\boldsymbol{X}}_{\mathrm{j},lk}=\hat{a}_{\mathrm{j},lk}\hat{\boldsymbol{S}}_{\mathrm{j},lk} \tag{16.54}$$

其中 $\hat{a}_{\mathrm{j},lk}$ 表示估计的干扰目标信号的复幅度。

由 16.3.3 节内容可知，对目标检测造成影响的干扰目标主要集中于空域主瓣和多普勒滤波器主瓣内，本节将在该矩形区域内搜索干扰目标的具体参数值。将估计的干扰目标信号的空间频率和归一化多普勒频率分别记为 $\hat{f}_{\mathrm{sj}}$ 和 $\hat{f}_{\mathrm{dj}}$，则

$$(\hat{f}_{\mathrm{sj}},\hat{f}_{\mathrm{dj}})=\underset{\substack{f_{\mathrm{sj}}\in\left[f_{\mathrm{s0}}-\frac{\Delta B_{\mathrm{s}}}{2},f_{\mathrm{s0}}+\frac{\Delta B_{\mathrm{s}}}{2}\right]\\ f_{\mathrm{dj}}\in\left[f_{\mathrm{dj0}}-\frac{\Delta B_{\mathrm{d}}}{2},f_{\mathrm{dj0}}+\frac{\Delta B_{\mathrm{d}}}{2}\right]}}{\operatorname{argmax}}\left|\boldsymbol{S}^{\mathrm{H}}(\hat{f}_{\mathrm{sj}},\hat{f}_{\mathrm{dj}})\hat{\boldsymbol{R}}_0^{-1}\boldsymbol{X}_l\right| \tag{16.55}$$

其中，f_{s0} 和 f_{dj0} 分别表示波束主瓣对应的空间频率和干扰目标所在多普勒滤波器的中心频率；ΔB_{s} 和 ΔB_{d} 分别表示空域波束和频域多普勒滤波器宽度。

$$\hat{\boldsymbol{R}}_0=\frac{1}{L'}\sum_{\boldsymbol{X}_l\in\Omega}\boldsymbol{X}_l\boldsymbol{X}_l^{\mathrm{H}} \tag{16.56}$$

其中，Ω 表示最后一次检测循环所得到的训练样本集；L'表示均匀训练样本数。

干扰目标信号导向矢量的估计值可由式(16.55)估计的参数得到，干扰目标信号复幅度

的估计值可由下式给出：

$$\hat{a}_{\mathrm{j},lk}=\frac{\hat{\boldsymbol{S}}_{\mathrm{j},lk}^{\mathrm{H}}\hat{\boldsymbol{R}}_0^{-1}\boldsymbol{X}_l}{\hat{\boldsymbol{S}}_{\mathrm{j},lk}^{\mathrm{H}}\hat{\boldsymbol{R}}_0^{-1}\boldsymbol{S}_{\mathrm{j},lk}} \tag{16.57}$$

利用上述参数信息重构干扰目标信号

$$\hat{\boldsymbol{X}}_{\mathrm{j},l}=\sum_{k=1}^{N_{\mathrm{j},l}}\hat{a}_{\mathrm{j},lk}\hat{\boldsymbol{S}}_{\mathrm{j},lk} \tag{16.58}$$

然后对训练样本中的干扰目标信号进行对消，即

$$\widetilde{\boldsymbol{X}}_l=\boldsymbol{X}_l-\hat{\boldsymbol{X}}_{\mathrm{j},l} \tag{16.59}$$

经过干扰目标信号的检测和对消后的训练样本即可用来估计杂波噪声协方差矩阵。

16.5.5 非均匀检测器性能分析

1. 检验统计量

GIP 和 CSMS 非均匀检测器均采用广义内积检验统计量，SMI 和 CTSSC 非均匀检测器采用采样协方差矩阵求逆检验统计量，其中广义内积检验统计量的含义是各样本进行白化处理后的剩余功率，而采样协方差矩阵求逆检验统计量不仅对各样本进行了白化处理，并且对白化处理后的目标信号进行了积累。

2. 干扰目标样本处理

在对检测出的干扰目标样本处理方式上，GIP 和 SMI 非均匀检测器直接将其从训练样本中剔除，CSMS 和 CTSSC 非均匀检测器则是首先通过正交投影技术将检测出的干扰目标样本中的干扰目标抑制掉，再将该样本作为均匀样本用来估计杂波噪声协方差矩阵。

3. 干扰目标检测性能

GIP 非均匀检测器在对干扰目标信号进行同相积累的同时，还会对噪声和剩余杂波进行一定程度的积累；SMI 非均匀检测器主要是对待检测多普勒通道中的干扰目标信号进行同相积累；CSMS 非均匀检测器和 CTSSC 非均匀检测器分别通过互谱技术和循环检测技术消除多个干扰目标相互之间的影响。

4. 运算量

SMI 非均匀检测器与多普勒通道有关，其运算量相对较大；CSMS 非均匀检测器和 CTSSC 非均匀检测器增加了互谱平滑、循环检测和正交投影等环节，运算量介于中间；GIP 非均匀检测器运算量相对最小。

16.6 仿真分析

本节通过仿真实验分析各种非均匀检测器的性能，包括 GIP、SMI、CSMS 和 CTSSC 检测器。此外，为了体现非均匀检测器的优势，在仿真中加入传统的对称窗方法(SW)。训练样本数共 769

个,在空域波束主瓣和第 4 个多普勒滤波器主瓣内插入 5 个干扰目标,具体参数见表 16.5。

表 16.5　干扰目标信号的主要参数

序号	距离门	方位角	归一化多普勒频率	JNR/dB
1	200	90°	−0.312 5	20
2	400	89°	−0.302 5	10
3	500	91°	−0.322 5	6
4	600	91°	−0.292 5	4
5	700	89°	−0.332 5	2

1. 干扰目标检测性能

图 16.12 给出了各种检测器的干扰目标检测性能,输出检验统计量为改进的 SMI 统计量。从图中可以得到如下结论:①CTSSC 检测器性能最优,可将 5 个干扰目标清晰地检测出来;其次为 SMI 检测器和 GIP 检测器,第 500、600、700 距离单元处的干扰目标检测性能较差;CSMS 检测器仅能检测出第 200、400 距离单元处的两个强干扰目标。②SW 方法对干扰目标的检测性能较差,其原因是该方法将所有训练样本用来估计杂波噪声协方差矩阵,导致出现严重的目标相消现象。③相对于 CTSSC 检测器,SMI 和 GIP 检测器性能较差的原因是该两类检测器有可能将部分干扰目标样本保留下来估计协方差矩阵。④CSMS 检测器对高 JNR 目标的检测性能较好,但是对于低 JNR 目标容易出现漏检现象。

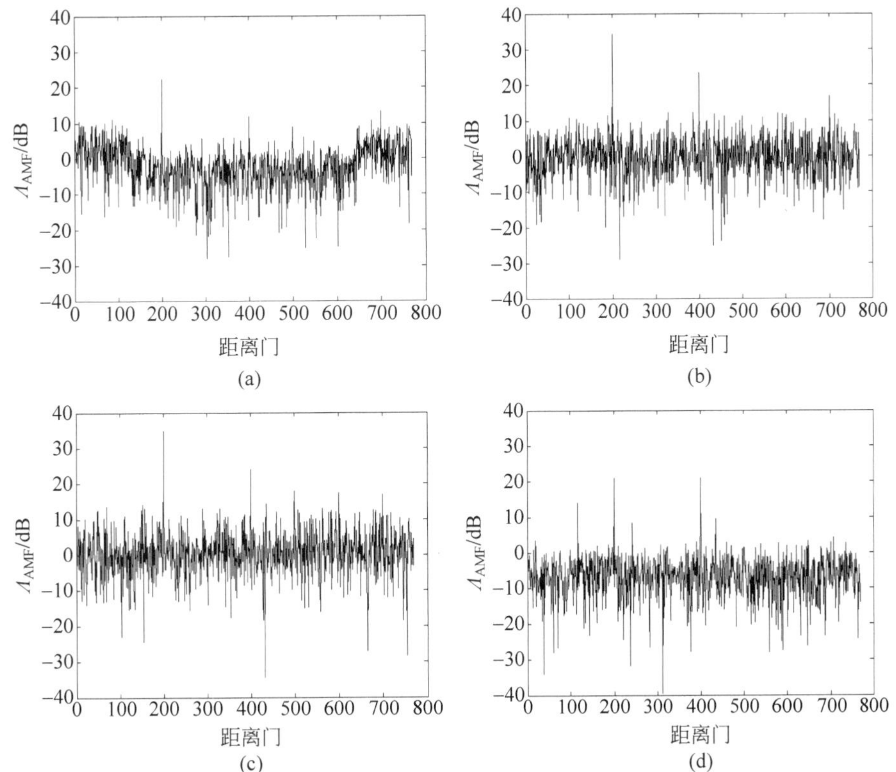

图 16.12　干扰目标检测性能比较

(a) SW 方法;(b) GIP 非均匀检测器;(c) SMI 非均匀检测器;(d) CSMS 非均匀检测器;(e) CTSSC 非均匀检测器

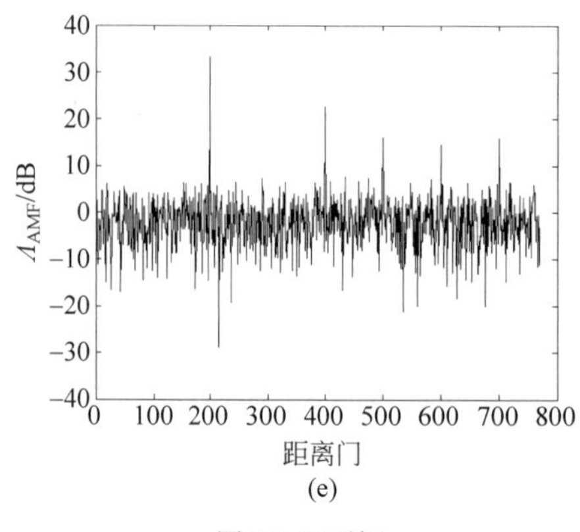

图 16.12(续)

2. SCNR 损失

图 16.13 给出了基于各检测器的 STAP 处理后的 SCNR 损失性能。从图中可以看出，在预设的干扰目标所在的第 4 个多普勒滤波器中心频率处，CTSSC 检测器性能最优，其次为 SMI、GIP、SW 和 CSMS 检测器。在其他多普勒频率处，CTSSC 和 CSMS 检测器性能相对较好，其他三种检测器性能相当。

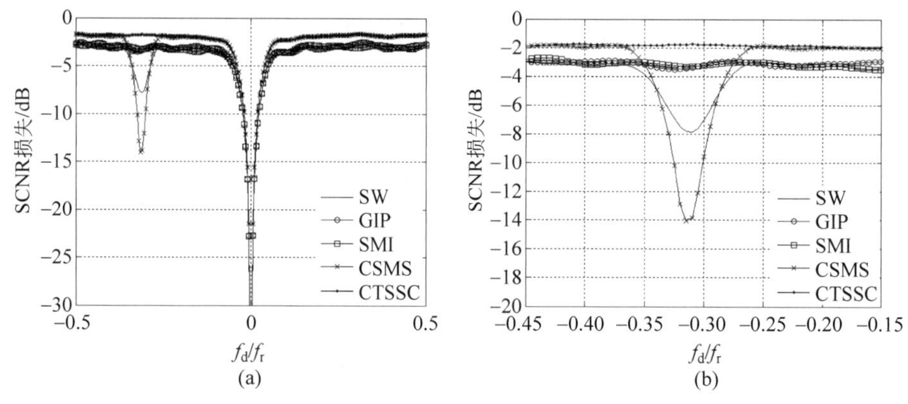

图 16.13 SCNR 损失比较

(a) SCNR 损失；(b) 局部放大图

16.7 小结

本章建立了非均匀环境下的机载雷达信号模型，分析了各种非均匀因素对 STAP 性能的影响，分别提出了有效的功率和频谱非均匀 STAP 方法以及干扰目标环境 STAP 方法。研究结果表明：加权相关固定点迭代协方差矩阵估计方法将仅适用于部分非均匀环境的固定点迭代协方差矩阵估计方法拓展到任意非均匀环境，通过自适应加权的方式将所有训练样本用于杂波协方差矩阵的估计，避免了样本挑选造成的训练样本损失；循环训练样本检测对消非均匀检测器在实现干扰目标有效抑制的同时，运算量较小，适用于实际工程应用。

第 17 章

共形阵机载雷达 STAP

共形阵天线可提供与载机外形相一致的空气动力外形，既不增加载机的雷达散射截面积(RCS)又不影响其气动性能，同时还可以产生相对更大的有效孔径和更小的载机负荷。因此共形阵机载雷达是未来机载预警雷达的重要发展方向之一。但是共形阵天线通常具有非线性性，该特性一方面导致其天线方向图性能变差；另一方面导致杂波非平稳，使得满足 I.I.D. 条件的训练样本数不足，形成的 STAP 滤波器与真实待检测单元的回波数据不匹配，杂波抑制性能下降。

现有共形阵机载雷达非平稳杂波抑制方法包括：①减少训练样本类，即降维 STAP 方法[4,8,12]，该类方法通过减少训练样本需求来降低非平稳性的影响；②权值调整类，主要指导数更新法(DBU)[73,155,156]，该类方法假设空时自适应权值与距离之间服从线性关系，同时对训练样本数的需求加倍；③杂波补偿类[62,64,65,157-160]，该类方法在空域一维或者空时二维平面上进行杂波补偿，补偿精度较差且存在目标搬移问题。文献[161]提出了距离模糊情况下的 RBC 方法，即 RBC-RA 方法，该方法将不模糊距离单元和模糊距离单元分别补偿到对应的参考距离单元，非平稳杂波补偿精度较高，但是对机载雷达系统参数具有强的依赖性。

本章首先建立共形阵机载雷达的杂波信号模型，然后分别从杂波轨迹、杂波功率谱、杂波特征谱和杂波距离-多普勒谱等角度分析杂波分布特性，最后提出一种共形阵机载雷达四维空时杂波谱自适应补偿方法[210]。该方法首先将共形阵接收子阵变换为虚拟等效均匀线阵；其次利用滑窗处理估计各距离单元的回波协方差矩阵，并估计其四维杂波功率谱；再次对近程非平稳杂波区数据进行补偿，参考单元为最远不模糊距离处；最后基于补偿后的数据估计杂波噪声协方差矩阵并进行 STAP 处理。

17.1 杂波信号模型

机载雷达几何关系图参见图 17.1,其中 $OXYZ$ 坐标系表示载机坐标系,载机沿 Y 轴正向运动。图 17.1 中,某一距离环上某杂波散射体的位置表示为(θ,φ),θ 表示杂波块的方位角,φ 表示俯仰角,该杂波散射体对应的雷达天线波束指向定义为 $\boldsymbol{K}(\theta,\varphi)=[\sin\theta\cos\varphi;\ \cos\theta\cos\varphi;\ -\sin\varphi]$;雷达载机平台运动矢量定义为 $\boldsymbol{V}_{\mathrm{R}}=V_{\mathrm{R}}[0;\ 1;\ 0]$。第 m 个天线阵元的空间位置矢量为 $\boldsymbol{d}_m=[x_m;\ y_m;\ z_m]$。

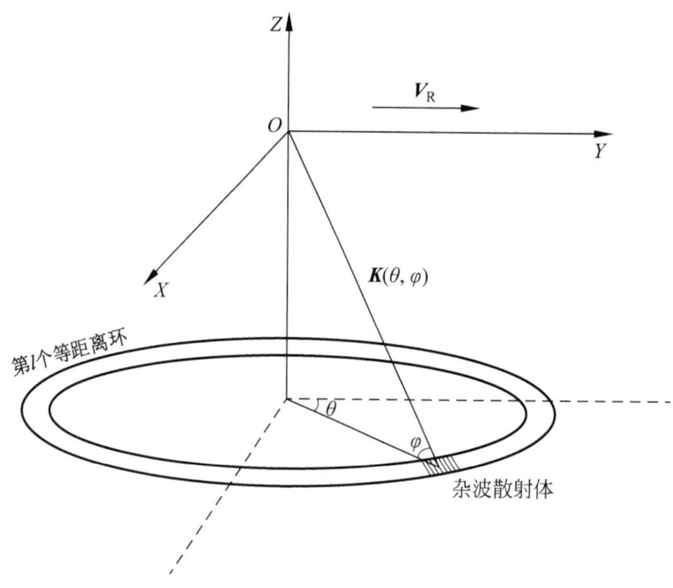

图 17.1 机载雷达几何关系图

在本节中,关于共形阵天线的杂波信号模型,仅给出与第 4 章平面相控阵天线不同之处,相同之处不再赘述。与本书第 4 章建立的平面相控阵天线杂波模型相比,共形阵天线的杂波信号模型的特点主要表现在两个方面:一是阵元增益;二是空域导向矢量。

不同于平面相控阵天线,共形阵天线的阵元增益与阵元安置方向有关,则第 m 个阵元的阵元增益为

$$g_{\mathrm{e}/m}(\theta,\varphi)=\begin{cases} g_0\cos^2\left(\beta_m\dfrac{\pi}{\theta_{\mathrm{null}}}\right), & -\dfrac{\pi}{2}\leqslant\beta_m\leqslant\dfrac{\pi}{2} \\ g_{\mathrm{b}}g_0\cos^2\left(\beta_m\dfrac{\pi}{\theta_{\mathrm{null}}}\right), & \dfrac{\pi}{2}<\beta_m<\dfrac{3\pi}{2} \end{cases} \tag{17.1}$$

其中,g_{b} 表示后向衰减系数;θ_{null} 表示阵元方向图零零主瓣宽度;β_m 表示第 m 个阵元安置方向 $\boldsymbol{n}_{\mathrm{e}/m}$ 和该杂波散射体对应的雷达波束指向之间的夹角,其表达式为

$$\beta_m=\arccos(\boldsymbol{n}_{\mathrm{e}/m}\cdot\boldsymbol{K}(\theta,\varphi)) \tag{17.2}$$

将式(17.1)代入式(4.8)和式(4.14)即可求得共形阵天线的发射天线增益和接收子阵增益。

假设接收子阵的相位中心位置为 $\boldsymbol{d}_n, n=1,2,\cdots,N$，则参照式(4.28)可得其对应的空域导向矢量为

$$\boldsymbol{S}_{\mathrm{s}}(f_{\mathrm{s}})=\left[\mathrm{e}^{\mathrm{j}2\pi\frac{\boldsymbol{K}(\theta,\varphi)\cdot\boldsymbol{d}_1}{\lambda}};\ \mathrm{e}^{\mathrm{j}2\pi\frac{\boldsymbol{K}(\theta,\varphi)\cdot\boldsymbol{d}_2}{\lambda}};\ \cdots;\ \mathrm{e}^{\mathrm{j}2\pi\frac{\boldsymbol{K}(\theta,\varphi)\cdot\boldsymbol{d}_N}{\lambda}}\right] \tag{17.3}$$

17.2　杂波特性分析

考虑到某一时刻共形阵天线接收子阵通常具有非线性特性，其可能为直线阵、曲线阵，甚至是曲面阵，因此第 4 章中式(4.42)表示的空间频率无法满足分析要求。原因是一维直线阵仅能感知一维空间频率，而曲线阵能够感知二维空间频率，曲面阵甚至可以感知到三维空间频率。本节将空间频率由一维拓展到二维和三维。

如图 17.1 所示，对于任意杂波块，其回波信号的多普勒频率可表示为

$$f_{\mathrm{d}}=\frac{2\boldsymbol{K}(\theta,\varphi)\cdot\boldsymbol{V}_{\mathrm{R}}}{\lambda}=\frac{2V_{\mathrm{R}}\cos\theta\cos\varphi}{\lambda} \tag{17.4}$$

需要注意：杂波块的时域多普勒频率与杂波块位置和载机飞行方向有关，与天线形状和摆放形式无关。则归一化多普勒频率(以 f_{r} 进行归一化)为

$$\bar{f}_{\mathrm{d}}=\frac{f_{\mathrm{d}}}{f_{\mathrm{r}}}=\frac{2V_{\mathrm{R}}\cos\theta\cos\varphi}{\lambda f_{\mathrm{r}}} \tag{17.5}$$

该杂波块对应的空间频率可表示为[162]

$$f_{\mathrm{s}}=\frac{\boldsymbol{K}(\theta,\varphi)}{\lambda}=\frac{[\sin\theta\cos\varphi;\ \cos\theta\cos\varphi;\ -\sin\varphi]}{\lambda} \tag{17.6}$$

则归一化空间频率(以 $1/0.5\lambda$ 进行归一化)为

$$\bar{f}_{\mathrm{s}}=\frac{f_{\mathrm{s}}}{1/0.5\lambda}=[0.5\sin\theta\cos\varphi;\ 0.5\cos\theta\cos\varphi;\ -0.5\sin\varphi]=[f_{\mathrm{s}x};\ f_{\mathrm{s}y};\ f_{\mathrm{s}z}] \tag{17.7}$$

本节以包含 72 个阵元(6×12)的相控阵天线为例分析共形阵机载雷达杂波分布特性，其中共形阵天线形式如图 17.2 所示，在共形阵天线中箭头指向表示各阵元的安置方向，大圆点表示接收子阵相位中心位置，各坐标均以半波长进行归一化处理。

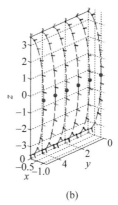

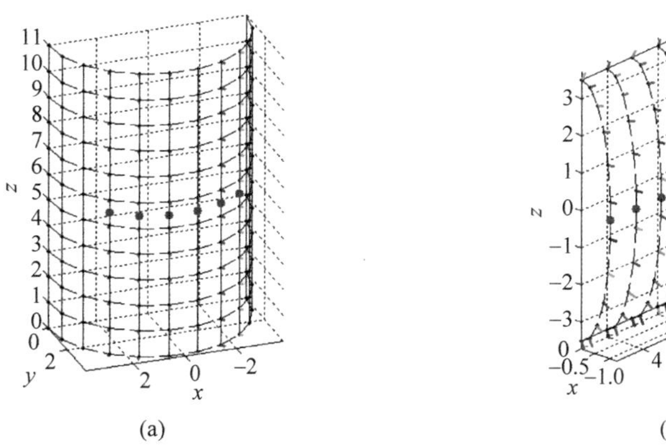

图 17.2　共形阵天线几何示意图

(a) 圆柱形天线；(b) 机身共形阵天线；(c) 机头共形阵天线；(d) 机翼共形阵天线

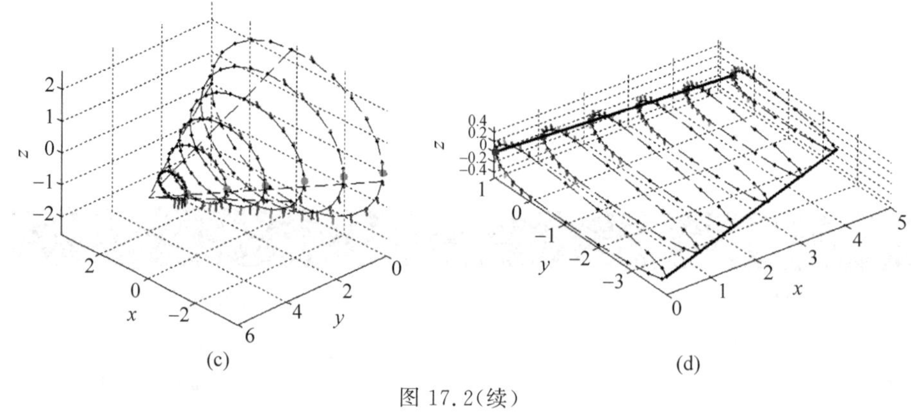

图 17.2(续)

为了便于同前述平面阵天线进行比较，在后续分析中同时给出相同阵元数目情况下的正侧视阵、斜侧视阵和前视阵结果。

17.2.1　杂波轨迹

图 17.3 给出了机载雷达杂波轨迹在三维空间频率与多普勒域的分布情况，其中图 17.3(a)和图 17.3(b)分别表示杂波轨迹在(f_{sx},f_{sy},$\bar{f}_d$)域和(f_{sx},f_{sy},f_{sz})域上的分布。从图中可以看出：①杂波轨迹在(f_{sx},f_{sy},$\bar{f}_d$)域上的分布为一倾斜圆。对于正侧视阵，其仅能感知到沿阵列轴向的空间频率，即 Y 轴方向，因此其杂波轨迹为(f_{sy},$\bar{f}_d$)平面上的一条斜线，如图 17.3(a)所示；对于前视阵，其仅能感知到沿 X 轴方向的空间频率，因此其杂波轨迹为(f_{sx},$\bar{f}_d$)平面上的一个圆，如图 17.3(a)所示；对于斜侧视阵，其可同时感知到 X 轴和 Y 轴方向的空间频率，当将图 17.3(a)所示的空间圆形轨迹投影到斜侧视阵所在的阵列轴向方向时，即可得到第 4 章图 4.7 所示的椭圆形轨迹；对于机身共形阵天线，其接收子阵为沿 Y 轴的线阵，因此其杂波轨迹同正侧视阵；对于圆柱形阵，其接收子阵为 XOY 平面上的一段曲线阵，可同时感知 X、Y 两个轴向的空间频率；对于机头共形阵和机翼共形阵，其接收子阵为一维线阵，其杂波分布轨迹同斜侧视阵。②杂波轨迹在(f_{sx},f_{sy},f_{sz})三维空间频率域的分布为半径为 0.5 的球形，某一距离单元的杂波为该球形上平行于(f_{sx},f_{sy})平面的某一横截面，与阵列形式无关。

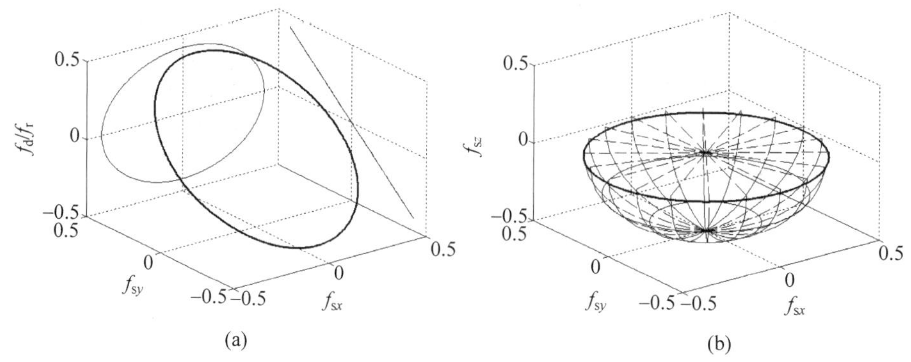

图 17.3　杂波空时轨迹分布

(a) (f_{sx},f_{sy},$\bar{f}_d$)；(b) (f_{sx},f_{sy},f_{sz})

图 17.4 给出了机载雷达杂波轨迹随距离的变化关系，其中圆的半径越大表示距离越远。结合图 17.3 和图 17.4 可以看出：①对于任意天线，其杂波轨迹均随着距离的变化而变化；②即使是正侧视阵，其杂波轨迹分布范围随着距离的变化也在变化，仅是由于其对杂波分布的影响较小，所以通常认为正侧视阵杂波是平稳分布的。

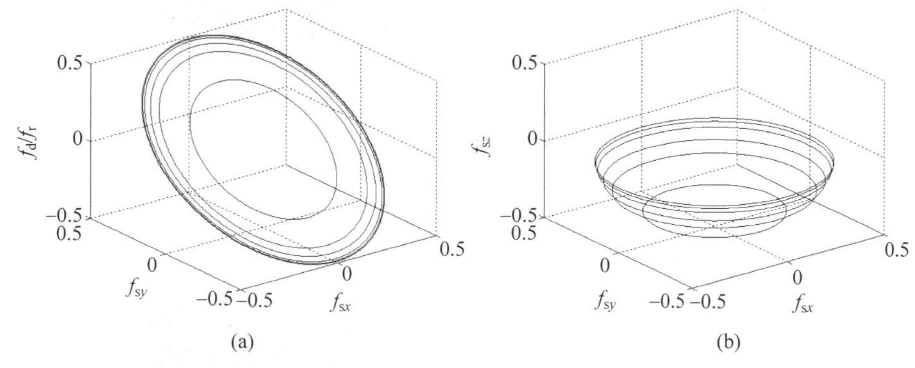

图 17.4　杂波轨迹随距离的变化关系

(a) $(f_{sx}, f_{sy}, \bar{f}_d)$；(b) (f_{sx}, f_{sy}, f_{sz})

17.2.2　杂波功率谱

图 17.5 给出了 7 种阵列形式下的机载雷达杂波功率谱图，尽管正侧视阵和前视阵仅能感知一维空间频率，但为了便于比较，我们仍然给出了其四维分布情况。从图中可以看出：①在 $(f_{sx}, f_{sy}, \bar{f}_d)$ 域，杂波功率谱均沿一倾斜圆分布，该结论与图 17.3(a)一致，不同天线形式的区别仅是杂波功率的分布不同。②在 (f_{sx}, f_{sy}, f_{sz}) 域，杂波功率谱沿平行于 (f_{sx}, f_{sy}) 平面的某一横截面上分布，结论与图 17.3(b)一致。③对于正侧视阵和机身共形阵，其杂波功率谱在 $(f_{sx}, f_{sy}, \bar{f}_d)$ 域上表现出一定的特殊性；圆柱形阵、机头共形阵和机翼共形阵在 (f_{sx}, f_{sy}, f_{sz}) 域上除了沿横截面分布外，部分杂波还分布于球形的其他地方，这是天线方向图导致的。

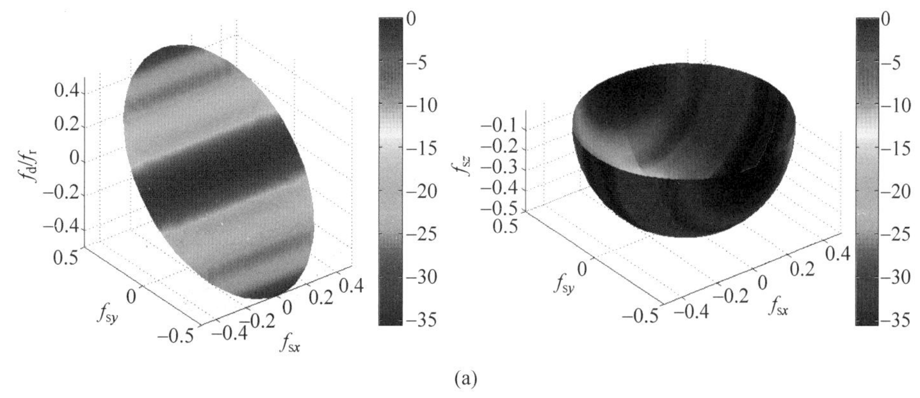

图 17.5　杂波功率谱图

(a) 正侧视阵；(b) 前视阵；(c) 斜侧视阵；(d) 圆柱形阵；(e) 机身共形阵；(f) 机头共形阵；(g) 机翼共形阵

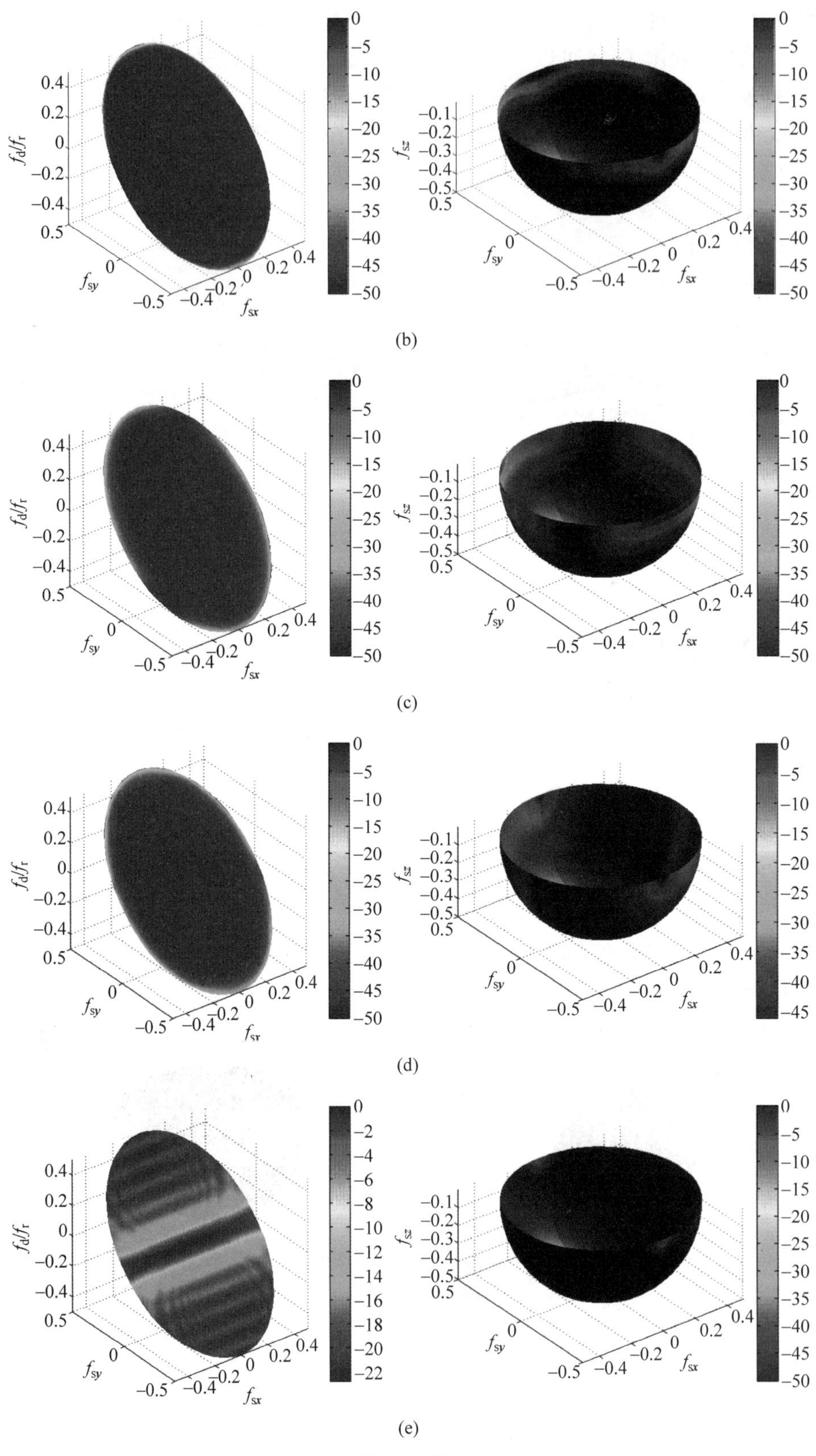

图 17.5(续)

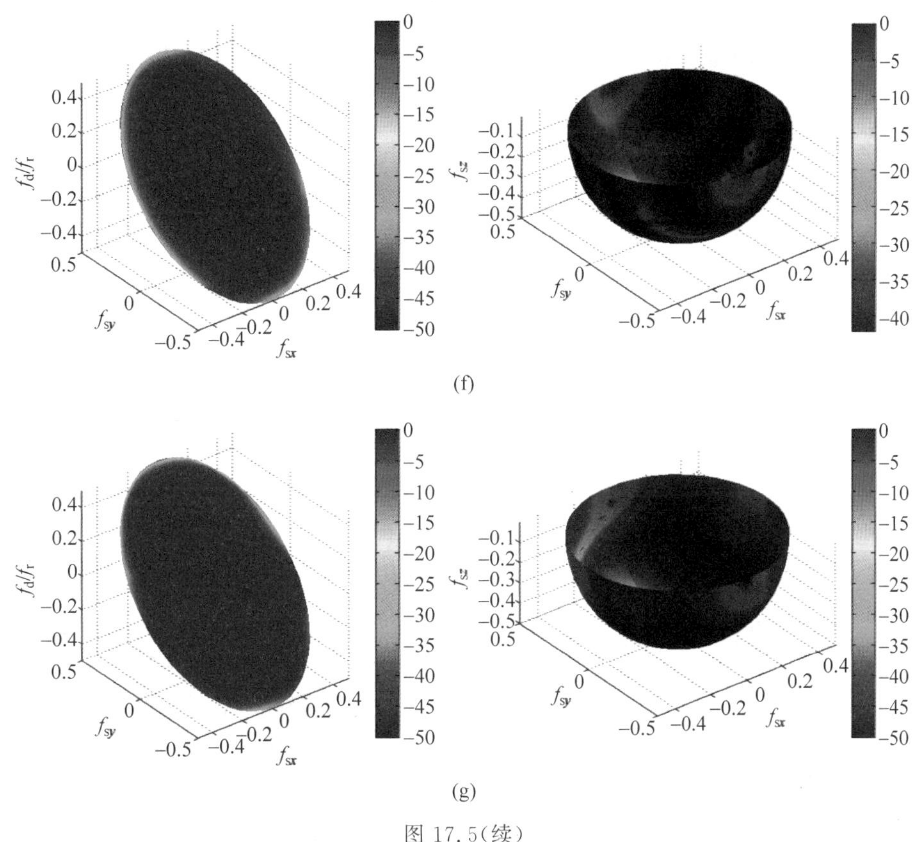

(f)

(g)

图 17.5(续)

17.2.3　杂波特征谱

杂波特征谱中大特征值的个数反映了抑制杂波所需要的系统自由度数目。图 17.6 给出了相同系统自由度情况下的各种阵列形式下的杂波特征谱图，从图中可以看出：①圆柱形阵天线的杂波自由度最大，其原因是圆柱形阵天线的接收子阵形式为前视曲线阵，导致杂波在整个空时域上呈圆形分布，如图 17.5(d)所示；②机身共形阵与正侧视阵杂波自由度相同，唯一的区别是大特征值的幅度，其原因是机身共形阵的接收子阵类似于正侧视阵，仅天

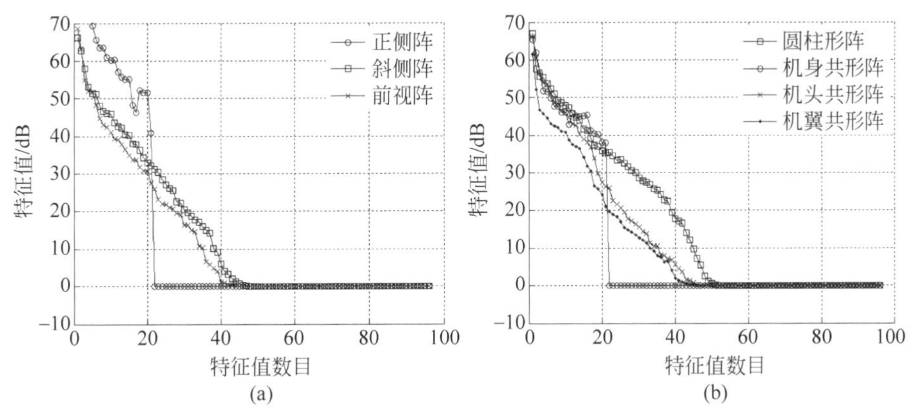

图 17.6　杂波特征谱图

线增益不同，如图 17.5(e)所示；③机头共形阵和机翼共形阵的杂波自由度与斜侧视阵的杂波自由度相当，其原因是二者的接收子阵近似于斜侧视阵，如图 17.5(f)和(g)所示。

17.2.4 杂波距离-多普勒谱

图 17.7 给出了 4 种特殊天线形式的杂波距离-多普勒谱图。从图中可以看出：①机身共形阵天线的杂波距离-多普勒谱图与正侧视阵相似。②圆柱形阵天线的杂波距离-多普勒谱图与前视阵基本相同，但是在归一化多普勒频率为 0.28 处存在强杂波，其原因是圆柱形阵天线方向图在 34°处存在高副瓣，如图 17.8(a)所示，此时 $\bar{f}_{\mathrm{d}}=\dfrac{2V_{\mathrm{R}}\cos(90^{\circ}-34^{\circ})\cos 1^{\circ}}{\lambda f_{\mathrm{r}}}=0.28$。③机头共形阵天线的杂波距离-多普勒谱图与斜侧视阵基本相同，其波束指向 135°方向，对应的主杂波归一化多普勒频率为 0.35；但是在归一化多普勒频率为 −0.06 处存在强杂波，其原因是机头共形阵天线方向图在 37°处存在高副瓣，如图 17.8(b)所示；④机翼共形阵天线的杂波距离-多普勒谱图与前视阵类似，但是在归一化多普勒频率为 0.2 处存在强杂波，其原因是机翼共形阵天线方向图在 157°处存在高副瓣，如图 17.8(c)所示。

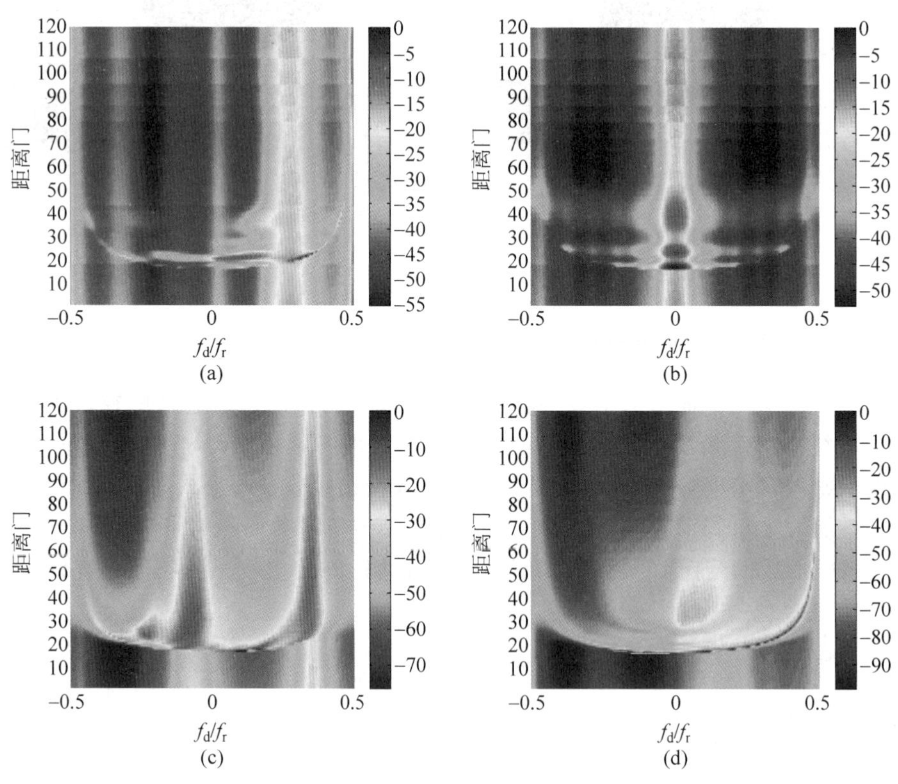

图 17.7 杂波距离-多普勒谱图

(a) 圆柱形天线；(b) 机身共形阵天线；(c) 机头共形阵天线；(d) 机翼共形阵天线

通过对共形阵机载雷达杂波分布特性的分析可以得到如下结论：①在坐标系确定的前提下，杂波在空时平面上的分布轨迹与阵列形式无关。②不同天线能够感知不同空间域上的杂波频率。当接收子阵为线阵时，仅需将杂波空时轨迹投影至阵列轴向所在的平面即可

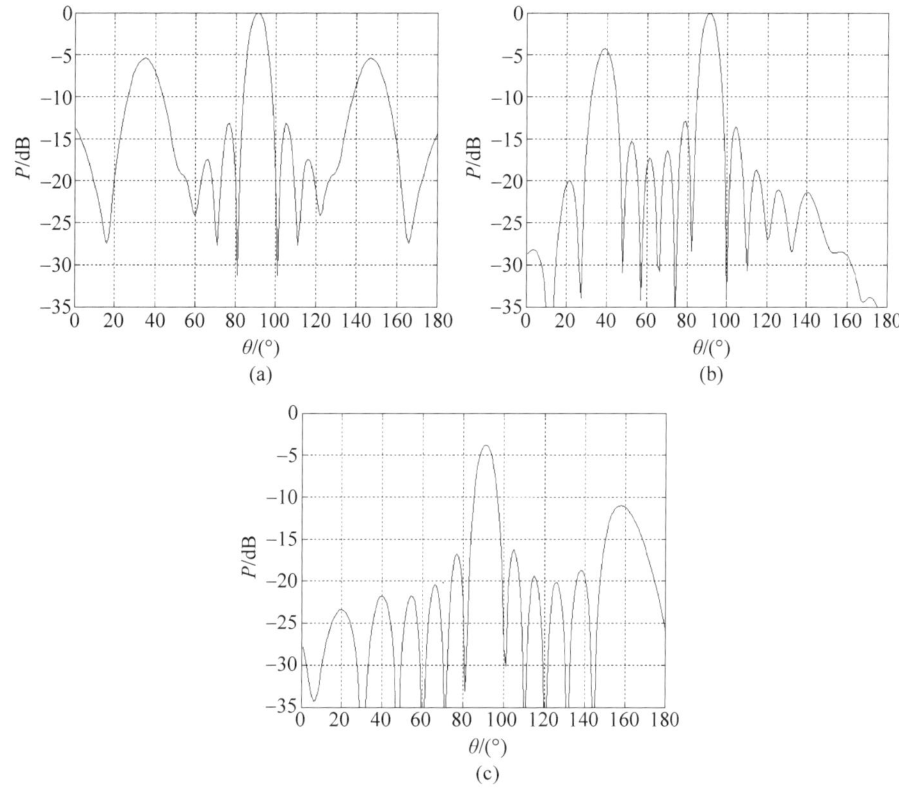

图 17.8　天线方向图

(a) 圆柱形天线；(b) 机头共形阵天线；(c) 机翼共形阵天线

得到对应的杂波分布轨迹；当接收子阵为曲线阵时，杂波轨迹需同时在多个空间域上进行表征。③杂波功率谱图分布特性与杂波轨迹一致，具体功率在轨迹上的分布则与载机平台的几何配置、天线方向图等因素有关。④机身共形阵天线与正侧视阵杂波分布基本一致。⑤由于天线方向图的特殊性，圆柱形天线、机头共形阵天线和机翼共形阵天线的杂波分布与平面阵天线有所不同。⑥除机身共形阵天线外，圆柱形天线、机头共形阵天线和机翼共形阵天线的杂波在距离向均呈现出严重的非平稳分布特性。

17.3　杂波抑制方法

通过 17.2 节对共形阵机载雷达杂波特性的分析可知，其杂波在距离维呈现严重的非平稳特性。本节利用共形阵机载雷达的四维分布特性，提出一种共形阵机载雷达四维空时杂波谱自适应补偿方法，即 4D-STC 方法[210]。该方法首先通过虚拟均匀线阵变换将共形阵接收子阵变换为等效均匀线阵；其次利用滑窗处理估计各距离单元的回波协方差矩阵，据此将空时回波数据变换到空时四维功率谱域；再次将近程非平稳杂波补偿到最大不模糊距离单元处；最后利用补偿后的空时数据和远程平稳杂波数据估计待检测距离单元的杂波协方差矩阵，形成空时自适应权值，完成杂波抑制处理。

所提方法的具体步骤如下：

步骤 1：虚拟均匀线阵变换

进行空域滑窗处理的前提是各子阵之间是均匀分布的，而共形阵接收子阵通常无法满足该要求。因此对于共形阵天线，为了便于后续空域滑窗处理，本方法首先将其变换为等效均匀线阵。假设共形阵和虚拟均匀线阵对应的第 l 个距离单元的空域采样信号分别为 $\boldsymbol{X}_{l,\mathrm{s}}$ 和 $\widetilde{\boldsymbol{X}}_{l,\mathrm{s}}$，则具体公式为[71]

$$\widetilde{\boldsymbol{X}}_{l,\mathrm{s}}=\boldsymbol{T}_l^{\mathrm{H}}\boldsymbol{X}_{l,\mathrm{s}} \tag{17.8}$$

其中变换矩阵 $\boldsymbol{T}_l$ 的表达式为

$$\boldsymbol{T}_l=(\boldsymbol{S}_{\mathrm{s},l,\mathrm{ULA}}(\boldsymbol{\theta})\boldsymbol{S}_{\mathrm{s},l,\mathrm{CFA}}^{\dagger}(\boldsymbol{\theta}))^{\mathrm{H}} \tag{17.9}$$

$$\begin{aligned}&\boldsymbol{S}_{\mathrm{s},l,\mathrm{ULA}}(\boldsymbol{\theta})=[\boldsymbol{S}_{\mathrm{s},l,\mathrm{ULA}}(\theta_1),\boldsymbol{S}_{\mathrm{s},l,\mathrm{ULA}}(\theta_2),\cdots,\boldsymbol{S}_{\mathrm{s},l,\mathrm{ULA}}(\theta_{N_\mathrm{a}})]\\&\boldsymbol{S}_{\mathrm{s},l,\mathrm{ULA}}(\theta_{i_\mathrm{a}})=\sum_{i_\mathrm{r}=1}^{N_\mathrm{r}}\boldsymbol{S}_{\mathrm{s},l,\mathrm{ULA}}(\theta_{i_\mathrm{a}},\varphi_{i_\mathrm{r}})\end{aligned} \tag{17.10}$$

$$\begin{aligned}&\boldsymbol{S}_{\mathrm{s},l,\mathrm{CFA}}(\boldsymbol{\theta})=[\boldsymbol{S}_{\mathrm{s},l,\mathrm{CFA}}(\theta_1),\boldsymbol{S}_{\mathrm{s},l,\mathrm{CFA}}(\theta_2),\cdots,\boldsymbol{S}_{\mathrm{s},l,\mathrm{CFA}}(\theta_{N_\mathrm{a}})]\\&\boldsymbol{S}_{\mathrm{s},l,\mathrm{CFA}}(\theta_{i_\mathrm{a}})=\sum_{i_\mathrm{r}=1}^{N_\mathrm{r}}\boldsymbol{S}_{\mathrm{s},l,\mathrm{CFA}}(\theta_{i_\mathrm{a}},\varphi_{i_\mathrm{r}})\end{aligned} \tag{17.11}$$

其中，$(\cdot)^{\dagger}$ 表示伪逆操作；$\boldsymbol{S}_{\mathrm{s},l,\mathrm{CFA}}(\boldsymbol{\theta})$和 $\boldsymbol{S}_{\mathrm{s},l,\mathrm{ULA}}(\boldsymbol{\theta})$分别表示共形阵和变换后的均匀线阵对应的空域导向矢量；N_a 表示约束方位角度数，通常情况下 $N_\mathrm{a}>N$；N_r 表示距离模糊次数。

图 17.9 给出了圆柱形接收子阵与变换后的虚拟线阵之间的关系，其中虚拟均匀线阵设定为前视阵。其他三种典型共形阵配置的接收子阵本身为均匀线阵，因此不需要进行虚拟变换处理。

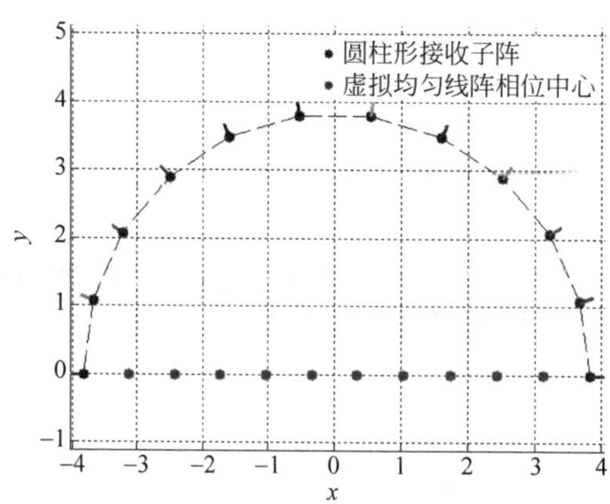

图 17.9　圆柱形接收子阵与虚拟均匀线阵的关系

步骤 2：四维空时杂波谱估计

利用空时滑窗处理估计得到的第 l 个距离单元回波对应的四维空时杂波谱为

$$\widetilde{\boldsymbol{P}}_l(f_{sx},f_{sy},f_{sz},\bar{f}_d)=\frac{1}{\boldsymbol{S}^{(s)H}(f_{sx},f_{sy},f_{sz},\bar{f}_d)(\hat{\boldsymbol{R}}_l^{(s)})^{-1}\boldsymbol{S}^{(s)}(f_{sx},f_{sy},f_{sz},\bar{f}_d)} \tag{17.12}$$

其中，$\boldsymbol{S}^{(s)}(f_{sx},f_{sy},f_{sz},\bar{f}_d)$表示滑窗后子孔径级空时导向矢量；$\hat{\boldsymbol{R}}_l^{(s)}$ 表示通过空时滑窗后的数据估计得到的杂波协方差矩阵，其表达式为

$$\hat{\boldsymbol{R}}_l^{(s)}=\frac{1}{Q}\sum_{q=0}^{Q-1}\widetilde{\boldsymbol{X}}_{l,q}\widetilde{\boldsymbol{X}}_{l,q}^{H} \tag{17.13}$$

其中，Q 表示空时滑窗后的样本数；$\widetilde{\boldsymbol{X}}_{l,q}$ 表示第 q 个虚拟线阵滑窗样本。为了确保滑窗后的协方差矩阵是满秩的，通常需要满足滑窗后的样本数大于空时子孔径积。

利用式(17.12)得到的是四维网格上各点对应虚拟线阵的功率，我们仍需将其变换为共形阵对应的功率。通过虚拟线阵各网格的空时频率可计算出其对应的方位角和俯仰角，再将其功率 $\widetilde{\boldsymbol{P}}_l(f_{sx},f_{sy},f_{sz},\bar{f}_d)$映射为具有相同方位角和俯仰角的共形阵四维网格上的功率 $\tilde{\hat{\boldsymbol{P}}}_l(f_{sx},f_{sy},f_{sz},\bar{f}_d)$。

步骤 3：非平稳杂波补偿

由 17.2 节介绍的杂波轨迹和功率谱的分布特性可知，共形阵机载雷达杂波分布随距离变化，且在近程变化较为明显。根据此特性，本章所采用的方法仅对近程杂波进行补偿，远程杂波保持不变，具体公式为

$$\begin{aligned}\hat{\boldsymbol{X}}_l=\frac{NK}{N^{(s)}K^{(s)}}\Bigg(&\sum_{l\in S_1}\sum_{i=1}^{N_l}\sqrt{\tilde{\hat{\boldsymbol{P}}}_l(f_{sx,i},f_{sy,i},f_{sz,i},\bar{f}_{d,i})}\,\boldsymbol{S}(f_{sx,i,0},f_{sy,i,0},f_{sz,i,0},\bar{f}_{d,i,0})+\\&\sum_{l\in S_2}\sum_{i=1}^{N_l}\sqrt{\tilde{\hat{\boldsymbol{P}}}_l(f_{sx,i},f_{sy,i},f_{sz,i},\bar{f}_{d,i})}\,\boldsymbol{S}(f_{sx,i,l},f_{sy,i,l},f_{sz,i,l},\bar{f}_{d,i,l})\Bigg)\end{aligned} \tag{17.14}$$

其中，$N^{(s)}K^{(s)}$ 表示滑窗后的空时子孔径积；$(f_{sx,i,0},f_{sy,i,0},f_{sz,i,0},\bar{f}_{d,i,0})$表示最大不模糊距离单元对应的四维网格，即参考点位置；S_1 表示近程非平稳杂波对应的距离单元集；S_2 表示远程平稳杂波对应的距离单元集；N_l 表示单个距离环内划分的网格数目。

在非平稳杂波补偿过程中，被补偿杂波块和参考杂波块之间的关系为方位角固定，俯仰角变化。对于 0°～90°的俯仰角范围，通常可认为 0°～8°范围内为平稳区，8°～90°范围内为非平稳区。

步骤 4：杂波协方差矩阵估计

经过步骤 3 处理后，杂波近似为平稳分布，此时估计得到的杂波协方差矩阵为

$$\hat{\boldsymbol{R}}_l=\frac{1}{L}\sum_{l=1}^{L}\hat{\boldsymbol{X}}_l\hat{\boldsymbol{X}}_l^{H} \tag{17.15}$$

其中 L 表示补偿后的平稳训练样本数目。

步骤 5：空时自适应处理

第 l 个距离单元第 k 个多普勒通道的空时自适应权值为

$$\boldsymbol{W}_{l,k}=\mu\hat{\boldsymbol{R}}_l^{-1}\boldsymbol{S}(f_s,\bar{f}_{d,k}) \tag{17.16}$$

其中 $\boldsymbol{S}(f_s,\bar{f}_{d,k})$表示传统共形阵空时二维导向矢量。

17.4 仿真分析

本节以机头阵和圆柱形阵为例分析共形阵机载雷达四维空时杂波谱自适应补偿方法的有效性，仿真参数设置同表 4.1。为了体现所提方法的性能，本节以传统 STAP 方法和 RBC-RA 方法[161]作为比较对象。需要说明的是，由于本节仿真的机头阵与圆柱形阵在空域仅能感知到 X 轴和 Y 轴方向的空间频率，因此本节实验仅从空时三维角度分析杂波功率谱估计和补偿效果。

实验 1：杂波功率谱估计性能

图 17.10 和图 17.11 分别给出了估计得到的机头阵与圆柱形阵机载雷达杂波功率谱和真实杂波功率谱，距离单元均为 500。从图中可以看出：①通过虚拟线阵变换和空时滑窗处理后估计得到的杂波功率谱与真实谱基本一致；②圆柱形阵估计后的杂波功率偏高，这是将圆柱形阵变换为虚拟前视线阵过程中非匹配角度对应的伪逆运算导致的；③对于圆柱形阵，若不进行虚拟变换，则估计后的杂波在空时平面上占据了更大的空间，这将导致杂波协方差矩阵估计产生较大偏差。

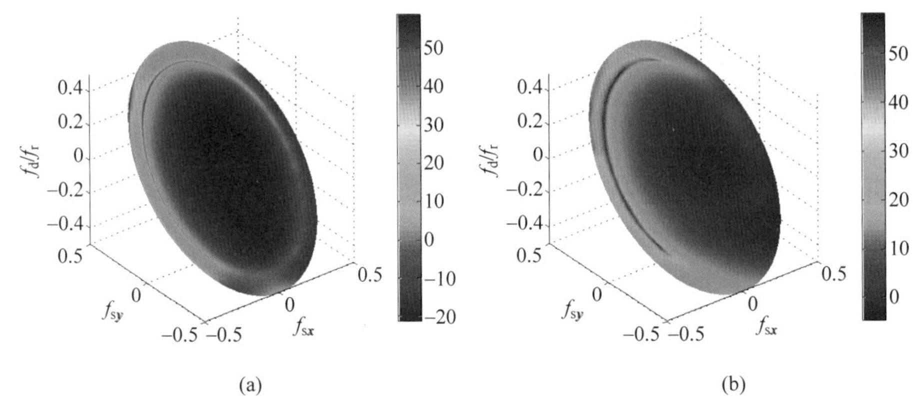

图 17.10 机头阵杂波功率谱估计结果

(a) 真实杂波功率谱；(b) 估计杂波功率谱

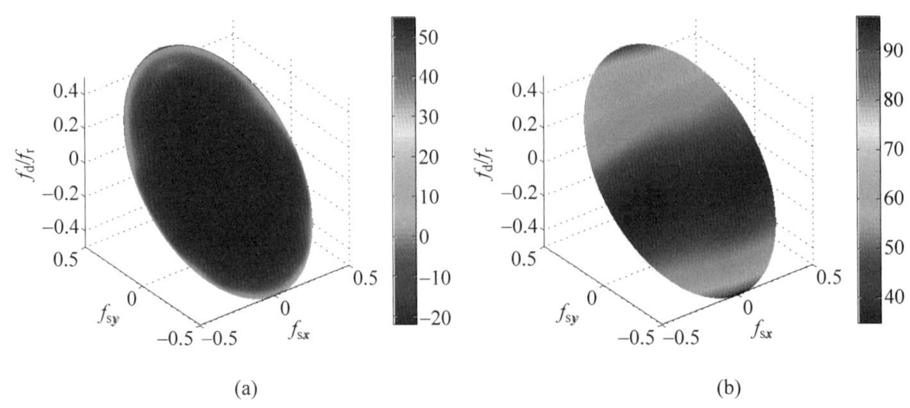

图 17.11 圆柱形阵杂波功率谱估计结果

(a) 真实杂波功率谱；(b) 估计杂波功率谱；(c) 估计杂波功率谱(未经过虚拟变换)

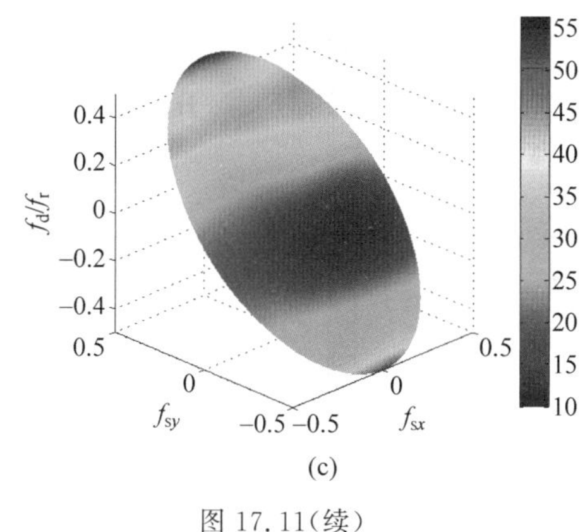

(c)

图 17.11(续)

实验 2：非平稳杂波补偿性能

图 17.12 和图 17.13 分别给出了补偿前后的机头阵与圆柱形阵机载雷达杂波功率谱。其中图 17.12(a)和图 17.13(a)给出的是第 500 个距离单元处补偿前的杂波和目标分布，此处杂波分布指经过虚拟变换后的均匀线阵对应的杂波功率谱；图 17.12(b)和图 17.13(b)给出的是利用补偿后的所有训练样本估计得到的共形阵对应的杂波功率谱。星号表示运动目标所在位置。在实际工程中，仅当目标位于地面且作径向运动时目标信号在四维空间内与杂波重合，本节不考虑该特殊情况。仿真中假设目标在(f_{sx}，f_{sy}，$\bar{f}_d$)域中的坐标为(−0.024 4，0.081 2，−0.4)。从图中可以看出：①经过四维补偿后杂波功率集中分布于最远模糊距离单元处，近程非平稳杂波的影响基本被消除；②补偿前的杂波谱存在明显的近程杂波，该特性与距离模糊情况下的均匀线阵的杂波功率谱特性一致；③在对杂波补偿过程中目标位置保持不变，其原因是杂波和目标在四维空时域内是可分离的。

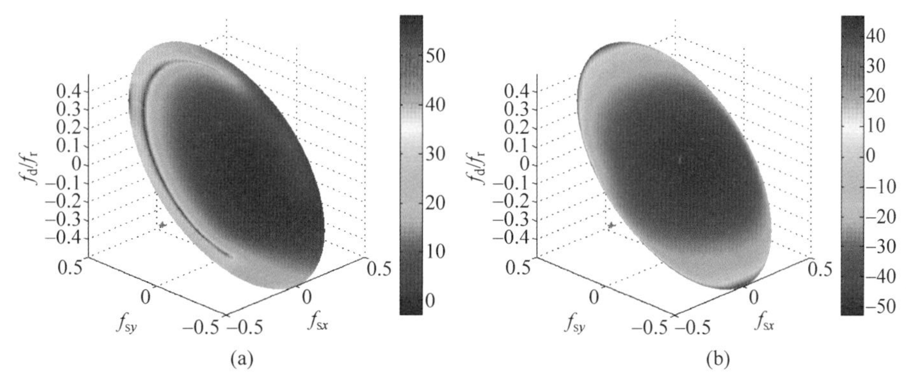

图 17.12　机头阵杂波功率谱补偿效果

(a) 补偿前；(b) 补偿后

实验 3：SCNR 损失

图 17.14 和图 17.15 分别给出了无参数误差和存在参数误差情况下的机头阵与圆柱形阵机载雷达 SCNR 损失情况，其中参数是指载机飞行高度，仿真中高度误差的分布为 $N(2,1)$。

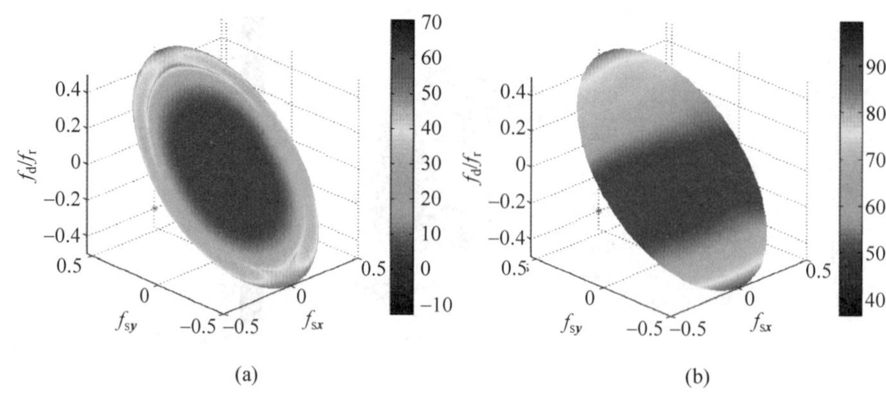

图 17.13 圆柱形阵杂波功率谱补偿效果

(a) 补偿前；(b) 补偿后

从图中可以看出：①4D-STC 方法性能最优，其次为 RBC-RA 方法，传统 STAP 方法由于未进行任何补偿处理，因此性能最差。②无论是否存在参数误差，在整个多普勒域 4D-STC 方法均能实现对杂波的有效抑制，其存在的两个凹口分别对应补偿后的前后向主瓣。③RBC-RA 方法受参数误差影响严重，其原因是该方法将各模糊距离杂波分别补偿到对应参考点位置，因此对载机高度参数具有较强的依赖性；同时 RBC-RA 方法除了与 4D-STC 方法具有相同的两个凹口外，对于机头阵还存在一个额外凹口，该凹口对应近程第一个不模糊距离单元的主瓣杂波，如图 17.14(a)所示；对于圆柱形阵存在两个额外凹口，分别对应第一个不模糊距离单元的前后向主瓣杂波，如图 17.15(a)所示。④传统 STAP 方法性能最差，尤其是凹口很宽，其原因是该方法对大量非平稳训练样本求平均后导致杂波谱存在严重的展宽。

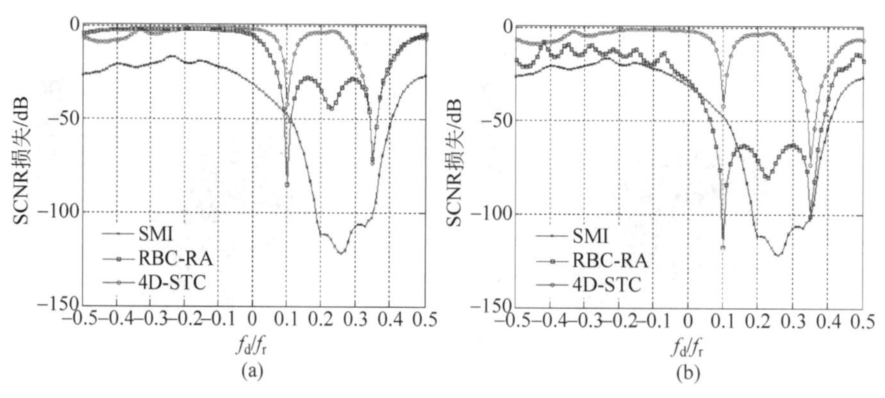

图 17.14 机头阵 SCNR 损失

(a) 无参数误差；(b) 存在参数误差

图 17.16 给出了存在阵列误差情况下的机头阵与圆柱形阵机载雷达 SCNR 损失情况，其中假设阵列误差中幅度误差服从高斯分布，相位误差服从均匀分布，即 $\varepsilon_n \sim N(0,\xi^2)$，$\phi_n \sim U(-\zeta,\zeta)$，$\xi=0.02$，$\zeta=0.01$。从图中可以看出：①在大部分多普勒区域，4D-STC 方法具有更优良的性能。②在圆柱形阵情况下，RBC-RA 方法受阵列误差影响严重，而 4D-STC 方法具有强的误差稳健性。

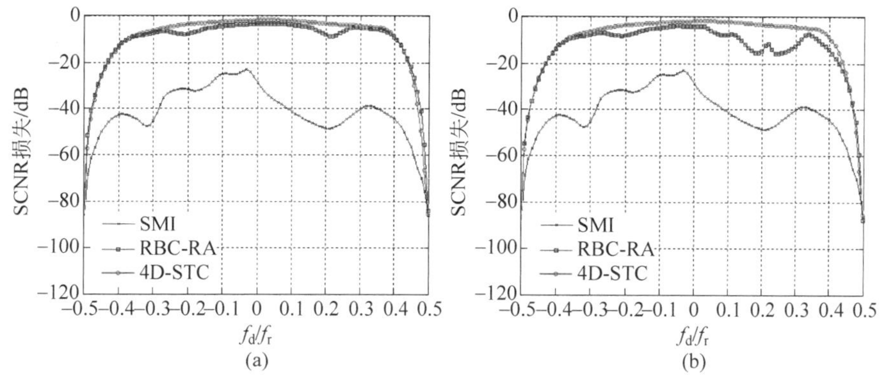

图 17.15　圆柱形阵 SCNR 损失

(a) 无参数误差；(b) 存在参数误差

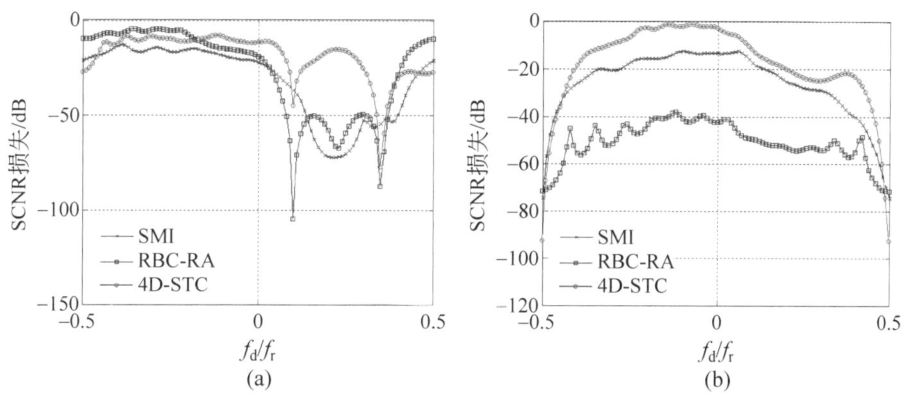

图 17.16　存在阵列误差时的 SCNR 损失

(a) 机头阵；(b) 圆柱形阵

17.5　小结

本章建立了共形阵机载雷达杂波信号模型，分析了共形阵机载雷达的杂波特性；提出了一种共形阵机载雷达四维空时杂波谱自适应补偿方法。研究结果表明：所提方法通过在空时四维域进行非平稳杂波处理，在实现近程非平稳杂波补偿的同时，不会对目标信号造成搬移；同时通过将所有近程区域的数据进行补偿，克服了系统参数对补偿类方法的影响，具有强的稳健性。

第 18 章

双基地机载雷达 STAP

与单基地机载雷达相比，双基地机载雷达收发系统分置，将发射站布置于整个探测区域的后方，具有优良的“四抗”性能(即：抗电子干扰、反隐身、抗反辐射导弹和反低空突防)，受到了广泛的重视。但是双基地机载雷达所面临的实际杂波环境往往是非平稳的，主要与双基地机载雷达的配置方式、天线放置形式以及载机的运动速度等因素有关，因此杂波非平稳现象是双基地机载雷达所固有的。传统 STAP 方法在杂波抑制过程中需要利用与待检测距离单元相邻的满足 I. I. D. 条件的训练样本估计杂波协方差矩阵。对于双基地机载雷达，杂波非平稳使得不同距离单元间的训练样本不再满足 I. I. D. 条件，从而导致所估计的杂波协方差矩阵有偏，致使传统 STAP 方法的杂波抑制性能严重下降。

现有双基地机载雷达非平稳杂波抑制方法包括：①DW[62]、HODW[64]和 ADC[65]等非自适应补偿方法；②A^2DC[157]、RBC[67]、RBCNS[69,163]和 ImSTINT[72,164]等自适应补偿类方法；③3D-STAP 方法[77]。其中非自适应补偿方法性能受系统参数、误差等因素影响严重；自适应补偿类方法中 A^2DC 方法利用回波数据自适应估计杂波谱分布，克服了非理想因素的影响，但是无法解决距离模糊问题；RBC 方法通常未考虑补偿造成的目标搬移问题，文献[135]提出了基于目标约束的补偿方法，但是该方法存在补偿矩阵计算复杂，目标与杂波有可能同时约束等问题；3D-STAP 方法通过引入俯仰维信息提升了对非平稳杂波的抑制性能，但是计算量和样本需求量较大。

本章首先建立双基地机载雷达的杂波信号模型，然后分别从杂波分布范围、杂波轨迹、杂波功率谱、杂波特征谱、杂波距离-多普勒谱等角度分析杂波分布特性，最后提出一种基于自适应分段的空时补偿 STAP 方法[165]。该方法利用无距离模糊的第一个脉冲数据对回波进行自适应分段，然后通过空时滑窗处理估计杂波空时峰值谱中心，最后分段补偿并进行 STAP 处理。

18.1 杂波信号模型

双基地机载雷达几何关系图参见图 18.1，其中 $OXYZ$ 表示接收机坐标系，Y 轴沿双基地基线在地面上的投影放置，发射机和接收机的高度分别为 h_t 和 h_r，双基地基线长度为 L_{tr}。某一杂波散射体的位置表示为$(\theta_t,\varphi_t,\theta_r,\varphi_r)$，其中 θ_t 和 θ_r 分别表示杂波块相对于发射机和接收机的方位角，φ_t 和 φ_r 分别表示杂波块相对于发射机和接收机的俯仰角。注意此处定义当方位角度沿 Y 轴顺时针方向旋转时为正值，否则为负值。该杂波散射体的双基地角为 β，其相对于发射机和接收机的单位矢量分别为 $\boldsymbol{K}_t(\theta_t,\varphi_t)$ 和 $\boldsymbol{K}_r(\theta_r,\varphi_r)$，具体表达式为

$$\boldsymbol{K}_t(\theta_t,\varphi_t)=[-\sin(\theta_t-\pi)\cos\varphi_t;\ -\cos(\theta_t-\pi)\cos\varphi_t;\ -\sin\varphi_t] \tag{18.1}$$

$$\boldsymbol{K}_r(\theta_r,\varphi_r)=[-\sin\theta_r\cos\varphi_r;\ -\cos\theta_r\cos\varphi_r;\ \sin\varphi_r] \tag{18.2}$$

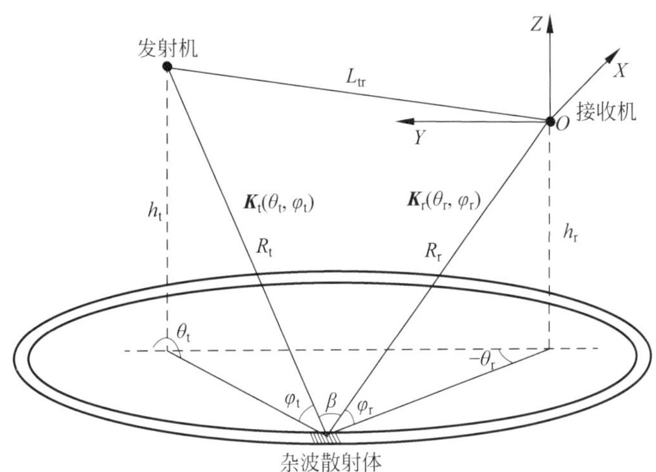

图 18.1　双基地机载雷达几何关系图(情况 1)

发射机和接收机到该杂波散射体之间的距离分别为 R_t 和 R_r，则双基地距离和 $R_s=R_t+R_r$。该杂波散射体对应的 CNR 为

$$\xi(\theta_t,\varphi_t,\theta_r,\varphi_r)=\frac{P_tG_t(\theta_t,\varphi_t)G_r(\theta_r,\varphi_r)\lambda^2\sigma_bD}{(4\pi)^3R_t^2R_r^2KT_0BF_nL_s} \tag{18.3}$$

其中，$G_t(\theta_t,\varphi_t)$和 $G_r(\theta_r,\varphi_r)$分别表示发射天线和接收天线在该杂波散射体处的增益；σ_b 表示双基地情况下的杂波散射截面积；其他参数同式(4.18)。

通常可通过遍历接收机方位角 θ_r 实现等距离和上所有杂波块回波信号的仿真。

情况 1：发射机和接收机均位于等距离和椭圆内侧

如图 18.1 所示，当发射机和接收机均位于等距离和椭圆内侧时，一个接收方位角对应一个杂波散射体，且杂波在 360°方向上全覆盖。

当已知 θ_r 和 R_s 时，通过以下公式求解 θ_t、φ_t、φ_r、R_r：

$$R_{\mathrm{r}}=(-b\pm\sqrt{b^2-4ac})/(2a) \tag{18.4}$$

其中

$$a=4R_{\mathrm{s}}^2-[4L_{\mathrm{tr}}^2-4(h_{\mathrm{t}}-h_{\mathrm{r}})^2]\cos^2\theta_{\mathrm{r}} \tag{18.5}$$

$$b=4R_{\mathrm{s}}(L_{\mathrm{tr}}^2-R_{\mathrm{s}}^2+2h_{\mathrm{t}}h_{\mathrm{r}}-2h_{\mathrm{r}}^2) \tag{18.6}$$

$$c=[4L_{\mathrm{tr}}^2-4(h_{\mathrm{t}}-h_{\mathrm{r}})^2]h_{\mathrm{r}}^2\cos^2\theta_{\mathrm{r}}+(L_{\mathrm{tr}}^2-R_{\mathrm{s}}^2+2h_{\mathrm{t}}h_{\mathrm{r}}-2h_{\mathrm{r}}^2)^2 \tag{18.7}$$

式(18.4)中，当 $\pi/2\leqslant\theta_{\mathrm{r}}\leqslant3\pi/2$ 时，取减号；当 $\theta_{\mathrm{r}}<\pi/2$ 或 $\theta_{\mathrm{r}}>3\pi/2$ 时，取加号。

$$\varphi_{\mathrm{r}}=\arcsin(h_{\mathrm{r}}/R_{\mathrm{r}}) \tag{18.8}$$

$$\varphi_{\mathrm{t}}=\arcsin[h_{\mathrm{t}}/(R_{\mathrm{s}}-R_{\mathrm{r}})] \tag{18.9}$$

$$\theta_{\mathrm{t}}=\arccos\left(\frac{l_{\mathrm{tr}}^2-2h_{\mathrm{t}}^2+2h_{\mathrm{t}}h_{\mathrm{r}}+R_{\mathrm{t}}^2-R_{\mathrm{r}}^2}{2\sqrt{l_{\mathrm{tr}}^2-(h_{\mathrm{t}}-h_{\mathrm{r}})^2}\sqrt{R_{\mathrm{t}}^2-h_{\mathrm{t}}^2}}\right)+\pi \tag{18.10}$$

情况 2：发射机或接收机位于等距离和椭圆外侧

图 18.2 给出了情况 2 下的双基地机载雷达几何关系图，可以计算出情况 2 对应的最大双基地距离和为

$$R_{\mathrm{s_{med}}}=\sqrt{l_{\mathrm{tr}}^2-(h_{\mathrm{t}}-h_{\mathrm{r}})^2+h_{\mathrm{t}}^2}+h_{\mathrm{r}} \tag{18.11}$$

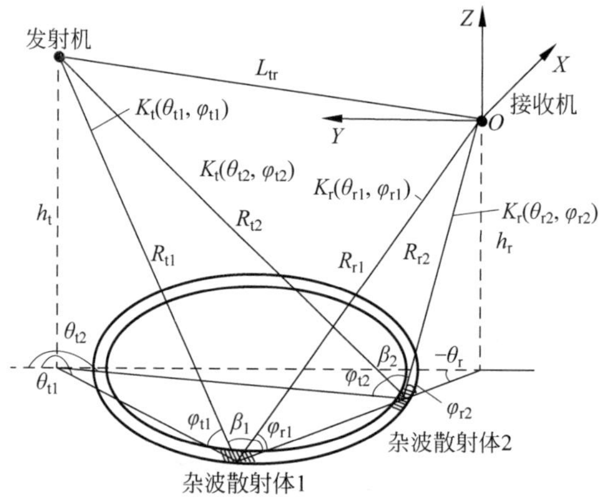

图 18.2 双基地机载雷达几何关系图(情况 2)

当已知 θ_{r} 和 R_{s} 时，如果 $b^2-4ac>0$，从图 18.2 中可以看出，一个接收方位角对应两个杂波散射体，则

$$R_{\mathrm{r1}}=(-b+\sqrt{b^2-4ac})/(2a) \tag{18.12}$$

$$R_{\mathrm{r2}}=(-b-\sqrt{b^2-4ac})/(2a) \tag{18.13}$$

$$\varphi_{\mathrm{r1}}=\arcsin(h_{\mathrm{r}}/R_{\mathrm{r1}}) \tag{18.14}$$

$$\varphi_{\mathrm{r2}}=\arcsin(h_{\mathrm{r}}/R_{\mathrm{r2}}) \tag{18.15}$$

$$\varphi_{\mathrm{t1}}=\arcsin[h_{\mathrm{t}}/(R_{\mathrm{s}}-R_{\mathrm{r1}})] \tag{18.16}$$

$$\varphi_{\mathrm{t2}}=\arcsin[h_{\mathrm{t}}/(R_{\mathrm{s}}-R_{\mathrm{r2}})] \tag{18.17}$$

$$\theta_{t1}=\arccos\left(\frac{l_{tr}^2-2h_t^2+2h_t h_r+R_{t1}^2-R_{r1}^2}{2\sqrt{l_{tr}^2-(h_t-h_r)^2}\sqrt{R_{t1}^2-h_t^2}}\right)+\pi \tag{18.18}$$

$$\theta_{t2}=\arccos\left(\frac{l_{tr}^2-2h_t^2+2h_t h_r+R_{t2}^2-R_{r2}^2}{2\sqrt{l_{tr}^2-(h_t-h_r)^2}\sqrt{R_{t2}^2-h_t^2}}\right)+\pi \tag{18.19}$$

如果 $b^2-4ac=0$,杂波散射体恰好位于椭圆切线上,则

$$\theta_{t1}=2\pi-\arccos\left(\frac{l_{tr}^2-2h_t^2+2h_t h_r+R_{t1}^2-R_{r1}^2}{2\sqrt{l_{tr}^2-(h_t-h_r)^2}\sqrt{R_{t1}^2-h_t^2}}\right) \tag{18.20}$$

$$\theta_{t2}=\arccos\left(\frac{l_{tr}^2-2h_t^2+2h_t h_r+R_{t2}^2-R_{r2}^2}{2\sqrt{l_{tr}^2-(h_t-h_r)^2}\sqrt{R_{t2}^2-h_t^2}}\right) \tag{18.21}$$

如果 $b^2-4ac<0$,则波束扫向椭圆外侧,该方位扫描角度无对应杂波块。

在双基地机载雷达中,目标必须同时被发射机和接收机主瓣照射到。通常情况下机载预警雷达发射波束为窄波束,接收波束为子阵级宽波束,此时空间同步采用脉冲追赶式,即发射采用窄波束扫描,接收用宽波束覆盖。由图 18.1 可知,在发射波束指向和接收波束主瓣方位角固定的情况下,为确保发射主瓣指向和接收主瓣指向在空间存在交点,则接收波束主瓣俯仰角需满足下式:

$$\varphi_r=\arctan\left(\frac{(h_t-h_r)\sin(\theta_r-\theta_t)}{\sqrt{L^2-(h_t-h_r)^2}\sin\theta_t}+\frac{\sin\theta_r\sin\varphi_t}{\sin\theta_t\cos\varphi_t}\right) \tag{18.22}$$

18.2　杂波特性分析

本节给出四种典型双基地机载雷达配置,如图 18.3 所示,双基地基线长 25 km,收发载

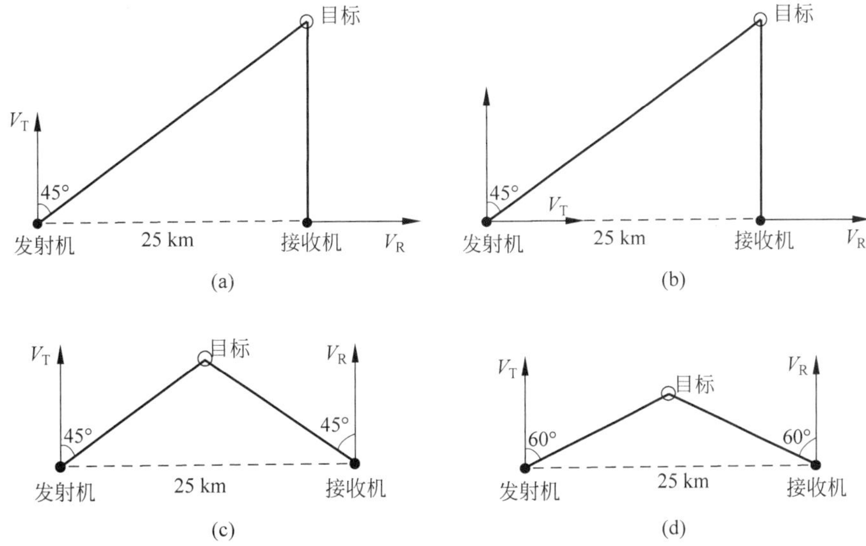

图 18.3　典型双基地机载雷达配置

(a) 配置 1;(b) 配置 2;(c) 配置 3;(d) 配置 4

机高度均为 3 km,其他系统参数同表 4.1。从发射机和接收机的飞行方式看,配置 1 为交叉方式,配置 2 为前后方式,配置 3 和配置 4 为平行方式。配置 1 和配置 2 中发射机主波束指向为(135°,1°),接收机主波束指向为(90°,1.4°);配置 3 中发射机主波束指向为(135°,1°),接收机主波束指向为(45°,1°);配置 4 中发射机主波束指向为(150°,1°),接收机主波束指向为(30°,1°)。

18.2.1 杂波分布范围

双基地机载雷达等距离和组成的曲线为以发射机和接收机为焦点的椭圆体与地面的交线,其形状为椭圆,但其焦点不一定位于发射机和接收机处。此外,需要注意的是等距离和椭圆与发射机和接收机的运动方向以及波束指向无关。

由图 18.1 可知双基地机载雷达杂波起始距离为

$$R_{s_{\min}}=\sqrt{L_{\mathrm{tr}}^{2}+4h_{\mathrm{t}}h_{\mathrm{r}}} \tag{18.23}$$

受地球曲率影响的双基地机载雷达杂波最远距离为

$$R_{s_{\max}}=\begin{cases}R_{\mathrm{a}}+\sqrt{\left(\sqrt{R_{\mathrm{a}}^{2}-h_{\mathrm{t}}^{2}}-\sqrt{l_{\mathrm{tr}}^{2}-(h_{\mathrm{t}}-h_{\mathrm{r}})^{2}}\right)^{2}+h_{\mathrm{r}}^{2}}, & h_{\mathrm{t}}\geqslant h_{\mathrm{r}}\\ R_{\mathrm{a}}+\sqrt{\left(\sqrt{R_{\mathrm{a}}^{2}-h_{\mathrm{r}}^{2}}-\sqrt{l_{\mathrm{tr}}^{2}-(h_{\mathrm{r}}-h_{\mathrm{t}})^{2}}\right)^{2}+h_{\mathrm{t}}^{2}}, & h_{\mathrm{t}}<h_{\mathrm{r}}\end{cases} \tag{18.24}$$

其中

$$R_{\mathrm{a}}(\mathrm{km})=4.12\sqrt{\max(h_{\mathrm{t}},h_{\mathrm{r}})} \tag{18.25}$$

图 18.4 和 18.5 分别给出了发射机与接收机高度相等以及不相等时的起始和最远杂波距离和曲线。从图中可以看出:①无论距离远近,等距离和曲线均为椭圆形;②载机高度不同,杂波分布范围也不同,图 18.4 参数下的起始和最远距离和分别为 25.7 km 和 426.3 km,图 18.5 参数下的起始和最远距离和分别为 26.2 km 和 557.7 km。

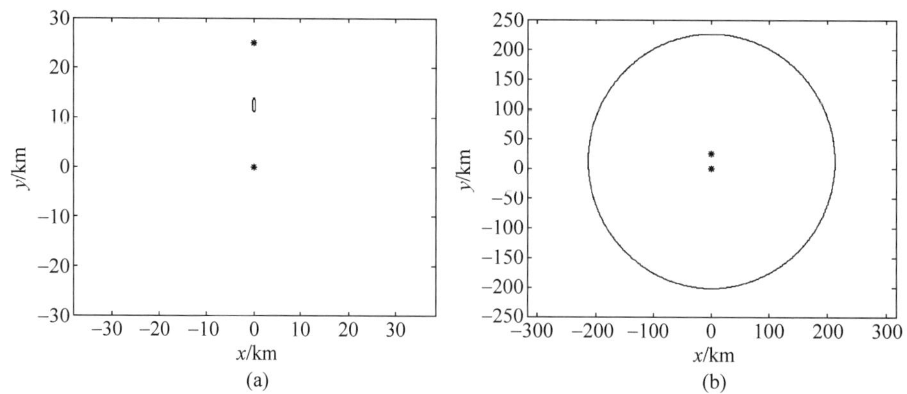

图 18.4 杂波距离和曲线($h_{\mathrm{t}}=h_{\mathrm{r}}=3$ km,$L_{\mathrm{tr}}=25$ km)

(a) 起始杂波距离和曲线;(b) 最远杂波距离和曲线

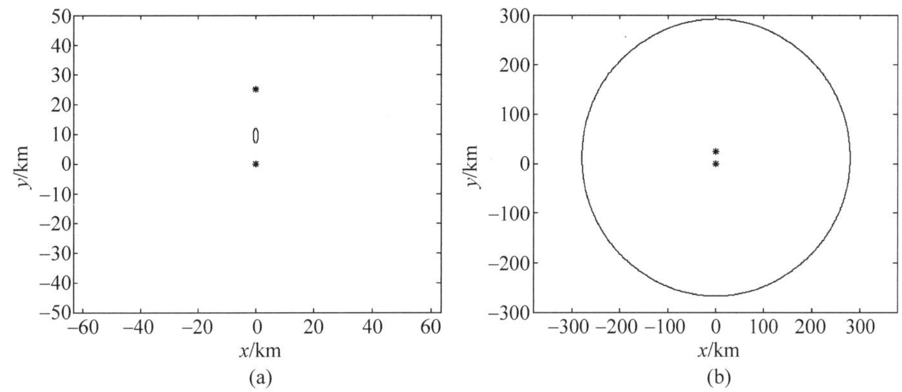

图 18.5　杂波距离和曲线($h_t=5$ km,$h_r=3$ km,$L_{tr}=25$ km)

(a) 起始杂波距离和曲线；(b) 最远杂波距离和曲线

18.2.2　杂波轨迹

图 18.1 中,对于杂波散射体($\theta_t,\varphi_t,\theta_r,\varphi_r$),其回波多普勒频率为

$$f_d=\frac{\boldsymbol{K}_t(\theta_t,\varphi_t)\cdot\boldsymbol{V}_t}{\lambda}+\frac{\boldsymbol{K}_r(\theta_r,\varphi_r)\cdot\boldsymbol{V}_r}{\lambda} \tag{18.26}$$

其中 $\boldsymbol{V}_t$ 和 $\boldsymbol{V}_r$ 分别为发射机和接收机的速度矢量。

为了更简洁明了地表示双基地配置对机载雷达杂波轨迹分布特性的影响,本节假设接收天线子阵均为正侧视线阵,因此接收子阵仅能感知到一维空间频率。对于配置 1 和配置 2,接收子阵能够感知到空间频率 f_{sy}；对于配置 3 和配置 4,接收子阵能够感知到空间频率 f_{sx}。

图 18.6～图 18.8 给出了四种配置情况下的双基地机载雷达杂波轨迹在空时三维平面上的分布。从图中可以看出：①配置 1 和配置 2 对应的杂波轨迹为($f_{sy},f_d/f_r$),配置 3 和配置 4 对应的杂波轨迹为($f_{sx},f_d/f_r$),不同配置情况下的杂波空时轨迹明显不同；②双基地机载雷达杂波轨迹随距离变化而变化；③双基地机载雷达杂波轨迹形状仅与收发载机速度、基线长度、载机高度有关,而与波束指向无关。

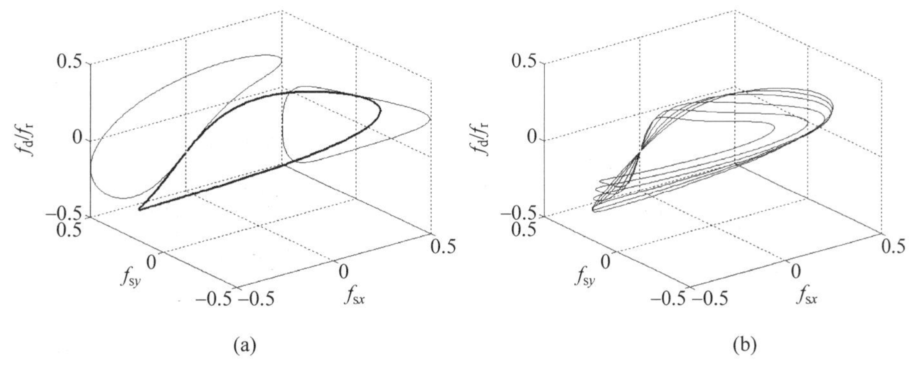

图 18.6　配置 1 杂波轨迹

(a) 杂波空时轨迹分布；(b) 杂波轨迹随距离的变化关系

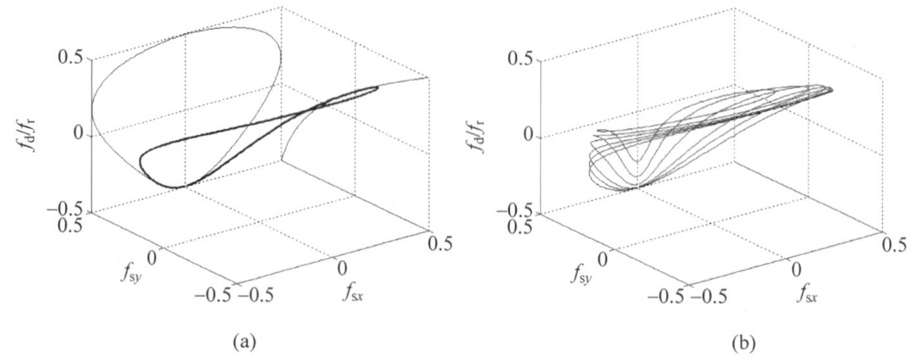

图 18.7　配置 2 杂波轨迹

(a) 杂波空时轨迹分布；(b) 杂波轨迹随距离的变化关系

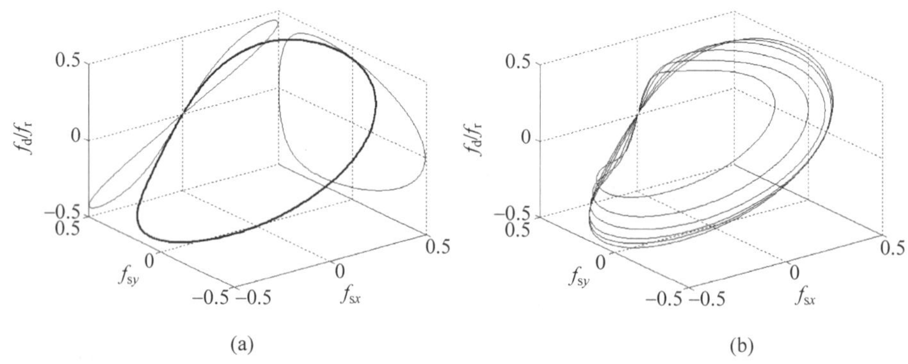

图 18.8　配置 3 和配置 4 杂波轨迹

(a) 杂波空时轨迹分布；(b) 杂波轨迹随距离的变化关系

18.2.3　杂波功率谱

图 18.9 给出了四种配置情况下的空间三维和多普勒维的杂波功率谱分布情况，从图中可以看出：①杂波功率谱分布与图 18.6～图 18.8 所示的杂波轨迹一致；②不同双基地配置下杂波的功率分布存在明显区别。

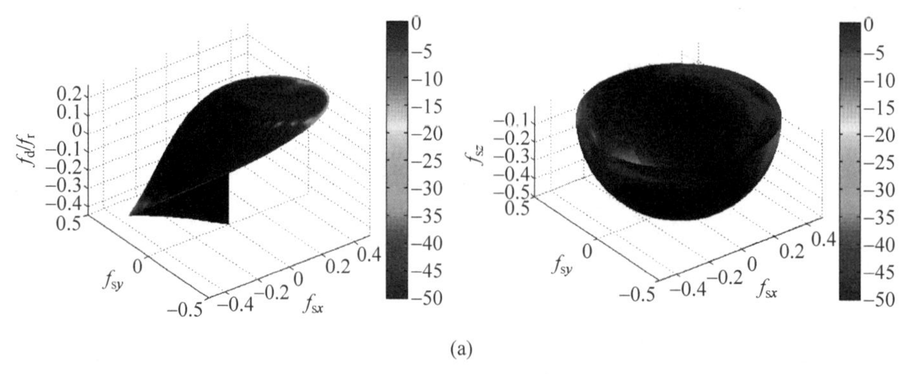

图 18.9　杂波功率谱图

(a) 配置 1；(b) 配置 2；(c) 配置 3；(d) 配置 4

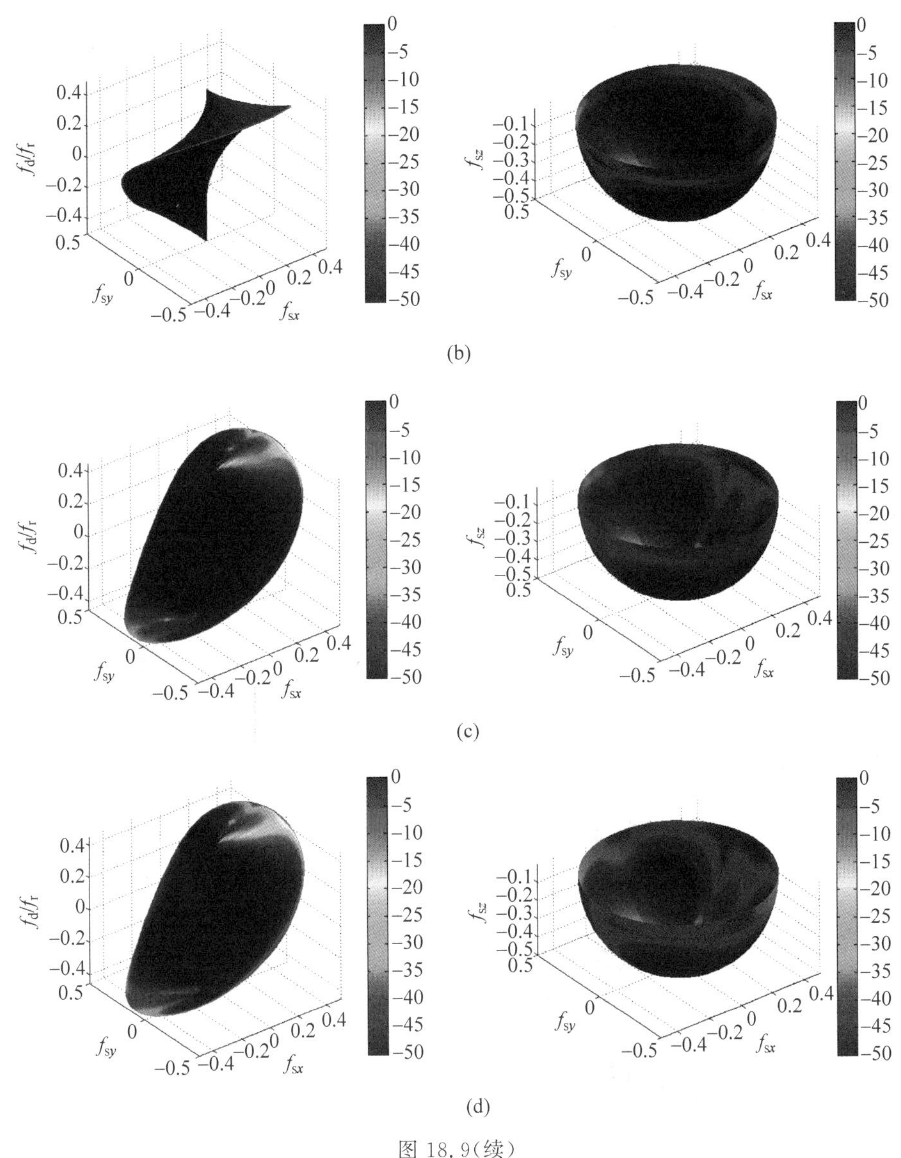

(b)

(c)

(d)

图 18.9(续)

18.2.4　杂波特征谱

图 18.10 给出了双基地机载雷达杂波特征谱图。从图中可以看出，相对于单基地，双基地机载雷达的杂波自由度显著增大。其原因是：双基地机载雷达的杂波轨迹在空时平面上占据更大的比例，而正侧视单基地机载雷达的杂波轨迹仅为一条斜线，如图 18.6～图 18.8 所示。

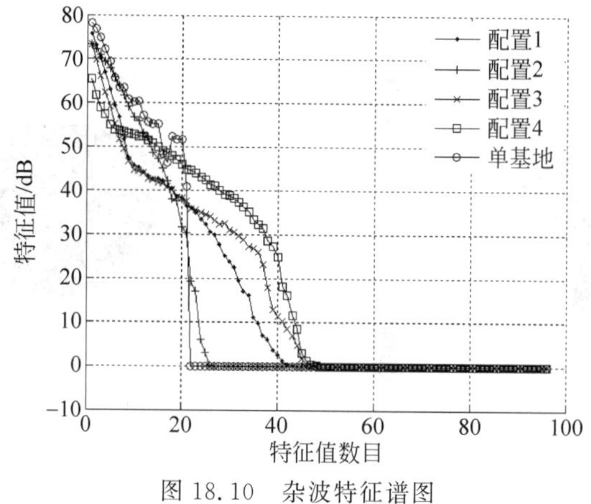

图 18.10　杂波特征谱图

18.2.5　杂波距离-多普勒谱

图 18.11～图 18.14 给出了四种配置情况下存在距离模糊时的杂波距离-多普勒谱图以及第一个不模糊距离对应的杂波峰值点的多普勒频率分布、角度分布和双基地角分布。从图中可以看出：①双基地机载雷达杂波在距离维呈现严重的非平稳特性，主要体现在第一个不模糊距离内，此外其他模糊距离对应的杂波也存在一定的非平稳性，且非平稳程度与配置有关；②杂波峰值点的多普勒频率、角度和对应的双基地角随距离变化而变化；③当双基地角大于 90°时，杂波非平稳性最严重，随着双基地角的减小杂波非平稳性逐渐减弱。

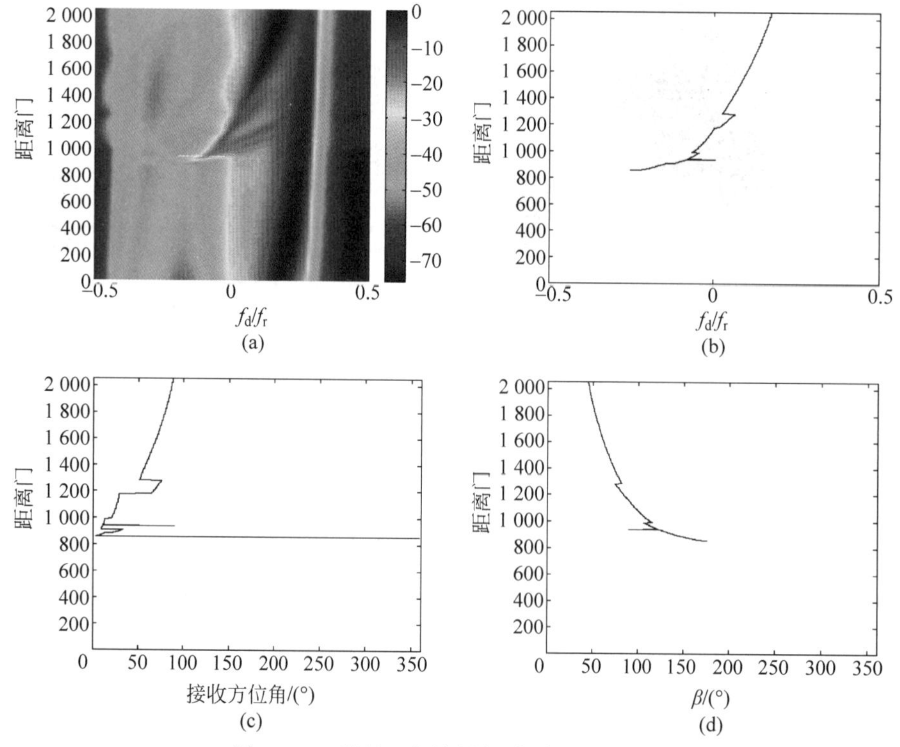

图 18.11　配置 1 杂波距离-多普勒分布情况

(a) 杂波距离-多普勒谱图；(b) 杂波峰值点的多普勒频率分布；(c) 杂波峰值点的角度分布；(d) 杂波峰值点的双基地角分布

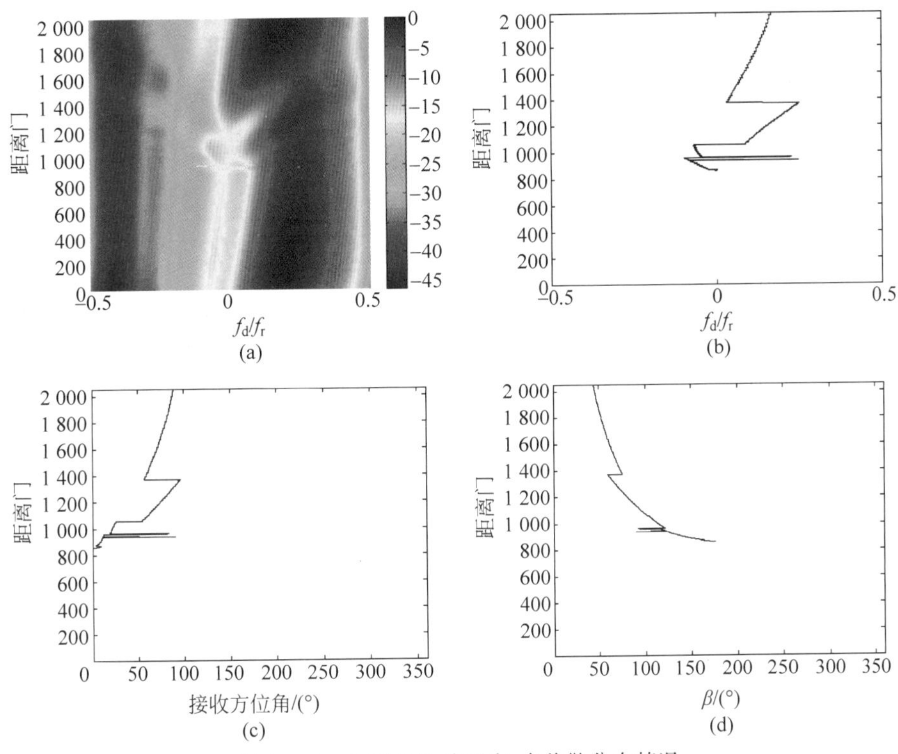

图 18.12　配置 2 杂波距离-多普勒分布情况

(a) 杂波距离-多普勒谱图；(b) 杂波峰值点的多普勒频率分布；(c) 杂波峰值点的角度分布；(d) 杂波峰值点的双基地角分布

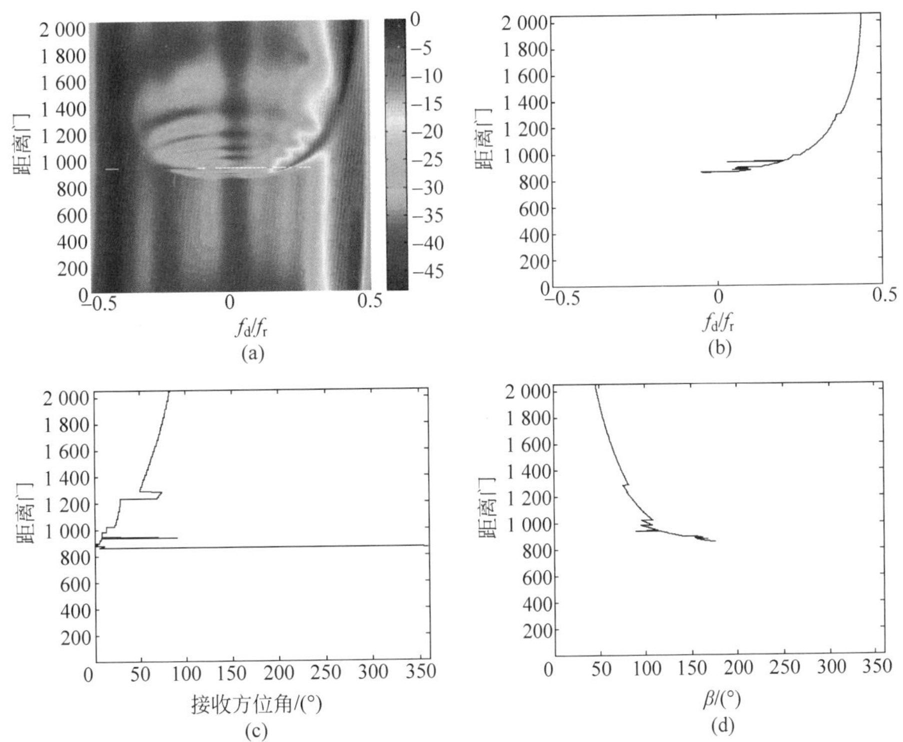

图 18.13　配置 3 杂波距离-多普勒分布情况

(a) 杂波距离-多普勒谱图；(b) 杂波峰值点的多普勒频率分布；(c) 杂波峰值点的角度分布；(d) 杂波峰值点的双基地角分布

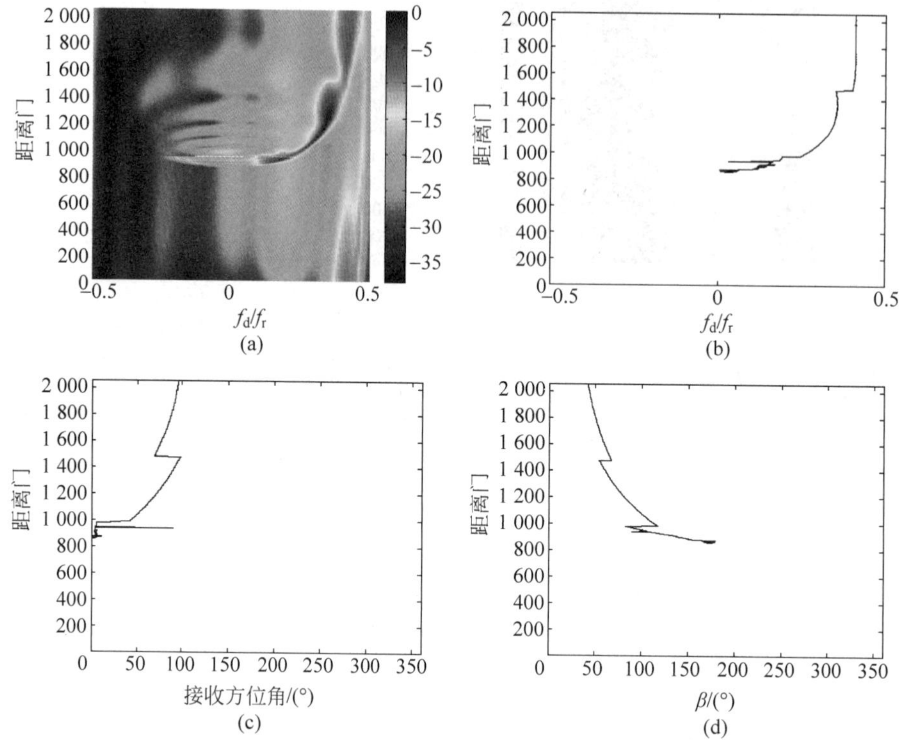

图 18.14 配置 4 杂波距离-多普勒分布情况

(a) 杂波距离-多普勒谱图；(b) 杂波峰值点的多普勒频率分布；(c) 杂波峰值点的角度分布；(d) 杂波峰值点的双基地角分布

18.3 基于自适应分段的空时补偿 STAP 方法

通过 18.2 节的分析可知双基地机载雷达杂波具有严重的非平稳性分布特性，从而导致杂波协方差矩阵估计误差，因此需要在 STAP 处理之前对杂波进行平稳化处理。针对双基地机载雷达的杂波分布特点，本节提出一种存在距离模糊情况下的双基地机载雷达非平稳杂波抑制方法，即基于自适应分段的空时补偿 STAP 方法[165]。该方法的基本思路是首先利用第 1 个脉冲数据估计各距离单元的近程非平稳峰值谱中心，据此进行自适应分段处理；其次基于空时滑窗处理估计空时回波数据对应的峰值谱中心；再次分距离段进行非平稳杂波补偿；最后在各距离段内进行空时自适应处理。

所提方法的具体步骤如下：

步骤 1：不模糊距离对应的非平稳杂波峰值谱中心估计

假设第 1 个脉冲对应的第 l 个距离单元的空域采样信号为

$$\boldsymbol{X}_{l,0}=\begin{bmatrix} x_{l,00} \\ x_{l,10} \\ x_{l,20} \\ \vdots \\ x_{l,(N-1)0} \end{bmatrix} \tag{18.27}$$

假设窗的大小为 N'，则类似于第 7 章阵元-脉冲域降维 STAP 方法，可得到 Q 个样本，即

$$Q = N - N' + 1 \tag{18.28}$$

利用滑窗得到的 Q 个样本 $\boldsymbol{X}_{l,0,q}(q=0,1,2,\cdots,Q-1)$ 估计该距离单元的杂波协方差矩阵，即

$$\boldsymbol{R}_{l,0} = \frac{1}{Q}\sum_{q=0}^{Q-1}\boldsymbol{X}_{l,0,q}\boldsymbol{X}_{l,0,q}^{\mathrm{H}} \tag{18.29}$$

其中 $\boldsymbol{X}_{l,0,q}$ 的维数为 N'，$\boldsymbol{R}_{l,0}$ 为 $N'\times N'$ 矩阵。则利用由上式得到的杂波协方差矩阵可以估计得到该距离单元的峰值谱中心，即

$$\hat{f}_{\mathrm{s},l,0} = \underset{f_{\mathrm{s}}}{\operatorname{argmax}} \frac{1}{\boldsymbol{S}^{\mathrm{H}}(f_{\mathrm{s}})\boldsymbol{R}_{l,0}^{-1}\boldsymbol{S}(f_{\mathrm{s}})} \tag{18.30}$$

在实际环境中，机载雷达回波数据受杂波内部起伏、孤立强散射点杂波、噪声和空域误差等影响，峰值谱中心在角度维通常存在剧烈跳动，因此需要对峰值谱中心进行拟合处理。本方法采取多项式拟合方式，阶数通常取 13。

步骤 2：自适应分段

根据步骤 1 得到的杂波峰值谱中心信息，利用拉格朗日中值定理对回波数据进行自适应分段处理。假设第 1 个脉冲对应的起始距离单元为 l_1，最大不模糊距离单元为 l_4。首先计算起始点和结束点的空间频率平均变化率，公式为 $k'=\dfrac{\hat{f}_{\mathrm{s},l_4,0}-\hat{f}_{\mathrm{s},l_1,0}}{l_4-l_1}$，进而从空域峰值谱中心起始点 l_1 向上搜索，寻找空间频率变化率较大的距离段对应的分界距离单元位置 l_2。搜索准则为：若距离单元 l_1 与 l_1+1 之间的空间频率变化率和 k' 符号相反，或符号相同但偏差大于阈值，则继续向下一个距离单元搜索，若符号相同但偏差小于阈值，则判断为分界位置 l_2；以此类推直至搜索到距离单元 l_2。然后以 l_2 点为起始点，按照上述步骤搜索得到距离单元 l_3；最终将近程非平稳杂波对应的距离单元划分为 3 段。同时加上 $1\sim l_1$ 距离段，整个不模糊距离内共划分为 4 段。

步骤 3：模糊环境下的非平稳杂波峰值谱中心估计

假设第 l 个距离单元的空时采样回波信号为

$$\boldsymbol{X}_l = \begin{bmatrix} x_{l,00} & x_{l,01} & x_{l,02} & \cdots & x_{l,0(K-1)} \\ x_{l,10} & x_{l,11} & x_{l,12} & \cdots & x_{l,1(K-1)} \\ x_{l,20} & x_{l,21} & x_{l,22} & \cdots & x_{l,2(K-1)} \\ \vdots & \vdots & \vdots & & \vdots \\ x_{l,(N-1)0} & x_{l,(N-1)1} & x_{l,(N-1)2} & \cdots & x_{l,(N-1)(K-1)} \end{bmatrix} \tag{18.31}$$

假设空域窗和时域窗的大小分别为 N'' 和 K'，则可得到 Q 个样本[166]，即

$$Q = (N - N'' + 1)(K - K' + 1) \tag{18.32}$$

利用滑窗得到的 Q 个样本 $\boldsymbol{X}_{l,q}(q=0,1,2,\cdots,Q-1)$ 估计该距离单元的杂波协方差矩阵，即

$$\boldsymbol{R}_l = \frac{1}{Q}\sum_{q=0}^{Q-1}\boldsymbol{X}_{l,q}\boldsymbol{X}_{l,q}^{\mathrm{H}} \tag{18.33}$$

则利用上式得到的杂波协方差矩阵可以估计得到该距离单元的峰值谱中心，即

$$[\hat{f}_{s,l},\hat{f}_{d,l}]=\underset{f_s,f_d}{\operatorname{argmax}}\frac{1}{\boldsymbol{S}^{H}(f_s,f_d)\boldsymbol{R}_l^{-1}\boldsymbol{S}(f_s,f_d)} \tag{18.34}$$

步骤 4：非平稳杂波补偿

本步骤对步骤 2 划分的 4 段分别进行补偿，参考点位置选取为各距离段的中间距离单元。假设某一距离段内的参考点为第 l_0 个距离单元，则利用估计得到的峰值谱中心对第 l 个距离单元的回波进行补偿后的信号为

$$\widetilde{\boldsymbol{X}}_l=\boldsymbol{T}_l\boldsymbol{X}_l \tag{18.35}$$

$$\boldsymbol{T}_l=\operatorname{diag}(\boldsymbol{S}(\hat{f}_{s,l_0},\hat{f}_{d,l_0})\ \cdot/\boldsymbol{S}(\hat{f}_{s,l},\hat{f}_{d,l})) \tag{18.36}$$

其中，“·/”表示对应元素相除。

步骤 5：STAP 处理

经过上述补偿处理后的各距离单元的数据中的杂波在各自距离段内为平稳分布，利用传统空时自适应处理方法即可实现杂波抑制。第 l 个距离单元第 k 个多普勒通道的空时自适应权值为

$$\boldsymbol{W}_{l,k}=\mu\boldsymbol{R}_l^{-1}\boldsymbol{S}(f_s,f_{d,k}) \tag{18.37}$$

$$\boldsymbol{R}_l=\frac{1}{L-1}\sum_{i=0,i\neq l}^{L-1}\widetilde{\boldsymbol{X}}_i\widetilde{\boldsymbol{X}}_i^{H} \tag{18.38}$$

其中 L 表示某一距离段内所包含的距离单元数。

由于目标空间频率经过了一次搬移，因此需要将预设的目标空间频率对准搬移后的空间频率，即

$$f_s=f_{s0}+\hat{f}_{s,l_0}-\hat{f}_{s,l} \tag{18.39}$$

其中 f_{s0} 表示初始的接收波束指向对应的空间频率。

步骤 6：目标多普勒频率补偿

在第 5 步补偿过程中，在对非平稳杂波补偿的同时也对目标信号的多普勒频率进行了搬移。因此需要在 STAP 处理后将检测到的目标多普勒频率重新搬移到原来位置，以确保目标速度参数估计的准确性。具体补偿方式如下：

$$f'_{d,k}=f_{d,k}+\hat{f}_{d,l}-\hat{f}_{d,l_0} \tag{18.40}$$

其中 $f_{d,k}$ 和 $f'_{d,k}$ 分别表示补偿前后的目标多普勒频率。

18.4 仿真分析

本节以配置 1 为例分析基于自适应分段的空时补偿 STAP 方法的有效性，仿真参数设置同 18.2 节。为了体现所提方法的性能，本节以传统 STAP 方法、A^2DC 方法、3D-STAP 方法作为比较对象，其中 A^2DC 方法的参考点选为整个距离段的中间，3D-STAP 方法的空域接收子阵为 2 排 8 列，整体系统自由度与其他方法一致。

实验 1：不模糊距离对应的非平稳杂波峰值谱中心估计

图 18.15 给出了利用第 1 个脉冲数据估计得到的近程非平稳杂波峰值谱中心估计值、拟合值和真实值。从图中可以看出，经过拟合以后峰值谱中心曲线与真实值曲线基本重合，在部分空间角度上存在一定偏差，这是由于谱峰搜索过程中步长受限引起的。

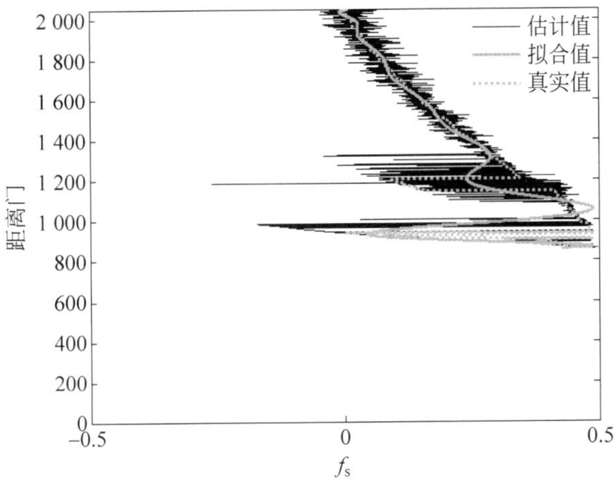

图 18.15　不模糊距离对应的非平稳杂波峰值谱中心估计结果

实验 2：自适应分段结果

图 18.16 给出了基于图 18.15 拟合值进行自适应分段后的结果。由图可知自适应分段处理后整个距离维被划分为 4 段，即 1～858、859～1 194、1 195～1 564、1 565～2 053。其中第一段对应载机高度引起的无杂波区，第 2 段至第 4 段分别对应极端非平稳杂波区、严重非平稳杂波区和非平稳杂波区。

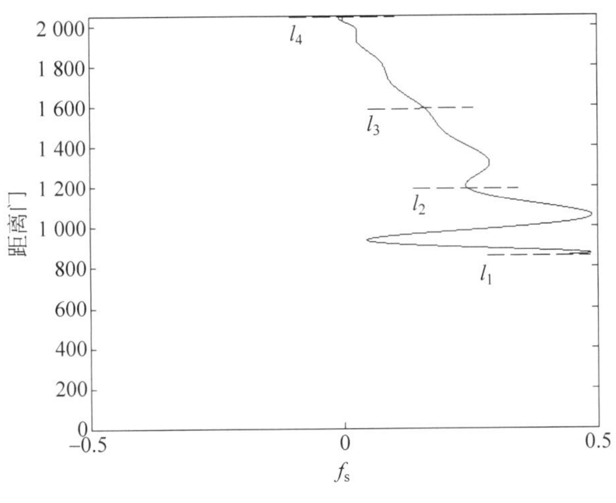

图 18.16　自适应分段结果

实验 3：空时峰值谱中心估计结果

图 18.17 给出了基于空时滑窗处理后的杂波空时峰值谱中心估计结果。从图中可以看出：①杂波峰值谱中心的空间频率和多普勒频率同时随着距离变化而变化，因此必须在空时二维域内进行补偿；②利用回波数据得到的估计值和真实值之间存在一定偏差，尤其是在多普勒域，其原因是机载雷达回波数据受实际地理环境和各种误差影响，导致峰值谱中心在空时域存在剧烈跳动，这也说明了传统基于先验知识计算谱中心方法的局限性。

实验 4：STAP 处理结果

图 18.18 给出了在不同距离段内各方法处理后的 SCNR 损失比较。从图中可以看出：

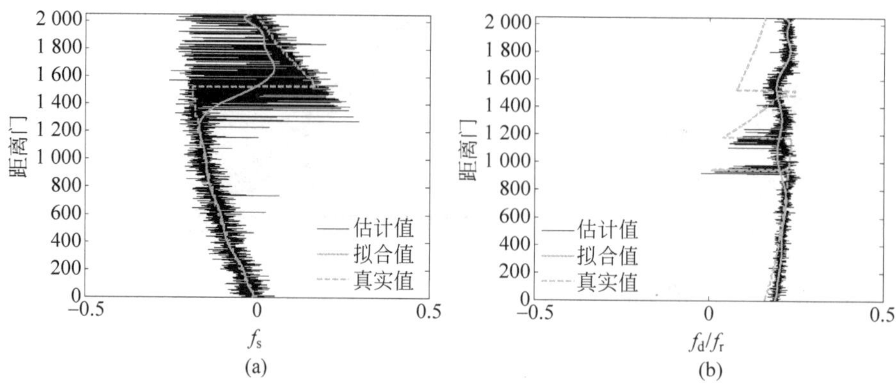

图 18.17 空时峰值谱中心估计结果

(a) 空间频率域；(b) 多普勒域

①本章所提基于自适应分段的空时补偿 STAP 方法在 4 个典型距离单元上均具有稳健的杂波抑制性能，尤其是在第 500 个和 2 000 个距离单元上优势明显；②由于 3D-STAP 方法利用了俯仰维自由度，因此在方位主瓣杂波区域性能改善显著，但是在其他区域性能低于所提方法；③传统 A^2DC 方法在杂波区的性能甚至低于传统 STAP 方法，其原因是该方法采用固定的参考点进行杂波补偿，而对于双基地机载雷达其杂波空时分布随距离变化剧烈，起始距离单元轨迹和终止距离单元轨迹差异明显，仅通过峰值点补偿无法实现全部杂波的对齐。

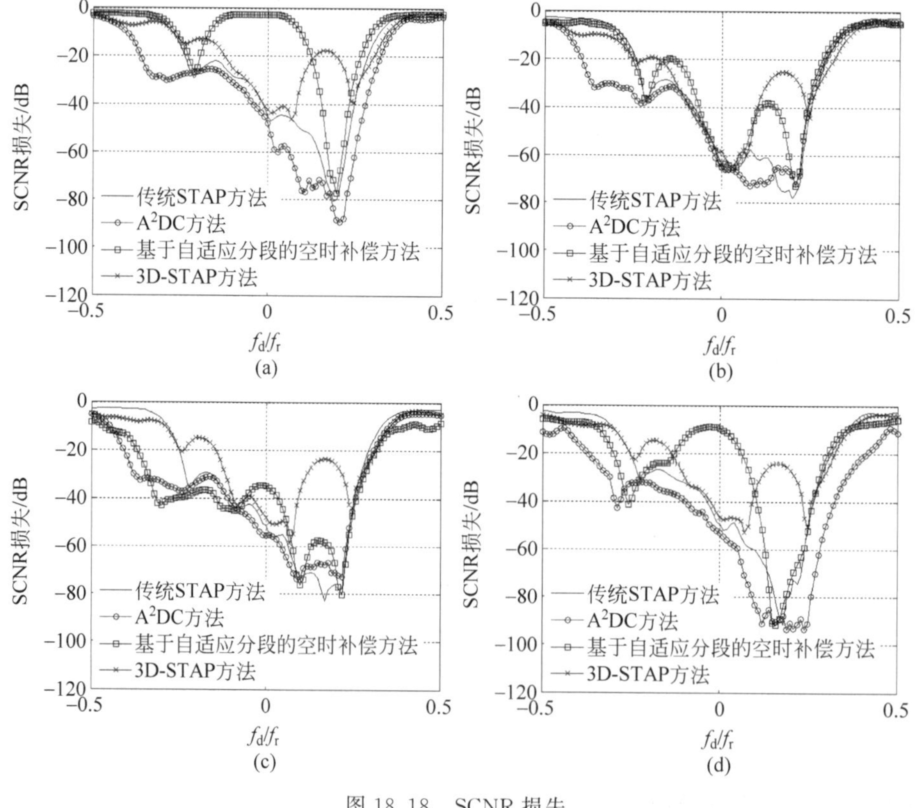

图 18.18 SCNR 损失

(a) 第 500 个距离单元；(b) 第 1 000 个距离单元；(c) 第 1 300 个距离单元；(d) 第 2 000 个距离单元

18.5　小结

本章建立了双基地机载雷达杂波信号模型，分析了双基地机载雷达的杂波特性；提出了一种基于自适应分段的空时补偿 STAP 方法。研究结果表明：基于自适应分段的空时补偿 STAP 方法在全距离段具有稳健的杂波抑制性能，同时可克服距离模糊对补偿类方法的影响。本章所提方法的创新性主要表现在：①巧妙利用第 1 个脉冲数据对非平稳杂波进行分段，从传统的近程杂波区和远程杂波区划分方式扩展为极端非平稳、严重非平稳和非平稳杂波区；②通过步骤 6 有效解决了补偿类方法存在的目标搬移问题；③双基地机载雷达杂波轨迹随距离改变变化剧烈，本章方法通过将参考点选在各距离段中间的方式最大限度地提升了杂波补偿效果。

第 19 章

端射阵机载雷达 STAP

端射阵天线[167]是指最大辐射方向指向阵列排布轴向的一类天线，因其具有独特的低剖面特性和强定向辐射特性，所以在机载预警雷达远距离探测领域具有广阔的应用前景，近年来受到广泛关注。由于端射阵在最大辐射方向的方向系数不再与等效口径尺寸成正比，这便有效地解决了传统侧射阵天线由于大阵列口径尺寸而导致风阻较大的问题，因而特别适合应用于要求小风阻、低安装高度的平台，尤其是各种高速移动载体如飞机、战车等。例如，美国研发的 E-737“楔尾”预警机，便是采用端射阵天线进行前后向补盲。

在理想情况下我们通常假设天线各阵元为点源，而在实际情况下阵元有一定的物理尺寸，此时互耦效应不可避免。互耦效应[168-170]是阵列天线固有的重要特性之一，它改变了孤立单元应该有的电流分布，不但对天线阵列的增益、方向图、波束宽度等参数产生一定的影响，而且会影响到阵列天线发射信号和接收信号的幅度和相位。当阵列的结构和组成阵列的天线单元确定后，无论馈以何种信号序列，即无论该阵列工作在侧射阵状态还是端射阵状态，其阻抗矩阵都是相同的。唯一的区别是侧射激励下各阶耦合间存在一种近似相抵的关系，而端射激励下各阶耦合则是同相叠加的关系。因此端射阵互耦效应更加明显。

文献[131，133，144，171]研究了端射阵机载雷达非平稳杂波抑制问题，提出了基于自适应距离分段和空时内插的非平稳杂波空时自适应处理方法，但没有考虑互耦效应。现有解决机载雷达互耦问题的方法主要有两种，一是假设归一化阻抗矩阵已知，在此基础上形成互耦补偿矩阵实现对互耦效应的有效补偿[172]；二是基于实时测量得到的空域导向矢量形成空时自适应权值，实现存在互耦情况下的杂波抑制和目标有效检测[173]。但是上述两种方法均假设互耦效应引起的归一化阻抗矩阵已知，而在实际工程中互耦效应会随时间变化而变化，通常无法实时精确已知。此外，文献[174]提出了基于杂波协方差矩阵重构的互耦效应补偿方法，但该方法没有考虑距离模糊的影响。

本章首先建立端射阵机载雷达的杂波信号模型，然后分别从杂波功率谱、杂波特征谱、杂波距离-多普勒谱和空域导向矢量幅相分布等角度分析端射阵机载雷达的杂波分布特性以及互耦的影响，最后提出一种基于协方差矩阵重构的自适应互耦补偿方法[175]。

19.1　互耦效应下天线方向图模型

19.1.1　考虑互耦的端射线阵方向图

假设有一由 M 元半波振子组成的等间距线阵，其阵列几何关系示意图如图 19.1 所示。图中，θ 和 φ 分别表示杂波散射体的方位角和俯仰角。

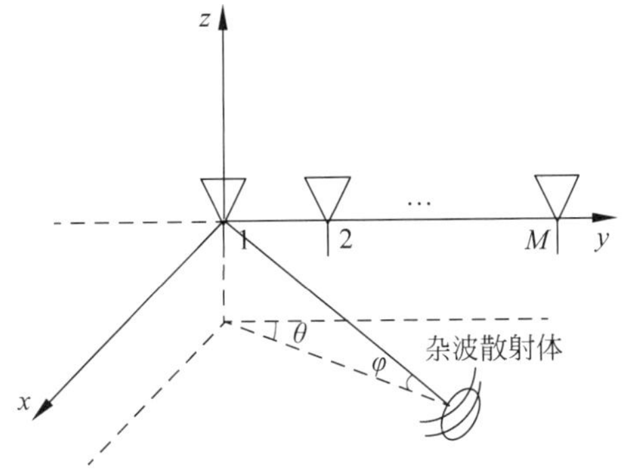

图 19.1　线型阵列几何模型

利用开路电压法[176]对线阵的互耦效应进行分析，则可将线型阵列等效为一个 M 端口网络电路，其具体的等效电路模型如图 19.2 所示。

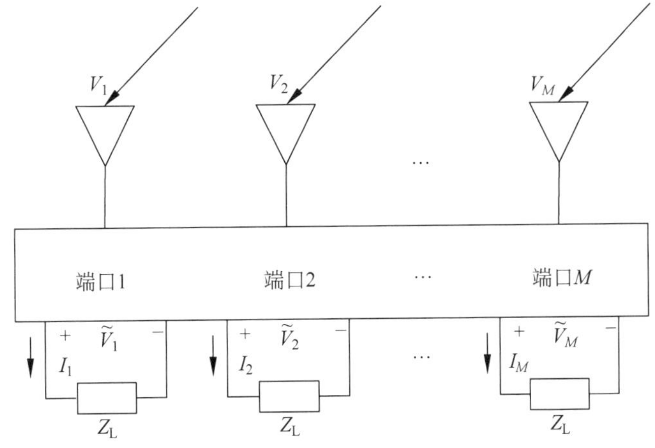

图 19.2　线型阵列等效电路模型

图 19.2 中 $V_1, V_2, \cdots, V_M$ 为天线每个阵元接收的理想信号电压幅值，$\widetilde{V}_1, \widetilde{V}_2, \cdots, \widetilde{V}_M$ 为考虑互耦效应后的电压值，Z_L 为每个端口所接阻抗已知的固定负载。假设 $Z_{ij}(i=1,2,\cdots,M;\ j=1,2,\cdots,M)$ 表示第 i 个阵元和第 j 个阵元之间由互耦引起的互阻抗，Z_{ii} 表示第 i 个天线阵元的自阻抗，则有

$$\begin{bmatrix} V_1 \\ V_2 \\ \vdots \\ V_M \end{bmatrix} = \begin{bmatrix} 1+\dfrac{Z_{11}}{Z_\mathrm{L}} & \dfrac{Z_{12}}{Z_\mathrm{L}} & \cdots & \dfrac{Z_{1M}}{Z_\mathrm{L}} \\ \dfrac{Z_{21}}{Z_\mathrm{L}} & 1+\dfrac{Z_{22}}{Z_\mathrm{L}} & \cdots & \dfrac{Z_{2M}}{Z_\mathrm{L}} \\ \vdots & \vdots & & \vdots \\ \dfrac{Z_{M1}}{Z_\mathrm{L}} & \dfrac{Z_{M2}}{Z_\mathrm{L}} & \cdots & 1+\dfrac{Z_{MM}}{Z_\mathrm{L}} \end{bmatrix} \begin{bmatrix} \widetilde{V}_1 \\ \widetilde{V}_2 \\ \vdots \\ \widetilde{V}_M \end{bmatrix} \tag{19.1}$$

为方便描述，将上式改写为矩阵形式：

$$\boldsymbol{V} = \boldsymbol{Z}_0 \widetilde{\boldsymbol{V}} \tag{19.2}$$

其中，$\boldsymbol{V}$ 为阵列天线单元接收的信号电压矢量，即不存在耦合影响的理想电压；$\widetilde{\boldsymbol{V}}$ 为阵列天线终端的实际输出电压矢量；$\boldsymbol{Z}_0$ 为归一化阻抗矩阵。由互耦的特性可知 $Z_{ij}=Z_{ji}$，$Z_{i+1,i+1}=Z_{ii}$，则 $\boldsymbol{Z}_0$ 为 Toeplitz 矩阵[177]，可由第一行元素完全确定。因为 $\boldsymbol{Z}_0$ 是非奇异矩阵，所以有

$$\widetilde{\boldsymbol{V}} = \boldsymbol{Z}_0^{-1} \boldsymbol{V} \tag{19.3}$$

即若已知归一化互耦阻抗矩阵 $\boldsymbol{Z}_0$，则将其取逆后得到的互耦矩阵 $\boldsymbol{C}_0$ 就是由理想情况下的电压矢量向考虑互耦效应的实际电压矢量转换的关系矩阵。

若阵元采用等幅等相位差的电压矢量 $\boldsymbol{V}_\mathrm{e}$ 作为激励，欲使得阵列工作在端射状态，则 $\boldsymbol{V}_\mathrm{e}$ 的具体表达式为

$$\boldsymbol{V}_\mathrm{e} = \begin{bmatrix} 1 \\ \exp\left(\mathrm{j}\,\dfrac{2\pi d_y}{\lambda}\cos\varphi_0\right) \\ \vdots \\ \exp\left[\mathrm{j}\,\dfrac{2\pi(M-1)d_y}{\lambda}\cos\varphi_0\right] \end{bmatrix} \tag{19.4}$$

其中，d_y 为阵元间距；λ 为波长。若不考虑互耦，则 M 元等间距线阵的方向图可表示为

$$f(\theta,\varphi) = \boldsymbol{V}_\mathrm{e}^\mathrm{H} \boldsymbol{A}(\theta,\varphi) F_\mathrm{e}(\theta) \tag{19.5}$$

其中，$F_\mathrm{e}(\theta)$ 表示阵元方向图；$\boldsymbol{A}(\theta,\varphi)$ 表示阵列流形，其具体表达式为

$$\boldsymbol{A}(\theta,\varphi) = \begin{bmatrix} 1 \\ \exp\left(\mathrm{j}\,\dfrac{2\pi d_y}{\lambda}\cos\theta\cos\varphi\right) \\ \vdots \\ \exp\left[\mathrm{j}\,\dfrac{2\pi(M-1)d_y}{\lambda}\cos\theta\cos\varphi\right] \end{bmatrix} \tag{19.6}$$

若考虑互耦效应，则其实际阵元激励电压矢量为

$$\widetilde{\boldsymbol{V}}_{\mathrm{e}}=\boldsymbol{C}_0\boldsymbol{V}_{\mathrm{e}} \tag{19.7}$$

因此可得考虑互耦效应下的线阵端射天线方向图函数为

$$\tilde{f}(\theta,\varphi)=\boldsymbol{V}_{\mathrm{e}}^{\mathrm{H}}\boldsymbol{C}_0^{\mathrm{H}}\boldsymbol{A}(\theta,\varphi)F_{\mathrm{e}}(\theta) \tag{19.8}$$

为了实现端射状态下的单一主瓣，令阵元间距 d 为 0.25λ。由于互耦阻抗与阵元间距之间存在反比关系，因此当阵元间距较小时，阵元间的互耦效应强，互耦阻抗大；当阵元间距大到一定程度时导致稀疏，阵元间的互耦效应减小，互耦阻抗近似为0。通常情况下，对于线阵来说，存在互耦影响的两个阵元之间的距离不会超过 2.5λ[178]。因此本章中假定当阵元间距大于 2.5λ 时，两个阵元之间的互耦阻抗为0。

除了Toeplitz特性，均匀线阵的归一化阻抗矩阵的特性总结如下：①根据相互作用原理，第 i 个阵元对第 j 个阵元的互耦效应等于第 j 个阵元对第 i 个阵元的互耦效应，即 $Z_{ij}=Z_{ji}$；②某一阵元的自阻抗为1，即 $Z_{ij}=1,i=j$；③当阵元间距大于 2.5λ 时，$Z_{ij}=0$；④具有相同阵元间距的两组阵元之间的互耦效应一致，即 $Z_{ij}=Z_{(n-i)(n-j)}$。

假设阵元数 $M=16$，则可令归一化阻抗矩阵为

$$\begin{aligned}\boldsymbol{Z}_0=\mathrm{Toeplitz}(&1.15+0.13\mathrm{i},0.13-0.12\mathrm{i},-0.11+0.11\mathrm{i},0.09-0.07\mathrm{i},\\&-0.08+0.06\mathrm{i},0.06-0.05\mathrm{i},0.04+0.06\mathrm{i},-0.04-0.03\mathrm{i},\\&0.03+0.02\mathrm{i},-0.02-0.01\mathrm{i},0,0,0,0,0,0)\end{aligned} \tag{19.9}$$

通过仿真可得出考虑互耦效应与理想情况下的水平面线阵端射天线方向图如图19.3所示。由图可以看出，互耦效应使得天线主瓣增益下降。

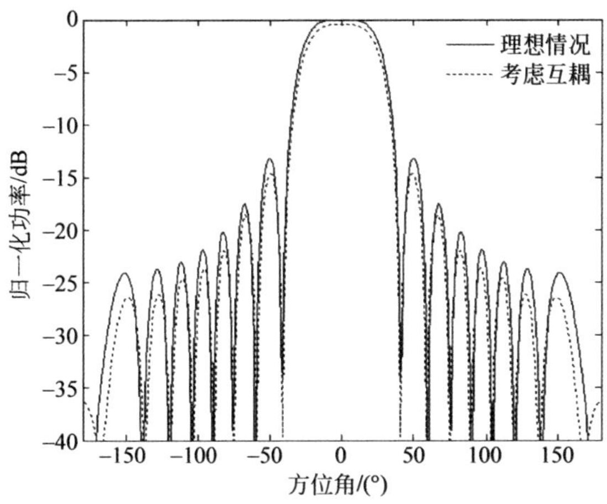

图19.3　端射线阵方位向天线方向图

19.1.2　考虑互耦的端射面阵方向图

端射阵列在实际机载预警雷达应用中通常以面阵形式出现，而面阵由于阵元数的增多以及阵列结构的复杂化，其互耦效应要比线阵复杂得多。本章假设某一端射阵机载雷达阵列几何关系如图19.4所示，天线为 M 行 N 列的矩形平放阵列，其中列子阵为端射单元，阵元行间间距为 d_y，列间间距为 d_x。

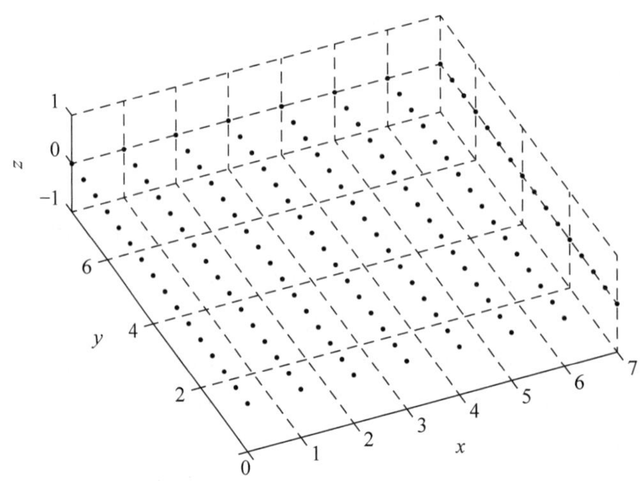

图 19.4　端射阵天线阵列几何关系

为了使整个面阵工作在端射状态，令列子阵采用等幅等相位差激励，而行子阵采用等幅同相激励。对于面阵中的每个阵元不仅需要考虑本列其他阵元对它的互耦效应，还需考虑其他列的阵元对它的耦合效应。由于互阻抗的大小只与阵元间的距离有关，因此假设某一列内部阵元的归一化阻抗矩阵为 $\boldsymbol{Z}_0$，而与此列距离 $n-1$ 个列间距的其他列的归一化阻抗矩阵为 $\boldsymbol{Z}_{n-1}(n=2,3,\cdots,N)$，并且假设第 n 列的理想激励矢量为 $\boldsymbol{V}_n(n=1,2,\cdots,N)$，具体表达式同式(19.4)，且有 $\boldsymbol{V}_1=\boldsymbol{V}_2=\cdots=\boldsymbol{V}_N$，而考虑互耦效应后的激励矢量为 $\widetilde{\boldsymbol{V}}_n$，则[172]

$$\begin{bmatrix}\boldsymbol{V}_1\\\boldsymbol{V}_2\\\vdots\\\boldsymbol{V}_N\end{bmatrix}=\begin{bmatrix}\boldsymbol{Z}_0 & \boldsymbol{Z}_1 & \cdots & \boldsymbol{Z}_{N-1}\\\boldsymbol{Z}_1 & \boldsymbol{Z}_0 & \cdots & \vdots\\\vdots & \vdots & & \boldsymbol{Z}_1\\\boldsymbol{Z}_{N-1} & \cdots & \boldsymbol{Z}_1 & \boldsymbol{Z}_0\end{bmatrix}\begin{bmatrix}\widetilde{\boldsymbol{V}}_1\\\widetilde{\boldsymbol{V}}_2\\\vdots\\\widetilde{\boldsymbol{V}}_N\end{bmatrix}\tag{19.10}$$

其中 $\boldsymbol{Z}_0$ 同式(19.2)中 $\boldsymbol{Z}_0$。当 $n>1$ 时，$\boldsymbol{Z}_{n-1}$ 的形式如下式：

$$\boldsymbol{Z}_{n-1}=\begin{bmatrix}\dfrac{Z_{11}^{n-1}}{Z_{\mathrm{L}}} & \dfrac{Z_{12}^{n-1}}{Z_{\mathrm{L}}} & \cdots & \dfrac{Z_{1M}^{n-1}}{Z_{\mathrm{L}}}\\\dfrac{Z_{21}^{n-1}}{Z_{\mathrm{L}}} & \dfrac{Z_{22}^{n-1}}{Z_{\mathrm{L}}} & \cdots & \dfrac{Z_{2M}^{n-1}}{Z_{\mathrm{L}}}\\\vdots & \vdots & & \vdots\\\dfrac{Z_{M1}^{n-1}}{Z_{\mathrm{L}}} & \dfrac{Z_{M2}^{n-1}}{Z_{\mathrm{L}}} & \cdots & \dfrac{Z_{MM}^{n-1}}{Z_{\mathrm{L}}}\end{bmatrix}\tag{19.11}$$

其中，Z_{ij}^{n-1} 表示相距 $n-1$ 个列间距的两列的第 i 个阵元和第 j 个阵元之间的互阻抗，且同样有 $Z_{ij}^{n-1}=Z_{ji}^{n-1}$，$Z_{i+1,j+1}^{n-1}=Z_{ij}^{n-1}$，即 $\boldsymbol{Z}_{n-1}$ 为 Toeplitz 矩阵。为方便描述，式(19.10)可简写为

$$\boldsymbol{V}_Z=\boldsymbol{Z}\widetilde{\boldsymbol{V}}_Z\tag{19.12}$$

同样，$\boldsymbol{Z}$ 为以 $\boldsymbol{Z}_{n-1}$ 为元素的 $MN\times MN$ 的 Toeplitz 对称矩阵，也叫 Toeplitz-块-

Toeplitz矩阵，且为非奇异矩阵。与线阵类似，整个面阵的互耦矩阵 $\boldsymbol{C}$ 即为归一化阻抗矩阵 $\boldsymbol{Z}$ 的逆，因此有

$$\widetilde{\boldsymbol{V}}_Z=\boldsymbol{Z}^{-1}\boldsymbol{V}_Z=\boldsymbol{C}\boldsymbol{V}_Z \tag{19.13}$$

为方便描述，将式(19.13)写为

$$\begin{bmatrix}\widetilde{\boldsymbol{V}}_1\\\widetilde{\boldsymbol{V}}_2\\\vdots\\\widetilde{\boldsymbol{V}}_N\end{bmatrix}=\boldsymbol{C}\boldsymbol{V}_Z=\begin{bmatrix}\widetilde{\boldsymbol{C}}_1\\\widetilde{\boldsymbol{C}}_2\\\vdots\\\widetilde{\boldsymbol{C}}_N\end{bmatrix}\boldsymbol{V}_Z \tag{19.14}$$

其中 $\widetilde{\boldsymbol{C}}_n(n=1,2,\cdots,N)$ 为 $M\times MN$ 矩阵，则第 n 列阵元考虑互耦的实际激励矢量为

$$\widetilde{\boldsymbol{V}}_n=\widetilde{\boldsymbol{C}}_n\boldsymbol{V}_Z \tag{19.15}$$

因此第 n 个端射列子阵的发射方向图函数为

$$\tilde{f}_n(\theta,\varphi)=\widetilde{\boldsymbol{V}}_n^{\mathrm{H}}\boldsymbol{A}(\theta,\varphi)F_{\mathrm{e}}(\theta)=\boldsymbol{V}_Z^{\mathrm{H}}\widetilde{\boldsymbol{C}}_n^{\mathrm{H}}\boldsymbol{A}(\theta,\varphi)F_{\mathrm{e}}(\theta) \tag{19.16}$$

注意，在面阵情况下当存在互耦时，各个端射列子阵的方向图各不相同，其中位于阵列中间的子阵受互耦的影响最大，越往两侧影响逐渐减小。

则考虑互耦效应的整个阵面总的发射方向图函数为

$$\widetilde{F}(\theta,\varphi)=\sum_{n=1}^{N}W_n(\theta,\varphi)\tilde{f}_n(\theta,\varphi)=\sum_{n=1}^{N}W_n(\theta,\varphi)\boldsymbol{V}_Z^{\mathrm{H}}\widetilde{\boldsymbol{C}}_n^{\mathrm{H}}\boldsymbol{A}(\theta,\varphi)F_{\mathrm{e}}(\theta) \tag{19.17}$$

而对于理想情况，其阵面方向图函数为

$$F(\theta,\varphi)=\sum_{n=1}^{N}W_n(\theta,\varphi)f(\theta,\varphi)=\sum_{n=1}^{N}W_n(\theta,\varphi)\boldsymbol{V}_{\mathrm{e}}^{\mathrm{H}}\boldsymbol{A}(\theta,\varphi)F_{\mathrm{e}}(\theta) \tag{19.18}$$

其中 $W_n(\theta,\varphi)(n=1,2,\cdots,N)$ 为行子阵的阵列流形，其具体表达式为

$$W_n(\theta,\varphi)=\exp\left[\mathrm{j}\frac{2\pi(n-1)d_x}{\lambda}\sin\theta\cos\varphi\right] \tag{19.19}$$

将式(19.17)、式(19.18)进行比较可知，考虑互耦效应的面阵方向图函数与理想情况相比，其本质区别在于考虑互耦的每个阵元的激励都与整个阵面所有阵元的激励以及互耦矩阵有关。

对于端射面阵，N 个接收子阵方向图的数学表达式同式(19.16)。需要指出的是，由于各子阵在阵列中所处的位置不同，因此其受互耦影响程度也不同，导致子阵方向图存在差异。

图19.5所示为考虑互耦效应以及理想情况下的端射面阵方向图。其中仿真参数为：$M=16,N=8,d_y=\lambda/4,d_x=\lambda/2$，每列加一等幅且相位差为90°的等相差激励，使得波束指向阵列端射方向，归一化互耦阻抗矩阵见表19.1。则由图19.5可知，无论是在方位向还是俯仰向，互耦对端射面阵方向图的影响与线阵类似，都是使得主瓣增益下降，副瓣相对抬高而零点模糊。同时由图19.5还可以看出，端射面阵方向图在无低副瓣加权的情况下方位向的副瓣普遍在−40 dB左右，明显低于俯仰向副瓣。

表 19.1 端射面阵归一化互耦阻抗

$\boldsymbol{Z}_0$	Toeplitz(1.15+0.13i,0.13+0.12i,−0.11−0.09i,0.09+0.08i,0.07−0.05i,−0.06+0.03i,0.05−0.04i,−0.04−0.02i,0.03+0.02i,−0.02−0.01i,$\boldsymbol{0}^{1\times6}$)
$\boldsymbol{Z}_1$	Toeplitz(0.11+0.10i,−0.09+0.08i,0.08−0.07i,0.06+0.02i,0.05−0.03i,0.03−0.02i,0.02−0.01i,0.01−0.01i,$\boldsymbol{0}^{1\times8}$)
$\boldsymbol{Z}_2$	Toeplitz(0.09+0.07i,0.07+0.08i,0.05+0.06i,−0.04−0.07i,0.03+0.02i,0.02−0.03i,$\boldsymbol{0}^{1\times10}$)
$\boldsymbol{Z}_3$	Toeplitz(0.05−0.06i,0.04−0.03i,−0.02−0.01i,0.01+0.06i,$\boldsymbol{0}^{1\times12}$)
$\boldsymbol{Z}_4$	Toeplitz(0.03+0.03i,−0.02+0.11i,$\boldsymbol{0}^{1\times14}$)
$\boldsymbol{Z}_5$	Toeplitz($\boldsymbol{0}^{1\times16}$)
$\boldsymbol{Z}_6$	Toeplitz($\boldsymbol{0}^{1\times16}$)
$\boldsymbol{Z}_7$	Toeplitz($\boldsymbol{0}^{1\times16}$)

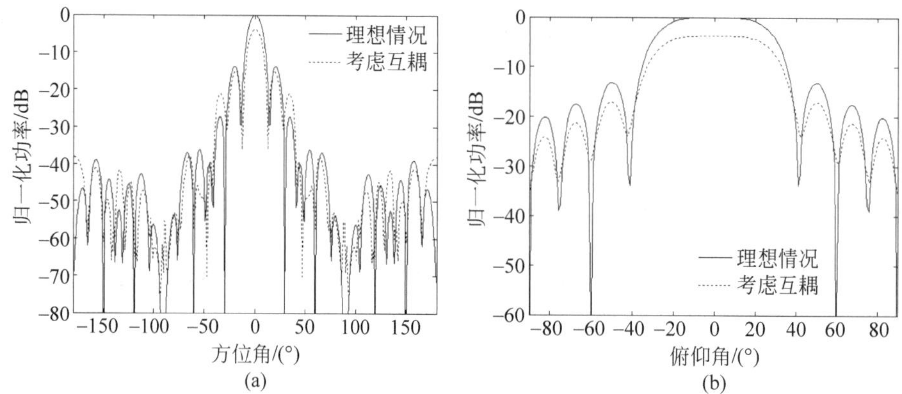

图 19.5 端射面阵天线方向图

(a) 方位向天线方向图；(b) 俯仰向天线方向图

19.2 杂波信号模型

1. 理想互耦效应下的杂波信号模型

对于端射阵天线，雷达在接收时接收天线通常先按列进行微波合成，形成一行由 N 个等效阵元组成的线阵，空域采样在各等效阵元上进行。互耦效应不仅会影响机载雷达的回波幅度，还会影响空域导向矢量。考虑互耦效应后的接收线阵空域导向矢量为[172]

$$\widetilde{\boldsymbol{S}}_{\mathrm{s}}(\theta_i,\varphi_l)=\boldsymbol{Z}_{\mathrm{V0}}^{-1}\boldsymbol{S}_{\mathrm{s}}(\theta_i,\varphi_l) \tag{19.20}$$

其中 $\boldsymbol{Z}_{\mathrm{V0}}$ 为列子阵合成后的子阵间归一化阻抗矩阵，可根据子阵间隔和阵元间距的关系由端射面阵归一化阻抗矩阵 $\boldsymbol{Z}$ 抽取得到。则存在互耦情况下的实际杂波回波信号为

$$\begin{aligned}\hat{\boldsymbol{X}}_{\mathrm{c}}&=\sum_{l=1}^{N_{\mathrm{r}}}\sum_{i=1}^{N_{\mathrm{c}}}\boldsymbol{S}_{\mathrm{t}}(\theta_i,\varphi_l)\otimes(\tilde{\boldsymbol{a}}_{il}\odot\boldsymbol{Z}_{\mathrm{V0}}^{-1}\boldsymbol{S}_{\mathrm{s}}(\theta_i,\varphi_l))\\&=(\boldsymbol{I}_K\otimes\boldsymbol{Z}_{\mathrm{V0}}^{-1})\widetilde{\boldsymbol{X}}_{\mathrm{c}}\end{aligned} \tag{19.21}$$

其中，N_c 表示杂波块的数目；N_r 表示模糊距离数；$\tilde{\boldsymbol{a}}_{il}$ 表示考虑互耦后的各子阵对应的杂波回波幅度组成的列矢量；$\widetilde{\boldsymbol{X}}_c$ 表示仅考虑互耦对幅度影响情况下的杂波回波信号，其表达式为

$$\widetilde{\boldsymbol{X}}_c = \sum_{l=1}^{N_r}\sum_{i=1}^{N_c}\boldsymbol{S}_t(\theta_i,\varphi_l)\otimes(\tilde{\boldsymbol{a}}_{il}\odot\boldsymbol{S}_s(\theta_i,\varphi_l)) \tag{19.22}$$

因此，互耦情况下的杂波协方差矩阵为

$$\widehat{\boldsymbol{R}}_c = (\boldsymbol{I}_K\otimes\boldsymbol{Z}_{V0}^{-1})^H\widetilde{\boldsymbol{R}}_c(\boldsymbol{I}_K\otimes\boldsymbol{Z}_{V0}^{-1}) \tag{19.23}$$

其中 $\widetilde{\boldsymbol{R}}_c$ 为只考虑互耦对杂波幅度影响的杂波协方差矩阵。

互耦对目标信号和杂波信号具有相似的影响，此处不再给出互耦情况下的目标信号表达式。此外，由于噪声信号通常来自接收机内部，与天线形式无关，因此互耦情况下的噪声特性保持不变。

2. 存在互耦误差情况下的杂波信号模型

在实际工程中互耦效应导致的归一化阻抗矩阵会随时间变化而变化。假设某一端射线阵对应的随时间变化的互耦误差矢量为

$$\boldsymbol{e}_s = (e_{s,1},e_{s,2},\cdots,e_{s,M})^T \tag{19.24}$$

其中

$$e_{s,m} = (1+\varepsilon_m)e^{j\phi_m} \tag{19.25}$$

其中，ε_m 和 ϕ_m 分别表示幅度误差和相位误差。通常假设幅度误差服从高斯分布，相位误差服从均匀分布，即 $\varepsilon_m\sim N(0,\xi^2)$，$\phi_m\sim U(-\zeta,\zeta)$。

则考虑互耦误差情况下的归一化阻抗矩阵为

$$\boldsymbol{Z}_0 = \begin{bmatrix} 1+\dfrac{Z_{11}}{Z_L}e_{s,1} & \dfrac{Z_{12}}{Z_L}e_{s,2} & \cdots & \dfrac{Z_{1M}}{Z_L}e_{s,M} \\ \dfrac{Z_{21}}{Z_L}e_{s,2} & 1+\dfrac{Z_{22}}{Z_L}e_{s,1} & \cdots & \dfrac{Z_{2M}}{Z_L}e_{s,M-1} \\ \vdots & \vdots & & \vdots \\ \dfrac{Z_{M1}}{Z_L}e_{s,M} & \dfrac{Z_{M2}}{Z_L}e_{s,M-1} & \cdots & 1+\dfrac{Z_{MM}}{Z_L}e_{s,1} \end{bmatrix} \tag{19.26}$$

$$\boldsymbol{Z}_{n-1} = \begin{bmatrix} \dfrac{Z_{11}^{n-1}}{Z_L}e_{s,1} & \dfrac{Z_{12}^{n-1}}{Z_L}e_{s,2} & \cdots & \dfrac{Z_{1M}^{n-1}}{Z_L}e_{s,M} \\ \dfrac{Z_{21}^{n-1}}{Z_L}e_{s,2} & \dfrac{Z_{22}^{n-1}}{Z_L}e_{s,1} & \cdots & \dfrac{Z_{2M}^{n-1}}{Z_L}e_{s,M-1} \\ \vdots & \vdots & & \vdots \\ \dfrac{Z_{M1}^{n-1}}{Z_L}e_{s,M} & \dfrac{Z_{M2}^{n-1}}{Z_L}e_{s,M-1} & \cdots & \dfrac{Z_{MM}^{n-1}}{Z_L}e_{s,1} \end{bmatrix},\quad n=2,3,\cdots,N \tag{19.27}$$

利用各子阵内的阵元间距和子阵间距的关系，子阵间的归一化阻抗矩阵可通过式(19.26)提取得到。我们以图 19.4 所示的端射阵列为例，其中子阵间距为阵元间距的两倍，则由

式(19.26)可得

$$\boldsymbol{Z}_{\mathrm{V}0}=\mathrm{Toeplitz}\left(1+\frac{Z_{11}}{Z_{\mathrm{L}}}e_{\mathrm{s},1}\quad \frac{Z_{31}}{Z_{\mathrm{L}}}e_{\mathrm{s},3}\quad \cdots\quad \frac{Z_{(M-1)1}}{Z_{\mathrm{L}}}e_{\mathrm{s},M-1}\right)\tag{19.28}$$

将式(19.26)和式(19.27)代入式(19.16)和式(19.17),可以得到存在互耦误差情况下的接收子阵方向图和端射阵列发射方向图,据此求得考虑互耦后的各子阵对应的杂波回波幅度,再利用式(19.21)得到存在互耦误差情况下的杂波回波信号。

3. 互耦误差模型有效性验证

本节利用三维电磁场仿真软件 CST 模拟一个由微带阵元组成的均匀线阵的互耦分布,以此来验证本章所建立的互耦误差模型的有效性。图 19.6 给出了由 10 个阵元组成的均匀线阵在不同时刻的远场方向图,其中主瓣指向为 73°,深蓝色的线表示主瓣指向,浅蓝色的线表示波束 3 dB 宽度,绿色的线表示全向天线增益。图 19.6(a)～(d)对应的天线主瓣增益分别为 11.7 dBi、11.8 dBi、11.6 dBi 和 11.3 dBi,3 dB 波束宽度分别为 26.0°、26.2°、25.7°和 25.7°。因此在不同时刻互耦对天线方向图的影响是不一样的,经过海量数据的统计得到互耦误差的幅度服从高斯分布,相位服从均匀分布,该结论验证了式(19.25)给出的互耦误差模型的有效性。

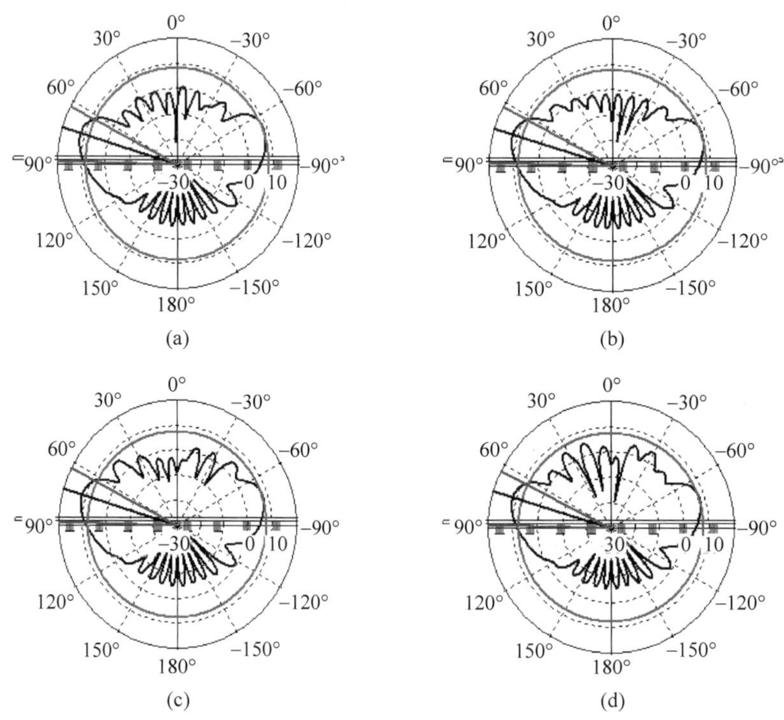

图 19.6 由 10 个阵元组成的均匀线阵在不同时刻的远场方向图

图 19.7 给出了存在互耦误差情况下的三个典型阵元的天线方向图,可以看出,由于互耦的影响,相对于理想无误差情况,各阵元的天线方向图均受到一定程度的影响。第 5 个阵元的天线方向图受影响最严重,其原因是该阵元位于阵列的中间,受到左右阵元互耦效应的同时影响。

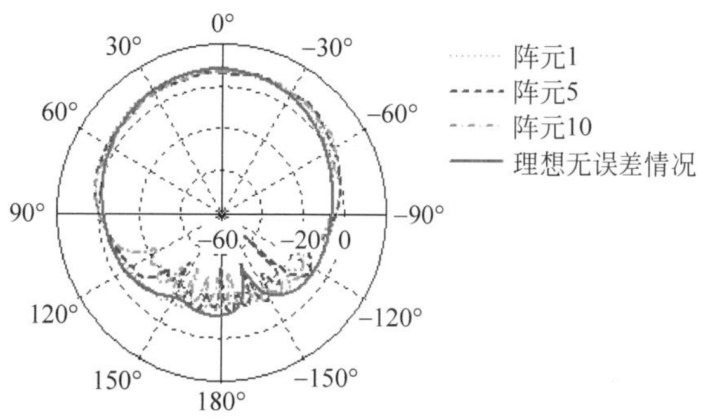

图 19.7　不同阵元的天线方向图

19.3　杂波特性和空域导向矢量分析

图 19.8 和图 19.9 分别给出了侧射前视阵和端射阵机载雷达杂波功率谱图，其中图 19.8(a)、(b)和图 19.9(a)、(b)表示四维杂波功率分布，(f_{sx}，f_{sy}，f_{sz}，$\bar{f}_d$) 的具体含义参见 17.2 节。从图中可以看出：①在(f_{sx}，f_{sy}，$\bar{f}_d$)域，端射阵杂波功率谱沿一倾斜圆分布，在(f_{sx}，f_{sy}，f_{sz})域，杂波功率谱在沿平行于(f_{sx}，f_{sy})平面的某一横截面上分布；②在空时二维平面上，侧射前视阵杂波几乎占满了整个频域和空域，而端射阵中近程不模糊杂波

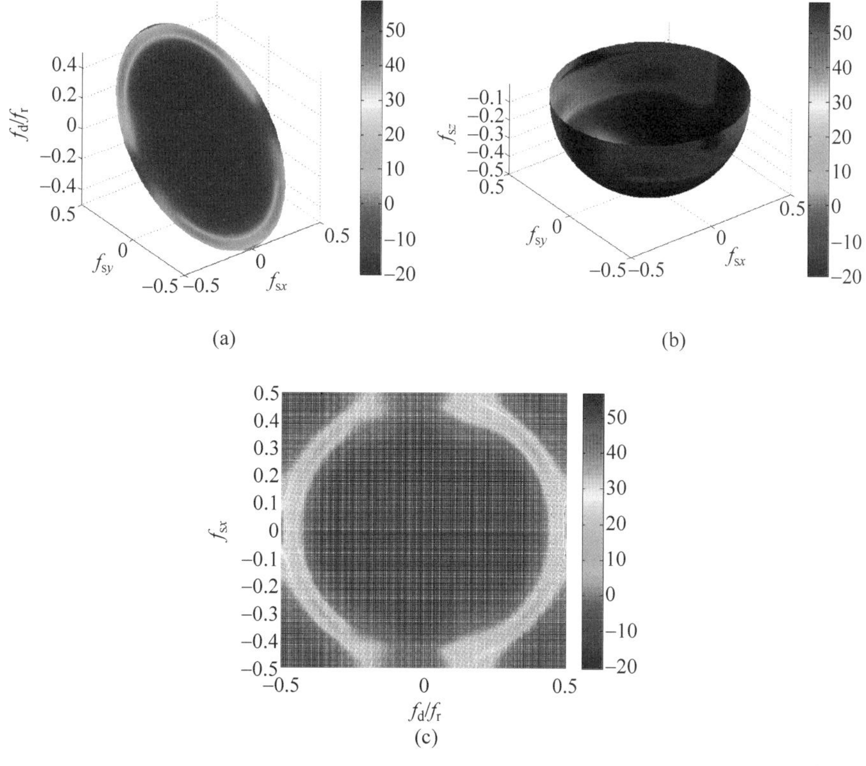

图 19.8　侧射前视阵杂波功率谱图

(a) (f_{sx}，f_{sy}，$\bar{f}_d$)；(b) (f_{sx}，f_{sy}，f_{sz})；(c) (f_{sx}，$\bar{f}_d$)

占据了正负频率的一部分，而远程模糊杂波仅分布在正频率；③由于互耦效应导致杂波空域相关性降低，天线方向图增益降低，因此端射阵机载雷达杂波谱存在明显展宽，且回波功率下降，如图 19.9(c)、(d)所示。

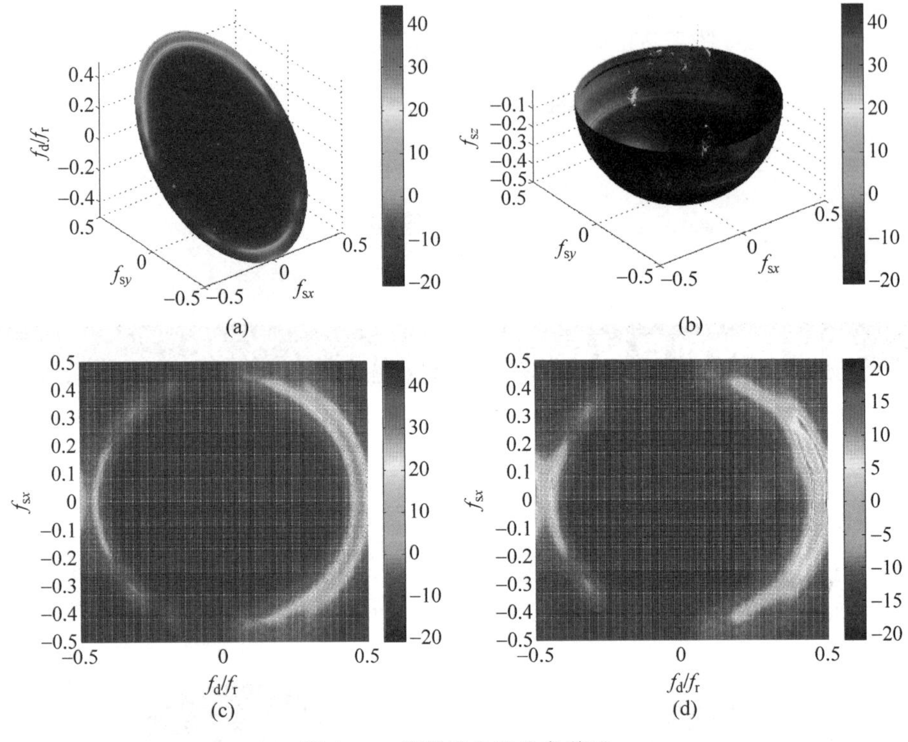

图 19.9 端射阵杂波功率谱图

(a) $(f_{sx}, f_{sy}, \bar{f}_d)$；(b) (f_{sx}, f_{sy}, f_{sz})；(c) $(f_{sx}, \bar{f}_d)$(无互耦)；(d) $(f_{sx}, \bar{f}_d)$(有互耦)

图 19.10 给出了相同系统自由度情况下的端射阵和前视阵形式下的杂波特征谱图。从图中可以看出：①相对于前视阵，端射阵天线的杂波自由度较小，其原因是端射阵天线杂波在空时平面上占比较少，如图 19.9(c)所示；②存在互耦时，端射阵机载雷达杂波特征谱陡降程度减弱，部分杂波特征值幅度降低，但杂波自由度基本保持不变。

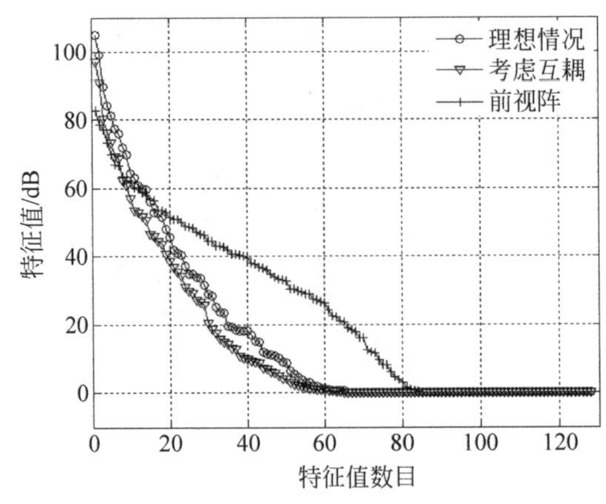

图 19.10 杂波特征谱图

图 19.11 给出了端射阵的杂波距离-多普勒谱图。从图中可以看出：①端射阵天线的杂波距离-多普勒谱图与前视阵相似，杂波在距离向呈现严重的非平稳特性；②存在互耦时，杂波存在明显展宽，该结论与图 19.9 一致。

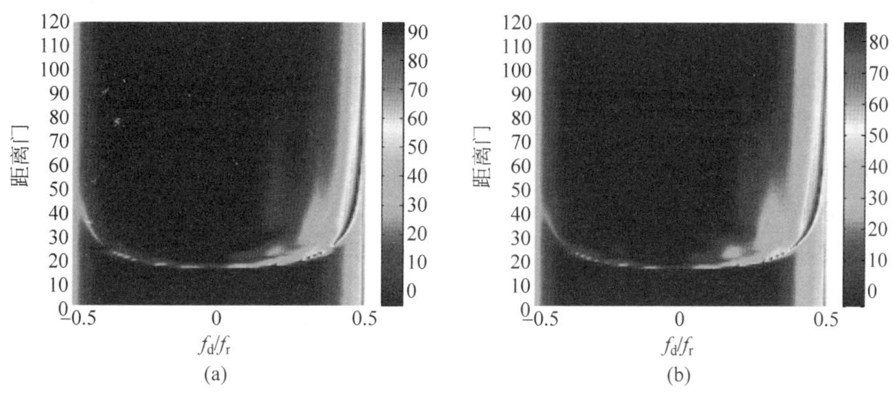

图 19.11　端射阵杂波距离-多普勒谱图

(a) 无互耦；(b) 存在互耦

图 19.12 给出了互耦对接收空域导向矢量的影响，其中空域导向矢量对应的信号来向为 y 轴方向。从图中可以看出，在理想无互耦情况下，各子阵的空域导向矢量对应的幅度和相位差均相同；当存在互耦时，幅度和相位差出现明显起伏。

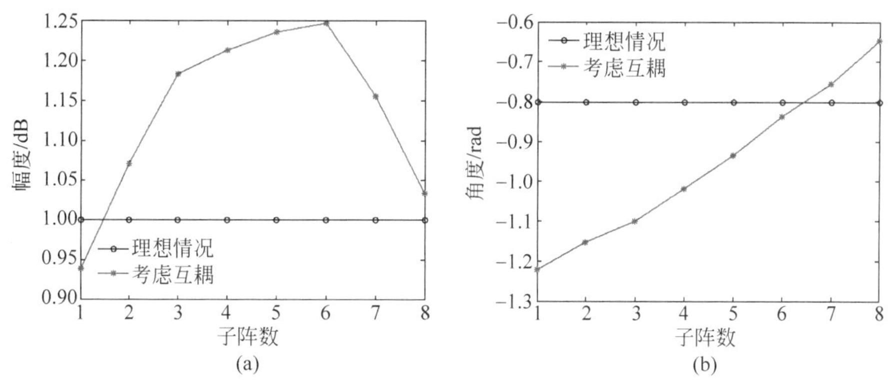

图 19.12　互耦对空域导向矢量的影响

(a) 幅度；(b) 相位

通过上述分析可知，相对于侧射阵机载雷达，考虑互耦效应时的端射阵机载雷达的特点主要表现为：①空时杂波频谱展宽，杂波功率降低；②空域导向矢量失配严重；③杂波在距离维呈现明显的非平稳分布。

19.4　自适应互耦补偿

由上节分析可知，端射阵机载雷达的互耦效应导致空域导向矢量失配和杂波谱展宽，此外端射阵特有的前视放置方式使得杂波呈现明显的非平稳分布特性。上述两方面原因均会造成传统 STAP 方法的性能下降。针对该问题，本节提出一种基于协方差矩阵重构的自适应互耦补偿(AMCC)方法[175]。

19.4.1 方法原理与步骤

AMCC 方法首先通过回波数据自适应估计端射面阵的归一化阻抗矩阵，其次利用互耦补偿矩阵对互耦导致的导向矢量失配进行补偿，再次利用估计得到的归一化阻抗矩阵和系统参数构造杂波协方差矩阵，最后进行空时自适应处理。

步骤 1：端射面阵归一化阻抗矩阵估计

假设初始归一化阻抗矩阵为 $\boldsymbol{Z}_{T_0}$，搜索初始值 $\xi=0,\zeta=0$，搜索步长分别为 $\Delta\xi$ 和 $\Delta\zeta$，则第 q 次搜索时，$\xi_q=(q-1)\Delta\xi,\zeta_q=(q-1)\Delta\zeta$，由式(19.26)和式(19.27)以及第 T_0 时刻的阻抗矩阵 $\boldsymbol{Z}_{T_0}$ 可得对应的归一化阻抗矩阵。从而可以通过式(19.21)构造出互耦情况下的回波数据 $\widehat{\boldsymbol{X}}_{c_q}$。对回波数据通过滑窗处理估计其空时功率谱，并搜索得到空时平面上的峰值功率估计值 $\hat{P}_q$。判断 $|\hat{P}_{T_1}-\hat{P}_q|$ 的大小，其中 $\hat{P}_{T_1}$ 表示当前时刻回波数据通过滑窗处理后估计得到的在空时平面上的峰值功率。

假设判决门限为 ε，若 $|\hat{P}_{T_1}-\hat{P}_q|<\varepsilon$，则停止搜索，否则进行第 $q+1$ 次搜索，直至满足要求为止。最终搜索到 $\hat{\xi}_{T_1}$ 和 $\hat{\zeta}_{T_1}$，据此可计算得到 $\hat{\boldsymbol{Z}}$。

图 19.13 给出了步骤 1 的实现流程图。

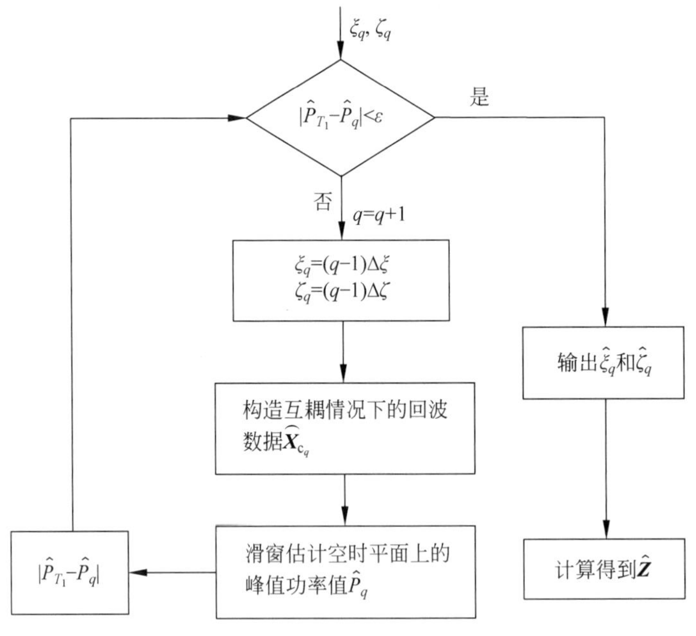

图 19.13 归一化阻抗矩阵估计流程图

步骤 2：空域导向矢量失配补偿

根据子阵间距与阵元间距的关系可以由端射面阵的归一化阻抗矩阵 $\hat{\boldsymbol{Z}}$ 抽取形成子阵间的归一化阻抗矩阵 $\hat{\boldsymbol{Z}}_{\mathrm{V0}}$，如式(19.28)所示。据此形成互耦补偿矩阵，即

$$\boldsymbol{T}_Z=(\boldsymbol{I}_K\otimes\hat{\boldsymbol{Z}}_{\mathrm{V0}}^{-1})^{-1} \tag{19.29}$$

补偿后的回波信号为

$$\begin{aligned}\bar{\boldsymbol{X}} &= \boldsymbol{T}_Z\widetilde{\boldsymbol{X}} \\ &= (\boldsymbol{I}_K \otimes \hat{\boldsymbol{Z}}_{\mathrm{V0}}^{-1})^{-1}((\boldsymbol{I}_K \otimes \hat{\boldsymbol{Z}}_{\mathrm{V0}}^{-1})\widetilde{\boldsymbol{X}}_s + (\boldsymbol{I}_K \otimes \hat{\boldsymbol{Z}}_{\mathrm{V0}}^{-1})\widetilde{\boldsymbol{X}}_c + \boldsymbol{X}_n) \\ &= \widetilde{\boldsymbol{X}}_s + \widetilde{\boldsymbol{X}}_c + (\boldsymbol{I}_K \otimes \hat{\boldsymbol{Z}}_{\mathrm{V0}}^{-1})^{-1}\boldsymbol{X}_n \end{aligned} \tag{19.30}$$

其中

$$\widetilde{\boldsymbol{X}}_s = \boldsymbol{S}_t(f_{dt}) \otimes (\tilde{\boldsymbol{a}}_t \odot \boldsymbol{S}_s(f_{st})) \tag{19.31}$$

其中，$\tilde{\boldsymbol{a}}_t$ 表示存在互耦时的各子阵对应的目标回波幅度组成的列矢量；f_{dt} 和 f_{st} 分别表示目标的多普勒频率和空间频率。

步骤 3：杂波协方差矩阵构造

考虑到端射面阵机载雷达杂波在距离维呈现非平稳特性，在高 PRF 模式下尤其严重，因此本方法利用先验知识对杂波协方差矩阵进行构造。

根据步骤 1 估计得到的归一化阻抗矩阵和系统参数可以得到第 n 个子阵接收到的第 l 个距离单元第 i 个杂波块的回波幅度为

$$\hat{\tilde{a}}_{n,i,l} = \frac{P_t\hat{\tilde{G}}_t(\theta_i,\varphi_l)\hat{\tilde{G}}_{rn}(\theta_i,\varphi_l)\lambda^2\sigma_{i,l}D}{(4\pi)^3R_l^4L_sKT_0BF_n} \tag{19.32}$$

其中，P_t 表示峰值发射功率；$\sigma_{i,l}$ 表示杂波块的 RCS；D 表示脉压得益；B 表示接收机带宽；F_n 表示接收机噪声系数；L_s 表示系统损耗；$\hat{\tilde{G}}_t(\theta_i,\varphi_l)$表示存在互耦时的天线发射增益；$\hat{\tilde{G}}_{rn}(\theta_i,\varphi_l)$表示存在互耦时的第 n 个接收子阵的天线增益，可分别由式(19.17)和式(19.16)计算得到。

因此，可构造出仅考虑互耦对幅度影响的杂波协方差矩阵如下：

$$\widetilde{\boldsymbol{R}}_c = \sum_{l=1}^{N_r}\sum_{i=1}^{N_c}[\boldsymbol{S}_t(\theta_i,\varphi_l)\boldsymbol{S}_t^{\mathrm{H}}(\theta_i,\varphi_l)] \otimes [(\hat{\tilde{\boldsymbol{a}}}_{il} \odot \boldsymbol{S}_s(\theta_i,\varphi_l))(\hat{\tilde{\boldsymbol{a}}}_{il} \odot \boldsymbol{S}_s(\theta_i,\varphi_l))^{\mathrm{H}}] \tag{19.33}$$

步骤 4：空时自适应处理

对回波数据进行空时自适应处理的权值为

$$\widetilde{\boldsymbol{W}} = \frac{1}{\boldsymbol{S}^{\mathrm{H}}\widetilde{\boldsymbol{R}}^{-1}\boldsymbol{S}}\widetilde{\boldsymbol{R}}^{-1}\boldsymbol{S} \tag{19.34}$$

其中

$$\widetilde{\boldsymbol{R}} = \widetilde{\boldsymbol{R}}_c + \sigma^2\boldsymbol{I} \tag{19.35}$$

σ^2 表示噪声功率。

经过处理后的输出信号为

$$y = \widetilde{\boldsymbol{W}}^{\mathrm{H}}\bar{\boldsymbol{X}} \tag{19.36}$$

综上所述，本章方法的复合权值为

$$\boldsymbol{W} = \boldsymbol{T}_Z^{\mathrm{H}}\widetilde{\boldsymbol{W}} \tag{19.37}$$

19.4.2　运算量分析

本节比较所提方法与 Opt、MCC、SMI-SC 和 SMI 方法的运算量，如表 19.2 和表 19.3

所示，其中四种比较对象的具体含义见 19.5 节，N_c 表示杂波块数量，K_d 表示多普勒单元数，K_s 表示空间频率数，S 表示迭代次数，N'和 K'分别表示空时滑窗的大小。从表 19.2 和表 19.3 中可以看出，本章提出的 AMCC 方法的运算量略大于其他四种方法，但是其杂波抑制性能优于 MCC、SMI-SC 和 SMI 方法，见 19.5 节。

表 19.2 运算量比较

步骤	方法				
	Opt	AMCC	MCC	SMI-SC	SMI
归一化阻抗矩阵估计	—	$[48+(6NK+2)N_c+(10N'^2K'^2)Q+(8N'^2K'^2+8N'K'+8)K_dK_s+O(N'K')^3]S$	—	—	—
空域导向矢量失配补偿	—	$2KN^2+O(NK)^3$	$2KN^2+O(NK)^3$	$2KN^2+O(NK)^3$	—
杂波协方差矩阵构造	—	$48NN_s+8(NK)^2N_c$	$48NN_s+8(NK)^2N_c$	—	—
空时自适应处理	$8(NK)^3+8(NK)^2+O(NK)^3$	$8(NK)^3+8(NK)^2+O(NK)^3$	$8(NK)^3+8(NK)^2+O(NK)^3$	$24(NK)^3+8(NK)^2+O(NK)^3$	$16(NK)^3+8(NK)^2+O(NK)^3$

表 19.3 运算量比较(数值)

步骤	方法				
	Opt	AMCC	MCC	SMI-SC	SMI
归一化阻抗矩阵估计	—	7.8×10^6	—	—	—
空域导向矢量失配补偿	—	2.1×10^6	2.1×10^6	2.1×10^6	—
杂波协方差矩阵构造	—	4.7×10^7	4.7×10^7	—	—
空时自适应处理	1.9×10^7	1.9×10^7	1.9×10^7	5.3×10^7	3.6×10^7
总运算量	1.9×10^7	7.6×10^7	6.8×10^7	5.5×10^7	3.6×10^7

19.4.3 搜索步长和门限选择

本节通过对端射阵机载雷达海量实验数据的分析，给出 AMCC 方法步骤 1 中涉及的搜索步长和门限值。表 19.4 和表 19.5 分别给出了互耦误差线性变化和随机变化情况下的搜索功率偏差结果，从中可以得到以下结论：①当互耦误差随时间线性变化时，搜索步长和门限的典型选择范围分别为 $\Delta\xi\in[0.3,0.8]$和 $\varepsilon=0.5$；②当互耦误差随时间随机变化时，搜索步长和门限的典型选择范围分别为 $\Delta\xi\in[0.002,0.004]$，$\Delta\zeta\in[0.001,0.002]$和 $\varepsilon=0.2$；③随着搜索步长的增大，功率偏差值急剧增加，我们通常将功率偏差值陡升之前的最大偏差值作为门限，在表 19.4 中 $\varepsilon=\lfloor 0.480 \rfloor=0.5$，在表 19.5 中 $\varepsilon=\lfloor 0.177 \rfloor=0.2$，其中$\lfloor\cdot\rfloor$表示向上取整。需要指出的是，门限值 0.5 和 0.2 是根据特定背景下的实验数据得到的，在其他应用场合门限值可能会发生改变，需根据实际应用场景确定。

表 19.4 互耦误差线性变化情况下的搜索功率偏差结果

时 间	搜索步长				
	$\Delta\xi=0.3$	$\Delta\xi=0.5$	$\Delta\xi=0.8$	$\Delta\xi=1$	$\Delta\xi=2$
时间 1	0.111	0.104	0.180	0.760	0.844
时间 2	0.318	0.480	0.231	0.721	0.902
时间 3	0.114	0.204	0.390	0.794	0.902
时间 4	0.088	0.068	0.071	1.660	2.065

表 19.5 互耦误差随机变化情况下的搜索功率偏差结果

时 间	搜索步长				
	$\Delta\xi=0.002$ $\Delta\zeta=0.001$	$\Delta\xi=0.003$ $\Delta\zeta=0.002$	$\Delta\xi=0.004$ $\Delta\zeta=0.002$	$\Delta\xi=0.008$ $\Delta\zeta=0.004$	$\Delta\xi=0.02$ $\Delta\zeta=0.01$
时间 1	0.011	0.018	0.014	0.523	0.607
时间 2	0.024	0.072	0.031	0.279	0.318
时间 3	0.107	0.112	0.121	0.217	0.457
时间 4	0.055	0.113	0.177	0.251	0.275

19.4.4 与其他方法的比较

本章所提 AMCC 方法的特点包括：①以空时平面上的峰值功率值作为参考，通过自适应迭代方式估计互耦参数，峰值功率值同时包含了回波幅度和相位信息；②对互耦导致的空域导向矢量失配现象进行了补偿；③对于互耦导致的回波功率失配和端射阵特有的杂波非平稳分布现象，通过构造杂波协方差矩阵的方式进行了有效解决。

传统 SMI 方法直接利用相邻训练样本估计得到的杂波协方差矩阵形成自适应权值。该方法存在两方面的不足：一是预设的目标空时导向矢量与存在互耦时的真实目标导向矢量之间不匹配；二是在杂波非平稳分布情况下，估计得到的杂波协方差矩阵与真实的杂波协方差矩阵不匹配。上述两方面不足导致 SMI 方法性能严重下降。

传统的补偿类非平稳 STAP 方法通过一维或二维补偿方式补偿杂波非平稳现象，但是无法适用于距离模糊情况。同时补偿类 STAP 方法在补偿杂波的同时对可能的目标回波也进行了搬移，导致检测到的目标存在偏差。相反，AMCC 方法利用估计的接收子阵方向图和发射天线方向图构造杂波协方差矩阵，可形成距离模糊情况下完备的杂波协方差矩阵。此外，对待检测样本进行了互耦误差补偿，因此消除了目标搬移现象。

3D-STAP 方法通过增加俯仰维自由度，实现了对近程杂波的有效抑制。但是存在的问题是由于系统自由度增大，导致需要的满足 I. I. D. 条件的训练样本数显著增加，且运算量也随之增大。相反，AMCC 方法利用估计的参数构造杂波协方差矩阵，因此不需要训练样本。

文献[172]在假设归一化阻抗矩阵已知的前提下，通过互耦补偿矩阵实现对互耦效应的有效补偿。文献[173]基于实时测量得到的空域导向矢量形成空时自适应权值。上述方法仅补偿了互耦误差导致的空域导向矢量失配现象，而没有考虑幅度失配问题。此外，上述方法假设归一化阻抗矩阵或空域导向矢量已知,但在实际工程中通常是未知的。AMCC 方法通过迭代方式实现了对归一化阻抗矩阵的实时估计,克服了上述限制。

19.5 仿真分析

本节的仿真参数如下:相干处理脉冲数为 16,端射子阵个数为 8,每个端射子阵内包含的阵元数为 16,子阵内阵元间距为 1/4 波长,子阵间距为 1/2 波长,脉冲重复频率为 2 434.8 Hz。假设 T_0 时刻的端射阵归一化阻抗矩阵可通过精确测量得到,见表 19.1。当前时刻,即 T_1 时刻的归一化阻抗矩阵发生变化,且未知。为了体现所提方法的性能,本节以传统 SMI 方法、利用 T_0 时刻归一化阻抗矩阵补偿导向矢量误差的 SMI 方法(SMI-SC)、基于 T_0 时刻归一化阻抗矩阵的 MCC 方法(MCC)和最优 STAP 方法(Opt)作为比较对象。

实验 1:归一化阻抗矩阵估计

图 19.14 给出了不同搜索步长情况下的迭代次数。从图 19.14(a)和(b)中可以看出,当互耦误差随时间线性变化时,大约需要 10 次迭代。当 $\Delta\xi=0.5$ 时,在 10 次迭代中功率偏差最小值为 $|\hat{P}_{T_1}-\hat{P}_q|=0.1036$,此时估计的杂波协方差矩阵非常接近真实的杂波协方差矩阵。但是当 $\Delta\xi=1$ 时,功率偏差最小值为 0.760 1,该值超过 19.4.3 节选取的门限 0.5,因此我们在后续的仿真实验中选取搜索步长 $\Delta\xi=0.5$,估计得到的互耦误差 $\hat{\xi}=0.5$。从图 19.14(c)和(d)中可以看出,当互耦误差随时间随机变化时,我们选择的步长更精细,此

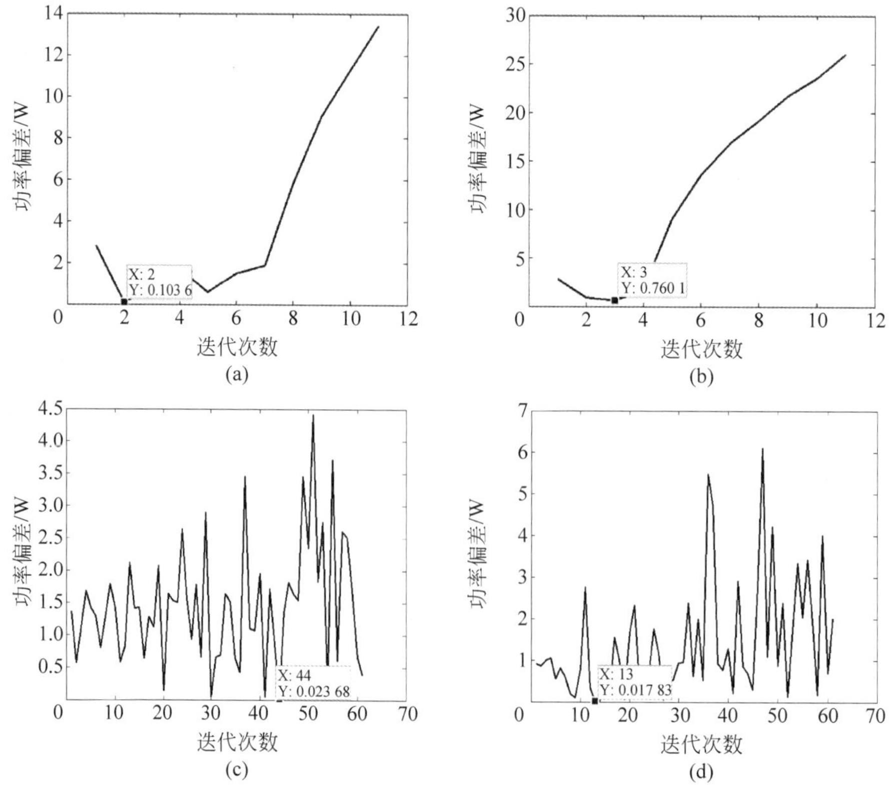

图 19.14 不同搜索步长情况下的迭代次数

(a) $\Delta\xi=0.5$; (b) $\Delta\xi=1$; (c) $\Delta\xi=0.002$, $\Delta\zeta=0.001$; (d) $\Delta\xi=0.004$, $\Delta\zeta=0.002$

时大约需要 60 次迭代，最终选择的步长为 $\Delta\xi=0.002$，$\Delta\zeta=0.001$。在 60 次迭代中功率偏差最小值为 $|\hat{P}_{T_1}-\hat{P}_q|=0.02368$，该值低于 19.4.3 节选取的门限 0.2，利用该步长估计得到的互耦误差为 $\hat{\xi}=0.04$，$\hat{\zeta}=0.02$。

实验 2：杂波功率谱比较

图 19.15 给出了真实杂波功率谱以及分别基于 T_0 时刻已知归一化阻抗矩阵和估计得到的归一化阻抗矩阵的杂波功率谱，距离单元为 600。从图中可以看出：①真实杂波功率谱中的峰值功率为 17 dB，基于 T_0 时刻已知归一化阻抗矩阵的杂波峰值功率仅为 10 dB，通过本章方法估计后得到的杂波峰值功率提升到 14 dB，更接近于真实杂波功率分布；②基于估计得到的阻抗矩阵的杂波功率谱的展宽程度与真实的频谱宽度更匹配。

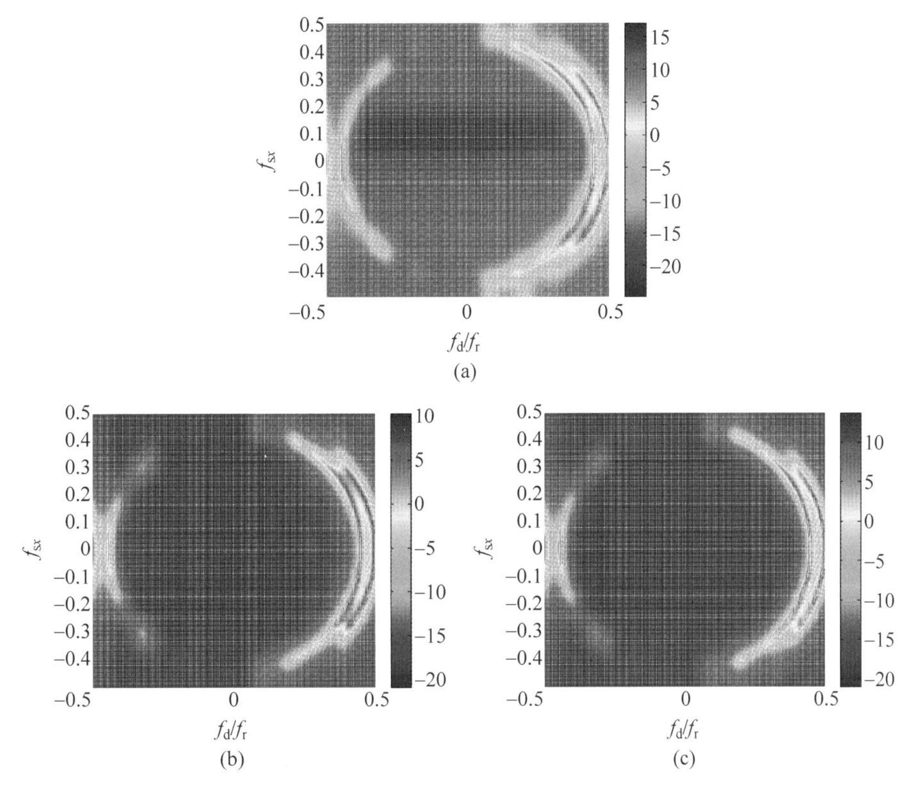

图 19.15　杂波功率谱

(a) 真实杂波功率谱；(b) 基于 T_0 时刻阻抗矩阵的杂波功率谱；(c) 基于估计得到的阻抗矩阵的杂波功率谱

实验 3：空时自适应方向图性能

图 19.16 分别给出了各方法对应的空时自适应方向图，其中假设目标归一化多普勒频率为 −0.285 7，归一化空间频率为 0。从图中可以看出：①AMCC 方法在杂波处形成了完美的匹配凹口，且在目标位置形成高增益，但是 MCC 方法的凹口存在一定偏差，且较浅，其原因是基于 T_0 时刻已知归一化阻抗矩阵估计的杂波峰值功率偏低，如图 19.15 所示；②SMI-SC 方法和 SMI 方法无法在杂波位置形成有效凹口，其原因是端射阵机载雷达杂波呈现严重的非平稳分布特性，各训练样本之间不再满足独立同分布条件，传统最大似然估计得到的杂波协方差矩阵严重失配；③Opt 方法提供了自适应方法的性能上限，形成了完美的凹口和主瓣增益。

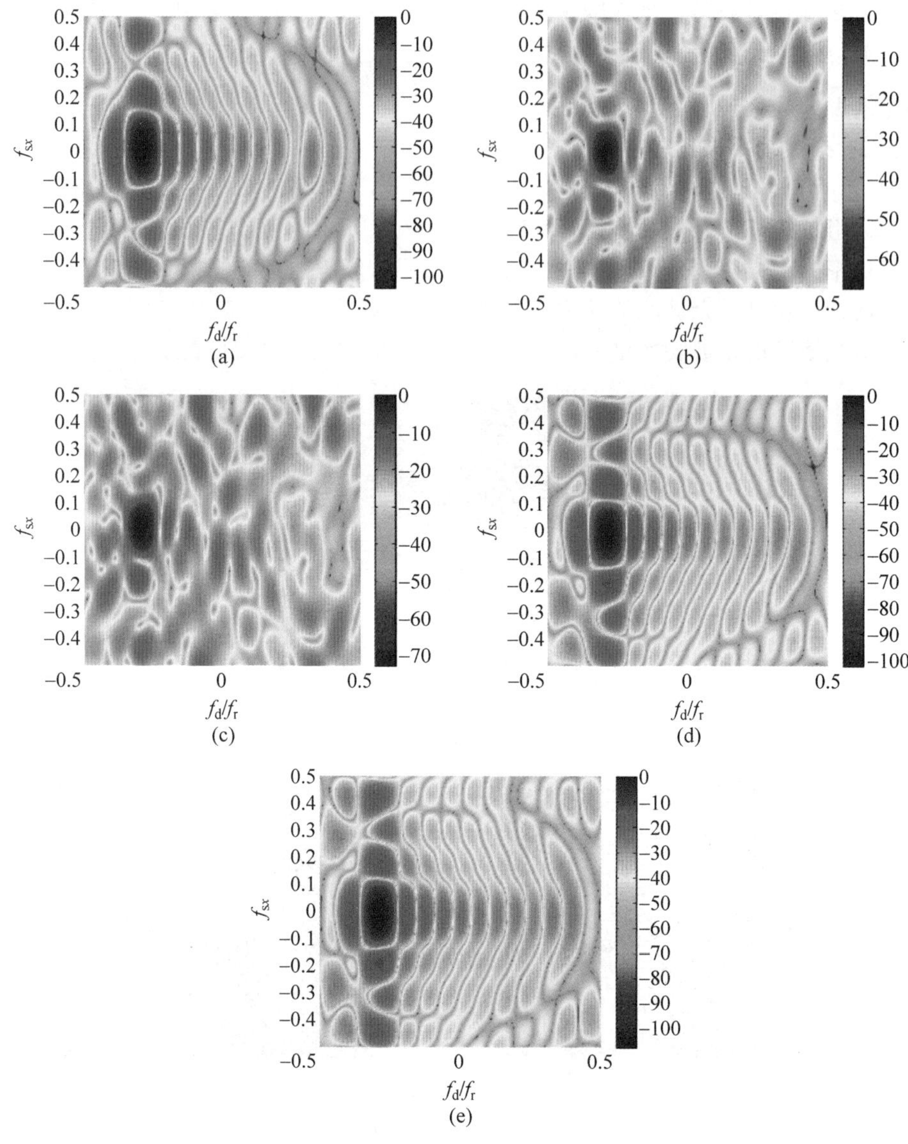

图 19.16　空时自适应方向图

(a) Opt 方法；(b) SMI 方法；(c) SMI-SC 方法；(d) MCC 方法；(e) AMCC 方法

实验 4：SCNR 损失性能

图 19.17 分别给出了不同互耦误差情况下的 SCNR 损失情况，其中图 19.17(a)和(b)表示互耦误差随时间线性变化，ξ 为变化率；图 19.17(c)和(d)表示互耦误差随时间随机变化，参见 19.2 节的互耦误差模型。从图中可以看出：①无论是互耦误差随时间呈线性变化还是随机变化，SMI-SC 方法和 SMI 方法性能均较差，其原因是端射阵机载雷达杂波呈现严重非平稳分布，基于训练样本估计的自适应滤波方法即使对互耦误差进行了空域导向矢量失配的补偿，但各距离单元之间的杂波分布仍然存在显著差异；②当互耦误差随时间线性变化时，相对于 MCC 方法，AMCC 方法优势明显，其原因是在误差线性变化情况下本章所提估计方法能够较准确地估计出误差变化率，因此能够构造出精确的杂波协方差矩阵，而

MCC 方法采用 T_0 时刻的阻抗矩阵，构造出的杂波协方差矩阵存在偏差；③当互耦误差随时间随机变化时，相对于 MCC 方法，AMCC 方法的 SCNR 损失仍存在一定程度改善，但优势减小，其原因是互耦误差估计的精度受到回波数据中各杂波块之间随机起伏和噪声的影响，当其随机变化时，难以精确估计得到。

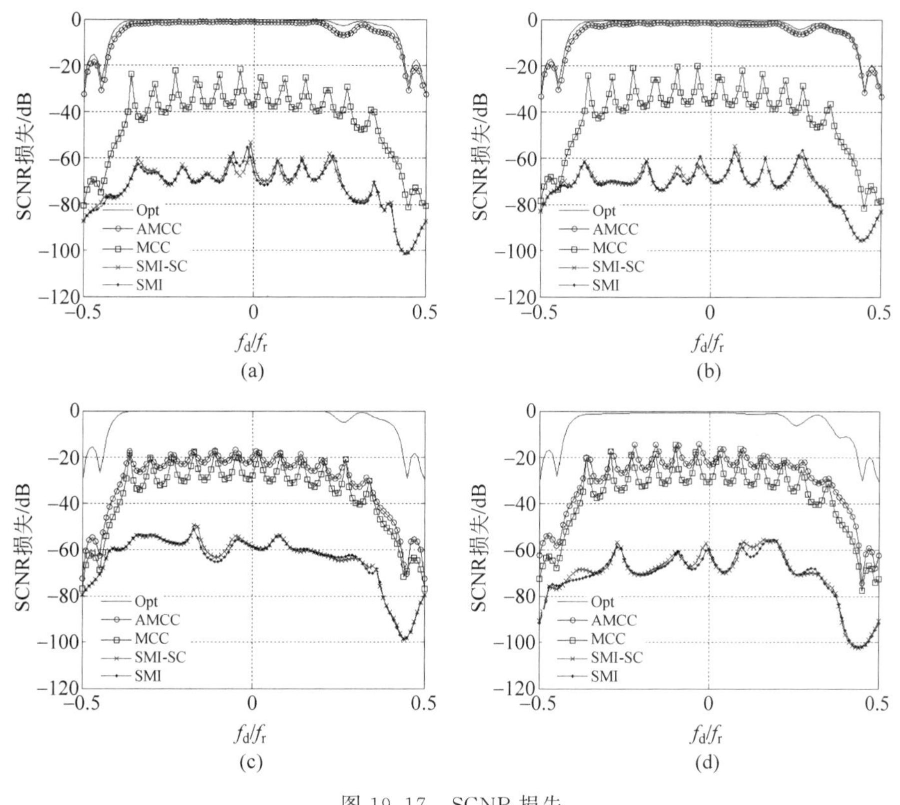

图 19.17　SCNR 损失

(a) $\xi=0.5$；(b) $\xi=1.5$；(c) $\xi=0.04,\zeta=0.02$；(d) $\xi=0.06,\zeta=0.03$

19.6　小结

本章研究了互耦效应下的端射阵机载雷达杂波抑制问题。建立了互耦效应下的端射阵天线方向图模型和杂波信号模型，其中杂波信号模型包括有无互耦误差两种情况。在此基础上从功率谱、特征谱、距离-多普勒谱和空域导向矢量幅相分布等角度分析了端射阵机载雷达的杂波分布特性和对空域导向矢量的失配影响。提出了一种基于协方差矩阵重构的自适应互耦补偿方法，该方法具有优良的杂波抑制性能。其优势主要体现在两个方面：一是通过回波数据对互耦误差进行自适应估计，消除了互耦误差导致的杂波功率降低和空域导向矢量失配问题，因此方法具有强的鲁棒性；二是通过杂波协方差矩阵构造方式形成空时自适应权值，完成杂波的有效抑制，不仅减轻了互耦误差导致的杂波谱展宽现象，同时也解决了端射阵机载雷达存在的杂波严重非平稳问题。

第 20 章

机载 MIMO 雷达 STAP

MIMO 雷达是将无线通信系统中的多输入多输出技术引入雷达领域,并与数字阵列技术相结合的一种新体制雷达。MIMO 雷达的概念于 2003 年由美国林肯实验室的 Bliss 和 Forsythe 首次提出[179]。MIMO 雷达中多输入通常指多个阵元同时发射非相干的波形,多输出指多个阵元同时接收,用匹配滤波器组来分离回波信号中的各发射分量。相反,传统相控阵雷达多个阵元同时发射相同的波形,在空间合成一个发射信号,因此可看作单输入多输出雷达,即 SIMO 雷达。根据发射阵元和接收阵元的间距大小,可将 MIMO 雷达分为分布式 MIMO 雷达(或统计 MIMO 雷达)[180]和集中式 MIMO 雷达(或相干 MIMO 雷达)[179]两类。分布式 MIMO 雷达中收发天线各阵元相距较远,使得各阵元分别从不同的视角观察目标,可获得空间分集得益,克服目标 RCS 闪烁效应,提高雷达目标探测性能。集中式 MIMO 雷达中收发天线各阵元相距较近,对目标的视角近似相同,每个阵元发射不同的信号波形,从而获得波形分集得益。集中式 MIMO 雷达可以产生大的虚拟孔径,提高雷达的空间分辨率。本章的研究对象是集中式 MIMO 体制机载雷达,简称机载 MIMO 雷达。

传统的降维 STAP 方法和降秩 STAP 方法同样适用于机载 MIMO 雷达,但是存在两方面问题:一是采用 MIMO 体制后由于波形分集导致杂波自由度显著增大,杂波抑制更具挑战性;二是系统自由度的增加导致运算量和样本需求量增大。因此,如何在降低运算量和样本需求的同时确保杂波抑制性能是机载 MIMO 雷达需解决的关键技术问题之一。KA-STAP 方法[48-51,181-184]是一种利用数字地形图、地表覆盖数据和人工道路与建筑物位置信息等先验知识增强传统 STAP 收敛性的方法。KA-STAP 方法分为两类:一是间接利用先验知识,通过先验知识对训练样本进行选取,以保证选取的训练样本满足独立同分布条件；二是直接利用先验知识，将利用回波数据估计出的杂波协方差矩阵和通过先验知识构造的杂波协方差矩阵相结合，通过先验知识对估计的杂波协方差矩阵进行适当修正。当先验知识存在误差时，KA-STAP 方法的杂波抑制性能改善有限。文献[185]提出了一种基于椭圆长球波函数(PSWF)的机载 MIMO 雷达 STAP 方法。该方法一方面利用系统参数信息和 PSWF 求取杂波子空间，另一方面基于干扰协方差矩阵的块对角特性降低运算量。但是文献[185]所提方法仅适用于理想无误差情况和无距离模糊情况，当存在阵元位置误差、通道不一致性、杂波内部运动等空时误差时，杂波子空间发生改变，此时该方法性能下降明显。文献[186]提出了一种基于先验知识的机载 MIMO 雷达联合迭代优化 STAP 方法，该方法将先验知识构造的杂波子空间作为零点约束条件，同时对降秩矩阵和空时权值进行联合迭代优化。当先验知识信息不准确时，零点约束出现偏差，导致方法性能下降。此外，文献[187]提出了一种机载 MIMO 雷达稀疏恢复 STAP 方法，该方法一方面根据雷达工作模式基于原子最小范数形成发射波束，另一方面利用杂波信号的稀疏性和块 Toeplitz 特性估计杂波协方差矩阵。该方法属于稀疏恢复类方法，并未充分利用 MIMO 体制下杂波特有的分布特性。

本章首先建立机载 MIMO 雷达回波信号模型，包括目标、杂波、干扰和噪声，比较机载 MIMO 雷达与机载 SIMO 雷达的优缺点，然后给出机载 MIMO 雷达的杂波自由度估计公式，在此基础上研究基于空时采样矩阵的杂波协方差矩阵构造方式，最后提出一种机载 MIMO 雷达空时自适应杂波抑制方法[211]。该方法基于空时采样矩阵形成杂波协方差矩阵，从而得到空时自适应权值实现对杂波的有效抑制。通常情况下，新方法仅利用单个待检测样本即可获得良好的杂波抑制性能，且运算量低，因此适用于非均匀杂波环境和机载 MIMO 雷达。

20.1 信号模型

图 20.1 给出了机载 MIMO 雷达系统框图，其中发射天线包含 M 个阵元，阵元间距为 d_t；接收天线包含 N 个阵元，阵元间距为 d_r。假设发射天线和接收天线均为线性阵列，且距离足够近，即二者对远距离的某一杂波单元和目标具有相同的空域锥角 ψ。载机以速度 V_R 匀速运动，发射天线和接收天线均正侧视放置。发射天线中各个阵元发射相互正交的波形，在雷达接收端各接收阵元通过匹配滤波器组实现对 M 个正交发射波形的提取。

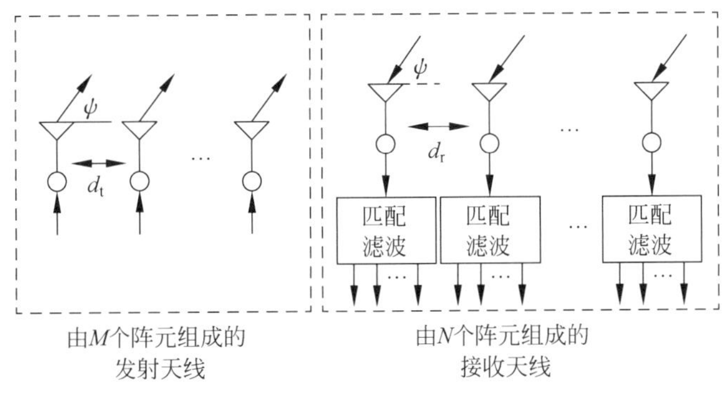

图 20.1　机载 MIMO 雷达系统框图

假设目标相对于载机的运动速度为 V_t，则第 n 个阵元在第 k 个脉冲时刻接收到的第 m 个发射波形的目标回波信号为

$$x_{n,m,k}^{(t)} = a_t e^{j\frac{2\pi}{\lambda}\{[(m-1)d_t+(n-1)d_r]\cos\psi_t+2V_t(k-1)T_r\}} \tag{20.1}$$

其中，a_t 表示目标回波幅度；ψ_t 表示目标空域锥角；T_r 表示脉冲重复周期；λ 表示雷达工作波长。

第 n 个阵元在第 k 个脉冲时刻接收到的第 m 个发射波形的杂波回波信号为

$$x_{n,m,k}^{(c)} = \sum_{l=1}^{N_r}\sum_{i=1}^{N_c} a_{c,i,l} e^{j\frac{2\pi}{\lambda}\{[(m-1)d_t+(n-1)d_r+2V_R(k-1)T_r]\cos\theta_i\cos\varphi_l\}} \tag{20.2}$$

其中，N_r 表示距离模糊次数；N_c 表示某一距离环所划分的杂波块数目；$a_{c,i,l}$、θ_i、φ_l 分别表示第 l 个距离环第 i 个杂波块对应的杂波回波幅度、方位角和俯仰角。

定义运动目标和第 i 个杂波块的空间频率分别为

$$f_{st} = \frac{d_r}{\lambda}\cos\psi_t \tag{20.3}$$

$$f_{s,i,l} = \frac{d_r}{\lambda}\cos\theta_i\cos\varphi_l \tag{20.4}$$

运动目标的归一化多普勒频率为

$$\bar{f}_{dt} = \frac{2V_t T_r}{\lambda}\cos\psi_t \tag{20.5}$$

发射阵元间距与接收阵元间距之比为

$$\gamma = \frac{d_t}{d_r} \tag{20.6}$$

则

$$x_{n,m,k}^{(t)} = a_t e^{j2\pi\{f_{st}[\gamma(m-1)+(n-1)]+\bar{f}_{dt}(k-1)\}} \tag{20.7}$$

$$x_{n,m,k}^{(c)} = \sum_{l=1}^{N_r}\sum_{i=1}^{N_c} a_{c,i,l} e^{j2\pi f_{s,i,l}[\gamma(m-1)+(n-1)+\beta(k-1)]} \tag{20.8}$$

其中

$$\beta = \frac{2V_R T_r}{d_r} \tag{20.9}$$

下面用矢量形式表示目标和杂波信号，分别定义发射、接收和时域导向矢量为

$$\begin{cases} \boldsymbol{S}_{St}(f_s) = [1, e^{j2\pi f_s\gamma}, \cdots, e^{j2\pi f_s\gamma[M-1]}]^T \\ \boldsymbol{S}_{Sr}(f_s) = [1, e^{j2\pi f_s}, \cdots, e^{j2\pi f_s(N-1)}]^T \\ \boldsymbol{S}_T(\bar{f}_d) = [1, e^{j2\pi\bar{f}_d}, \cdots, e^{j2\pi\bar{f}_d(K-1)}]^T \end{cases} \tag{20.10}$$

其中，$[\cdot]^T$ 表示矩阵转置。则

$$\boldsymbol{X}_t = a_t\boldsymbol{S}_T(\bar{f}_{dt}) \otimes \boldsymbol{S}_{St}(f_{st}) \otimes \boldsymbol{S}_{Sr}(f_{st}) \tag{20.11}$$

$$\boldsymbol{X}_c = \sum_{l=1}^{N_r}\sum_{i=1}^{N_c} a_{c,i,l}\boldsymbol{S}_T(f_{s,i,l}) \otimes \boldsymbol{S}_{St}(f_{s,i,l}) \otimes \boldsymbol{S}_{Sr}(f_{s,i,l}) \tag{20.12}$$

由于干扰信号与 MIMO 雷达发射的 M 个正交信号无关，因此干扰信号在波形间统计

独立，同时若干扰样式为压制噪声干扰，则其在脉冲间同样统计独立。但是由于在雷达接收端经过匹配滤波器组处理，其采样维度扩展到了波形维，即增加了发射自由度，因此干扰信号的数学表达式为

$$\boldsymbol{X}_{\mathrm{j}}=\sum_{i=1}^{N_{\mathrm{j}}} a_{\mathrm{j},i}\boldsymbol{S}(f_{\mathrm{s},i}) \tag{20.13}$$

$$\boldsymbol{S}(f_{\mathrm{s},i})=\boldsymbol{S}_{\mathrm{T}}\otimes\boldsymbol{S}_{\mathrm{St}}\otimes\boldsymbol{S}_{\mathrm{Sr}}(f_{\mathrm{s},i}) \tag{20.14}$$

其中，时域导向矢量 $\boldsymbol{S}_{\mathrm{T}}$ 和发射导向矢量 $\boldsymbol{S}_{\mathrm{St}}$ 分别为 K 维和 M 维的满足高斯分布的复随机矢量；N_{j} 表示干扰数量；$f_{\mathrm{s},i}$ 表示第 i 个干扰的空间频率。

在机载 MIMO 雷达中，噪声信号在发射、接收和脉冲间均统计独立，因此其为 MNK 维复随机矢量。

20.2　与传统机载 SIMO 雷达的比较

20.2.1　信噪比

传统机载相控阵雷达采用单输入多输出体制，即 SIMO。假设波束驻留时间内包含 K 个脉冲，单个发射阵元和接收阵元的增益分别为 G_{t0} 和 G_{r0}，单个发射阵元的峰值发射功率为 P_{t0}，则传统机载 SIMO 雷达和机载 MIMO 雷达的参数对比如表 20.1 所示。

表 20.1　机载 SIMO 雷达和机载 MIMO 雷达参数对比

参　　数	机载 SIMO 雷达	机载 MIMO 雷达
发射阵元数	M	M
接收阵元数	N	N
发射天线增益	MG_{t0}	G_{t0}
接收阵元增益	G_{r0}	G_{r0}
峰值发射功率	P_{t0}	P_{t0}
波束驻留时间	KT_{r}	MKT_{r}

脉冲积累得益和空域积累得益分别与驻留时间和阵元数相关。假设脉压得益为 D，单阵元单脉冲的输入噪声功率为 N_{i}，系统损耗因子为 L_{s}，目标 RCS 为 σ，目标与雷达之间的距离为 R，则单个脉冲对应的传统机载 SIMO 雷达的信噪比(SNR)为

$$\mathrm{SNR}_0=\frac{P_{\mathrm{t0}}M^2G_{\mathrm{t0}}G_{\mathrm{r0}}\lambda^2\sigma D}{(4\pi)^3R^4N_{\mathrm{i}}L_{\mathrm{s}}} \tag{20.15}$$

经过脉冲积累和阵列空域积累后的机载 SIMO 雷达的 SNR 为

$$\mathrm{SNR}_{\mathrm{SIMO}}=\frac{NK\cdot P_{\mathrm{t0}}MG_{\mathrm{t0}}G_{\mathrm{r0}}\lambda^2\sigma D}{(4\pi)^3R^4N_{\mathrm{i}}L_{\mathrm{s}}} \tag{20.16}$$

机载 MIMO 雷达的发射自由度被用于自适应处理，仅考虑 K 个脉冲的相参积累得益时的输出 SNR 为

$$\mathrm{SNR}_{\mathrm{MIMO}}=\frac{MNK\cdot P_{\mathrm{t0}}G_{\mathrm{t0}}G_{\mathrm{r0}}\lambda^2\sigma D}{(4\pi)^3R^4MN_{\mathrm{i}}L_{\mathrm{s}}} \tag{20.17}$$

所以

$$\mathrm{SNR}_{\mathrm{MIMO}}=\frac{1}{M}\mathrm{SNR}_{\mathrm{SIMO}} \tag{20.18}$$

由上述分析可知，相对于传统机载 SIMO 雷达，机载 MIMO 雷达的接收 SNR 下降为其 $1/M$。对 MIMO 体制而言，如果发射全向波形，即在发射端对目标采取凝视探测模式，则目标回波的能量积累时间还可进一步延长，通常波束驻留时间可达到 MKT_{r}，此时 SIMO 雷达和 MIMO 雷达的输出 SNR 相同。随着波束驻留时间的进一步增加，机载 MIMO 雷达有望获得比机载 SIMO 雷达更优良的目标探测性能。

20.2.2 空域自由度

由式(20.11)～式(20.13)可以看出，MIMO 雷达除了接收空域自由度外，还保留了全部发射空域自由度，而传统 SIMO 雷达由于发射波束合成，在接收端仅存在接收空域自由度。机载 MIMO 雷达空域自由度的增加可通过虚拟接收阵列进行表述，具体如下。

由式(20.7)和式(20.8)可知，在不考虑时域采样和回波幅度的前提下，第 n 个接收阵元接收到的第 m 个发射波形的回波信号为

$$x_{n,m}=\mathrm{e}^{\mathrm{j}2\pi f_{\mathrm{s}}[\gamma(m-1)+(n-1)]} \tag{20.19}$$

上式表明，机载 MIMO 雷达回波信号等价于经过一个阵元位于 $\gamma(m-1)+(n-1)$ 的虚拟接收阵列空域采样后的回波信号。虚拟阵元的个数由序列 $\gamma(m-1)+(n-1)$ $(m=1,2,\cdots,M,n=1,2,\cdots,N)$ 中不重复的元素个数决定，即与收发阵元的数目和间距有关。部分虚拟阵元出现重叠，该现象称为虚拟接收阵元冗余[188-189]。

推广到一般情况，当给定 M 和 N 时，对应的虚拟接收阵元数组为 $\{0,1,2,\cdots,\gamma(M-1)+(N-1)\}$，即无论数组中的元素如何重复，虚拟阵元个数始终满足

$$N_{\text{虚拟}}\leqslant N+\gamma(M-1) \tag{20.20}$$

当 $\gamma=N$ 时，数组中各元素无重复，虚拟阵列为均匀线阵，机载 MIMO 雷达虚拟阵元个数即空域自由度为 MN；当 $\gamma=1$ 时，数组中各元素存在重复，空域自由度为 $N+M-1$；当 $\gamma>N$ 时，机载 MIMO 雷达的空域自由度仍为 MN，此时虚拟阵列为非等间隔线阵。

图 20.2 和图 20.3 分别给出了 $\gamma=N$ 和 $\gamma=1$ 时机载 MIMO 雷达虚拟接收阵列示意

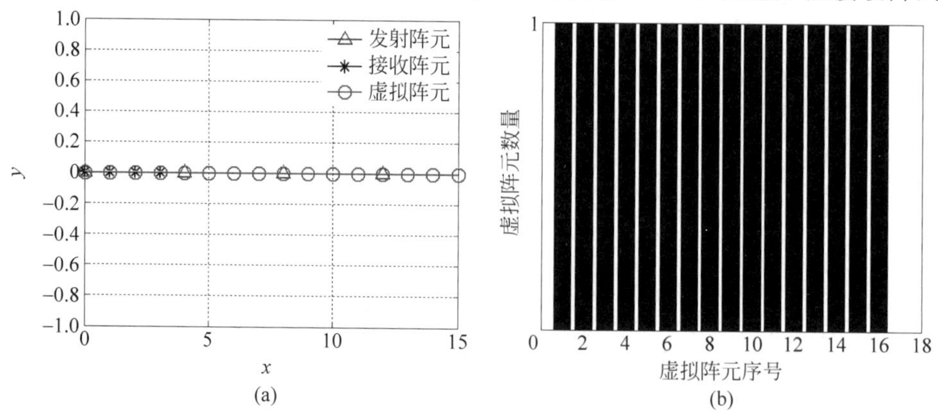

图 20.2 机载 MIMO 雷达虚拟接收阵列示意图($\gamma=N$)

(a) 虚拟阵元位置；(b) 虚拟阵元重叠次数

图，其中 $M=4, N=4$。如图所示，当 $\gamma=N$ 时，虚拟阵元无重叠，即等效虚拟阵元个数为 16；当 $\gamma=1$ 时，虚拟阵元存在严重重叠，尤其是第 4 个虚拟阵元重叠了 3 次，此时等效虚拟阵元个数为 7。

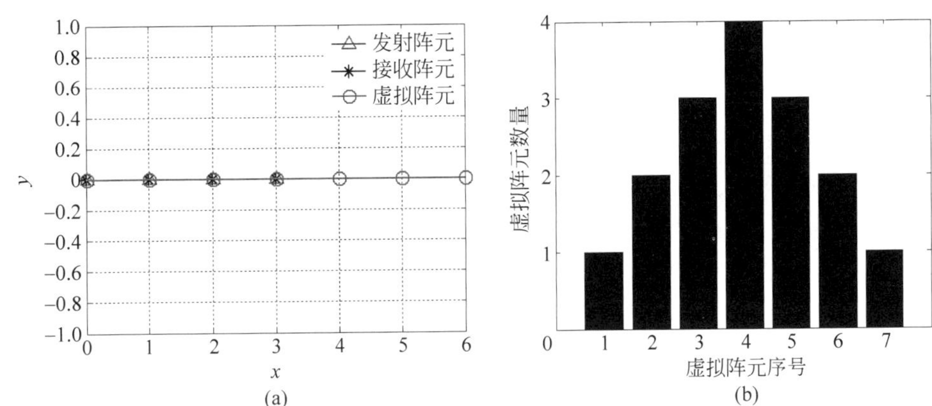

图 20.3　机载 MIMO 雷达虚拟接收阵列示意图($\gamma=1$)
(a) 虚拟阵元位置；(b) 虚拟阵元重叠次数

20.2.3　空间分辨率

空域自由度的增加，使得机载 MIMO 雷达的空间分辨率得到改善。本节从双程静态方向图的角度对机载 SIMO 雷达和 MIMO 雷达的空间分辨率进行分析。

假设机载雷达发射和接收均采用正侧视均匀线阵，单个阵元的天线方向图为 $F_{\mathrm{e}}(\theta)$，则机载 SIMO 雷达的双程静态方向图为

$$F_{\mathrm{SIMO}}(\theta,\varphi)=f_{\mathrm{SIMO,t}}(\theta,\varphi)f_{\mathrm{SIMO,r}}(\theta,\varphi) \tag{20.21}$$

其中

$$f_{\mathrm{SIMO,t}}(\theta,\varphi)=\sum_{m=1}^{M}\exp\left[\mathrm{j}\frac{2\pi d_{\mathrm{t}}}{\lambda}(m-1)(\cos\theta\cos\varphi-\cos\theta_0\cos\varphi_0)\right]\cdot F_{\mathrm{e}}(\theta) \tag{20.22}$$

$$f_{\mathrm{SIMO,r}}(\theta,\varphi)=\sum_{n=1}^{N}\exp\left[\mathrm{j}\frac{2\pi d_{\mathrm{r}}}{\lambda}(n-1)(\cos\theta\cos\varphi-\cos\theta_0\cos\varphi_0)\right]\cdot F_{\mathrm{e}}(\theta) \tag{20.23}$$

式中，θ_0 和 φ_0 分别表示雷达主波束对应的方位角和俯仰角。

机载 MIMO 雷达的双程静态方向图为

$$F_{\mathrm{MIMO}}(\theta,\varphi)=f_{\mathrm{MIMO,t}}(\theta)f_{\mathrm{MIMO,r}}(\theta,\varphi) \tag{20.24}$$

其中

$$f_{\mathrm{MIMO,t}}(\theta)=F_{\mathrm{e}}(\theta) \tag{20.25}$$

$$f_{\mathrm{MIMO,r}}(\theta,\varphi)=\sum_{n=1}^{N_{\text{虚拟}}}\exp\left[\mathrm{j}\frac{2\pi x_{\mathrm{r},n}}{\lambda}(\cos\theta\cos\varphi-\cos\theta_0\cos\varphi_0)\right]\cdot F_{\mathrm{e}}(\theta) \tag{20.26}$$

式中，$x_{\mathrm{r},n}$ 表示第 n 个虚拟接收阵元的位置。

图 20.4 给出了机载雷达方位向双程天线方向图，其中 $M=4, N=4$，主波束方位角为 90°。传统机载 SIMO 雷达和均匀机载 MIMO 雷达收发均采用半波长均匀线阵，稀疏机载 MIMO 雷达发射采用稀疏线阵($\gamma=4$)，接收采用半波长均匀线阵。如图所示，相对于传统

机载 SIMO 雷达,机载 MIMO 雷达的双程天线方向图主瓣更窄,表明其空间分辨率更高,尤其是稀疏机载 MIMO 雷达,其原因是稀疏机载 MIMO 雷达的虚拟接收阵列孔径相对更长。

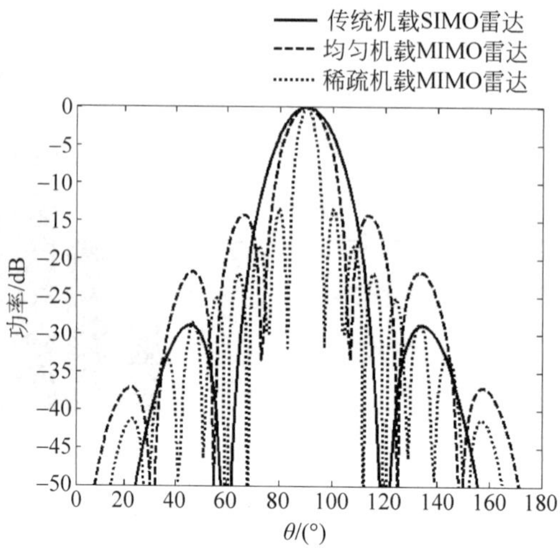

图 20.4 相同物理阵元数情况下的机载雷达双程天线方向图

20.3 杂波自由度

Brennan 准则[33]给出了正侧视均匀线阵情况下传统机载 SIMO 雷达杂波自由度估计准则。文献[114]给出了子阵级传统机载 SIMO 雷达杂波自由度估计准则,该准则是基于 BT 理论[190-192]推导得到的。文献[193-195]研究了机载 MIMO 相控阵雷达的杂波自由度估计问题。文献[185]给出了机载 MIMO 雷达杂波自由度估计公式,但其仅适用于收发阵列为均匀半波长线阵情况。本节在 BT 理论的基础上将传统的杂波自由度的估计准则扩展至机载 MIMO 雷达。

利用空时等效性,我们可以将机载 MIMO 雷达接收到的发射-接收-时域三维信号等价为空域一维信号,形成空时等效阵列。借鉴文献[196]的思想,首先将空时等效阵列划分为多个子阵,确保每个子阵内各阵元间距均不大于半波长。在此基础上根据 BT 理论可得到机载 MIMO 雷达杂波自由度为

$$r_{\mathrm{c}} \approx \mathrm{round}\left\{\sum_{n=1}^{N_{\mathrm{s}}} r_{\mathrm{c},n}^{(\mathrm{s})}\right\} \tag{20.27}$$

$$r_{\mathrm{c},n}^{(\mathrm{s})} \approx BT_{n}^{(\mathrm{s})} + 1 \tag{20.28}$$

$$B = \frac{2}{\lambda}\cos\varphi \tag{20.29}$$

其中,N_{s}、$r_{\mathrm{c},n}^{(\mathrm{s})}$ 和 $T_{n}^{(\mathrm{s})}$ 分别表示划分子阵数目、第 n 个子阵对应的杂波自由度和等效孔径长度;B 表示空间频率带宽。

当空时等效阵列为均匀半波长线阵,即 $\gamma \leqslant N$,$\beta \leqslant N+\gamma(M-1)$时,式(20.27)退化为

$$r_{\mathrm{c}} \approx \mathrm{round}\{N+\gamma(M-1)+\beta(K-1)\} \tag{20.30}$$

上式为文献[185]中给出的机载 MIMO 雷达杂波自由度估计准则。

需要指出的是，上述结论对机载 SIMO 雷达同样适用，区别在于对于机载 SIMO 雷达，其空时等效阵列由实际接收阵列进行时域采样后得到。

图 20.5～图 20.10 给出均匀密集阵($\beta=1$)、均匀密集阵($\beta=2$)、非均匀稀疏阵($\beta=17$)三种情形下的机载雷达空时等效阵列、杂波特征谱图和利用式(20.27)得到的杂波自由度估计结果。其中，图 20.5、图 20.7 和图 20.9 中星号表示以半波长为单位的空时等效阵元位置，圆圈表示不同脉冲对应的虚拟接收阵元位置。图 20.6、图 20.8 和图 20.10 中竖线对应的特征值数目表示利用式(20.27)得到的杂波自由度估计结果。

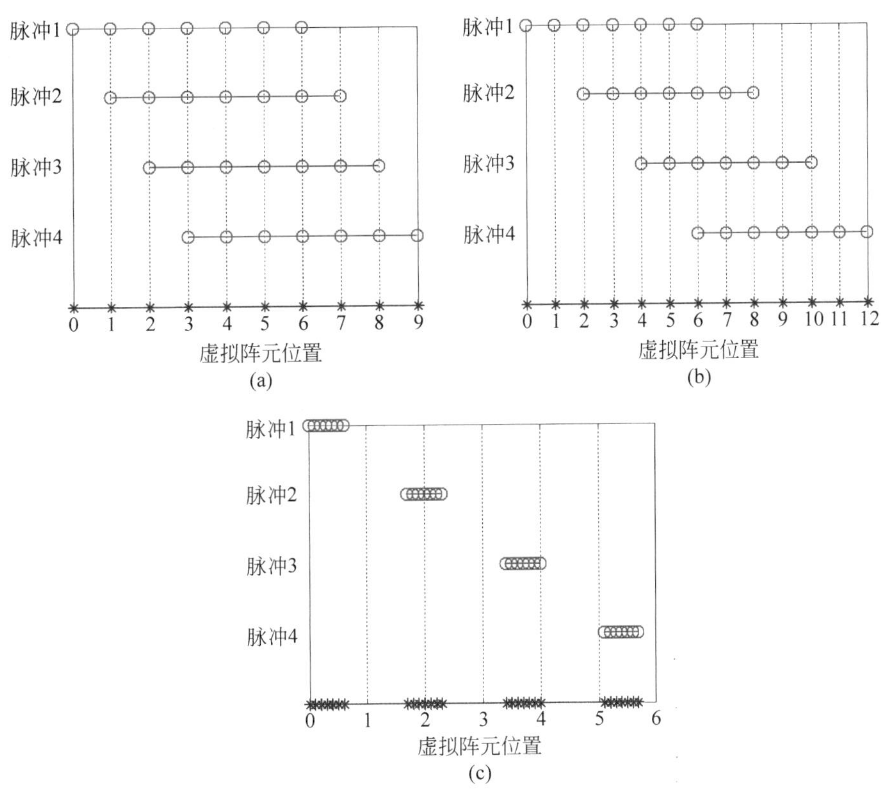

图 20.5　机载 MIMO 雷达空时等效阵列($M=4,N=4,K=4,\gamma=1$)

(a) $\beta=1$；(b) $\beta=2$；(c) $\beta=17$

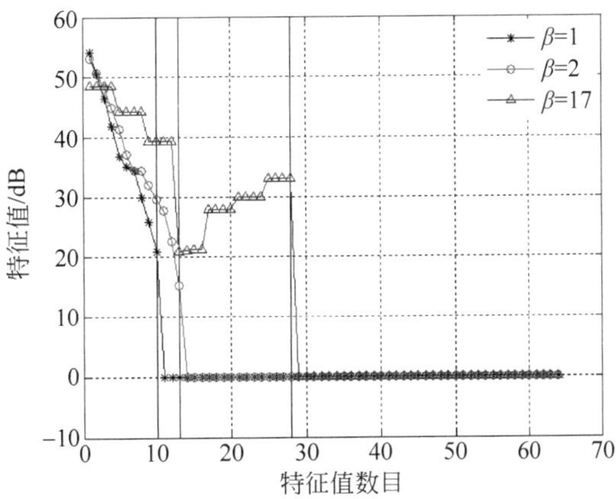

图 20.6　机载 MIMO 雷达杂波特征谱($M=4,N=4,K=4,\gamma=1$)

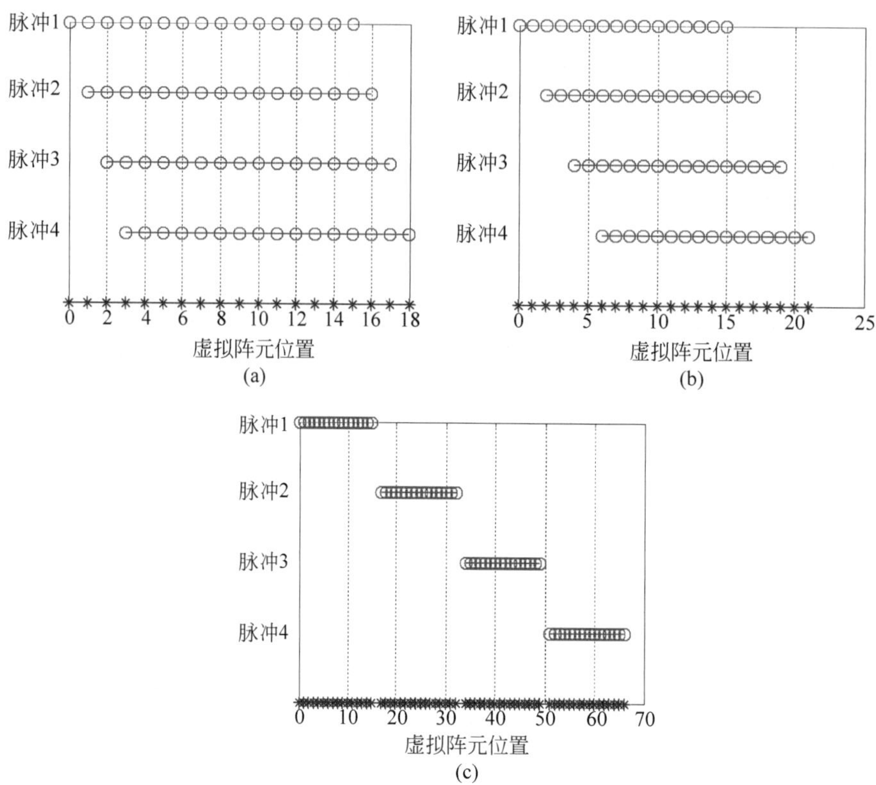

图 20.7 机载 MIMO 雷达空时等效阵列($M=4,N=4,K=4,\gamma=4$)

(a) $\beta=1$；(b) $\beta=2$；(c) $\beta=17$

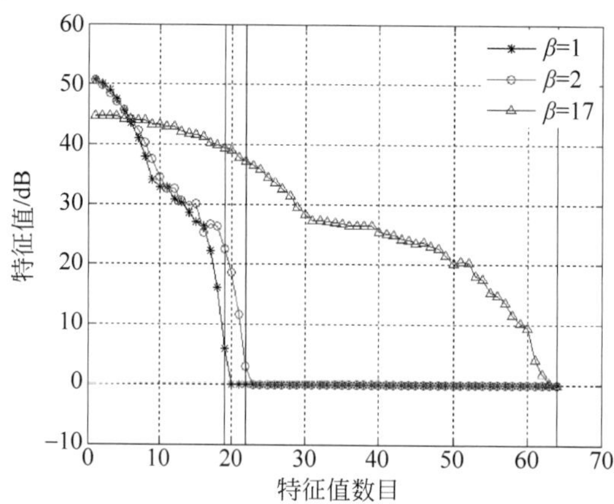

图 20.8 机载 MIMO 雷达杂波特征谱($M=4,N=4,K=4,\gamma=4$)

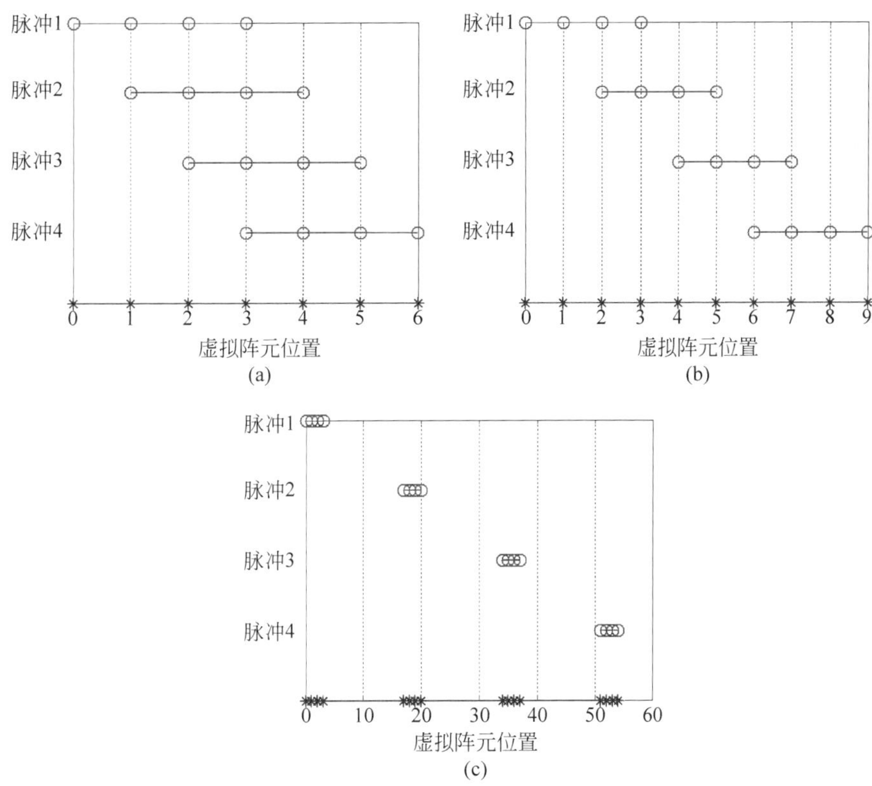

图 20.9　机载 SIMO 雷达空时等效阵列($N=4,K=4$)

(a) $\beta=1$；(b) $\beta=2$；(c) $\beta=17$

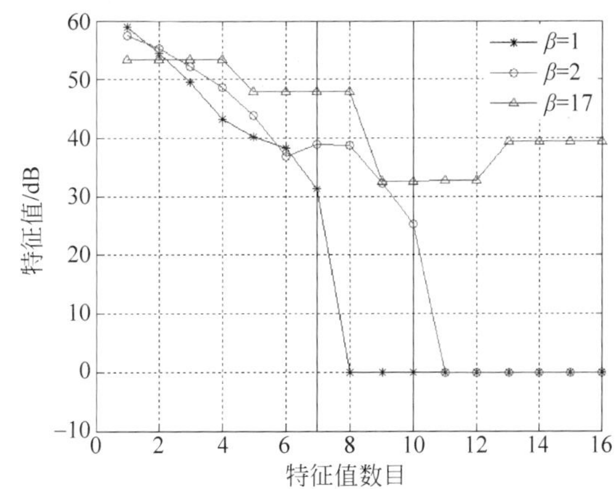

图 20.10　机载 SIMO 雷达杂波特征谱($N=4,K=4$)

从图 20.5～图 20.10 中可以看出：①利用本节给出的杂波自由度估计公式可以准确估计出各种情形下的杂波自由度值；②杂波自由度与空时等效阵列密切相关。根据杂波自由度估计公式和仿真结果可知，机载雷达杂波自由度实际上就是空时等效阵列中采样间隔不小于奈奎斯特间隔的等效阵元的数目，此处奈奎斯特间隔通常为半波长。

对于传统机载 SIMO 雷达，其系统自由度始终为 NK；但是对于机载 MIMO 雷达，其

系统自由度为 $N_{虚拟}K$，其中虚拟阵元个数由式(20.20)决定。表 20.2 给出了不同参数情况下机载 SIMO 雷达和机载 MIMO 雷达的杂波自由度与系统自由度的比值，其中 $M=4$，$N=4$，$K=4$。

表 20.2 杂波自由度与系统自由度比值关系

参数 β	机载 SIMO 雷达			机载 MIMO 雷达					
				$\gamma=1$			$\gamma=4$		
	杂波 DoF	系统 DoF	比值	杂波 DoF	系统 DoF	比值	杂波 DoF	系统 DoF	比值
$\beta=1$	7	16	0.44	10	28	0.36	19	64	0.30
$\beta=2$	10	16	0.63	13	28	0.46	22	64	0.34
$\beta=17$	16	16	1	28	28	1	64	64	1

从表 20.2 中可以看出，相对于机载 SIMO 雷达，在参数 β 相同情况下机载 MIMO 雷达的杂波自由度(DoF)与系统自由度比值更小，其原因是机载 MIMO 雷达通过引入发射自由度使得系统自由度显著增大的同时，杂波自由度仅存在小幅度的增加。同时，自由度的比值关系表明机载 MIMO 雷达杂波子空间在目标与杂波空间中占据相对更小的比例，因此将获得更优良的杂波抑制性能。在极端情况下($\beta=17$)，当空时等效阵元无任何重叠时，杂波协方差矩阵满秩，即杂波自由度等于系统自由度，此时无法实现杂波的有效抑制。为了解决该问题，一方面可以增大奈奎斯特采样间隔 $1/B$，使等效阵元间隔尽可能小于 $1/B$，以减小杂波自由度；另一方面可以增大参数 γ 或者减小参数 β，使得虚拟阵元数目增加或者空时等效阵列变为密集阵，以提高系统自由度。

20.4 杂波协方差矩阵构造

由式(20.8)可知，在正侧视阵情况下第 i 个杂波块的回波信号为

$$x_{n,m,k,i}^{(c)}=a_{c,i}\mathrm{e}^{\mathrm{j}2\pi\frac{d_r}{\lambda}\cos\theta_i\cos\varphi_i[\gamma(m-1)+(n-1)+\beta(k-1)]} \tag{20.31}$$

则由 20.3 节内容可知，第 i 个杂波块的空时回波信号矢量可表示为

$$\boldsymbol{X}_{c,i}=\boldsymbol{B}\boldsymbol{g}_i \tag{20.32}$$

其中，矢量 $\boldsymbol{g}_i$ 的维数为 r_c，表示机载 MIMO 雷达第 i 个杂波块回波信号对应的独立采样点的相位信息，其各元素为

$$g_{i,p}=a_{c,i}\mathrm{e}^{\mathrm{j}2\pi\frac{d_r}{\lambda}b_p\cos\theta_i\cos\varphi_l},\quad p=1,2,\cdots,r_c \tag{20.33}$$

式中，b_p 表示各独立采样点的位置。需要说明的是，各独立采样点有可能是均匀采样，也有可能是非均匀采样。空时采样矩阵 $\boldsymbol{B}$ 为 $MNK\times r_c$ 矩阵，表示机载雷达空时等效阵列的采样位置，其元素为 0 或者 1。

因此，机载 MIMO 雷达杂波信号为

$$\boldsymbol{X}_c=\sum_{i=1}^{N_c}\boldsymbol{B}\boldsymbol{g}_i=\boldsymbol{B}\sum_{i=1}^{N_c}\boldsymbol{g}_i \tag{20.34}$$

杂波协方差矩阵可表示为

$$\boldsymbol{R}_{\mathrm{c}}=E(\boldsymbol{X}_{\mathrm{c}}\boldsymbol{X}_{\mathrm{c}}^{\mathrm{H}})=\boldsymbol{B}E\left(\sum_{i=1}^{N_{\mathrm{c}}}\boldsymbol{g}_i\sum_{i=1}^{N_{\mathrm{c}}}\boldsymbol{g}_i^{\mathrm{H}}\right)\boldsymbol{B}^{\mathrm{H}}$$
$$=\boldsymbol{BGB}^{\mathrm{H}} \tag{20.35}$$

其中，矩阵 $\boldsymbol{G}$ 为 $r_{\mathrm{c}}\times r_{\mathrm{c}}$ 方阵；$[\cdot]^{\mathrm{H}}$ 表示矩阵共轭转置。假设各杂波块回波分布独立，则矩阵 $\boldsymbol{G}$ 的第 u 行第 v 列元素为

$$\boldsymbol{G}(u,v)=P_{\mathrm{c}}\sum_{i=1}^{N_{\mathrm{c}}}\exp\left(\mathrm{j}\,\frac{2\pi d_{\mathrm{r}}}{\lambda}b_u\cos\theta_i\cos\varphi\right)\cdot\exp\left(-\mathrm{j}\,\frac{2\pi d_{\mathrm{r}}}{\lambda}b_v\cos\theta_i\cos\varphi\right)$$
$$=P_{\mathrm{c}}\sum_{i=1}^{N_{\mathrm{c}}}\exp\left[\mathrm{j}\,\frac{2\pi d_{\mathrm{r}}}{\lambda}(b_u-b_v)\cos\theta_i\cos\varphi\right] \tag{20.36}$$

其中杂波功率 $P_{\mathrm{c}}=E(a_{\mathrm{c},i}a_{\mathrm{c},i}^{*})$，$a_{\mathrm{c},i}$ 表示第 i 个杂波块的回波幅度。将上式中对方位角的微分求和改为积分形式，则得

$$\boldsymbol{G}(u,v)=P_{\mathrm{c}}\frac{\sin\left[\dfrac{2\pi d_{\mathrm{r}}}{\lambda}(b_u-b_v)\cos\varphi\right]}{\dfrac{\pi d_{\mathrm{r}}}{\lambda}(b_u-b_v)\cos\varphi}=2P_{\mathrm{c}}\mathrm{sinc}\left[\frac{2d_{\mathrm{r}}}{\lambda}(b_u-b_v)\cos\varphi\right] \tag{20.37}$$

其中 sinc(·)表示辛格函数。当存在距离模糊时，上式可推广为

$$\boldsymbol{G}(u,v)=2P_{\mathrm{c}}\sum_{l=1}^{N_{\mathrm{r}}}\mathrm{sinc}\left[\frac{2d_{\mathrm{r}}}{\lambda}(b_u-b_v)\cos\varphi_l\right] \tag{20.38}$$

其中 φ_l 表示第 l 个模糊距离单元对应的俯仰角。

20.4.1　杂波功率估计

利用空时滑窗处理[166]得到某个距离单元回波对应的空时杂波谱为

$$\hat{\boldsymbol{P}}_{\mathrm{c}}(f_{\mathrm{s}},\bar{f}_{\mathrm{d}})=\frac{MNK}{M_1N_1K_1}\cdot\frac{1}{\boldsymbol{S}^{(\mathrm{s})\mathrm{H}}(f_{\mathrm{s}},\bar{f}_{\mathrm{d}})(\hat{\boldsymbol{R}}^{(\mathrm{s})})^{-1}\boldsymbol{S}^{(\mathrm{s})}(f_{\mathrm{s}},\bar{f}_{\mathrm{d}})} \tag{20.39}$$

其中，$\boldsymbol{S}^{(\mathrm{s})}(f_{\mathrm{s}},\bar{f}_{\mathrm{d}})$表示滑窗后子孔径级空时导向矢量；$\hat{\boldsymbol{R}}^{(\mathrm{s})}$表示通过空时滑窗后的数据估计得到的杂波协方差矩阵；M_1、N_1 和 K_1 表示空时子孔径长度。对式(20.39)所示的杂波谱在空时平面上求平均后即可得到杂波功率估计值 $\hat{P}_{\mathrm{c}}$，其数学表达式为

$$\hat{P}_{\mathrm{c}}=\frac{1}{K_{\mathrm{s}}K_{\mathrm{d}}}\sum_{n=1}^{K_{\mathrm{s}}}\sum_{m=1}^{K_{\mathrm{d}}}\hat{\boldsymbol{P}}_{\mathrm{c}}(f_{\mathrm{s},n},\bar{f}_{\mathrm{d},m}) \tag{20.40}$$

其中，$\hat{\boldsymbol{P}}_{\mathrm{c}}(f_{\mathrm{s},n},\bar{f}_{\mathrm{d},m})$表示第$(n,m)$个单元对应的杂波功率值；$K_{\mathrm{s}}$、$K_{\mathrm{d}}$ 分别表示空域和时域划分的单元数目。

20.4.2　独立采样点位置和空时采样矩阵的求取

1. 均匀线阵

当空时等效阵列为均匀线阵时，各独立采样点的位置位于半波长的整数倍处，此时

式(20.38)退化为

$$\boldsymbol{G}(u,v)=2P_{\mathrm{c}}\sum_{l=1}^{N_{\mathrm{r}}}\operatorname{sinc}\left[\frac{2d_{\mathrm{r}}}{\lambda}(u-v)\cos\varphi_l\right] \tag{20.41}$$

空时采样矩阵 $\boldsymbol{B}$ 的各元素为

$$\boldsymbol{B}(u,v)=\begin{cases}1, & \begin{array}{l}u=(k-1)MN+(m-1)N+n\\ v=\gamma(m-1)+\beta(k-1)+n\end{array}\\ 0, & 其他\end{cases} \tag{20.42}$$

2. 密集非均匀阵

当空时等效阵列为密集非均匀阵时，若仍然按照半波长的整数倍选取采样点，则无法完整恢复出杂波信息。此时我们在采样点数为杂波自由度的前提下，对空时等效阵列中等效阵元间距小于半波长的阵元进行凝聚处理，以使得在确保独立的前提下采样点位置尽可能与真实采样位置保持一致。表 20.3 给出了独立采样点位置的选取步骤，将得到的集合$\{b_1, b_2,\cdots,b_{r_{\mathrm{c}}}\}$代入式(20.38)即可得到矩阵 $\boldsymbol{G}$。矩阵 $\boldsymbol{B}$ 的求取方式同式(20.42)。

表 20.3 独立采样点位置的选取步骤

初始化：空时等效阵元位置集合$\{x_1,x_2,\cdots,x_{MNK}\}$；

计算空时等效阵元的平均间隔 $\Delta l=\dfrac{x_{MNK}-x_1}{r_{\mathrm{c}}-1}$
令 $n=1,\Theta_n=\{x_1\}$
for $i=2$：MNK
  $\Delta x_i=x_i-x_{i-1}$；
  if $\Delta x_i<\Delta l$
    $x_i\in\Theta_n$；
  else
    $n=n+1$；
    $x_i\in\Theta_n$；
  end
end
 	
得到检测结果$\{\Theta_1,\Theta_2,\cdots,\Theta_{r_{\mathrm{c}}}\}$；
再进行凝聚处理，即分别求取各集合内所包含阵元的平均位置，
$b_n=\mathrm{sum}(\Theta_n)/\mathrm{length}(\Theta_n),n=1,2,\cdots,r_{\mathrm{c}}$；其中 sum(·)表示求和操作，
length(·)表示集合包含的阵元个数；
 	
最后得到独立采样点的位置为$\{b_1,b_2,\cdots,b_{r_{\mathrm{c}}}\}$。

3. 稀疏非均匀阵

当空时等效阵列为稀疏非均匀阵，即部分阵元间距大于半波长时，我们将各独立采样点的位置选取为等效阵元位置，此时矩阵 $\boldsymbol{G}$ 的求取方式同式(20.38)。

矩阵 $\boldsymbol{B}$ 为由 $MN \times MN$ 的矩阵 $\boldsymbol{A}$ 组成的块对角矩阵，其形式为

$$\boldsymbol{B} = \mathrm{diag}(\boldsymbol{A}, \boldsymbol{A}, \cdots, \boldsymbol{A}) \tag{20.43}$$

其中矩阵 $\boldsymbol{A}$ 的各元素为

$$\boldsymbol{A}(u,v) = \begin{cases} 1, & \begin{array}{l} u = (m-1)N + n \\ v = \gamma(m-1) + n \end{array} \\ 0, & \text{其他} \end{cases} \tag{20.44}$$

下面通过仿真验证本节所提方法构造的杂波协方差矩阵的逼真性。仿真参数设置为 $M=4, N=4, K=4$，均匀线阵、密集非均匀阵和稀疏非均匀阵分别对应 $\beta=1, 1.2$ 和 17。图 20.11 给出了上述三种空时等效阵列情况下的独立采样点位置，其中 Δ 和 * 号分别表示独立采样点和空时等效阵元的位置。从图中可以看出，对于均匀线阵和稀疏非均匀阵，独立采样点位置与空时等效阵元重合；对于密集非均匀阵，二者的位置存在差异。图 20.12 给出了不同 β 值情况下的杂波特征谱，由 20.3 节的杂波自由度估计公式可以得到三种情形下的杂波自由度分别为 19、19 和 64。从图中可以看出，本节所提方法构造得到的杂波子空间与真实的杂波子空间分布类似，大特征值的个数等于杂波自由度；唯一的区别是构造的各杂波特征值幅度基本相同，这是因为本节方法假设各杂波块幅度相同。需要说明的是，当 $\beta=17$ 时，杂波协方差矩阵满秩，如图 20.12(c)所示，此时杂波自由度等于系统自由度，系统无法完成对杂波的有效抑制，因此本章在后续仿真实验中不再讨论该情况。

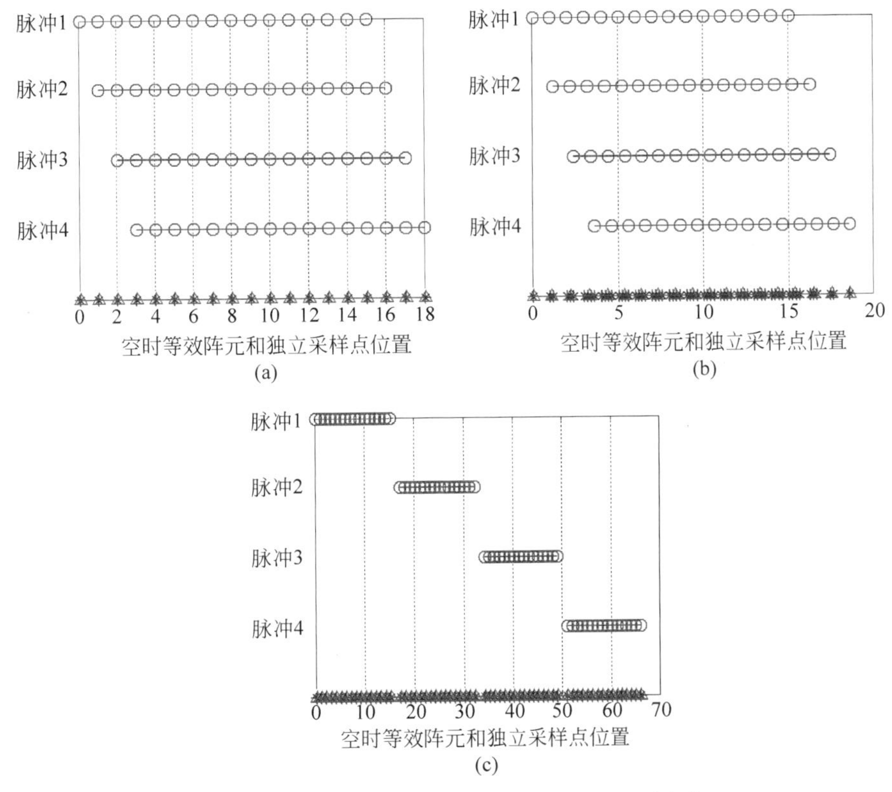

图 20.11　不同空时等效阵列情况下的独立采样点位置

(a) 均匀线阵；(b) 密集非均匀阵；(c) 稀疏非均匀阵

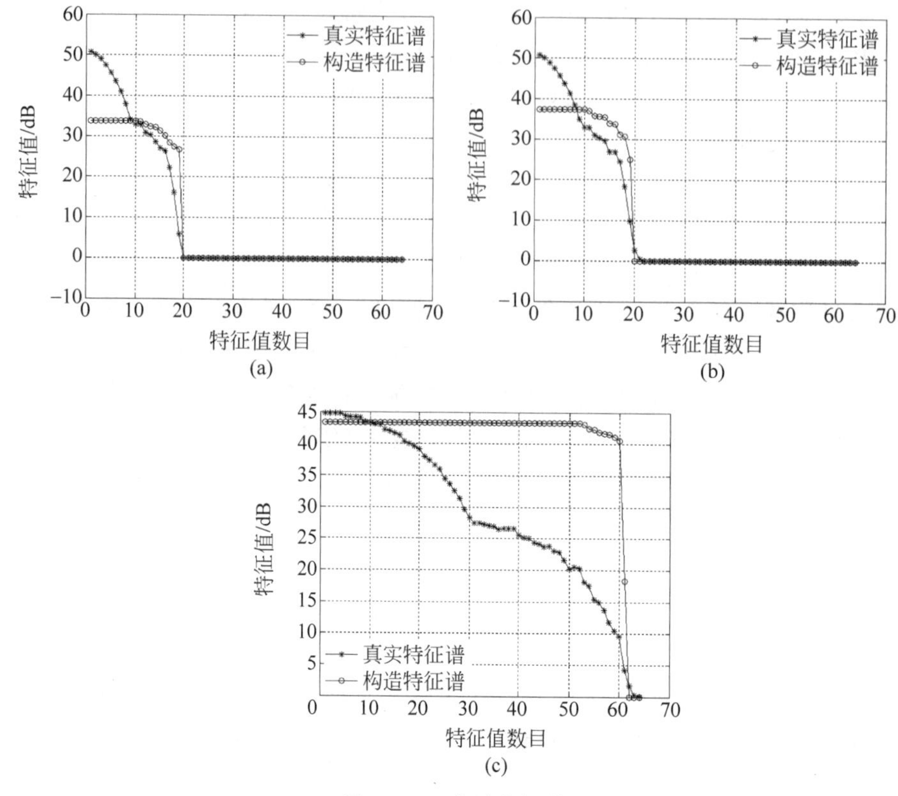

图 20.12 杂波特征谱

(a) 均匀线阵；(b) 密集非均匀阵；(c) 稀疏非均匀阵

20.5 杂波抑制方法

当将传统 STAP 技术应用于机载 MIMO 雷达时遇到的主要问题是由于系统自由度的增大导致的巨大运算量和样本需求量的增加。针对上述问题，本节提出一种基于空时采样矩阵的机载 MIMO 雷达空时自适应杂波抑制方法(clutter suppression based on space time sampling matrix，CSBSM)[211]。CSBSM 方法首先利用杂波自由度信息和系统参数分别形成空时采样矩阵 $\boldsymbol{B}$ 和杂波子空间矩阵 $\boldsymbol{G}$，基于待检测单元数据通过空时滑窗处理估计杂波功率，构造得到杂波协方差矩阵；其次在无源模式下估计干扰协方差矩阵；再次将得到的杂波干扰协方差矩阵与利用少量训练样本数据估计的杂波干扰协方差矩阵相结合，增强方法的稳健性；最后形成空时自适应权值，完成杂波和干扰的抑制。

20.5.1 基本原理

当不存在目标时，假设机载 MIMO 雷达接收到的回波协方差矩阵为

$$\boldsymbol{R}=\boldsymbol{R}_{\mathrm{c}}+\boldsymbol{R}_{\mathrm{j}}+\sigma^{2}\boldsymbol{I} \tag{20.45}$$

其中，$\boldsymbol{R}_{\mathrm{j}}$ 表示干扰协方差矩阵；σ^2 表示噪声功率。

首先利用系统参数 N、M、K、γ 和 β 得到杂波自由度和空时等效阵列中各阵元位置，再

利用式(20.35)构造出杂波协方差矩阵 $\boldsymbol{R}_{c构造}$。由于传统的压制噪声干扰信号在脉冲间和发射波形间均独立，则仅通过接收阵元间的 $N\times N$ 的空域干扰协方差矩阵即可构造出 $MNK\times MNK$ 的干扰协方差矩阵 $\boldsymbol{R}_{j无源}$。为了消除杂波对干扰信号的影响，在实际工程中，通常采用无源模式下接收到的纯干扰样本数据估计空域干扰协方差矩阵。最终得到

$$\boldsymbol{R}_1=\boldsymbol{R}_{c构造}+\boldsymbol{R}_{j无源}+\sigma^2\boldsymbol{I} \tag{20.46}$$

对应的机载 MIMO 雷达空时自适应权值为

$$\boldsymbol{W}(\bar{f}_d)=\mu\boldsymbol{R}_1^{-1}\boldsymbol{S}(\bar{f}_d) \tag{20.47}$$

其中，μ 为常数；$\boldsymbol{S}(\bar{f}_d)$表示维数为 MNK 的空时导向矢量，其表达式为

$$\boldsymbol{S}(\bar{f}_d)=\boldsymbol{S}_T(\bar{f}_d)\otimes\boldsymbol{S}_{S_t}(f_{s0})\otimes\boldsymbol{S}_{Sr}(f_{s0}) \tag{20.48}$$

其中，f_{s0} 表示雷达波束指向对应的空间频率；$\bar{f}_d$ 表示待检测归一化多普勒频率。

当 β 为非整数，即空时等效阵列为密集非均匀阵时，20.4 节构造的杂波协方差矩阵存在一定程度的偏差，此时需要引入由训练样本估计得到的回波协方差矩阵 $\boldsymbol{R}_2$ 来对构造出的杂波协方差矩阵 $\boldsymbol{R}_{c构造}$ 进行适当修正；但是在非均匀杂波环境下训练样本的分布差异将导致回波数据无法对 $\boldsymbol{R}_{c构造}$ 进行有效修正。因此，仅当 β 为非整数且在均匀杂波环境下时，机载 MIMO 雷达的空时自适应权值调整为

$$\boldsymbol{W}(\bar{f}_d)=\mu(\boldsymbol{R}_1+\boldsymbol{R}_2)^{-1}\boldsymbol{S}(\bar{f}_d) \tag{20.49}$$

其中

$$\boldsymbol{R}_2=\frac{1}{L}\sum_{l=1}^{L}\boldsymbol{X}_l\boldsymbol{X}_l^{H} \tag{20.50}$$

其中，$\boldsymbol{X}_l$ 表示第 l 个距离单元的机载 MIMO 雷达回波数据；L 表示训练样本数目，需要说明的是该样本数远小于 RMB 准则[112]所要求的训练样本数。

20.5.2　运算量

CSBSM 方法共包含四步：空时采样矩阵选取、杂波功率估计、杂波协方差矩阵构造和空时自适应处理。其中空时采样矩阵选取的运算量主要为凝聚处理，大约为 $12MNK$；杂波功率估计的运算量取决于空时滑窗处理时窗的大小和杂波功率谱的空时分辨率；杂波协方差矩阵构造的运算量取决于杂波自由度的大小。本节选取 SMI 方法和 MWF 方法[116,197]作为比较对象来对 CSBSM 方法的运算量进行分析，如表 20.4 所示。表 20.5 给出了具体的数值结果。本节中机载 MIMO 雷达的杂波秩为 19。对于自适应滤波器，仅当其系统自由度大于杂波自由度时，才可实现对杂波的有效抑制，因此我们选取 MWF 的级数为 30。

表 20.4　运算量比较

步　骤	方　法		
	SMI	MWF	CSBSM
空时采样矩阵选取	—	—	$12MNK$
杂波功率估计	—	—	$2Q_1MNK+8(M_1N_1K_1)^2+K_sK_d\times(6(M_1N_1K_1)^2+6M_1N_1K_1+4)+O(M_1N_1K_1)^3$

续表

步　骤	方　法		
	SMI	MWF	CSBSM
杂波协方差矩阵构造/估计	$16(MNK)^3$	—	$8MNKr_c(MNK+r_c)$
空时自适应处理	$8(MNK)^2+O(MNK)^3$	$8(MNK)^3+O(2L_{MWF}MNK)$	$8(MNK)^2+O(MNK)^3$

注：$Q_1=(K-K_1+1)(M-M_1+1)(N-N_1+1)$，$L_{MWF}$ 为 MWF 滤波器级数。

表 20.5　运算量比较(数值)

步　骤	方　法		
	SMI	MWF	CSBSM
空时采样矩阵选取	—	—	768
杂波功率估计	—	—	1 138 516
杂波协方差矩阵构造/估计	4 194 304	—	807 424
空时自适应处理	294 912	2 100 992	294 912
合计	4 489 216 (4.49×10^6)	2 100 992 (2.10×10^6)	2 241 620 (2.24×10^6)

注：$M=4,N=4,K=4,M_1=2,N_1=2,K_1=2,K_s=51,K_d=51,r_c=19,L_{MWF}=30$。

从表 20.4 和表 20.5 中可以看出，MWF 方法的运算量最小，本章提出的 CSBSM 方法与 MWF 方法运算量相当，SMI 方法运算量最大。主要原因是 MWF 方法的分解级数小于全维系统自由度，且不需要估计全维杂波协方差矩阵；CSBSM 方法对杂波协方差矩阵进行构造，减少了估计环节；SMI 方法需要利用两倍于系统自由度的训练样本来估计杂波协方差矩阵。随着级数的增加，MWF 方法的运算量会进一步增加。需要说明的是，在实际工程中，CSBSM 方法中空时采样矩阵和独立采样点位置可通过离线方式进行预先计算存储，这将进一步降低方法的运算量。

20.5.3　与其他方法的比较

CSBSM 方法的优点为：①当 β 为整数时不需要训练样本，仅通过待检测单元数据即可完成对杂波协方差矩阵的构造，因此 CSBSM 方法适用于极端非均匀杂波环境；②当 β 为非整数且在均匀杂波环境下时，CSBSM 方法仅需要少量训练样本即可实现方法的快速收敛；③CSBSM 方法同时利用了系统参数信息和回波数据，具有强的稳健性；④空时采样矩阵和独立采样点位置可离线计算，因此 CSBSM 方法的运算量显著降低，尤其适用于高系统自由度的 MIMO 体制机载雷达。

传统 SMI 方法通过训练样本估计杂波协方差矩阵，训练样本一方面需要满足独立同分布条件，另一方面应大于两倍的系统自由度，即满足 RMB 准则，因此在非均匀杂波环境下 SMI 方法性能下降明显。同时 MIMO 体制下系统自由度最大提升 M 倍，导致上述问题更加严重，SMI 方法不再适用。

降维 STAP 方法的降维矩阵结构固定，与回波数据无关，环境适应性差。MWF 方法采用自适应降维处理，且无须估计全维杂波协方差矩阵，但实际中分解级数的选取对性能的影响较大，若级数过小，则杂波抑制性能较差；反之虽然性能得到改善，但运算量也会随之增加。CSBSM 方法仅当机载雷达处于均匀杂波环境下且为密集非均匀阵时，利用少量训练样本对权值进行修正，因此具有强的环境适应性。

KA-STAP 方法利用先验知识增强传统 STAP 方法的收敛性，该类方法在利用回波数据估计出的杂波协方差矩阵的基础上，通过先验知识对其进行适当修正，在极端非均匀杂波环境下性能改善有限。CSBSM 方法基于构造的杂波协方差矩阵形成权值，仅在某些特殊环境下利用少量回波数据对构造的杂波协方差矩阵进行修正，因此受杂波非均匀分布影响小。

文献[185]提出了基于椭圆长球波函数(PSWF)的机载 MIMO 雷达 STAP 方法。该方法利用系统参数信息基于 PSWF 求取杂波子空间，其缺点是仅适用于理想无误差情况和无距离模糊情况。CSBSM 方法在构造杂波协方差矩阵的过程中充分考虑了距离模糊情况，并通过少量训练样本增强了方法对误差的稳健性。

20.6　仿真分析

在本节仿真实验中，参数设置为 $M=4, N=4, K=4, \gamma=4$。接收阵元间距为半波长，载机高度为 8 000 m，阵列正侧视放置，主波束指向阵列法线方向，俯仰角为 1°。存在一个干扰，其空间频率为 0.4，JNR=50 dB。本实验分别仿真了空时等效阵列为均匀阵和密集非均匀阵两种情况，其中均匀阵对应 $\beta=1$，密集非均匀阵对应 $\beta=1.2$。在空时自适应方向图中，滤波器主波束对应的归一化多普勒频率 $f_d/f_r=-0.3$，空间频率对应雷达主波束指向，即 $f_s=0$。

我们选取的比较对象为最优处理器、SMI 方法和 MWF 方法，其中最优处理器假设杂波干扰协方差矩阵已知，该方法给出了自适应处理的性能上限；SMI 方法通过训练样本估计杂波干扰协方差矩阵，且训练样本数需满足 RMB 准则；MWF 方法借助系列变换矩阵对维纳滤波器进行分解，将对矢量权的求解分解成求若干个标量权的过程，属于一种典型的降秩类 STAP 方法。本节仿真中当 $\beta=1$ 时，因为杂波自由度为 19，所以 MWF 方法的分解级数选为 30；当 $\beta=1.2$ 时，杂波自由度增加，此时 MWF 方法的分解级数选为 40。

为了验证所提出的 CSBSM 方法的有效性，本节分别模拟了均匀杂波环境和非均匀杂波环境[147]。在实际环境中，杂波散射系数不仅与距离有关，而且与方位角度也有关，即不同方位和距离环内的各杂波块的散射系数均不相同。通常假设杂波散射系数 σ_0 在距离-角度域上的变化服从伽马分布，具体数学表达式参见式(16.1)和式(16.2)。待检测样本和训练样本所包含的各杂波块的散射系数的均值均相同，二者对应的方差分别为 σ_0^2 和 σ_s^2。当 $\sigma_s^2=0$ 时表示均匀杂波环境，反之表示非均匀环境，σ_s^2 越大，非均匀程度越严重。在本节仿真中模拟严重非均匀杂波环境，方差取为 20。

当 $\beta=1.2$ 且为均匀杂波环境时，CSBSM 方法利用回波数据对构造的协方差矩阵进行修正，如式(20.49)所示，此时训练样本数选为 64，即 RMB 准则规定的训练样本数的一半。

除了空时自适应方向图和 SCNR 损失外，本节利用单元平均 CFAR(CA-CFAR)检测结果评价各类方法的检测性能，其中蒙特卡洛仿真次数为 1 000，参考单元数为 10，虚警率为 10^{-6}。

1. 杂波和干扰功率谱图

图 20.13 给出了不同参数情况下机载 MIMO 雷达的杂波和干扰功率谱图。从图中可以看出：①杂波沿对角线分布。当 $\beta=1$ 时，杂波功率在杂波脊上呈辛格函数形状；当 $\beta=1.2$ 时，由于雷达空时等效阵列采样间隔不满足半波长要求，因此与似然谱采样不匹配，导致其功率呈离散分布。②干扰在空间频率为 0.4 处沿多普勒频率轴均匀分布，与参数 β 无关。

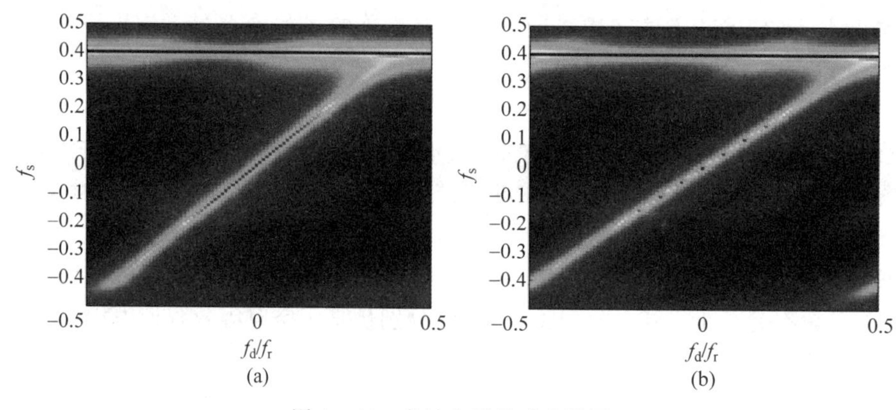

图 20.13 杂波和干扰功率谱图

(a) $\beta=1$；(b) $\beta=1.2$

2. 均匀杂波环境

图 20.14 和图 20.15 分别给出了均匀杂波环境下不同 β 值对应的空时自适应方向图，图 20.16 和图 20.17 分别给出了不同方法的信杂噪比(SCNR)损失和检测性能，其中 SMI 方法和 MWF 方法的训练样本数分别为 128 和 64。从图中可以看出：①当 $\beta=1$ 时，即使 SMI 方法所需样本数满足 RMB 准则，CSBSM 方法的性能也优于 SMI 方法。②当 $\beta=1.2$ 时，CSBSM 方法的性能存在一定程度下降，SMI 方法仍保持了较好的性能，其原因是 SMI 方法的权值经过样本训练得到，而 CSBSM 方法仅利用了待检测样本。③MWF 方法利用杂波协方差矩阵的低秩特性进行了自适应降维处理，虽然其性能比 SMI 方法和 CSBSM 方法略差，但运算量相对更低。④从空时自适应方向图角度看，三种方法均在干扰方向形成了深凹口，在杂波脊上 SMI 方法和 CSBSM 方法凹口较深，MWF 方法凹口不明显；当 $\beta=1.2$ 时，CSBSM 方法的杂波凹口较宽，导致其 SCNR 损失在零多普勒频率处性能下降明显，如图 20.16(b)所示。⑤如图 20.17 所示，各方法的检测性能曲线关系与 SCNR 损失类似，其中 CSBSM 方法具有相对更优的检测性能。

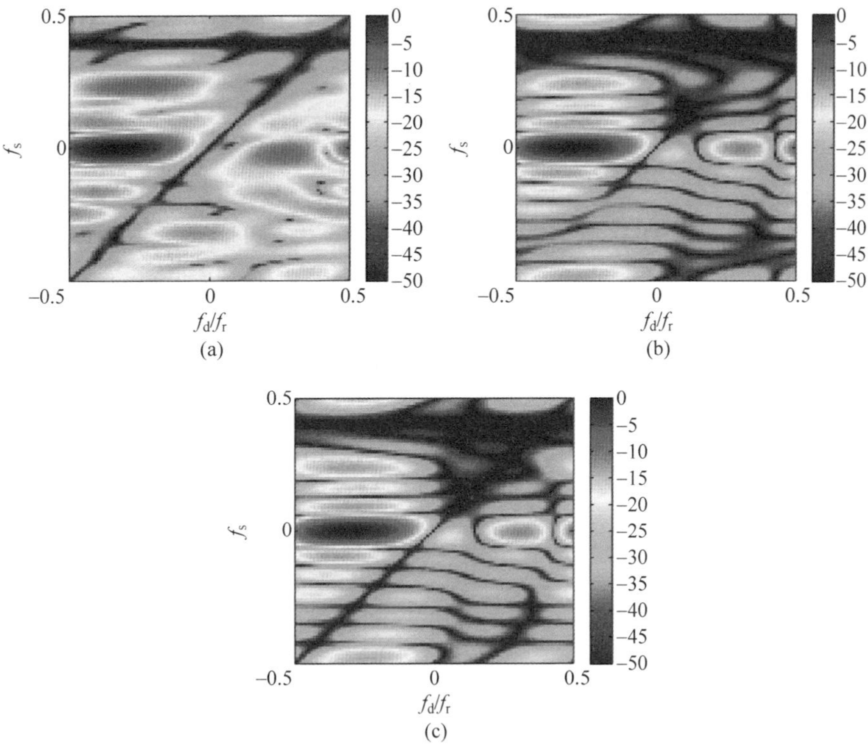

图 20.14　均匀杂波环境下的空时自适应方向图($\beta=1$)

(a) SMI 方法；(b) MWF 方法；(c) CSBSM 方法

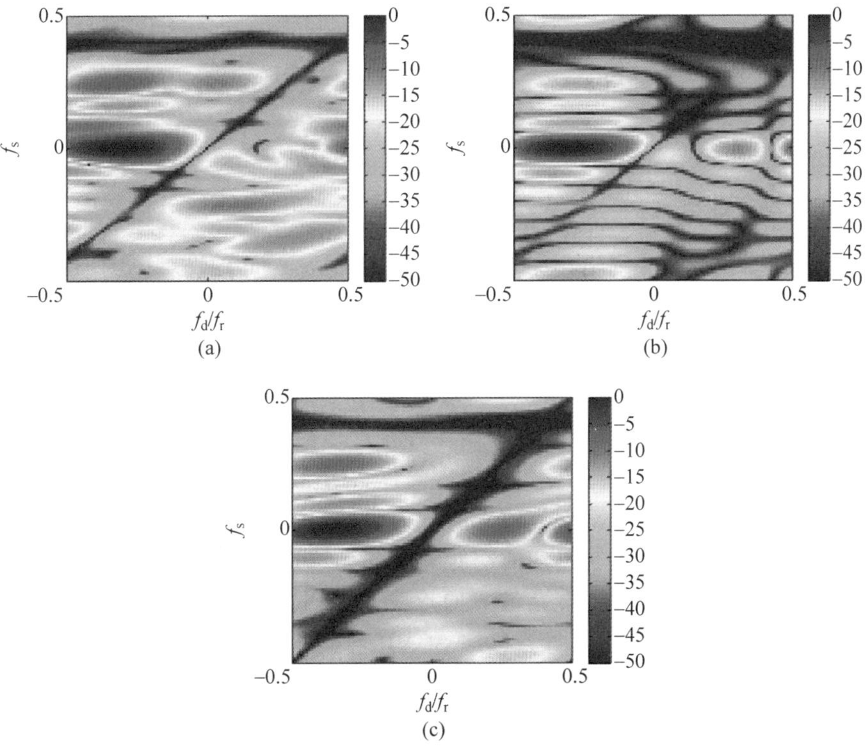

图 20.15　均匀杂波环境下的空时自适应方向图($\beta=1.2$)

(a) SMI 方法；(b) MWF 方法；(c) CSBSM 方法

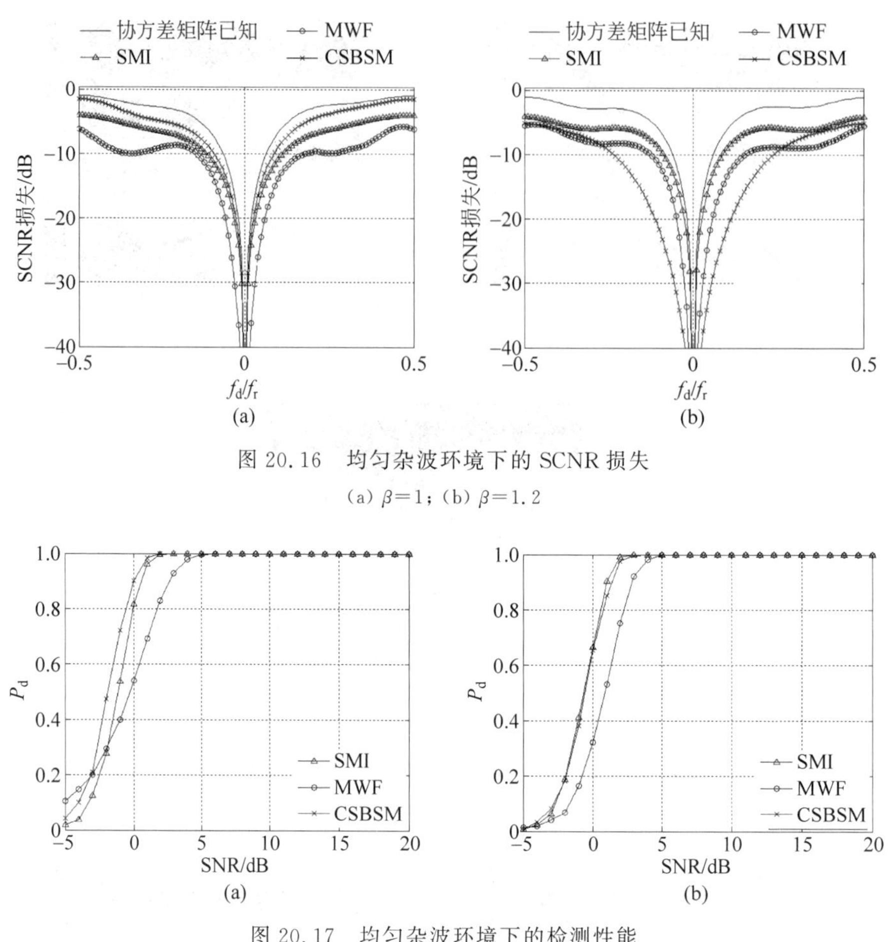

图 20.16 均匀杂波环境下的 SCNR 损失

(a) $\beta=1$；(b) $\beta=1.2$

图 20.17 均匀杂波环境下的检测性能

(a) $\beta=1$；(b) $\beta=1.2$

3. 非均匀杂波环境

图 20.18 和图 20.19 分别给出了非均匀杂波环境下不同 β 值对应的空时自适应方向图，图 20.20 和图 20.21 分别给出了不同方法的 SCNR 损失和检测性能。从图中可以看出：①相对于均匀杂波环境，在非均匀杂波环境下三种方法的性能均存在一定程度的下降，其中 SMI 方法下降更为明显，其原因是 SMI 方法首先通过就近邻准则估计全维的杂波干扰协方差矩阵，而在非均匀环境下该协方差矩阵是严重有偏的。②CSBSM 方法在 $\beta=1$ 时性能几乎与均匀杂波环境相同，其原因是该方法仅利用了单个样本，对非均匀杂波的稳健性较强。③CSBSM 方法在 $\beta=1.2$ 时性能下降较为明显，其原因是当 β 为非整数时，经过凝聚处理后的空时独立采样点位置与真实的空时等效阵元位置存在一定程度偏差，虽然基于构造杂波协方差矩阵的空时滤波器在杂波方向形成了深凹口，如图 20.19(c)所示，但是该凹口与真实杂波位置未能完全匹配，导致输出 SCNR 性能下降。本节实验中由于选取了合适的分解级数，因此 MWF 方法在 $\beta=1.2$ 时的 SCNR 损失小于 SMI 方法和 CSBSM 方法。④在非均匀杂波环境下当 $\beta=1.2$ 时，SMI 方法的检测性能最差，例如，当检测概率为 90%时，SMI 方法对应的 SNR 为 13 dB，而 MWF 方法和 CSBSM 方法对应的 SNR 分别仅为 0 dB 和 1 dB。

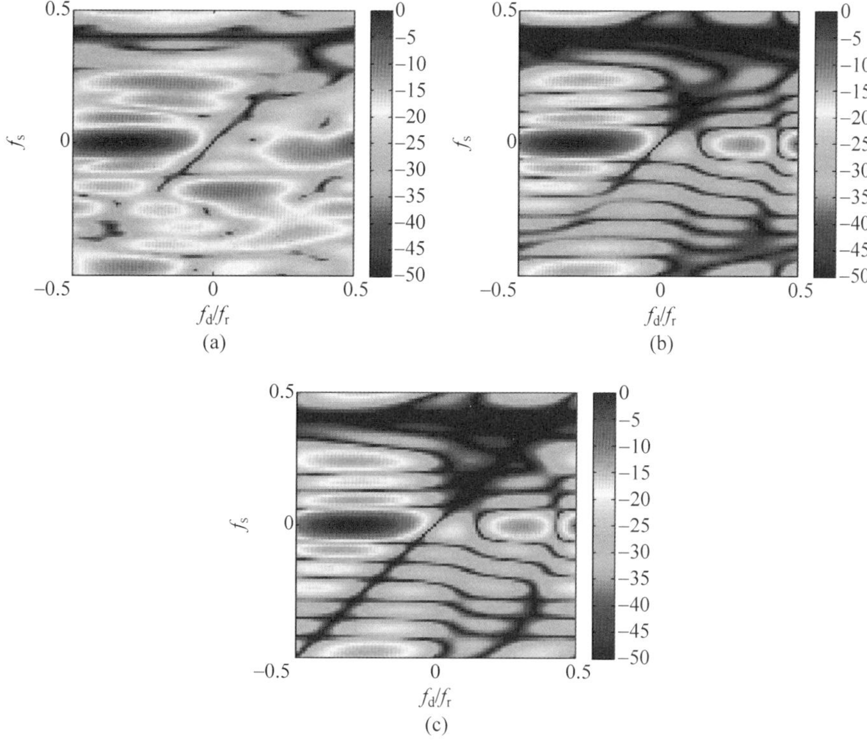

图 20.18　非均匀杂波环境下的空时自适应方向图($\beta=1$)

(a) SMI 方法；(b) MWF 方法；(c) CSBSM 方法

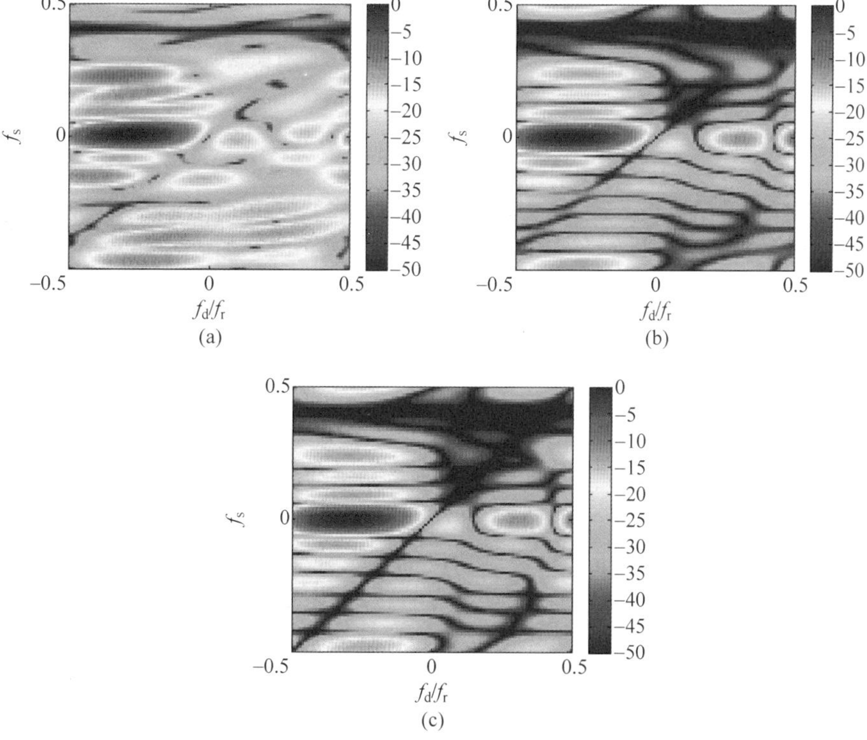

图 20.19　非均匀杂波环境下的空时自适应方向图($\beta=1.2$)

(a) SMI 方法；(b) MWF 方法；(c) CSBSM 方法

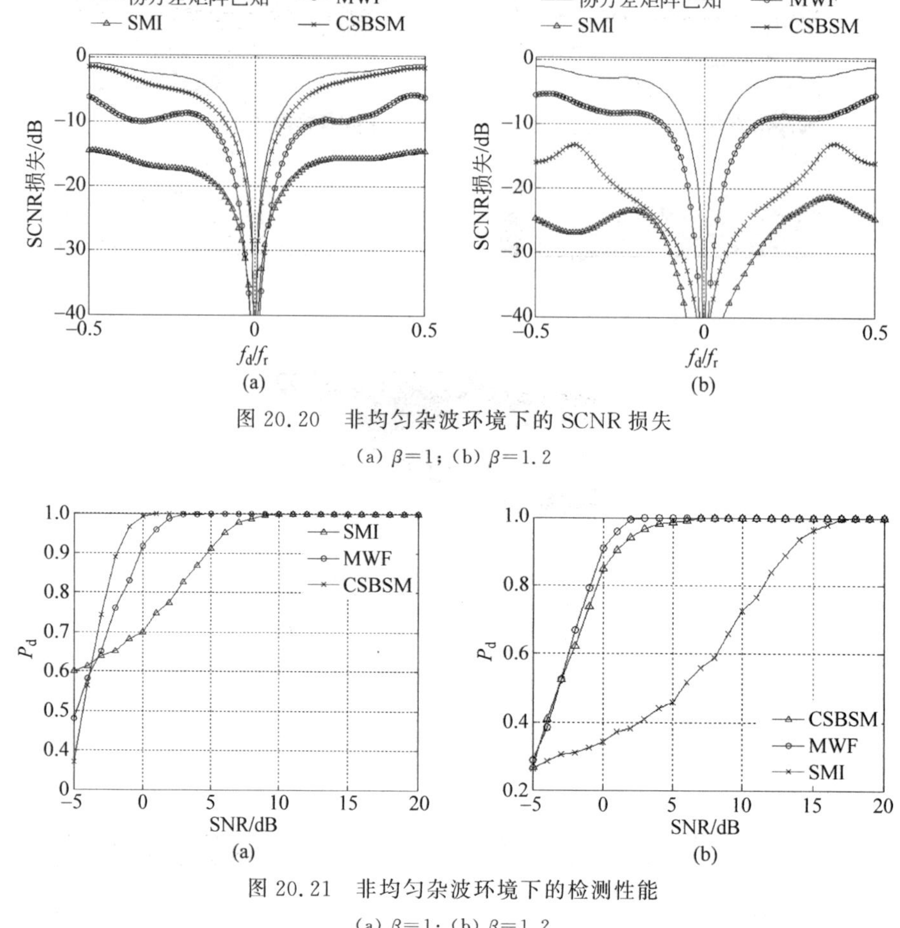

图 20.20 非均匀杂波环境下的 SCNR 损失

(a) $\beta=1$；(b) $\beta=1.2$

图 20.21 非均匀杂波环境下的检测性能

(a) $\beta=1$；(b) $\beta=1.2$

20.7 小结

本章首先建立了机载 MIMO 雷达回波信号模型，包括目标、杂波、干扰和噪声，分别从 SNR、空域自由度和空间分辨率等方面比较了机载 MIMO 雷达和传统机载 SIMO 雷达的性能；然后提出了一种基于 BT 理论的机载 MIMO 雷达杂波自由度估计准则，该准则不仅可以实现对均匀密集阵和非均匀稀疏阵情况下杂波自由度的准确估计，还可以对传统机载 SIMO 雷达的杂波自由度进行估计；最后提出了一种机载 MIMO 雷达空时自适应杂波抑制方法，即 CSBSM 方法。该方法利用了杂波协方差矩阵的低秩特性，基于空时采样矩阵构造杂波协方差矩阵，并通过空时滑窗处理对杂波功率进行估计。在非均匀杂波环境下 CSBSM 方法仅需要单个样本即可实现对杂波的有效抑制。同时，由于空时采样矩阵和独立采样点位置可离线计算，因此 CSBSM 方法的运算量较小。

对于密集非均匀阵情况，随着参数 β 进一步偏离整数，等效阵元的位置将远离半波长整数倍，此时凝聚后的独立采样点位置与等效阵元位置之间的偏差较大，导致构造的杂波协方差矩阵严重有偏，CSBSM 方法性能下降明显。因此，在实际工程中，本章所提方法的适用场景为参数 β 为整数或接近整数的情况。

第21章

机载雷达空时自适应单脉冲估计

机载雷达的基本功能是发现目标并对目标的参数进行测量,即信号检测与参数估计。其中,信号检测是在杂波和噪声背景中确定目标信号是否存在,通常通过本书前述的杂波抑制技术结合恒虚警率检测(CFAR)技术来实现。在确定目标存在的基础上,还需要对目标信号的参数进行估计。参数估计的对象包括目标的距离、角度和多普勒频率等。本章主要研究对目标角度和多普勒频率的估计问题,由于从参数估计的角度看,角度参数估计和多普勒频率参数估计的方式是一样的,因此本章将其统称为角度估计。

通常情况下,可以将机载雷达波束指向作为目标所在方向,输出功率最大的多普勒滤波器的中心频率作为目标的多普勒频率,其参数估计精度由波束宽度和相干积累时间决定。在实际工程中该方法的参数估计精度较差,通常无法满足需求。目前,角度估计主要有两种思路:一是最大似然(maximum likelihood,ML)方法[104],二是单脉冲估计方法[198,199]。ML 估计是一种最优估计,理论上可以达到克拉美-罗界[200],但其运算量过大,不易实现。因此,实际工程中一般采用运算量较小的单脉冲方法,其本质上是 ML 估计的近似[201]。单脉冲估计方法同时形成多个接收波束,通过比较单个回波信号在多个接收波束的响应获得目标角度参数。常用的单脉冲方法为和差比幅法。通过计算差和比,并比对单脉冲曲线,即可获得目标偏离波束指向的偏角信息。单脉冲方法能够利用单个回波脉冲进行角度估计并在分辨力上突破波束宽度的限制。

在杂波和干扰环境下,传统单脉冲估计方法的和差权值为自适应权值,该方法虽然能够在目标位于副瓣杂波区时保持相对较好的估计性能,但当目标落入主瓣杂波区时,其估计性能将严重下降。为了在抑制主瓣杂波的同时保持较好的角度估计性能,在传统单脉冲估计方法的基础上,学者们相继提出了多种改进的自适应单脉冲方法。Fante[202]提出了基于空域多点约束的STAP单脉冲方法，通过约束自适应差波束使得单脉冲比曲线尽可能与静态单脉冲比保持一致，在一定程度上改善了单脉冲曲线的失真问题。陈功等[203]和李永伟等[204]将该思想分别拓展到方位-多普勒频率二维约束和方位-俯仰-多普勒频率三维约束，进一步提升了测角性能。但是上述方法均未考虑多参数估计之间存在的相互耦合问题。许京伟等[205]提出了基于和差波束同时约束的自适应单脉冲方法，该方法首先对和波束进行空时约束，确保在杂波和干扰环境下和波束不失真；然后对差波束进行多点约束，一方面确保差波束为和波束的导数，另一方面消除多普勒频率与角度估计之间的耦合性，通过上述约束显著改善了干扰目标环境下的角度估计性能。但该方法存在的问题是在主瓣杂波区由于对和波束的强制约束以及约束对系统自由度的消耗，导致杂波抑制性能存在一定程度下降。此外，Nickel[201]提出了广义单脉冲估计方法，即在经典单脉冲估计方法的基础上，通过斜率修正矩阵和单脉冲比修正因子实现对参数的精确估计。该方法一方面缓解了差波束必须是和波束导数的苛刻要求，另一方面解决了多参数估计之间的耦合问题。但是该方法存在的问题是在杂波和强干扰环境下性能下降明显。

针对上述问题，本章提出一种基于多差波束的自适应迭代单脉冲参数估计方法[206]。该方法的特点包括：①通过导数约束和零点约束确保最优的差波束；②同时利用多个差波束以降低噪声信号的随机性导致的参数估计误差；③通过自适应迭代方式进一步提高参数估计精度。

21.1 最大似然估计

假设在无杂波背景下，机载雷达回波信号为

$$\boldsymbol{X}=a\boldsymbol{S}(\theta,f_{\mathrm{d}})+\boldsymbol{n} \tag{21.1}$$

其中，$\boldsymbol{S}(\theta,f_{\mathrm{d}})$表示目标信号；$a$ 表示目标幅度；θ 和 f_{d} 分别表示目标所在角度和多普勒频率；$\boldsymbol{n}$ 表示噪声信号。假设噪声功率为 σ^2，接收空域通道数和时域相干积累脉冲数分别为 N 和 K，则在高斯白噪声背景下，机载雷达回波信号的条件概率密度函数为

$$p(\boldsymbol{X}\mid a,\theta,f_{\mathrm{d}})=[1/(\pi\sigma^2)^{NK}]\exp\left[-\frac{1}{\sigma^2}(\boldsymbol{X}-a\boldsymbol{S}(\theta,f_{\mathrm{d}}))^{\mathrm{H}}(\boldsymbol{X}-a\boldsymbol{S}(\theta,f_{\mathrm{d}}))\right] \tag{21.2}$$

考虑到指数函数的单调性，式(21.2)最大等价于使指数项最大，即

$$\max_{a,\theta,f_{\mathrm{d}}}-\frac{1}{\sigma^2}(\boldsymbol{X}-a\boldsymbol{S}(\theta,f_{\mathrm{d}}))^{\mathrm{H}}(\boldsymbol{X}-a\boldsymbol{S}(\theta,f_{\mathrm{d}})) \tag{21.3}$$

为了得到角度估计值，必须先对幅度进行估计。由式(21.3)可得信号幅度的最大似然估计为

$$\hat{a}=\frac{\boldsymbol{S}^{\mathrm{H}}(\theta,f_{\mathrm{d}})\boldsymbol{X}}{\boldsymbol{S}^{\mathrm{H}}(\theta,f_{\mathrm{d}})\boldsymbol{S}(\theta,f_{\mathrm{d}})} \tag{21.4}$$

上式表示传统和波束在(θ,f_{d})方向的归一化输出。将上式代入式(21.3)可得在幅度参数最大似然估计情况下，需使得

$$\max_{\theta,f_{\mathrm{d}}}\mid\boldsymbol{S}^{\mathrm{H}}(\theta,f_{\mathrm{d}})\boldsymbol{X}\mid^2 \tag{21.5}$$

上式表示回波信号的功率谱。值得注意的是，由于回波功率谱是角度参数的非线性函数，所以式(21.5)的求解过程十分复杂。

21.2　经典单脉冲估计与最大似然估计的关系

单脉冲估计是一种易于工程实现的角度估计方法，本质上是雷达的多波束测角，而最大似然估计是统计理论中对非随机参量的最优估计。

令 $F(\theta,f_{\mathrm{d}})=\ln|\boldsymbol{S}^{\mathrm{H}}(\theta,f_{\mathrm{d}})\boldsymbol{X}|^2$，则 $F(\theta,f_{\mathrm{d}})$ 对 (θ,f_{d}) 的导数的一阶泰勒近似为

$$\begin{pmatrix} F_\theta \\ F_{f_{\mathrm{d}}} \end{pmatrix}_{(\theta_0,f_{\mathrm{d0}})} \approx \begin{pmatrix} F_\theta \\ F_{f_{\mathrm{d}}} \end{pmatrix}_{(\theta_{\mathrm{t}},f_{\mathrm{dt}})} + \begin{pmatrix} F_{\theta,\theta} & F_{\theta,f_{\mathrm{d}}} \\ F_{f_{\mathrm{d}},\theta} & F_{f_{\mathrm{d}},f_{\mathrm{d}}} \end{pmatrix}_{(\theta_{\mathrm{t}},f_{\mathrm{dt}})} \begin{pmatrix} \theta_0-\theta_{\mathrm{t}} \\ f_{\mathrm{d0}}-f_{\mathrm{dt}} \end{pmatrix} \tag{21.6}$$

其中，F_θ 和 $F_{f_{\mathrm{d}}}$ 分别表示 F 对 θ 和 f_{d} 的一阶导数；$F_{\theta,\theta}$、$F_{\theta,f_{\mathrm{d}}}$、$F_{f_{\mathrm{d}},\theta}$ 和 $F_{f_{\mathrm{d}},f_{\mathrm{d}}}$ 表示对相应参数的二阶导数；θ_0 和 f_{d0} 表示雷达波束指向对应的角度和目标所在多普勒滤波器的中心多普勒频率；θ_{t} 和 f_{dt} 表示目标信号的角度和多普勒频率。

由于在目标位置处 $F(\theta,f_{\mathrm{d}})$ 达到最大值，则式(21.6)右侧第一项为零，因此

$$\begin{pmatrix} \hat{\theta}_{\mathrm{t}} \\ \hat{f}_{\mathrm{dt}} \end{pmatrix} \approx \begin{pmatrix} \theta_0 \\ f_{\mathrm{d0}} \end{pmatrix} - \begin{pmatrix} F_{\theta,\theta} & F_{\theta,f_{\mathrm{d}}} \\ F_{f_{\mathrm{d}},\theta} & F_{f_{\mathrm{d}},f_{\mathrm{d}}} \end{pmatrix}^{-1}_{(\theta_{\mathrm{t}},f_{\mathrm{dt}})} \begin{pmatrix} F_\theta \\ F_{f_{\mathrm{d}}} \end{pmatrix}_{(\theta_0,f_{\mathrm{d0}})} \tag{21.7}$$

其中

$$F_\theta = 2\mathrm{Re}\left(\frac{\boldsymbol{S}_\theta^{\mathrm{H}}\boldsymbol{X}}{\boldsymbol{S}^{\mathrm{H}}\boldsymbol{X}}\right) \tag{21.8}$$

$$F_{f_{\mathrm{d}}} = 2\mathrm{Re}\left(\frac{\boldsymbol{S}_{f_{\mathrm{d}}}^{\mathrm{H}}\boldsymbol{X}}{\boldsymbol{S}^{\mathrm{H}}\boldsymbol{X}}\right) \tag{21.9}$$

因为 $\boldsymbol{S}_\theta$ 和 $\boldsymbol{S}_{f_{\mathrm{d}}}$ 分别表示一种角度差波束和多普勒差波束形式，则 $\mathrm{Re}\left(\frac{\boldsymbol{S}_\theta^{\mathrm{H}}\boldsymbol{X}}{\boldsymbol{S}^{\mathrm{H}}\boldsymbol{X}}\right)$ 和 $\mathrm{Re}\left(\frac{\boldsymbol{S}_{f_{\mathrm{d}}}^{\mathrm{H}}\boldsymbol{X}}{\boldsymbol{S}^{\mathrm{H}}\boldsymbol{X}}\right)$ 即为单脉冲比，因此式(21.7)为单脉冲估计公式。

需要指出的是，在高信噪比情况下，式(21.7)中的二阶导数项仅与天线方向图有关，而与回波幅度无关。因此对于均匀平面阵天线，$F_{\theta,f_{\mathrm{d}}}=0$，$F_{f_{\mathrm{d}},\theta}=0$，则可以得到解耦后的参数估计公式如下：

$$\hat{\theta}_{\mathrm{t}} \approx \theta_0 - \frac{1}{F_{\theta,\theta(\theta_{\mathrm{t}},f_{\mathrm{dt}})}} F_{\theta(\theta_0,f_{\mathrm{d0}})} \tag{21.10}$$

$$\hat{f}_{\mathrm{dt}} \approx f_{\mathrm{d0}} - \frac{1}{F_{f_{\mathrm{dt}},f_{\mathrm{dt}}(\theta_{\mathrm{t}},f_{\mathrm{dt}})}} F_{f_{\mathrm{d}}(\theta_0,f_{\mathrm{d0}})} \tag{21.11}$$

式(21.10)和式(21.11)即为经典单脉冲估计公式，其中 $F_{\theta,\theta(\theta_{\mathrm{t}},f_{\mathrm{dt}})}$ 和 $F_{f_{\mathrm{dt}},f_{\mathrm{dt}}(\theta_{\mathrm{t}},f_{\mathrm{dt}})}$ 分别表示角度和多普勒频率对应的单脉冲斜率。

由以上结果可以看出，经典单脉冲估计可以由最大似然估计在一定条件下推导得到，其本质上是最大似然估计的一阶泰勒近似。

21.3 广义单脉冲估计

在实际情况下,差波束与和波束之间通常不满足导数关系,且天线不一定为均匀平面阵天线,导致经典单脉冲估计性能下降,此时基于和差波束的广义单脉冲估计公式为[201]

$$\begin{pmatrix} \hat{\theta}_{\mathrm{t}} \\ \hat{f}_{\mathrm{dt}} \end{pmatrix} = \begin{pmatrix} \theta_0 \\ f_{\mathrm{d0}} \end{pmatrix} - \begin{pmatrix} c_{\theta,\theta} & c_{\theta,f_{\mathrm{d}}} \\ c_{f_{\mathrm{d}},\theta} & c_{f_{\mathrm{d}},f_{\mathrm{d}}} \end{pmatrix}^{-1} \begin{pmatrix} r_\theta - \mu_\theta \\ r_{f_{\mathrm{d}}} - \mu_{f_{\mathrm{d}}} \end{pmatrix} \tag{21.12}$$

其中单脉冲比为

$$r_\theta = \mathrm{Re}\left(\frac{\boldsymbol{W}_{\Delta\theta}^{\mathrm{H}}\boldsymbol{X}}{\boldsymbol{W}_{\Sigma}^{\mathrm{H}}\boldsymbol{X}}\right), \quad r_{f_{\mathrm{d}}} = \mathrm{Re}\left(\frac{\boldsymbol{W}_{\Delta f_{\mathrm{d}}}^{\mathrm{H}}\boldsymbol{X}}{\boldsymbol{W}_{\Sigma}^{\mathrm{H}}\boldsymbol{X}}\right) \tag{21.13}$$

式中,$\boldsymbol{W}_{\Delta\theta}$ 和 $\boldsymbol{W}_{\Delta f_{\mathrm{d}}}$ 分别表示角度域和多普勒频率域差波束权值;$\boldsymbol{W}_{\Sigma}$ 表示和波束权值。

单脉冲比修正因子为

$$\mu_\theta = \mathrm{Re}\left[\frac{\boldsymbol{W}_{\Delta\theta}^{\mathrm{H}}\boldsymbol{S}(\theta_0, f_{\mathrm{d0}})}{\boldsymbol{W}_{\Sigma}^{\mathrm{H}}\boldsymbol{S}(\theta_0, f_{\mathrm{d0}})}\right], \quad \mu_{f_{\mathrm{d}}} = \mathrm{Re}\left[\frac{\boldsymbol{W}_{\Delta f_{\mathrm{d}}}^{\mathrm{H}}\boldsymbol{S}(\theta_0, f_{\mathrm{d0}})}{\boldsymbol{W}_{\Sigma}^{\mathrm{H}}\boldsymbol{S}(\theta_0, f_{\mathrm{d0}})}\right] \tag{21.14}$$

斜率修正矩阵的逆矩阵的元素为

$$\begin{aligned} c_{\theta,\theta} &= E\left(\frac{\partial r_\theta}{\partial \theta}\right)_{(\theta_0, f_{\mathrm{d0}})} \\ &\approx \frac{\mathrm{Re}[\boldsymbol{W}_{\Delta\theta}^{\mathrm{H}}\boldsymbol{S}_\theta(\theta_0, f_{\mathrm{d0}})\boldsymbol{S}^{\mathrm{H}}(\theta_0, f_{\mathrm{d0}})\boldsymbol{W}_{\Sigma} + \boldsymbol{W}_{\Delta\theta}^{\mathrm{H}}\boldsymbol{S}(\theta_0, f_{\mathrm{d0}})\boldsymbol{S}_\theta^{\mathrm{H}}(\theta_0, f_{\mathrm{d0}})\boldsymbol{W}_{\Sigma}]}{|\boldsymbol{W}_{\Sigma}^{\mathrm{H}}\boldsymbol{S}(\theta_0, f_{\mathrm{d0}})|^2} - \\ &\quad \mu_\theta \cdot 2\mathrm{Re}\left[\frac{\boldsymbol{W}_{\Sigma}^{\mathrm{H}}\boldsymbol{S}_\theta(\theta_0, f_{\mathrm{d0}})}{\boldsymbol{W}_{\Sigma}^{\mathrm{H}}\boldsymbol{S}(\theta_0, f_{\mathrm{d0}})}\right] \end{aligned} \tag{21.15}$$

$$\begin{aligned} c_{\theta,f_{\mathrm{d}}} &= E\left(\frac{\partial r_\theta}{\partial f_{\mathrm{d}}}\right)_{(\theta_0, f_{\mathrm{d0}})} \\ &\approx \frac{\mathrm{Re}[\boldsymbol{W}_{\Delta\theta}^{\mathrm{H}}\boldsymbol{S}_{f_{\mathrm{d}}}(\theta_0, f_{\mathrm{d0}})\boldsymbol{S}^{\mathrm{H}}(\theta_0, f_{\mathrm{d0}})\boldsymbol{W}_{\Sigma} + \boldsymbol{W}_{\Delta\theta}^{\mathrm{H}}\boldsymbol{S}(\theta_0, f_{\mathrm{d0}})\boldsymbol{S}_{f_{\mathrm{d}}}^{\mathrm{H}}(\theta_0, f_{\mathrm{d0}})\boldsymbol{W}_{\Sigma}]}{|\boldsymbol{W}_{\Sigma}^{\mathrm{H}}\boldsymbol{S}(\theta_0, f_{\mathrm{d0}})|^2} - \\ &\quad \mu_\theta \cdot 2\mathrm{Re}\left[\frac{\boldsymbol{W}_{\Sigma}^{\mathrm{H}}\boldsymbol{S}_{f_{\mathrm{d}}}(\theta_0, f_{\mathrm{d0}})}{\boldsymbol{W}_{\Sigma}^{\mathrm{H}}\boldsymbol{S}(\theta_0, f_{\mathrm{d0}})}\right] \end{aligned} \tag{21.16}$$

$$\begin{aligned} c_{f_{\mathrm{d}},\theta} &= E\left(\frac{\partial r_{f_{\mathrm{d}}}}{\partial \theta}\right)_{(\theta_0, f_{\mathrm{d0}})} \\ &\approx \frac{\mathrm{Re}[\boldsymbol{W}_{\Delta f_{\mathrm{d}}}^{\mathrm{H}}\boldsymbol{S}_\theta(\theta_0, f_{\mathrm{d0}})\boldsymbol{S}^{\mathrm{H}}(\theta_0, f_{\mathrm{d0}})\boldsymbol{W}_{\Sigma} + \boldsymbol{W}_{\Delta f_{\mathrm{d}}}^{\mathrm{H}}\boldsymbol{S}(\theta_0, f_{\mathrm{d0}})\boldsymbol{S}_\theta^{\mathrm{H}}(\theta_0, f_{\mathrm{d0}})\boldsymbol{W}_{\Sigma}]}{|\boldsymbol{W}_{\Sigma}^{\mathrm{H}}\boldsymbol{S}(\theta_0, f_{\mathrm{d0}})|^2} - \\ &\quad \mu_{f_{\mathrm{d}}} \cdot 2\mathrm{Re}\left[\frac{\boldsymbol{W}_{\Sigma}^{\mathrm{H}}\boldsymbol{S}_\theta(\theta_0, f_{\mathrm{d0}})}{\boldsymbol{W}_{\Sigma}^{\mathrm{H}}\boldsymbol{S}(\theta_0, f_{\mathrm{d0}})}\right] \end{aligned} \tag{21.17}$$

$$c_{f_{\mathrm{d}},f_{\mathrm{d}}} = E\left(\frac{\partial r_{f_{\mathrm{d}}}}{\partial f_{\mathrm{d}}}\right)_{(\theta_0, f_{\mathrm{d0}})}$$

$$\approx \frac{\mathrm{Re}[\boldsymbol{W}_{\Delta f_d}^{\mathrm{H}} \boldsymbol{S}_{f_d}(\theta_0, f_{d0}) \boldsymbol{S}^{\mathrm{H}}(\theta_0, f_{d0}) \boldsymbol{W}_{\Sigma} + \boldsymbol{W}_{\Delta f_d}^{\mathrm{H}} \boldsymbol{S}(\theta_0, f_{d0}) \boldsymbol{S}_{f_d}^{\mathrm{H}}(\theta_0, f_{d0}) \boldsymbol{W}_{\Sigma}]}{|\boldsymbol{W}_{\Sigma}^{\mathrm{H}} \boldsymbol{S}(\theta_0, f_{d0})|^2} -$$

$$\mu_{f_d} \cdot 2\mathrm{Re}\left[\frac{\boldsymbol{W}_{\Sigma}^{\mathrm{H}} \boldsymbol{S}_{f_d}(\theta_0, f_{d0})}{\boldsymbol{W}_{\Sigma}^{\mathrm{H}} \boldsymbol{S}(\theta_0, f_{d0})}\right] \tag{21.18}$$

对于广义单脉冲估计方法，在纯噪声背景下可以预先计算得到各个目标位置的斜率修正矩阵和单脉冲比修正因子，在实际中结合当前计算得到的单脉冲比与预先存储的参数即可得到待估计的参数值。但是在实际机载雷达环境中，和差波束对应的自适应权值通常与回波数据有关，导致斜率修正矩阵和单脉冲比修正因子也与数据相关，因此各参数无法预先进行存储。

在忽略常系数的前提下，式(21.13)中杂波环境下的自适应和差权值形式为

$$\boldsymbol{W}_{\Sigma} = \hat{\boldsymbol{R}}^{-1}(\boldsymbol{S} \odot \boldsymbol{t}_{d\Sigma}) \tag{21.19}$$

$$\boldsymbol{W}_{\Delta\theta} = \hat{\boldsymbol{R}}^{-1}(\boldsymbol{S} \odot \boldsymbol{t}_{d\Delta\theta}) \tag{21.20}$$

$$\boldsymbol{W}_{\Delta f_d} = \hat{\boldsymbol{R}}^{-1}(\boldsymbol{S} \odot \boldsymbol{t}_{d\Delta f_d}) \tag{21.21}$$

其中，$\boldsymbol{t}_{d\Sigma}$ 表示角度和多普勒域均加切比雪夫锥销；$\boldsymbol{t}_{d\Delta\theta}$ 表示角度域加贝利斯锥销，多普勒域加切比雪夫锥销；$\boldsymbol{t}_{d\Delta f_d}$ 表示角度域加切比雪夫锥销，多普勒域加贝利斯锥销。

21.4 约束类单脉冲估计

当目标位于无杂波区时，经典单脉冲估计和广义单脉冲估计具有相对较好的参数估计性能。但当目标位于主瓣杂波或者干扰附近时，由于杂波和干扰凹口的形成使自适应和差方向图畸变，导致单脉冲比与角度偏差之间的关系为非线性，其估计性能将严重下降。针对该问题，约束类单脉冲估计方法通过对和差权值进行强制约束，改善了单脉冲比曲线的失真问题。

约束类单脉冲估计方法分为两类。第一类是分别在角度域[202]、空时二维域[203]和方位-俯仰-多普勒三维域[204]对差权进行约束，目的是确保约束点处的差和单脉冲比为常数。该类方法的缺点是仅保证了有限个约束点处的参数估计性能，而且如果约束点过多，则会消耗大量的系统自由度，导致杂波抑制性能下降。此外，该类方法未考虑多参数估计之间的耦合问题。第二类是文献[205]提出的自适应单脉冲估计方法，该方法的特点是一方面对自适应和波束进行约束，确保其在杂波附近保形；另一方面对自适应差波束进行约束，确保差波束为和波束的导数且零点对准波束指向。该类方法的缺点是由于增加了对和波束的保形约束，导致应该形成的杂波凹口无法形成，在主瓣杂波区附近的杂波抑制性能下降明显。

21.5 基于多差波束的自适应迭代单脉冲估计方法

通过上述分析可知，经典单脉冲估计、广义单脉冲估计和约束类单脉冲估计各有优缺点。此外，噪声信号的随机性导致单脉冲测角结果不可避免地存在一定的测量误差；实际中的差波束与和波束之间不一定满足严格的导数关系。针对上述问题，本章提出一种基于多差波束的自适应迭代单脉冲估计方法[206]。该方法首先在现有角度和多普勒差波束的基

础上构建两个虚拟的差波束；其次通过导数约束和零点约束确保所形成的差波束为最优差波束；再次利用广义单脉冲法进行参数估计，解决多参数估计之间存在的相互耦合问题；最后通过自适应迭代方式进一步提高目标参数的估计精度。

21.5.1 基本原理

1. 虚拟差波束构造

我们在原有的角度和多普勒频率域差波束基础上，进一步增加两个虚拟差波束，位于$(\theta',f'_{\mathrm{d}})$域，四个差波束相位之间相差45°，如图21.1所示。

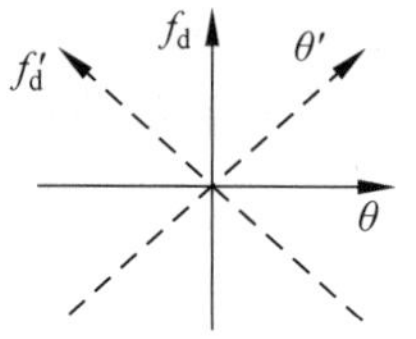

图21.1 四个差波束的位置示意图

2. 最优差波束形成

由式(21.8)和式(21.9)可知，从最大似然估计的角度看，最优差波束应为和波束的导数，同时在主波束指向处增益为零。本方法中的(θ,f_{d})域差波束对应的数学表达式为

$$\min_{\boldsymbol{W}_{\Delta\theta}} \boldsymbol{W}_{\Delta\theta}^{\mathrm{H}}\hat{\boldsymbol{R}}\boldsymbol{W}_{\Delta\theta} \quad \text{s. t.} \quad \begin{cases} \boldsymbol{W}_{\Delta\theta}^{\mathrm{H}}\boldsymbol{S}_{\theta}(\theta_0,f_{\mathrm{d0}})=1 \\ \boldsymbol{W}_{\Delta\theta}^{\mathrm{H}}\boldsymbol{S}(\theta_0,f_{\mathrm{d0}})=0 \end{cases} \tag{21.22}$$

$$\min_{\boldsymbol{W}_{\Delta f_{\mathrm{d}}}} \boldsymbol{W}_{\Delta f_{\mathrm{d}}}^{\mathrm{H}}\hat{\boldsymbol{R}}\boldsymbol{W}_{\Delta f_{\mathrm{d}}} \quad \text{s. t.} \quad \begin{cases} \boldsymbol{W}_{\Delta f_{\mathrm{d}}}^{\mathrm{H}}\boldsymbol{S}_{f_{\mathrm{d}}}(\theta_0,f_{\mathrm{d0}})=1 \\ \boldsymbol{W}_{\Delta f_{\mathrm{d}}}^{\mathrm{H}}\boldsymbol{S}(\theta_0,f_{\mathrm{d0}})=0 \end{cases} \tag{21.23}$$

可以求得

$$\boldsymbol{W}_{\Delta\theta}=\hat{\boldsymbol{R}}^{-1}\boldsymbol{H}_{\Delta\theta}(\boldsymbol{H}_{\Delta\theta}^{\mathrm{H}}\hat{\boldsymbol{R}}^{-1}\boldsymbol{H}_{\Delta\theta})^{-1}\boldsymbol{\rho} \tag{21.24}$$

$$\boldsymbol{W}_{\Delta f_{\mathrm{d}}}=\hat{\boldsymbol{R}}^{-1}\boldsymbol{H}_{\Delta f_{\mathrm{d}}}(\boldsymbol{H}_{\Delta f_{\mathrm{d}}}^{\mathrm{H}}\hat{\boldsymbol{R}}^{-1}\boldsymbol{H}_{\Delta f_{\mathrm{d}}})^{-1}\boldsymbol{\rho} \tag{21.25}$$

其中

$$\boldsymbol{H}_{\Delta\theta}=[\boldsymbol{S}_{\theta}(\theta_0,f_{\mathrm{d0}}) \quad \boldsymbol{S}(\theta_0,f_{\mathrm{d0}})] \tag{21.26}$$

$$\boldsymbol{H}_{\Delta f_{\mathrm{d}}}=[\boldsymbol{S}_{f_{\mathrm{d}}}(\theta_0,f_{\mathrm{d0}}) \quad \boldsymbol{S}(\theta_0,f_{\mathrm{d0}})] \tag{21.27}$$

$$\boldsymbol{\rho}=[1 \quad 0]^{\mathrm{T}} \tag{21.28}$$

$(\theta',f'_{\mathrm{d}})$域最优差波束的数学表达式与式(21.24)和式(21.25)类似，唯一的区别是空时导向矢量分别对θ'和f'_{d}求导。

3. 基于多差波束的广义单脉冲估计

基于多差波束的广义单脉冲估计公式为

$$\begin{pmatrix}\hat{\theta}_{\mathrm{t}} \\ \hat{f}_{\mathrm{dt}}\end{pmatrix}=\begin{pmatrix}\theta_0 \\ f_{\mathrm{d0}}\end{pmatrix}-\boldsymbol{C}\begin{pmatrix} r_{\theta}-\mu_{\theta} \\ r_{f_{\mathrm{d}}}-\mu_{f_{\mathrm{d}}} \\ r_{\theta'}-\mu_{\theta'} \\ r_{f'_{\mathrm{d}}}-\mu_{f'_{\mathrm{d}}} \end{pmatrix} \tag{21.29}$$

其中斜率修正矩阵由下式求得：

$$\boldsymbol{C}\begin{bmatrix} E\left(\dfrac{\partial r_{\theta}}{\partial \theta}\right) & E\left(\dfrac{\partial r_{\theta}}{\partial f_{\mathrm{d}}}\right) & E\left(\dfrac{\partial r_{\theta}}{\partial \theta'}\right) & E\left(\dfrac{\partial r_{\theta}}{\partial f'_{\mathrm{d}}}\right) \\ E\left(\dfrac{\partial r_{f_{\mathrm{d}}}}{\partial \theta}\right) & E\left(\dfrac{\partial r_{f_{\mathrm{d}}}}{\partial f_{\mathrm{d}}}\right) & E\left(\dfrac{\partial r_{f_{\mathrm{d}}}}{\partial \theta'}\right) & E\left(\dfrac{\partial r_{f_{\mathrm{d}}}}{\partial f'_{\mathrm{d}}}\right) \\ E\left(\dfrac{\partial r_{\theta'}}{\partial \theta}\right) & E\left(\dfrac{\partial r_{\theta'}}{\partial f_{\mathrm{d}}}\right) & E\left(\dfrac{\partial r_{\theta'}}{\partial \theta'}\right) & E\left(\dfrac{\partial r_{\theta'}}{\partial f'_{\mathrm{d}}}\right) \\ E\left(\dfrac{\partial r_{f'_{\mathrm{d}}}}{\partial \theta}\right) & E\left(\dfrac{\partial r_{f'_{\mathrm{d}}}}{\partial f_{\mathrm{d}}}\right) & E\left(\dfrac{\partial r_{f'_{\mathrm{d}}}}{\partial \theta'}\right) & E\left(\dfrac{\partial r_{f'_{\mathrm{d}}}}{\partial f'_{\mathrm{d}}}\right) \end{bmatrix}_{(\theta_0, f_{\mathrm{d0}})} = \begin{bmatrix} 1 & 0 & \dfrac{\sqrt{2}}{2} & -\dfrac{\sqrt{2}}{2} \\ 0 & 1 & \dfrac{\sqrt{2}}{2} & \dfrac{\sqrt{2}}{2} \end{bmatrix} \tag{21.30}$$

$(\theta', f'_{\mathrm{d}})$域对应的单脉冲比为

$$r_{\theta'} = \mathrm{Re}\left(\frac{\boldsymbol{W}_{\Delta\theta'}^{\mathrm{H}}\boldsymbol{X}}{\boldsymbol{W}_{\Sigma}^{\mathrm{H}}\boldsymbol{X}}\right), \quad r_{f'_{\mathrm{d}}} = \mathrm{Re}\left(\frac{\boldsymbol{W}_{\Delta f'_{\mathrm{d}}}^{\mathrm{H}}\boldsymbol{X}}{\boldsymbol{W}_{\Sigma}^{\mathrm{H}}\boldsymbol{X}}\right) \tag{21.31}$$

$(\theta', f'_{\mathrm{d}})$域对应的单脉冲比修正因子为

$$\mu_{\theta'} = \mathrm{Re}\left[\frac{\boldsymbol{W}_{\Delta\theta'}^{\mathrm{H}}\boldsymbol{S}(\theta_0, f_{\mathrm{d0}})}{\boldsymbol{W}_{\Sigma}^{\mathrm{H}}\boldsymbol{S}(\theta_0, f_{\mathrm{d0}})}\right], \quad \mu_{f'_{\mathrm{d}}} = \mathrm{Re}\left[\frac{\boldsymbol{W}_{\Delta f'_{\mathrm{d}}}^{\mathrm{H}}\boldsymbol{S}(\theta_0, f_{\mathrm{d0}})}{\boldsymbol{W}_{\Sigma}^{\mathrm{H}}\boldsymbol{S}(\theta_0, f_{\mathrm{d0}})}\right] \tag{21.32}$$

4. 自适应迭代处理

利用广义单脉冲技术估计得到目标参数后，进一步通过迭代方式改善参数估计精度，即利用每次估计结果代替式(21.29)中的参数 θ_0 和 f_{d0}，同时更新单脉冲比、斜率修正矩阵和单脉冲比修正因子中的空时导向矢量以及单脉冲比修正因子中的目标信号矢量，直至输出信号功率不再增加为止。

21.5.2　实现步骤

本章所提方法的主要实现步骤如下：

步骤 1：令初始角度和归一化多普勒频率分别为 θ_0 和 f_{d0}，其中 θ_0 表示主波束指向，f_{d0} 表示目标所在多普勒滤波器的中心频率。

步骤 2：利用式(21.19)、式(21.24)和式(21.25)分别求得自适应和权和差权。

步骤 3：利用式(21.13)和式(21.31)求得单脉冲比，利用式(21.30)求得斜率修正矩阵，利用式(21.14)和式(21.32)求得单脉冲比修正因子。

步骤 4：利用式(21.29)求得第 i 次迭代估计得到的参数 $\hat{\theta}_{\mathrm{t}i}$ 和 $\hat{f}_{\mathrm{d}i}$。

步骤 5：计算输出信号功率，即 $P_i = |\boldsymbol{W}_{\Sigma}^{\mathrm{H}}(\hat{\theta}_{\mathrm{t}i}, \hat{f}_{\mathrm{d}i})\boldsymbol{X}|^2$。

步骤 6：若 $P_i > P_{i-1}$，则返回步骤 2，令 $\theta_0 = \hat{\theta}_{\mathrm{t}i}$，$f_{\mathrm{d0}} = \hat{f}_{\mathrm{d}i}$，同时更新空时导向矢量和目标信号矢量，重新循环步骤 2～步骤 5，直至 $P_i < P_{i-1}$；若 $P_i \leqslant P_{i-1}$，则直接输出 $\hat{\theta}_{\mathrm{t}i-1}$ 和 $\hat{f}_{\mathrm{d}i-1}$。

如图 21.2 所示为本章方法的流程图。

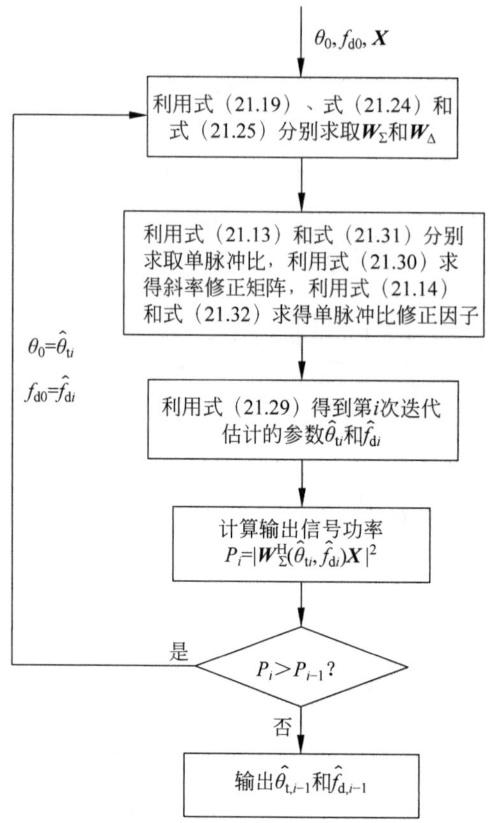
$\theta_0, f_{d0}, \boldsymbol{X}$
利用式（21.19）、式（21.24）和式（21.25）分别求取$\boldsymbol{W}_\Sigma$和$\boldsymbol{W}_\Delta$
利用式（21.13）和式（21.31）分别求取单脉冲比，利用式（21.30）求得斜率修正矩阵，利用式（21.14）和式（21.32）求得单脉冲比修正因子
利用式（21.29）得到第i次迭代估计的参数$\hat{\theta}_{ti}$和$\hat{f}_{di}$
计算输出信号功率 $P_i=|\boldsymbol{W}_\Sigma^{\mathrm{H}}(\hat{\theta}_{ti}, \hat{f}_{di})\boldsymbol{X}|^2$
$P_i > P_{i-1}$?
是
$\theta_0=\hat{\theta}_{ti}$
$f_{d0}=\hat{f}_{di}$
否
输出$\hat{\theta}_{t,i-1}$和$\hat{f}_{d,i-1}$

图 21.2　本章方法流程图

21.6　克拉美-罗界与单脉冲比分布

21.6.1　克拉美-罗界

白噪声背景下机载雷达的角度和多普勒频率参数估计的克拉美-罗界分别为[200]

$$\sigma_\theta^2 \geqslant \frac{6}{\xi_{\mathrm{t}} NK(N^2-1)} \tag{21.33}$$

$$\sigma_{f_{\mathrm{d}}}^2 \geqslant \frac{6}{\xi_{\mathrm{t}} NK(K^2-1)} \tag{21.34}$$

其中，ξ_{t} 表示单阵元单脉冲的 SNR。

在杂波和噪声背景下机载雷达的角度和多普勒频率参数估计的克拉美-罗界分别为[201]

$$\sigma_\theta^2 \geqslant \frac{1}{2a^2} \cdot \frac{1}{\boldsymbol{S}_{\mathrm{t}}^{\mathrm{H}} \boldsymbol{R}_{\mathrm{t}}^{-1} \boldsymbol{S}_{\mathrm{t}}} \left[\mathrm{Re}\left(\boldsymbol{S}_{\mathrm{s}\theta}^{\mathrm{H}} \boldsymbol{R}_{\mathrm{s}}^{-1} \boldsymbol{S}_{\mathrm{s}\theta} - \frac{\boldsymbol{S}_{\mathrm{s}\theta}^{\mathrm{H}} \boldsymbol{R}_{\mathrm{s}}^{-1} \boldsymbol{S}_{\mathrm{s}} \boldsymbol{S}_{\mathrm{s}}^{\mathrm{H}} \boldsymbol{R}_{\mathrm{s}}^{-1} \boldsymbol{S}_{\mathrm{s}\theta}}{\boldsymbol{S}_{\mathrm{s}}^{\mathrm{H}} \boldsymbol{R}_{\mathrm{s}}^{-1} \boldsymbol{S}_{\mathrm{s}}} \right) \right]^{-1} \tag{21.35}$$

$$\sigma_{f_d}^2 \geqslant \frac{1}{2a^2} \cdot \frac{1}{\boldsymbol{S}_s^{\mathrm{H}} \boldsymbol{R}_s^{-1} \boldsymbol{S}_s} \left[\mathrm{Re}\left(\boldsymbol{S}_{\mathrm{t}f_d}^{\mathrm{H}} \boldsymbol{R}_{\mathrm{t}}^{-1} \boldsymbol{S}_{\mathrm{t}f_d} - \frac{\boldsymbol{S}_{\mathrm{t}f_d}^{\mathrm{H}} \boldsymbol{R}_{\mathrm{t}}^{-1} \boldsymbol{S}_{\mathrm{t}} \boldsymbol{S}_{\mathrm{t}}^{\mathrm{H}} \boldsymbol{R}_{\mathrm{t}}^{-1} \boldsymbol{S}_{\mathrm{t}f_d}}{\boldsymbol{S}_{\mathrm{t}}^{\mathrm{H}} \boldsymbol{R}_{\mathrm{t}}^{-1} \boldsymbol{S}_{\mathrm{t}}} \right) \right]^{-1} \tag{21.36}$$

其中，a^2 表示目标信号功率；$\boldsymbol{R}_s$ 和 $\boldsymbol{R}_t$ 分别表示空域协方差矩阵和时域协方差矩阵；$\boldsymbol{S}_{s\theta}$ 和 $\boldsymbol{S}_{\mathrm{t}f_d}$ 分别表示空域导向矢量和时域导向矢量对角度和多普勒频率求导。

21.6.2　单脉冲比分布

由式(21.29)估计得到的角度参数对应的均值和方差为

$$E\left[\begin{pmatrix} \hat{\theta}_{\mathrm{t}} \\ \hat{f}_{\mathrm{dt}} \end{pmatrix}\right] = \begin{pmatrix} \theta_0 \\ f_{\mathrm{d}0} \end{pmatrix} - \boldsymbol{C}(E(\boldsymbol{r}) - \boldsymbol{\mu}) \tag{21.37}$$

$$\mathrm{cov}\left[\begin{pmatrix} \hat{\theta}_{\mathrm{t}} \\ \hat{f}_{\mathrm{dt}} \end{pmatrix}\right] = \boldsymbol{C}\,\mathrm{cov}(\boldsymbol{r})\boldsymbol{C}^{\mathrm{T}} \tag{21.38}$$

假设和波束输出回波功率为 $P_\Sigma = |\boldsymbol{W}_\Sigma^{\mathrm{H}} \boldsymbol{X}|^2$，检测门限为 η，和波束和多差波束对应的目标信号输出幅度为 $t_\Sigma = \boldsymbol{W}_\Sigma^{\mathrm{H}} \boldsymbol{S}$ 和 $\boldsymbol{t}_\Delta = \boldsymbol{W}_\Delta^{\mathrm{H}} \boldsymbol{S}$，和波束、和差波束以及差波束对应的输出杂波噪声功率为 $\boldsymbol{G}_\Sigma = \boldsymbol{W}_\Sigma^{\mathrm{H}} \hat{\boldsymbol{R}} \boldsymbol{W}_\Sigma$，$\boldsymbol{G}_{\Delta\Sigma} = \boldsymbol{W}_\Delta^{\mathrm{H}} \hat{\boldsymbol{R}} \boldsymbol{W}_\Sigma$ 和 $\boldsymbol{G}_\Delta = \boldsymbol{W}_\Delta^{\mathrm{H}} \hat{\boldsymbol{R}} \boldsymbol{W}_\Delta$，其中 $\boldsymbol{W}_\Delta$ 表示由多个差波束权组成的 $NK \times 4$ 权值矩阵。则对于确定性目标，单脉冲比的均值和方差表达式分别为[201]

$$E(\boldsymbol{r} \mid P_\Sigma > \eta) = \frac{A_m}{P_D} \mathrm{Re}\left(\frac{\boldsymbol{G}_{\Delta\Sigma}}{G_\Sigma}\right) + \left(1 - \frac{A_m}{P_D}\right) \mathrm{Re}\left(\frac{\boldsymbol{t}_\Delta}{t_\Sigma}\right) \tag{21.39}$$

$$\mathrm{cov}(\boldsymbol{r} \mid P_\Sigma > \eta) = 0.5 \boldsymbol{V} \frac{A_v}{P_D} \tag{21.40}$$

其中

$$A_m = \mathrm{e}^{-\frac{\eta + |t_\Sigma|^2}{G_\Sigma}} \mathrm{I}_0\left(2\sqrt{\eta}\, \frac{|t_\Sigma|}{G_\Sigma}\right) \tag{21.41}$$

$$A_v = \int_\eta^\infty \mathrm{e}^{-\frac{t + |t_\Sigma|^2}{G_\Sigma}} \mathrm{I}_0\left(2\sqrt{t}\, \frac{|t_\Sigma|}{G_\Sigma}\right) t^{-1} \mathrm{d}t \tag{21.42}$$

$$P_D = \frac{1}{G_\Sigma} \int_\eta^\infty \mathrm{e}^{-\frac{t + |t_\Sigma|^2}{G_\Sigma}} \mathrm{I}_0\left(2\sqrt{t}\, \frac{|t_\Sigma|}{G_\Sigma}\right) \mathrm{d}t \tag{21.43}$$

$$\boldsymbol{V} = \frac{1}{G_\Sigma} \mathrm{Re}(\boldsymbol{G}_\Delta - \boldsymbol{G}_{\Delta\Sigma} G_\Sigma^{-1} \boldsymbol{G}_{\Delta\Sigma}^{\mathrm{H}}) \tag{21.44}$$

其中，$\mathrm{I}_0(\cdot)$表示零阶修正贝塞尔函数。

21.7　仿真分析

机载雷达典型仿真参数设置同表 4.1，其中主瓣杂波位于 90°方向，归一化多普勒频率为 0。仿真数据中插入的 9 个目标参数见表 21.1。在本节中为了说明本章所提方法的有效性，我们以文献[202]、[201]和[205]中的方法作为比较对象，本节分别称为 Fante 方法、Nickel 方法和 Xu 方法。

表 21.1 仿真目标参数

目　标	方位角/(°)	归一化多普勒频率
目标 1	88.438	0.014
目标 2	88.438	0.030
目标 3	88.438	0.046
目标 4	90.000	0.014
目标 5	90.000	0.030
目标 6	90.000	0.046
目标 7	91.563	0.014
目标 8	91.563	0.030
目标 9	91.563	0.046

实验 1：自适应差方向图比较

图 21.3 给出了本章所提方法对应的 4 个自适应差方向图，其中波束指向对应的方位角为 90°，归一化多普勒频率为 0.03。从图中可以看出，除了传统的角度和多普勒频率差波束外，本章方法在空时平面上形成了两个虚拟差波束，如图 21.3(c)和(d)所示。需要指出的是，f'_d 域对应的虚拟差波束由于杂波凹口的存在导致其主瓣分裂成 4 个波瓣。

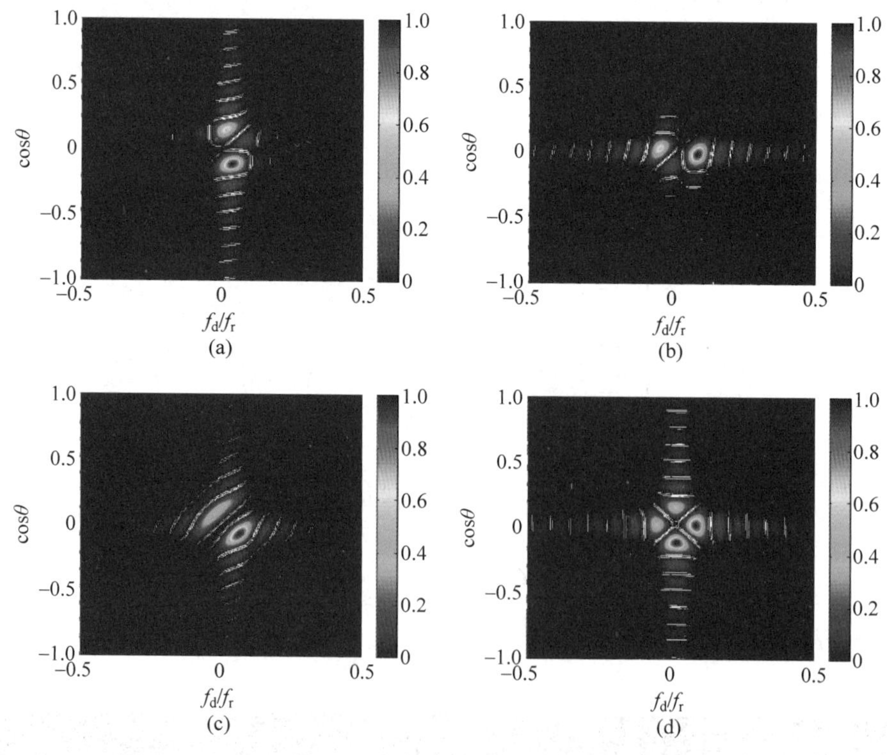

图 21.3 4 个自适应差方向图

(a) θ 域；(b) f_d 域；(c) θ'域；(d) f'_d域

图 21.4 给出了不同方法对应的角度域自适应差方向图和多普勒域自适应差方向图，其中预设波束指向在方位角余弦域和归一化多普勒域的位置为(0,0.03)，其对应的杂波位置分别为 0.06 和 0。从图中可以看出：①噪声背景下的自适应差方向图仅在预设波束指向处形成深凹口，而在杂波处无凹口；②Nickel 方法因未对差波束进行有效约束，导致其仅在杂波处形成凹口，但在目标位置处未形成有效零点；③本章方法和 Fante 方法、Xu 方法因对差波束进行了有效约束，因此在杂波和目标处同时形成了凹口。但是相对而言，Fante 方法的副瓣电平更高，主瓣波束保形较差，其原因是该方法侧重于对单脉冲比的约束，而非差波束形状的约束。

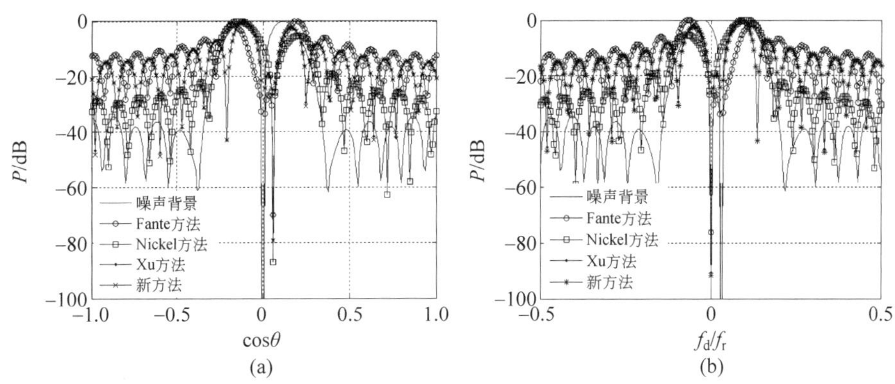

图 21.4　自适应差方向图比较

(a) 角度域自适应差方向图；(b) 多普勒域自适应差方向图

实验 2：迭代次数的影响

图 21.5 给出了某一目标对应的参数估计偏差与迭代次数的关系。从图中可以看出本章所提方法经过迭代处理后的参数估计偏差逐渐减小，通常仅需 2 次迭代即可实现稳定收敛。

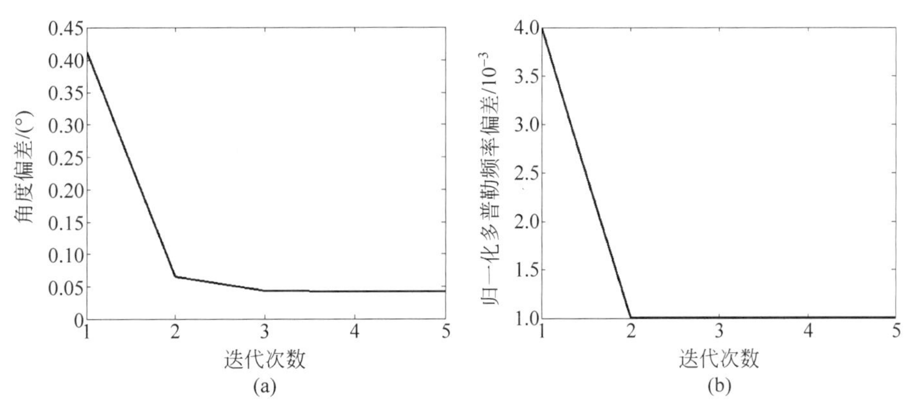

图 21.5　参数估计偏差与迭代次数的关系

(a) 角度偏差；(b) 归一化多普勒频率偏差

实验 3：SNR 的影响分析

图 21.6 给出了某一目标对应的参数估计精度随 SNR 的变化关系，其中参数估计精度以均方根误差(RMSE)为测度。从图中可以看出：①克拉美-罗界给出了参数估计精度的性

能上限，其次是纯噪声背景下的单脉冲估计方法，Fante 方法性能较差，其原因是该方法仅对有限个点进行单脉冲比约束，而该目标恰好不在约束点上；②新方法具有较好的参数估计精度，且随着 SNR 的增大逐渐趋近于克拉美-罗界；③Nickel 方法由于其对应的差波束在该目标所在归一化多普勒频率为 0.03 处未形成零点，如图 21.4(b)所示，因此其单脉冲比严重背离线性关系，导致其多普勒频率估计精度相对较差。

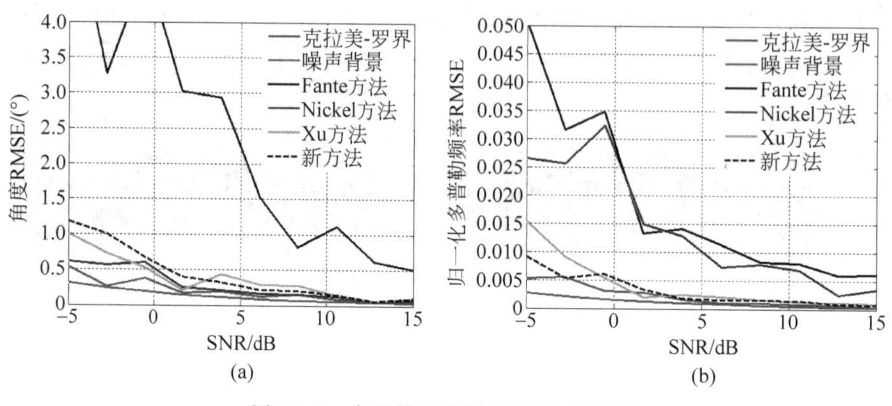

图 21.6 参数估计精度与 SNR 的关系

(a) 角度估计精度；(b) 归一化多普勒频率估计精度

实验 4：参数估计结果

图 21.7 给出了各方法对预设的 9 个目标的参数估计结果，其中目标的真实坐标位置呈等间隔分布，估计得到的参数值处的十字形图形表示角度和归一化多普勒频率估计对应的标准差。从图中可以看出：①由于无杂波影响，因此噪声背景下的参数估计性能最优，且估计方差最小；②Fante 方法和 Nickel 方法的整体性能较差，Xu 方法在目标 1 和目标 9 处性能较差，其原因是 Nickel 方法的自适应和差波束在杂波附近失真，如图 21.4 所示，Fante 方法仅对有限个目标位置进行了约束，Xu 方法虽然进行了多点空时约束，但是由于对和波束进行了保形约束，导致其在主瓣杂波区的杂波抑制性能下降；③本章所提方法的参数估计性能相对较优，除了目标 1 以外，其他 8 个目标的参数估计性能接近于纯噪声背景；④从目标 1、4、7 的估计性能可以看出，越靠近主瓣杂波，各方法的估计偏差和标准差越大，即参数估计性能越差。

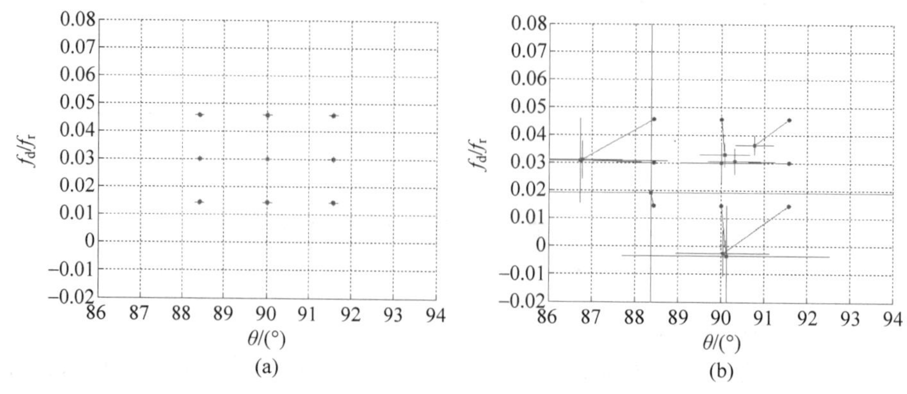

图 21.7 参数估计结果比较

(a) 噪声背景；(b) Fante 方法；(c) Nickel 方法；(d) Xu 方法；(e) 新方法

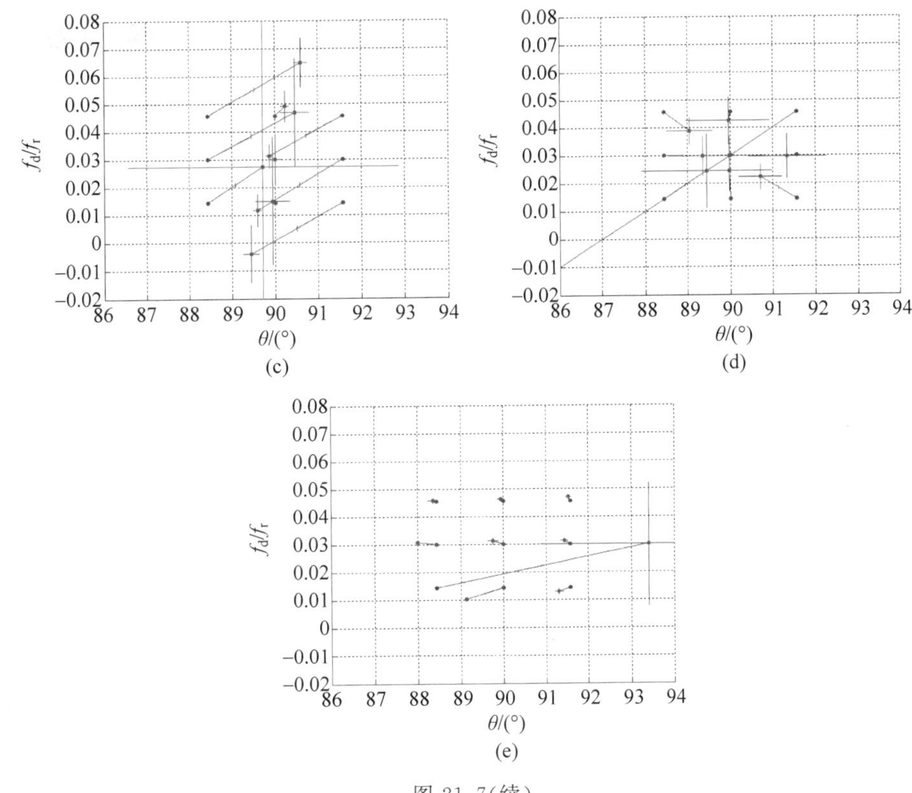

图 21.7(续)

21.8　小结

本章研究了机载雷达空时自适应单脉冲估计方法。首先阐述了最大似然估计的基本原理，推导了经典单脉冲估计方法与最大似然估计的关系，其次介绍了广义单脉冲估计方法和约束类单脉冲估计方法的基本原理，最后提出了一种基于多差波束的自适应迭代单脉冲估计方法，并通过仿真验证了所提方法的有效性。本章所提方法通过虚拟差波束构造、导数/零点约束和迭代自适应处理等步骤有效提升了杂波环境下的目标参数估计性能。但是本章方法研究的对象仅限于确定性目标信号和杂波环境，对于起伏目标以及干扰环境下的目标参数估计仍需进一步研究。

第 22 章

展　望

经过近 50 年的研究，STAP 技术在基础理论方面已经取得了很大进展，应用对象由最初的机载预警雷达扩展到机载火控雷达、机载远程战场侦察雷达和天基雷达等诸多领域。但是，针对不同的应用对象和实际环境，STAP 技术在理论和实际工程中还有许多问题需要进一步研究。下面，结合作者多年来的研究体会给出一些需要或值得进一步研究的方向。

22.1 STAP 基础理论问题

STAP 的相关理论研究已经很多，但是作者认为仍存在以下科学问题值得关注：①复杂地貌环境下的杂波逼真建模；②复杂电磁环境的科学表征；③杂波非均匀性和非平稳性的科学量度；④机载雷达近程强杂波和远距离微弱目标以及主瓣干扰和旁瓣干扰的解耦；⑤干扰环境下低旁瓣和主瓣内零深的兼容性问题。基于上述科学问题，下一步值得研究的技术问题包括：①机载雷达杂波特性和干扰特性的进一步认知、量度和表征，包括新体制机载雷达多通道杂波数据产生技术、复杂地貌环境的杂波特性实时认知与量度方法、复杂电磁环境的干扰特性实时认知与量度方法、机载雷达杂波与干扰的空时频表征理论模型构建等；②复杂环境下机载雷达认知 STAP 杂波抑制和抗干扰技术，包括复杂地貌环境下认知杂波抑制技术、复杂电磁环境下认知抗干扰技术、空时频极化多维联合 STAP 方法、复杂环境下的强杂波与新样式干扰同时抑制技术等；③特殊目标的特性分析与认知空时自适应检测技术，包括各类导弹、隐身飞机、武装直升机与邻近空间武器等特殊目标的特性分析，基于目标特性的认知空时自适应检测技术，海上多目标环境下的重点目标分离与分类技术等。

22.2　新体制雷达 STAP 技术

传统相控阵体制机载雷达杂波抑制和抗干扰技术目前已取得很大进展,但对于现代战争中经常面临的包含隐身武器、反辐射导弹、弹道导弹和临近空间武器等运动目标的复杂目标环境,传统体制机载雷达受天线孔径、频段、接收通道数和信号波形等因素的限制,难以有效解决上述复杂目标的探测问题。因此,必须发展新体制雷达及其相应的新理论和新技术。近年来,国内外重点发展的新体制雷达除了第 17～20 章介绍的共形阵机载雷达、双基地机载雷达、端射阵机载雷达和机载 MIMO 雷达,还主要包括天基雷达[207]、分布式机载雷达[208]和认知雷达[209]等。作者经过近些年的研究,总结出上述新体制雷达的主要特点如下:

(1) 杂波空时二维分布高度离散化。

由于共形阵天线结构非线性和非等间隔性,天线方向图性能严重恶化,主瓣杂波多普勒展宽严重;同时副瓣引入高强度杂波和干扰,导致杂波自由度大幅增加,进而影响空时自适应处理的杂波和干扰抑制能力。

(2) 杂波空时二维分布轨迹复杂多变。

双/多基地配置中的收发分置,使得杂波的空时二维耦合关系发生变化,其具体表现为空时二维谱分布曲线形状更为复杂和多样化,且随收/发平台相对位置关系变化而变化,在实际应用中必须设计对各种分布杂波均具备良好抑制性能的稳健 STAP 方法。

(3) 杂波非平稳特性更为严重。

双/多基地配置中收/发分置、天基雷达受地球自转的影响以及端射阵天线的前视放置,均导致杂波多普勒频率随距离变化较常规雷达更为剧烈,即杂波的非平稳特性更为严重。特别在中/高重频模式下,中远程回波和近程非平稳杂波混叠在一起,均匀样本的严重不足导致杂波抑制性能急剧恶化,表现为多普勒(速度)盲区和距离盲区显著增大。

(4) 天线误差增大。

平面相控阵雷达阵列天线误差可控制在 5%以内,传统的 STAP 处理可通过相关算法进行有效的自适应补偿。而采用共形天线结构后,天线结构与安置的复杂性必然导致更为严重的阵元误差、子阵误差和通道误差。此外,端射阵天线还将面临严重的互耦误差,这需要设计对误差更为稳健的 STAP 方法。

(5) 均匀样本需求成倍增长。

MIMO 体制机载雷达可形成数倍于接收阵列的天线孔径,也就是系统自由度较传统相控阵天线增大了数倍,这会导致运算量和对独立同分布训练样本需求的数倍增长,不利于 STAP 的实时处理以及不适用于实际严重的非均匀杂波环境。

(6) 外部信息的精确量度与配准难度大。

认知机载雷达的重要内容是关于知识辅助 STAP 技术的研究,该技术当前存在的主要问题包括异类传感器间的数据配准、先验知识的可信度评估和实测数据与先验数据的误差补偿等。

上述特点导致传统 STAP 方法的杂波抑制性能严重下降。因此,研究有效的新体制机载/天基雷达 STAP 杂波抑制方法是未来 STAP 领域的研究重点之一。例如:共形阵机载/

天基雷达发射方向图综合与接收通道误差自适应补偿技术；分布式机载/天基雷达系统的空时自适应杂波抑制与联合相参处理技术；MIMO 机载/天基雷达的系统自由度控制与有效样本提取技术；低频段机载雷达天线低副瓣控制与高精度空时自适应测角方法等。

经过近半个世纪的发展，空时自适应处理技术在杂波抑制和抗干扰领域的优势已逐渐在实际雷达装备中显现。但是随着战场环境的日趋复杂，STAP 技术在发展过程中仍将不可避免地遇到很多问题，尤其是面临复杂目标环境。基于 STAP 的复杂目标探测和跟踪技术以及新体制机载/天基雷达 STAP 新理论和新技术将是需要进一步努力或值得研究的重要方向。毋庸讳言，随着信号处理技术的发展和硬件水平的不断提高，STAP 技术将具有更加广阔的应用前景。

参考文献

[1] BRENNAN L E,REED I S. Theory of adaptive radar[J]. IEEE Transactions on Aerospace and Electronic Systems,1973,9(2):237-252.

[2] KLEMM R. Space-time adaptive processing - principles and applications[M]. London: IEE Publishers,1998.

[3] 王永良,彭应宁. 空时自适应信号处理[M]. 北京:清华大学出版社,2000.

[4] KLEMM R. Principles of space-time adaptive processing[M]. 2nd ed. London: IEE Publishers,2002.

[5] GUERCI J R. Space-time adaptive processing for radar[M]. Boston: Artech House,2003.

[6] KLEMM R. Applications of space-time adaptive processing[M]. London: IEE Publishers,2004.

[7] KLEMM R. Principles of space-time adaptive processing[M]. 3rd ed. London: IEE Publishers,2006.

[8] WARD J. Space-time adaptive processing for airborne radar[R]. MIT: Lincoln Laboratory, 1994.

[9] MELVIN W L. Space-time adaptive processing and adaptive arrays: special collection of papers[J]. IEEE Transactions on Aerospace and Electronic Systems,2000,36(2):508-509.

[10] KLEMM R. Special issue on STAP[J]. IEE ECEJ,1999,11(1):2.

[11] RANGASWAMY M. An overview of space-time adaptive processing for radar[C]//IEEE International Conference on Radar, September 03-05, 2003, Adelaide, SA, Australia. IEEE: 45-50.

[12] MELVIN W L. A STAP overview[J]. IEEE Aerospace and Electronic Systems Magazine, 2004, 19(1):19-35.

[13] LAPIERRE F D,VERLY J G. Framework and taxonomy for radar space-time adaptive processing (STAP) methods[J]. IEEE Transactions on Aerospace and Electronic Systems, 2007, 43(3): 1084-1099.

[14] 王永良,李天泉. 机载雷达空时自适应信号处理技术回顾与展望[J]. 中国电子科学研究院学报, 2008,3(3):271-275.

[15] 谢文冲,段克清,王永良. 机载雷达空时自适应处理技术研究综述[J]. 雷达学报,2017,6(6): 575-586.

[16] MAHER J,LYNCH D. Effects of clutter modeling in evaluating STAP processing for space-based radars [C]//IEEE Radar Conference, May 12-12, 2000, Alexandria, VA, USA. IEEE: 565-570.

[17] LESTURGIE M. Use of STAP techniques to enhance the detection of slow targets in shipborne HFSWR [C]//International Conference on Radar, September 03-05, 2003, Adelaide, SA, Australia. IEEE: 504-509.

[18] ENDER J. Space-time processing for multichannel synthetic aperture radar[J]. IEE Electronics & Communication Engineering Journal,special issue on STAP,1999,11(1):29-37.

[19] PAULRAJ A J,LINDSKOG E. Taxonomy of space-time processing for wireless networks[J]. IEE Proc. Radar,Sonar and Navigation,1998,145(1):25-31.

[20] FANTE R L,VACCARO J J. Wideband cancellation of interference in a GPS receive array[J]. IEEE Transactions on Aerospace and Electronic Systems,2000,36(2):549-564.

[21] BRENNAN L E, MALLETT J D, REED I S. Adaptive arrays in airborne MTI[J]. IEEE Transactions on Antennas and Propagation,1976,24(5):607-615.

[22] TITI W G,MARSHALL D F. The ARPA/NAVY mountaintop program: adaptive signal processing for airborne early warning radar[C]//IEEE International Conference on Acoustics, Speech, and Signal Processing Conference Proceedings, May 09-09, 1996, Atlanta, GA, USA. IEEE; 1165-1168.

[23] SURESH B, TORRES J, MELVIN W L. Processing and evaluation of multichannel airborne radar measurements (MCARM) measured data[C]//IEEE International Symposium on Phased Array

Systems and Technology, October 15-18, 1996, Boston, MA, USA. IEEE: 395-399.

[24] SCHRADER G E. The knowledge-aided sensor signal processing and expert reasoning (KASSPER) real-time signal processing architecture[C]//IEEE Radar Conference, April 29-29, 2004, Philadelphia, PA, USA. IEEE: 394-397.

[25] KLEMM R. Adaptive airborne MTI: an auxiliary channel approach[J]. IEE Pt. F,1987,134(3): 269-276.

[26] 保铮,廖桂生,吴仁彪,等. 相控阵机载雷达杂波抑制的时空二维自适应滤波[J]. 电子学报,1993, 21(9): 1-7.

[27] WANG Y L,PENG Y N,BAO Z. Space-time adaptive processing for airborne radar with various array orientation[J]. IEE Proc. Radar,Sonar Navigation,1997,144(6): 330-340.

[28] DIPIETRO R C. Extended factored space-time processing for airborne radar systems[C]//The 26th Asilomar Conference on Signals, Systems, and Computing, October 26-28, 1992, Pacific Grove, CA, USA. IEEE: 425-430.

[29] WANG H,CAI L. On adaptive spatial-temporal processing for airborne surveillance radar systems [J]. IEEE Transactions on Aerospace and Electronic Systems,1994,30(3): 660-670.

[30] BROWN R D, WICKS M C. A space-time adaptive processing approach for improved performance and affordability[C]//IEEE National Radar Conference, May 13-16, 1996, Ann Arbor, MI, USA. IEEE: 321-326.

[31] WANG Y L,CHEN J W,BAO Z. Robust space-time adaptive processing for airborne radar in nonhomogeneous clutter environments[J]. IEEE Transactions on Aerospace and Electronic Systems, 2003,39(1): 71-81.

[32] KLEMM R. Adaptive clutter suppression for airborne phased array radars[J]. IEE,Pts. F and H, 1983,130(1): 125-132.

[33] BRENNAN L E,STAUDAHER F M. Subclutter visibility demonstration[R]. California: Adaptive Sensors Incorporated, 1992.

[34] HAIMOVICH A M,BERIN M. Eigenanalysis-based space-time adaptive radar: performance analysis [J]. IEEE Transactions on Aerospace and Electronic Systems,1997,33(4): 1170-1179.

[35] GOLDSTEIN J S,REED I S. Reduced rank adaptive filtering[J]. IEEE Transactions on Signal Processing,1997,45(2): 493-496.

[36] 张良. 机载相控阵雷达降维 STAP 研究[D]. 西安: 西安电子科技大学,1999.

[37] RABIDEAU D J,STEINHARDT A O. Improved adaptive clutter cancellation through data adaptive training[J]. IEEE Transactions on Aerospace and Electronic Systems,1999,35(3): 879-891.

[38] KOGON S M,ZATMAN M A. STAP adaptive weight training using phase and power selection criteria[C]//the 35th Asilomar Conference on Signals Systems and Computers, November 04-07, 2001, Pacific Grove, CA, USA. IEEE: 98-102.

[39] MELVIN W L, WICKS M C, BROWN R D. Assessment of multichannel airborne radar measurements for analysis and design of space-time processing architectures and algorithms[C]// IEEE National Radar Conference, May 13-16, 1996, Ann Arbor, Michigan, USA. IEEE: 130-135.

[40] ADVE R S, HALE T B, WICKS M C. Transform domain localized processing using measured steering vectors and non-homogeneity detection[C]//IEEE National Radar Conference, April 22-22, 1999, Waltham, MA, USA. IEEE: 285-290.

[41] WICKS M C, MELVIN W L, CHEN P. An efficient architecture for nonhomogeneity detection in space-time adaptive processing airborne early warning radar[C]//IEEE Radar Conference, October 14-16, 1997, Edinburgh, UK. IET: 295-299.

[42] 吴洪,王永良,陈建文. 基于频心法的 STAP 非均匀检测器[J]. 系统工程与电子技术,2008,30(4):

606-608.

[43] SARKAR T K, WANG H, PARK S, et al. A deterministic least-squares approach to space time adaptive processing (STAP)[J]. IEEE Transactions on Antennas Propagation, 2001, 49(1): 91-103.

[44] ROMAN J R, RANGASWAMY M, DAVIS D W. Parametric adaptive matched filter for airborne radar applications[J]. IEEE Transactions on Aerospace and Electronic Systems, 2000, 36(2): 677-692.

[45] PARKER P, SWINDLEHURST A L. Space-time autoregressive filtering for matched subspace STAP[J]. IEEE Transactions on Aerospace and Electronic Systems, 2003, 39(2): 510-520.

[46] WANG P, LI H, HIMED B. Knowledge-aided parametric tests for multichannel adaptive signal detection[J]. IEEE Transactions on Signal Processing, 2011, 59(12): 5970-5982.

[47] 段克清，谢文冲，高飞，等. 基于杂波自由度的 STAP 模型参数估计方法[J]. 信号处理，2009，25(11)：1715-1718.

[48] GUERCI J R, BARANOSKI E J. Knowledge-aided adaptive radar at DARPA: an overview[J]. IEEE Signal Processing Magazine, 2006, 23(1): 41-50.

[49] MELVIN W L, GUERCI J R. Knowledge-aided signal processing: a new paradigm for radar and other advanced sensors[J]. IEEE Transactions on Aerospace and Electronic Systems, 2006, 42(3): 983-996.

[50] MELVIN G A, SHOWMAN G A. An approach to knowledge-aided covariance estimation[J]. IEEE Transactions on Aerospace and Electronic Systems, 2006, 42(3): 1021-1042.

[51] XIE W C, DUAN K Q, GAO F, et al. Clutter suppression for airborne phased radar with conformal arrays by least squares estimation[J]. Signal Processing, 2011, 91(7): 1665-1669.

[52] MARIA S, FUCHS J J. Application of the global matched filter to STAP data an efficient algorithmic approach[C]//IEEE International Conference on Acoustic, Speech and Signal Processing, May 14-19, 2006, Toulouse, France. IEEE: 14-19.

[53] SUN K, MENG H D, WANG Y L, et al. Direct data domain STAP using sparse representation of clutter spectrum[J]. Signal Processing, 2011, 91(9): 2222-2236.

[54] YANG Z C, RODRIGO C, LI X. L_1-regularized STAP algorithms with a generalized sidelobe canceler architecture for airborne radar[J]. IEEE Transactions on Signal Processing, 2012, 60(2): 674-686.

[55] MA Z Q, LIU Y, MENG H D, et al. Jointly sparse recovery of multiple snapshots in STAP[C]//IEEE Radar Conference, April 29-May 03, 2013, Ottawa, ON, Canada. IEEE: 1-4.

[56] 王泽涛，段克清，谢文冲，等. 基于 SA-MUSIC 理论的联合稀疏恢复 STAP 算法[J]. 电子学报，2015，43(5)：846-853.

[57] ADVE R S, HALE T B, WICKS M C. Practical joint domain localized adaptive processing in homogeneous and nonhomogeneous environments. Part 2: nonhomogeneous environments[J]. IEE Radar, Sonar and Navigation, 2000, 147(2): 66-74.

[58] ABOUTANIOS E, MULGREW B. Hybrid detection approach for STAP in heterogeneous clutter [J]. IEEE Transactions on Aerospace and Electronic Systems, 2010, 46(3): 1021-1033.

[59] GERLACH K, PICCIOLO M L. Robust STAP using reiterative censoring[C]//IEEE National Radar Conference, May 08-08, 2003, Huntsville, AL, USA. IEEE: 244-251.

[60] SHACKELFORD A K, GERLACH K, BLUNT S D. Partially adaptive STAP using the FRACTA algorithm[J]. IEEE Transactions on Aerospace and Electronic Systems, 2009, 45(1): 58-69.

[61] BLUNT S D, GERLACH K, RANGASWAMY M. STAP using knowledge-aided covariance estimation and the FRACTA algorithm[J]. IEEE Transactions on Aerospace and Electronic Systems, 2006, 42(3): 1043-1057.

[62] BORSARI G K. Mitigating effects on STAP processing caused by an inclined array[C]//IEEE

National Radar Conference，May 14-14，1998，Dallas，TX，USA. IEEE：135-140.

[63] 魏进武，王永良，陈建文. 双基地机载预警雷达空时自适应处理方法[J]. 电子学报，2001，29(12A)：1936-1939.

[64] PEARSON F，BORSARI G K. Simulation and analysis of adaptive interference suppression for bistatic surveillance radars[C]//The Adaptive Sensor Array Processing Workshop，March 03-03，2001，Lexington，MA，USA. MIT Lincoln Laboratory：1-21.

[65] HIMED B，ZHANG Y H，HAJJARI A. STAP with angle-Doppler compensation for bistatic airborne radar[C]//IEEE National Radar Conference，April 25-25，2002，Long Beach，CA，USA. IEEE：311-317.

[66] JAFFER A，HO P T. Adaptive angle-Doppler compensation techniques for bistatic STAP radars[R]. Ohio：AFRL，2005.

[67] LAPIERRE F D，VERLY J G，DROOGENBROECK M V. New solutions to the problem of range dependence in bistatic STAP radars[C]//IEEE Radar Conference，May 08-08，2003，Huntsville，AL，USA. IEEE：452-459.

[68] LAPIERRE F D，VERLY J G. Registration-based solutions to the range-dependence problem in STAP radars[C]//The Adaptive Sensor Array Processing Workshop，March 11-11，2003，Lexington，MA，USA. MIT Lincoln Laboratory：1-6.

[69] XIE W C，ZHANG B H，WANG Y L，et al. Range ambiguity clutter suppression for bistatic STAP radar[J]. EURASIP Journal on Advances in Signal Processing，2013，2013(75)：1-13.

[70] FRIEDLANDER B. The MVDR beamformer for circular arrays[C]//The 34th Asilomar Conference，October 29-November 01，2000，Pacific Grove，CA，USA. IEEE：25-29.

[71] VARADARAJAN V，KROLIK J L. Joint space-time interpolation for distorted linear and bistatic array geometries[J]. IEEE Transactions on Signal Processing，2006，56(3)：848-860.

[72] 彭晓瑞，谢文冲，王永良. 一种基于空时内插的双基地机载雷达杂波抑制方法[J]. 电子与信息学报，2010，32(7)：1697-1702.

[73] ZATMAN M. Circular array STAP[J]. IEEE Transactions on Aerospace and Electronic Systems，2000，36(2)：510-517.

[74] 王万林. 非均匀环境下的相控阵机载雷达 STAP 研究[D]. 西安：西安电子科技大学，2004.

[75] LIM C H，MULGREW B. Prediction of inverse covariance matrix (PICM) sequences for STAP[J]. IEEE Signal Processing Letters，2006，13(4)：236-239.

[76] LIM C H，SEE C M S，MULGREW B. Non-linear prediction of inverse covariance matrix for STAP[C]//IEEE International Conference on Acoustics，Speech，and Signal Processing (ICASSP 2007)，April 15-20，2007，Honolulu，Hawaii，USA. IEEE：921-924.

[77] 高飞，谢文冲，王永良. 非均匀杂波环境 3D-STAP 方法研究[J]. 电子学报，2009，37(4)：868-872.

[78] WANG Y L，DUAN K Q，XIE W C. Cross beam STAP for nonstationary clutter suppression in airborne radar[J]. International Journal of Antennas and Propagation，2013，2013：276310.

[79] 段克清，谢文冲，王永良. 共形阵机载雷达杂波非平稳特性及抑制方法研究[J]. 中国科学，2011，41(12)：1507-1516.

[80] 谢文冲，王永良. 基于 CMT 技术的非正侧面阵机载雷达杂波抑制方法研究[J]. 电子学报，2007，35(3)：441-444.

[81] KELLY E J. An adaptive detection algorithm[J]. IEEE Transactions on Aerospace and Electronic Systems，1986，22(1)：115-127.

[82] ROBEY F C，FUHRMANN D R，KELLY E J，et al. A CFAR adaptive matched filter detector[J]. IEEE Transactions on Aerospace and Electronic Systems，1992，28(1)：208-216.

[83] CHEN W S，REED I S. A new CFAR detection test for radar[J]. Digital Signal Processing，1991，

1(4)：198-214.

[84] MAIO A D. Rao test for adaptive detection in Gaussian interference with unknown covariance matrix [J]. IEEE Transactions on Signal Processing, 2007, 55(7)：3577-3584.

[85] MAIO A D. A new derivation of the adaptive matched filter[J]. IEEE Signal Processing Letters, 2004, 11(10)：792-793.

[86] RAGHAVAN R S, QIU H F, MCLAUGHLIN D J. CFAR detection in clutter with unknown correlation properties[J]. IEEE Transactions on Aerospace and Electronic Systems, 1995, 31(2)：647-657.

[87] KRAUT S, SCHARF L L. The CFAR adaptive subspace detector is a scale-invariant GLRT[J]. IEEE Transactions on Signal Processing, 1999, 47(9)：2538-2541.

[88] KRAUT S, SCHARF L L. Adaptive subspace detectors[J]. IEEE Transactions on Signal Processing, 2001, 49(1)：1-16.

[89] 王永良，刘维建，谢文冲，等. 机载雷达空时自适应检测方法研究进展[J]. 雷达学报，2014，3(2)：201-207.

[90] LIU W J, XIE W C, WANG Y L. Parametric detector in the situation of mismatched signals[J]. IET Radar, Sonar and Navigation, 2014, 8(1)：48-53.

[91] 刘维建，常晋聃，李鸿，等. 干扰背景下机载雷达广义似然比检测方法[J]. 雷达科学与技术，2014，12(3)：267-272.

[92] 刘维建，谢文冲，王永良. 部分均匀环境中存在干扰时机载雷达广义似然比检测[J]. 电子与信息学报，2013，35(8)：1820-1826.

[93] LIU W J, XIE W C, LIU J, et al. Adaptive double subspace signal detection in Gaussian background-part I：homogeneous environments[J]. IEEE Transactions on Signal Processing, 2014, 62(9)：2345-2357.

[94] LIU W J, XIE W C, LIU J, et al. Adaptive double subspace signal detection in Gaussian background-part II：partially homogeneous environments[J]. IEEE Transactions on Signal Processing, 2014, 62(9)：2358-2369.

[95] LIU W J, XIE W C, LIU J, et al. Detection of a distributed target with direction uncertainty[J]. IET Radar, Sonar and Navigation, 2014, 8(9)：1177-1183.

[96] LIU W J, XIE W C, WANG Y L. Rao and Wald tests for distributed targets detection with unknown signal steering[J]. IEEE Signal Processing Letters, 2013, 20(11)：1086-1089.

[97] LIU W J, XIE W C, WANG Y L. Adaptive detectors in the Krylov subspace[J]. Science China Information Sciences, 2014, 57(10)：102310.

[98] WANG Y L, LIU W J, XIE W C, et al. Reduced-rank space-time adaptive detection for airborne radar [J]. Science China Information Sciences, 2014, 57(8)：082310.

[99] JAO J K, YEGULALP A F, AYASLI S. Unified synthetic aperture space time adaptive radar (USASTAR) concept[R]. MIT Lincoln Laboratory, 2004.

[100] 常玉林. 多通道低频超宽带 SAR/GMTI 系统长相干积累 STAP 技术研究[D]. 长沙：国防科技大学，2009.

[101] 刘春静. 空时自适应处理进展概述[J]. 雷达与探测技术动态，2012(7)：1-6.

[102] STIMSON G W. Introduction to airborne radar[M]. 2nd ed. Mendham, New Jersey：Scitech publishing, INC., 1998.

[103] 高飞，谢文冲，段克清，等. 相控阵机载 PD 雷达波形参数系统化设计方法研究[J]. 空军预警学院学报，2017，31(1)：23-27.

[104] SKOLNIK M I. Radar handbook[M]. 3rd ed. New York：McGrawHill, 2008.

[105] 王永良，陈建文，吴志文. 现代 DPCA 技术研究[J]. 电子学报，2000，28(6)：118-121.

[106] 沈明威，朱岱寅，朱兆达. 和差波束频域自适应 DPCA 技术研究[J]. 现代雷达，2010，32(4)：59-62.

[107] 时公涛,高贵,蒋咏梅,等.基于多视平均和共轭相乘处理的SAR图像域DPCA慢动目标检测新方法[J].信号处理,2009,25(7):1009-1016.

[108] 李昕哲,谢文冲,王永良.机载雷达传统DPCA方法统一模型与性能分析[J].现代雷达,2021,43(1):1-7.

[109] 高飞,谢文冲,段克清,等.共形阵机载相控阵雷达统一杂波建模与分析[J].国防科技大学学报,2008,30(6):94-100.

[110] LI X Z,XIE W C,WANG Y L,et al. General space-time clutter model for multichannel airborne radar[J]. The Journal of Engineering,2019,2019(20):6434-6438.

[111] WANG Y L,XIE W C,DUAN K Q,et al. General clutter modeling for airborne radar[C]//IEEE International Conference on Signal Processing,October 24-28,2010,Beijing,China,IEEE:2274-2278.

[112] REED I S,MALLETT J D,BRENNAN L E. Rapid convergence rate in adaptive arrays[J]. IEEE Transactions on Aerospace and Electronic Systems,1974,10(6):853-863.

[113] ZHANG Z H,XIE W C,HU W D,et al. Local degrees of freedom of airborne array radar clutter for STAP[J]. IEEE Geoscience and Remote Sensing Letters,2009,6(1):97-101.

[114] ZHANG Q,MIKHAE W B. Estimation of the clutter rank in the case of subarraying for space-time adaptive processing[J]. Electronics Letters,1997,33,(5):419-420.

[115] 伍勇,汤俊,彭应宁.雷达系统杂波自由度研究[J].电子与信息学报,2008,30(5):1032-1036.

[116] GUERCI J R,GOLDSTEIN J S,REED I S. Optimal and adaptive reduced-rank STAP[J]. IEEE Transactions on Aerospace and Electronic Systems,2000,36(2):647-663.

[117] HAIMOVICH A,BAR-NESS Y. An eigenanalysis interference canceler[J]. IEEE Transactions on Signal Processing,1991,39(1):76-84.

[118] GOLDSTEIN J S,REED I S,SCHARF L L. A multistage representation of the Wiener filter based on orthogonal projections[J]. IEEE Transactions on Information Theory,1998,44(7):2943-2959.

[119] PADOS D A, KARYSTINOS G N, BATALAMA S N, et al. Short-data-record adaptive detection [C]//The 2007 IEEE Radar Conference, April 17-20, 2007, Boston, MA, USA. IEEE: 357-361.

[120] RUI F,RODRIGO C. Reduced-rank STAP algorithms using joint iterative optimization of filters [J]. IEEE Transactions on Aerospace and Electronic Systems,2011,47(3):1668-1684.

[121] 李昕哲,谢文冲,王永良.空时误差情况下的STAP方法性能分析[J].信号处理,2020,36(3):439-448.

[122] 段克清,王永良,谢文冲.机载相控阵雷达抗压制性噪声干扰方法研究[J].现代雷达,2009,31(11):81-85.

[123] ZHAO L, MAO Y, DING J C. A STAP interference suppression technology based on subspace projection for BeiDou signal[C]//IEEE International Conference on Information and Automation, August 01-03, 2016, Ningbo, China. IEEE: 534-538.

[124] 陈威,张吉建,谢文冲,等.机载相控阵雷达灵巧干扰信号模型及抑制方法研究[J].系统工程与电子技术,2020,43(2):343-350.

[125] 张煜,杨绍全.对线性调频雷达的卷积干扰技术[J].电子与信息学报,2007,29(6):1408-1411.

[126] RICHARDSON P G. STAP covariance matrix structure and its impact on clutter plus jamming suppression solutions[J]. Electronics Letters,2001,37(2):118-119.

[127] 谢文冲.非均匀环境下机载雷达STAP方法和目标检测技术研究[D].长沙:国防科技大学,2006.

[128] 高飞.机载雷达空时自适应处理技术实用化问题研究[D].长沙:国防科技大学,2009.

[129] 段克清.机载相控阵雷达非均匀STAP技术研究[D].长沙:国防科技大学,2010.

[130] 张柏华.机载双基地雷达空时自适应处理方法研究[D].西安:空军工程大学,2010.

[131] 李永伟.端射阵机载雷达杂波建模与STAP方法研究[D].武汉:空军预警学院,2019.

[132] 刘锦辉,廖桂生,李明.距离模糊的机载非正侧面阵雷达杂波谱补偿新方法[J].电子学报,2011,

39(9)：2060-2066.

[133] 李永伟，谢文冲. 端射阵机载雷达距离模糊非平稳杂波补偿方法[J]. 电子学报，2020，48(3)：486-493.

[134] LAPIERRE F D，RIES P，VERLY J G. Foundation for mitigating range dependence in radar space-time adaptive processing[J]. IET Radar Sonar Navigation，2009，3(1)：18-29.

[135] 刘锦辉，廖桂生，李明. 对运动目标约束的机载前视阵雷达杂波谱补偿方法[J]. 电波科学学报，2011，26(5)：910-916.

[136] MENG X，WANG T，WU J，et al. Short-range clutter suppression for airborne radar by utilizing prefiltering in elevation[J]. IEEE Geoscience and Remote Sensing Letters，2009，6(2)：268-272.

[137] WU J，WANG T，MENG X，et al. Clutter suppression for airborne non-sidelooking radar using ERCB-STAP algorithm[J]. IET Radar Sonar Navigation，2010，4(4)：497-506.

[138] WEN C，WANG T，WU J. Range-dependent clutter suppression approach for non-side-looking airborne radar based on orthogonal waveforms[J]. IET Radar，Sonar and Navigation，2015，9(20)：210-220.

[139] SHEN M，MENG X，ZHANG L. Efficient adaptive approach for airborne radar short-range clutter suppression[J]. IET Radar，Sonar and Navigation，2012，6(9)：900-904.

[140] LI X Z，XIE W C，WANG Y L. Clutter suppression algorithm for non-side looking airborne radar with high pulse repetition frequency based on elevation-compensation-prefiltering[J]. IET Radar，Sonar and Navigation，2020，14(1)：19-26.

[141] DUAN K Q，YUAN H D，XU H，et al. Sparsity-based non-stationary clutter suppression technique for airborne radar[J]. IEEE Access，2018，6：56162-56169.

[142] CHEN W，XIE W C，WANG Y L. Short-range clutter suppression for airborne radar using sparse recovery and orthogonal projection[J]. IEEE Geoscience and Remote Sensing Letters，2022，19：3500605.

[143] YANG Z，XIE L，ZHANG C. Off-grid direction of arrival estimation using sparse bayesian inference [J]. IEEE Transactions on Signal Processing，2013，61(1)：38-43.

[144] LI Y W，XIE W C，MAO H H，et al. Clutter suppression approach for end-fire array airborne radar based on adaptive segmentation[J]. IEEE Access，2019，7：147094-147105.

[145] HALE T B. Airborne radar interference suppression using adaptive three-dimensional techniques [D]. Wright-Patterson Air Force Base，Ohio Air Force Institute of Technology，2002.

[146] BHATIA R. Positive definite matrices (Princeton series in applied mathematics)[M]. Princeton University Press，2006.

[147] MELVIN W L. Space-time adaptive radar performance in heterogeneous clutter[J]. IEEE Transactions on Aerospace and Electronic Systems，2000，36(2)：621-633.

[148] 谢文冲，王永良. 非均匀杂波环境 STAP 方法研究[J]. 自然科学进展，2007，17(4)：513-519.

[149] CONTE E，LONGO M. Characterisation of radar clutter as a spherically invariant random process [J]. IEE Pt. F，1987，134(2)：191-197.

[150] GINI F，GRECO M. Covariance matrix estimation for CFAR detection in correlated heavy tailed clutter[J]. Signal Processing，2002，82：1847-1859.

[151] 袁华东. 严重非均匀环境下机载雷达空时自适应处理方法研究[D]. 武汉：空军预警学院，2019.

[152] PASCAL F，CHITOUR Y，OVARLEZ J，et al. Covariance structure maximum-likelihood estimates in compound Gaussian noise：existence and algorithm analysis[J]. IEEE Transactions on Signal Processing，2008，56(1)：34-48.

[153] YUAN H D，XU H，DUAN K Q，et al. Cross-spectral metric smoothing based GIP for space-time adaptive processing[J]. IEEE Geoscience and Remote Sensing Letters，2019，16(9)：1388-1392.

[154] LI X Z, XIE W C, WANG Y L. Cyclic training sample selection and cancellation technique for airborne STAP radar under nonhomogeneous environment[J]. Digital Signal Processing, 2020, 104: 102803.

[155] ZATMAN M. The properties of adaptive algorithms with time varying weights[C]//IEEE Sensor Array and Multichannel Signal Processing Workshop, March 16-17, 2000, Cambridge, MA, USA. IEEE: 82-86.

[156] HAYWARD S D. Adaptive beamforming for rapidly moving arrays[C]// CIE International Conference on Radar, October 8-10, 1996, Beijing, China. IEEE: 480-483.

[157] MELVIN W L, DAVIS M E. Adaptive cancellation method for geometry-induced non-stationary bistatic clutter environments[J]. IEEE Transactions on Aerospace and Electronic Systems, 2007, 43,(2): 651-672.

[158] XIE W C, WANG Y L. STAP for airborne radar with cylindrical phased array antennas[J]. Signal Processing, 2009, 89(5): 883-893.

[159] 高飞,谢文冲,王永良. 共形阵机载相控阵雷达杂波抑制方法研究[J]. 电子学报, 2010, 38(9): 2014-2020.

[160] 段克清,谢文冲,王永良,等. 一种稳健的共形阵机载雷达杂波抑制方法[J]. 电子学报, 2011, 39(6): 1321-1326.

[161] RIES P, LAPIERRE F D, VERLY J G. Handling range-ambiguities in registration-based range-dependence compensation for conformal array STAP[C]//IEEE International Radar Conference, October 12-16, 2009, Bordeaux, France. IEEE: 1-6.

[162] RIES P, NEYT X, LAPIERRE F D, et al. Fundamentals of spatial and Doppler frequencies in radar STAP[J]. IEEE Transactions on Aerospace and Electronic Systems, 2008, 44 (3): 1118-1134.

[163] 张柏华,谢文冲,王永良,等. 基于最大似然估计的机载双基地雷达距离模糊杂波抑制方法[J]. 电子学报, 2011, 39(12): 2836-2841.

[164] 彭晓瑞. 双基地机载雷达杂波特性及抑制方法研究[D]. 武汉: 空军雷达学院, 2010.

[165] XIONG Y Y, XIE W C. Non-stationary clutter suppression method for bistatic airborne radar based on adaptive segmentation and space-time compensation[J]. IET Radar Sonar Navigation, 2021, 15(9): 1001-1015.

[166] PILLAI S U, KIM Y L, GUERCI J R. Generalized forward/backward subaperture smoothing techniques for sample starved STAP[J]. IEEE Transactions on Signal Processing, 2000, 48(12): 3569-3574.

[167] 薛正辉,刘姜玲,曹佳. 端射天线[M]. 北京: 电子工业出版社, 2015.

[168] NI J L, ZHENG X Y, HE D Y. The ultra-low sidelobe dipole array of 16-elements[C]//CIE International Conference on Radar, October 15-18, 2001, Beijing, China. IEEE: 1093-1097.

[169] LIAO B, CHAN S C. Adaptive beamforming for uniform linear arrays with unknown mutual coupling[J]. IEEE Antennas and Wireless Propagation Letters, 2012, 11(6): 464-467.

[170] SPENCE T G, WERNER D H. Design of broadband planar arrays based on the optimization of aperiodic tilings[J]. IEEE Transactions on Antennas and Propagation, 2008, 56(1): 76-86.

[171] 李永伟,谢文冲. 基于空时内插的端射阵机载雷达杂波补偿新方法[J]. 电子与信息学报, 2019, 41(9): 2115-2122.

[172] FRIEL E M, PASALA K M. Effects of mutual coupling on the performance of STAP antenna arrays[J]. IEEE Transactions on Aerospace and Electronic Systems, 2000, 36(2): 518-527.

[173] SARKAR T K, ADVE R S, WICKS M C. Effects of mutual coupling and channel mismatch on space-time adaptive processing algorithms[C]//IEEE International Conference on Phase Array Systems & Technology. May 21-25, 2000, Dana Point, CA, USA. IEEE: 545-548.

[174] 李永伟，谢文冲. 互耦效应下端射阵机载雷达 STAP 方法研究[J]. 电子学报，2020，48(6)：1091-1098.

[175] XIONG Y Y，XIE W C. Adaptive mutual coupling compensation method for airborne STAP radar with end-fire array[J]. IEEE Transactions on Aerospace and Electronic Systems，2022，58(2)：1283-1298.

[176] GUPTA I J，KSIENSKI A A. Effect of mutual coupling on the performance of adaptive arrays[J]. IEEE Transactions on Antennas and Propagation，1983，31(5)：785-791.

[177] LIU S，YANG L S，YANG S Z，et al. Blind direction-of-arrival estimation with uniform circular array in presence of mutual coupling[J]. International Journal of Antennas and Propagation，2016，2016：8109013.

[178] DAI J S，XU W C，ZHAO D A. Real-valued DOA estimation for uniform linear array with unknown mutual coupling[J]. Signal Processing，2012，92(9)：2056-2065.

[179] BLISS D W，FORSYTHE K W. Multiple-input multiple-output (MIMO) radar and imaging：degrees of freedom and resolution[C]//IEEE 37th Asilomar Conference on Signals，Systems，Computers，November 09-12，2003，Pacific Grove，CA，USA. IEEE：54-59.

[180] FISHLER E，HAIMOVICH A，BLUM R，et al. MIMO radar：an idea whose time has come[C]//IEEE Radar Conference，April 29-29，2004，Philadelphia，PA，USA. IEEE：71-78.

[181] MELVIN W，WICKS M C，ANTONIK P，et al. Knowledge-based space-time adaptive processing for airborne early warning radar[J]. IEEE AES Systems Magazine，1998，13(4)：37-42.

[182] BERGIN J S，TEIXEIRA C M，TECHAU P M，et al. Improved clutter mitigation performance using knowledge-aided space-time adaptive processing[J]. IEEE Transactions on Aerospace and Electronic Systems，2006，42(3)：997-1009.

[183] GURRAM P R，GOODMAN N A. Spectral-domain covariance estimation with a priori knowledge[J]. IEEE Transactions on Aerospace and Electronic Systems，2006，42(3)：1010-1020.

[184] CAPRARO C T，CAPRARO G T，WEINER D D，et al. Implementing digital terrain data in knowledge-aided space-time adaptive processing[J]. IEEE Transactions on Aerospace and Electronic Systems，2006，42(3)：1080-1099.

[185] CHEN C Y，VAIDYANATHAN P P. MIMO radar space-time adaptive processing using prolate spheroidal wave functions[J]. IEEE Transactions on Signal Processing，2008，56(2)：623-635.

[186] FA R，DE LAMARE R C. Knowledge-aided reduced-rank STAP for MIMO radar based on joint iterative constrained optimization of adaptive filters with multiple constraints [C]//IEEE International Conference on Acoustics，Speech，and Signal Processing (ICASSP 2010)，March 14-19，2010，Dallas，TX，USA. IEEE：2762-2765.

[187] PANG X J，ZHAO Y B，CAO C H，et al. A STAP method based on atomic norm minimization for transmit beamspace-based airborne MIMO radar[J]. Digital Signal Processing，2021，111：102938.

[188] CHEN C Y，VAIDYANATHAN P P. Minimum redundancy MIMO radars[C]//IEEE International Symposium on Circuits and Systems(ISCAS 2008)，May 18-21，2008，Seattle，WA，USA. IEEE：45-48.

[189] DONG J，LI Q，GUO W. A combinatorial method for antenna array design in minimum redundancy MIMO radars[J]. IEEE Antennas and Wireless Propagation Letters，2009，8：1150-1153.

[190] SLEPIAN D，POLLAK H O. Prolate spheroidal wave functions，Fourier analysis and uncertainty-I[J]. Bell System Technical Journal，1961，40(1)：43-63.

[191] LANDAU H J，POLLAK H O. Prolate spheroidal wave functions，Fourier analysis and uncertainty-III：the dimension of the space of essentially time-and-band-limited signals[J]. Bell System Technical Journal，1962，41(7)：1295-1336.

[192] SLEPIAN D. Prolate spheroidal wave functions, Fourier analysis and uncertainty-V: the discrete case[J]. Bell System Technical Journal, 1978, 57(5): 1371-1429.

[193] XIE W C, ZHANG X C, WANG Y L, et al. Estimation of clutter degrees of freedom for airborne multiple-input multiple-output-phased array radar[J]. IET Radar, Sonar and Navigation, 2013, 7(6): 652-657.

[194] ZHANG W, LI J, LIN H, et al. Estimation of clutter rank of MIMO radar in case of subarraying [J]. Electronics Letters, 2011, 47(11): 671-672.

[195] WANG G H, LU Y L. Clutter rank of STAP in MIMO radar with waveform diversity[J]. IEEE Transactions on Signal Processing, 2010, 58(2): 938-943.

[196] WU Y, TANG J, PENG Y N. Clutter rank of sparse linear array radar[C]//IEEE International Conference on Radar, October 16-19, 2006, Shanghai, China. IEEE: 1149-1152.

[197] GOLDSTEIN J S, REED I S, ZULCH P A. Multistage partially adaptive STAP CFAR detection algorithm[J]. IEEE Transactions on Aerospace and Electronic Systems, 1999, 35(2): 645-662.

[198] SHERMAN S M. Monopulse principles and techniques[M]. Boston: Artech house, 1984.

[199] LEONOV A I, FOMICHEV K I. Monopulse radar[M]. Boston: Artech house, 1986.

[200] WARD J. Cramér-Rao bounds for target angle and Doppler estimation with space-time adaptive radar[C]//The 29th Asilomar Conference, October 30-November 2, 1995, Pacific Grove, CA, USA. IEEE: 1198-1202.

[201] NICKEL U. Overview of generalized monopulse estimation[J]. IEEE Aerospace and Electronic Systems Magazine, 2006, 21(6): 27-56.

[202] FANTE R. Synthesis of adaptive monopulse patterns[J]. IEEE Transactions on Antennas and Propagation, 1999, 35(5): 773-774.

[203] 陈功，谢文冲，王永良. 基于空时联合约束的机载雷达STAP单脉冲角度估计方法[J]. 电子学报，2015, 43(3): 489-495.

[204] 李永伟，谢文冲. 端射阵机载雷达STAP单脉冲测角方法[J]. 系统工程与电子技术，2020, 42(2): 322-330.

[205] XU J W, WANG C H, LIAO G S, et al. Sum and difference beamforming for angle-Doppler estimation with STAP-based radars[J]. IEEE Transactions Aerospace and Electronic Systems, 2016, 52(6): 2825-2837.

[206] XIONG Y Y, XIE W C. Multi-difference beams adaptive iterative monopulse estimation method for airborne radar[J]. Digital Signal Processing, 2022, 120: 103260.

[207] 黄辉，王永良，谢文冲，等. 天基MIMO雷达统一杂波模型及特性分析[J]. 空军预警学院学报，2017, 31(5): 319-323.

[208] 杨海峰，谢文冲，王永良. 不同发射波形下多机协同探测雷达系统信号建模与性能分析[J]. 雷达学报，2017, 6(3): 267-274.

[209] GUERCI J R. Cognitive radar: the knowledge-aided fully adaptive approach[M]. Boston: Artech House, 2010.

[210] XIONG Y Y, XIE W C, WANG Y L. Nonstationary clutter suppression based on four dimensional clutter spectrum for airborne radar with conformal array[J]. IEEE Access, 2022, 10: 51850-51861.

[211] XIONG Y Y, XIE W C, WANG Y L. Space time adaptive processing for airborne MIMO radar based on space time sampling matrix[J]. Signal Processing, 2023, 211: 109119.